Michel Décorps

Imagerie de résonance magnétique

Bases physiques et méthodes

SAVOIRS ACTUELS

EDP Sciences/CNRS ÉDITIONS

Illustration de couverture : Coupe sagittale, contraste T1, technique SENSE.
Image plateforme IRM de Grenoble (SFR1).

Imprimé en France.

ISBN EDP Sciences 978-2-7598-0000-1
ISBN CNRS Éditions 978-2-271-07233-7

Table des matières

Avant-propos xi

1 La Résonance Magnétique Nucléaire : concepts de base 1
  1.1 Contexte historique 2
  1.2 Spins nucléaires 3
  1.3 Spins nucléaires et champ magnétique 4
  1.4 Une assemblée de noyaux dans un champ magnétique 6
  1.5 Mouvement de l'aimantation macroscopique dans un champ magnétique 8
    1.5.1 Précession libre 8
    1.5.2 Mouvement dans le repère tournant. Champ fictif 10
    1.5.3 Mouvement en présence d'un champ tournant. Impulsions radiofréquence 10
  1.6 Relaxation : description phénoménologique. Équations de Bloch 15
    1.6.1 Relaxation spin réseau ou longitudinale 15
    1.6.2 Relaxation spin-spin ou transversale 16
    1.6.3 Équations de Bloch 17
    1.6.4 Effet des inhomogénéités de champ : temps caractéristique T_2^* 19
    1.6.5 Isochromats 20
  1.7 Signal de précession libre 21
    1.7.1 Caractéristiques générales du signal 21
    1.7.2 Aspects quantitatifs : réciprocité 23
    1.7.3 Le bruit 24
    1.7.4 Rapport signal sur bruit 25
  1.8 Gradients 27
    1.8.1 Compensation des inhomogénéités de champ 28
    1.8.2 Gradients uniformes de champ magnétique 31
    1.8.3 Termes de Maxwell 32
  1.9 Déplacement chimique 33
    1.9.1 Constante d'écran 33
    1.9.2 Déplacement chimique : présentation des spectres . . . 35
    1.9.3 Calculs des déplacements chimiques 36

      1.9.4   Déplacement chimique et imagerie 38

      1.9.5   Références internes et externes 38

  1.10 Interactions spin-spin 40

      1.10.1 Interaction dipolaire 40

      1.10.2 Interaction scalaire 42

      1.10.3 Découplage 44

      1.10.4 Effet Overhauser 44

  1.11 Transfert d'aimantation 47

  1.12 Hyperpolarisation 48

      1.12.1 Accroître le champ. Abaisser la température 49

      1.12.2 Polarisation dynamique nucléaire 49

      1.12.3 Polarisation induite par l'hydrogène para 51

      1.12.4 Gaz rares hyperpolarisés. Pompage optique 52

  1.13 Écho de spin 55

  1.14 Sensibilité d'une expérience RMN à la diffusion translationnelle
      moléculaire 56

      1.14.1 L'équation de diffusion 56

      1.14.2 Introduction de la diffusion dans les équations de Bloch 57

      1.14.3 Gradients dépendant du temps et mesure du coefficient
              de diffusion 58

      1.14.4 Influence de la diffusion sur le signal produit
              par une séquence d'écho de spin 59

  1.15 Sensibilité d'une expérience RMN au mouvement cohérent . . . 61

  1.16 L'expérience RMN 62

  1.17 Instrumentation 63

      1.17.1 Les aimants 63

      1.17.2 Systèmes de gradients pulsés 66

      1.17.3 Bobines rf 69

      1.17.4 Émetteur 77

      1.17.5 Récepteur 79

Références bibliographiques 85

Exercices 90

2 Les impulsions en spectroscopie et en imagerie   **95**

  2.1 Généralités 96

      2.1.1   Représentation d'une impulsion 96

      2.1.2   Énergie dissipée 97

      2.1.3   Trièdre d'émission, trièdre de réception 99

      2.1.4   Unités et conventions de signes 99

  2.2 Réponse d'un système de spins à une impulsion : approximation
      de la réponse linéaire 100

      2.2.1   Le système différentiel de Bloch en absence
            de relaxation 100

      2.2.2   L'approximation de la réponse linéaire 101

2.3 Action d'une rotation sur un système de spins 104
    2.3.1 Approche classique 104
    2.3.2 Représentation des rotations dans un espace
        à deux dimensions 105
    2.3.3 Décomposition d'une impulsion en une suite
        d'impulsions élémentaires 107
    2.3.4 Impulsions symétriques 109
    2.3.5 Impulsions antisymétriques 110
    2.3.6 Évolution d'un système de spins sous l'action
        'une impulsion 111
2.4 Impulsions d'excitation 115
    2.4.1 Généralités 115
    2.4.2 L'impulsion rectangulaire 116
    2.4.3 Calcul de la réponse à une impulsion modulée
        en amplitude 119
    2.4.4 Impulsion gaussienne 121
    2.4.5 Impulsion sinc 122
    2.4.6 Impulsions sinc-cos et sinc-sin 124
    2.4.7 Apodisation 127
    2.4.8 Impulsions binomiales 128
    2.4.9 Trains d'impulsions DANTE 130
    2.4.10 Gradient de phase : conséquences en spectroscopie . . . 136
    2.4.11 Problème inverse : algorithme de Shinnar et Le Roux . . 141
    2.4.12 Impulsions auto-refocalisantes 146
2.5 Impulsions de refocalisation : séquences d'écho de spin 150
    2.5.1 Le signal produit par une séquence d'écho de spin . . . 151
    2.5.2 Utilisation de gradients de dispersion 154
    2.5.3 Cyclage de phase EXORCYCLE 155
    2.5.4 Profils de refocalisation sélective 156
    2.5.5 Pondération T_1 et T_2 158
    2.5.6 Séquences multi-échos 158
2.6 Impulsions de stockage : séquences d'écho stimulé 159
    2.6.1 La séquence d'écho stimulé 159
    2.6.2 L'écho stimulé 160
    2.6.3 Les divers signaux produits par une séquence d'écho
        stimulé 162
    2.6.4 Relaxation 164
2.7 Impulsions d'inversion 165
2.8 Impulsions adiabatiques 167
    2.8.1 Passage adiabatique rapide 167
    2.8.2 Impulsions adiabatiques d'inversion modulées
        en amplitude et en phase 169
    2.8.3 Impulsions de type secante hyperbolique 171
    2.8.4 Impulsions adiabatiques d'excitation et de refocalisation 177

Références bibliographiques 184
Exercices 186

3 Impulsions spatialement sélectives   191
   3.1 Gradients de champ 192
   3.2 Excitation d'un système de spins en présence d'un gradient
        constant 193
        3.2.1 Épaisseur de coupe – Position de la coupe 193
        3.2.2 Le signal à l'issue d'une excitation spatialement
               sélective 195
        3.2.3 Réversion de gradient – Écho de gradient 196
        3.2.4 Perturbation de l'aimantation longitudinale 200
        3.2.5 Ordres de grandeurs 200
        3.2.6 Coupes obliques 201
   3.3 Séquences d'écho de spin 202
        3.3.1 Écho de spin et réversion du gradient de sélection
               de coupe 202
        3.3.2 Impulsions de refocalisation spatialement sélectives . . . 204
        3.3.3 Influence du profil spectral de l'impulsion
               de refocalisation sur le profil de coupe 205
        3.3.4 Importance des gradients de dispersion 207
        3.3.5 Détermination des aires des gradients de dispersion . . . 208
        3.3.6 Impact de la séquence sur l'aimantation longitudinale 209
   3.4 Impulsions de stockage spatialement sélectives. Échos stimulés 210
   3.5 Impulsions d'inversion spatialement sélectives 213
   3.6 Détermination expérimentale du profil de coupe 213
   3.7 Artefact de déplacement chimique 215
   3.8 Distorsions associées à la procédure de sélection de coupe . . . 217
        3.8.1 Inhomogénéités du champ statique 218
        3.8.2 Imperfections du système de gradients 220
        3.8.3 Distorsions dues à la présence des termes de Maxwell 221
   3.9 VERSE : excitation en présence d'un gradient variable
        dans le temps 222
   3.10 Impulsions spatialement sélectives multidimensionnelles :
        espace réciproque d'excitation 224
        3.10.1 Excitation 1D 226
        3.10.2 Excitation 2D 230
        3.10.3 Excitation 2D : balayage en cercles concentriques 232
        3.10.4 Excitation 2D : balayage en spirale 236
        3.10.5 Excitation 2D : balayage EPI 242
        3.10.6 Impulsions 3D 245
        3.10.7 Impulsions d'angle quelconque : refocalisation
                intrinsèque 246
        3.10.8 Impulsions 2D de refocalisation 249

3.10.9 Utilisation des impulsions multidimensionnelles 251
3.11 Impulsions à sélectivités spectrale et spatiale 252
    3.11.1 Principe 252
    3.11.2 Analogie entre impulsions spectrales-spatiales
        et impulsions spatialement sélectives 2D 255
    3.11.3 Impulsions spectrales-spatiales de type II 256
    3.11.4 À propos de la durée des impulsions spectrales-spatiales 259
    3.11.5 Applications : imagerie eau-graisse 259
Références bibliographiques 260
Exercices 263

4 Espace image - espace réciproque...   **267**
4.1 Voxel, pixel, échelle de gris 268
4.2 Grandeur imagée 268
4.3 L'espace réciproque 270
4.4 Échantillonnage et répétition périodique de l'image 272
4.5 Repliements 275
4.6 Troncature 276
    4.6.1 Fenêtres de troncature 277
    4.6.2 Repliements associés à la troncature 278
    4.6.3 Symétrie des fenêtres de troncature 279
4.7 Résolution spatiale : fonction de dispersion d'un point, fonction
    de réponse spatiale 280
    4.7.1 Fonction de dispersion du point et repliements associés
        à la troncature 281
    4.7.2 Résolution spatiale numérique 282
    4.7.3 Apodisation 284
4.8 L'image numérique en pratique 285
    4.8.1 Choix des paramètres 285
    4.8.2 Symétrie de l'échantillonnage des fréquences spatiales 286
    4.8.3 Symétrie de l'exploration des coordonnées spatiales . . . 287
    4.8.4 Accroissement du nombre de points calculés
        dans l'espace image 287
4.9 Contraste et luminosité 290
4.10 Projection d'un objet sur une direction de l'espace : théorème
    de la coupe centrale 292
    4.10.1 Projection sur un axe de coordonnées 292
    4.10.2 Projection sur une direction quelconque de l'espace . . . 293
4.11 Reconstruction à partir d'un ensemble de projections 294
    4.11.1 Principe 294
    4.11.2 Projection filtrée, rétroprojection 295
    4.11.3 Échantillonnage 296
    4.11.4 Échantillonnage radial : fonction de dispersion du point 299

4.12 Méthodes générales de traitement de données échantillonnées
sur une grille non cartésiennes 300
  4.12.1 Introduction 300
  4.12.2 Évaluation de la fonction compensatrice de densité
  d'échantillonnage 302
  4.12.3 Gridding 303
  4.12.4 Calcul direct 307
Références bibliographiques 309
Exercices 312

5 Principales méthodes d'imagerie RMN **315**
  5.1 Introduction 316
  5.2 Espace réciproque et signal de précession
  libre en présence de gradients 317
    5.2.1 Fréquences spatiales 317
    5.2.2 Trajectoires dans l'espace réciproque 319
    5.2.3 Hermiticité de l'espace réciproque 320
  5.3 Contraste 321
  5.4 Imagerie 2DFT d'écho de gradient 322
    5.4.1 Principe : codage de phase, codage de fréquence . . . 322
    5.4.2 Choix des paramètres 324
    5.4.3 Effets d'off-résonance 325
    5.4.4 Bande passante par pixel 328
    5.4.5 Enchaînement des séquences : imagerie
    multi-coupes 329
    5.4.6 Contraste 330
    5.4.7 Imagerie 3DFT 333
    5.4.8 Couverture incomplète du plan de Fourier 335
    5.4.9 Cartographie du champ magnétique 339
  5.5 Techniques d'écho de gradient rapides : SSFP 340
    5.5.1 État stationnaire : introduction aux séquences SSFP . . 341
    5.5.2 Séquences SSFP équilibrées 344
    5.5.3 Séquences SSFP non équilibrées (présence de gradients
    de dispersion) 348
    5.5.4 Élimination de la contribution de l'aimantation
    transversale à la construction de l'état stationnaire . . . 355
    5.5.5 Comparaison des diverses méthodes d'écho de gradient
    rapides 359
    5.5.6 Préparation de l'aimantation 361
  5.6 Imagerie 2DFT d'écho de spin 362
    5.6.1 Principe 362
    5.6.2 Enchaînement des séquences : contraste 364
  5.7 Techniques d'écho de spin rapides : multi-échos 365
    5.7.1 Principe 365

      5.7.2   Codage de phase et contraste 367

      5.7.3   Imagerie d'écho de spin à une seule excitation 368

      5.7.4   Suite d'impulsions de refocalisation d'angle inférieur

            à 180° 369

  5.8   Techniques radiales 376

      5.8.1   Acquisition de rayons de l'espace réciproque 376

      5.8.2   Écho de gradient, acquisition de diamètres

            de l'espace réciproque 379

      5.8.3   Méthodes radiales et effets d'off-résonance 380

      5.8.4   Applications des méthodes radiales 381

  5.9   Écho-planar 383

      5.9.1   Images écho-planar obtenues en une seule excitation

            (single-shot EPI) 384

      5.9.2   Écho-Planar segmenté 386

      5.9.3   Ordres de grandeurs 387

      5.9.4   Autres types de balayage EPI 388

      5.9.5   Difficultés et artefacts de la séquence EPI 390

 5.10 Imagerie spirale 400

      5.10.1 Trajectoire spirale et gradients associés 400

      5.10.2 Vitesse de parcours de la trajectoire 401

      5.10.3 Séquences 409

      5.10.4 Caractéristiques générales 410

 5.11 Mesure des trajectoires dans l'espace réciproque 413

 5.12 Imagerie parallèle 415

      5.12.1 Le signal en imagerie parallèle 416

      5.12.2 Moindres carrés 417

      5.12.3 Bobines en réseau : combinaison des images 419

      5.12.4 Détermination expérimentale des profils

            de sensibilité et de la matrice de covariance 420

      5.12.5 SENSE 421

      5.12.6 PILS 427

      5.12.7 Méthodes travaillant dans l'espace réciproque 428

      5.12.8 Utilisation des méthodes d'imagerie parallèle 438

Références bibliographiques 440

Exercices 446

6 Spectroscopie Localisée   **451**

  6.1   Introduction 452

  6.2   Principaux noyaux cibles de la spectroscopie localisée 453

      6.2.1   Phosphore 31 453

      6.2.2   Hydrogène 455

      6.2.3   Carbone 13 457

  6.3   Rapport signal sur bruit et résolution spatiale 457

  6.4   Largeur de bande et résolution fréquentielle 458

6.5   La technique la plus simple : sélection de volume à l'aide
      de bobines de surface 459
      6.5.1   Excitation en champ rf homogène. Bobines de surface
              utilisées en réception 460
      6.5.2   Bobines de surface utilisées en émission et en réception   461
6.6   Méthodes basées sur une excitation sélective en présence
      de gradient 464
      6.6.1   ISIS 464
      6.6.2   Excitation directe des spins intérieurs au volume
              d'intérêt 469
      6.6.3   Destruction de l'aimantation à l'extérieur du volume
              sensible 475
      6.6.4   Erreur de position associée au déplacement chimique . . 478
6.7   Imagerie spectroscopique 480
      6.7.1   Principe 480
      6.7.2   Séquences produisant un écho 482
      6.7.3   Présentation des images spectroscopiques 483
      6.7.4   Conséquences de la faible résolution spatiale en imagerie
              spectroscopique 485
      6.7.5   Position de la grille spectroscopique 489
      6.7.6   Imagerie spectroscopique rapide 490
      6.7.7   Autres méthode utilisant un codage de phase 496
6.8   Particularités de la spectroscopie du proton 498
      6.8.1   Suppression du signal de l'eau 498
      6.8.2   Suppression du signal des lipides 500
      6.8.3   Spectroscopie à temps d'écho court 500
6.9   Conclusion 502
Références bibliographiques 502
Exercices 506

Appendice : Propriétés de la Transformation de Fourier   **509**

Index   **515**

Avant-propos

L'Imagerie de Résonance Magnétique (IRM) est née en 1973 dans des laboratoires de recherche, avec la présentation des premières images, à une ou deux dimensions, de l'intensité du signal provenant d'échantillons contenant des noyaux d'hydrogène. Il fallut un peu plus de dix ans pour passer du laboratoire à l'hôpital, de l'échantillon à l'homme. C'est très peu lorsqu'on mesure les difficultés qui ont dû être surmontées. Ces images sont arrivées dans le contexte de la révolution dans le domaine de l'imagerie médicale que constitua, au milieu des années soixante-dix, l'introduction du scanner X. Le caractère *a priori* non invasif de la Résonance Magnétique Nucléaire (RMN) par rapport à des examens utilisant des rayons X constitua initialement un argument important pour tenter de développer la technique. La médecine nucléaire était déjà bien implantée dans le domaine médical et il fut rapidement admis que la connotation du mot « nucléaire » pouvait être une source d'incompréhensions. Le sigle RMN fut ainsi amputé de son N dès lors qu'il était associé à l'imagerie.

Lorsque la possibilité d'obtenir des images en utilisant le phénomène de RMN est apparue, les propriétés des rayons X et des radioéléments étaient bien connues du monde médical et des équipes pluridisciplinaires existaient dans ces domaines. Dans les années soixante-dix, les industriels producteurs d'appareils de radiologie ont pu ainsi tout naturellement passer de la projection d'une image sur un plan, à la réalisation de coupes virtuelles par tomographie X. De son côté, le phénomène de RMN était exploité dans les laboratoires de physique et de chimie et commençait à être utilisé en sciences de la vie. Il était, aussi, bien maîtrisé par les industriels produisant l'appareillage RMN de laboratoire. Il restait cependant peu connu des radiologues et biophysiciens comme des industriels produisant l'instrumentation médicale et en particulier les appareils de radiologie. Handicap supplémentaire, l'approche de la RMN est conceptuellement difficile et nécessite un apprentissage important.

Très rapidement après les premières démonstrations de laboratoire, des équipes universitaires, comportant biologistes, physiciens, physico-chimistes, médecins, informaticiens, se sont constituées. Les industriels ont mis en place les nécessaires collaborations avec les laboratoires et se sont engagés dans un immense effort de développement technologique. Les difficultés à surmonter n'étaient pas minces ; tout était à faire aux niveaux technologique et méthodologique, pour passer de l'échantillon de laboratoire à l'homme et pour produire, en un temps acceptable en clinique, des images dotées d'une résolution au moins équivalente à celle du scanner X. Tout était aussi à faire au niveau de l'interprétation des images et des liens entre le contraste observé et les pathologies. Ces équipes multidisciplinaires sont à l'origine du développement prodigieux de l'IRM durant ces quarante dernières années et l'histoire est aujourd'hui loin d'être terminée.

Les avancées instrumentales ont été considérables. Il fallut produire des aimants très haut champ, de taille suffisante pour recevoir un patient et d'une homogénéité très élevée sur le volume utilisable. Il a fallu aussi concevoir des systèmes de gradients de champ susceptibles d'être commutés très rapidement. Le secteur a bénéficié de l'accroissement continu de la vitesse et la puissance de calcul, mais aussi de l'introduction des récepteurs numériques qui ont autorisé le développement de l'imagerie parallèle. Tous ces progrès ont permis d'accroître la qualité des images, leur rapidité d'acquisition et leur contenu informatif. Ils n'ont été possibles qu'à la suite d'investissements considérables des grands industriels du secteur médical, investissements stimulés par la taille du marché hospitalier mondial. Il est intéressant de noter que ces progrès technologiques ont aussi bénéficié aux appareils de RMN de laboratoire.

Les informations obtenues par Imagerie par Résonance Magnétique ne s'arrêtent pas à l'anatomie. Une très grande variété d'images peut être obtenue. L'imagerie fonctionnelle cérébrale permet ainsi d'obtenir des informations sur le fonctionnement du cerveau. Ce sont les variations d'oxygénation sanguine (et donc de susceptibilité magnétique) qui permettent d'obtenir cette information. L'imagerie du tenseur de diffusion permet de visualiser les connexions entre différentes aires cérébrales. L'angiographie permet d'imager le système vasculaire. Le débit sanguin dans une artère, le volume sanguin d'un tissu, etc., sont des paramètres qui peuvent être évalués. Les agents de contraste font aussi partie de la panoplie des outils IRM, et étendent la palette des informations accessibles. La spectroscopie localisée permet de son côté d'obtenir des informations métaboliques. L'IRM constitue aussi un outil ouvrant l'accès à des informations anatomiques, fonctionnelles et métaboliques, de manière non traumatisante chez le petit animal. Enfin les sciences des matériaux, le génie chimique, l'industrie pharmaceutique, le contrôle qualité, etc., sont des secteurs bénéficiant des apports de l'IRM. Par ailleurs d'autres techniques comme l'imagerie moléculaire, la thérapie guidée par IRM et l'imagerie de noyaux hyperpolarisés se développent.

On comprendra mieux la vitalité du secteur avec quelques chiffres. Le nombre d'appareils IRM installés dans le secteur médical qui était en France de 463 appareils début 2008 est passé à 495 appareils début 2009 et à environ 550 début 2010[1]. Il est également intéressant et significatif de rapporter le nombre d'appareils au nombre d'habitants, ce qui pour la France correspond

---

1. Source : Étude 2010 CEMKA-EVAL pour Imagerie Santé Avenir.

à 8,7 machines par million d'habitants début 2010. Pour comparaison, en 2007 l'OCDE dénombre 5,6 machines par million d'habitants en Grande-Bretagne, 20 en Italie et 25,9 aux USA. Ces nombres croissent d'année en année, conséquence de l'augmentation continue de la qualité des soins, des indications de l'IRM, mais aussi de l'accroissement et du vieillissement de la population.

L'imagerie RMN a suscité de très nombreux ouvrages, principalement de langue anglaise. Beaucoup de ces ouvrages sont destinés aux professionnels de la médecine (médecins et notamment radiologues, techniciens, etc.) qui doivent acquérir les caractéristiques de base de la technique, ou à ceux qui, dans le champ de l'IRM, souhaitent obtenir des informations générales sur une facette de l'IRM avec laquelle ils sont peu familiers. Les descriptions, souvent de très grande qualité, restent cependant largement qualitatives. D'autres ouvrages, moins nombreux, ont un profil beaucoup plus centré sur les techniques, mais sont destinés à un public de chercheurs ou d'ingénieurs ayant déjà une bonne connaissance du domaine. Le présent ouvrage ne nécessite aucune connaissance préalable des méthodes de RMN ou d'IRM. Il est destiné aux étudiants physiciens de Master, des écoles d'ingénieurs et aux étudiants préparant un Doctorat, mais aussi aux ingénieurs, enseignants et chercheurs du domaine. Il concerne aussi les chercheurs hospitalo-universitaires radiologues ou biophysiciens, et les physiciens des hôpitaux. En partant d'une description classique du phénomène de RMN, les concepts de base de l'IRM sont progressivement présentés : impulsions sélectives, impulsions spatialement sélectives, espace image - espace réciproque, principales méthodes d'imagerie, spectroscopie localisée. On trouvera ainsi une description de l'ensemble des briques qui, assemblées, permettent de produire des images. Cette description va souvent assez loin puisque des méthodes avancées comme impulsions adiabatiques, impulsions spatialement sélectives multidimensionnelles, imagerie parallèle, sont décrites de manière détaillée. Les différents chapitres incluent des exercices.

Les méthodes avancées qui doivent être mises en oeuvre pour permettre l'accès à des informations telles que oxygénation et débit sanguin, diffusion moléculaire, images du système vasculaire (angiographie), etc., ou pour produire des images dynamiques (ciné-IRM), sont parfois évoquées dans l'ouvrage, mais ne sont pas décrites de manière détaillée. Le présent ouvrage aura rempli son objectif s'il permet au lecteur d'aborder confortablement l'un ou l'autre de ces domaines particuliers.

Pour terminer, je voudrais adresser un grand merci à tous ceux qui, d'une manière ou d'une autre, m'ont aidé lors de la rédaction du manuscrit. Je pense en particulier à Emmanuel Barbier, Michel Dojat, Emmanuel Durand, Anne Leroy-Willig, Chantal Rémy, Irène Troprès et Claudine Thomaré.

Michel Décorps

Chapitre 1

La Résonance Magnétique Nucléaire : concepts de base

L'objectif de ce chapitre introductif est de rappeler les bases du phénomène de RMN et de présenter les notions qui seront utilisées dans les chapitres suivants. Après une introduction retraçant brièvement les grandes lignes de l'histoire de la RMN, une courte première partie permet d'introduire les caractéristiques du spin nucléaire. La seconde partie est consacrée à la description de l'interaction du spin nucléaire avec un champ magnétique, ce qui permet d'introduire la fréquence de Larmor. Les propriétés d'une assemblée de spins nucléaires font l'objet de la troisième partie. Le traitement classique du phénomène est alors abordé dans une quatrième partie décrivant le mouvement de l'aimantation nucléaire macroscopique dans le repère du laboratoire, puis dans un référentiel tournant à une fréquence proche de la fréquence de Larmor. Les impulsions radiofréquence permettant d'exciter le système de spins sont alors présentées. Ce traitement classique a été jusque là effectué en ignorant le phénomène de relaxation qui est décrit de manière phénoménologique dans la cinquième partie. Outre la relaxation spin-réseau T_1 et la relaxation spin-spin T_2, la destruction du signal en champ inhomogène est décrite (effet T_2^*), et l'intérêt de la notion d'isochromat est souligné. Ce matériel permet d'aborder dans la sixième partie le signal RMN et les deux domaines temporel et fréquentiel. L'origine du bruit qui s'ajoute au signal, et l'amélioration du rapport signal sur bruit par addition de signaux acquis successivement sont discutés. Les gradients de champ, dont l'importance est grande en imagerie, font l'objet de la septième partie. Dans cette partie sont également présentés les principes de la compensation des inhomogénéités de champ et les termes dits « de Maxwell » qui accompagnent toujours la production de gradients. L'attention est ainsi portée sur une conséquence des équations de Maxwell parfois ignorée : un champ magnétique inhomogène ne peut être uniformément parallèle à une direction donnée. On revient à une approche quantique pour introduire l'origine du phénomène de déplacement chimique (huitième partie). Les divers *aspects associés à la présence des interactions spin-spin (couplages scalaire et dipolaire, découplage, effet Overhauser) sont décrits dans la neuvième partie. Une source de contraste en imagerie, le transfert d'aimantation entre protons en milieu liquide et protons des macromolécules, est succinctement présentée dans la dixième partie. La onzième partie est consacrée aux diverses techniques dites d'hyperpolarisation, qui permettent d'accroître de plusieurs ordres de grandeur les différences de population des niveaux d'énergie des spins nucléaires. Les principes des méthodes de polarisation dynamique nucléaire, de polarisation induite par l'hydrogène para et de pompage optique appliqué à l'hyperpolarisation des gaz rares sont ainsi décrits. On revient à la présentation des outils de base de la RMN impulsionnelle avec les expériences d'écho de spin qui sont introduites dans la douzième partie. L'influence de la diffusion moléculaire sur l'intensité du signal est développée dans la treizième partie. On aborde alors, dans la quatorzième partie, la sensibilité d'une expérience RMN au mouvement cohérent, caractéristique exploitée en imagerie clinique pour obtenir des informations sur le débit sanguin. Cet ensemble conduit à la présentation schématique d'une expérience de RMN (quinzième partie). Ce chapitre introductif est conclu par des éléments concernant l'instrumentation (seizième partie). Sont décrits rapidement aimants, bobinages de gradients pulsés dont le rôle en imagerie est central, bobines, émetteur et finalement récepteur. Le principe des récepteurs numériques, qui se sont beaucoup développés ces dernières années, est présenté.*

1.1   Contexte historique

Les premières expériences de Résonance Magnétique Nucléaire (RMN) furent effectuées sur des faisceaux moléculaires par l'équipe d'Isaac Rabi, au début des années trente. Ce chercheur reçut en 1944 le prix Nobel de Physique pour ces travaux. Il restait à mettre en évidence le phénomène dans la matière condensée. Il est intéressant, à ce propos, de noter que Cornelius Gorter tenta sans succès, en 1936, de réaliser la première expérience de RMN sur la matière condensée et qu'il décrivit cet échec[1]. Ce n'est finalement qu'en 1946 que fut mis en évidence le phénomène de RMN dans la matière condensée par deux groupes qui travaillèrent indépendamment : Bloch, Hansen et Packard d'une part, Purcell, Torrey et Pound d'autre part. Félix Bloch et Edward Purcell reçurent le prix Nobel de physique en 1952 pour ces travaux. L'utilisation de la RMN s'est alors développée rapidement dans divers domaines :

- en physique, où elle constitue une sonde pour l'étude des matériaux ;

- en chimie, où elle est devenue un outil puissant pour l'analyse, pour les études structurales de macromolécules et pour obtenir des informations sur la dynamique moléculaire ;

---

1. Gorter CJ. *Negative results of an attempt to detect nuclear magnetic spins.* Physica (The Hague) **3**, 995–998, 1936.

- en biologie, où son impact est important pour la détermination de la structure des protéines, pour l'exploration *in vivo* du métabolisme, ou encore pour mieux comprendre le fonctionnement du cerveau humain ;

- en médecine, où l'Imagerie de Résonance Magnétique (IRM) est présente dans les hôpitaux et est devenue un moyen d'exploration non traumatique de routine.

En 1991, un nouveau prix Nobel, de chimie cette fois, qui fut attribué à Richard Ernst, marqua ces cinquante années de développement des applications de la RMN. Les travaux de Richard Ernst qui ont motivé cette distinction, concernent le développement des méthodes de RMN bidimensionnelle, qui sont à la base des études de structure moléculaire, mais aussi sa contribution essentielle au développement de l'imagerie RMN. En 2002, c'est Kurt Wütrich qui reçut le prix Nobel de chimie pour ses travaux sur l'utilisation de la RMN pour étudier la structure et les fonctions des protéines.

Les principes de l'imagerie par résonance magnétique ont été posés, simultanément et indépendamment, par Paul Lauterbur et Peter Mansfield en 1973. Trente ans plus tard, ces deux chercheurs, respectivement physico-chimiste et physicien, recevaient le prix Nobel de médecine pour leurs découvertes concernant l'IRM. Leurs travaux ont été suivis d'un immense effort de recherche et développement qui a permis de faire de l'imagerie RMN un outil de diagnostic médical aujourd'hui très largement répandu, mais aussi un outil de recherche en biologie et, dans une plus faible mesure, en sciences des matériaux.

Dans ce premier chapitre, nous rappellerons de manière succincte les caractéristiques du phénomène de RMN. On trouvera une description plus détaillée des bases physiques de la RMN dans de nombreux ouvrages spécialisés.

1.2   Spins nucléaires

Le phénomène de RMN a son origine dans les propriétés magnétiques des noyaux. On sait que certains noyaux ont un moment angulaire j_n auquel est associé un moment magnétique m_n (moment magnétique : vecteur permettant de décrire le couple Γ s'exerçant sur un objet placé dans un champ magnétique $B : \Gamma = m_n \times B$; unité J.T^{-1}).

Le rapport gyromagnétique γ lie moment angulaire et moment magnétique :

$$m_n = \gamma \, j_n. \tag{1.1}$$

Le rapport gyromagnétique peut être positif ou négatif (*cf.* tableau 1.1), ce qui signifie que les moments angulaire et magnétique peuvent être de directions opposées. Ces deux grandeurs, j_n et m_n, sont quantifiées. Le moment angulaire j_n est caractérisé par l'opérateur vectoriel I :

$$j_n = \hbar \, I, \tag{1.2}$$

où $\hbar$ est la constante de Planck divisée par 2π. La conservation du moment angulaire implique que $\boldsymbol{I}^2$ soit une constante, quel que soit l'état du spin nucléaire. Le carré du module du moment cinétique est égal à $I(I+1)$ où I est le nombre quantique de spin qui ne doit pas être confondu avec l'opérateur $\boldsymbol{I}$. La valeur de I est une propriété intrinsèque des noyaux. Ce nombre peut être nul, entier ou demi-entier. Pour un noyau composé de A nucléons et Z protons, si A et Z sont pairs alors $I=0$, si A est pair et Z impair alors I est entier, enfin si A est impair alors I est demi-entier. Le tableau 1.1 présente les caractéristiques de quelques noyaux ayant un spin nucléaire I non nul.

Le phénomène de RMN est intimement lié à la coexistence des moments angulaire et magnétique.

TAB. 1.1 – Caractéristiques de quelques noyaux usuels. La polarisation (*cf.* section 1.4) a été calculée à une température de 20 °C.

Noyau	Spin	$\gamma \times 10^{-7}$ (rad.T^{-1}.s^{-1})	Abondance naturelle (%)	Fréquence de transition dans un champ de 3 T (MHz)	Polarisation dans un champ de 3 T (spins1/2)
^{1}H	1/2	26,752	99,985	127,73	10,46 10^{-6}
^{3}He	1/2	−20,379	0,00014	97,30	7,97 10^{-6}
^{13}C	1/2	6,728	1,11	32,12	2,63 10^{-6}
^{14}N	1	1,934	99,63	9,23	−
^{15}N	1/2	−2,712	0,37	12,95	1,06 10^{-6}
^{17}O	5/2	−3,628	0,037	17,32	−
^{19}F	1/2	25,162	100	120,14	9,84 10^{-6}
^{23}Na	3/2	7,080	100	33,81	−
^{31}P	1/2	10,841	100	51,75	4,24 10^{-6}
^{39}K	3/2	1,250	93,1	5,97	−
^{129}Xe	1/2	−7,441	26,44	35,58	2,91 10^{-6}
^{131}Xe	3/2	2,206	21,18	10,55	−

1.3   Spins nucléaires et champ magnétique

Dans ce chapitre d'introduction aux méthodes d'imagerie RMN, nous nous limiterons à la présentation des propriétés des noyaux de spin $I=1/2$.

Lorsqu'un spin $1/2$ est placé dans un champ magnétique $\boldsymbol{B}_0$ que l'on suppose aligné avec l'axe Z, la composante I_Z de l'opérateur vectoriel $\boldsymbol{I}$ ne peut prendre que l'une des deux valeurs $m_I=\pm 1/2$. Le nombre m_I est le nombre quantique magnétique de spin. Quant aux composantes I_X et I_Y, elles ne sont pas simultanément mesurables avec I_Z. Le module de $\boldsymbol{I}$ est égal à $(\sqrt{3}/2)\sqrt{I(I+1)}$, tandis que $I_Z = \pm 1/2$. On peut se représenter le spin comme un vecteur situé sur un cône d'axe Z, mais dont les composantes le long des axes X et Y seraient complètement indéterminées (figure 1.1).

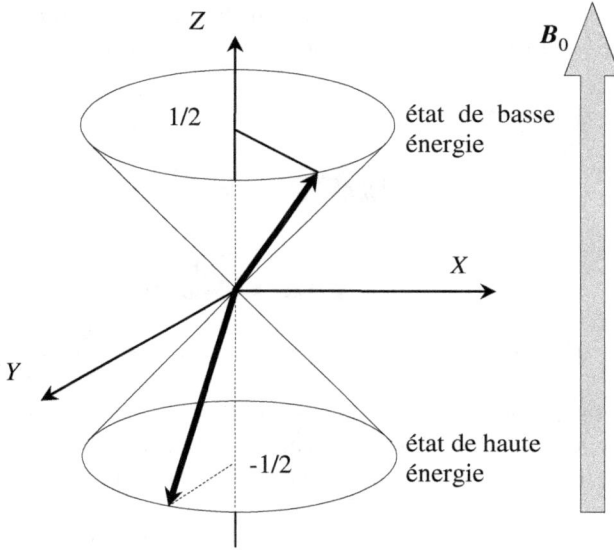

FIG. 1.1 – Les deux états d'un spin $1/2$ dans un champ magnétique statique orienté selon Z (rapport gyromagnétique positif). La composante transversale reste indéterminée.

L'hamiltonien décrivant les propriétés d'un moment magnétique $\boldsymbol{m}_\mathrm{n}$ plongé dans un champ magnétique $\boldsymbol{B}_0$ aligné avec l'axe Z s'écrit :

$$H = -\boldsymbol{m}_\mathrm{n}.\,\boldsymbol{B}_0 = -\gamma\,\hbar\,\boldsymbol{I}.\,\boldsymbol{B}_0 = -\gamma\,\hbar\,m_\mathrm{I}\,B_0, \tag{1.3}$$

ce qui correspond à une quantification en 2 états d'énergie (figure 1.2) :

$$E_{\pm 1/2} = \mp\frac{\gamma\,\hbar}{2}B_0. \tag{1.4}$$

Les moments magnétiques nucléaires dans un état de basse énergie sont dits parallèles, tandis que ceux dont l'état est de haute énergie sont dits antiparallèles. La différence d'énergie entre les deux niveaux est donnée par :

$$\Delta E = |\gamma|\,\hbar\,B_0. \tag{1.5}$$

En introduisant la fréquence angulaire de transition $|\Omega_0|$ (nous verrons plus loin que la fréquence Ω_0 est un nombre algébrique), on obtient l'équation de Larmor :

$$|\Omega_0| = |\gamma|\,B_0. \tag{1.6}$$

Cette description permet déjà de comprendre le phénomène de résonance magnétique : des transitions entre les deux niveaux d'énergie peuvent être induites par un rayonnement électromagnétique dont le spectre de fréquences contient la fréquence de Larmor. La fréquence de transition entre les deux niveaux d'énergie est proportionnelle au champ magnétique et c'est cette propriété qui est exploitée en imagerie : dans un champ magnétique non uniforme la fréquence de transition est directement liée à la position.

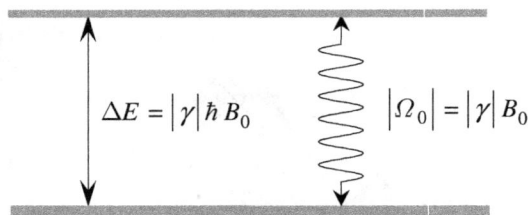

$$\Delta E = \left| \gamma \right| \hbar B_0 \qquad \left| \Omega_0 \right| = \left| \gamma \right| B_0$$

FIG. 1.2 – Les deux états d'énergie d'un spin 1/2.

De manière générale, le phénomène de RMN nécessite une description quantique. Cependant, les principales caractéristiques de l'IRM peuvent être comprises en utilisant le formalisme classique. Nous nous limiterons à cet aspect.

1.4   Une assemblée de noyaux dans un champ magnétique

À l'équilibre thermique, les états de spin sont distribués sur les deux niveaux d'énergie (figure 1.3) dans des proportions données par la statistique de Boltzmann :

$$\frac{n_\downarrow}{n_\uparrow} = \exp\left(-\frac{\Delta E}{k_B T} \right), \tag{1.7}$$

où $n_\uparrow$ est le nombre de noyaux dans un état de basse énergie (moments magnétiques parallèles au champ, $I_Z = 1/2$ si $\gamma > 0$) et $n_\downarrow$ le nombre de noyaux dans un état de haute énergie (moments magnétiques anti-parallèles au champ, $I_Z = -1/2$ si $\gamma > 0$), T est la température absolue et k_B la constante de Boltzmann. Comme cela apparaît dans le tableau 1.1, les fréquences de transition dans des champs magnétiques de quelques teslas se situent dans la gamme des radiofréquences. Par suite, aux températures usuelles, ΔE est beaucoup plus petit que $k_B T$, et l'excédent de population dans le niveau de basse énergie est très faible (*cf.* exercice 1-1). Typiquement, à la température ambiante et pour le proton, l'excédent est, pour un champ de l'ordre de 1,5 tesla, d'environ 1 pour 100 000. Cette très faible différence de populations indique que la RMN n'est pas une spectroscopie très sensible. En effet, dans une expérience de spectroscopie, on irradie le système avec une onde électromagnétique dont la fréquence est égale à la fréquence de transition. Cette irradiation induit des transitions et donc, selon le niveau de départ, une absorption ou une émission d'énergie. Le nombre de transitions d'un niveau vers l'autre est proportionnel à la population du niveau de départ. Le résultat net est ainsi proportionnel à la différence des populations (l'émission d'énergie compense en quasi-totalité l'absorption d'énergie).

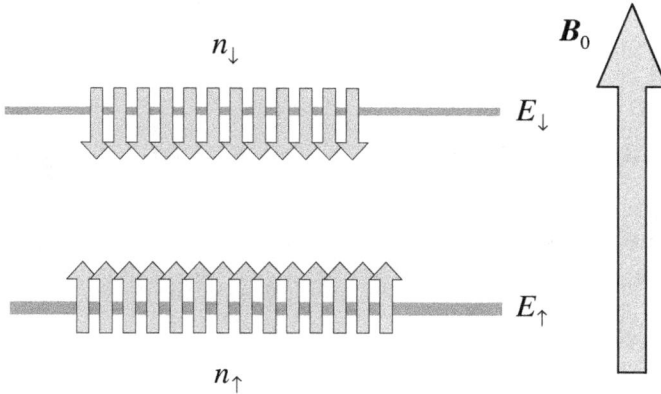

FIG. 1.3 – Populations des deux niveaux d'énergie d'une assemblée de spins nucléaires 1/2.

L'excès de population dans l'état de basse énergie (figure 1.3) est à l'origine de l'existence d'un moment magnétique macroscopique non nul d'amplitude M_0 :

$$M_0 = \gamma \, \hbar \, \langle I_Z \rangle = \frac{|\gamma| \, \hbar}{2} \left(n_\uparrow - n_\downarrow \right), \tag{1.8}$$

où $\langle \rangle$ est le symbole « valeur moyenne ». On a par ailleurs $\langle I_X \rangle = \langle I_Y \rangle = 0$. Le moment magnétique macroscopique est donc, à l'équilibre thermique, aligné le long de $\boldsymbol{B}_0$. On peut calculer la valeur de ce moment pour N spins, et l'on aboutit à la loi de Curie pour des spins 1/2 (cf. exercice 1-2) :

$$M_0 \approx N \frac{\gamma^2 \hbar^2 B_0}{4 k_{\mathrm{B}} T}, \tag{1.9}$$

où l'on a utilisé l'approximation $|\gamma| \, \hbar B_0 << k_{\mathrm{B}} T$. On utilise souvent la notion de polarisation nucléaire P définie de la manière suivante :

$$P = \frac{n_\uparrow - n_\downarrow}{n_\uparrow + n_\downarrow}, \tag{1.10}$$

où $0 \leqslant P \leqslant 1$. On montrera que, à l'équilibre thermique et si $|\gamma| \, \hbar B_0 << k_{\mathrm{B}} T$, la polarisation s'écrit

$$P \approx |\gamma| \, \hbar B_0 / 2 k_{\mathrm{B}} T. \tag{1.11}$$

Le tableau 1.1 montre qu'à l'équilibre thermique, ces polarisations restent extrêmement faibles.

Nous verrons qu'une expérience RMN consiste à écarter le moment magnétique macroscopique de sa position d'équilibre le long de $\boldsymbol{B}_0$ et donc à créer une composante transversale de l'aimantation nucléaire macroscopique.

Rappelons enfin qu'au moment magnétique macroscopique $\boldsymbol{M}$ est bien sûr associé le moment angulaire macroscopique $\boldsymbol{J}$. Ces deux moments sont liés par la relation :

$$\boldsymbol{M} = \gamma \, \boldsymbol{J}. \tag{1.12}$$

1.5   Mouvement de l'aimantation macroscopique dans un champ magnétique

Dans cette partie nous négligerons les phénomènes de relaxation qui seront présentés plus loin (section 1.6). Cela signifie que nous considérons des évolutions pendant des intervalles de temps courts devant les temps de relaxation.

1.5.1   Précession libre

Supposons que le moment magnétique macroscopique soit écarté de sa position d'équilibre le long du champ magnétique $\boldsymbol{B}_0$ (la méthode permettant d'agir sur l'aimantation macroscopique pour l'écarter de sa position d'équilibre le long de $\boldsymbol{B}_0$ sera présentée plus loin). Le moment magnétique $\boldsymbol{M}$ est alors soumis au couple de rappel :

$$\boldsymbol{\Gamma} = \boldsymbol{M} \times \boldsymbol{B}_0. \tag{1.13}$$

Ce couple agit sur le moment cinétique macroscopique $\boldsymbol{J}$ associé au moment magnétique $\boldsymbol{M}$. Le théorème du moment cinétique nous permet d'écrire l'équation du mouvement :

$$\frac{\mathrm{d}\boldsymbol{J}}{\mathrm{d}t} = \boldsymbol{M} \times \boldsymbol{B}_0. \tag{1.14}$$

Compte tenu de (1.12) cette équation devient :

$$\frac{\mathrm{d}\boldsymbol{M}}{\mathrm{d}t} = \gamma \, \boldsymbol{M} \times \boldsymbol{B}_0, \tag{1.15}$$

ce qui s'écrit :

$$\frac{\mathrm{d}M_{\mathrm{X}}}{\mathrm{d}t} = \gamma \, M_Y B_0, \qquad \frac{\mathrm{d}M_Y}{\mathrm{d}t} = -\gamma \, M_{\mathrm{X}} B_0, \qquad \frac{\mathrm{d}M_Z}{\mathrm{d}t} = 0. \tag{1.16}$$

En introduisant la notation complexe :

$$M_\perp = M_{\mathrm{X}} + \mathrm{i} M_Y, \tag{1.17}$$

le système (1.16) s'écrit plus simplement :

$$\frac{dM_\perp}{dt} = -i\gamma\, M_\perp B_0, \qquad \frac{dM_Z}{dt} = 0. \qquad (1.18)$$

Ce système différentiel est caractéristique d'un mouvement de précession de l'aimantation autour de l'axe Z (figure 1.4) et a pour solution :

$$M_\perp(t) = M_\perp(0)\exp(i\Omega_0 t), \qquad M_Z(t) = M_Z(0), \qquad (1.19)$$

où :

$$\boldsymbol{\Omega}_0 = -\gamma\,\boldsymbol{B}_0. \qquad (1.20)$$

On retrouve la fréquence de précession de Larmor (équation (1.6)), sous une forme algébrique cette fois. On remarque que, pour des noyaux à γ positif comme le noyau d'hydrogène (tableau 1.1), la précession autour de $\boldsymbol{B}_0$ s'effectue dans le sens inverse du sens trigonométrique. Le signe moins de la relation (1.20) est souvent omis dans la littérature RMN.

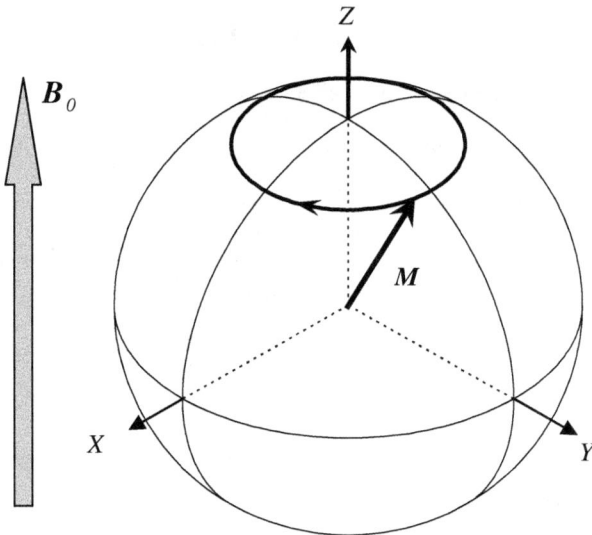

FIG. 1.4 – Mouvement de précession de l'aimantation macroscopique autour du champ magnétique.

On pourra faire l'analogie entre le mouvement de l'aimantation nucléaire et celui d'une toupie Le mouvement de précession d'une toupie est dû au couple qu'exerce la gravitation sur la toupie et donc sur le moment cinétique associé à la rotation de la toupie. Dans le cas de l'aimantation nucléaire, le couple est celui exercé par le champ magnétique sur le moment magnétique associé au spin nucléaire.

1.5.2   Mouvement dans le repère tournant. Champ fictif

Le mouvement de précession de l'aimantation autour de l'axe Z, à la fréquence angulaire $\Omega_0 = -\gamma B_0$, suggère qu'en utilisant un référentiel tournant autour de Z à la fréquence Ω_0, la dépendance temporelle de $M_\perp$ (équation (1.19)) peut être éliminée. Plus généralement, dans un repère xyz, tournant à la fréquence angulaire Ω autour de l'axe Z (noter que les axes z et Z sont confondus), l'aimantation macroscopique s'écrit :

$$\frac{\mathrm{d}M}{\mathrm{d}t} = \gamma\, M \times B_0 + M \times \Omega. \tag{1.21}$$

Tout se passe comme si, dans ce référentiel tournant, le système de spins était soumis, non plus au champ B_0, mais à un champ magnétique fictif B_{fict} :

$$B_{\mathrm{fict}} = B_0 + \frac{\Omega}{\gamma}. \tag{1.22}$$

On peut donc écrire l'équation du mouvement dans le référentiel tournant sous la forme :

$$\frac{\mathrm{d}M}{\mathrm{d}t} = \gamma\, M \times B_{\mathrm{fict}}. \tag{1.23}$$

Dans ce référentiel, la précession s'effectue à la fréquence angulaire

$$\omega = -\gamma\, B_{\mathrm{fict}} = \Omega_0 - \Omega. \tag{1.24}$$

Si $\Omega = \Omega_0$, alors $B_{\mathrm{fict}} = 0$, et tout se passe donc, vu de ce référentiel tournant, comme si le champ directeur était nul (on fera l'analogie avec un cosmonaute qui dans un satellite artificiel peut avoir l'impression, fausse, qu'il n'est pas soumis la pesanteur[2]...). Cette remarque suggère que l'introduction d'un champ magnétique b_1, orthogonal à Z et fixe dans le repère tournant à une fréquence Ω_0, peut permettre d'induire une rotation de l'aimantation autour de la direction de ce champ.

1.5.3   Mouvement en présence d'un champ tournant. Impulsions radiofréquence

1.5.3.1   Champ tournant à la fréquence de Larmor

Revenons à l'équation du mouvement dans un référentiel tournant à la fréquence de Larmor. Dans ce référentiel $B_{\mathrm{fict}} = 0$. Introduisons un champ b_1, tournant à la fréquence Ω_0, et qui paraît donc immobile dans le référentiel tournant. L'équation du mouvement devient :

$$\frac{\mathrm{d}M}{\mathrm{d}t} = \gamma\, M \times b_1. \tag{1.25}$$

---

2. Si le satellite et son passager n'étaient pas soumis à la pesanteur, le mouvement serait rectiligne et uniforme, ce qui les éloignerait inexorablement de la terre...

La présence du champ tournant induit donc un mouvement de rotation de l'aimantation autour de la direction du champ, à la fréquence angulaire : $\Omega_1 = -\gamma\, b_1$. Si le champ est appliqué pendant un temps $T = \pi\,/(2\,|\gamma|\, b_1)$, l'aimantation (vue du référentiel tournant) effectue une rotation d'un angle égal à $-\pi/2$ autour de b_1. Elle devient transversale. On dit qu'on a appliqué une impulsion $\pi/2$. La figure 1.5b illustre ce mouvement de précession autour de b_1 dans le cas ou b_1 est aligné avec l'axe x du trièdre tournant. Comme le montre la figure 1.5a, le mouvement est beaucoup plus complexe vu du laboratoire puisque, à la rotation autour de b_1, se superpose la précession autour de B_0.

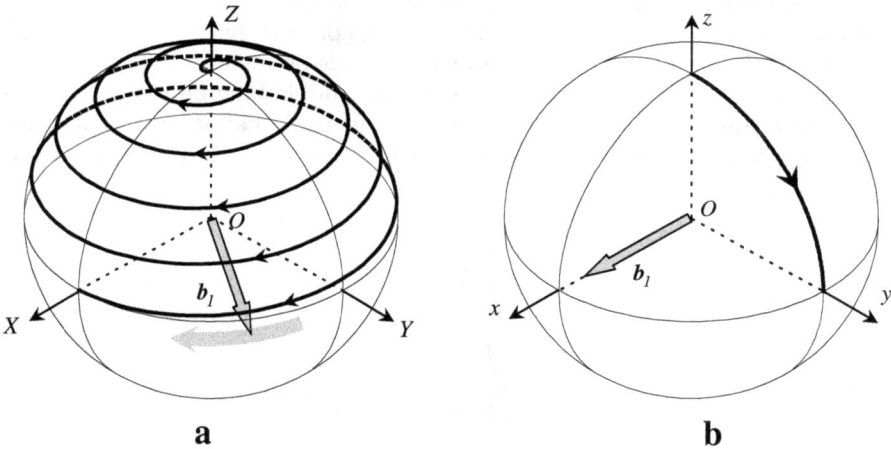

a   **b**

FIG. 1.5 – Trajectoire de l'aimantation en présence d'un champ b_1 tournant à la fréquence de Larmor Ω_0 (γ positif) vue du trièdre du laboratoire (a), et vue d'un trièdre tournant à la fréquence Ω_0 (b). Le champ rf est appliqué pendant une durée $T = \pi/\,(2\,|\gamma|\, b_1)$ (impulsion $\pi/2$). Le champ B_0 est aligné avec l'axe Z, et le champ b_1 avec l'axe x du repère tournant.

L'utilisation d'un champ tournant à la fréquence de Larmor a donc permis d'écarter l'aimantation macroscopique de sa position d'équilibre le long de B_0 et de créer une composante transversale. Le mouvement de précession autour de Z de cette composante transversale de l'aimantation macroscopique nucléaire induit un signal dans une bobine entourant l'échantillon. Nous avons là le principe de l'expérience de RMN qui associe un signal à l'aimantation transversale.

Dans un champ magnétique B_0, qui peut-être de l'ordre du tesla et souvent beaucoup plus grand, la fréquence de Larmor (tableau 1.1) se situe dans le domaine des radiofréquences (rf). Le champ tournant est donc un champ radiofréquence polarisé circulairement. L'amplitude du champ rf reste toujours bien inférieure à B_0 mais sa valeur dépend du type d'application. Le tableau 1.2 donne des ordres de grandeur pour quelques grands domaines d'utilisation (*cf.* exercice 1-3).

Tab. 1.2 – Amplitudes typiques du champ tournant b_1 pour quelques domaines d'utilisation de la RMN (proton).

	RMN des solides	RMN structurale	Imagerie clinique
b_1 (tesla)	$2 \ 10^{-3}$	$5 \ 10^{-4}$	10^{-5}

Si on applique une impulsion $\pi/2$ sur un système de spins dont l'aimantation macroscopique initiale est purement longitudinale, on crée un état dans lequel l'aimantation macroscopique longitudinale est nulle $M_z = 0$. Les populations de spins sur les deux niveaux d'énergie ont été égalisées. Une impulsion π transforme M_z en $-M_z$ et inverse donc les populations.

Nous reviendrons sur le signal induit dans une bobine de réception. Auparavant examinons ce que devient le mouvement de l'aimantation pendant l'application du champ rf si la fréquence de rotation Ω_{rf} n'est plus exactement égale à Ω_0.

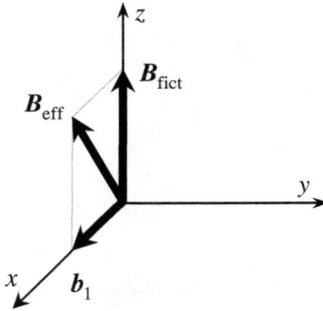

Fig. 1.6 – Champ radiofréquence (b_1), champ fictif (B_{fict}) et champ effectif (B_{eff}).

1.5.3.2 Champ tournant à une fréquence différente de la fréquence de Larmor : champ effectif

Il est toujours plus simple d'observer le mouvement de l'aimantation en utilisant un repère dans lequel le champ tournant paraît immobile, c'est-à-dire dans un repère tournant à la fréquence de rotation Ω_{rf} de ce champ. Si Ω_{rf} est différente de Ω_0, le champ fictif n'est plus nul dans ce repère. L'équation du mouvement devient :

$$\frac{\mathrm{d}\boldsymbol{M}}{\mathrm{d}t} = \gamma \, \boldsymbol{M} \times [\boldsymbol{B}_{\mathrm{fict}} + \boldsymbol{b}_1]. \qquad (1.26)$$

L'aimantation nucléaire est maintenant soumise à un champ $\boldsymbol{B}_{\mathrm{fict}} + \boldsymbol{b}_1$, dit champ effectif (figure 1.6).

$$\boldsymbol{B}_{\mathrm{eff}} = \boldsymbol{B}_{\mathrm{fict}} + \boldsymbol{b}_1. \qquad (1.27)$$

L'aimantation macroscopique tourne cette fois autour du champ effectif. Plus Ω_{rf} s'éloigne de Ω_0, plus B_{fict} croît, plus le champ effectif se rapproche de la direction de l'axe Z, et moins le champ tournant est efficace pour écarter M de sa position d'équilibre le long de B_0. Cela est illustré figure 1.7. L'aimantation transversale qui peut être produite par l'application du champ rf diminue lorsque le champ fictif croît.

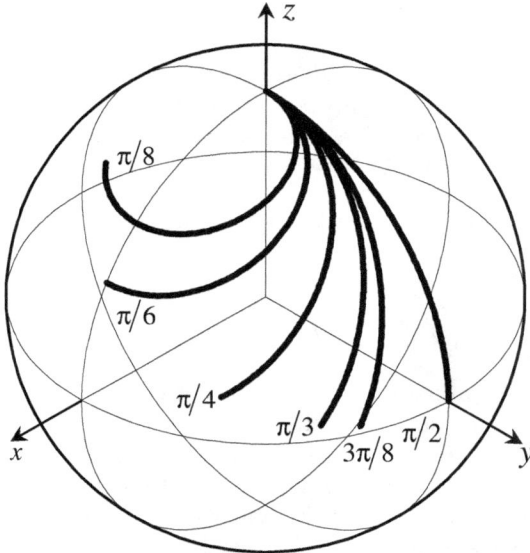

FIG. 1.7 – Trajectoires de l'aimantation dans un trièdre tournant à la fréquence du champ tournant, pour une impulsion de 90° (« on-resonance ») en fonction de l'angle du champ effectif avec l'axe z.

1.5.3.3   Du champ polarisé rectilignement au champ tournant

Nous verrons (section 1.17.3.4), que l'on sait produire des champs tournants à des fréquences aussi élevées que peut l'être la fréquence de Larmor. C'est d'ailleurs généralement ce qui est fait en IRM. Mais on peut aussi utiliser un champ polarisé rectilignement dont seule une composante est efficace. C'est le cas lorsque l'on utilise une bobine unique, et le champ s'écrit :

$$B_1 = B_1\left(t\right)\cos\left(\left|\Omega_{\text{rf}}\right|t + \phi\right)k_{\text{X}}. \tag{1.28}$$

où nous avons supposé que le champ était aligné avec k_{X}, vecteur unitaire porté par l'axe X du trièdre du laboratoire. Dans l'équation (1.28), la dépendance de l'amplitude de B_1 par rapport au temps a été introduite pour rendre compte du fait que le champ radiofréquence n'est appliqué que de manière transitoire, pendant une durée généralement inférieure à quelques ms.

En outre, en imagerie, l'impulsion est généralement modulée en amplitude. Nous verrons aussi qu'on utilise parfois une modulation de fréquence.

Ce champ, polarisé rectilignement, peut être décomposé en deux composantes tournantes. Pour cela, l'équation (1.28) est réécrite de la manière suivante Φ :

$$\boldsymbol{B}_1 = 2\, b_1\,(t) \cos\left(\left|\boldsymbol{\Omega}_{\mathrm{rf}}\right| t + \Phi\right) \boldsymbol{k}_{\mathrm{X}} + b_1\,(t) \sin\left(-\left|\boldsymbol{\Omega}_{\mathrm{rf}}\right| t - \Phi\right) \boldsymbol{k}_Y$$
$$+ b_1\,(t) \sin\left(\left|\boldsymbol{\Omega}_{\mathrm{rf}}\right| t + \Phi\right) \boldsymbol{k}_Y, \tag{1.29}$$

où $b_1\,(t) = B_1\,(t)\,/2$, et où $\boldsymbol{k}_Y$ est le vecteur unitaire porté par l'axe Y du trièdre du laboratoire. Le champ polarisé rectilignement $\boldsymbol{B}_1$ peut ainsi être considéré comme résultant de la composition de deux champs tournants (figure 1.8). L'un $\boldsymbol{b}_1^+$ s'écrit :

$$\boldsymbol{b}_1^+ = b_1\,(t) \cos\left(\left|\boldsymbol{\Omega}_{\mathrm{rf}}\right| t + \Phi\right) \boldsymbol{k}_{\mathrm{X}} + b_1\,(t) \sin\left(\left|\boldsymbol{\Omega}_{\mathrm{rf}}\right| t + \Phi\right) \boldsymbol{k}_Y. \tag{1.30}$$

L'autre $\boldsymbol{b}_1^-$ s'écrit :

$$\boldsymbol{b}_1^- = b_1\,(t) \cos\left(-\left|\boldsymbol{\Omega}_{\mathrm{rf}}\right| t - \Phi\right) \boldsymbol{k}_{\mathrm{X}} + b_1\,(t) \sin\left(-\left|\boldsymbol{\Omega}_{\mathrm{rf}}\right| t - \Phi\right) \boldsymbol{k}_Y. \tag{1.31}$$

Une seule des deux composantes tournantes est efficace pour induire des transitions dans le système de spins, celle qui tourne dans le sens de la précession de Larmor $\boldsymbol{\Omega}_0 = -\gamma \boldsymbol{B_0}$. Pour des noyaux à γ positif, il s'agit de la composante $\boldsymbol{b}_1^-$. Il faut en outre que $\boldsymbol{\Omega}_{\mathrm{rf}} \approx \boldsymbol{\Omega}_0$. Comme le montre en effet la figure 1.7, l'efficacité du champ tournant décroît lorsque le champ effectif se rapproche de l'axe Z, c'est-à-dire lorsque la fréquence du champ tournant s'éloigne de $\boldsymbol{\Omega}_0$. Dans la suite de cet ouvrage, $\boldsymbol{b}_1$ désignera la composante du champ radiofréquence qui tourne dans le sens de la précession de Larmor, et le nombre algébrique Ω_{rf} (ou le vecteur $\boldsymbol{\Omega}_{\mathrm{rf}}$) désignera sa fréquence angulaire.

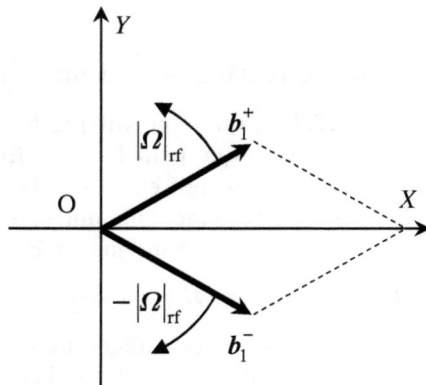

FIG. 1.8 – Décomposition d'un champ sinusoïdal polarisé rectilignement en deux composantes tournantes.

Nous avons jusque-là négligé tout mécanisme d'amortissement. On conçoit pourtant que l'aimantation nucléaire, lorsqu'elle a été écartée de sa position d'équilibre, retourne à terme vers cette position de basse énergie correspondant à un alignement de M avec la direction de B_0. Les équations de Bloch décrivent le mouvement de l'aimantation *de manière phénoménologique*. Elles incluent les termes d'amortissement.

1.6 Relaxation : description phénoménologique. Équations de Bloch

1.6.1 Relaxation spin réseau ou longitudinale

Le retour à l'équilibre thermique s'effectue par échange d'énergie entre le système de spins et son environnement (le « réseau »). La vitesse à laquelle le système de spins tend à trouver ou retrouver son énergie d'équilibre thermique dans le champ B_0 est caractérisée par le temps de relaxation spin-réseau, T_1, désigné aussi sous le terme de temps de relaxation longitudinale. En admettant que la vitesse de retour vers l'état d'équilibre est proportionnelle à l'écart entre la valeur de M_z et sa valeur à l'équilibre thermique (M_0), l'équation du mouvement de M_z devient :

$$\frac{\mathrm{d}M_z}{\mathrm{d}t} = -\frac{(M_z - M_0)}{T_1}. \tag{1.32}$$

Si l'aimantation longitudinale a la valeur initiale $M_z(0)$, le retour à l'équilibre s'effectue selon la loi :

$$M_z(t) = M_0 - (M_0 - M_z(0)) \exp\left(-\frac{t}{T_1}\right). \tag{1.33}$$

La figure 1.9 illustre ce retour vers l'équilibre thermique pour différentes valeurs du temps de relaxation T_1, dans le cas d'une aimantation initiale $M_z(t=0) = 0$.

Cela signifie, en particulier, que lorsqu'on place dans un champ magnétique intense un échantillon initialement situé dans le champ très faible qu'est le champ terrestre, il faut être conscient que l'établissement du nouvel état d'équilibre n'est pas instantané (il peut nécessiter plusieurs jours dans des cas très particuliers).

L'origine de ce phénomène de relaxation doit être recherchée dans l'existence, au niveau microscopique, de champs magnétiques locaux rapidement variables dans le temps. Par exemple, la présence d'autres spins nucléaires, de spins électroniques, de charges en mouvement, est à l'origine de ces champs magnétiques locaux fluctuants qui ont éventuellement des composantes à la fréquence de Larmor. Cela crée des transitions entre états qui ramènent le système à l'équilibre thermique, équilibre caractérisé par la répartition de

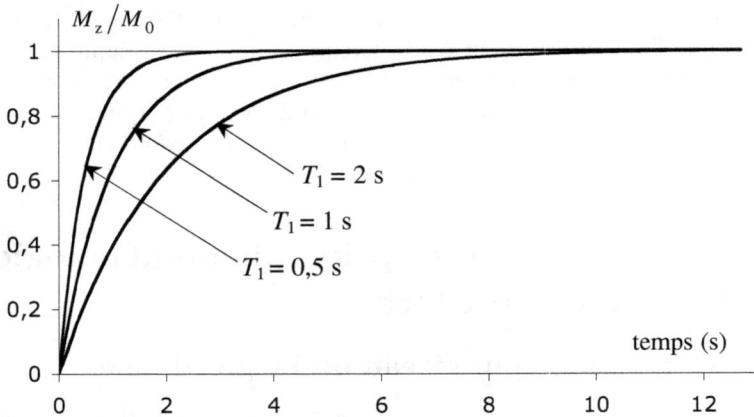

FIG. 1.9 – Retour vers l'équilibre thermique de la composante M_Z pour différentes valeurs du temps de relaxation T_1.

populations décrit par l'expression (1.7). Ces transitions reflètent l'échange d'énergie entre le système de spins et l'environnement qui constitue un réservoir d'énergie. Un temps de relaxation long correspond à un isolement plus grand des spins par rapport à l'environnement. L'intensité du champ magnétique B_0 est aussi un facteur dont dépend T_1. Lorsque B_0 croît, T_1 augmente généralement, simplement parce que lorsque B_0 croit, la fréquence de transition croît aussi, mais la densité spectrale des champs fluctuants à la fréquence de Larmor, décroît.

Les temps de relaxation T_1 s'étalent de quelques ms dans certains solides, ou en présence de fortes concentrations d'espèces paramagnétiques, ou encore avec des noyaux possédant un moment quadrupolaire comme le sodium 23, à plusieurs heures dans des gaz tels que l'hélium 3. Le temps de relaxation de l'eau pure est de l'ordre de quelques secondes. Dans les tissus, ce temps est généralement de l'ordre quelques centaines de millisecondes.

1.6.2   Relaxation spin-spin ou transversale

La présence d'une aimantation transversale macroscopique non nulle qui suit l'application d'un champ radiofréquence tournant, est le résultat d'une cohérence de phase entre spins nucléaires. Dans la matière condensée les interactions entre spins situés sur les différentes molécules sont une source d'échange d'énergie entre spins, ce qui produit une perte progressive de cohérence. Ce mécanisme, plus rapide que la relaxation spin-réseau, est caractérisé par le temps de relaxation spin-spin ou temps de relaxation transversale T_2. La contribution de ce processus de relaxation aux équations du mouvement est décrit de manière phénoménologique par les termes :

$$\frac{\mathrm{d}M_x}{\mathrm{d}t} = -\frac{M_x}{T_2}, \qquad \frac{\mathrm{d}M_y}{\mathrm{d}t} = -\frac{M_y}{T_2}. \tag{1.34}$$

L'amplitude de la composante transversale de l'aimantation décroît de manière exponentielle (figure 1.10) :

$$|M_\perp(t)| = |M_\perp(0)| \exp\left(-\frac{t}{T_2}\right). \tag{1.35}$$

La figure 1.10 présente une courbe de relaxation spin-spin.

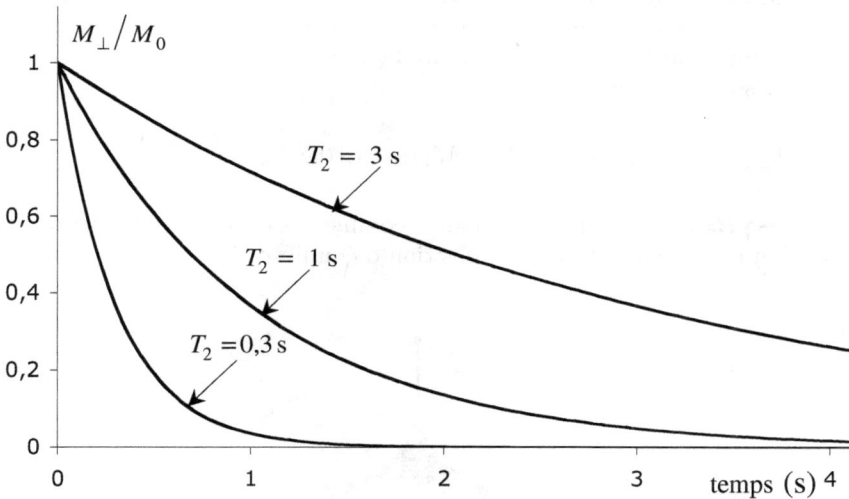

FIG. 1.10 – Décroissance de l'aimantation transversale sous l'effet de la relaxation spin-spin après une impulsion de 90° pour différentes valeurs du temps de relaxation transversale.

1.6.3 Équations de Bloch

En insérant les termes de relaxation des équations (1.32) et (1.34) dans les équations (1.26) du mouvement, on obtient le système d'équations de Bloch :

$$\frac{\mathrm{d}\boldsymbol{M}}{\mathrm{d}t} = \gamma\,\boldsymbol{M} \times (\boldsymbol{B}_{\text{fict}} + \boldsymbol{b}_1) - \boldsymbol{R}\,(\boldsymbol{M} - \boldsymbol{M}_0), \tag{1.36}$$

où $\boldsymbol{R}$ est la matrice de relaxation,

$$\boldsymbol{R} = \begin{pmatrix} 1/T_2 & 0 & 0 \\ 0 & 1/T_2 & 0 \\ 0 & 0 & 1/T_1 \end{pmatrix}. \tag{1.37}$$

$\boldsymbol{B}_{\text{fict}}$ est le champ fictif dans le référentiel utilisé, $\boldsymbol{b}_1$ est le champ radiofréquence, supposé situé dans le plan xOy. En développant (1.36), on obtient le système d'équations de Bloch dans le référentiel tournant :

$$\frac{\mathrm{d}M_x}{\mathrm{d}t} = \gamma\, M_y B_{\text{fict}} - \gamma\, M_z \boldsymbol{b}_1.\,\boldsymbol{k}_y - \frac{M_x}{T_2} \qquad (1.38)$$

$$\frac{\mathrm{d}M_y}{\mathrm{d}t} = -\gamma\, M_x B_{\text{fict}} + \gamma\, M_z \boldsymbol{b}_1.\,\boldsymbol{k}_x - \frac{M_y}{T_2} \qquad (1.39)$$

$$\frac{\mathrm{d}M_z}{\mathrm{d}t} = \gamma\, M_x \boldsymbol{b}_1.\,\boldsymbol{k}_y - \gamma\, M_y \boldsymbol{b}_1.\,\boldsymbol{k}_x - \frac{M_z - M_0}{T_1}. \qquad (1.40)$$

Les solutions du système d'équations (1.38), (1.39), (1.40) sont tout à fait évidentes lorsque le champ radiofréquence est absent ($b_1 = 0$). L'évolution de M_z est donnée par l'équation (1.33), tandis que les composantes transversales s'écrivent sous forme complexe :

$$M_\perp (t) = M_x (t) + \mathrm{i}\, M_y (t) = M_\perp(0) \exp\left(\mathrm{i}\omega\, t\right) \exp\left(-\frac{t}{T_2}\right), \qquad (1.41)$$

où $\omega = -\gamma\, B_{\text{fict}}$. La figure 1.11 montre comment s'effectue le retour de l'aimantation macroscopique vers sa position d'équilibre thermique, lorsque l'on

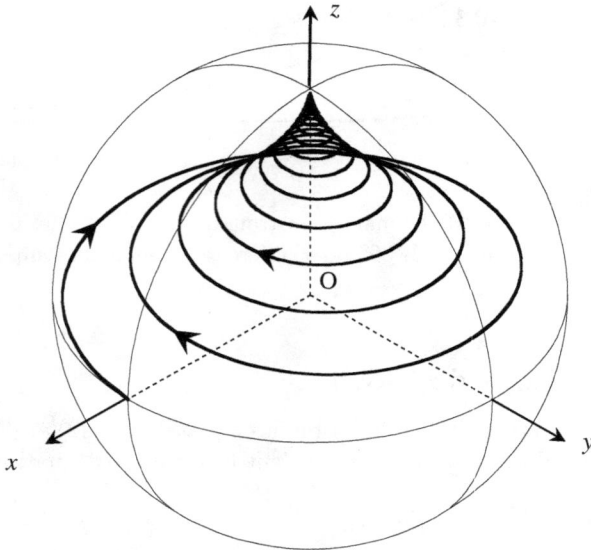

FIG. 1.11 – Retour de l'aimantation vers sa position d'équilibre thermique après une impulsion $\pi/2$. L'observation est effectuée dans un référentiel tournant à une fréquence angulaire Ω telle que $\Omega - \Omega_0 = 24{,}7$ rd/s. Temps de relaxation $T_1 = 1{,}3$ s, $T_2 = 0{,}8$ s.

part d'une aimantation entièrement transversale après une impulsion $\pi/2$. On remarque qu'en présence des termes de relaxation, l'amplitude de M ne se conserve pas pendant le mouvement.

La recherche des solutions de ce système d'équations (1.38), (1.39), (1.40), en présence d'un champ rf, n'est pas un problème simple. On considère généralelement que la durée d'application du champ radiofréquence est suffisamment courte pour que l'on puisse négliger l'effet des relaxations longitudinale et transversale, ce qui élimine quelques difficultés, et permet notamment de traiter le cas des impulsions rectangulaires. Lorsque l'amplitude de b_1 dépend du temps il faut utiliser des méthodes numériques. Nous traiterons de manière détaillée, dans le chapitre 2, le problème de la réponse du système de spins à une impulsion radiofréquence.

1.6.4 Effet des inhomogénéités de champ : temps caractéristique T_2^*

Nous avons indiqué plus haut que l'aimantation transversale et donc le signal RMN, décroissent avec la constante de temps T_2. En pratique, l'inhomogénéité spatiale du champ B_0 induit un accroissement de la vitesse de décroissance de l'aimantation transversale. Cette inhomogénéité peut être due à l'aimant lui même, mais aussi aux hétérogénéités microscopiques et macroscopiques de l'échantillon. Par exemple, la présence de régions de susceptibilités magnétiques différentes introduit des variations locales du champ magnétique et donc de la fréquence de Larmor. La dispersion des fréquences de résonance dans l'échantillon entraîne une décorrélation des aimantations transversales, initialement en phase, et une décroissance accélérée du signal. Cette décroissance du signal peut être décrite par une constante de temps T_2^* qui modélise les inhomogénéités de champ :

$$\frac{1}{T_2^*} = \frac{1}{T_2} + \frac{1}{T_2^{\mathrm{inh}}}, \qquad (1.42)$$

où T_2^{inh} caractérise cette perte de cohérence due aux variations spatiales du champ.

La modélisation de la décroissance de la composante transversale de l'aimantation sous l'effet des inhomogénéités de champ par une exponentielle reste cependant une approximation assez grossière. Les expérimentateurs qui ont passé des heures à parfaire l'homogénéité du champ sur le volume de l'échantillon (opération que l'on décrit en utilisant l'anglicisme « *shimmer* ») savent bien qu'il est rare d'observer une décroissance exponentielle.

On montre sans difficulté, qu'une décroissance exponentielle est associée à une distribution lorentzienne de l'amplitude du champ statique sur le volume de l'échantillon. Plaçons nous dans le référentiel tournant, immédiatement après la création d'une aimantation transversale. Dans ce référentiel la précession s'effectue à la fréquence ω (équation (1.24)). Le champ étant inhomogène, ω dépend de la position. Soit $m_\perp(\omega)\,d\omega$ l'aimantation dans la région où la fréquence est comprise entre $\omega - d\omega/2$ et $\omega + d\omega/2$. L'observation d'une décroissance exponentielle de l'aimantation transversale à une fréquence ω_a et avec une constante de temps T_2^*, nécessite que $m_\perp(\omega)$ satisfasse à la relation :

$$\int_{-\infty}^{+\infty} m_\perp(\omega)\exp(i\omega t)\,d\omega \ \propto \exp\left(i\omega_a - \frac{1}{T_2^{inh}}\right)t. \tag{1.43}$$

L'intégrale du premier membre est, à un facteur 2π près, la transformée de Fourier inverse de $m_\perp(\omega)$. On peut donc écrire :

$$m_\perp(\omega) \propto \int_0^{+\infty} \exp(i\omega_a t)\exp(-i\omega t)\exp\left(-\frac{t}{T_2^{inh}}\right)dt. \tag{1.44}$$

Le calcul de l'intégrale conduit à :

$$m_\perp(\omega) \propto \frac{T_2^{inh}}{(\omega_a - \omega)^2 \left(T_2^{inh}\right)^2 + 1}. \tag{1.45}$$

La distribution $m_\perp(\omega)$ est donc une lorentzienne centrée autour de la fréquence ω_a et de largeur à mi-hauteur :

$$\Delta\omega_{1/2} = \frac{2}{T_2^{inh}}. \tag{1.46}$$

Si l'on fait correspondre les inhomogénéités de champ aux inhomogénéités de fréquence angulaire, on obtient :

$$\Delta B_{1/2} = \frac{2}{\gamma\, T_2^{inh}}. \tag{1.47}$$

Par suite, l'équation (1.42) peut se mettre sous la forme suivante :

$$\frac{1}{T_2^*} = \frac{1}{T_2} + \gamma\frac{\Delta B_{1/2}}{2}. \tag{1.48}$$

Il est très important de noter que, contrairement à la décroissance due à la relaxation spin-spin, la décroissance de l'aimantation associée à la présence des inhomogénéités de champ n'est pas un phénomène irréversible puisqu'elle peut être annulée en utilisant des impulsions de 180°, dites de refocalisation (voir section 1.13).

1.6.5 Isochromats

Lorsque l'on étudie le comportement d'un système de spins dans un champ non homogène, on est souvent amené à effectuer des opérations d'intégration et donc à considérer des éléments de volume infiniment petits. Ceci pose un problème conceptuel : le plus petit volume qui puisse être utilisé ne comporte qu'un spin. Le modèle classique ne s'applique que si l'on est en présence d'un assez grand nombre de spins. Dans le cas d'un spin unique ou d'un très petit nombre de spins, il faut appliquer les règles de la mécanique quantique, et la notion d'aimantation macroscopique ne peut plus être utilisée. Cette difficulté apparaît plus nettement encore lorsqu'on s'intéresse à la diffusion moléculaire dans un champ inhomogène. Ce sont bien des molécules et donc des spins isolés ou en très petit nombre qui diffusent, et non des ensembles conséquents de spins. C'est pour surmonter ce type de difficulté qu'a été créée la notion d'*isochromat* : un isochromat est un ensemble de spins dont le nombre est suffisamment grand pour que la notion d'aimantation macroscopique ait un sens (et donc que les équations de Bloch soient utilisables), mais suffisamment petit pour que le champ magnétique puisse être considéré comme uniforme sur son étendue. On considère alors que ce sont ces isochromats qui diffusent et non les molécules. Cela permet d'utiliser les équations de Bloch plutôt que le formalisme quantique pour analyser les propriétés du système de spins. Les prédictions résultant de l'utilisation de ce modèle sont en excellent accord avec les résultats expérimentaux.

1.7 Signal de précession libre

1.7.1 Caractéristiques générales du signal

Lorsqu'une impulsion écarte l'aimantation macroscopique de sa position d'équilibre le long de B_0, la composante transversale ainsi créée accomplit un mouvement de précession autour de B_0 à la fréquence de Larmor. La composante transversale induit donc une force électromotrice (fem) dans une bobine, appelée souvent antenne en IRM, entourant l'échantillon (figure 1.12), l'axe de cette bobine étant orthogonal à B_0. Le *signal de précession libre* ou FID (*Free Induction* Decay), qui est proportionnel à l'aimantation transversale, a pour forme générale :

$$s(t) = s(0) \cos\left(\Omega_0 t + \varphi\right) \exp\left(-\frac{t}{T_2^*}\right), \tag{1.49}$$

où Ω_0 est la fréquence de Larmor, φ est un terme de phase qui dépend notamment de l'impulsion d'excitation, du choix de l'origine des temps, de la position de la bobine de réception par rapport à la bobine d'émission et du rapport gyromagnétique. Nous verrons qu'un récepteur comportant un changement de fréquence et deux voies en quadrature (section 1.17.5), permet d'obtenir un signal sous forme complexe, proportionnel à l'aimantation dans le repère tournant :

$$s(t) = s(0) \exp\left(\mathrm{i}\omega t\right) \exp\left(-\frac{t}{T_2^*}\right), \tag{1.50}$$

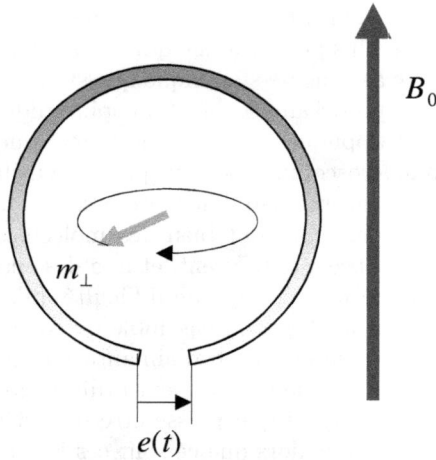

FIG. 1.12 – Bobine de détection du signal.

où ω est la fréquence de précession dans un trièdre tournant à une fréquence proche de la fréquence de Larmor.

Ce signal est ensuite échantillonné, c'est-à-dire que l'amplitude du signal est relevée périodiquement (instants $n\,\Delta T$, où ΔT est la période d'échantillonnage et n un entier compris entre 0 et $N-1$, N étant le nombre total de points acquis). La mesure périodique de l'amplitude du signal, s'effectue avec une certaine incertitude. Le convertisseur analogique-numérique (CAN), chargé de l'échantillonnage, est un composant qui associe à $s\,(n\,\Delta T)$ la valeur numérique $s_{\mathrm{e}}\,(n)$ en respectant la règle

$$\mathrm{si}\ \ s\,(n\,\Delta T) \in \left[\left(m - \frac{1}{2}\right) q, \left(m + \frac{1}{2}\right) q\right[,\ \mathrm{alors}\ s_{\mathrm{e}}\,(n) = m\,q, \qquad (1.51)$$

où q est le pas du convertisseur, m un entier compris entre -2^{M-1} et $2^{M-1}-1$, et M le nombre de bits du convertisseur. Un convertisseur comportant M bits, peut convertir un signal variant entre $-s^{\max}$ et $+s^{\max}$ en 2^M valeurs numériques, ce qui correspond à un pas du convertisseur $q \approx s^{\max}/2^{M-1}$. Le résultat de l'échantillonnage est donc une valeur approchée

$$s_{\mathrm{e}}\,(n) = s\,(n\,\Delta T) + \varepsilon_{\mathrm{e}}, \qquad (1.52)$$

où ε_{e} est l'erreur de quantification. Cette erreur, comprise entre $-q/2$ et $+q/2$, peut être assimilée à un bruit, dit bruit de quantification. Si l'on admet que la densité de probabilité d'obtention d'un résultat affecté d'une erreur ε_{e}, est uniforme sur l'intervalle $[-q/2, +q/2]$, on montre aisément que la valeur quadratique moyenne de ce bruit est égale à $q^2/12$. Plus la conversion est effectuée sur un nombre élevé de bits, plus le bruit de quantification est faible. Les appareils de RMN sont conçus de manière telle que le bruit de quantification reste en général inférieur à celui produit par les autres sources de bruit.

Le signal numérisé est soumis à une transformation de Fourier discrète qui permet de passer du domaine temporel au domaine fréquentiel (figure 1.13). En spectroscopie, comme en imagerie, la fréquence est en effet une information essentielle.

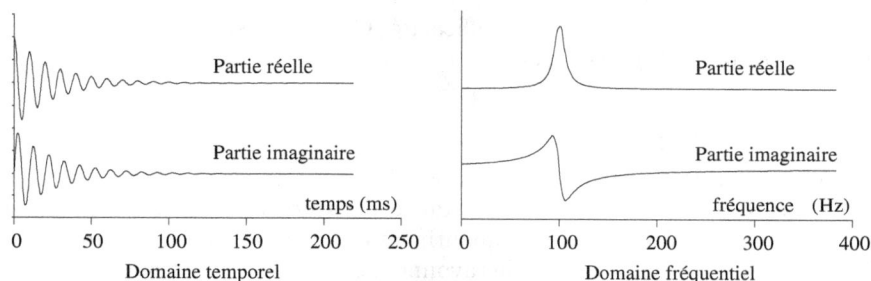

FIG. 1.13 – Signal complexe et sa transformée de Fourier.

On notera qu'un appareil ne comportant qu'une seule bobine de réception, produit un signal qui ne contient pas d'information sur le signe du rapport gyromagnétique. Deux bobines non coaxiales sont nécessaires pour obtenir cette information.

1.7.2   Aspects quantitatifs : réciprocité

Le théorème de réciprocité[3] peut être utilisé pour évaluer l'amplitude du signal induit dans une bobine de réception. Le flux à travers la bobine de réception créé par l'aimantation $\boldsymbol{m}\,(\boldsymbol{r})\,\mathrm{d}V$ de l'élément de volume $\mathrm{d}V$ situé au point $\boldsymbol{r}$, s'écrit :

$$\mathrm{d}\phi = \boldsymbol{m}\,(\boldsymbol{r})\,.\boldsymbol{B}_1^{\perp}\,(\boldsymbol{r},\,I=1)\,\mathrm{d}V, \qquad (1.53)$$

où $\boldsymbol{B}_1^{\perp}\,(\boldsymbol{r},\,I=1)$ est la composante **transversale** (c'est-à-dire orthogonale à $\boldsymbol{B}_0$) du champ rf créé au point $\boldsymbol{r}$ par la bobine de réception lorsqu'elle est parcourue par un courant d'amplitude unité, et $\boldsymbol{m}\,(\boldsymbol{r})$ est l'aimantation par unité de volume au point $\boldsymbol{r}$. Seule la composante transversale de l'aimantation, $m_{\perp}\,(\boldsymbol{r})$, crée un flux dépendant du temps et qui est donc susceptible d'induire une fem dans une bobine.

La fem élémentaire associée à l'élément de volume $\mathrm{d}V$ s'écrit donc :

$$\mathrm{d}e = -\frac{\mathrm{d}\,(\mathrm{d}\phi)}{\mathrm{d}t} = \Omega_0\,m_{\perp}\,(\boldsymbol{r})\,B_1^{\perp}\,(\boldsymbol{r},I=1)\sin\,(\Omega_0 t + \varphi)\,\mathrm{d}V, \qquad (1.54)$$

---

3. Voir par exemple : É. du Trémolet de Lacheisserie, D. Gignoux, M. Schlenker, *Magnetism: Fundamentals.* Springer-Verlag, New York, 2005.

où φ est l'angle entre $\boldsymbol{m}_\perp$ et $\boldsymbol{B}_1^\perp$ à l'instant $t = 0$, et où $m_\perp(\boldsymbol{r})$ est l'amplitude de l'aimantation transversale. Le terme de relaxation transversale a été omis. La fem induite dans la bobine de réception est obtenue en intégrant sur le volume V_e de l'échantillon.

La relation (1.54) revêt une grande importance, car elle permet de calculer l'ordre de grandeur des fem induites par la précession de moments magnétiques nucléaires et surtout de choisir une bobine dont la géométrie offre, pour un échantillon donné, la plus grande efficacité. Ce signal est généralement d'amplitude très faible (*cf.* exercice 1-4).

1.7.3 Le bruit

Le signal RMN se trouve en compétition avec de nombreuses sources de bruit, bruit thermique dans la résistance de source, bruit introduit par la chaîne d'amplification, bruit de quantification, couplage de la bobine radio-fréquence avec diverses sources de rayonnement électromagnétique (émetteurs hertziens, appareils électriques ou électroniques etc.). Le bruit dominant est en général le bruit dit thermique, qui provient du mouvement brownien des charges électriques (électrons ou ions) dans les conducteurs de la bobine de réception et dans les matériaux couplés électriquement ou magnétiquement à cette bobine (c'est notamment le cas de l'échantillon). La contribution de la plupart des autres sources de bruit peut en effet généralement être rendue négligeable par une conception soignée de l'instrumentation :

- l'appareil entier peut être placé dans une cage de Faraday pour réduire le couplage avec des sources rf externes ;

- le préamplificateur peut avoir un facteur de bruit très réduit ;

- l'utilisation de fréquences d'échantillonnage élevées et de CAN à grande dynamique, permet de réduire le bruit de quantification.

La résistance, siège du bruit thermique (désigné aussi sous le nom de bruit Johnson), est la partie réelle de l'impédance de la bobine de détection à la fréquence de travail (fréquence de Larmor), vue des bornes de sortie de cette bobine. L'origine de ce bruit est multiple, et l'on distingue les contributions suivantes :

- La résistance des conducteurs qui constituent la bobine de détection. Cette contribution, R_c, peut en principe être réduite en améliorant la conductivité des conducteurs utilisés (l'utilisation de matériaux supra-conducteurs est bien sûr une voie qui peut être, et est parfois, utilisée).

- Le couplage de la bobine à l'environnement et notamment à l'échantillon qui peut être plus ou moins conducteur. La partie magnétique du couplage est la source de courants de Foucault. La présence de ce couplage modifie l'impédance du circuit en introduisant un terme réactif (qui n'est pas gênant) et un terme résistif R_m. De la même manière la bobine crée un champ électrique qui traverse l'échantillon, ce qui introduit un autre terme résistif R_{el}. On peut toujours, par interposition d'écrans ou avec une conception particulière de la bobine (équilibrage électrique, accord distribué), réduire le terme de couplage électrique R_{el} entre la bobine et son environnement. Par contre il est impossible de supprimer le terme de couplage magnétique entre la bobine et une partie de son environnement. C'est en effet le couplage magnétique entre la bobine et l'échantillon qui permet de recevoir le signal RMN. Supprimer ou réduire ce couplage, c'est aussi supprimer ou réduire le signal RMN lui même. En imagerie médicale l'échantillon est un patient. Dans ce cas, compte tenu de l'importante conductivité du corps humain, c'est le terme R_m qui est dominant, notamment lorsque la fréquence de travail est élevée.

La résistance apparente de la bobine a donc pour forme générale :

$$R_b = R_c + R_m + R_{el}. \tag{1.55}$$

La valeur efficace (racine carrée de la valeur quadratique moyenne) de la fem de bruit est donnée par la formule de Nyquist :

$$e_b = \sqrt{4k_B \left[R_c T_c + (R_m + R_{el}) T_e \right] BP}, \tag{1.56}$$

où k_B est la constante de Boltzmann, T_e la température de l'échantillon, T_c la température du conducteur, et BP la largeur de bande fréquentielle utilisée. Ce bruit est un bruit blanc, c'est-à-dire que, sur la largeur BP, le spectre du bruit est uniforme (le bruit par unité de fréquence est uniforme). Les valeurs des résistances de bruit s'accroissent en général avec la fréquence.

Lorsque la bobine est parcourue par un courant, la bobine et l'échantillon sont le siège de pertes par effet Joule. On décrit parfois le bruit dans la résistance de source en faisant un lien avec les pertes dans la bobine ou dans l'échantillon. Les pertes ne sont évidemment pas la cause du bruit, mais les termes R_c, R_{el} et R_m permettent de quantifier les pertes comme ils permettent de quantifier le bruit. Réduire les pertes par effet Joule, c'est aussi réduire l'amplitude du bruit.

On notera enfin, la contribution au bruit des instabilités instrumentales : des fluctuations du champ rf d'excitation, par exemple, produisent des variations de l'intensité des résonances observées : il s'agit d'un bruit qui n'est observable qu'en présence de signal RMN.

1.7.4 Rapport signal sur bruit

La présence du signal et celle du bruit conduisent au schéma équivalent d'un capteur RMN présenté figure 1.14. La qualité de l'information obtenue

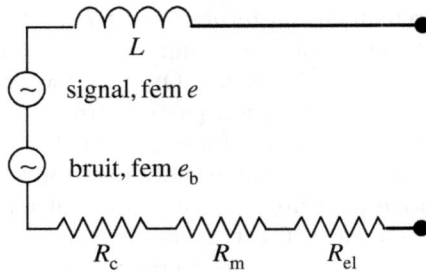

FIG. 1.14 – Bobine de réception : sources de signal et de bruit.

dans une expérience de RMN est caractérisée par le rapport signal sur bruit (S/B)

$$\frac{S}{B} = \frac{\Omega_0 \int_{V_e} \boldsymbol{m}\,(\boldsymbol{r}) \cdot \boldsymbol{B}_1^{\perp}\,(\boldsymbol{r}, I = 1)\,\mathrm{d}v}{\sqrt{4k_{\mathrm{B}}\ (R_{\mathrm{c}}T_{\mathrm{c}} + (R_{\mathrm{m}} + R_{\mathrm{el}})\,T_{\mathrm{e}})\,BP}}, \tag{1.57}$$

où V_e est le volume de l'échantillon. L'examen de cette expression donne des indications sur les méthodes permettant d'accroître le rapport signal sur bruit :

– Augmenter la fréquence : l'intensité de l'aimantation nucléaire est directement proportionnelle au champ B_0, comme l'est la fréquence de Larmor Ω_0. Le numérateur de l'équation (1.57) croît donc comme le carré du champ statique B_0 (*cf.* exercice 1-5). La présence des termes résistifs du dénominateur vient cependant diminuer cet effet : l'effet de peau introduit une croissance de R_{c} proportionnelle à $\Omega_0^{1/2}$, ce qui reste modeste, mais la résistance caractérisant les pertes magnétiques dans l'échantillon croît comme le carré de la fréquence. Globalement cependant, le numérateur croît toujours plus vite que le dénominateur lorsque le champ s'élève, ce qui permet de comprendre l'accroissement continu des champs magnétiques statiques utilisés en RMN.

– Accroître le volume de l'échantillon, ce qui est souvent possible lorsqu'on travaille sur des solutions, mais plus difficile *in vivo*.

– Diminuer la résistance du conducteur en accroissant son diamètre et en diminuant sa longueur (ajuster le volume de la bobine au volume de l'échantillon). L'utilisation de bobines rf supraconductrices est ainsi une voie qui suscite un certain intérêt lorsque les pertes dans le conducteur sont dominantes.

– Diminuer la température du capteur, ce qui peut être intéressant lorsque la résistance des conducteurs de la bobine est la source de bruit dominante.

On serait tenté à l'examen de l'équation (1.57), de rajouter qu'une méthode d'amélioration du rapport signal sur bruit serait de diminuer la bande passante *BP*. Cela est tout à fait exact lorsque l'on observe le signal dans le domaine temporel : limiter la bande passante de bruit à la largeur fréquentielle couverte par le signal est de nature à améliorer la visibilité du signal. Mais en fait il est rare aujourd'hui de travailler dans le domaine temporel. On utilise une transformée de Fourier qui analyse le contenu fréquentiel du signal et du bruit. Dès lors qu'un filtre permet d'ajuster la bande fréquentielle occupée par le bruit à la largeur de bande associée à la transformée de Fourier, le rapport signal sur bruit dans le domaine fréquentiel ne dépend plus de *BP*. Nous avons supposé implicitement que le signal occupait une bande de fréquences de largeur constante. Cela n'est plus le cas en imagerie lorsque la réduction de *BP* est associée à la diminution d'un gradient appliqué pendant l'acquisition du signal.

Le rapport S/B caractérise un capital existant à la sortie du capteur, capital qui doit être préservé par la chaîne électronique et numérique de traitement du signal. La première étape pour conserver ce capital est d'utiliser une transformation d'impédance. En effet, la résistance apparente de la bobine est toujours très faible, et il faut éviter que s'ajoutent directement à cette résistance celles des conducteurs de liaison entre bobine et préamplificateur. Il convient d'effectuer cette transformation d'impédance dès la sortie de la bobine en vue d'accroître l'impédance. Cette transformation accroît le signal comme le bruit.

Pour améliorer le rapport signal sur bruit, on répète N fois la même expérience, et l'on additionne les résultats numérisés des N expériences. Lors de cette opération, le signal, identique à lui-même d'une expérience à l'autre, est multiplié par le nombre d'expériences N. L'addition de signaux aléatoires comme le bruit s'effectue quadratiquement, de sorte qu'à l'issue du processus de sommation, le bruit a été multiplié par $\sqrt{N}$. L'expression (1.57) devient :

$$\frac{S}{B} = \frac{\sqrt{N}\,\Omega_0 \int_{V_e} \boldsymbol{m}\,(\boldsymbol{r}) \cdot \boldsymbol{B}_1^\perp\,(\boldsymbol{r},\,I=1)\,\mathrm{d}v}{\sqrt{4k_B\,(R_c T_c + (R_m + R_{el})\,T_e)\,BP}}. \qquad (1.58)$$

1.8 Gradients

La présence dans un appareil de RMN de bobinages créant des variations spatiales du champ magnétique (gradients), répond à des objectifs multiples :

- compensation des inhomogénéités du champ magnétique (*shim*) et notamment celles qui sont introduites par la présence de l'échantillon,

- destruction des aimantations transversales non désirées (sélection de cohérences),

- codage de l'espace en vue de l'acquisition d'images.

1.8.1   Compensation des inhomogénéités de champ

Le champ magnétique créé par l'aimant est souvent insuffisamment homogène. Par ailleurs, les différences de susceptibilité magnétique entre l'échantillon et son environnement, comme les variations de susceptibilité à l'intérieur même de l'échantillon qui, en imagerie, est toujours hétérogène introduisent des distorsions de champ magnétique qu'il faut réduire. On fait donc appel à des bobinages de correction. La compréhension des principes de base de la correction des imperfections du champ nécessite un bref examen des règles régissant les variations spatiales d'un champ magnétique statique.

Le champ magnétique satisfait aux équations de Maxwell. On a donc

$$\operatorname{div} \boldsymbol{B} = 0. \tag{1.59}$$

Dans une région sans courant, comme celle où se situe en IRM l'échantillon ou le patient, le champ doit en outre satisfaire à

$$\operatorname{rot} \boldsymbol{B} = \boldsymbol{0}. \tag{1.60}$$

Dans ce cas, le champ magnétique dérive d'un potentiel scalaire Φ :

$$\boldsymbol{B} = -\operatorname{\mathbf{grad}} \Phi. \tag{1.61}$$

En remplaçant dans l'équation (1.59) $\boldsymbol{B}$ par son expression en fonction du potentiel scalaire, on en déduit :

$$\nabla^2 \Phi = 0. \tag{1.62}$$

Le potentiel scalaire magnétique Φ satisfait donc à l'équation de Laplace. Il est aisé de montrer en utilisant la relation générale $\operatorname{grad} \operatorname{div} = \operatorname{rot} \operatorname{rot} + \Delta$, que le champ magnétique lui même satisfait à l'équation de Laplace :

$$\nabla^2 \boldsymbol{B} = 0. \tag{1.63}$$

Les composantes transversales B_X et B_Y sont plus petites de plusieurs ordres de grandeur que la composante longitudinale, et peuvent donc être en général négligées. Il suffit de s'intéresser à la composante B_Z du champ qui peut être développée en une série d'harmoniques sphériques. De manière générale, le champ au point de coordonnées sphériques r, θ, φ (figure 1.15) s'écrit :

$$B_Z\left(r,\ \theta,\ \phi\right) = B_0 \sum_{l=0}^{\infty} \sum_{m=0}^{l} r^l P_l^m \left(\cos\theta\right) \left[a_l^m \cos\left(m\varphi\right) + b_l^m \sin\left(m\varphi\right)\right], \tag{1.64}$$

où les fonctions $P_l^m\left(\cos\theta\right)$ sont les polynômes de Legendre d'ordre l et de degré m. Lorsque $m = 0$ la symétrie est cylindrique. Les termes a_l^m et b_l^m sont les coefficients du développement du champ magnétique en une série d'harmoniques sphériques. On remarquera que, dans ce développement, les puissances négatives de r ont été exclues puisque le champ est fini à $r = 0$.

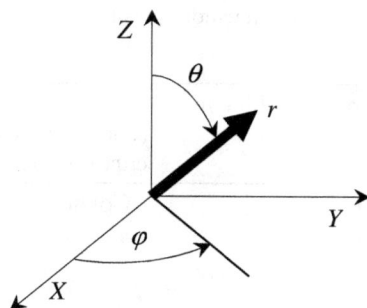

FIG. 1.15 – Coordonnées sphériques dans le trièdre associé au laboratoire.

TAB. 1.3 – Quelques polynômes de Legendre.

$$P_0^0 \left(\cos \theta \right) = 1$$
$$P_1^0 \left(\cos \theta \right) = \cos \theta$$
$$P_1^1 \left(\cos \theta \right) = \sin \theta$$
$$P_2^0 \left(\cos \theta \right) = \tfrac{1}{2} \left(3 \cos^2 \theta - 1 \right)$$
$$P_2^1 \left(\cos \theta \right) = 3 \sin \theta \cos \theta$$
$$P_2^2 \left(\cos \theta \right) = 3 \sin^2 \theta$$

Chaque bobine de correction est conçue de manière à produire un champ correspondant à un des termes du développement (a_l^m et b_l^m), de manière aussi précise que possible (tableau 1.4). Chaque bobinage doit alors être parcouru par le courant lui permettant d'éliminer l'harmonique qui lui correspond (opération de « *shimming* »). L'intérêt d'un tel développement en fonctions orthogonales est que, en principe, l'ajustement du courant dans une des bobines ne modifie en rien les courants qui doivent parcourir les autres bobines (en pratique, compte tenu des imperfections des bobinages, un bobinage produit d'autres termes que l'harmonique pour lequel il est construit, et les interactions sont souvent non négligeables). La correction de l'homogénéité est de plus en plus fréquemment effectuée de manière automatique : la carte de champ est relevée par une méthode d'imagerie (voir chapitre 5, section 5.4.9) ; le champ est ensuite décomposé en une série d'harmoniques sphériques ce qui permet le calcul des courants dans chaque bobinage. Certains des bobinages de correction font partie de la structure même de l'aimant. Avec des aimants supraconducteurs, les courants dans ces bobinages sont ajustés à la mise en champ et ne sont ensuite, en principe, plus retouchés. Cela permet de corriger des défauts d'homogénéité dus à l'aimant lui-même. Les corrections des distorsions de champ associées à la présence de l'échantillon, de la bobine radiofréquence, comme de tout dispositif placé dans l'aimant pour les besoins d'une expérience (thermocouple, électrodes, etc.) ou d'un examen, sont effec-

TAB. 1.4 – Correspondance entre harmoniques sphériques et bobinages de correction.

Nom du bobinage	Ordre l	Degré m	Coefficient	Fonction (coordonnées cartésiennes)	Fonction (coordonnées sphériques)
z_0	0	0	a_0^0	Constante	Constante
z	1	0	a_0^1	Z	$r \cos \theta$
x	1	1	a_1^1	X	$r \sin \theta \cos \varphi$
y	1	1	b_1^1	Y	$r \sin \theta \sin \varphi$
z^2	2	0	a_2^0	$Z^2 - (X^2 + Y^2)/2$	$r^2 (3 \cos^2 \theta - 1)/2$
xz	2	1	a_2^1	XZ	$r^2 \sin \theta \cos \theta \cos \varphi$
yz	2	1	b_2^1	YZ	$r^2 \sin \theta \cos \theta \sin \varphi$
$x^2 - y^2$	2	2	a_2^2	$X^2 - Y^2$	$r^2 \sin^2 \theta \cos \varphi$
xy	2	2	b_2^2	XY	$r^2 \sin^2 \theta \sin \varphi$

tués avant chaque expérience au moyen de bobinages non supraconducteurs dits « shims chauds ». La figure 1.16 illustre l'importance que peut avoir la correction de termes d'ordre supérieur à 1.

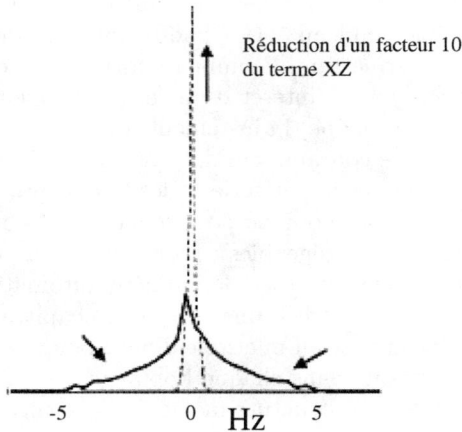

FIG. 1.16 – Effet de l'ajustement du courant dans un bobinage de correction de second ordre (XZ). La correction affine la raie et augmente très fortement son intensité. D'après R. Gruetter *et al.* NMR Biomed. **16**, 313–338, 2003. (This material is reproduced with permission of John Wiley & sons, inc.)

Il faut souligner ici que, quelle que soit l'application envisagée, spectroscopie ou imagerie, l'homogénéité du champ est un paramètre de grande importance. Elle peut être définie comme le rapport $\Delta B/B_0$ de la variation maximum ΔB du champ dans un volume déterminé, sur la valeur nominale du champ. Cependant, avec cette définition, la mesure de l'homogénéité nécessite le relevé de la carte de champ sur le volume considéré ce qui nécessite l'utilisation d'une technique d'imagerie. L'homogénéité d'un aimant est plus souvent estimée à partir de la mesure de la largeur de raie à mi-hauteur sur un échantillon sphérique. L'homogénéité qui doit être atteinte dépend de l'intensité du champ magnétique et du type d'étude. Les études spectroscopiques sont probablement les plus exigeantes et, dans ce cas, il est souvent nécessaire de disposer d'un champ dont la variation relative n'excède pas 10^{-7}–10^{-8} sur le volume de travail.

1.8.2 Gradients uniformes de champ magnétique

Les bobinages de correction du premier ordre sont désignés dans le monde de l'imagerie sous le terme de bobinages de gradient. Il s'agit en fait de gradients uniformes de champ magnétique, c'est-à-dire de gradients de champ dont la valeur est indépendante de la position. L'utilisation de ces gradients de champ statique occupe une place centrale en imagerie. Les bobinages les produisant sont techniquement très différents des bobinages de correction, car ils doivent, pouvoir créer des champs plus forts, être commutés très rapidement, et être écrantés (de façon à ne pas créer de courants de Foucault dans les structures conductrices entourant le bobinage).

Le champ créé par les bobines de gradient est beaucoup plus petit que le champ principal (typiquement inférieur à $10^{-3}B_0$) et est (idéalement) orienté dans la direction Z du champ principal. En présence d'un gradient de ce type, le champ s'écrit :

$$\boldsymbol{B}\left(\boldsymbol{r}\right) = \left(B_0 + \boldsymbol{G}.\,\boldsymbol{r}\right)\boldsymbol{k}_Z, \qquad (1.65)$$

où $\boldsymbol{G}$ est le vecteur gradient ($\boldsymbol{G} = G\,\boldsymbol{k}_U$, où $\boldsymbol{k}_U$ est le vecteur unitaire porté par l'axe U).

Pour créer un gradient d'intensité G dans une direction U quelconque, il faut disposer d'un système de bobinages permettant de générer des gradients de champ, d'amplitude ajustable et modulable dans le temps, dans chacune des trois directions X, Y et Z de l'espace. Les trois gradients doivent pouvoir être appliqués simultanément.

Les trois composantes du gradient, G_X, G_Y, G_Z, sont liées à $\boldsymbol{G}$ par les relations :

$$G_X = G\,\boldsymbol{k}_U.\,\boldsymbol{k}_X\,;\quad G_Y = G\,\boldsymbol{k}_U.\,\boldsymbol{k}_Y\,;\quad G_Z = G\,\boldsymbol{k}_U.\,\boldsymbol{k}_Z. \qquad (1.66)$$

L'expression (1.65) s'écrit encore

$$\boldsymbol{B}\left(\boldsymbol{r}\right) = \left(B_0 + G_X X + G_Y Y + G_Z Z\right)\boldsymbol{k}_Z, \qquad (1.67)$$

où X, Y, Z sont les composantes de $\boldsymbol{r}$. Les fréquences de précession varient spatialement selon la loi

$$\Omega\left(\boldsymbol{r}\right) = \Omega_0 - \gamma\,\boldsymbol{G}.\,\boldsymbol{r}. \tag{1.68}$$

Dans un trièdre tournant à la fréquence Ω_0, on peut écrire :

$$\omega\left(\boldsymbol{r}\right) = \Omega - \Omega_0 = -\gamma\,\boldsymbol{G}.\,\boldsymbol{r}. \tag{1.69}$$

Le gradient s'exprime bien sûr en T/m, mais on peut aussi utiliser le Hz/m, en référence à la relation de Larmor.

Nous ne considérerons dans cet ouvrage que des gradients de champ statique, mais il faut savoir que certaines techniques exploitent des gradients de champ radiofréquence.

1.8.3 Termes de Maxwell

Le champ magnétique produit par les bobinages de gradients d'imagerie, doit évidemment obéir aux équations de Maxwell (équations (1.59) et (1.60)). Une conséquence directe de ces équations est qu'un champ inhomogène ne peut pas être uniformément parallèle à une direction donnée. Un bobinage destiné à produire un gradient dB_Z/dX, dB_Z/dY ou dB_Z/dZ, produit nécessairement aussi des composantes transversales B_X et B_Y dont l'amplitude dépend de la position.

Par exemple, la divergence de $\boldsymbol{B}$ étant nulle, on en déduit immédiatement que la production d'un gradient G_Z s'accompagne de l'apparition de composantes transversales du champ telles que :

$$\frac{\partial B_X}{\partial X} + \frac{\partial B_Y}{\partial Y} = -\frac{\partial B_Z}{\partial Z} = -G_Z.$$

Si le bobinage de production du gradient Z est de symétrie cylindrique, alors $\partial B_X/\partial X = \partial B_Y/\partial Y$. Nous supposerons par la suite que cette hypothèse est satisfaite (c'est notamment le cas avec les aimants supraconducteurs).

Par ailleurs, le rotationnel de $\boldsymbol{B}$ étant nul dans une région sans courant, comme c'est le cas de l'échantillon, on en déduit :

$$\frac{\partial B_Y}{\partial Z} = \frac{\partial B_Z}{\partial Y} = G_Y, \tag{1.70}$$

$$\frac{\partial B_X}{\partial Z} = \frac{\partial B_Z}{\partial X} = G_X. \tag{1.71}$$

L'ajout d'un gradient de composantes G_X, G_Y, G_Z, à un champ initialement dirigé selon l'axe Z, fait donc nécessairement apparaître des composantes dans les directions X et Y. On a donc :

$$B_X = G_X Z - \frac{G_Z X}{2}, \tag{1.72}$$

$$B_Y = G_Y Z - \frac{G_Z Y}{2}, \tag{1.73}$$

$$B_Z = B_0 + G_X X + G_Y Y + G_Z Z. \tag{1.74}$$

La présence des termes B_X et B_Y modifie l'amplitude et l'orientation du champ. Puisque B_0 est généralement très supérieur aux champs créés par les bobinages de gradient, on établit facilement que le champ à la position r s'écrit

$$B \approx B_0 + \boldsymbol{G}.\boldsymbol{r} + \frac{1}{2B_0}\left[\left(G_X Z - \frac{G_Z X}{2}\right)^2 + \left(G_Y Z - \frac{G_Z Y}{2}\right)^2\right]. \tag{1.75}$$

Les termes (1.72) et (1.73) sont souvent appelés termes de Maxwell. De manière générale les termes de Maxwell,

- modifient l'orientation locale du champ ;

- augmentent l'amplitude du champ, donc la fréquence de résonance ;

- modifient l'homogénéité du champ : les termes de Maxwell dépendent de la position considérée.

L'importance de ces effets, dépend des amplitudes relatives du champ directeur et du terme $B_\perp$ (*cf.* figure 1.17). Elle peut devenir grande en champ faible, mais aussi lorsqu'on utilise des gradients de très forte intensité.

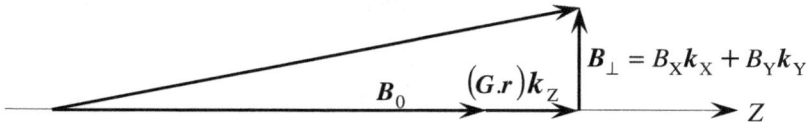

FIG. 1.17 – Lorsqu'on ajoute un champ $(G, r)k_z$ à un champ homogène $\boldsymbol{B}_0$ dirigé selon l'axe Z, une composante orthogonale à Z d'amplitude $\boldsymbol{B}_\perp = B_X \boldsymbol{k}_X + B_Y \boldsymbol{k}_Y$ est nécessairement créée ; B_X et B_Y sont donnés par les équations (1.72) et (1.73) ; $\boldsymbol{k}_X$ et $\boldsymbol{k}_Y$ sont les vecteurs unités dans les directions X et Y.

1.9   Déplacement chimique

1.9.1   Constante d'écran

La fréquence de Larmor d'une espèce nucléaire (proton par exemple) placée dans un champ magnétique donné, dépend en fait de son environnement électronique. Ce phénomène est désigné sous le terme de *déplacement chimique* puisqu'il décrit un déplacement des fréquences de résonance qui dépend de l'environnement chimique du noyau. Il est à la base de l'intérêt que présentent les méthodes de RMN en chimie et en biochimie.

Le phénomène a pour origine le cortège électronique qui entoure le noyau. La présence d'un champ magnétique externe B_0 polarise le cortège électronique qui effectue un mouvement de précession autour de la direction du champ. En effet, le moment magnétique orbital $M_e = -(e/2m_e)L$ ($-e$ est la charge de l'électron et m_e sa masse), associé au moment cinétique orbital L, est, comme le moment magnétique nucléaire, soumis au couple $\Gamma = M_e \times B_0$. La précession du nuage électronique s'effectue donc à la vitesse angulaire $\omega_e = (e/2m_e)B_0$. Cette précession globale du nuage électronique crée un champ magnétique proportionnel à B_0, mais de très petite valeur par rapport au champ directeur. Ce champ induit s'écrit sous la forme :

$$B_{ind} = -\vec{\sigma}.B_0, \tag{1.76}$$

où $\vec{\sigma}$ est un tenseur appelé *tenseur d'écran*, en référence à l'écran à la pénétration du champ magnétique que constitue le cortège électronique.

On a donc :

$$B = (1 - \vec{\sigma}) . B_0. \tag{1.77}$$

L'hamiltonien Zeeman (équation (1.3)) doit donc être réécrit sous la forme :

$$H_Z = -\gamma \hbar I . (1 - \vec{\sigma}) . B_0. \tag{1.78}$$

Le champ vu par le noyau dépend donc en général de l'orientation de la molécule par rapport à ce champ. Cependant, lorsqu'on observe des molécules en solution, le mouvement moyenne les différentes orientations et l'effet d'écran observé est lié à la trace du tenseur. On mesure ainsi une *constante d'écran σ* :

$$\sigma = \frac{1}{3}\text{Tr}\,\vec{\sigma}. \tag{1.79}$$

La constante d'écran σ, nombre sans dimension, se situe dans la gamme $10^{-6}-10^{-3}$, sa valeur dépendant de la structure du cortège électronique. Si l'anisotropie du déplacement chimique n'est pas visible avec des molécules en solution, ce phénomène contribue cependant à la relaxation. L'anisotropie du facteur d'écran est en effet la source d'un champ fluctuant au niveau du noyau (B_{ind} dépend de l'orientation). Ce champ possède des composantes orthogonales à B_0. Lorsque le spectre des fréquences du mouvement contient des composantes à la fréquence de Larmor, le champ induit des transitions entre états et contribue à la relaxation spin-réseau.

Dans le cas d'une distribution électronique à symétrie sphérique, le déplacement ne dépend pas de l'orientation et le calcul classique conduit à la formule de Lamb (*cf.* exercice 1-6) :

$$\sigma = \mu_0 \frac{e^2}{3m_e} \int_0^\infty r\,\rho(r)\,dr, \tag{1.80}$$

où μ_0 est la perméabilité du vide et $\rho(r)$ la densité électronique.

1.9.2 Déplacement chimique : présentation des spectres

En présence du terme de déplacement chimique, la fréquence de transition effective du noyau considéré (X) devient donc :

$$\Omega_0^X = -\gamma B_0 \left(1 - \sigma_X\right). \tag{1.81}$$

Le déplacement chimique désigne un phénomène physico-chimique, mais il désigne aussi un nombre, δ que l'on définit en considérant un noyau de même espèce que le noyau observé dans un environnement de référence. On introduit δ_X, déplacement chimique du noyau dans l'environnement X, de la manière suivante :

$$\delta_X = \frac{\Omega_0^X - \Omega_0^R}{\Omega_0^R} 10^6 = \frac{\sigma_R - \sigma_X}{1 - \sigma_R} 10^6, \tag{1.82}$$

où δ est sans dimension et est exprimé en parts par million (**ppm**), Ω_0^X et Ω_0^R sont respectivement les fréquences de résonance du noyau X et du noyau de référence, σ_X et σ_R sont leurs constantes d'écran. On trouve dans la littérature d'autres définitions du déplacement chimique, par exemple $\delta_X = 10^6 \left(\sigma_R - \sigma_X\right)$, ou encore $\delta_X = 10^6 \left(\Omega_0^X - \Omega_0^R\right) / \Omega_0^X$. On vérifiera que, compte tenu de l'ordre de grandeur de la constante d'écran, ces définitions sont sensiblement équivalentes. On vérifiera aussi que la fréquence peut aussi se mettre sous la forme :

$$\Omega_0^X \approx \Omega_0^R \left(1 + \delta_X 10^{-6}\right). \tag{1.83}$$

On remarque qu'en utilisant une échelle en ppm :

- les distances entre résonances caractéristiques de deux environnements différents ne dépendent pas de l'intensité du champ magnétique utilisé (une présentation avec une échelle de fréquences conduirait à des distances proportionnelles au champ directeur) ;

- les signes du rapport gyromagnétique et de la fréquence de précession n'interviennent pas.

Pour des raisons qui tiennent à l'histoire de la technique, les spectres RMN sont présentés avec un axe des déplacements chimiques dirigé vers la gauche (*cf.* exercice 1-7). Plus on se déplace vers la droite de l'échelle, plus l'effet d'écran est prononcé : le champ local est plus faible et la valeur absolue de la fréquence de résonance également (figure 1.18).

Lorsqu'on est en présence de noyaux situés dans différents environnements chimiques, et donc de plusieurs fréquences de résonance, le signal RMN dans le domaine temporel s'écrit :

$$s\left(t\right) = \sum_{j=1}^{N} s_j\left(0\right) \exp\left(\mathrm{i}\omega_j t\right) \exp\left(-\frac{t}{T_2^j}\right), \tag{1.84}$$

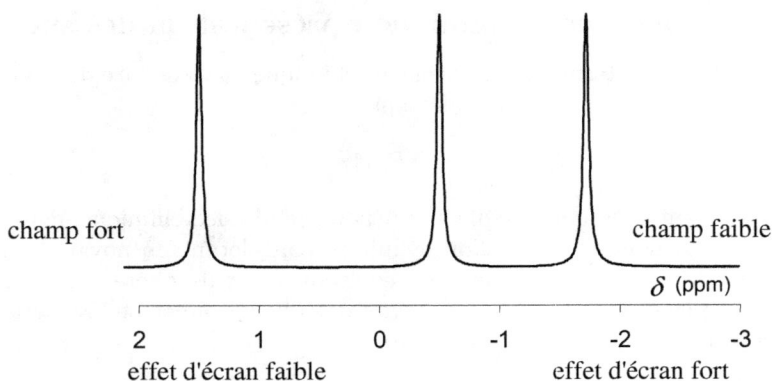

champ fort   champ faible

δ (ppm)

2   1   0   -1   -2   -3

effet d'écran faible   effet d'écran fort

FIG. 1.18 – L'axe du déplacement chimique est orienté vers la gauche. L'accroissement du déplacement chimique correspond à une diminution de l'effet d'écran.

où l'indice j caractérise les divers environnements électroniques (c'est-à-dire les divers sites moléculaires) dans lesquels peut se trouver le noyau étudié dans la molécule considérée. $\omega_j = \Omega_0^j - \Omega$ est la fréquence dans un trièdre tournant à la fréquence Ω. Le spectre $S(f)$ est obtenu en effectuant la transformation de Fourier de $s(t)$:

$$S(f) = \int_{-\infty}^{\infty} s(t) \exp(-2\pi i f t) \, dt. \qquad (1.85)$$

L'accroissement du champ directeur accroît la séparation des résonances, donc la résolution des spectres (si la largeur de raie reste constante). C'est une des raisons pour lesquelles on privilégie en spectroscopie l'usage des hauts champs. La sensibilité en est une autre. La figure 1.19 montre le très grand nombre de composés qui peuvent être identifiés dans des extraits tissulaires.

1.9.3   Calculs des déplacements chimiques

Nous avons vu que le déplacement chimique a pour origine le cortège électronique. L'intensité du champ induit par la précession du cortège électronique d'une molécule plongée dans le champ externe $\boldsymbol{B}_0$, est donnée par l'équation (1.76). La présence de ce champ, $\boldsymbol{B}_{\mathrm{ind}}$, est associée à une très faible perturbation, ΔE, de l'énergie du système :

$$\Delta E = \boldsymbol{m}_{\mathrm{n}} . \vec{\boldsymbol{\sigma}} . \boldsymbol{B}_0. \qquad (1.86)$$

Ce terme peut être approché avec une excellente précision en effectuant un développement de l'énergie en série de Taylor. Les termes responsables du dé-

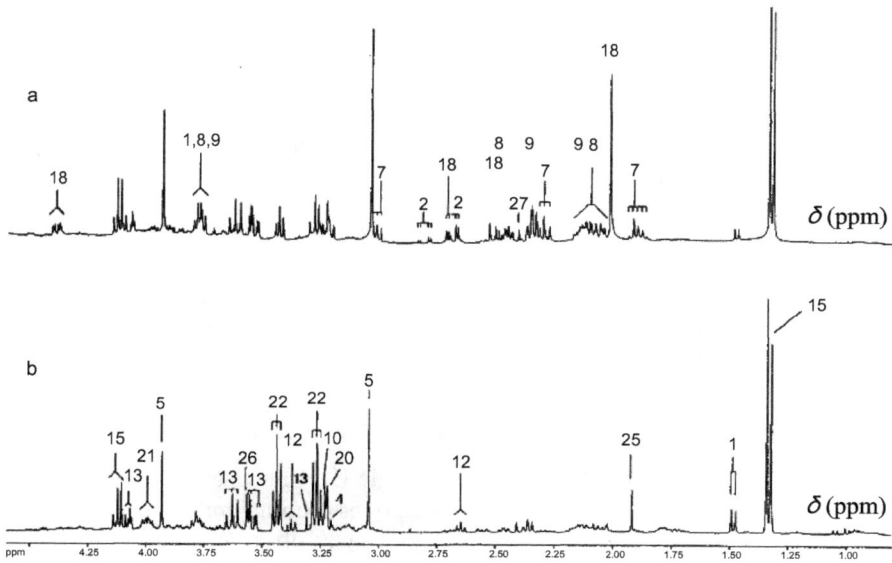

FIG. 1.19 – Spectres d'extraits tissulaires. (a) cerveau normal de rat. (b) tumeur. Identification des résonances : **1** Alanine, **2** Aspartate, **4** Choline, **5** Créatine et Phospho créatine, **7** Acide gamma amino butyrique (GABA), **8** Glutamate, **9** Glutamine, **10** Glycérophosphocholine, **12** Hypotaurine, **13** Inositol, **15** Lactate, **18** N-Acétylaspartate, **20** Phosphocholine, **21** Phosphoéthanolamine, **22** Taurine, **25** Acetate, **26** Glycine, **27** Succinate. D'après C. Rémy, *et al.* J. Neurochem. **62** 166-179 (1994).

placement chimique sont linéaires par rapport à $\boldsymbol{B}_0$ et à $\boldsymbol{m}_n$. On obtient ainsi

$$\sigma_{i,j} = \left(\frac{\partial^2 E}{\partial m_{n,i}\, \partial B_{0,j}} \right)_{B_0, m=0} \quad i,j = X, Y, Z, \qquad (1.87)$$

où X, Y, Z est un trièdre lié à la molécule et où le terme Zeeman nucléaire, $-\boldsymbol{m}_n \cdot \boldsymbol{B}_0$, n'est pas inclus dans l'énergie moléculaire E. L'évaluation du tenseur de déplacement chimique passe donc par le calcul de l'énergie moléculaire. Nous en présentons le principe dans le cas d'un système à un électron et un seul spin nucléaire.

L'accroissement de la quantité de mouvement d'un électron, associé à la précession du moment orbital, s'écrit

$$\delta\boldsymbol{p} = m_e \boldsymbol{\omega}_e \times \boldsymbol{r} = \frac{e}{2} \boldsymbol{B}_0 \times \boldsymbol{r} = e\boldsymbol{A}, \qquad (1.88)$$

où $\boldsymbol{r}$ décrit la position de l'électron et $\boldsymbol{A}$ est le potentiel vecteur associé au champ auquel est soumis l'électron. L'hamiltonien d'interaction électronique s'écrit donc :

$$H_e = \frac{1}{2m_e} \left(\boldsymbol{p} + e\boldsymbol{A} \right)^2 . \qquad (1.89)$$

Nous devons en fait prendre en compte, non pas le seul champ « externe » $\boldsymbol{B}_0$, supposé uniforme, mais le champ effectivement « vu » par l'électron en présence du moment magnétique nucléaire $\boldsymbol{m}_n$. Le potentiel vecteur devient alors :

$$\boldsymbol{A} = \frac{1}{2}\boldsymbol{B}_0 \times \boldsymbol{r} + \frac{\mu_0}{4\pi}\frac{\boldsymbol{m}_n \times \boldsymbol{r}}{r^3} . \qquad (1.90)$$

Il faut maintenant calculer l'énergie $E = \langle H \rangle$ et utiliser l'équation (1.87) pour déterminer les éléments du tenseur de déplacement chimique. Le même type de calcul est utilisé pour évaluer le couplage scalaire.

1.9.4   Déplacement chimique et imagerie

Les techniques que l'on désigne sous le sigle IRM ne visent pas, en général, à distinguer les divers environnements chimiques d'un noyau. Elles s'adressent d'abord à des échantillons dans lesquels le noyau observé, souvent le noyau d'hydrogène, n'est présent en quantité importante que sur un seul site moléculaire. Ce site est le plus souvent celui de l'eau.

Les techniques d'IRM permettent une localisation dans les trois dimensions spatiales. L'acquisition d'une dimension supplémentaire, la fréquence de résonance, s'effectue au moyen de techniques que l'on désigne sous le sigle SRM, Spectroscopie de Résonance Magnétique. Les plus simples de ces techniques, sont des méthodes à un seul « point » dans la dimension spatiale. On parle alors de *spectroscopie localisée*. Les plus élaborées sont de véritables méthodes d'imagerie où, aux trois dimensions spatiales, on rajoute une dimension fréquentielle. On désigne ces méthodes sous le nom d'*imagerie spectroscopique*. C'est donc essentiellement par l'exploitation du phénomène de déplacement chimique que se différencient IRM et SRM.

1.9.5   Références internes et externes

Lorsque l'on souhaite effectuer une mesure précise du déplacement chimique d'une résonance donnée, en général pour identifier cette résonance, il est nécessaire de pourvoir disposer d'une référence de déplacement chimique. Il peut s'agir d'une référence interne, ou d'une référence externe. On dit qu'une référence est interne si elle fait partie intégrante de l'échantillon. Dans le cas contraire il s'agit d'une référence externe. Ainsi, en spectroscopie *in vivo*, si une résonance est suffisamment intense et si sa position est stable, c'est-à-dire indépendante des conditions physiologiques, elle peut être utilisée comme référence interne.

En spectroscopie du proton (figure 1.20a), la molécule utilisée comme référence de déplacement chimique est le tétraméthylsilane (TMS), $Si(CH_3)_4$. Bien que la position de la résonance (unique : tous les protons résonnent à la même fréquence ; on dit qu'ils sont équivalents) de ce composé soit toujours utilisée comme origine de l'échelle de déplacement chimique, il ne peut pas être présent en spectroscopie *in vivo*. En outre le TMS n'est que très peu soluble dans l'eau et ne peut être utilisé, lorsqu'on travaille sur des extraits tissulaires que comme référence externe en le plaçant à l'intérieur d'un capillaire plongé dans le tube contenant l'extrait. En spectroscopie *in vivo*, on utilise, pour effectuer l'étalonnage, la résonance d'un composé présent dans le tissu et dont la position par rapport au TMS est connue. Il peut notamment s'agir de la résonance de l'eau, à 4,7–4,8 ppm du TMS.

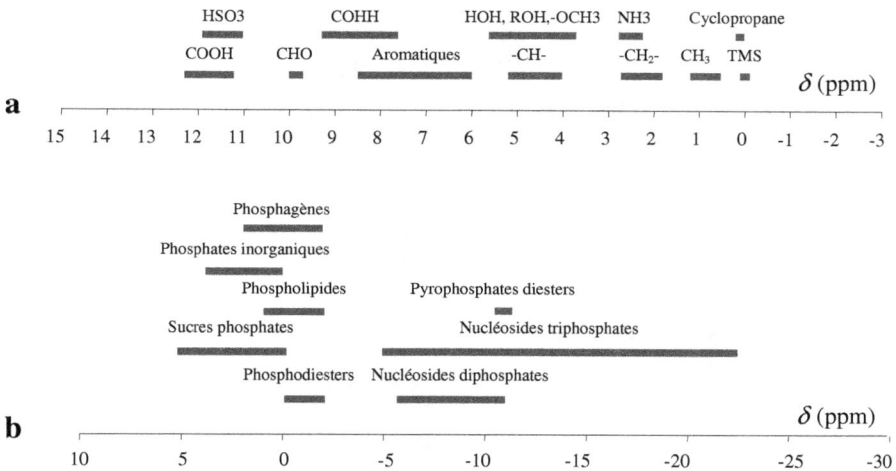

FIG. 1.20 – Déplacements chimiques du proton mesurés par rapport à la résonance du TMS (a), et déplacements chimiques du phosphore 31 mesurés par rapport à la résonance de H_3PO_4 (b). D'après O. Jardetzky and G. Roberts, NMR in Molecular Biology, Academic press, New York, 1981.

En spectroscopie du ^{31}P, la phosphocréatine, lorsqu'elle est présente (cerveau, muscle squelettique ou cardiaque), peut être utilisée comme référence. Son utilisation pose cependant problème lors de situations ischémiques ou hypoxiques puisque, dans ces conditions physiologiques, une baisse importante de concentration de phosphocréatine peut se produire. On se trouve dans une situation similaire lors de l'étude de certains tissus pathologiques (tumeurs) dans lesquels sa concentration peut être extrêmement faible. L'utilisation de la phosphocréatine ne peut bien sûr être envisagée lors de l'étude d'organes dans lesquels elle est absente (foie). Pour l'étude d'extraits tissulaires on utilise souvent comme référence, une solution aqueuse contenant 85 % d'acide ortho-phosphorique (H_3PO_4). Il s'agit alors d'une référence externe contenue dans un capillaire, lui-même placé dans le tube contenant l'extrait (figure 1.20b).

1.10   Interactions spin-spin

Deux types d'interactions spin-spin peuvent être observés :

– L'interaction dipolaire directe entre deux spins nucléaires. Cette interaction est anisotrope, mais le tenseur d'interaction est à trace nulle et elle n'est donc pas directement visible avec des molécules en solution soumises à des mouvements de rotation rapide.

– L'interaction indirecte ou interaction scalaire, d'origine purement quantique, qui est observable sur les spectres de molécules en solution.

1.10.1   Interaction dipolaire

L'interaction dipolaire entre deux moments magnétiques nucléaires $\gamma_1 \hbar \boldsymbol{I}_1$ et $\gamma_2 \hbar \boldsymbol{I}_2$ (pas nécessairement de même espèce, l'un peut être par exemple un proton, l'autre un phosphore 31 ou un noyau de carbone 13) est décrit par l'hamiltonien :

$$H_D = \frac{\mu_0\,\gamma_1\gamma_2\,\hbar^2}{4\pi\,r_{12}^3}\left[\boldsymbol{I}_1.\,\boldsymbol{I}_2 - 3\frac{(\boldsymbol{I}_1.\,\boldsymbol{r}_{12})\,(\boldsymbol{I}_2.\,\boldsymbol{r}_{12})}{r_{12}^2}\right], \qquad (1.91)$$

où $\boldsymbol{r}_{12}$ est le vecteur joignant les moments 1 et 2 (figure 1.21).

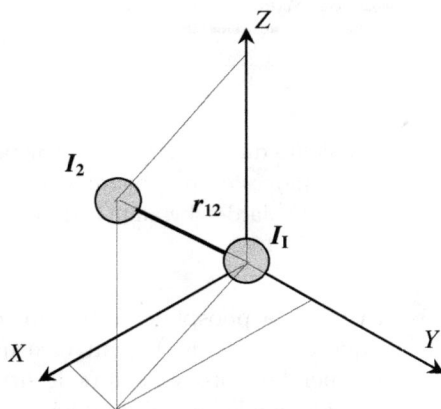

FIG. 1.21 – Interaction dipolaire.

Le terme Zeeman (équation (1.78)) est généralement beaucoup plus grand que le terme dipolaire. Dans ces conditions, nous pouvons supposer que les spins nucléaires restent quantifiés le long de la direction du champ magnétique. L'équation (1.91) prend alors la forme simplifiée (*cf.* exercice 1-8)

$$H_D = \frac{\mu_0\,\gamma_1\gamma_2\,\hbar^2}{4\pi\,r_{12}^3}\left(1 - 3\cos^2\theta\right)\left[\boldsymbol{I}_{z1}.\,\boldsymbol{I}_{z2} - \frac{1}{2}\left(\boldsymbol{I}_{1x}.\,\boldsymbol{I}_{2x} + \boldsymbol{I}_{1y}.\,\boldsymbol{I}_{2y}\right)\right]. \quad (1.92)$$

Les effets de l'interaction dipolaire sur le spectre RMN dépendent très fortement de la nature du milieu considéré. S'il s'agit d'un solide, les orientations
relatives des spins les uns par rapport aux autres sont fixes. Seuls changent les
états de spin (les orientations du moment magnétique nucléaire par rapport
à B_0) au rythme imposé par les mécanismes de la relaxation spin-réseau. Le
champ local subi par un noyau dépend donc de la structure moléculaire et de
l'état des spins environnants. Les variations du champ local d'un site à l'autre
peuvent être extrêmement importantes, ce qui se traduit par un élargissement
des raies qui peut être considérable. La figure 1.22 présente le spectre ^{31}P du
cerveau de rat. On remarque la présence d'une raie très large, caractéristique
des phosphores immobilisés dans les structures osseuses de la boîte crânienne.
Chaque noyau de phosphore « résonne » à une fréquence différente de son
voisin, produisant ainsi une distribution de fréquences continue (le nombre de
spins est très grand) et très large.

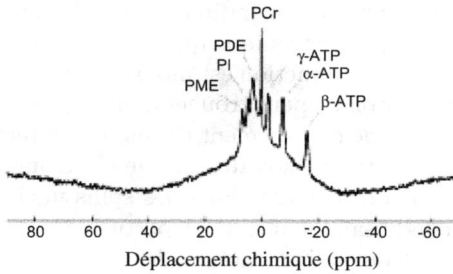

FIG. 1.22 – Spectre du phosphore 31 de tissu cérébral humain. La composante
large sur laquelle on observe les résonances de métabolites cérébraux est caractéristique des groupements phosphores des phospholipides membranaires relativement
peu mobiles. PME : phospho-monoesters, PDE : phospho-diesters, PCr : phosphocréatine, Pi : phosphate inorganique, ATP : Adénosine tri phosphate. Adapté à partir
de J. Stanley et J. Pettegrew, Magn Reson Med, *45*, 390, 2001. (This material is
reproduced with permission of John Wiley & sons, inc.)

Dans un liquide l'interaction est modulée, par le mouvement de la molécule sur elle-même si les deux spins sont sur la même molécule ou par le
mouvement relatif des deux molécules dans le cas contraire. Elle dépend aussi
de l'état du spin A (parallèle ou antiparallèle). Le mouvement fait ainsi varier
très rapidement les champs locaux, annulant en moyenne leur effet. L'interaction dipolaire n'est pas pour autant sans influence sur le spectre puisqu'elle
constitue un puissant mécanisme de relaxation spin-spin et donc d'élargissement des raies, mais aussi de relaxation spin réseau. Si la fréquence du
mouvement a des composantes à la fréquence de Larmor, le champ magnétique dipolaire, rapidement variable, induit des transitions comme le fait le
champ rf. Lorsque les molécules observées sont peu mobiles l'annulation du
couplage est incomplète et l'on peut observer un spectre ressemblant à un

spectre de poudre d'un solide. L'élargissement dû à l'interaction dipolaire est cependant beaucoup plus faible que dans un solide et le mécanisme d'élargissement est très différent. La figure 1.22 présente un spectre de tissu cérébral humain, acquis *in vivo* chez un volontaire sain. La composante large est caractéristique de l'interaction dipolaire dans des phospholipides membranaires. Le mouvement limité de ces molécules ne permet pas l'élimination complète du couplage dipolaire.

L'interaction dipolaire intervient aussi entre électron et noyau lorsque des molécules possédant des électrons non appariés sont présentes. Ce type d'interaction est à l'origine d'un puissant mécanisme de relaxation exploité en IRM par les produits de contraste.

1.10.2   Interaction scalaire

L'interaction scalaire ou couplage spin-spin (désigné aussi sous le terme de couplage J) est une interaction indirecte dont l'origine est à rechercher dans la présence du cortège électronique qui participe aux liaisons chimiques. L'origine physique de cette interaction est moins facile à percevoir que celle de l'interaction dipolaire, car on ne peut trouver d'analogie en physique classique.

Comme le phénomène de déplacement chimique, l'interaction indirecte est également associée à la perturbation du cortège électronique, mais cette perturbation est due au moment magnétique des spins nucléaires. Il existe plusieurs mécanismes conduisant à une telle perturbation. Le plus important d'entre eux est généralement l'interaction de contact de Fermi. L'intensité de cette interaction est proportionnelle à la probabilité de présence de l'électron au niveau du noyau. Cette interaction nécessite donc que les orbitales moléculaires considérées aient un certain caractère s. Considérons donc deux noyaux (1) et (2) sur une même molécule et les orbitales moléculaires liant directement ou indirectement ces noyaux. Le moment magnétique du noyau (1) produit une faible polarisation du spin des électrons de liaison, qui produit elle-même un faible champ supplémentaire au niveau du noyau (2). Le champ effectivement vu par le noyau (2) dépend donc de l'état de spin du noyau (1). La résonance est éclatée en deux raies, situées de part et d'autre de la fréquence qui serait mesurée en absence de cette interaction indirecte.

L'interaction indirecte est décrite par l'Hamiltonien :

$$H_{\text{ind}} = \boldsymbol{I}_1 . \vec{\boldsymbol{J}} . \boldsymbol{I}_2, \tag{1.93}$$

où $\vec{\boldsymbol{J}}$ est un tenseur. Contrairement au tenseur d'interaction dipolaire, le tenseur d'interaction indirecte n'est pas à trace nulle, de sorte que, dans les liquides, cette interaction peut être observée directement. Le tenseur $\vec{\boldsymbol{J}}$ se réduit alors à sa trace J :

$$H_{\text{ind}} = J \boldsymbol{I}_1 . \boldsymbol{I}_2. \tag{1.94}$$

Contrairement au couplage dipolaire, le couplage scalaire ne peut concerner que des spins nucléaires situés sur une même molécule. Il est d'autant plus fort que le nombre de liaisons qui séparent deux spins est faible. Lorsqu'un noyau de déplacement chimique δ_A est couplé à un autre noyau de déplacement chimique δ_B, on observe un dédoublement des raies de résonances (cas des spins 1/2). La séparation des raies de chaque doublet est égale à la constante de couplage J, qui est de l'ordre de grandeur de quelques Hz ou dizaines de Hz. Ainsi par exemple, en spectroscopie ^{31}P, on peut constater, si l'homogénéité du champ est suffisante, que les résonances α et γ de l'ATP sont dédoublées (figure 1.23). On constate en effet que chacun de ces atomes a un proche voisin, le phosphore β. La séparation des raies est de l'ordre de 20 Hz. Ce dédoublement ne peut être observé que si la largeur naturelle des raies est plus faible que 20 Hz, et si l'homogénéité du champ est suffisante. Le phosphore β a deux proches voisins (les phosphores α et γ) et la structure de la raie de résonance est plus complexe : le couplage du phosphore β au phosphore α dédouble les raies. Le couplage du phosphore β au phosphore γ introduit un second dédoublement de chaque composante du doublet. Le résultat est un triplet. Les amplitudes relatives des raies du triplet sont 1:2:1. Ces caractéristiques sont souvent visibles *in vivo*, sur des spectres acquis à 1,5 T, en dépit de la largeur importante des raies produite par les inhomogénéités du champ. De manière générale le couplage spin-spin obéit aux règles suivantes :

– Si l'interaction scalaire se produit entre noyaux *équivalents magnétiquement* (noyaux qui ont donc le même déplacement chimique et qui sont couplés de la même manière aux noyaux voisins), il s'agit par exemple des protons d'un groupement méthyle, elle ne produit pas d'effet observable.

– Dans le cas où la différence des déplacements chimiques des deux résonances est bien supérieure à la constante de couplage J (système AX), le nombre de raies caractéristiques de la résonance d'un noyau (ou d'un groupe de noyaux magnétiquement équivalents) couplé à un groupe de n spins équivalents, est égal à $n+1$. Les intensités relatives des différents raies sont données par les coefficients du binôme de Newton. Si le noyau considéré est couplé à plusieurs groupes de noyaux, les différents groupes doivent être considérés les uns après les autres, l'ordre n'ayant pas d'importance. Par exemple si un noyau A est couplé à 2 noyaux X_1 et X_2, la raie caractéristique de A est un doublet de doublets (un triplet si $J_{AX_1} = J_{AX_2}$).

– La séparation des raies est égale à la constante de couplage J exprimée en Hz.

Dans le cas où les constantes de couplage sont plus grandes que la séparation fréquentielle des noyaux couplés, le spectre est beaucoup plus complexe. On est en présence de couplage fort L'intensité des raies et leurs positions ne peuvent plus être prédites de manière simple. On dit que le spectre est du

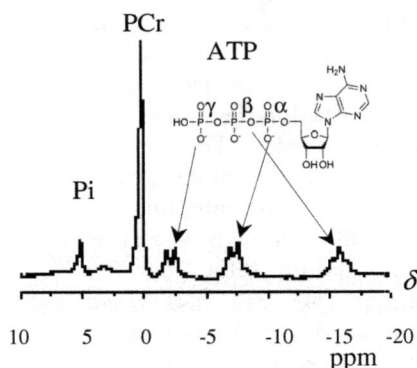

FIG. 1.23 – Spectre du phosphore 31 du muscle squelettique humain.

second ordre. La complexité du spectre s'accroît avec le nombre de noyaux couplés.

L'interaction indirecte peut constituer un mécanisme de relaxation si le champ qu'elle crée au niveau du noyau dépend du temps. Cela peut être le cas, par exemple en présence d'échange chimique rapide. Sa contribution reste cependant généralement mineure.

1.10.3 Découplage

Le couplage spin-spin peut être une source d'informations moléculaires, mais il est aussi une source de complication des spectres et d'élargissement des résonances. Il peut être éliminé en utilisant une procédure dite de découplage. Elle consiste à irradier un des deux noyaux couplés (X) avec un champ rf à la fréquence de Larmor de ce noyau, pendant qu'on observe l'autre (A). On sait que le champ vu par le noyau A dépend de l'état de spin du noyau X. L'irradiation du noyau X induit des transitions si rapides entre ses différents états de spin, que le noyau A voit non plus les champs associés à ces états, mais un champ moyen, avec pour conséquence la fusion des multiplets du noyau A en un singulet. Le découplage peut être hétéronucléaire, par exemple irradiation proton et observation ^{13}C. L'objectif est alors la simplification du spectre et l'accroissement de la sensibilité par élimination des multiplets hétéronucléaires. Il peut être aussi homonucléaire. Dans ce cas l'objectif est le plus souvent de préciser les attributions spectrales.

1.10.4 Effet Overhauser

Le phénomène fut prédit théoriquement par Albert Overhauser en 1953, dans le contexte de l'étude des interactions électrons-noyaux dans des métaux conducteurs. Il fut rapidement mis en évidence expérimentalement. Nous nous intéressons ici à l'effet Overhauser nucléaire dit NOE (***N**uclear **O**verhauser **E**ffect*), qui provoque une modification d'intensité d'une raie de résonance quand une autre résonance est irradiée sélectivement. C'est Ionel Solomon qui interpréta ce phénomène comme un effet de relaxation croisée.

Considérons deux noyaux I et S de spins $1/2$ (par exemple ^{13}C et ^1H). Quatre états d'énergie caractérisent ces deux spins, $\alpha_I\alpha_S$, $\beta_I\alpha_S$, $\alpha_I\beta_S$ et $\beta_I\beta_S$, où α et β représentent respectivement des états parallèle et antiparallèle des spins I et S. Les résonances observables correspondent à des transitions à un quantum ($\alpha_I\alpha_S \Leftrightarrow \beta_I\alpha_S$ et $\alpha_I\beta_S \Leftrightarrow \beta_I\beta_S$ pour le spin I, $\alpha_I\alpha_S \Leftrightarrow \alpha_I\beta_S$ et $\beta_I\alpha_S \Leftrightarrow \beta_I\beta_S$ pour le spin S).

La figure 1.24 présente ces quatre états, les différents chemins de relaxation pour cette paire de spins et les vitesses de relaxation associées à ces différents chemins. Les 4 chemins de relaxation correspondant à des transitions à 1 quantum, sont caractérisés par les probabilités de transition par unité de temps W_1^I et W_1^S (associés aux temps de relaxation T_1^I et T_1^S). En outre un chemin couple les états $\beta_I\alpha_S$ et $\alpha_I\beta_S$ (transition à zéro quantum, probabilité W_0), tandis qu'un autre chemin couple les états $\alpha_I\alpha_S$ et $\beta_I\beta_S$ (transition à deux quanta, probabilité W_2). Ces deux derniers chemins, qui correspondent à un changement simultané des états des spins I et S, caractérisent la relaxation dite croisée. Parmi les mécanismes évoqués plus haut qui contribuent à la relaxation spin-réseau (anisotropie du déplacement chimique – section 1.9.1, interaction dipolaire – section 1.10.1), un seul contribue à la relaxation croisée : l'interaction dipolaire.

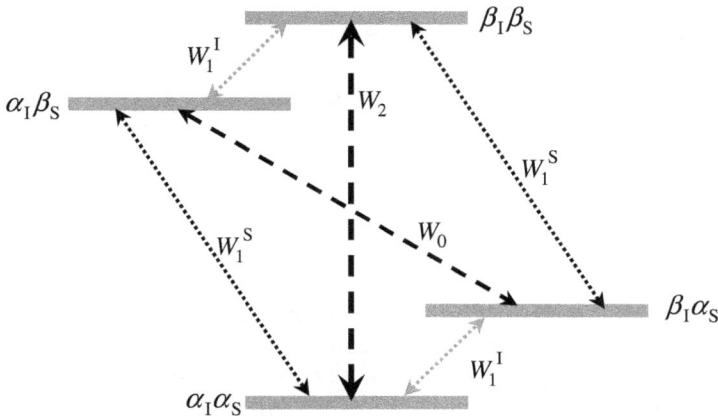

FIG. 1.24 – Effet Overhauser. Quatre états d'énergie caractérisent le système de deux spins $1/2$, I et S. La relaxation s'effectue par l'intermédiaire de transitions à zéro quantum (probabilité W_0), à un quantum (probabilité W_1) et à deux quanta (probabilité W_2).

L'effet Overhauser est observé si l'on sature une des deux espèces de spins. La saturation peut être produite par irradiation sélective à la fréquence d'un des noyaux. Le traitement complet de l'effet Overhauser sort évidemment du champ de cet ouvrage centré sur l'imagerie. Nous n'en ferons qu'une approche très simplifiée, en supposant que le chemin de relaxation dominant est celui de probabilité W_2 ($W_2 >> W_1^I$, W_0).

Les valeurs moyennes des composantes longitudinales des spins I et S s'écrivent

$$\langle I_Z \rangle = k \left(N_{\alpha\alpha} + N_{\alpha\beta} - N_{\beta\alpha} - N_{\beta\beta} \right), \quad \langle S_Z \rangle = k \left(N_{\alpha\alpha} + N_{\beta\alpha} - N_{\alpha\beta} - N_{\beta\beta} \right). \tag{1.95}$$

où k est une constante. Par suite,

$$\langle I_Z \rangle + \langle S_Z \rangle = 2\,k \left(N_{\alpha\alpha} - N_{\beta\beta} \right). \tag{1.96}$$

L'irradiation sélective du spin S égalise les populations des états $\alpha_I\alpha_S$ et $\alpha_I\beta_S$ d'une part, $\beta_I\alpha_S$ et $\beta_I\beta_S$ d'autre part. Par suite, $\langle S_Z \rangle = 0$. Introduisons maintenant la relaxation en ignorant les chemins autres que la relaxation par transitions à 2 quanta (W_2). On peut écrire :

$$\frac{dN_{\alpha\alpha}}{dt} = -\frac{dN_{\beta\beta}}{dt} = -W_2 \left(N_{\alpha\alpha} - N_{\alpha\alpha}^0 \right) + W_2 \left(N_{\beta\beta} - N_{\beta\beta}^0 \right), \tag{1.97}$$

où $N_{\alpha\alpha}^0$ et $N_{\beta\beta}^0$ sont les populations des niveaux $\alpha_I\alpha_S$ et $\beta_I\beta_S$ à l'équilibre thermique. À l'état stationnaire, $dN_{\alpha\alpha}/dt = dN_{\beta\beta}/dt = 0$. On en déduit :

$$\frac{N_{\alpha\alpha} - N_{\beta\beta}}{N_{\alpha\alpha}^0 - N_{\beta\beta}^0} = 1. \tag{1.98}$$

À l'équilibre thermique, les différences de population entre deux niveaux sont proportionnelles à leur séparation énergétique ($\Delta E << k_B T$). Par suite, compte tenu de l'équation (1.96), et sachant que $\langle S_Z \rangle = 0$, on obtient $\langle I_Z \rangle = \langle I_Z \rangle_0 \left(1 + (\gamma_S/\gamma_I) \right)$, où $\langle I_Z \rangle_0$ est la valeur moyenne de I_Z à l'équilibre thermique et γ_I, γ_S, les rapports gyromagnétiques des spins I et S. On en déduit $M_Z^I/M_0^I = 1 + (\gamma_S/\gamma_I)$, où M_0^I et M_Z^I sont respectivement les aimantation macroscopiques longitudinales du spin I, à l'équilibre thermique et en présence de l'irradiation sélective du spin S. On observe ainsi une modification de l'aimantation nucléaire, modification qui peut devenir importante si $\gamma_S >> \gamma_I$. Ce traitement simplifié a le mérite de mettre en évidence en quelques lignes l'effet Overhauser. Il conduit cependant à un résultat trop optimiste, l'hypothèse $W_2 >> W_1^I$ et W_0, n'étant jamais satisfaite. Le traitement quantitatif de l'effet Overhauser nucléaire conduit au résultat suivant :

$$\frac{M_Z^I}{M_0^I} = 1 + \frac{\gamma_S}{\gamma_I} \frac{W_2 - W_0}{2W_1^I + W_2 + W_0}. \tag{1.99}$$

On montre que pour des petites molécules en milieu liquide, si le seul mécanisme de relaxation est l'interaction dipolaire, $W_2 = 4W_1^I = 6W_0$.

On en déduit l'accroissement maximum d'intensité qui peut être observé, $M_Z^I/M_0^I = 1 + (\gamma_S/2\gamma_I)$, soit 50 % pour des noyaux identiques et 200 % pour une observation du ^{13}C en présence d'une irradiation proton.

L'effet Overhauser est très utilisé en RMN structurale, où l'on exploite le fait que la vitesse de relaxation due à l'interaction dipolaire croît comme $1/r^6$, pour obtenir des informations sur les distances internucléaires. Dans le domaine de l'imagerie, c'est avec les applications spectroscopiques que l'on exploite l'effet Overhauser pour accroître la sensibilité de noyaux tels que celui du ^{13}C.

1.11   Transfert d'aimantation

Dans les systèmes hétérogènes tels que les tissus, les protons très mobiles (ceux des molécules d'eau), ont des temps de relaxation spin-spin relativement longs (quelques dizaines de ms), tandis que les protons des couches d'hydratation et ceux des macromolécules, peu mobiles, ont des temps de relaxation inférieurs à la milliseconde. Le spectre proton d'un tissu comporte ainsi une raie relativement fine ($\approx$ 20 Hz) associée aux protons de l'eau et une raie large (plusieurs kHz), attribuée aux protons des macromolécules et de leurs couches d'hydratation (figure 1.25)[4]. On décrit cette structure sous la forme d'un modèle à deux compartiments, celui des protons libres (compartiment A) et celui des protons restreints (compartiment B). Les aimantations des protons de ces deux compartiments sont en échange constant par l'intermédiaire des interactions dipolaires, mais probablement aussi, dans une moindre mesure, par échange de protons. Une manifestation de ce lien entre les deux compartiments peut être observée si l'on sature la résonance des protons restreints, par exemple en appliquant un champ rf continu à quelques kHz de la résonance de l'eau. On observe alors une diminution importante de l'intensité de la résonance de l'eau libre. Les équations de Bloch peuvent être modifiées en incluant ce terme d'échange.

Nous nous limiterons ici à l'écriture de l'expression permettant d'évaluer l'aimantation du compartiment A (M_z^A) en présence d'échange avec le compartiment B, lorsque l'aimantation du compartiment B est saturée ($M_z^B = 0$) :

$$\frac{\mathrm{d}M_z^A(t)}{\mathrm{d}t} = R_1^A \left(M_0^A - M_z^A(t)\right) - kM_z^A(t), \qquad (1.100)$$

où $R_1^A = 1/T_1^A$, vitesse de relaxation des protons de l'eau libre, k est la vitesse d'échange du compartiment A vers le compartiment B et M_0^A est l'aimantation du compartiment A à l'équilibre thermique. À l'état stationnaire

---

4. Les protons des petites molécules cytoplasmiques, ou situées dans des compartiments extracellulaires, sont détectables mais, compte tenu de leurs concentrations, leurs intensités sont beaucoup plus faibles.

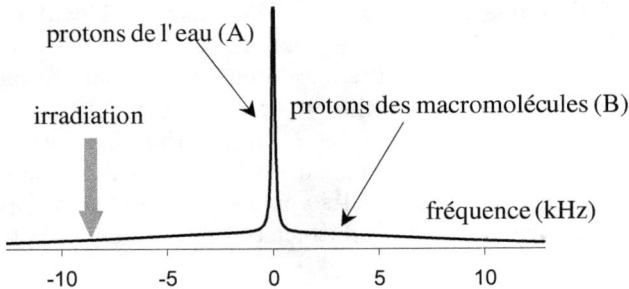

FIG. 1.25 – Spectre proton d'un tissu. La résonance de l'eau (environ 20 Hz) est superposée à une raie très large (plusieurs kHz) attribuée aux protons des macromolécules. L'irradiation de la raie large, à une fréquence située pourtant à quelques kHz de la résonance de l'eau, entraîne une diminution importante de cette résonance.

$(\mathrm{d}M_z^{\mathrm{A}}(t)/\mathrm{d}t = 0)$, on obtient :

$$M_z^{\mathrm{A}}(t) = \frac{R_1^{\mathrm{A}}}{\left(R_1^{\mathrm{A}} + k\right)} M_0^{\mathrm{A}}. \qquad (1.101)$$

La diminution de l'intensité de la résonance de l'eau est d'autant plus importante que la constante d'échange est grande. Nous avons supposé ici que le champ rf utilisé pour saturer le compartiment B ne touchait pas le compartiment A.

L'atténuation de la résonance de l'eau dépend en fait de la structure d'un tissu. Les atteintes pathologiques modifient cette structure et donc l'impact de la saturation de la résonance des protons peu mobiles sur l'intensité de la résonance de l'eau. Le « *contraste* » transfert d'aimantation peut ainsi jouer un rôle dans le diagnostic.

1.12   Hyperpolarisation

La polarisation à l'équilibre thermique (équations (1.10) et (1.11)) est toujours très faible (*cf.* tableau 1.1), de l'ordre de 10^{-5} pour le proton dans un champ de 3 T à température ambiante, et plus faible encore pour d'autres noyaux. L'effet Overhauser (section 1.10.4) permet certes d'accroître cette polarisation. Le transfert de polarisation d'un noyau de fort gamma vers un noyau de faible gamma peut être aussi réalisé en exploitant le couplage indirect entre ces deux noyaux. Cette méthode est très utilisée en RMN haute résolution (techniques INEPT et DEPT). Mais lorsqu'il s'agit d'un transfert entre spins nucléaires polarisés thermiquement, le gain reste malgré tout relativement modeste.

De nombreux travaux ont été menés en vue d'augmenter la différence des populations des 2 niveaux d'énergie d'un spin $1/2$. Il est aujourd'hui parfois possible d'accroître de plusieurs ordres de grandeur cette polarisation. On parle dans ce cas d'hyperpolarisation. Nous décrivons très succinctement, dans ce qui suit, les principes des méthodes disponibles, dont les applications se développent rapidement.

1.12.1   Accroître le champ. Abaisser la température

L'accroissement du champ est le premier moyen auquel on peut penser, mais il a ses limites. La diminution de la température est une autre possibilité, mais qui ne peut être utilisée directement pour étudier des systèmes vivants. Ces deux facteurs, très haut champ et très basse température, peuvent cependant être réunis et mis en oeuvre pour produire des molécules fortement polarisées. Ramenées à température ambiante et dans le champ de travail, elles peuvent conserver leur polarisation, si leurs temps de relaxation spin-réseau sont longs. On peut alors utiliser ces molécules sur des systèmes vivants par injection ou inhalation et produire des images. Cette méthode, dite de la « force brute », est utilisable avec des molécules telles que ^{129}Xe, ^{3}He ou ^{2}D.

1.12.2   Polarisation dynamique nucléaire

Le transfert de polarisation, entre spins électroniques et nucléaires, peut produire des polarisations très fortes. Le rapport des moments magnétiques du proton et de l'électron est d'environ 658. On montrera (exercice 1-10) que dans un champ de 7 T et à une température de 1 K, la polarisation des spins électronique est proche de 100 %. Les différents mécanismes produisant ce transfert de polarisation sont regroupés sous le nom de polarisation dynamique nucléaire ou DNP (*Dynamic Nuclear Polarization*). Albert Overhauser a démontré que des transferts entre électrons de conduction et noyaux pouvaient intervenir dans les solides conducteurs ; le mécanisme utilisé est la modulation du couplage hyperfin électron noyau. Anatole Abragam a établi en 1955 la faisabilité de ces transferts dans les solides isolants, en mettant en évidence l'effet solide dû au couplage dipolaire électron-noyau. D'autres mécanismes peuvent produire un transfert de polarisation. Toutes ces méthodes impliquent une irradiation à la fréquence de résonance électronique qui, dans un champ de l'ordre de quelques teslas, se situe dans le domaine des micro-ondes (hyperfréquences).

En pratique, un matériau, contenant l'espèce nucléaire à polariser et des électrons non appariés (utilisation d'un agent paramagnétique en faible concentration), est placé à basse température (de l'ordre de 1K) et dans un champ magnétique intense. On est en présence d'un système à 4 niveaux d'énergie (figure 1.26). La polarisation des spins électroniques S étant proche de 1, les niveaux C et D sont très peu peuplés. La polarisation des spins nucléaires I restant faible, même à une température de l'ordre de 1K, les niveaux

A et B sont sensiblement également peuplés. La présence de l'interaction dipolaire autorise les transitions à double quanta (basculement simultané du spin électronique et du spin nucléaire) entre états B et C (fréquence $\omega_S - \omega_I$) et entre états A et D ($\omega_S + \omega_I$). On produit, par irradiation à la fréquence $\omega_S - \omega_I$, une transition de B vers C, ce qui peuple le niveau C. Mais le temps de relaxation électronique étant très court, le spin électronique bascule très rapidement, peuplant ainsi l'état A. Ce processus qui peuple l'état A au détriment de l'état B se comporte comme une transition à sens unique de l'état B vers l'état A. La polarisation acquise par les spins nucléaires se propage alors par diffusion de spins. On peut tout aussi bien provoquer des transitions à la fréquence $\omega_S + \omega_I$, ce qui conduit au peuplement du niveau B au détriment du niveau A.

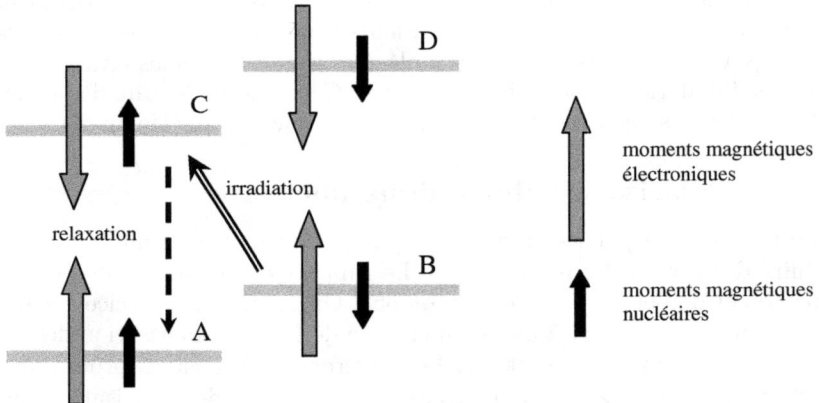

FIG. 1.26 – Niveaux d'énergie d'un spin électronique couplé à un spin nucléaire. À basse température (≈ 1 K) et haut champ, seuls les états de basse énergie (A et B) sont peuplés. Une irradiation hyperfréquence, peuple le niveau C (transition à deux quanta). La relaxation électronique induit très rapidement des transitions vers le niveau A, accroissant ainsi la population de l'état A au détriment de celle de l'état B.

Après polarisation, l'échantillon est ramené rapidement à température ambiante et à l'état liquide pour être utilisé, par exemple sous forme d'injection. La polarisation dynamique permet d'obtenir des polarisations plusieurs ordres de grandeur au dessus de celles observées à l'équilibre thermique. Ce sont les molécules marquées au ^{13}C qui sont souvent la cible de cette méthode.

Des processus autres que l'effet solide peuvent être efficaces, et notamment le mélange thermique et l'effet Overhauser.

1.12.3 Polarisation induite par l'hydrogène para

Les deux protons de l'hydrogène moléculaire ont, dans l'état de plus basse énergie, des spins pointant dans des directions opposées, ce qui donne un singulet de spin total égal à 0 dit hydrogène para. L'état triplet, de spin total égal à 1, est appelé hydrogène ortho. La séparation énergétique du singulet et du triplet est d'environ 170 K. Des états d'énergie rotationnelle plus élevée sont également présents, mais ils ne sont pas peuplés aux températures considérées. À la température ambiante 75 % de l'hydrogène moléculaire est sous la forme ortho. À une température inférieure à environ 20 K, seule la forme para est pratiquement présente. Il est cependant nécessaire d'effectuer la descente en température en présence d'un catalyseur afin d'accélérer la transition ortho vers para.

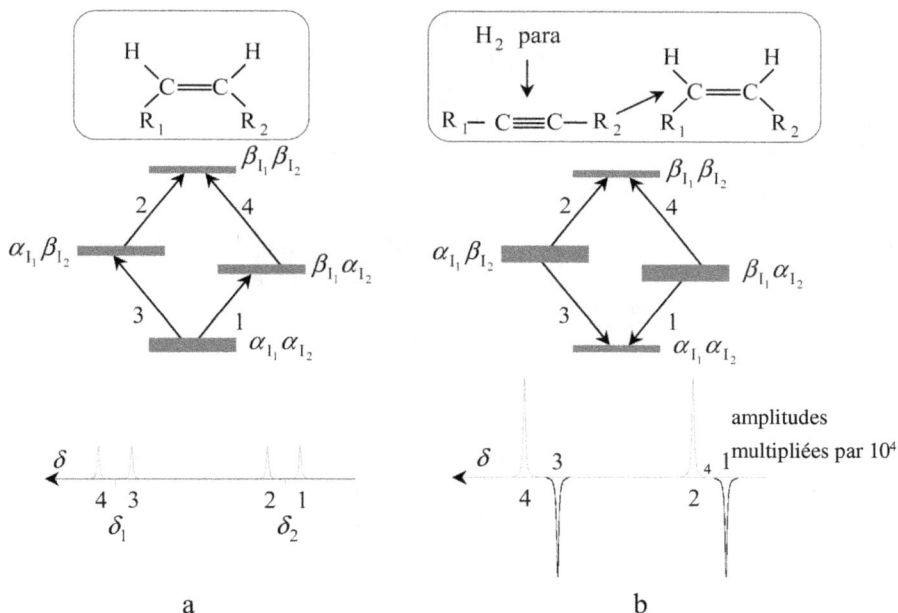

FIG. 1.27 – Spectre d'une petite molécule portant deux protons de déplacements chimiques différents, δ_1 et δ_2. Le couplage scalaire dédouble les résonances (a). Spectre de la même molécule produite par hydrogénation avec de l'hydrogène moléculaire para (b).

Considérons la molécule carbonée non saturée de la figure 1.27a. Le spectre RMN de cette molécule comporte 2 doublets. La molécule d'hydrogène para, non observable par RMN, peut être transférée en totalité sur une petite molécule non saturée (figure 1.27b). Cette réaction est effectuée dans un champ magnétique. Les deux noyaux d'hydrogènes I_1 et I_2 conservent des spins antiparallèles, et peuplent les états $\alpha_{I_1}\beta_{I_2}$ et $\beta_{I_1}\alpha_{I_2}$. De ce fait le spectre de la molécule ainsi hydrogénée se présente comme deux doublets en antiphase (figure 1.27b), dont les amplitudes peuvent être plus de 10^4–10^5 fois plus importantes que celles du spectre obtenu à l'équilibre thermique. Un résultat différent est obtenu si la réaction a lieu en champ faible où l'Hamiltonien n'est plus dominé par le terme Zeeman, mais par le couplage spin-spin. Le retour en champ fort est alors effectué adiabatiquement. Dans ce cas, un seul des deux niveaux, $\alpha_{I_1}\beta_{I_2}$, $\beta_{I_1}\alpha_{I_2}$ est peuplé et seules les transitions au départ de ce niveau sont observables.

Le transfert de la polarisation du proton vers d'autres noyaux tels que ^{13}C, peut s'effectuer soit par une méthode impulsionnelle, soit par cyclage de champ.

1.12.4 Gaz rares hyperpolarisés. Pompage optique

Le pompage optique, qui permet de transférer la polarisation d'un faisceau de photons sur des moments magnétiques électroniques, est à la base de la polarisation du xénon-129 ou de l'hélium-3. Cette polarisation électronique doit être ensuite transférée sur les spins nucléaires.

Le pompage optique exploite la règle régissant l'absorption d'un photon par un atome : conservation de l'énergie et conservation du moment cinétique. Deux méthodes sont utilisées, la méthode dite d'échange de spin qui permet d'hyperpolariser ^{3}He ou ^{129}Xe et la méthode d'échange de métastabilité utilisable pour ^{3}He seulement. Ces méthodes sont toujours indirectes.

1.12.4.1   Échange de spins

La méthode consiste à effectuer le pompage optique sur des atomes de rubidium en phase gazeuse dans une cellule contenant le gaz rare qui doit être hyperpolarisé et souvent de l'azote. La polarisation ainsi obtenue est alors transférée, par échange de spins, sur les spins nucléaires.

Considérons les états d'énergie $5^2S_{1/2}$ et $5^2P_{1/2}$ du rubidium et la transition D_1 entre ces états (figure 1.28). La séparation énergétique des deux états étant grande devant $k_B T$, seul l'état fondamental $^2S_{1/2}$ est peuplé. Un faible champ magnétique lève la dégénérescence de spin, mais dans l'état fondamental les populations des états $m_J = 1/2$ et $m_J = -1/2$ restent pratiquement égales. Compte tenu des règles de sélection, un faisceau laser de polarisation circulaire σ_+, produit exclusivement des transitions $\Delta m_J = +1$, et donc dépeuple l'état fondamental $m_J = -1/2$ pour peupler l'état excité de spin $m_J = 1/2$. Les collisions avec les autres espèces en phase gazeuse, égalisent les populations des états excités de spin $m_J = \pm 1/2$, et la relaxation par transitions non radiatives repeuple l'état fondamental. Le résultat net est que l'état fondamental de spin $m_J = -1/2$ voit sa population baisser au profit de celle de l'état $m_J = 1/2$. On atteint ainsi rapidement un état stationnaire caractérisé par un haut degré de polarisation de spin électronique.

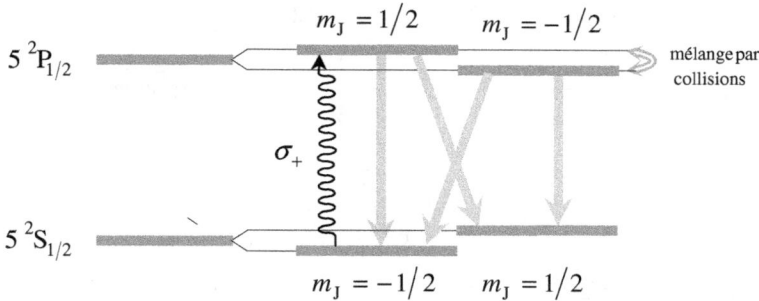

FIG. 1.28 – Pompage optique de la transition D_1 du rubidium par un faisceau laser polarisé circulairement. Cette transition a pour conséquence l'accroissement de la population du niveau $m_J = -1/2$.

Le transfert de la polarisation électronique des atomes de rubidium vers les noyaux du gaz rare s'effectue lors des collisions entre les atomes de rubidium et les atomes de ^{129}Xe par l'intermédiaire de l'interaction hyperfine électron noyau.

Cette méthode permet d'obtenir, dans le cas de ^{129}Xe, des polarisations de l'ordre de 10 à 50 %, mais un peu moins lorsqu'il s'agit de ^{3}He.

1.12.4.2 Échange de métastabilité

Cette méthode est spécifique de la polarisation de l'hélium-3 qui est un gaz rare dont l'état fondamental est un singulet. Le noyau d'hélium 3 est de spin $1/2$. La méthode comporte trois étapes (figure 1.29).

La *première étape* consiste à peupler des états excités à partir de l'état fondamental $1\ ^1S_0$ de l'hélium 3. On utilise pour cela une décharge radio-fréquence. Ces états sont de très courte durée de vie, à l'exception de l'un d'entre eux, l'état métastable $2\ ^3S_1$ qui est un état triplet. La durée de vie de cet état, qui se dédouble en deux niveaux hyperfins $F = 1/2$ et $F = 3/2$, est en principe très longue (plusieurs milliers de secondes), mais elle est fortement réduite par les collisions avec les parois de la cellule contenant le gaz.

La *seconde étape* est de polariser les atomes dans cet état métastable en effectuant un pompage optique correspondant aux transitions $2\ ^3S_1 \Rightarrow 2\ ^3P_0$. Comme dans le cas de la polarisation du rubidium, le faisceau polarisé cir-culairement (σ_+), produit exclusivement des transitions $\Delta m_F = +1$. Si l'on choisit le groupe des transitions $2\ ^3S_1$, $F = 3/2$, vers $2\ ^3P_0$, $F = 1/2$, deux transitions sont autorisées correspondant à la règle de sélection $\Delta m_F = +1$ (*cf.* figure 1.29). La désexcitation $2\ ^3P_0 \Rightarrow 2\ ^3S_1$ s'effectue de manière équi-probable vers tous les sous-niveaux du groupe $^3S_1$. Globalement, le pompage optique produit donc un transfert de polarisation des états de faible m_F vers

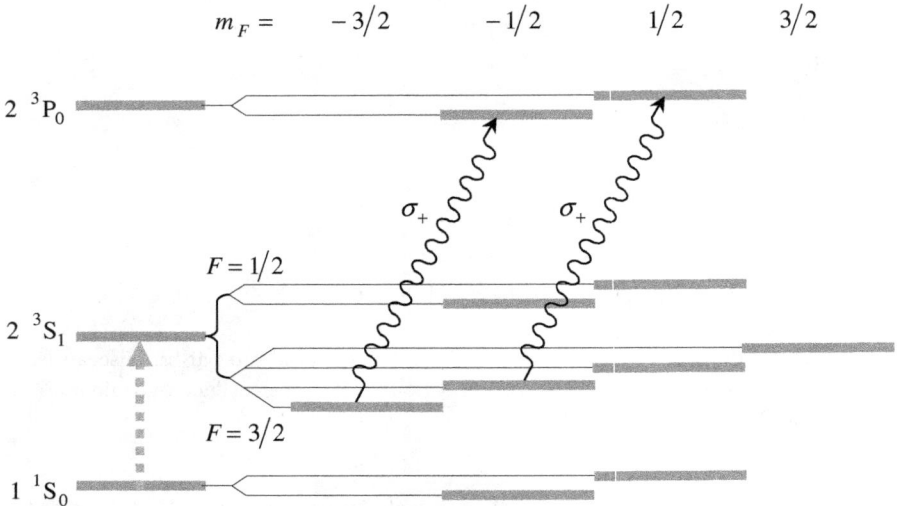

FIG. 1.29 – Niveaux d'énergie de l'hélium-3. La production de l'état métastable 2^3S_1 est effectuée par décharge radiofréquence. Le pompage optique produit des transitions depuis les sous niveaux $m_F = -3/2$ et $m_F = -1/2$ du groupe $F = 1/2$ de l'état $2\ ^3S_1$, vers les niveaux $m_F = 1/2$ *et* $m_F = -1/2$ de l'état $2\ ^3P_0$.

les états de fort m_F. Ce transfert concerne en fait aussi bien les spins électroniques que les spins nucléaires qui sont liés par couplage hyperfin.

La *troisième étape*, transfert de la polarisation d'atomes d'hélium-3 dans l'état métastable vers des atomes dans l'état fondamental, s'effectue lors de collisions entre ces deux espèces, par transfert de l'état électronique et conservation de l'état du spin nucléaire (échange de métastabilité).

Ce processus, très rapide, produit des polarisations qui dépendent des conditions expérimentales (et notamment de la pression du gaz dans la cellule de polarisation), mais peuvent être supérieures à 50 %.

1.12.4.3   Transfert vers d'autres noyaux. Effet SPINOE

La polarisation du ^{129}Xe peut être transmise à d'autres noyaux porteurs de spin nucléaires, en exploitant la relaxation croisée. De manière générale toute perturbation de la population des niveau d'énergie d'une espèce de spins, par rapport à l'équilibre thermique, se traduit, en présence de chemins de relaxation croisée, par une modification des populations de l'autre espèce. Dans le cas de l'effet Overhauser ou de la polarisation dynamique, c'est une irradiation qui produit la perturbation. L'introduction de xénon hyperpolarisé dans un milieu contenant d'autres noyaux à l'équilibre thermique constitue une très forte perturbation, qui sera ressentie par ces autres noyaux si des termes de couplage existent. Bien que chimiquement inerte, les interactions du xénon avec son environnement ne sont pas négligeables et de significatifs transferts de populations sont observables.

1.13 Écho de spin

La mise en évidence du phénomène d'écho de spin, est due à Erwin Hahn. La décroissance du signal associée à la présence des inhomogénéités de champ (constante de temps T_2^{inh}, équation (1.42)), n'est pas un phénomène irréversible puisque nous allons voir qu'elle peut être annulée en utilisant des impulsions dites de refocalisation. Comme cela a été indiqué préalablement, une impulsion π inverse les populations de spin sur les deux niveaux d'énergie (section 1.5.3.1). Une caractéristique supplémentaire de ce type d'impulsion, lorsqu'elle est appliquée à une aimantation transversale, est qu'elle modifie aussi la phase de cette aimantation.

Dans un champ inhomogène, la fréquence de Larmor Ω_0 dépend de la position $\boldsymbol{r}$. Plaçons nous dans un référentiel tournant à la vitesse angulaire Ω_{rf} du champ radiofréquence. Dans ce référentiel, la vitesse angulaire de précession devient $\omega(\boldsymbol{r}) = \Omega_0(\boldsymbol{r}) - \Omega_{\mathrm{rf}}$. On utilise la séquence d'impulsions de la figure 1.30 qui comporte, une impulsion $\pi/2$ qui crée l'aimantation transversale $M_\perp(t = 0,\ \boldsymbol{r})$, un délai $T_{\mathrm{E}}/2$, une impulsion π appliquée dans la direction x et un nouveau délai $T_{\mathrm{E}}/2$. Pendant le délai $T_{\mathrm{E}}/2$, l'isochromat à la position $\boldsymbol{r}$, évolue à la fréquence angulaire $\omega(\boldsymbol{r})$. Immédiatement avant l'impulsion de 180° (temps $t = T_{\mathrm{E}}^-/2$), on peut écrire, en négligeant l'atténuation associée à la relaxation spin-spin :

$$M_\perp\left(t = \frac{T_{\mathrm{E}}^-}{2},\ \boldsymbol{r}\right) = M_\perp(t = 0,\ \boldsymbol{r})\exp\left(\mathrm{i}\omega(\boldsymbol{r})\frac{T_{\mathrm{E}}}{2}\right). \tag{1.102}$$

L'impulsion π, appliquée dans la direction x, conserve M_x inchangé, mais inverse le signe de M_y. Elle transforme donc $M_\perp$ en $M_\perp^*$. On a donc après l'impulsion π (temps $t = T_{\mathrm{E}}^+/2$) :

$$M_\perp\left(t = \frac{T_{\mathrm{E}}^+}{2},\ \boldsymbol{r}\right) = M_\perp^*(t = 0,\ \boldsymbol{r})\exp\left(-\mathrm{i}\omega(\boldsymbol{r})\frac{T_{\mathrm{E}}}{2}\right). \tag{1.103}$$

L'évolution qui suit ce renversement de phase s'effectue comme précédemment à la fréquence $\omega(\boldsymbol{r})$ et l'on peut écrire à l'instant T_{E} :

$$M_\perp(t = T_{\mathrm{E}},\ \boldsymbol{r}) = M_\perp^*(t = 0,\ \boldsymbol{r}). \tag{1.104}$$

On note qu'une impulsion π appliquée dans une autre direction que x, donnerait un résultat ne différant de (1.103) que par un terme de phase.

Une impulsion π refocalise donc les déphasages apparaissant dans le temps sous l'action du déplacement chimique ou des inhomogénéités de champ. Tout se passe comme si l'impulsion π avait produit un renversement du temps. Le processus d'écho de spin élimine la décroissance du signal associée aux

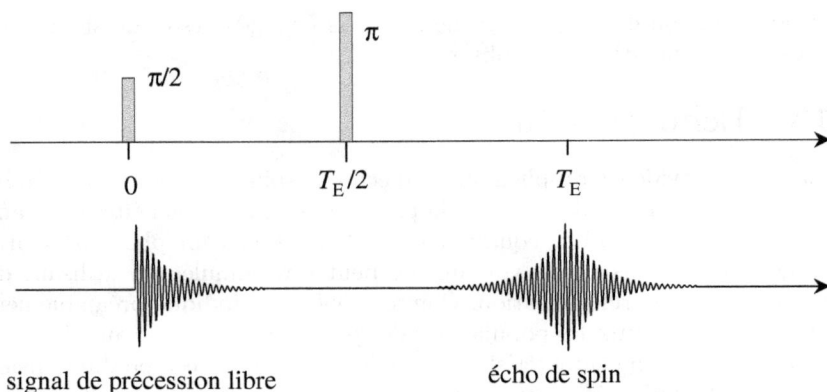

FIG. 1.30 – Séquence d'écho de spin.

inhomogénéités de champ, mais n'empêche bien sûr nullement la décroissance due à la relaxation spin-spin. Si l'on tient compte de la relaxation spin-spin, on obtient :

$$M_\perp \left(t = T_\mathrm{E}, \ r \right) = M_\perp^* \left(t = 0, \ r \right) \exp \left(-\frac{T_\mathrm{E}}{T_2} \right). \qquad (1.105)$$

Nous verrons que si l'impulsion π est la plus efficace pour refocaliser l'effet des inhomogénéités de champ, toute impulsion, quel que soit l'angle considéré, produit une certaine refocalisation (chapitre 2, sections 2.5 et 2.6).

1.14   Sensibilité d'une expérience RMN à la diffusion translationnelle moléculaire

Lorsque le champ directeur est inhomogène, de nombreuses expériences de RMN deviennent sensibles au déplacement des spins observés. C'est notamment le cas des expériences d'écho de spin : le processus de refocalisation des inhomogénéités de champ décrit ci-dessus n'est totalement efficace que si les spins ne se sont pas déplacés pendant le temps d'écho T_E (c'est-à-dire si la fréquence de l'isochromat considéré ne dépend pas du temps). Le déplacement peut être la conséquence d'un mouvement cohérent (convection, écoulement) ou de la diffusion translationnelle moléculaire. L'influence de la diffusion sur le signal RMN, fut décrit pour la première fois par Erwin Hahn.

1.14.1   L'équation de diffusion

Le mouvement brownien des molécules dans un fluide est décrit par une loi statistique, la première loi de Fick qui lie le flux de matière $j \left(r, \ t \right)$ et la concentration moléculaire $c\,(\boldsymbol{r},\,t)$.

$$\boldsymbol{j} = -D\,\mathbf{grad}\,c, \tag{1.106}$$

où D est le coefficient de diffusion $(\mathrm{m^2.s^{-1}})$. Le coefficient de diffusion caractérise la quantité de matière transportée par unité de surface et par seconde. En introduisant la loi de conservation de la matière :

$$\frac{\partial c}{\partial t} = -\mathrm{div}\,\boldsymbol{j}, \tag{1.107}$$

on obtient l'équation de la diffusion (ou seconde loi de Fick) :

$$\frac{\partial c}{\partial t} = D\,\nabla^2 c. \tag{1.108}$$

où ∇^2 est l'opérateur laplacien. En absence de restriction à la diffusion, le coefficient de diffusion est relié à la distance quadratique moyenne parcourue par une molécule en un temps τ :

$$\langle \boldsymbol{r}^2 \rangle = 6D\tau \tag{1.109}$$

Le coefficient de diffusion de l'eau à température ambiante est de l'ordre de $2{,}3\ 10^{-9}\ \mathrm{m^2\,s^{-1}}$. Le déplacement quadratique moyen d'une molécule d'eau pendant 10 ms est donc de l'ordre de 12 μm. Les coefficients de diffusion de l'eau dans des tissus sont sensiblement plus petits (de l'ordre, par exemple, de $0{,}8\ 10^{-9}\ \mathrm{m^2\,s^{-1}}$ dans la substance grise chez l'homme).

1.14.2 Introduction de la diffusion dans les équations de Bloch

L'introduction de la diffusion dans les équations de Bloch est due à Henry Torrey. L'aimantation nucléaire transportée par les molécules observées diffuse aussi à travers l'échantillon. En présence de diffusion, les équations de Bloch (équation (1.36)) s'écrivent :

$$\frac{\partial \boldsymbol{M}}{\partial t} = \gamma\,\boldsymbol{M} \times [\boldsymbol{B}_{\mathrm{fict}}] - R\,[\boldsymbol{M} - \boldsymbol{M}_0] + D\,\nabla^2\boldsymbol{M}, \tag{1.110}$$

où $\boldsymbol{M}\,(\boldsymbol{r},\,t)$ est l'aimantation nucléaire par unité de volume à la position $\boldsymbol{r}$. Cette équation est connue sous le nom d'équation de Bloch-Torrey.

Si le champ fictif ne dépend pas de la position et si $\boldsymbol{M}\,(\boldsymbol{r},\,0)$ est uniforme, alors $\nabla^2\boldsymbol{M} = 0$. Dans ce cas la diffusion ne joue aucun rôle. En présence d'un champ non homogène, les fréquences de précession dépendent de la position et l'évolution temporelle de la composante transversale également. Intéressons nous à cette composante transversale, $M_\perp = M_x + \mathrm{i}M_y$. L'équation de Bloch-Torrey devient :

$$\frac{\partial M_\perp}{\partial t} = -\mathrm{i}\gamma\,B_{\mathrm{fict}}M_\perp - \frac{M_\perp}{T_2} + D\,\nabla^2\,M_\perp. \tag{1.111}$$

Nous avons supposé jusque là que la diffusion était isotrope. Si ce n'est pas le cas, D n'est plus un scalaire, mais peut être décrit par un tenseur. Dans ce cas, l'équation de Bloch-Torrey pour l'aimantation transversale devient :

$$\frac{\partial M_\perp}{\partial t} = -\mathrm{i}\gamma\, B_{\text{fict}} M_\perp - \frac{M_\perp}{T_2} + \vec{\nabla}.\,\vec{\boldsymbol{D}}.\vec{\nabla} M_\perp, \tag{1.112}$$

où $\vec{\boldsymbol{D}}$ est le tenseur de diffusion :

$$\vec{\boldsymbol{D}} = \begin{pmatrix} D_{XX} & D_{XY} & D_{XZ} \\ D_{YX} & D_{YY} & D_{YZ} \\ D_{ZX} & D_{ZY} & D_{ZZ} \end{pmatrix}. \tag{1.113}$$

On admet que $D_{ij} = D_{ji}$.

1.14.3   Gradients dépendant du temps et mesure du coefficient de diffusion

L'utilisation de gradients (*cf.* section 1.8) dépendant du temps pour obtenir des informations sur la diffusion moléculaire translationnelle est due à Edward Stejskal et John Tanner.

Considérons une impulsion de 90° suivie de l'application d'un gradient $\boldsymbol{G}(t)$. Dans un repère tournant à la fréquence de Larmor en absence de gradient, on peut écrire :

$$B_{\text{fict}} = \boldsymbol{G}(t)\,.\,\boldsymbol{r}. \tag{1.114}$$

Si les spins nucléaires ne se déplacent pas ($D = 0$), l'équation (1.111) devient

$$\frac{\partial M_\perp}{\partial t} = -\left(\mathrm{i}\gamma\,\boldsymbol{G}(t)\,.\,\boldsymbol{r} + \frac{1}{T_2}\right) M_\perp \tag{1.115}$$

et a pour solution

$$M_\perp(t, \boldsymbol{r}) = M_\perp(0, \boldsymbol{r}) \exp\left[-\mathrm{i}\gamma\left(\int_0^t \boldsymbol{G}(t')\,\mathrm{d}t'\right).\,\boldsymbol{r}\right] \exp\left(-\frac{t}{T_2}\right). \tag{1.116}$$

En présence de diffusion, on doit prendre en compte le terme $D\,\nabla^2 M_\perp$ de l'équation (1.111). Si l'on fait l'hypothèse d'une diffusion non restreinte, la solution de cette équation a pour forme :

$$M_\perp(t, \boldsymbol{r}) = M_\perp(0, \boldsymbol{r})\, A(t) \exp\left[-\mathrm{i}\gamma\left(\int_0^t \boldsymbol{G}(t')\,\mathrm{d}t'\right).\,\boldsymbol{r}\right] \exp\left(-\frac{t}{T_2}\right), \tag{1.117}$$

où le terme $A(t)$, qui modélise l'atténuation de l'aimantation transversale due à la diffusion, ne dépend pas de la position. En reportant cette expression dans l'équation (1.111), on obtient :

$$A(t) = \exp\left(-b(t)\,D\right) \tag{1.118}$$

où

$$b(t) = \gamma^2 \int_0^t \left(\int_0^{t'} \boldsymbol{G}(t'')\, \mathrm{d}t'' \right)^2 \mathrm{d}t'. \tag{1.119}$$

Le coefficient b s'exprime évidemment en s.m^{-2}. Si l'observation de $M_\perp$ est effectuée en un instant $t = T$ situé après la coupure du gradient et, si le moment d'ordre zéro du gradient est nul :

$$\int_0^T \boldsymbol{G}(t')\, \mathrm{d}t' = 0, \tag{1.120}$$

le coefficient b ne dépend plus du temps. On obtient alors :

$$M_\perp(T) = M_\perp(0) \exp(-bD) \exp\left(-\frac{T}{T_2^*} \right), \tag{1.121}$$

où l'on a remplacé T_2 par T_2^* pour tenir compte de l'éventuelle inhomogénéité du champ directeur. La figure 1.31 présente une séquence qui comporte deux impulsions de gradient rectangulaires identiques, mais de signes opposés (gradients bipolaires). La condition (1.120) est donc satisfaite. Avec ce schéma de gradient on montre, en utilisant l'expression (1.119), que le coefficient b a pour valeur :

$$b = \gamma^2 G_0^2 \delta^2 \left(\Delta - \frac{\delta}{3} \right), \tag{1.122}$$

où δ est la durée de chaque impulsion de gradient et Δ le temps séparant les deux impulsions.

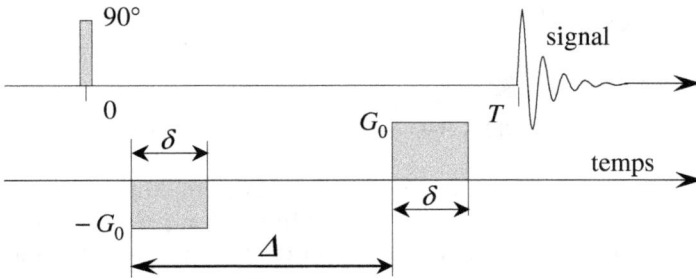

FIG. 1.31 – Séquence d'écho de gradient. L'amplitude du signal dépend du coefficient de diffusion.

1.14.4 Influence de la diffusion sur le signal produit par une séquence d'écho de spin

Une séquence d'écho de gradient présente l'inconvénient d'introduire une pondération T_2^* qui réduit le signal observé. En 1965, Stejskal et Tanner ont montré qu'un résultat similaire, mais avec une pondération T_2 plutôt que T_2^*, peut être obtenu avec la séquence d'écho de spin de la figure 1.32. On sait qu'une impulsion de refocalisation renverse le signe des déphasages accumulés avant l'impulsion. Par suite, en champ homogène, l'utilisation d'une impulsion π donne donc un résultat identique à celui qui serait obtenu en supprimant l'impulsion et en inversant le signe du gradient la précédant. Cette opération conduit à la notion de *gradient effectif*. Le gradient effectif est obtenu en inversant le signe des lobes de gradient précédant une impulsion de refocalisation. C'est le gradient effectif qui doit être utilisé pour calculer le coefficient b en utilisant l'équation (1.119).

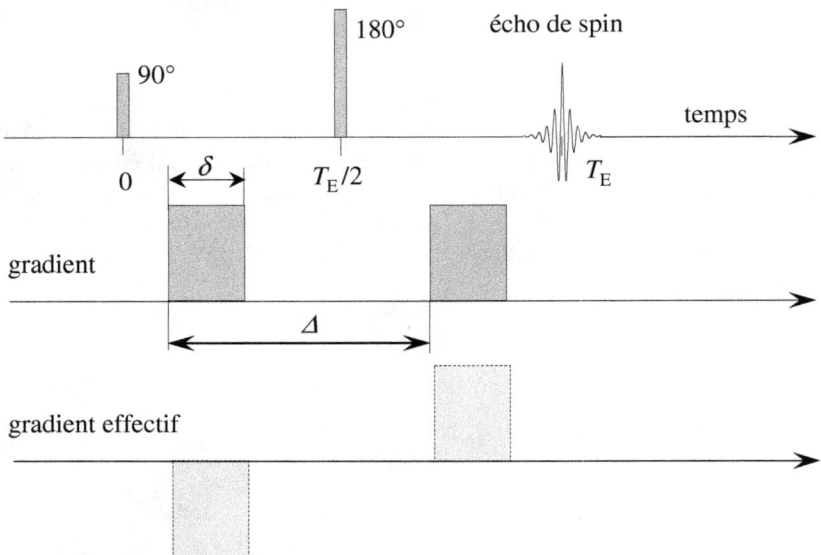

FIG. 1.32 – Séquence de Stejskal et Tanner.

On note que les inhomogénéités de champ introduisent dans les séquences d'écho de spin une atténuation due à la diffusion. En présence d'un gradient G_0 ne dépendant pas du temps (le gradient effectif en dépend), on a $\delta = \Delta = T_E/2$. Le coefficient b s'écrit :

$$b = \frac{1}{12}\gamma^2 G_0^2 T_E^3. \tag{1.123}$$

Ainsi, en champ peu homogène, la diffusion translationnelle contribue à la décroissance de l'aimantation transversale telle qu'elle peut être observée avec une séquence d'écho de spin. Cette contribution a été mise en évidence dès 1950 par Erwin Hahn. La mesure du temps de relaxation T_2, en incrémentant le temps d'écho T_E, peut ainsi être faussée par la contribution de la diffusion. On peut, pour limiter l'atténuation due à la diffusion, utiliser une séquence multi échos $(\pi/2 - T/2 - \pi - T - \pi - T - ...\pi - T/2 - \text{acquisition})$. On montre aisément que dans ce cas, l'atténuation au temps $T_\mathrm{E} = nT$ est donnée par $\exp\left(-\gamma^2 G_0^2 T_\mathrm{E}^3 D / (12n^2)\right)$. Pour une durée de diffusion T donnée, l'atténuation du signal due à la diffusion, décroît très vite lorsque le nombre d'impulsions appliquées pendant T s'accroît.

La séquence de Stejskal et Tanner est la méthode de base pour la mesure des coefficients de diffusion des molécules observables par RMN. Il suffit pour accéder à D, de mesurer l'amplitude de l'écho pour différentes valeurs de b. La méthode est aujourd'hui étendue à l'imagerie et l'on notera l'importante contribution de Denis Le Bihan à cette extension.

1.15 Sensibilité d'une expérience RMN au mouvement cohérent

Examinons l'expérience de la figure 1.33 où une impulsion d'excitation est suivie de l'application d'un gradient dépendant du temps. Le champ statique est supposé homogène. Vu dans un trièdre tournant à la fréquence de Larmor, en absence de gradient, le déphasage subit par un isochromat initialement à la position $\boldsymbol{r}_0$ s'écrit :

$$\phi(\boldsymbol{r}_0, t) = -\gamma \int_0^T \boldsymbol{G}(t) \cdot \boldsymbol{r}(t)\, \mathrm{d}t \tag{1.124}$$

Supposons que le mouvement de l'isochromat soit uniforme :

$$\boldsymbol{r}(t) = \boldsymbol{r}_0 + \boldsymbol{v}t, \tag{1.125}$$

où $\boldsymbol{v}$ est le vecteur vitesse.

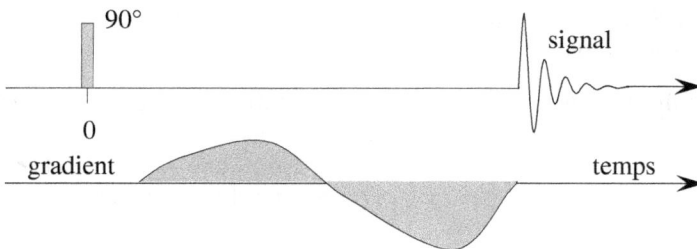

FIG. 1.33 – Une impulsion d'excitation suivie d'une impulsion de gradient.

Le déphasage observable peut se mettre sous la forme :

$$\phi(\boldsymbol{r}_0, t) = -\gamma\left(\boldsymbol{r}_0 \cdot \int_0^T \boldsymbol{G}(t)\, \mathrm{d}t + \boldsymbol{v} \cdot \int_0^T \boldsymbol{G}(t)\, t\, \mathrm{d}t\right). \tag{1.126}$$

La première intégrale est le moment d'ordre zéro du gradient et la seconde son moment d'ordre 1. Si le moment d'ordre zéro est nul, alors la phase de l'aimantation n'est pas sensible à la position et ne dépend que la valeur de la composante de la vitesse dans la direction du gradient. C'est le cas par exemple avec le gradient bipolaire de la figure 1.31. Si ce gradient est dirigé selon l'axe X et comporte 2 lobes rectangulaires d'intensités $-G_0$ et G_0, on obtient :

$$\phi\left(r_0, t\right) = -\gamma\, v.\int_0^T G\left(t\right) t\,\mathrm{d}t = -\gamma\, v_X\, G_0\, \delta\, \Delta \qquad (1.127)$$

La mesure de la phase permet ainsi d'accéder à la composante de la vitesse dans la direction du gradient. Cette remarque est à la base d'une des méthodes exploitées en imagerie des vitesses.

On montrerait de la même manière que si le mouvement est uniformément accéléré ($r\left(t\right) = r_0 + v\,t + \left(a\,/2\right)t^2$), le déphasage observable peut se mettre sous la forme :

$$\phi\left(r_0, t\right) = -\gamma\left(r_0.\int_0^T G\left(t\right)\mathrm{d}t + v.\int_0^T G\left(t\right) t\,\mathrm{d}t + \frac{1}{2}a.\int_0^T G\left(t\right) t^2\,\mathrm{d}t\right).$$
$$(1.128)$$

La présence d'une accélération produit un déphasage supplémentaire, proportionnel au moment d'ordre 2 du gradient.

1.16   L'expérience RMN

En résumé une expérience RMN comporte les étapes suivantes :

1. Attente de l'atteinte de l'équilibre thermique (en pratique, jamais réalisé strictement, le temps d'attente serait infiniment long...).

2. Perturbation de l'équilibre thermique en utilisant un champ radiofréquence créé par une bobine d'émission.

3. Conditionnement électronique (amplification, changement de fréquence, filtrage, numérisation) et traitement (transformation de Fourier) du signal de précession libre induit aux bornes d'une bobine de réception. La même bobine peut être utilisée pour émettre le champ radiofréquence et pour recevoir le signal.

La figure 1.34 présente le bloc diagramme d'un spectromètre RMN. Dans ce schéma très simplifié, on reconnaît au centre de l'aimant, la bobine rf qui est ici utilisée en émission et en réception. Un commutateur permet de passer d'un mode à l'autre. Autour de la bobine rf, on trouve les bobinages de gradients pulsés, les bobinages de correction de l'homogénéité et le bobinage produisant le champ directeur. Un ordinateur commande l'ensemble du système. Il produit les signaux nécessaires, recueille le signal numérisé et le traite. Une

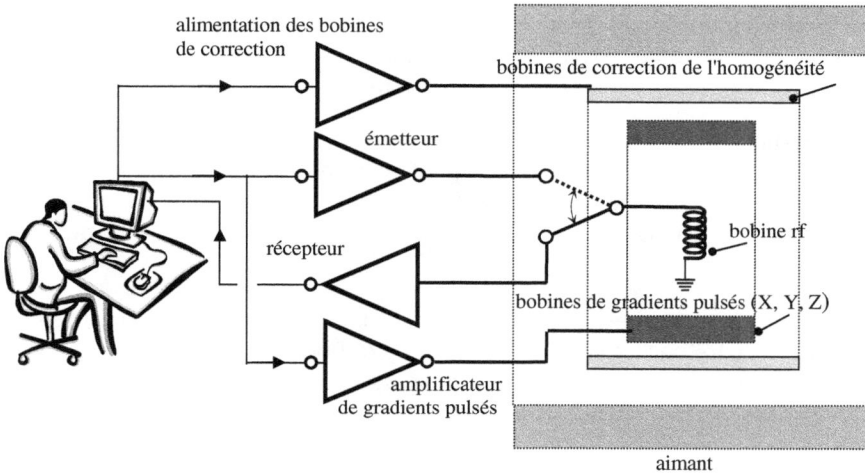

FIG. 1.34 – Bloc diagramme d'un appareil RMN.

cage de Faraday entoure souvent l'aimant afin de limiter autant que possible la perturbation du signal par des sources électromagnétiques externes.

1.17 Instrumentation

1.17.1 Les aimants

Les aimants d'imagerie peuvent être classés en fonction de l'intensité du champ magnétique qu'ils produisent :

- aimants à bas champs produisant des champs inférieurs à environ 0,4 T,
- aimants à champs intermédiaires qui produisent des champs compris entre 0,5 et 2 T,
- aimants à hauts champs pour des champs supérieurs à 2 T.

On peut aussi classer les aimants en fonction de la taille du volume susceptible d'être imagé :

- Aimants de type corps entier, qui peuvent permettre d'obtenir des images de n'importe quelle zone du corps humain. Des images peuvent être obtenues dans un champ pouvant atteindre 50 cm.

- Aimants d'imagerie d'échantillons hétérogènes et d'animaux de laboratoire (rats et souris). Le volume dans lequel des images peuvent être obtenues est souvent une sphère dont le diamètre peut atteindre environ 10 cm.

En imagerie clinique on trouve aussi souvent une classification des aimants en fonction de la facilité d'accès de la zone de travail. Pour des aimants corps entier, on définit trois types de structures magnétiques :

- Structures magnétiques fermées. La zone de travail se trouve au centre d'un tunnel dont la longueur peut excéder 1,50 m. Ce type d'aimant offre sans doute une région de travail dont l'homogénéité est excellente, mais son utilisation pose problème avec des patients souffrant de claustrophobie.

- Structures magnétiques semi-ouvertes. La longueur du tunnel est réduite (de l'ordre par exemple de 70 cm), ce qui peut permettre, par exemple, d'obtenir des images cardio-vasculaires chez un patient dont la tête reste à l'extérieur de l'aimant.

- Structures magnétiques ouvertes qui ne se présentent plus sous l'aspect d'un tunnel, mais d'un très large entrefer (figure 1.35a). Ce type d'aimant peut permettre, par exemple, d'effectuer des opérations chirurgicales sous imagerie (imagerie interventionnelle).

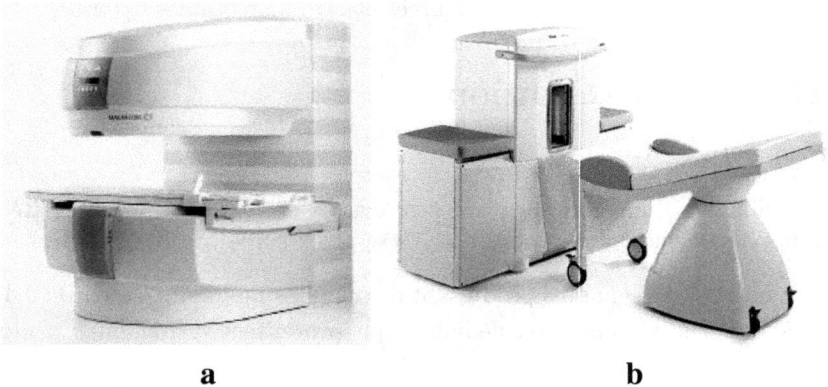

a   **b**

FIG. 1.35 – (a) imageur à aimant permanent Siemens Magnetom C !. 0,35 T. Structure ouverte. (b) Imageur à aimant permanent 0,2 T, C-scan Esaote dédié à l'imagerie des articulations de la jambe et du bras.

Quelle que soit la technologie utilisée, le champ créé par les aimants d'imagerie doit être aussi homogène que possible. En imagerie clinique, le volume défini comme le volume de travail est une sphère de 30 cm de diamètre. Pour les applications nécessitant une structure ouverte, une homogénéité meilleure que quelques ppm sur un volume sphérique de 20 à 30 cm est nécessaire pour un aimant d'imagerie clinique. Nous verrons qu'en imagerie, il existe un lien direct entre homogénéité et rapport signal sur bruit. La stabilité de l'aimant doit également être excellente (dérive si possible inférieure à 10^{-7} à 10^{-8} par heure).

1.17.1.1 Aimants permanents

Le premier appareil commercial d'IRM a été conçu par la société FONAR. Il était équipé d'un aimant permanent. Les matériaux magnétiques utilisés pour la construction d'aimants permanents pour IRM, peuvent être des alliages de type ALNICO (composés principalement d'aluminium, nickel, cobalt et de fer), des alliages à base de terres rares (neodyme-fer-bore ou samarium-cobalt) ou des ferrites. Un des handicaps des aimants permanents est leur masse importante, qui peut atteindre 20 à 30 tonnes pour des aimants corps entier de type ALNICO mais sensiblement moins avec des alliages à base de terres rares. L'intérêt majeur de ces aimants est qu'ils permettent de réaliser des structures très ouvertes (voir par exemple la figure 1.35a) et qu'ils nécessitent peu d'entretien. Pour les aimants corps entier, la direction du champ est souvent verticale. La forme d'un aimant permanent peut être définie en fonction de l'application envisagée. On trouve ainsi des aimants dédiés à des applications bien délimitées. C'est par exemple le cas des appareils dédiés à l'imagerie des articulations du bras ou de la jambe (figure 1.35b). Le champ produit par des aimants permanents d'imagerie reste relativement faible.

1.17.1.2 Électro-aimants résistifs

Ils nécessitent une très bonne stabilité de l'alimentation. La dissipation de chaleur peut atteindre plusieurs dizaines de kW. Un refroidissement à eau souvent nécessaire. On trouve deux types d'aimants résistifs, ceux bobinés sur une carcasse de fer (figure 1.36) et ceux constitués de bobines à air. Les premiers ont généralement un axe vertical tandis que les seconds ont souvent un axe horizontal. Les électroaimants résistifs sont maintenant très peu développés en IRM.

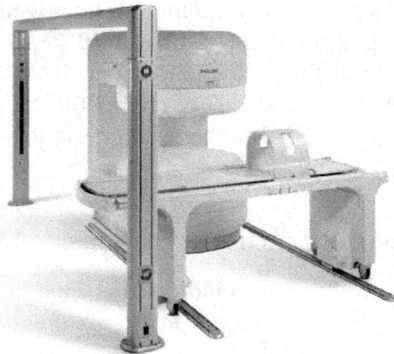

Fig. 1.36 – Aimant résistif. Philips Panorama 0,23 T.

1.17.1.3   Aimants supraconducteurs

En IRM la grande majorité des aimants est de type supraconducteur (figure 1.37) et les champs utilisés pour les imageurs cliniques, s'étalent de 0,5 T à 3 T. Les aimants, offrant un diamètre utilisable à température ambiante de près de 70 à 100 cm, sont dits aimants « corps entier ». Il existe cependant des aimants supraconducteurs corps entier, atteignant des champs de l'ordre d'une dizaine de teslas. Ce type d'appareil est pour l'instant dédié à la recherche. Des champs plus élevés encore (près de 20 T), peuvent être utilisés pour l'imagerie du petit animal ou des matériaux.

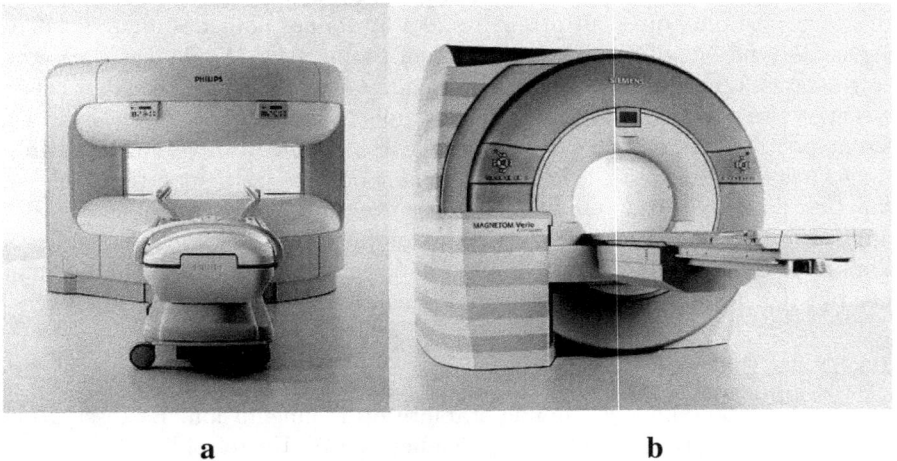

a   b

FIG. 1.37 – Aimants supraconducteurs. (a) Philips Panorama 1 T. Aimant à axe vertical. Ouverture de 47 cm de hauteur. (b) Siemens. Magnetom Verio 3 T.

Ces aimants supraconducteurs sont utilisés dans un mode dit persistant, les bobines étant bouclées sur elles mêmes. L'homogénéité est excellente et les dérives de champ en général inférieures à 10^{-7}–10^{-8} par heure. Les aimants supraconducteurs utilisent des matériaux du type niobium-titane qui est supraconducteur en dessous de 10 K (température critique). Le cryostat est rempli d'hélium liquide. Un blindage magnétique, actif ou passif, limite l'étendue des lignes de champ.

1.17.2   Systèmes de gradients pulsés

On trouvera ci-dessous, quelques indications concernant la conception des bobinages de gradients, dans le cas d'une structure magnétique de type aimant supraconducteur à axe horizontal.

Le gradient selon Z est créé à l'aide de paires de bobines dites de Maxwell (désignées aussi par le terme anti-Helmholtz), constituées de deux bobines identiques parcourues par des courants de sens contraires (figure 1.38). Si l'on ne considère qu'une seule de ces paires, la linéarité est optimale lorsque les deux bobines sont séparées par la distance $d = R\sqrt{3}$, où R est le rayon des bobines. Afin d'étendre la zone couverte par un gradient uniforme, on utilise des structures constituées de plusieurs paires de bobines.

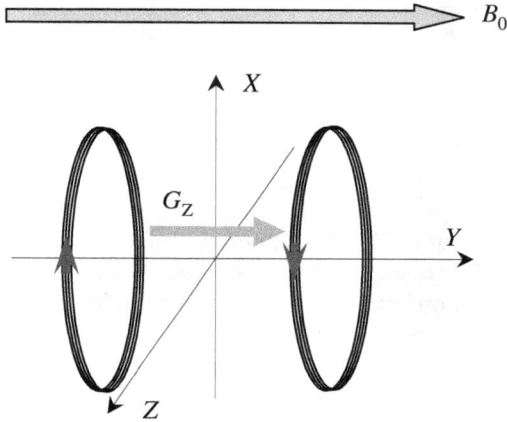

FIG. 1.38 – Paire de bobines de Maxwell.

La production de gradients dans les directions X et Y est plus complexe. Nous savons (section 1.8.3) que la production d'un gradient dans une direction donnée est nécessairement accompagnée de composantes du champ dans des directions orthogonales. Ainsi, puisque rot $\boldsymbol{B} = 0$ dans une région sans courant, on peut écrire :

$$\frac{\mathrm{d}B_Y}{\mathrm{d}Z} = \frac{\mathrm{d}B_Z}{\mathrm{d}Y} \quad \text{et} \quad \frac{\mathrm{d}B_X}{\mathrm{d}Z} = \frac{\mathrm{d}B_Z}{\mathrm{d}X}. \tag{1.129}$$

À la production d'un gradient G_X (gradient d'intensité $\mathrm{d}B_Z/\mathrm{d}X$), est donc associée la présence d'une composante du champ selon X, variant linéairement avec la coordonnée Z. Cette remarque conduit à la structure présentée figure 1.39, composée de 2 bobines en selle de cheval, placées symétriquement par rapport à l'origine et parcourues par des courants en sens contraires. Les tailles de chaque bobine en selle de cheval et les distances entre les bobines, peuvent être optimisées (la distance entre les deux bobines doit être de l'ordre de $0,78\,R$, où R est le rayon du cylindre sur lequel sont placées les bobines). Mais le résultat reste imparfait et l'on utilise souvent des structures plus complexes, qui multiplient le nombre de paires de bobines avec des positions relatives différentes.

La figure 1.40 présente un fourreau de gradient dédié à l'imagerie de la tête. La construction d'un ensemble de gradients performant, est une opération délicate. Les principales caractéristiques électriques d'un bobinage de gradient

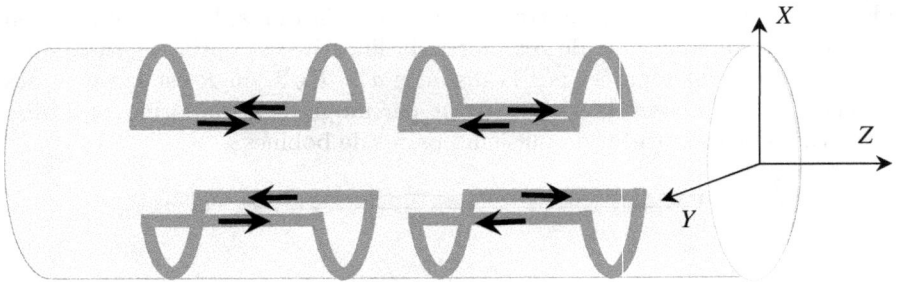

FIG. 1.39 – Production d'un gradient G_X.

sont la tension maximum V^{max} qu'il peut accepter sans risque de claquage, sa résistance r, qui doit être aussi faible que possible pour limiter l'échauffement et son inductance L. Pour un gradient destiné à l'imagerie de la tête, V^{max} est de l'ordre du millier de volts, $r \approx 0{,}1 - 0{,}2\ \Omega$ et L est de quelques centaines de μH. L'intensité maximum des gradients produits par cet ensemble, est en général d'au moins 40-50 mT/m, avec une vitesse de commutation de plusieurs centaines de T/m/s.

FIG. 1.40 – Bobinages de gradients pour l'imagerie de la tête (Doty Scientific Inc.).

Une caractéristique importante d'un bobinage de gradient est la rapidité avec laquelle peut être modifiée la valeur du gradient. La vitesse de montée (ou « *slew rate* », S) du gradient est définie simplement de la manière suivante :

$$S = \frac{\mathrm{d}G}{\mathrm{d}t}. \tag{1.130}$$

La tension aux bornes du bobinage lorsqu'il est parcouru par un courant I s'écrivant $V = RI + L\mathrm{d}I/\mathrm{d}t$, on en déduit

$$S = \frac{g\,V^{\max} - R\,G^{\max}}{L},\qquad (1.131)$$

où g relie le gradient à l'intensité du courant parcourant le bobinage $(G = g\,I)$.

Les valeurs des paramètres peuvent évidemment varier selon l'axe considéré.

1.17.3   Bobines rf

En IRM, une bobine permet de produire le champ radiofréquence. Une bobine est aussi utilisée pour recevoir le signal. La même bobine peut assurer les deux fonctions, mais il est souvent souhaitable de disposer d'une bobine d'émission qui produit un champ rf raisonnablement homogène sur l'échantillon et d'une seconde bobine chargée de la réception du signal dans une région limitée de l'échantillon. Nous décrivons ci-dessous, succinctement, les divers types de bobines utilisées en IRM. On retrouve aussi ces éléments sous les noms d'antennes, résonateurs ou sondes.

1.17.3.1   Bobines de surface

On utilise en RMN des bobines de formes très diverses. La plus simple d'entre elles est la bobine circulaire plate (figure 1.41a). Le champ créé est loin d'être homogène et diminue rapidement lorsqu'on s'éloigne de son voisinage, mais les bobines plates se sont avérées constituer un outil intéressant en spectroscopie *in vivo* comme pour l'imagerie de tissus et des organes superficiels. On les appelle « *bobines de surface* ».

Nous avons vu dans la section 1.7.2, que le signal en provenance de spins nucléaires situés en un point de coordonnée $\boldsymbol{r}$, est proportionnel à $\boldsymbol{B}_1^{\perp}\,(\boldsymbol{r},\ I = 1)$ (composante orthogonale à $\boldsymbol{B}_0$ du champ rf créé au point $\boldsymbol{r}$ par la bobine, lorsqu'elle est parcourue par un courant unité – équation (1.53). Si l'on considère une bobine circulaire plate de rayon R et d'axe Y (figure 1.41a), le champ rf en un point P de l'espace peut être obtenu en écrivant le champ produit par l'élément $\mathrm{d}l = R\,\mathrm{d}\theta$ situé au point M :

$$\mathrm{d}\boldsymbol{B}_1 = \frac{\mu_0}{4\pi}\frac{I\,\mathrm{d}\boldsymbol{l} \times \boldsymbol{MP}}{MP^3}\qquad (1.132)$$

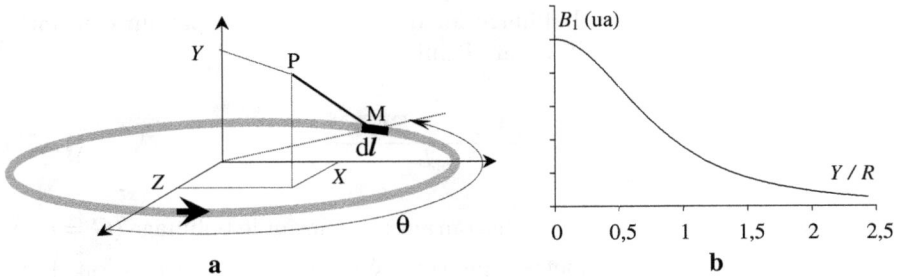

FIG. 1.41 – Bobine de surface circulaire plate de rayon R (a), et champ B_1 sur l'axe (b).

On a donc, en ne retenant que les composantes jouant un rôle dans la réception du signal,

$$dB_{1X} = \frac{\mu_0}{4\pi} \frac{I\,R\,Y\sin\theta}{\left[(X - R\sin\theta)^2 + Y^2 + (Z - R\cos\theta)^2\right]^{3/2}}\,d\theta,$$

$$dB_{1Y} = \frac{\mu_0}{4\pi} \frac{I\,R\,\left[-\sin\theta\,(X - R\sin\theta) - \cos\theta\,(Z - R\cos\theta)\right]}{\left[(X - R\sin\theta)^2 + Y^2 + (Z - R\cos\theta)^2\right]^{3/2}}\,d\theta. \qquad (1.133)$$

On trouve très facilement l'expression classique du champ sur l'axe d'une bobine circulaire plate (sur l'axe de la bobine, le champ est aligné avec l'axe Y et est donc transversal par rapport à $\boldsymbol{B_0} : B_1^{\perp} = B_{1Y}$) :

$$B_1^{\perp} = \frac{\mu_0}{2} \frac{I\,R^2}{[R^2 + Y^2]^{3/2}}. \qquad (1.134)$$

La figure 1.41b montre que le champ sur l'axe décroît assez rapidement lorsqu'on s'éloigne du plan de la bobine. Le champ en un point quelconque de l'espace peut être trouvé en intégrant numériquement les équations (1.133).

Il est important de remarquer que la phase

$$\alpha = \text{Arctg}\left(\frac{B_{1X}}{B_{1Y}}\right) \qquad (1.135)$$

du champ $\boldsymbol{B_1^{\perp}}$ (c'est-à-dire son orientation dans le plan XY) dépend de la position. La figure 1.42 illustre cela. Le champ créé par la bobine est à symétrie cylindrique, mais le champ efficace en RMN, du point de vue de l'excitation du système de spins, comme du point de vue de la réception du signal, est construit avec les seules composantes alignées avec X ou Y, ce qui détruit la symétrie cylindrique

Pour une valeur donnée de l'aimantation transversale, le signal reçu par la bobine, en provenance d'un élément de volume dV entourant un point

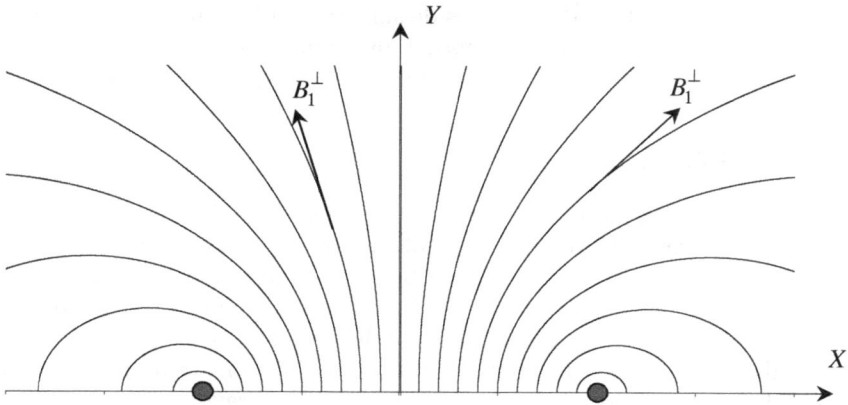

FIG. 1.42 – Lignes de champ d'une bobine circulaire plate. L'orientation du champ rf dépend de la position.

quelconque de l'espace, est directement proportionnel à l'intensité du champ $B_1^\perp$ au point considéré. Ce champ présente donc une importance particulière. La figure 1.43 présente l'image de $B_1^\perp (r)$ dans le plan YZ. On remarque que le champ est intense au voisinage des conducteurs

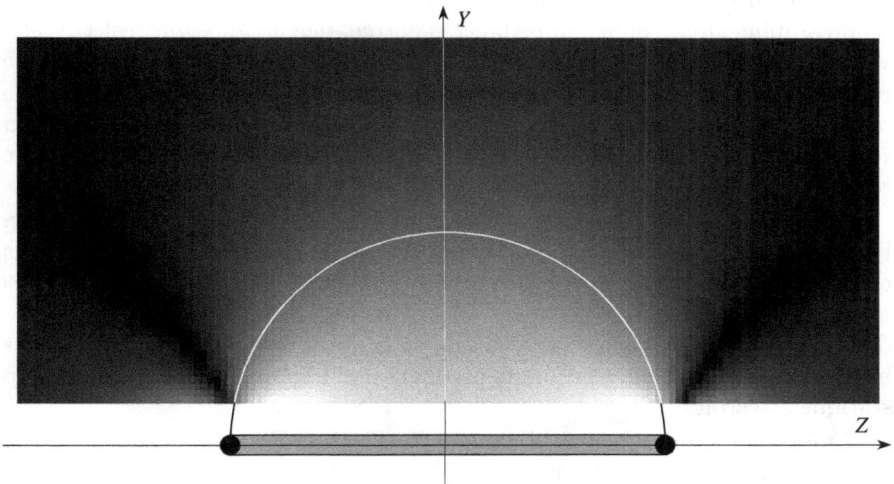

FIG. 1.43 – Image du champ rf orthogonal à B_0, produit par une bobine circulaire plate (plan YZ). Le demi-cercle tracé en pointillés, dont le rayon est égal à celui de la bobine, montre les limites approximatives de la zone sensible.

La sensibilité spatiale des bobines de surface est différente selon que la bobine est utilisée en émission et réception, ou simplement en réception, l'émission étant assurée par une bobine produisant un champ rf homogène.

1.17.3.2   Bobines en réseau

Elles sont parfois désignées par le terme réseau phasé (« *phased-array* »), terme que l'on retrouve dans la technologie des radars, des sonars, des systèmes de lasers, en échographie, en radioastronomie et maintenant en IRM. En IRM, les bobines en réseau ont été initialement proposées pour améliorer le rapport signal sur bruit. Un simple exemple permet de comprendre l'origine de ce gain. Considérons un point P situé à une distance r de la surface de l'échantillon, sur l'axe d'une bobine circulaire plate de rayon R placée à la surface de l'échantillon. On montre aisément en utilisant l'expression (1.134), que le signal en provenance du point considéré est maximum lorsque $R = \sqrt{2}\ r$. Si r est bien inférieur à la taille de l'échantillon, l'utilisation d'une bobine de surface peut donc accroître la sensibilité.

La région pouvant être explorée avec une bobine de taille réduite est cependant limitée puisque ses dimensions n'excèdent guère le diamètre de la bobine (*cf.* figure 1.43). L'association de multiples bobines de surface constituant un réseau de bobines (figure 1.44), permet de résoudre cette difficulté. Les différentes bobines constituant le réseau se recouvrent partiellement, afin d'annuler le coefficient d'induction mutuelle et donc l'interaction entre deux bobines voisines. L'isolation de chaque bobine par rapport à ses voisines est améliorée encore, en recueillant le signal provenant de chaque bobine à l'aide de préamplificateurs dont l'impédance d'entrée, *vue de la bobine*, est très élevée. Il doit être noté que le rapport signal sur bruit et la qualité de l'image produite par un réseau sont optimisés, si les signaux provenant de chaque bobine sont recueillis et traités séparément. Cela nécessite de disposer d'un récepteur présentant autant de canaux de réception, que de bobines dans le réseau.

Les bobines en réseau sont en général utilisées comme récepteur seulement, l'émission étant assurée par une bobine créant un champ homogène. Depuis quelques années, on voit apparaître divers travaux visant à utiliser des bobines en réseau en émission, avec pour objectif la réduction de l'énergie dissipée dans l'échantillon ou encore la réduction de la durée d'application de certaines impulsions d'excitation. Ces points prennent de l'importance lorsque le champ statique s'accroît.

Enfin, depuis une dizaine d'années, l'utilisation des bobines en réseau a connue un développement rapide avec l'introduction des méthodes d'imagerie parallèle (chapitre 5, section 5.12), qui permettent d'accélérer l'acquisition des images. Dans ce cas, le traitement séparé des signaux produits par chaque élément du réseau est indispensable. Les constructeurs proposent aujourd'hui des systèmes comportant jusqu'à 32 canaux.

FIG. 1.44 – Bobines en réseau.

1.17.3.3 Bobines créant un champ rf homogène

La spectroscopie RMN traditionnelle utilisée pour l'étude de molécules en solutions, fait largement appel à des bobines dîtes en *selle de cheval*. Il s'agit de bobines de Helmholtz déformées : elles ont une forme rectangulaire plutôt que circulaire et elles sont placées sur un cylindre (figure 1.45a).

On utilise aussi, des bobines de type *solénoïde*, qui créent un champ raisonnablement homogène, mais qui peuvent être difficiles à utiliser lorsque l'on travaille avec un aimant supraconducteur. Aux fréquences élevées, un solénoïde peut n'avoir qu'un seul tour (figure 1.45b).

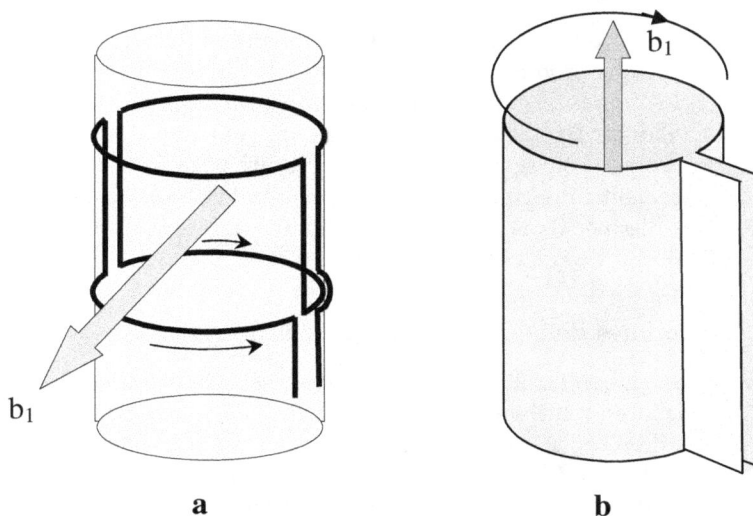

a   **b**

FIG. 1.45 – Diverses formes de bobines RMN : bobine en selle de cheval (a), et bobine de type « *loop-gap* » (b).

En imagerie, ce sont les bobines de type *cage d'oiseau* (figure 1.46b) qui sont aujourd'hui les plus largement utilisées. Le principe de ces bobines repose sur les propriétés d'une surface cylindrique parcourue par des courants parallèles à l'axe du cylindre et d'intensité variant sinusoïdalement avec l'angle θ (figure 1.46a). Cette distribution de courants crée un champ uniforme à l'intérieur du cylindre. Ce champ est orthogonal à l'axe du cylindre.

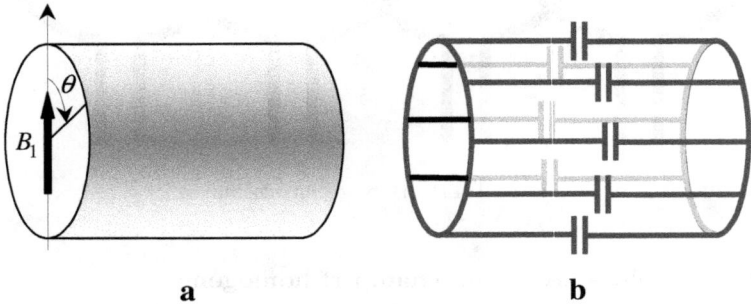

a   **b**

FIG. 1.46 – Une nappe de courants parallèles à l'axe d'un cylindre infini et dont les intensités varient sinusoïdalement en fonction de l'angle θ, créé un champ uniforme (a). Les bobines en forme de cage d'oiseau (b) permettent d'approcher cette distribution.

1.17.3.4   Champ polarisé circulairement : bobines d'émission en quadrature

On utilise beaucoup en imagerie, des champs rf polarisés circulairement. De tels champs sont produits en utilisant deux bobines orthogonales et parcourues par des courants sinusoïdaux en quadrature de phase (figure 1.47a). L'intérêt de telles structures en émission est que, pour une amplitude donnée du champ tournant, l'énergie nécessaire est réduite d'un facteur 2. Ce point est particulièrement important en imagerie médicale car la quasi-totalité de l'énergie rf est dissipée dans le patient. La figure 1.47b présente deux bobines de type selle de cheval, placées en quadrature.

1.17.3.5   Bobines de réception en quadrature

Nous avons vu que l'utilisation de bobines d'émission en quadrature, permettait d'améliorer sensiblement l'efficacité de l'émetteur de puissance rf. Deux bobines de réception peuvent être aussi placées orthogonalement l'une par rapport à l'autre. L'une sera le siège d'un signal donné par l'équation (1.54), l'autre d'un signal de même amplitude que le précédent mais déphasé de $\pm\pi/2$ (le signe dépend de la position relative des deux bobines et de celui du rapport gyromagnétique). Il suffit de compenser ce déphasage en

amplitude du champ polarisé
rectilignement selon X

temps

amplitude du champ polarisé
rectilignement selon Y

Y

temps

X

0 $\pi/2$

diviseur de puissance

amplificateur
de puissance

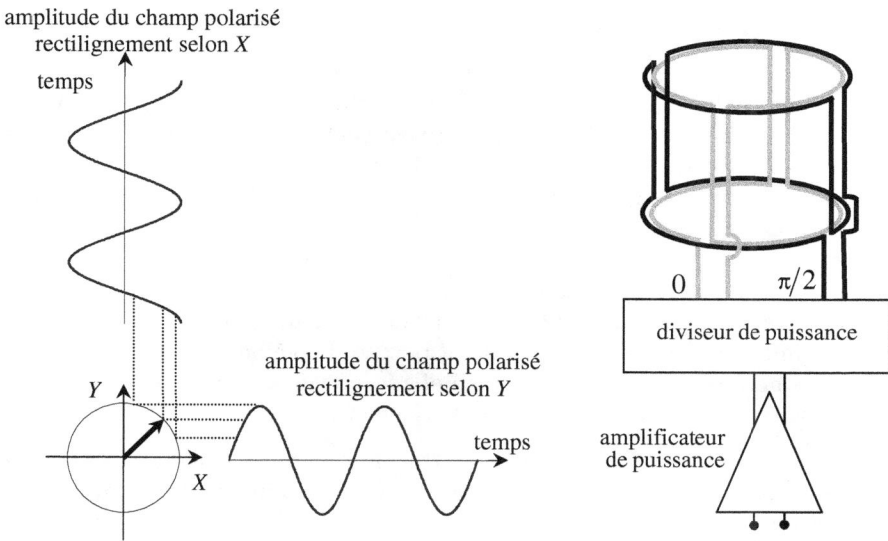

FIG. 1.47 – Construction d'un champ polarisé circulairement à partir de 2 champs polarisés rectilignement en quadrature de phase (a). Réalisation expérimentale : deux bobines en selle de cheval, disposées en quadrature (b).

utilisant un déphaseur, puis d'additionner les deux signaux. On obtient ainsi un signal d'amplitude double. L'intérêt de la méthode serait nul si les fem de bruit aux bornes de chaque bobine s'additionnaient linéairement. Heureusement il n'en est rien. Les fem de bruit aux bornes des bobines sont incohérentes et s'additionnent donc quadratiquement. Après sommation, l'amplitude du bruit n'est donc accrue que d'un facteur $\sqrt{2}$. L'utilisation d'un système de bobines de réception en quadrature, peut donc permettre d'accroître le rapport signal/bruit d'un facteur $\sqrt{2}$.

Les systèmes de bobines en quadrature sont aujourd'hui très largement utilisés en IRM, en émission comme en réception.

1.17.3.6   Utilisation de la même bobine en émission et en réception

Les fonctions d'émission et de réception peuvent être assurées par deux bobines différentes, mais on peut aussi, et c'est très souvent le cas en spectroscopie du petit animal, utiliser la même bobine pour produire le champ rf (émission) et pour recevoir le signal (réception).

1.17.3.7   Adaptation de la bobine

La bobine RMN n'est jamais connectée directement à l'émetteur ou au récepteur. La résistance d'une bobine est en effet extrêmement faible (il faut d'ailleurs qu'elle soit aussi faible que possible : à l'émission pour limiter la puissance dissipée et, à la réception, pour limiter l'amplitude du bruit thermique). Une liaison directe introduirait une résistance supplémentaire du même ordre de grandeur, voire plus importante, celle du câble de liaison, qui serait une source de dissipation d'énergie à l'émission et une source de bruit à la réception. La liaison s'effectue donc par l'intermédiaire d'un réseau d'adaptation, placé immédiatement aux bornes de la bobine. Le câble de liaison entre bobine et émetteur comme entre bobine et récepteur, est de type coaxial dont l'impédance caractéristique Z_C est généralement égale à 50 Ω.

Du point de vue de l'émission et du transfert de puissance de l'émetteur, il est nécessaire que le réseau d'adaptation transforme l'impédance de la bobine en une impédance purement réelle et égale à Z_C. Vue depuis la sortie de l'émetteur, l'impédance de la bobine sera ainsi égale à Z_C, quelle que soit la longueur du câble de liaison. L'annulation de la partie imaginaire constitue l'accord de la sonde, le terme adaptation étant souvent utilisé pour désigner l'ajustement à Z_C de la seule partie réelle.

Du point de vue de la réception, la situation est un peu plus complexe. Il faut optimiser, non pas le transfert de puissance du signal, mais le rapport signal sur bruit (adaptation en bruit). Il faut faire en sorte que le rapport signal sur bruit en sortie de l'ensemble bobine-récepteur, soit aussi proche que possible de celui dont on dispose à la sortie de la bobine. L'idéal serait de placer le préamplificateur immédiatement à la sortie du réseau d'adaptation et de concevoir un réseau de transformation d'impédance qui produise l'impédance de source optimum (du point de vue du facteur de bruit), pour le préamplificateur utilisé. Cela n'est pas toujours réalisable et, comme dans le cas de la bobine d'émission, on utilise le réseau d'adaptation décrit ci-dessus qui transforme l'impédance de la bobine en une impédance purement réelle et égale à Z_C. L'amplificateur placé au bout du câble de liaison pourra utiliser lui-même un autre réseau d'adaptation qui ramènera l'impédance de source à une valeur qui optimise le facteur de bruit de l'ensemble.

Pour ces raisons, les bobines d'émission et de réception sont connectées directement à un réseau d'adaptation transformant leur impédance, généralement complexe, en une impédance purement réelle et égale à Z_C.

De manière générale les résonateurs doivent être électriquement équilibrés, pour limiter la contribution au bruit des résistance décrivant les pertes électriques. Le schéma de la figure 1.48 présente un réseau d'adaptation capacitif largement utilisé. La symétrie du circuit permet de réaliser l'équilibrage électrique.

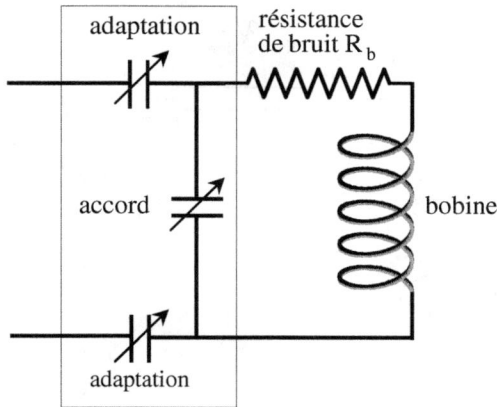

FIG. 1.48 – Un réseau d'adaptation d'une bobine RMN. L'équilibrage du circuit sera réalisé si les deux condensateurs dits d'adaptation ont la même valeur.

1.17.3.8 Commutation émission-réception

Un dispositif de diodes tête-bêche permet d'assurer la connexion de la bobine, soit vers l'émetteur pendant l'application d'une impulsion rf, soit vers le récepteur (figure 1.49). Le principe de la commutation est simple : les diodes placées à l'entrée du préamplificateur sont conductrices pendant l'application d'une impulsion. Elles se comportent comme un interrupteur fermé. Le préamplificateur est ainsi protégé. Vu du point P, distant du préamplificateur d'un quart de longueur d'onde, l'impédance du préamplificateur apparaît très élevée. Tout se passe comme si la liaison entre émetteur et bobine était directe. En absence de puissance rf, et en particulier pendant la réception, la tension à l'entrée du préamplificateur est très petite et les diodes de protection ne sont pas conductrices. Elles forment un interrupteur ouvert. Il en est de même des diodes placées en série dans la liaison vers l'émetteur. Tout se passe comme si la liaison entre préamplificateur et bobine était directe. On utilise également des commutateurs actifs (diodes pin).

1.17.4 Émetteur

L'émetteur comporte tous les éléments permettant de produire des impulsions radiofréquence modulées en amplitude $(A(t))$ et en phase $(\phi(t))$. La figure 1.50 présente le schéma de principe d'une chaîne d'émission. Un synthétiseur produit un signal de fréquence Ω_{rf} proche de la fréquence de Larmor en absence de gradient. Ce signal est divisé en deux voies déphasées de $\pi/2$. Sur chaque voie, le signal est multiplié (mélangeur double équilibré) avec des signaux $A(t)\cos(\phi(t))$ et $-A(t)\sin(\phi(t))$ produits par le calculateur. Les sorties des multiplicateurs sont sommées, produisant le signal d'entrée de

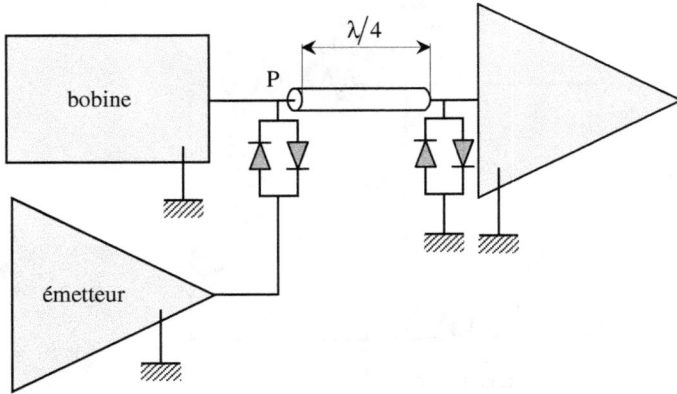

FIG. 1.49 – Commutation émission réception.

la chaîne d'amplification. Le signal ainsi produit, $A(t)\cos(\Omega_{\mathrm{rf}}t + \phi(t))$, doit alors être amplifié pour permettre de créer un champ rf suffisamment intense. Pour un système corps entier, la puissance disponible en sortie doit atteindre plus de 10 kW. L'amplificateur de puissance doit avoir une impédance de sortie purement réelle et égale à Z_{C} (impédance caractéristique des câbles coaxiaux transportant l'énergie), afin d'optimiser le transfert d'énergie vers la bobine dont l'impédance, vue de l'entrée du réseau d'adaptation, doit elle-même être égale à Z_{C} (50 Ω). Une porte placée en sortie d'amplificateur, isole cet amplificateur de la bobine en absence d'impulsion (il s'agit notamment d'éviter que le bruit produit par l'amplificateur soit envoyé dans le récepteur).

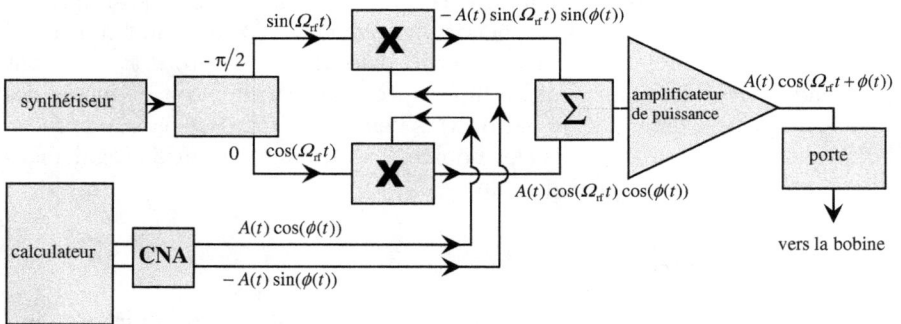

FIG. 1.50 – Schéma de principe d'un émetteur. Un synthétiseur de fréquences produit un signal sinusoïdal de fréquence Ω_{rf}, de très grande pureté spectrale. Ce signal est divisé en deux voies en quadrature de phase. Une modulation de phase ($\phi(t)$) et d'amplitude ($A(t)$) est réalisée en utilisant des multiplicateurs et un sommateur. Le signal est amplifié et envoyé sur la bobine. **CNA** : convertisseur numérique-analogique ; **X** : multiplicateur ; $\sum$: sommateur.

Le bloc diagramme de la figure 1.50, est en fait celui d'un appareil laissant peu de place aux technologies numériques. Toute erreur d'équilibrage du multiplicateur-mélangeur (erreur de phase ou/et d'amplitude), introduit une modification du contenu spectral des impulsions. Dans les émetteurs les plus récents, un signal de fréquence centrale Ω_A modulé en amplitude et en phase (ou fréquence) est produit sous forme numérique. Après conversion numérique – analogique, ce signal est alors mélangé à un signal de fréquence Ω_B telle que $\Omega_A + \Omega_B = \Omega_{rf}$. Les modifications d'offset s'effectuent en agissant (numériquement) sur Ω_A.

1.17.5 Récepteur

1.17.5.1 Récepteur analogique

Le signal recueilli aux bornes de la bobine est d'abord amplifié à l'aide d'un amplificateur à très faible facteur de bruit (figure 1.51). Dans le cas d'une fréquence de résonance unique, le signal a pour forme générale

$$e \propto M_0 \cos\left(\Omega_0 t + \Phi\right) \exp\left(-\frac{t}{T_2^*}\right). \tag{1.136}$$

Rappelons que Ω_0 est un nombre algébrique, négatif pour les noyaux à gamma positif, mais que l'acquisition du signal ne donne pas d'information sur le signe

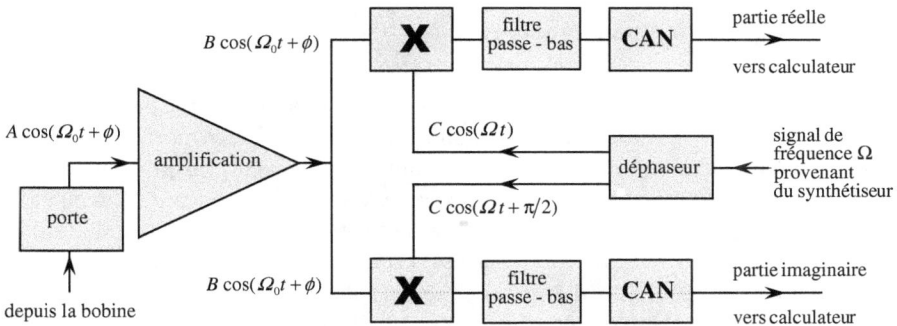

FIG. 1.51 – Bloc diagramme d'un récepteur RMN analogique. La porte située à l'entrée du récepteur permet d'isoler celui-ci de la bobine, pendant l'application des impulsions radiofréquence (*cf.* section 1.17.3.8). Le signal est préamplifié à l'aide d'amplificateurs à très faible facteur de bruit, puis divisé en deux voies. Sur chaque voie on effectue une opération de multiplication par des signaux en quadrature de phase. Cela conduit à la production d'un signal complexe. Le filtrage est nécessaire pour éviter les repliements du bruit.

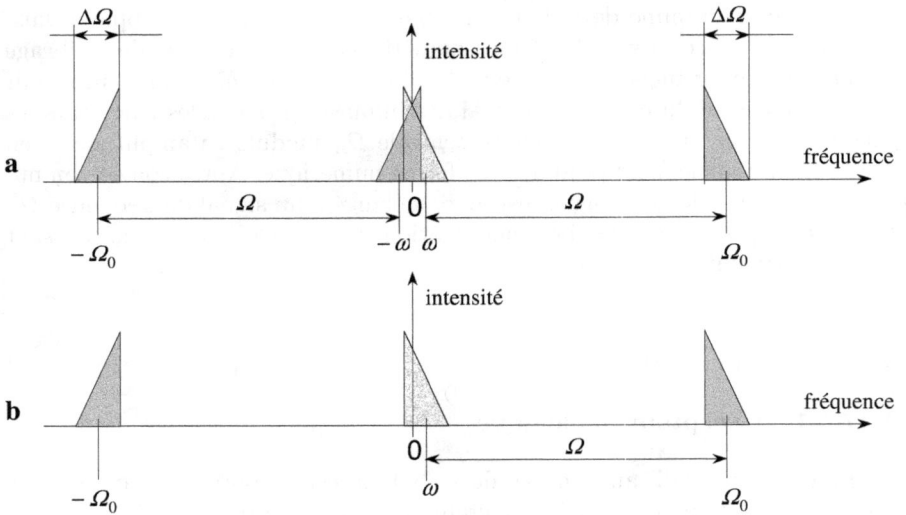

FIG. 1.52 – Le signal RMN occupe deux étroites bandes de fréquences, de largeur $\Delta\Omega$, situées autour de $\pm\Omega_0$. Un changement de fréquence translate ces bandes au voisinage de la fréquence zéro (a). Pour éviter la superposition de ces deux bandes de fréquence, on utilise un récepteur à détection quadrature qui permet d'éliminer une de ces deux bandes (b).

de Ω_0. Ce point est mis en évidence en écrivant le signal sous la forme

$$e \propto M_0 \left[\exp\left(\mathrm{i}\left(\Omega_0 t + \Phi\right)\right) + \exp\left(-\mathrm{i}\left(\Omega_0 t + \Phi\right)\right) \right] \exp\left(-\frac{t}{T_2^*}\right). \qquad (1.137)$$

Pour faciliter l'exposé nous admettrons dans ce qui suit que Ω_0 est positif. Le spectre de fréquences associé à ce signal, purement réel, comporte donc deux raies de fréquences Ω_0 et $-\Omega_0$. En pratique, on est en fait en présence d'une distribution de fréquences situées au voisinage de la fréquence de Larmor du noyau considéré (en général, en imagerie, le proton). En spectroscopie, la distribution des fréquences de résonance est discrète, et la largeur $\Delta\Omega = 2\,\pi\,f_{\max}$ de la bande est associée à l'étalement des déplacements chimiques. En imagerie, cette distribution est continue : l'acquisition s'effectue généralement en présence de gradient, et c'est l'intensité du gradient utilisé pendant l'acquisition qui détermine la largeur de la fenêtre fréquentielle. L'objectif est la détermination du profil de la distribution de fréquences. Le spectre du signal issu de la bobine comporte donc deux étroites bandes (figure 1.52). La fréquence du signal étant élevée, on fait appel à un changement de fréquence vers une fréquence, $|\omega|$, basse. Pour cela on effectue une opération de multiplication du signal avec une tension de référence, de fréquence angulaire Ω voisine de Ω_0. En spectroscopie, on utilise souvent la fréquence Ω_{rf} du champ tournant. En imagerie, c'est plus souvent la fréquence de résonance en absence de gradient. La multiplication du signal de l'expression (1.137) par une tension sinusoïdale, $C \cos(\Omega t)$, produit un spectre comportant 4 bandes centrées sur les fréquences $\pm(\Omega_0 + \Omega)$ et $\pm(\Omega_0 - \Omega)$. Un filtrage passe bas ne laisse subsister que les fréquences basses (en valeur absolue), c'est-à-dire les bandes centrées autour de $\pm\omega$, où $\omega = \Omega_0 - \Omega$. Ces bandes peuvent se trouver partiellement ou totalement superposées (figure 1.52a), ce qui est bien sûr une source d'artefacts, tant en imagerie qu'en spectroscopie. L'origine de cette difficulté est que le résultat de la multiplication ne contient pas d'information sur le signe de $\Omega_0 - \Omega$.

Pour surmonter ce type de difficulté, on utilise une seconde voie de détection dans laquelle la multiplication est effectuée avec une tension de référence déphasée de $\pi/2$ par rapport à celle de l'autre voie. Le signal issu de la première voie constitue la partie réelle du signal, celui de la seconde voie la partie imaginaire (figure 1.51). Le signal complexe ainsi produit résulte de la multiplication du signal (1.137) par le terme complexe $\exp(-i\Omega t)$, ce qui conduit à

$$s(t) \propto M_0 \exp(i\omega t + \Phi) \exp\left(-\frac{t}{T_2^*}\right). \tag{1.138}$$

Ce signal ne comporte qu'une seule bande située autour de la fréquence ω (figure 1.52b). Ce type de détection du signal est appelé *détection quadrature*. La figure 1.53 montre le signal RMN qui suit l'application d'une impulsion radiofréquence tel qu'il apparaît en sortie du récepteur.

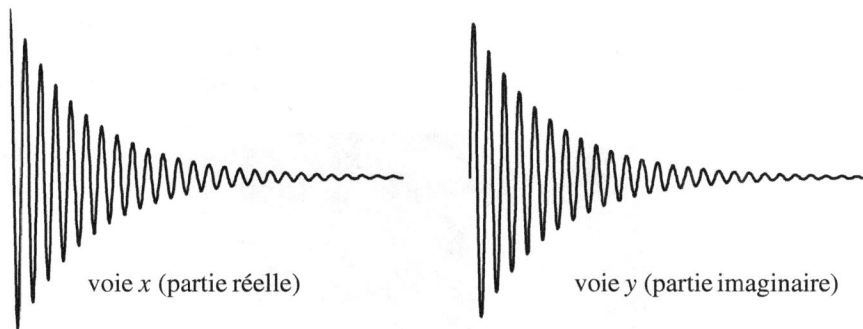

voie x (partie réelle)　　voie y (partie imaginaire)

FIG. 1.53 – Signal en sortie de chacune des deux voies en quadrature.

Le signal ainsi détecté est proportionnel à l'aimantation transversale telle qu'elle serait vue dans un trièdre tournant à la fréquence Ω. On rappelle cependant que le signe de γ et donc de Ω_0, n'est pas une information contenue dans le signal. Nous avons supposé ci-dessus que Ω_0 était positif. Si ce n'est pas le cas, on obtiendrait un résultat similaire en inversant le signe de la partie imaginaire du signal complexe. Mais en spectroscopie comme en imagerie, ce signe ne présente pas d'intérêt particulier. L'important est, en spectroscopie, de présenter correctement le spectre sur l'échelle des déplacements chimiques et, en imagerie, de présenter correctement l'image sur une échelle de distances.

La valeur de Ω est fixée de manière telle que le spectre soit contenu dans un intervalle de fréquences $[-f_{max}/2,\ +f_{max}/2\,]$ centré autour de zéro. L'échantillonnage s'effectue en respectant le critère de Nyquist : pour pouvoir être représentées correctement les fréquences présentes dans le spectre doivent être décrites au moins par deux points par période. La période d'échantillonnage ΔT doit donc au moins être telle que $\Delta T \leqslant 1/f_{max}$. Des signaux de fréquence supérieure à $1/\Delta T$ se trouveront repliés sur le spectre. Un filtrage analogique doit donc précéder la conversion analogique-numérique, afin d'éviter que le repliement du bruit dégrade la qualité spectrale.

1.17.5.2 Récepteur numérique

La technologie des convertisseurs analogique-numérique progresse très rapidement. Les fréquences d'échantillonnage peuvent en effet atteindre plus de 100 MHz, ce qui a ouvert la voie aux récepteurs numériques que nous évoquons ci-dessous. Les récepteurs classiques introduisent des artefacts lorsque les deux voies de détection ont des gains un peu différents ou lorsque la quadrature n'est pas exactement réalisée. Avec un récepteur analogique, phase et amplitude peuvent évoluer dans le temps. Ces artefacts sont bien décrits dans les ouvrages de spectroscopie, ainsi que les méthodes de cyclage de phase qui permettent de surmonter ces difficultés. L'imagerie impose souvent une contrainte de rapidité qui n'autorise pas la mise en œuvre d'un cyclage de phase. Le réglage du récepteur doit donc être très précis, et la stabilité temporelle excellente. La figure 1.54 montre comment se présente un artefact de quadrature en imagerie. Ce type d'artefact est absent lorsque le récepteur est numérique.

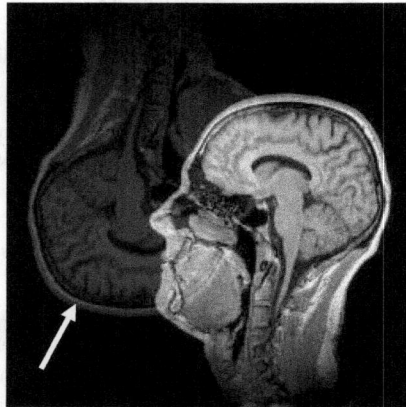

FIG. 1.54 – Image fantôme imputable à un artefact de quadrature. Exemple construit à partir d'une image de la bibliothèque ImageJ (U. S. National Institutes of Health, Bethesda, Maryland, USA, http ://rsb.info.nih.gov/ij/, 1997–2008).

Avec un récepteur numérique l'échantillonnage s'effectue directement sur le signal préamplifié ou éventuellement sur un signal ayant subi un simple changement de fréquence vers une fréquence intermédiaire. Il ne s'applique pas, comme c'est cas avec un récepteur analogique, à une bande de fréquences centrée autour de zéro, mais à un signal purement réel dont le contenu spectral se répartit en deux étroites bandes de fréquences symétriques par rapport au zéro (figure 1.55a). Compte tenu du contenu fréquentiel du signal, il est tout à fait possible de sous échantillonner si la fréquence d'échantillonnage Ω_e est choisie de manière telle que les réplications associés à l'échantillonnage n'interfèrent pas (*cf.* figure 1.55b). Les « alias » ainsi produits se situent autour des fréquences $\Omega_{\pm n} = \pm \left(|\Omega_0| - n\Omega_e \right)$, où n est un entier différent de zéro. Un choix convenable de la fréquence d'échantillonnage (le choix n'est pas unique), produit donc un ensemble de bandes bien séparées les unes des autres (la largeur de bande autour de la fréquence de Larmor est au plus de l'ordre du MHz).

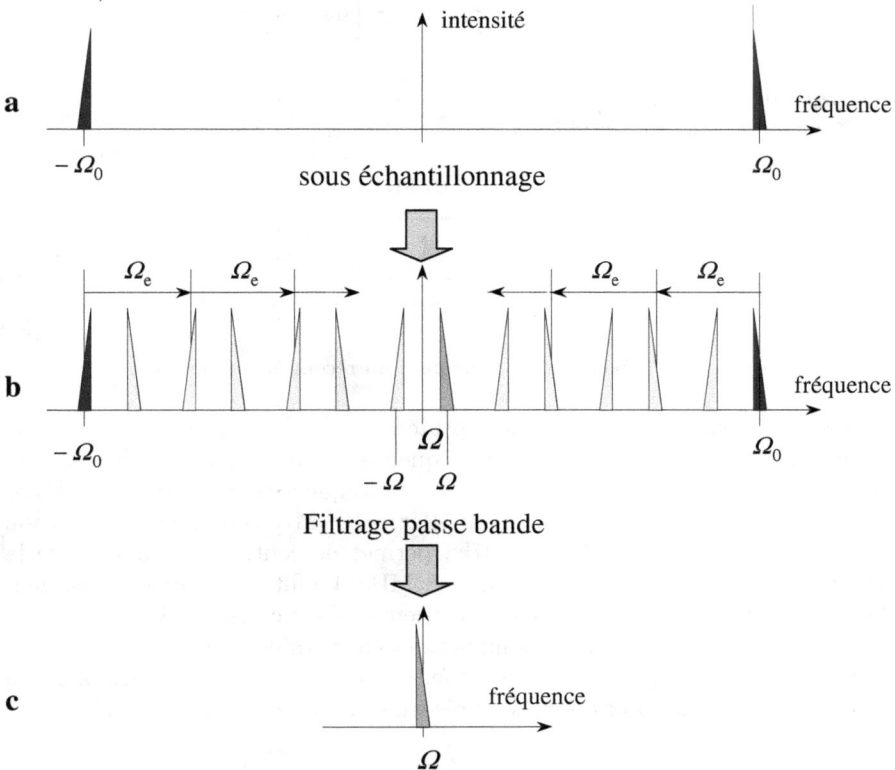

FIG. 1.55 – Récepteur numérique : principe du sous-échantillonnage. Contenu spectral du signal issu du préamplificateur (a) et réplications produites par l'échantillonnage à une fréquence $\Omega_e < \Omega_0$ (b). Un changement de fréquence, suivi d'un filtrage, élimine toutes les réplications, excepté celle centrée autour de la fréquence zéro (c).

Il serait tout à fait possible de ne pas aller plus loin et d'effectuer une transformation de Fourier discrète qui donnerait le contenu spectral d'une des multiples bandes de fréquences caractérisant le signal échantillonné. Le nombre de points acquis est cependant très grand et, en tout cas, bien supérieur à ce que nécessite le calcul d'un spectre de largeur f_{max} inférieure au MHz. Il est plus simple et plus rapide, de multiplier le signal par le nombre complexe $\exp(-i\Omega t)$, ce qui, dans le domaine spectral, introduit une translation d'une quantité Ω. La fréquence Ω est choisie égale à celle d'une des bandes caractérisant le signal échantillonné (figure 1.55a). On effectue ensuite une opération de décimation-filtrage numérique (figure 1.56). Le filtrage numérique est du type passe-bande de largeur f_{max}, et la décimation consiste à supprimer des points de manière à ramener la fréquence d'échantillonnage à une valeur correspondante à f_{max}.

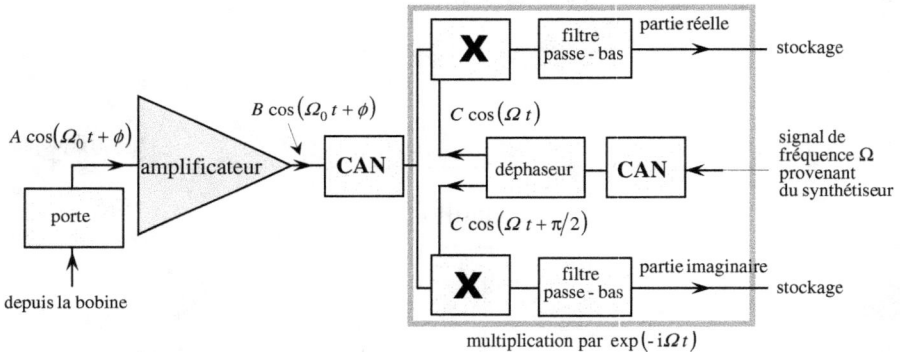

FIG. 1.56 – Schéma de principe d'un récepteur numérique.

Prenons l'exemple de l'imagerie proton à 3 T, ce qui correspond à une fréquence d'environ 128 MHz. Une fréquence d'échantillonnage de 40 MHz produit un ensemble de bandes situées aux fréquences ± 8 MHz, ± 32 MHz, ± 48 MHz, ± 72 MHz, ± 88 MHz, ± 112 MHz, ± 128 MHz, etc. La multiplication par $\exp(-i\Omega t)$ avec $\Omega/2\pi = 8$ MHz, permet de centrer autour de zéro la bande initialement centrée autour de $+8$ MHz. Le filtrage numérique permet de ne conserver que les composantes contenues dans cette bande.

L'introduction des récepteurs numériques a entraîné une réduction importante des coûts et a permis le développement des récepteurs multicanaux qui doivent être associés aux bobines en réseau et à l'imagerie parallèle.

Références bibliographiques

Quelques articles et revues bibliographiques
Le phénomène de RMN

F. Bloch, W. Hansen, M. Packard. *Nuclear induction.* Phys. Rev. **69**, 127–127, 1946.

F. Bloch. *Nuclear induction.* Phys. Rev. **70**, 460–474, 1946.

F. Bloch, W. Hansen, M. Packard. *The nuclear induction experiment.* Phys. Rev. **70**, 474–485, 1946.

E. Purcell, H. Torrey, R. Pound. *Resonance absorption by nuclear magnetic resonance in a solid.* Phys. Rev. **69**, 37–38, 1946.

Imagerie RMN

P. Lauterbur. *Image formation by induced local interactions. Examples of employing nuclear magnetic resonance.* Nature **242**, 190–191, 1973.

P. Mansfield, P. Grannel. *NMR diffraction in solids.* J. Solid State Phys. **8**, L422-L426, 1973.

A. Kumar, D. Welti, R. Ernst. *NMR-Fourier-zeugmatography.* J. Magn. Reson. **18**, 69–83, 1975.

Gradients

R. Turner. *Gradient coil design: a review of methods.* Magn. Reson. Imaging **11**, 903–920, 1993.

Correction de l'homogénéité du champ

D. Hoult, F. Romeo. *Magnetic field profiling: analysing and correcting coil design.* Magn. Reson. Med. **1**, 44–45, 1984.

G. Chmurny, D. Hoult. *The ancient and honorable art of shimming.* Concepts Magn. Reson. **2**, 131–149, 1990.

D. Grebenkov. *NMR survey of reflected brownian motion.* Rev. Mod. Phys. **79**, 1077–1137, 2007.

K. Koch, D. Rothman, R. de Graaf. *Optimization of static magnetic field homogeneity in the human and animal brain* in vivo. Prog. Nucl. Magn. Reson. Spectrosc. **54**, 69–96, 2009.

Termes de Maxwell

D. Norris, J. Hutchison. *Concomitant magnetic field gradients and their effects on imaging at low magnetic field strengths* Magn. Reson. Imaging **8**, 33–37, 1990.

D. Yablonskiy, A. Sukstanskii, J. Ackerman. *Image artifacts in very low magnetic field MRI : the role of concomitant gradients.* J. Magn. Reson. **174**, 279–286, 2005.

Déplacement chimique

W. Proctor, F. Yu. *The dependence of a nuclear magnetic resonance frequency upon chemical compound*. Phys. Rev. **77**, 717–717, 1950.

W. Dickinson. *Dependence of the 19F nuclear resonance position on chemical compound*. Phys. Rev. **77**, 736–737, 1950.

Couplage spin-spin

E. Hahn, D. Maxwell. *Chemical shift and field independent frequency modulation of the spin echo envelope*. Phys. Rev. **84**, 1246–1247, 1951.

N. Ramsey, E. Purcell. *Interactions between nuclear spins in molecules*. Phys. Rev. **85**, 143–144, 1952.

Effet Overhauser

A. Overhauser. *Paramagnetic relaxation in metals*. Phys. Rev. **89**, 689–700, 1953.

I. Solomon. *Relaxation processes in a system of two spins*. Phys. Rev. **99**, 559–565, 1955.

Transfert d'aimantation

S. Wolff, R. Balaban. *Magnetization transfer contrast (MTC) and tissue water proton relaxation* in vivo. Magn. Reson. Med. **10**, 135–144, 1989.

R. Henkelman, G. Stanisz, S. Graham. *Magnetization transfer in MRI: a review*. NMR Biomed. **14**, 57–64, 2001.

Polarisation dynamique

A. Abragham, M. Goldman. *Principles of dynamic polarisation*. Rep. Prog. Phys. **41**, 395–467, 1978.

J. Ardenkjaer-Larsen, B. Fridlund, A. Gram, G. Hansson, L. Hansson, M. Lerche, R. Servin, M. Thaning, K. Golman. *Increase in signal-to-noise ratio of > 10 000 times in liquid-state NMR*. Proc. Natl. Acad. Sci. USA, **100**, 10158–10163, 2003.

K. Golman, J. Petersson, P. Magnusson, E. Johansson, P. Akeson, C.-M. Chai, G. Hansson, S. Månsson. *Cardiac metabolism measured noninvasively by hyperpolarized 13C MRI*. Magn. Reson. Med. **59**, 1005–1013, 2008.

Polarisation induite par l'hydrogène para

J. Natterer, J. Bargon. *Parahydrogen Induced Polarization*. Prog. NMR Spectrosc. **31**, 293–315, 1997.

M. Goldman, H. Jóhannesson. *Conversion of a proton pair para order into 13C polarization by rf irradiation, for use in MRI*. C. R. Phys. **6**, 575–581, 2005.

M. Goldman, H. Jóhannesson, O. Axelsson, M. Karlsson. *Design and implementation of* ^{13}C *hyper polarization from para-hydrogen, for new MRI contrast agents.* C. R. Chimie **9**, 357–363, 2006.

K. Golman, J. Petersson, P. Magnusson, E. Johansson, P. Åkeson, C.-M. Chai, G. Hansson, S. Månsson. *Cardiac metabolism measured noninvasively by hyperpolarized* ^{13}C *MRI.* Magn. Reson. Med. **59**, 1005–1013, 2008.

L.-S. Bouchard, S. Burt, M. Anwar, K. Kovtunov, I. Koptyug, A. Pines. *NMR imaging of catalytic hydrogenation in microreactors with the use of para-hydrogen.* Science **319**, 442–445, 2008.

Gaz hyperpolarisés

M. Bouchiat, T. Carver, C. Varnum. *Nuclear Polarization in He3 Gas Induced by Optical Pumping and Dipolar Exchange.* Phys. Rev. Lett. **5**, 373–375, 1960.

F. Colegrove, L. Schearer, G. Walters. *Polarization of He3 Gas by Optical Pumping.* Phys. Rev. **132**, 2561–2572, 1963.

W. Happer, E. Miron, S. Schaefer, D. Schreiber, W. van Wijngaarden, X. Zeng. *Polarization of the nuclear spins of noble-gas atoms by spin exchange with optically pumped alkali-metal atoms.* Phys. Rev. **A 29**, 3092–3110, 1984.

P.-J. Nacher, M. Leduc. *Optical pumping in 3He with a laser.* J. Phys. (Paris) **46**, 2057–2073, 1985.

T. Walker, W. Happer. *Spin-exchange optical pumping of noble-gas nuclei.* Rev. Mod. Phys. **69**, 629–642, 1997.

B. Goodson. *Nuclear magnetic resonance of laser-polarized noble gases in molecules, materials, and organisms.* J. Magn. Reson. **155**, 157–216, 2002.

A. Cherubini, A. Bifone. *Hyperpolarised xenon in biology.* Prog. Nucl. Magn. Reson. Spectrosc. **42**, 1–30, 2003.

G. Navon, Y.-Q. Song, T. Rõõm, S. Appelt, R. E. Taylor, A. Pines. *Enhancement of solution NMR and MRI with laser-polarized xenon.* Science **271**, 1848–1851, 1996.

Écho de spin

E. Hahn. *Spin echoes.* Phys. Rev. **80**, 580–594, 1950.

S. Meiboom, D. Gill. *Modified spin-echo method for measuring nuclear relaxation times.* Rev. Sci. Instrum. **29**, 688–691, 1958.

J. Hennig. *Echoes – How to generate, recognize, use or avoid them in MR-imaging sequences.* Concepts Magn. Reson. **3**, 125–143, 1991.

Diffusion

H. Carr, E. Purcell. *Effects of diffusion on free precession in nuclear nagnetic resonance experiments.* Phys. Rev. **94**, 630–638, 1954.

H. Torrey. *Bloch equations with diffusion terms*. Phys. Rev. **104**, 563–565, 1956.

E. Stejskal, J. Tanner. *Spin diffusion measurements: spin echoes in the presence of a time-dependent field gradient*. J. Chem. Phys. **42**, 288–292, 1965.

D. Le Bihan, E. Breton. *Imagerie de diffusion* in vivo *par résonance magnétique nucléaire*. C. R. Acad. Sc. Paris **301** Série II, 1109–1112, 1985.

P. Basser, J. Mattiello, D. Le Bihan. *Estimation of the effective self-diffusion tensor from the NMR spin echo*. J. Magn. Reson. **B 103**, 247–254, 1994.

W. Price. *Pulsed-field gradient nuclear magnetic resonance as a tool for studying translational diffusion: part 1. Basic theory*. Concepts Magn. Reson. **9**, 299–336, 1997.

I. Ardelean, R. Kimmich. *Principles and unconventional aspects of NMR diffusometry*. Annu. Rep. NMR Spectrosc. **49**, 43–115, 2003.

D. Norris. *Diffusion imaging of the brain: technical considerations and practical applications*. Diffusion Fundamentals **2**, 115.1–115.12, 2005.

D. Grebenkov. *NMR survey of reflected brownian motion*, Rev. Mod. Phys. **79**, 1077–1137, 2007.

Livres RMN

A. Abragam. *Principles of nuclear magnetism*. Oxford University Press, Oxford, 1961.

D. Canet, J.-C. Boubel, E. Canet-Soulas. *La RMN : concepts, méthodes et applications*. Dunod, Paris, 2002.

R. Ernst, G. Bodenhausen, A. Wokaun. *Principles of nuclear magnetic resonance in one and two dimensions*. Oxford University Press, Oxford, 1987.

R. Freeman. *A handbook of nuclear magnetic resonance*. Longman, Essex, 1997.

R. Freeman. *Spin choreography: Basic steps in high resolution NMR*. Oxford University Press, USA, 1997.

E. Fukushima, S. Roeder. *Experimental pulse NMR: a nuts and bolts approach*. Perseus Books, 1999.

M. Goldman. *Spin temperature and nuclear magnetic resonance in solids*. Oxford University Press, 1970.

M. Goldman. *Quantum description of high-resolution nmr in liquids*. Oxford University Press, 1988.

H. Günther. *La spectroscopie de RMN. Principes de base, concepts et applications de la spectroscopie de résonance magnétique nucléaire du proton et du carbone 13 en chimie*. Masson, Paris, 1996.

O. Jardetzky, G. Roberts. *NMR in molecular biology*. Academic Press, New York, 1981.

J. Keeler. *Understanding NMR spectroscopy*. Wiley, New-York, 2005.

J. Roberts. *ABCs of FT-NMR*. University Science Books, Sausalito, 2000.

C. Slichter. *Principles of magnetic resonance*. Springer Verlag, Berlin, 1978.

Livres IRM

M. Bernstein, K. King, X. Zhou. *Handbook of MRI pulse sequences a guide for scientists, engineers, radiologists, technologists.* Academic Press, Boston, 2004.

P. Callaghan. *Principles of nuclear magnetic resonance microscopy.* Oxford, 1991.

R. De Graaf. In vivo *NMR spectroscopy: principles and techniques.* John Wiley & Sons, Chichester, 1998.

C. Chen, D. Hoult, *Biomedical magnetic resonance technology.* Adam Hilger, New York, 1989.

E. Haacke, R. Brown, M. Thompson, R. Venkatesan. *Magnetic Resonance Imaging: physical principles and sequence design.* Wiley-Liss, New-York, 1999.

R. Kimmich. *Tomography, diffusometry, relaxometry.* Springer, Berlin, 1997.

J. Ling, *Electromagnetic analysis and design in magnetic resonance imaging.* CRC Press, 1999.

P. Mansfield, P. Morris. *NMR imaging in biomedicine,* Academic Press, New York, 1982.

J. Mattson, M. Simon. *The pioneers of nmr and magnetic resonance in medicine: the story of MRI.* Bar-Ilan University Press, Jericho – New York, 1996.

J. Mispelter, M. Lupu, A. Briguet. *NMR probeheads for biophysical and biomedical experiments. Theoretical principles and practical guidelines.* Imperial college Press, Londres, 2006.

Exercices du chapitre 1

Exercice 1-1

Calculer l'excédent de spins $1/2$ (protons) situés sur le niveau de basse énergie par rapport au niveau de haute énergie. $B_0 = 1,5\ T$, $T = 37\ °C$, $\hbar = 1,05458\ 10^{-34}$ J.s.rad^{-1}, $k_B = 1,380662\ 10^{-23}$ J.K^{-1}, $\gamma = 2,675\ 10^{+8}$ rad.T^{-1}.s^{-1}.

Exercice 1-2

Montrer que l'aimantation macroscopique d'un échantillon de N spins $1/2$ placés dans un champ magnétique B_0, s'écrit : $M = N\gamma^2\hbar^2 B_0/4k_B T$. On fera l'approximation $\exp\varepsilon \approx 1 + \varepsilon$.

Exercice 1-3

En utilisant les données des tableaux 1.1 et 1.2, calculer, dans le cas d'expériences sur le noyau d'hydrogène, la durée d'application du champ b_1, pour obtenir une rotation de $\pi/2$ de l'aimantation macroscopique (champ statique : 1 T, champ b_1 : données des tableaux 1.1 et 1.2). Même question pour le noyau de carbone 13.

Exercice 1-4

Lors d'une expérience de RMN on utilise pour la réception du signal une bobine circulaire plate de 1 cm de diamètre, comportant un seul tour de fil. Son axe est perpendiculaire au champ B_0. L'échantillon placé au centre de cette bobine est de l'eau pure. Sa masse est de 1 mg. On travaille dans un champ statique de 9,4 T. Calculer l'amplitude du signal induit aux bornes de la bobine par la précession du moment magnétique des protons de l'eau. On suppose que le système de spins a été excité par une impulsion de 90°.

Exercice 1-5

On utilise une bobine RMN créant un champ rf homogène dans un volume V_b (volume de la bobine). Dans cette bobine, on place un échantillon homogène de volume V_e. Le système de spins est excité à l'aide d'une impulsion $\pi/2$. Montrer que l'équation (1.57) peut se mettre sous la forme :

$$\frac{S}{B} = \frac{\Omega_0^2 N_V (\gamma^3\hbar^2/4k_B T_e) V_e B_1^\perp\ (I=1)}{\sqrt{4k_B\left[R_c T_c + (R_m + R_{el})\,T_e\right]\,BP}},$$

où N_V est le nombre de spins par unité de volume.

Exercice 1-6

On considère un atome d'hydrogène. On suppose que la symétrie du cortège électronique est sphérique et que la densité électronique $\rho(r)$, ne dépend que de la distance r du point considéré, au noyau.

1/ Montrer que lorsque la molécule portant cet atome est plongée dans un champ magnétique $\boldsymbol{B}_0$, le cortège électronique est entraîné dans un mouvement de précession de vitesse

$$v(r) = \frac{e}{2m_e} \boldsymbol{B}_0 \times \boldsymbol{r},$$

où $-e$ est la charge de l'électron et m_e sa masse.

2/ Montrer que le champ induit au niveau du noyau par ce mouvement de précession, s'écrit

$$\boldsymbol{B}_{\text{ind}} = \iiint \mu_0 \frac{e^2}{2m_e} \frac{(\boldsymbol{B}_0 \times \boldsymbol{r}) \times \boldsymbol{r}}{4\,\pi\,r^3} \rho(r)\, r^2 \mathrm{d}r \sin\theta\, \mathrm{d}\theta\, \mathrm{d}\varphi,$$

où r, θ, φ sont les coordonnées sphériques dans un repère centré sur le noyau. En déduire la formule de Lamb :

$$\sigma = \mu_0 \frac{e^2}{3m_e} \int_0^\infty r\,\rho(r)\,\mathrm{d}r,$$

où $\sigma = -\boldsymbol{B}_{\text{ind}}/B_0$.

Exercice 1-7

Avant l'apparition des techniques impulsionnelles, le spectre était obtenu en travaillant à fréquence fixe (Ω_0) et en faisant varier le champ magnétique (B). Montrer que lorsque la constante d'écran croît la résonance se déplace vers les champs forts.

Exercice 1-8

Montrer que lorsque l'énergie Zeeman est bien supérieure à l'énergie dipolaire, l'hamiltonien dipolaire

$$H_D = \frac{\mu_0 \gamma_1 \gamma_2 \hbar^2}{4\pi\,r_{12}^3} \left[\boldsymbol{I}_1.\boldsymbol{I}_2 - 3\frac{(\boldsymbol{I}_1.\boldsymbol{r}_{12})(\boldsymbol{I}_2.\boldsymbol{r}_{12})}{r_{12}^2} \right],$$

se réduit à

$$H_D = \frac{\mu_0 \gamma_1 \gamma_2 \hbar^2}{4\pi\,r_{12}^3} \left(1 - 3\cos^2\theta\right) \left[\boldsymbol{I}_{z1}.\boldsymbol{I}_{z2} - \frac{1}{2}\left(\boldsymbol{I}_{1x}.\boldsymbol{I}_{2x} + \boldsymbol{I}_{1y}.\boldsymbol{I}_{2y}\right) \right].$$

Montrer en outre que si la différence entre les fréquences de Larmor des deux noyaux est bien plus grande que le couplage dipolaire (interaction hétéronucléaire), l'hamiltonien peut se simplifier encore et s'écrire :

$$H_D = \frac{\mu_0 \gamma_1 \gamma_2 \hbar^2}{4\pi\,r_{12}^3} \left(1 - 3\cos^2\theta\right) \boldsymbol{I}_{z1}.\boldsymbol{I}_{z2}.$$

Exercice 1-9

Dans une expérience de RMN du proton, on utilise un champ tournant de $2 \cdot 10^{-3}$ T. Exprimer son amplitude en Hz. Si un champ tournant de même intensité (exprimée en tesla) était utilisé en RMN du carbone 13, quelle serait sa valeur en Hz.

Exercice 1-10

La polarisation nucléaire donnée par les équations (1.10) et (1.11), a été obtenue en utilisant l'approximation $\gamma \hbar B_0 << k_B T$. Cette approximation ne peut être utilisée pour calculer la polarisation des spins électroniques. Montrer que la polarisation s'écrit $P = \tanh(\gamma \hbar B_0 / 2 k_B T)$, où tanh est la tangente hyperbolique. Calculer la polarisation d'un système de spins électroniques à l'équilibre thermique à une température de 1 K et dans un champ de 7 T. On rappelle que le moment des spins électroniques est environ 658 fois plus important que celui des protons.

Exercice 1-11

À partir de l'équation de Bloch-Torrey :

$$\frac{\partial \boldsymbol{M}}{\partial t} = \gamma \boldsymbol{M} \times [\boldsymbol{B}_{\text{fict}}] - R\,[\boldsymbol{M}\text{-}\boldsymbol{M}_0] + D\,\nabla^2 \boldsymbol{M},$$

montrer que

$$\frac{\partial M_\perp}{\partial t} = -\mathrm{i}\gamma B_{\text{fict}} M_\perp - \frac{M_\perp}{T_2} + D\,\nabla^2 M_\perp,$$

où $M_\perp = M_x + \mathrm{i} M_y$.

Exercice 1-12

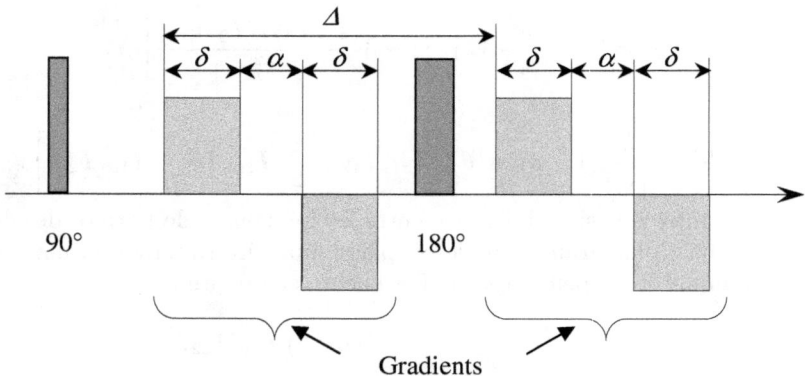

Gradients

On effectue une mesure du coefficient de diffusion avec la séquence ci-dessus[5] qui présente l'intérêt de réduire sensiblement les courants de Foucault induits par les commutations de gradient, chaque impulsion de gradient étant suivie d'une impulsion de signe opposé.

1/ Quel est le profil du gradient effectif associé à la séquence ?

2/ Calculer le coefficient b en fonction des temps δ, τ et Δ.

5. G. Wider, V. Dötsch, K. Wüthrich. *Self-compensating pulsed magnetic-field gradients for short recovery times.* J. Magn. Reson. Ser. A. **108**, 255-258, 1994.

Chapitre 2

Les impulsions en spectroscopie et en imagerie

*La **première** partie de ce chapitre, « généralités » est consacrée à la présentation des notations et conventions qui seront utilisées et à des considérations générales sur l'énergie dissipée lors de l'application d'une impulsion radiofréquence, aspect particulièrement important lorsque l'échantillon est un être vivant. La **seconde** partie présente le concept de base permettant d'analyser, au moins en première approximation, le comportement fréquentiel de nombreuses impulsions. Il s'agit de la notion d'approximation linéaire de la réponse d'un système de spins. La **troisième** partie décrit l'action d'une rotation sur un système de spins. Deux approches sont présentées, celle classique basée sur l'utilisation des matrices de rotation et celle basée sur l'utilisation de l'espace des spineurs où les opérateurs de rotation sont des matrices 2×2. Les propriétés remarquables des impulsions symétriques et antisymétriques sont soulignées. Enfin, les notions de cohérence et de chemin de cohérence sont introduites ainsi que les transferts de cohérences associés à une impulsion. Ces outils permettent d'aborder, dans une **quatrième** partie, les caractéristiques des impulsions d'excitation du système de spin et en particulier des impulsions sélectives. Outre les impulsions « classiques » rectangulaires, gaussiennes et sinc, les impulsions présentant deux bandes d'excitation sinc-cos ou sinc-sin, et les techniques d'apodisation sont abordées. Les impulsions sélectives construites en associant délais et impulsions rectangulaires sont également décrites. Les distorsions spectrales associées à la présence du gradient de phase caractéristique de l'ensemble de ces impulsions, sont alors analysées. Cette section se termine par la présentation des impulsions dites auto-refocalisantes. On aborde, dans la **cinquième** partie, l'importante section consacrée aux impulsions de refocalisation où il apparaît que l'utilisation de la notion de cohérence simplifie beaucoup l'introduction des méthodes de cyclage de phase et la compréhension de l'utilisation des impulsions de gradient pour détruire les signaux non désirés. Les impulsions de stockage et la* *production d'échos stimulés font l'objet de la **sixième** partie. La **septième** partie présente brièvement les impulsions d'inversion. Le chapitre se termine par une présentation approfondie d'impulsions d'un type très différent : les impulsions adiabatiques (**huitième** partie).*

2.1   Généralités

2.1.1   Représentation d'une impulsion

Une impulsion radiofréquence appliquée aux bornes d'une bobine, crée un champ polarisé rectilignement, $B_1 = B_1 \cos(|\Omega_{\rm rf}| t + \varphi) k_U$, où k_U est un vecteur unité du plan XY. On sait (chapitre 1, section 1.5.3.3), que le champ qui est efficace du point de vue de l'excitation du système de spins est la composante tournant dans le sens de la précession de Larmor. Son amplitude est $b_1(t) = B_1(t)/2$. Schématiquement une impulsion rf est représentée par la forme de l'enveloppe du champ rf (figure 2.1).

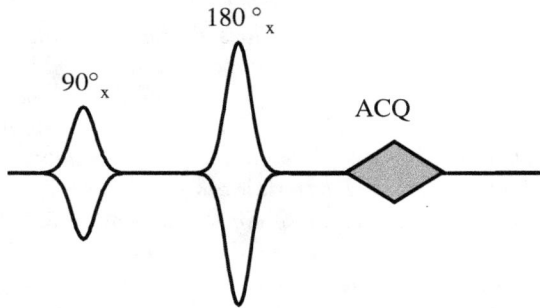

FIG. 2.1 – Exemple de schématisation d'une séquence d'impulsions (séquence d'écho de spin).

Outre la forme de l'impulsion, on indique généralement le **module** de l'angle de rotation à la résonance ($\omega = 0$), ainsi que l'axe du trièdre d'émission selon lequel est dirigé b_1 (90°_φ, 180°_φ par exemple, où φ est l'angle de b_1 avec l'axe x). Si l'axe de rotation est l'un des axes du trièdre tournant on note simplement 90°_x, 180°_y etc. Le sens de rotation dépend du signe du rapport gyromagnétique. Par exemple, s'il s'agit du proton, un angle 90°_x signifie que, à la fréquence $\omega = 0$, on effectue en fait une rotation de -90° autour de x.

L'angle de rotation à la résonance, θ_0, est celui qui est expérimenté par des spins dont la fréquence de Larmor est égale à la fréquence de l'impulsion rf ($\omega = 0$) :

$$\theta_0 = -\int_{-\infty}^{+\infty} \gamma\, b_1(t)\, \mathrm{d}t. \tag{2.1}$$

Le module de l'angle θ_0 est donc proportionnel à la surface de l'impulsion (vue depuis le trièdre tournant). Ce résultat ne concerne que les impulsions « classiques » et non les impulsions adiabatiques (section 2.8) qui travaillent de manière très différente.

2.1.2 Énergie dissipée

L'énergie dissipée lors de l'application d'une impulsion est une notion importante. Le champ rf est produit par une bobine parcourue par un courant. La bobine étant résistive la production du champ s'accompagne d'une dissipation d'énergie calorifique. La situation devient préoccupante lorsque l'échantillon est lui-même un conducteur. La présence de courants induits dans l'échantillon s'accompagne d'une dissipation d'énergie et donc d'une élévation de température. En médecine, l'échantillon est un patient. Le corps humain est conducteur et la plus grande partie de l'énergie rf est généralement absorbée par le patient. L'énergie dissipée lors de l'application d'une impulsion est donc une notion importante. En IRM clinique, la puissance instantanée utilisée pendant l'application d'une impulsion peut atteindre une dizaine de kW et la durée de l'impulsion peut atteindre quelques millisecondes. En outre, les séquences d'imagerie peuvent comporter plusieurs impulsions. Le temps de répétition de la séquence varie, selon les techniques utilisées, de quelques dizaines de millisecondes à quelques secondes. La puissance délivrée doit être évaluée afin de s'assurer qu'elle ne dépasse pas 4 W/kg pendant 15 min, sur la totalité du corps, et 3 W/kg pendant 10 min pour la tête. Ces normes, qui peuvent varier selon la législation des états, visent à interdire une élévation locale de température supérieure à 1 °C.

2.1.2.1 Énergie dissipée et durée d'impulsion

L'énergie dissipée est proportionnelle au carré du courant parcourant la bobine et donc au carré du champ b_1. Si une impulsion d'amplitude nulle à l'extérieur de l'intervalle $[0 - T]$ et égale à $b_1(t)$ à l'intérieur de cet intervalle, est comprimée pour devenir $b_1'(t) = b_1(at)$ dans l'intervalle $[0,\ T/a]$ et nulle à l'extérieur, l'angle de rotation à la résonance correspondant est divisé par a. En effet :

$$\int_0^{T/a} b_1(at)\,\mathrm{d}t = \frac{1}{a}\int_0^T b_1(t')\,\mathrm{d}t'. \tag{2.2}$$

Considérons maintenant deux impulsions $b_1(t)$ et $a\,b_1(at)$ de durées respectives T et T/a, qui produisent des rotations à la résonance de même angle. Les énergies E et E' dissipées respectivement par ces deux impulsions dans la bobine rf et aussi dans l'échantillon, sont très différentes :

$$E' = k\,a^2 \int_0^{T/a} [b_1(at)]^2\,\mathrm{d}t = k\,a \int_0^T [b_1(t')]^2\ \mathrm{d}t' = a\,E, \tag{2.3}$$

où k est une constante. Ainsi, pour un angle de rotation à la résonance et une forme donnés, l'énergie dissipée est inversement proportionnelle à la durée T de l'impulsion : *plus une impulsion est courte, plus l'énergie dissipée est importante.*

2.1.2.2 Énergie dissipée et forme d'impulsion

Un autre résultat concerne la forme d'impulsion. Il est facile de montrer que, pour un angle de rotation à la résonance donné et une durée donnée, l'impulsion rectangulaire est celle qui est la plus économique du point de vue de la dissipation d'énergie. Soit une impulsion rectangulaire de durée T et d'amplitude b_1^0, qui produit donc une rotation d'angle $\theta_0 = -\gamma\, b_1^0 T$ à la résonance. L'énergie dissipée par cette impulsion s'exprime sous la forme :

$$E_{\text{rect}} = k \int_0^T \left(b_1^0\right)^2 \, \mathrm{d}t = \frac{k\,\theta_0^2}{\gamma^2 T}. \tag{2.4}$$

L'énergie dissipée lors de l'application d'une impulsion de forme $b_1(t)$, produisant une rotation de même angle θ_0 à la résonance (donc de même surface) et de même durée, s'écrit :

$$E = k \int_0^T \left[b_1(t)\right]^2 \, \mathrm{d}t. \tag{2.5}$$

Utilisons l'inégalité de Cauchy-Schwarz :

$$\left[\int_0^T f(t)\, g(t)\, \mathrm{d}t\right]^2 \leq \left[\int_0^T \left[f(t)\right]^2 \mathrm{d}t\right]\left[\int_0^T \left[g(t)\right]^2 \mathrm{d}t\right]. \tag{2.6}$$

Soit, avec $g(t) = 1$,

$$\left[\int_0^T f(t)\, \mathrm{d}t\right]^2 \leq T \int_0^T \left[f(t)\right]^2 \mathrm{d}t. \tag{2.7}$$

En remplaçant $f(t)$ par $b_1(t)$, il devient

$$\left[\int_0^T b_1(t)\, \mathrm{d}t\right]^2 \leq T \int_0^T \left[b_1(t)\right]^2 \mathrm{d}t. \tag{2.8}$$

Donc

$$E = k \int_0^T \left[b_1(t)\right]^2 \mathrm{d}t \geq \frac{k}{T}\left[\int_0^T b_1(t)\, \mathrm{d}t\right]^2 = \frac{k\,\theta_0^2}{\gamma^2 T} = E_{\text{rect}}. \tag{2.9}$$

Ainsi

$$E \geq E_{\text{rect}}. \tag{2.10}$$

2.1.3 Trièdre d'émission, trièdre de réception

La position du champ rf polarisé circulairement, dans un trièdre tournant à la fréquence Ω_{rf}, est en général ajustable. Tous les appareils, même anciens, disposent au moins de quatre phases d'émission décalées de $\pi/2$. Les appareils plus récents permettent en fait de générer des impulsions de phase quelconque et aussi de phases évoluant dans le temps.

Dans ce chapitre nous examinerons l'action d'une impulsion sur l'aimantation nucléaire, en nous plaçant dans un trièdre tournant à la fréquence Ω_{rf} du champ tournant. Cette situation est d'ailleurs en général celle de la spectroscopie conventionnelle, où le signal issu du récepteur a pour fréquence $\omega = |\Omega_0| - |\Omega_{rf}|$. En imagerie, les impulsions sont généralement appliquées en présence d'un gradient ce qui leur confère une sélectivité spatiale. Le signal produit par le récepteur est souvent celui qui serait vu dans un trièdre tournant à la fréquence Ω_0, fréquence de résonance en absence de gradient.

2.1.4 Unités et conventions de signes

L'unité de champ b_1 est bien sûr le tesla, mais on trouve encore souvent le gauss ($1\ G = 10^{-4}\ T$). On exprime aussi parfois un champ radiofréquence en Hz ou en radians par seconde, en faisant référence à la relation (exprimée en valeur absolue) liant fréquence de nutation et champ : $\omega_1 = \gamma\, b_1$, $f_1 = \gamma\, b_1 / 2\pi$.

Le signe moins de la relation fondamentale[1], $\Omega_0 = -\gamma\, \boldsymbol{B}_0$, introduit en fait une certaine diversité dans les notations, diversité qui peut être perturbante. Les rotations associées à la présence du champ ont, pour des noyaux à γ positif, le sens inverse du sens trigonométrique. Les noyaux usuels ayant un γ positif, certains auteurs utilisent comme sens positif pour les diverses rotations le sens inverse du sens trigonométrique. Dans cet ouvrage, les rotations sont exprimées avec les conventions de signe usuelles (sens trigonométrique). Nous n'échapperons cependant pas à certaines difficultés. Par exemple une « *impulsion $\pi/2$ appliquée selon l'axe x du repère tournant* » signifie dans un langage imprécis, mais usuel, que l'impulsion transforme $M_0.\boldsymbol{k}_z$ en $M_0.\boldsymbol{k}_y$. En fait, une rotation de $+\pi/2$ autour de l'axe x transforme $M_0.\boldsymbol{k}_z$ en $-M_0.\boldsymbol{k}_y$. L'expression « *une impulsion $\pi/2$ appliquée selon l'axe x* » signifie ainsi, dans le langage courant, « *un champ b_1 aligné avec l'axe x du trièdre tournant et produisant une rotation d'un angle égal à $\pi/2$ en valeur absolue* ». Une seconde difficulté est qu'une expérience RMN effectuée avec un champ polarisé rectilignement n'est pas sensible au signe de la fréquence de Larmor. La fréquence de précession ω dans le trièdre tournant qui peut être affichée expérimentalement est donc donnée par l'expression $\omega = |\Omega_0| - |\Omega_{rf}|$. On sait aussi que, pour des raisons historiques, l'axe des déplacements chimiques (c'est-à-dire des fréquences) est orienté de droite à gauche.

---

1. M. Levitt, *The signs of frequencies and phases in NMR*, J. Magn. Reson. **126**, 164–182, 1997.

2.2 Réponse d'un système de spins à une impulsion : approximation de la réponse linéaire

2.2.1 Le système différentiel de Bloch en absence de relaxation

Dans la description classique, qui est tout à fait suffisante ici, l'évolution de l'aimantation macroscopique est régie par les équations de Bloch (équations (1.36)). Si la durée d'application du champ radiofréquence est courte devant les temps de relaxation T_1 et T_2, on peut écrire :

$$\frac{\mathrm{d}\boldsymbol{M}}{\mathrm{d}t} = \gamma\,\boldsymbol{M} \times \left[\boldsymbol{B}_{\text{fict}} + \boldsymbol{b}_1\,(t)\right], \qquad (2.11)$$

où $\boldsymbol{B}_{\text{fict}}$ est le champ directeur vu depuis un trièdre tournant à la fréquence Ω_{rf} du champ radiofréquence

Nous n'avons pas ici introduit la constante d'écran σ, mais cela pourrait s'effectuer aisément en remplaçant γ par $\gamma\,(1-\sigma)$. Notons que l'on est souvent en présence d'une distribution de fréquences de résonance (distribution discrète lorsqu'on observe plusieurs sites moléculaires, ou distribution continue associée par exemple aux inhomogénéités de champ ou à la présence de gradients). L'aimantation nucléaire est donc une fonction de ω, fréquence angulaire de rotation dans le trièdre tournant, et de t.

L'équation régissant l'évolution de l'aimantation caractéristique des isochromats de fréquence ω, peut être réécrite sous la forme :

$$\frac{\mathrm{d}\boldsymbol{M}}{\mathrm{d}t} = \boldsymbol{M} \times \left[-\boldsymbol{\omega} + \gamma\,\boldsymbol{b}_1\,(t)\right], \qquad (2.12)$$

où ω est la fréquence de précession dans le trièdre tournant :

$$\boldsymbol{\omega} = \boldsymbol{\Omega}_0 - \boldsymbol{\Omega}_{\text{rf}} = -\gamma\,\boldsymbol{B}_{\text{fict}}. \qquad (2.13)$$

On peut donc écrire,

$$\frac{\mathrm{d}M_x}{\mathrm{d}t} = -M_y\,\omega - \gamma\,M_z\boldsymbol{b}_1.\boldsymbol{k}_y, \qquad (2.14)$$

$$\frac{\mathrm{d}M_y}{\mathrm{d}t} = M_x\,\omega + \gamma\,M_z\boldsymbol{b}_1.\boldsymbol{k}_x, \qquad (2.15)$$

$$\frac{\mathrm{d}M_z}{\mathrm{d}t} = \gamma\,M_x\boldsymbol{b}_1.\boldsymbol{k}_y - \gamma\,M_y\boldsymbol{b}_1.\boldsymbol{k}_x. \qquad (2.16)$$

En posant :

$$M_\perp = M_x + \mathrm{i}\,M_y \quad \text{et} \quad b_1^\perp = \boldsymbol{b}_1.\boldsymbol{k}_x + \mathrm{i}\,\boldsymbol{b}_1.\boldsymbol{k}_y, \qquad (2.17)$$

il vient :

$$\frac{dM_\perp}{dt} = i\omega\, M_\perp + i\gamma\, M_z b_1^\perp. \tag{2.18}$$

On remarque que :

$$\exp\left(i\omega\, t\right) \frac{d\left[M_\perp \exp\left(-i\omega\, t\right)\right]}{dt} = \frac{dM_\perp}{dt} - i\omega\, M_\perp. \tag{2.19}$$

Le système d'équations différentielles devient donc :

$$\frac{d\left[M_\perp \exp\left(-i\omega\, t\right)\right]}{dt} = i\gamma\, M_z b_1^\perp \exp\left(-i\omega\, t\right), \tag{2.20}$$

$$\frac{dM_z}{dt} = -\frac{\gamma}{2i}\left[M_\perp b_1^{\perp\,*} - M_\perp{}^* b_1^\perp\right], \tag{2.21}$$

où $b_1^\perp$ et $M_\perp$ sont des fonctions complexes de t et de ω, tandis que M_z est une fonction réelle de ces variables. En absence de champ b_1, et sachant que les processus de relaxation ont été négligés (durées d'évolution courtes devant T_1 et T_2), on a donc $M_z = $ Cste et $M_\perp \exp\left(-i\omega\, t\right) = $ Cste, soit $M_\perp\left(\omega,\, t\right) = M_\perp^0 \exp\left(i\omega\, t\right)$ où $M_\perp^0$ représente la valeur complexe de la composante transversale de l'aimantation nucléaire à l'instant $t = 0$.

Les équations différentielles (2.20) et (2.21) n'ont pas en général de solution analytique, excepté dans quelques cas où $b_1^\perp\left(t\right)$ a une forme particulière. C'est le cas des impulsions rectangulaires et celui d'impulsions de type sécante hyperbolique (*cf.* section 2.8.3). Dans le cas général on doit recourir à des méthodes numériques. Il existe cependant une approximation, dite approximation de la réponse linéaire, qui permet de donner aux équations de Bloch une solution analytique. Cette approximation, qui présente une grande importance, concerne les impulsions ne produisant qu'une faible perturbation du système de spins.

2.2.2 L'approximation de la réponse linéaire

Une expérience RMN consiste donc à appliquer une excitation $b_1^\perp\left(t\right)$ à l'entrée d'une « boite noire » contenant un échantillon et de l'instrumentation, afin d'observer la réponse $s\left(t\right)$ à cette excitation (figure 2.2). L'objectif est bien sûr d'étudier certaines propriétés de l'échantillon.

La réponse $s\left(t\right)$ n'est généralement observable qu'après la fin de l'excitation (instant $t = 0$), c'est-à-dire à partir de l'instant où $b_1^\perp\left(t\right)$ devient nul. Le signal $s\left(t\right)$ est proportionnel à l'aimantation transversale totale présente dans l'échantillon à l'instant t :

$$s\left(t\right) \propto \int_{-\infty}^{\infty} M_\perp\left(\omega,\, t\right) d\omega. \tag{2.22}$$

La réponse d'un tel système à une impulsion est en fait fondamentalement non linéaire. Il suffit pour s'en convaincre de constater que, si une impulsion de 90° agissant à la résonance sur un système de spins à l'équilibre thermique produit un certain signal $s(t)$, une impulsion de 180° ne produit pas un signal $2s(t)$, comme cela serait le cas avec un système linéaire, mais un signal nul... Cependant, si l'impulsion est de durée (et/ou d'amplitude) suffisamment faible pour ne perturber que très peu le système de spins, alors on peut montrer que l'ensemble du dispositif se comporte comme un système linéaire.

On considère ici une très faible perturbation d'un système de spins. Cette perturbation est produite par l'application à $t = -T$ d'une impulsion de champ b_1 de durée T ($b_1^\perp (t \leq -T) = 0$, $b_1^\perp (t \geq 0) = 0$). On se place dans le cas d'une perturbation suffisamment petite pour que les modifications de l'aimantation longitudinale soient négligeables (l'impulsion écarte de l'axe z l'aimantation longitudinale d'un angle α suffisamment petit pour que l'on puisse faire l'approximation $\cos \alpha \approx 1$ et $\sin \alpha \approx \alpha$). On a donc $M_z(t) = $ Cste. Le système différentiel (2.20), (2.21) se réduit à une équation différentielle du premier ordre qui décrit un système linéaire.

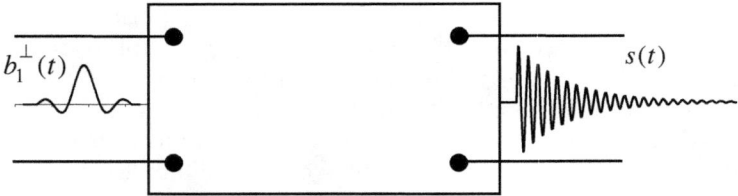

FIG. 2.2 – L'expérience RMN.

En intégrant l'équation (2.20) on obtient l'aimantation transversale produite par l'impulsion :

$$
M_\perp(\omega, t) = \left[i\gamma M_z(\omega) \left(\int_{-T}^{t} b_1^\perp(t') \exp(-i\omega t')\, dt' \right) + M_\perp^{\text{init}}(\omega) \right] \exp(i\omega t),
$$

(2.23)

où $M_\perp^{\text{init}}(\omega)$ est le module de l'aimantation transversale qui était présente avant l'application de l'impulsion. Ainsi l'aimantation transversale créée par l'impulsion s'ajoute à l'aimantation déjà présente (on retrouve le principe de superposition auquel obéissent les systèmes linéaires).

Si l'on s'intéresse seulement au résultat observable, c'est-à-dire au signal correspondant à $t \geq 0$, on remarque que les bornes $-T$ et t de l'intégrale dans l'équation (2.23), peuvent être sans problème remplacées par $-\infty$ et $+\infty$, puisque $b_1^\perp(t \leq -T) = 0$ et $b_1^\perp(t \geq 0) = 0$. On a alors :

$$
M_\perp(\omega, t) = \left[i\, \gamma\, M_z(\omega)\, B_1^\perp(\omega) + M_\perp^{\text{init}}(\omega) \right] \exp(i\omega t),
$$

(2.24)

où $B_1^\perp(\omega)$ est la transformée de Fourier de $b_1^\perp(t)$:

$$B_1^\perp(\omega) = \int\limits_{-\infty}^{\infty} b_1^\perp(t) \exp(-i\omega\, t)\,\mathrm{d}t. \tag{2.25}$$

L'aimantation transversale créée par l'impulsion est ainsi proportionnelle à la transformée de Fourier de l'impulsion d'excitation.

Le signal observé résulte en fait d'une sommation discrète ou continue sur l'ensemble des isochromats. Dans le cas d'une distribution continue d'isochromats :

$$s(t) \propto \int\limits_{-\infty}^{+\infty} \left[i\,\gamma\, M_z(\omega)\, B_1^\perp(\omega) + M_\perp^{\mathrm{init}}(\omega) \right] \exp(i\omega\, t)\,\mathrm{d}\omega. \tag{2.26}$$

Si l'impulsion est appliquée sur un système à l'équilibre thermique, $M_z = M_0$ et $M_\perp^{\mathrm{init}}(\omega) = 0$, et l'équation (2.26) devient :

$$s(t) \propto i\,\gamma \int\limits_{-\infty}^{+\infty} M_0(\omega)\, B_1^\perp(\omega) \exp(i\omega\, t)\,\mathrm{d}\omega. \tag{2.27}$$

Si l'on considère des durées comparables à T_2, l'évolution de $M_\perp$ est affectée par la relaxation spin-spin :

$$M_\perp(\omega,\, t) = i\,\gamma\, M_0(\omega)\, B_1^\perp(\omega) \exp(i\omega\, t) \exp(-t/T_2). \tag{2.28}$$

L'expression (2.28) n'a bien sûr de sens que pour $t \geq 0$, condition qui a été utilisée pour évaluer l'intégrale de la relation (2.23). L'évolution **pendant l'impulsion rf** n'est pas régie par cette expression. On fera pourtant souvent appel en RMN à des expériences dites de renversement du temps (expériences d'écho de spin). De telles expériences ne permettent évidemment pas de décrire ce qu'est le signal pendant l'impulsion rf.

Les impulsions utilisées en RMN sont très souvent des impulsions modulées en amplitude et symétriques par rapport au centre de l'impulsion (instant $-T/2$). C'est le cas par exemple des impulsions rectangulaires, des gaussiennes, des impulsions de type sinc et de nombreuses impulsions binomiales (*cf.* section 2.4). Si le champ rf est appliqué le long d'une direction faisant un angle φ avec l'axe x, $b_1^\perp$ peut s'écrire :

$$b_1^\perp(t) = b_1(t) \exp(i\varphi). \tag{2.29}$$

Compte tenu des propriétés de symétrie de la transformée de Fourier (*cf.* Annexe 1, Propriétés de la transformée de Fourier), on montre aisément que, dans le cas d'impulsions symétriques par rapport au centre de l'impulsion, $B_1^\perp(\omega)$ peut s'écrire sous la forme :

$$B_1^\perp(\omega) = B_1(\omega) \exp\left(i\omega\frac{T}{2} \right) \exp(i\varphi), \tag{2.30}$$

où $B_1(\omega)$ est une fonction purement réelle. La conséquence de cette remarque est que l'origine des phases (l'instant où les aimantations sont en phase quel que soit ω), se trouve au milieu de l'impulsion. À la fin de l'impulsion $(t = 0)$, les aimantations transversales sont donc déphasées d'une quantité $\omega T/2$. Les impulsions antisymétriques présentent la même caractéristique (*cf.* exercice 2-1).

Ce résultat, issu de l'approximation de la réponse linéaire, a d'importantes conséquences en imagerie (sélection de tranche, chapitre 3, section 3.2), comme en spectroscopie (distorsion de ligne de base, section 2.4.10).

2.3   Action d'une rotation sur un système de spins

L'équation (2.11) établit simplement que l'aimantation nucléaire tourne autour du champ effectif $(\boldsymbol{B}_{\text{eff}}(t) = \boldsymbol{B}_{\text{fict}} + \boldsymbol{b}_1(t))$ avec une vitesse angulaire instantanée de l'aimantation égale à $-\gamma \boldsymbol{B}_{\text{eff}}(t)$. Si l'on néglige la relaxation pendant la durée d'impulsion, une impulsion, quelle que soit sa forme, agit donc comme une rotation sur le système de spins. Les paramètres définissant la rotation (axe et angle) dépendent des caractéristiques de l'impulsion et du rapport gyromagnétique. Le problème peut être traité de manière classique, en utilisant les matrices de rotation, ou plus simplement en utilisant la représentation à deux dimensions des matrices de rotation.

2.3.1   Approche classique

Dans le cas où l'axe de rotation est situé dans le plan xOz on obtient :

$$\boldsymbol{R}_u(\theta) = \boldsymbol{R}_y(\alpha)\,\boldsymbol{R}_z(\theta)\,\boldsymbol{R}_y(-\alpha), \tag{2.31}$$

où $\boldsymbol{R}_u(\varphi)$ désigne une rotation d'angle φ autour de l'axe u. Les angles α et θ sont définis sur la figure 2.3. On a un produit de trois rotations et donc de trois matrices 3×3. On généralise aisément cette méthode à une rotation autour d'un axe u quelconque. On a alors :

$$\boldsymbol{R}_u(\theta) = \boldsymbol{R}_z(\varphi)\,\boldsymbol{R}_y(\alpha)\,\boldsymbol{R}_z(\theta)\,\boldsymbol{R}_y(-\alpha)\,\boldsymbol{R}_z(-\varphi), \tag{2.32}$$

où φ est l'angle que fait la projection de u dans le plan xOy (figure 2.3) avec l'axe x.

Deux types de rotations sont impliquées, des rotations autour de l'axe z et des rotations autour de l'axe y. On vérifiera aisément que la matrice représentative d'une rotation d'un angle α autour de y s'écrit :

$$\boldsymbol{R}_y(\alpha) = \begin{pmatrix} \cos\alpha & 0 & \sin\alpha \\ 0 & 1 & 0 \\ -\sin\alpha & 0 & \cos\alpha \end{pmatrix}. \tag{2.33}$$

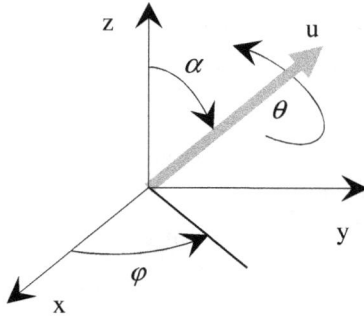

FIG. 2.3 – Rotation autour d'un axe u du trièdre tournant.

La matrice représentative d'une rotation d'un angle θ autour de z a pour forme :

$$\boldsymbol{R}_z\left(\theta\right) = \begin{pmatrix} \cos\theta & -\sin\theta & 0 \\ \sin\theta & \cos\theta & 0 \\ 0 & 0 & 1 \end{pmatrix}. \tag{2.34}$$

La rotation (2.32) s'écrit donc :

$$\boldsymbol{R}_u\left(\theta\right) = \begin{pmatrix} \cos\varphi & -\sin\varphi & 0 \\ \sin\varphi & \cos\varphi & 0 \\ 0 & 0 & 1 \end{pmatrix} \begin{pmatrix} \cos\alpha & 0 & \sin\alpha \\ 0 & 1 & 0 \\ -\sin\alpha & 0 & \cos\alpha \end{pmatrix} \begin{pmatrix} \cos\theta & -\sin\theta & 0 \\ \sin\theta & \cos\theta & 0 \\ 0 & 0 & 1 \end{pmatrix}$$
$$\begin{pmatrix} \cos\alpha & 0 & -\sin\alpha \\ 0 & 1 & 0 \\ \sin\alpha & 0 & \cos\alpha \end{pmatrix} \begin{pmatrix} \cos\varphi & \sin\varphi & 0 \\ -\sin\varphi & \cos\varphi & 0 \\ 0 & 0 & 1 \end{pmatrix}. \tag{2.35}$$

Les calculs ne présentent pas de difficultés, mais restent très lourds. Nous verrons que la représentation des rotations dans un espace à deux dimensions simplifie beaucoup de calculs.

2.3.2 Représentation des rotations dans un espace à deux dimensions

Les matrices 3×3 utilisées ci-dessus pour représenter les rotations forment le groupe SO(3) (groupe Spécial Orthogonal dans l'espace 3D). Les calculs effectués avec ces matrices deviennent rapidement très lourds. Une méthode plus puissante de représentation des rotations est d'utiliser la représentation 2D du groupe des rotations qui décrit l'espace des spineurs. Dans cet espace, le vecteur aimantation nucléaire est représenté sous la forme d'une matrice 2×2 :

$$\boldsymbol{M} = \begin{pmatrix} M_z & M_\perp^* \\ M_\perp & -M_z \end{pmatrix}, \tag{2.36}$$

et une rotation a aussi la forme d'une matrice 2×2 :

$$\boldsymbol{U} = \begin{pmatrix} a & -b^* \\ b & a^* \end{pmatrix}, \tag{2.37}$$

où a et b sont des nombres complexes qui dépendent des paramètres de la rotation. En outre, ces deux nombres sont tels que :

$$aa^* + bb^* = 1. \tag{2.38}$$

Les matrices de ce type forment le groupe SU(2) (groupe **S**pécial **U**nitaire).

Considérons la rotation qui transforme $\boldsymbol{M}$ en $\boldsymbol{M}'$. La relation entre $\boldsymbol{M}$, $\boldsymbol{M}'$ et $\boldsymbol{U}$ est la suivante :

$$\boldsymbol{M}' = \boldsymbol{U}\,\boldsymbol{M}\,\boldsymbol{U}^\dagger, \tag{2.39}$$

où $\boldsymbol{U}^\dagger$ est la matrice adjointe de $\boldsymbol{U}$ ($u_{ij}^\dagger = u_{ji}^*$).

Déterminons les paramètres a et b dans le cas d'une rotation d'angle θ autour de l'axe z. Cette rotation transforme M_x, M_y et M_z en M_x', M_y' et M_z' :

$$\begin{aligned}
M_x' &= M_x \cos\theta - M_y \sin\theta, \\
M_y' &= M_x \sin\theta + M_y \cos\theta, \\
M_z' &= M_z,
\end{aligned} \tag{2.40}$$

soit :

$$\begin{aligned}
M_\perp' &= M_\perp \exp\left(\mathrm{i}\theta\right), \\
M_z' &= M_z.
\end{aligned} \tag{2.41}$$

On vérifiera que dans ce cas $a = \exp\left(-\mathrm{i}\theta/2\right)$ et $b = 0$. La matrice $\boldsymbol{U}$ a donc la forme très simple suivante :

$$\boldsymbol{U}_z\left(\theta\right) = \begin{pmatrix} \exp(-\mathrm{i}\theta/2) & 0 \\ 0 & \exp(\mathrm{i}\theta/2) \end{pmatrix}. \tag{2.42}$$

Recherchons maintenant quelle matrice est associée à une rotation d'angle α autour de l'axe y. On peut écrire :

$$\begin{aligned}
M_x' &= M_x \cos\alpha + M_z \sin\alpha, \\
M_y' &= M_y, \\
M_z' &= -M_x \sin\alpha + M_z \cos\alpha.
\end{aligned} \tag{2.43}$$

Ce système d'équations peut être réécrit en introduisant $M_\perp$ et $M_\perp^*$:

$$\begin{aligned}
M_\perp' &= \frac{1}{2}M_\perp\left(\cos\alpha + 1\right) + \frac{1}{2}M_\perp^*\left(\cos\alpha - 1\right) + M_z \sin\alpha, \\
M_z' &= -\frac{1}{2}M_\perp \sin\alpha - \frac{1}{2}M_\perp^* \sin\alpha + M_z \cos\alpha,
\end{aligned} \tag{2.44}$$

ou encore :

$$M'_\perp = M_\perp \cos^2 \frac{\alpha}{2} - M_\perp^* \sin^2 \frac{\alpha}{2} + 2\,M_z \sin \frac{\alpha}{2} \cos \frac{\alpha}{2},$$

$$M'_z = -M_\perp \sin \frac{\alpha}{2} \cos \frac{\alpha}{2} - M_\perp^* \sin \frac{\alpha}{2} \cos \frac{\alpha}{2} + M_z \left(\cos^2 \frac{\alpha}{2} - \sin^2 \frac{\alpha}{2} \right). \quad (2.45)$$

La matrice $\boldsymbol{U}$, que l'on appelle aussi opérateur d'évolution ou propagateur, a donc pour forme :

$$\boldsymbol{U}_y(\alpha) = \begin{pmatrix} \cos \dfrac{\alpha}{2} & -\sin \dfrac{\alpha}{2} \\[2mm] \sin \dfrac{\alpha}{2} & \cos \dfrac{\alpha}{2} \end{pmatrix}. \quad (2.46)$$

La matrice $\boldsymbol{U}$ associée à une rotation d'angle θ autour d'un axe u de l'espace (figure 2.3) peut maintenant être obtenue en exprimant cette rotation sous le forme d'un produit des matrices associées aux rotations autour des axes y et z :

$$\boldsymbol{U}_u(\theta) = \boldsymbol{U}_z(\varphi)\,\boldsymbol{U}_y(\alpha)\,\boldsymbol{U}_z(\theta)\,\boldsymbol{U}_y(-\alpha)\,\boldsymbol{U}_z(-\varphi). \quad (2.47)$$

En effectuant ce produit de 5 matrices 2×2, on obtient

$$a = \cos\left(\frac{\theta}{2}\right) - \mathrm{i}\cos(\alpha)\sin\left(\frac{\theta}{2}\right),$$

$$b = -\mathrm{i}\sin\left(\frac{\theta}{2}\right)\sin(\alpha)\exp(\mathrm{i}\varphi), \quad (2.48)$$

où a et b sont les paramètres de Cayley Klein. La connaissance de ces deux paramètres définit entièrement la rotation.

Ces considérations concernent tout type d'impulsion qui, si l'on peut négliger l'influence de la relaxation, agit toujours sur un système de spins comme une rotation. Les paramètres de la rotation dépendent des caractéristiques de l'impulsion et de sa fréquence comparée à la fréquence de Larmor.

Comme nous le verrons dans ce chapitre, l'utilisation de matrices de rotation 2×2 simplifie beaucoup l'étude de l'évolution d'un système de spins en présence d'un champ rf.

2.3.3 Décomposition d'une impulsion en une suite d'impulsions élémentaires

Lorsque le champ rf a la forme d'une impulsion rectangulaire, les équations de Bloch ont une solution analytique. La connaissance de la réponse du système de spins à l'impulsion rectangulaire, permet d'évaluer le comportement d'impulsions de forme quelconque qui peuvent toujours être décrites de manière approchée comme une suite d'impulsions rectangulaires. La qualité de l'approximation sera d'autant plus grande que l'intervalle de temps élémentaire est plus petit. Ce type de décomposition est d'ailleurs celui qui est utilisé par le spectromètre pour approcher une forme analytique. La figure 2.4 en présente un exemple. Le nombre d'impulsions élémentaires peut atteindre 1024 ou 2048, mais un nombre beaucoup plus faible d'éléments est généralement suffisant.

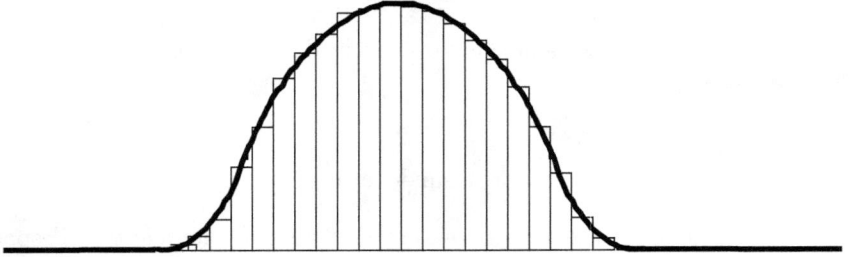

FIG. 2.4 – Décomposition d'une impulsion en une suite d'impulsions rectangulaires élémentaires.

L'amplitude de l'impulsion en fonction du temps est un nombre algébrique qui peut donc être négatif, ce qui correspond à une inversion de l'axe de rotation. Certaines impulsions sont en outre modulées en fréquence (*cf.* section 2.8).

Les impulsions modulées en amplitude ont, en notation complexe, la forme analytique :

$$b_1^\perp (t) = A(t) \exp(i\,\Omega_{\mathrm{rf}} t),\tag{2.49}$$

où Ω_{rf} est la fréquence d'excitation et $A(t)$ la fonction modulante (nombre réel).

Le champ radiofréquence des impulsions modulées en fréquence et en amplitude s'écrit :

$$b_1^\perp = A(t) \exp\left[i\left(\Omega_{\mathrm{rf}} t + \int_0^t \omega(t')\,\mathrm{d}t'\right)\right],\tag{2.50}$$

où l'on a supposé que l'impulsion est appliquée à l'instant $t = 0$. Il existe deux méthodes pratiques pour réaliser une modulation de ce type : agir sur la source de fréquences (synthétiseur) ou bien agir sur la phase de l'impulsion. Dans le premier cas, chaque impulsion élémentaire est une impulsion de fréquence $\Omega_{\mathrm{rf}} + \omega(t)$. Dans le second cas, la fréquence du synthétiseur reste fixe, mais la phase de l'impulsion varie :

$$b_1^\perp = A(t) \exp[i\,(\Omega_{\mathrm{rf}} t + \varphi(t))],\tag{2.51}$$

où,

$$\varphi(t) = \int_0^t \omega(t')\mathrm{d}t'.\tag{2.52}$$

Le calcul de la réponse à une impulsion modulée en fréquence suit très exactement le schéma de sa construction pratique. Ce calcul consiste à décomposer l'impulsion en une succession de rotations autour du champ effectif. On adopte souvent le point de vue modulation de phase. La fréquence du repère tournant est alors fixe. La phase et l'amplitude de l'impulsion sont incrémentées d'une impulsion élémentaire à l'autre.

2.3.4 Impulsions symétriques

Nous montrons ci-dessous qu'une impulsion symétrique appliquée selon l'axe x du trièdre tournant est équivalente à une rotation autour d'un axe du plan xOz.

Une impulsion symétrique appliquée selon l'axe x peut être décomposée en une suite symétrique de rotations élémentaires autour d'axes du plan xOz (u_i) :

$$\boldsymbol{R}_u\left(\theta\right) = \boldsymbol{R}_{u_1}\left(\theta_1\right)\boldsymbol{R}_{u_2}\left(\theta_2\right)....\boldsymbol{R}_{u_{n+1}}\left(\theta_{n+1}\right)....\boldsymbol{R}_{u_2}\left(\theta_2\right)\boldsymbol{R}_{u_1}\left(\theta_1\right), \qquad (2.53)$$

où nous avons utilisé $2n+1$ rotations élémentaires. Considérons les trois rotations centrales :

$$\boldsymbol{R}_{u_n}\left(\theta_n\right)\boldsymbol{R}_{u_{n+1}}\left(\theta_{n+1}\right)\boldsymbol{R}_{u_n}\left(\theta_n\right). \qquad (2.54)$$

Ce produit de rotations est une rotation $\boldsymbol{R}_v\left(\alpha\right)$ d'angle α autour d'un axe v,

$$\boldsymbol{R}_v\left(\alpha\right) = \boldsymbol{R}_{u_n}\left(\theta_n\right)\boldsymbol{R}_{u_{n+1}}\left(\theta_{n+1}\right)\boldsymbol{R}_{u_n}\left(\theta_n\right), \qquad (2.55)$$

où α et v dépendent des caractéristiques des rotations élémentaires. Considérons la rotation inverse $\boldsymbol{R}_v\left(-\alpha\right)$ qui peut s'écrire aussi $\boldsymbol{R}_{-v}\left(\alpha\right)$:

$$\boldsymbol{R}_v\left(-\alpha\right) = \boldsymbol{R}_{-v}\left(\alpha\right) = \boldsymbol{R}_{u_n}\left(-\theta_n\right)\boldsymbol{R}_{u_{n+1}}\left(-\theta_{n+1}\right)\boldsymbol{R}_{u_n}\left(-\theta_n\right). \qquad (2.56)$$

L'équation (2.56) s'écrit encore :

$$\boldsymbol{R}_{-v}\left(\alpha\right) = \boldsymbol{R}_y\left(-\pi\right)\boldsymbol{R}_{u_n}\left(\theta_n\right)\boldsymbol{R}_y\left(\pi\right)\boldsymbol{R}_y\left(-\pi\right)\boldsymbol{R}_{u_{n+1}}\left(\theta_{n+1}\right)\boldsymbol{R}_y\left(\pi\right)$$
$$\times \boldsymbol{R}_y\left(-\pi\right)\boldsymbol{R}_{u_n}\left(\theta_n\right)\boldsymbol{R}_y\left(\pi\right). \qquad (2.57)$$

En remarquant que :

$$\boldsymbol{R}_y\left(\pi\right)\boldsymbol{R}_y\left(-\pi\right) = 1, \qquad (2.58)$$

on déduit

$$\boldsymbol{R}_{-v}\left(\alpha\right) = \boldsymbol{R}_y\left(-\pi\right)\boldsymbol{R}_{u_n}\left(\theta_n\right)\boldsymbol{R}_{u_{n+1}}\left(\theta_{n+1}\right)\boldsymbol{R}_{u_n}\left(\theta_n\right)\boldsymbol{R}_y\left(\pi\right), \qquad (2.59)$$

soit

$$\boldsymbol{R}_{-v}\left(\alpha\right) = \boldsymbol{R}_y\left(-\pi\right)\boldsymbol{R}_v\left(\alpha\right)\boldsymbol{R}_y\left(\pi\right). \qquad (2.60)$$

L'axe $-v$ étant déduit de v par une rotation autour de l'axe Oy, v et $-v$ sont nécessairement dans un plan orthogonal à Oy, donc dans le plan xOz. De proche en proche, on effectue la démonstration pour l'impulsion complète.

Une impulsion symétrique appliquée selon l'axe x du trièdre tournant est donc équivalente à une rotation autour d'un axe du plan xOz.

Précisons encore ici que si une impulsion d'excitation modulée en amplitude est symétrique et si le champ rf est dirigé selon x, alors M_y est symétrique en fonction de ω tandis que M_x est antisymétrique (voir exercice 2-4).

2.3.5   Impulsions antisymétriques

Une impulsion antisymétrique, construite avec un champ rf aligné avec l'axe x du trièdre tournant, peut être considérée comme une suite de $2n$ rotations élémentaires autour d'axes u_i du plan xOz. Cette impulsion se comporte comme une rotation d'angle θ autour d'un axe v. Nous montrons ci-dessous que cet axe v se trouve dans le plan yOz.

La rotation associée à l'impulsion s'écrit :

$$\boldsymbol{R}_v\left(\theta\right) = \boldsymbol{R}_{u_1}\left(\theta_1\right)\boldsymbol{R}_{u_2}\left(\theta_2\right)...\boldsymbol{R}_{u_n}\left(\theta_n\right)\boldsymbol{R}_{u'_n}\left(\theta_n\right)...\boldsymbol{R}_{u'_2}\left(\theta_2\right)\boldsymbol{R}_{u'_1}\left(\theta_1\right), \quad (2.61)$$

où u' est un axe du plan xOz symétrique de u par rapport à z.

Considérons les deux rotations centrales :

$$\boldsymbol{R}_r\left(\alpha\right) = \boldsymbol{R}_{u_n}\left(\theta_n\right)\boldsymbol{R}_{u'_n}\left(\theta_n\right). \quad (2.62)$$

On passe de u_n à $-u'_n$ par une rotation de π autour de l'axe Ox. Par suite,

$$\boldsymbol{R}_r\left(\alpha\right) = \boldsymbol{R}_x\left(-\pi\right)\boldsymbol{R}_{u'_n}\left(-\theta_n\right)\boldsymbol{R}_x\left(\pi\right)\boldsymbol{R}_x\left(-\pi\right)\boldsymbol{R}_{u_n}\left(-\theta_n\right)\boldsymbol{R}_x\left(\pi\right), \quad (2.63)$$

soit :

$$\boldsymbol{R}_r\left(\alpha\right) = \boldsymbol{R}_x\left(-\pi\right)\boldsymbol{R}_{u'_n}\left(-\theta_n\right)\boldsymbol{R}_{u_n}\left(-\theta_n\right)\boldsymbol{R}_x\left(\pi\right), \quad (2.64)$$

où encore,

$$\boldsymbol{R}_r\left(\alpha\right) = \boldsymbol{R}_{-\mathrm{r}}\left(-\alpha\right) = \boldsymbol{R}_x\left(-\pi\right)\boldsymbol{R}_r\left(-\alpha\right)\boldsymbol{R}_x\left(\pi\right). \quad (2.65)$$

On en déduit que r est un axe du plan yOz. L'impulsion (2.61) se met alors sous la forme :

$$\boldsymbol{R}_v\left(\theta\right) = \boldsymbol{R}_{u_1}\left(\theta_1\right)\boldsymbol{R}_{u_2}\left(\theta_2\right)...\boldsymbol{R}_{u_{n-1}}\left(\theta_{n-1}\right)\boldsymbol{R}_r\left(\theta\right)\boldsymbol{R}_{u'_{n-1}}\left(\theta_{n-1}\right)$$
$$...\boldsymbol{R}_{u'_2}\left(\theta_2\right)\boldsymbol{R}_{u'_1}. \quad (2.66)$$

Considérons maintenant les trois rotations centrales,

$$\boldsymbol{R}_{r'}\left(\beta\right) = \boldsymbol{R}_{u_{n-1}}\left(\theta_{n-1}\right)\boldsymbol{R}_r\left(\alpha\right)\boldsymbol{R}_{u'_{n-1}}\left(\theta_{n-1}\right). \quad (2.67)$$

Elles s'écrivent aussi,

$$R_{r'}(\beta) = R_x(-\pi) R_{u'_{n-1}}(-\theta_{n-1}) R_x(\pi) R_x(-\pi) R_r(-\alpha)$$
$$\times R_x(\pi) R_x(-\pi) R_{u_{n-1}}(-\theta_{n-1}) R_x(\pi), \qquad (2.68)$$

soit

$$R_{r'}(\beta) = R_x(\pi) R_r(-\beta) R_x(\pi). \qquad (2.69)$$

On en déduit que r' est un axe du plan yOz. De proche en proche, on effectue la démonstration pour l'impulsion complète.

Une impulsion antisymétrique appliquée sur l'axe x est donc équivalente à une rotation autour d'un axe du plan yOz.

On montre facilement que si une impulsion d'excitation modulée en amplitude est antisymétrique et que le champ rf est dirigé selon x, alors M_y est antisymétrique en fonction de ω tandis que M_x est symétrique (voir exercice 2-4).

2.3.6 Évolution d'un système de spins sous l'action d'une impulsion

2.3.6.1 Action d'une impulsion sur un système de spins

Considérons un système de spins dont l'aimantation initiale à l'instant t s'écrit :

$$M(t) = \begin{pmatrix} M_z(t) & M_\perp^*(t) \\ M_\perp(t) & -M_z(t) \end{pmatrix}. \qquad (2.70)$$

Appliquons à ce système de spins une impulsion de durée T. L'aimantation nucléaire à la fin de l'impulsion (instant $t+T$) s'écrit (*cf.* équations (2.37) et (2.39)) :

$$M(t+T) = U\, M(t)\, U^\dagger = \begin{pmatrix} a & -b^* \\ b & a^* \end{pmatrix} \begin{pmatrix} M_z(t) & M_\perp^*(t) \\ M_\perp(t) & -M_z(t) \end{pmatrix} \begin{pmatrix} a^* & b^* \\ -b & a \end{pmatrix},$$
$$(2.71)$$

où U est la matrice de rotation associée à l'impulsion. Les paramètres de Cayley-Klein, a et b, sont donnés par les équations (2.48). On a donc :

$$M_z(t+T) = (aa^* - bb^*) M_z(t) - a\, b\, M_\perp^*(t) - a^* b^* M_\perp(t), \qquad (2.72)$$

$$M_\perp(t+T) = 2a^* b\, M_z(t) - b^2 M_\perp^*(t) + a^{*2} M_\perp(t), \qquad (2.73)$$

$$M_\perp^*(t+T) = 2a\, b^* M_z(t) + a^2 M_\perp^*(t) - b^{*2} M_\perp(t). \qquad (2.74)$$

L'impulsion place donc dans le plan transversal une partie de l'aimantation initialement longitudinale (terme $M_z(t)$ de (2.73)), transforme une partie de l'aimantation initialement transversale en son complexe conjugué (terme $M_\perp^*(t)$ de (2.73)), mais en conserve une autre partie inchangée (terme $M_\perp(t)$

de (2.73)). Les équations (2.72), (2.73) et (2.74) peuvent s'écrire sous forme matricielle :

$$\begin{pmatrix} M_\perp (t+T) \\ M_\perp^* (t+T) \\ M_z (t+T) \end{pmatrix} = \begin{pmatrix} a^{*2} & -b^2 & 2a^*b \\ -b^{*2} & a^2 & 2ab^* \\ -a^*b^* & -ab & aa^* - bb^* \end{pmatrix} \begin{pmatrix} M_\perp (t) \\ M_\perp^* (t) \\ M_z (t) \end{pmatrix} \qquad (2.75)$$

On établira sans difficulté la relation entre $M_x(t)$, $M_y(t)$, $M_z(t)$ et $M_x(t+T)$, $M_y(t+T)$, $M_z(t+T)$:

$$\begin{pmatrix} M_x (t+T) \\ M_y (t+T) \\ M_z (t+T) \end{pmatrix} = \begin{pmatrix} \Re a^2 - \Re b^2 & \Im a^2 - \Im b^2 & 2\Re(a^*b) \\ -\Im a^2 - \Im b^2 & \Re a^2 + \Re b^2 & 2\Im(a^*b) \\ -2\Re(ab) & -2\Im(ab) & aa^* - bb^* \end{pmatrix} \begin{pmatrix} M_x (t) \\ M_y (t) \\ M_z (t) \end{pmatrix},$$
$$(2.76)$$

où $\Re$ représente la partie réelle et $\Im$ la partie imaginaire.

2.3.6.2 Précession libre, ordre de cohérence

Un délai de précession libre de durée T peut être considéré comme une impulsion de champ rf nul. Pendant ce délai, le champ effectif est confondu avec le champ fictif et est donc aligné avec l'axe z. Par suite $\alpha = 0$ (voir figure 2.3) et $\theta = \omega T$. Les paramètres de Cayley-Klein ont donc une forme très simple, $a = \exp(-i\omega T/2)$ et $b = 0$ (équations (2.48)). On peut donc écrire :

$$\begin{pmatrix} M_\perp (t+T) \\ M_\perp^* (t+T) \\ M_z (t+T) \end{pmatrix} = \begin{pmatrix} \exp(i\omega T) & 0 & 0 \\ 0 & \exp(-i\omega T) & 0 \\ 0 & 0 & 1 \end{pmatrix} \begin{pmatrix} M_\perp (t) \\ M_\perp^* (t) \\ M_z (t) \end{pmatrix}. \qquad (2.77)$$

Cette présentation de l'action d'une impulsion sur un système de spins ne fait nullement appel à la mécanique quantique. Cela n'est pas nécessaire puisque l'exposé est limité à un ensemble de spins $1/2$ sans interactions. Nous utiliserons cependant dans ce qui suit, un vocabulaire emprunté au traitement quantique de la RMN et, plus particulièrement, au formalisme de la matrice densité.

L'équation (2.77) montre que chacune des composantes de l'aimantation évolue à une fréquence particulière. La composante $M_\perp$, qui évolue à la fréquence $-\omega$, est désignée par le terme de cohérence à $+1$ quantum ($p = +1$), $M_\perp^*$, qui évolue à la fréquence ω, correspond à une cohérence à -1 quantum ($p = -1$) et M_z, qui n'évolue pas, à une cohérence à 0 quantum ou ordre longitudinal. Le signal complexe détecté étant proportionnel à $M_\perp = M_x + iM_y$, on en déduit que la cohérence observée correspond à l'ordre $p = -1$. On peut ainsi exprimer la fréquence d'évolution d'une composante en utilisant les ordres de cohérence : pendant un délai de précession libre, l'ordre de cohérence p évolue à la fréquence $-p\omega$. Il peut sembler curieux qu'à un terme évoluant à la fréquence $+\omega$, soit associé une cohérence désignée par le nombre

$p = -1$. L'origine de cette nomenclature se situe dans le traitement quantique de la RMN : le signal détecté est proportionnel à $M_\perp$ donc à $\langle I_+ \rangle$, mais le coefficient du terme en I_+ dans la matrice densité est $\langle I_- \rangle$ d'où la désignation $p = -1$.

2.3.6.3 Chemins de cohérence

Ces propriétés peuvent être schématisées sous la forme d'un schéma de transferts de cohérences. Considérons une aimantation contenant, avant l'application d'une impulsion, des termes en M_z (cohérence à zéro quantum, $p = 0$), $M_\perp^*(t)$ (cohérence à $+1$ quantum, $p = 1$), $M_\perp(t)$ (cohérence à -1 quantum, $p = -1$). L'impulsion produit, à partir de chaque terme, et avec des coefficients qui dépendent des caractéristiques de l'impulsion, les trois ordres de cohérence $p = -1, 0, +1$. Cela est illustré figure 2.5, et le tableau 2.1 liste les coefficients associés à chacun des chemins de transfert de cohérence. On note que le coefficient associé aux cohérences $p = 0$ est en général complexe. Par contre, en un instant donné, la somme des intensités des cohérences $p = 0$ est évidemment purement réelle.

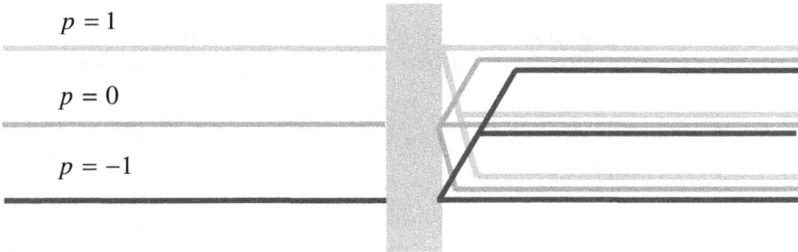

$p = 1$

$p = 0$

$p = -1$

FIG. 2.5 – Transferts de cohérence produits par une impulsion (système sans couplages).

On distingue :

– Des impulsions d'excitation qui privilégient les transferts de cohérence $p = 0 \Rightarrow p = +1$ et $p = 0 \Rightarrow p = -1$. Elles sont utilisées pour créer de l'aimantation transversale à partir de l'aimantation longitudinale.

– Des impulsions d'inversion ou de saturation $p = 0 \Rightarrow p = 0$, qui sont destinées à modifier l'aimantation longitudinale.

– Des impulsions de refocalisation qui privilégient les transferts de cohérence $p = -1 \Rightarrow p = +1$ et $p = +1 \Rightarrow p = -1$. Elles sont utilisées pour la production d'échos de spin.

– Des impulsions de stockage qui privilégient les transferts de cohérence $p = -1 \Rightarrow p = 0$ et $p = 1 \Rightarrow p = 0$. Elles transforment un ordre transversal en ordre longitudinal et sont utilisées lors de la production d'échos stimulés.

TAB. 2.1 – Efficacité des divers transferts de cohérences associés à une impulsion radiofréquence.

Opération réalisée	Chemin			Efficacité du transfert
Inversion ou saturation	$p = 0$	$\Rightarrow$	0	$aa^* - bb^*$
Excitation	$\left\{\begin{array}{l} p = 0 \\ p = 0 \end{array}\right.$	$\Rightarrow$ $\Rightarrow$	-1 1	$2a^*b$ $2ab^*$
Stockage	$\left\{\begin{array}{l} p = 1 \\ p = -1 \end{array}\right.$	$\Rightarrow$ $\Rightarrow$	0 0	$-ab$ $-a^*b^*$
Refocalisation	$\left\{\begin{array}{l} p = 1 \\ p = -1 \end{array}\right.$	$\Rightarrow$ $\Rightarrow$	-1 1	$-b^2$ $-b^{*2}$
Transparence	$\left\{\begin{array}{l} p = 1 \\ p = -1 \end{array}\right.$	$\Rightarrow$ $\Rightarrow$	1 -1	a^2 a^{*2}

On remarque en outre qu'une impulsion peut laisser intacte une partie de l'aimantation transversale ($p = 1 \Rightarrow p = 1$ et $p = -1 \Rightarrow p = -1$). On peut dire dans ce cas que l'impulsion est partiellement transparente.

Nous étudierons successivement ces différents types d'impulsions.

2.3.6.4   Transferts de cohérences et déphasages associés à une impulsion

Revenons sur le déphasage dépendant de la fréquence introduit par une impulsion, et intéressons nous à des impulsions symétriques (sinc par exemple, *cf.* section 2.4.5), ou antisymétriques (sinc-sin, par exemple, *cf.* section 2.4.6), qui font subir au système de spins une rotation dont l'axe se déplace dans un plan contenant l'axe z, plan qui reste fixe lorsque la fréquence de Larmor varie (*cf.* section 2.3.4). Dans ce cas l'angle φ que fait l'axe x avec la projection de l'axe de rotation sur le plan xy (voir la figure 2.3) ne dépend pas de la fréquence ω. Le paramètre b (équation (2.48)) a donc une phase qui ne dépend pas de la fréquence.

Le déphasage dépendant de la fréquence associé à une impulsion symétrique ou antisymétrique, est donc contenu dans le seul paramètre a, qui peut s'écrire $a = a' \exp{(\mathrm{i}\phi_a)}$. Le tableau 2.2 présente ce déphasage pour les 9 chemins associés à une impulsion. Il apparaît que le déphasage ϕ_ω dépendant de la fréquence, associé à la transition $p_1 \Rightarrow p_2$ peut s'écrire :

$$\phi_\omega = \phi_a \left(p_1 + p_2\right). \tag{2.78}$$

Dans le cas général d'une impulsion symétrique ou antisymétrique d'angle quelconque, le coefficient a, et donc la phase à l'issue de l'impulsion, dépendent de la forme d'impulsion et de l'angle de la rotation qu'elle produit à $\omega = 0$.

TAB. 2.2 – Déphasage dépendant de la fréquence associé à une impulsion symétrique ou antisymétrique.

p_1	p_2	Coefficient de transfert	Déphasage dépendant de la fréquence
0	0	$a'a'^* - bb^*$	0
0	-1	$2a'^*b \exp(-i\phi_a)$	$-\phi_a$
0	1	$2a'b^* \exp(i\phi_a)$	ϕ_a
1	0	$-a'b \exp(i\phi_a)$	ϕ_a
1	-1	$-b^2$	0
1	1	$a'^2 \exp(2i\phi_a)$	$2\phi_a$
-1	0	$-a'^*b^* \exp(-i\phi_a)$	$-\phi_a$
-1	-1	$a'^{*2} \exp(-2i\phi_a)$	$-2\phi_a$
-1	1	$-b^{*2}$	0

Le point important est que tout se passe comme si les cohérences évoluaient à la fréquence angulaire $p_1\varphi_a/T$ pendant la première moitié de l'impulsion, et à la fréquence angulaire $p_2\phi_a/T$ pendant la seconde moitié de l'impulsion.

Si les conditions de l'approximation de la réponse linéaire sont remplies, alors ϕ_a est connu :

$$\phi_a = -\frac{\omega T}{2}, \tag{2.79}$$

où T est la durée d'impulsion. Dans le cas d'une impulsion d'excitation symétrique ou antisymétrique, $p_1 + p_2 = -1$, on retrouve un résultat connu : le déphasage est égal $\omega T/2$ (section 2.2.2, équation (2.30)). Nous verrons que les impulsions d'excitation symétriques (impulsions rectangulaires, sinc ou gaussiennes par exemple), respectent assez bien cette relation, même lorsque l'angle de rotation de l'aimantation à la résonance atteint 90°, et que l'on sort ainsi très nettement des conditions de validité de l'approximation de la réponse linéaire. On remarque aussi, en examinant le tableau 2.2, qu'une impulsion de refocalisation symétrique ou antisymétrique n'introduit pas de déphasage dépendant de la fréquence.

2.4 Impulsions d'excitation

2.4.1 Généralités

Une impulsion d'excitation est destinée à produire de l'aimantation transversale à partir d'une aimantation initiale longitudinale. Elle doit en principe privilégier les chemins de transfert de cohérences $p = 0 \Rightarrow p = \pm 1$. Seul le chemin $p = 0 \Rightarrow p = -1$ conduit à un signal directement observable après l'impulsion, mais c'est le chemin $p = 0 \Rightarrow p = +1$ qui est exploité lorsqu'une impulsion d'excitation est suivie d'une impulsion de refocalisation. Cette section est consacrée à l'action d'une impulsion de durée T sur un système de spins dont l'aimantation initiale est purement longitudinale ($M_z = M_0$).

L'équation (2.76) nous donne les composantes de l'aimantation à l'instant $t = 0$ (fin de l'impulsion) :

$$M_x(0) = 2\Re(a^*b)\, M_0, \tag{2.80}$$

$$M_y(0) = 2\Im(a^*b)\, M_0, \tag{2.81}$$

$$M_z(0) = (aa^* - bb^*)\, M_0. \tag{2.82}$$

Si l'approximation de la réponse linéaire est utilisable, et si les impulsions sont symétriques ou antisymétriques, $M_\perp(0)$ a pour forme (*cf.* section 2.3.6.4),

$$M_\perp(0) = 2a'^{*}b \exp\left(\frac{i\omega T}{2}\right) M_0. \tag{2.83}$$

L'origine des phases se trouve donc au centre de l'impulsion.

Dans le cas général, en exprimant les paramètres de Cayley-Klein en fonction des angles caractéristiques de la rotation (expressions (2.48) et figure 2.3), on obtient :

$$M_x(0) = M_0\left[\sin(\theta)\sin(\alpha)\sin(\varphi) + \sin^2\left(\frac{\theta}{2}\right)\sin(2\alpha)\cos(\varphi)\right], \tag{2.84}$$

$$M_y(0) = M_0\left[\sin^2\left(\frac{\theta}{2}\right)\sin(2\alpha)\sin(\varphi) - \sin(\alpha)\sin(\theta)\cos(\varphi)\right], \tag{2.85}$$

$$M_z(0) = M_0\left[\cos^2\left(\frac{\theta}{2}\right) + \sin^2\left(\frac{\theta}{2}\right)\cos(2\alpha)\right]. \tag{2.86}$$

Nous disposons maintenant des outils permettant de préciser la réponse du système de spins à une impulsion de forme quelconque.

2.4.2   L'impulsion rectangulaire

2.4.2.1   Réponse à l'impulsion rectangulaire

Appliquons au système de spins, supposé à l'équilibre thermique, une impulsion rectangulaire de durée T (figure 2.6). Le champ rf est appliqué suivant l'axe x du trièdre tournant, $b_1^\perp(t)$ est donc une fonction réelle, et l'on a :

$$b_1^\perp(t) = b_1^0 \quad \text{pour} \quad t \in [-T,\, 0] \quad \text{et} \quad b_1^\perp(t) = 0 \quad \text{pour} \quad t \notin [-T,\, 0]. \tag{2.87}$$

Dans ce cas, pendant la durée de l'impulsion, l'amplitude du champ rf ne dépend pas du temps. Il en est de même du champ effectif $\boldsymbol{B}_{\text{eff}}$, et le mouvement de $\boldsymbol{M}$ pendant l'impulsion est une simple rotation autour du champ effectif à la fréquence $\omega_{\text{eff}} = -\gamma\, B_{\text{eff}}$. L'angle de rotation est égal à :

$$\theta = -\gamma\, B_{\text{eff}} T. \tag{2.88}$$

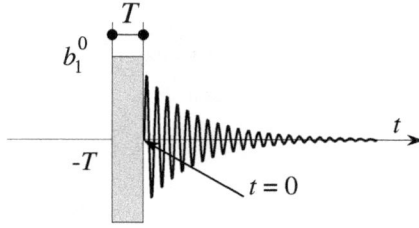

FIG. 2.6 – Excitation d'un système de spins par une impulsion rectangulaire.

Par ailleurs, l'angle α du champ effectif avec l'axe z satisfait à :

$$\operatorname{tg}\alpha = \frac{b_1^0}{B_{\text{fict}}}. \tag{2.89}$$

où b_1^0 est l'amplitude du champ rf.

Les expressions (2.84), (2.85), (2.86), qui donnent M_x, M_y et M_z à l'instant $t = 0$, c'est-à-dire immédiatement à la fin de l'impulsion, peuvent être réécrites en explicitant les valeurs de α et θ (figure 2.3), en fonction de la fréquence de précession dans le trièdre tournant, $\omega = -\gamma B_{\text{fict}}$, et de la fréquence de nutation à la résonance, $\omega_1 = -\gamma b_1^0$:

$$\theta = -\frac{\gamma}{|\gamma|}T\sqrt{\omega_1^2 + \omega^2}, \quad \cos\alpha = -\frac{\gamma}{|\gamma|}\frac{\omega}{\sqrt{\omega_1^2 + \omega^2}},$$

$$\sin\alpha = \frac{|\omega_1|}{\sqrt{\omega_1^2 + \omega^2}} \quad \text{et} \quad \sin 2\alpha = -\frac{\gamma}{|\gamma|}\frac{2\omega |\omega_1|}{\omega_1^2 + \omega^2}.$$

Le champ rf étant dirigée suivant x, $\varphi = 0$. Les composantes de l'aimantation s'écrivent donc :

$$M_x(0) = -M_0\left[\frac{\gamma}{|\gamma|}\frac{2\omega |\omega_1|}{\omega_1^2 + \omega^2}\sin^2\left(\frac{T\sqrt{\omega_1^2 + \omega^2}}{2}\right)\right], \tag{2.90}$$

$$M_y(0) = M_0\left[\frac{|\omega_1|}{\sqrt{\omega_1^2 + \omega^2}}\sin\left(\frac{\gamma}{|\gamma|}T\sqrt{\omega_1^2 + \omega^2}\right)\right], \tag{2.91}$$

$$M_z(0) = M_0\left[1 - 2\frac{\omega_1^2}{\omega_1^2 + \omega^2}\sin^2\left(\frac{T\sqrt{\omega_1^2 + \omega^2}}{2}\right)\right]. \tag{2.92}$$

La figure 2.7 présente la réponse du système de spins à une impulsion rectangulaire d'angle $-\pi/2$ à la résonance, en fonction de ω/ω_1. On remarque que, à la résonance ($\omega = 0$), comme on pouvait le prévoir, M_y est positif (rotation de $\pi/2$ autour de x dans le sens négatif) et que M_x est nul. Par contre, dès que l'on s'éloigne de la résonance on observe l'apparition d'une composante M_x

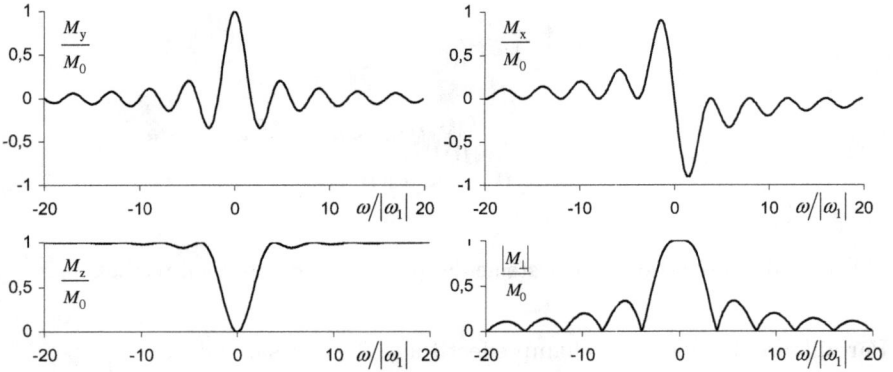

FIG. 2.7 – Réponse à une impulsion rectangulaire d'angle $-\pi/2$ à la résonance, appliquée sur l'axe x du trièdre tournant en fonction de $\omega/|\omega_1|$ (cas γ positif).

caractéristique d'un déphasage. La figure 2.8 montre que ce terme de phase varie approximativement linéairement avec la fréquence.

Le module de l'aimantation transversale s'annule lorsque $\sqrt{\omega_1^2 + \omega^2} = 2k\pi/T$, où k est un entier différent de zéro. On a donc, pour une impulsion d'angle $\pi/2$ à la résonance ($|\omega_1 T| = \pi/2$),

$$\omega = \frac{2\pi}{T} \sqrt{k^2 - \frac{1}{16}}. \tag{2.93}$$

Ainsi, la largeur de la réponse à une impulsion rectangulaire est égale à environ $4\pi/T$ si l'on considère tout le lobe principal, mais plutôt $2\pi/T$ si l'on se limite aux zones où une excitation significative est produite.

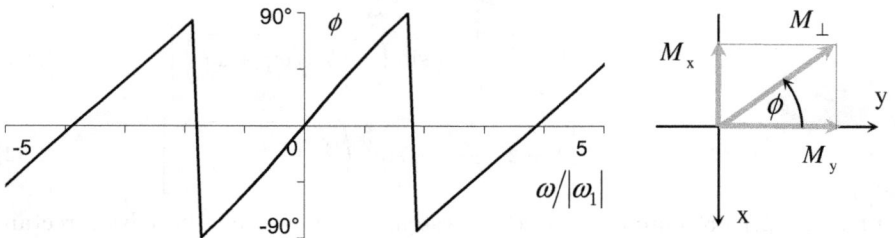

FIG. 2.8 – Impulsion rectangulaire $\pi/2$. Phase de l'aimantation transversale.

2.4.2.2 Comparaison avec les résultats de l'approximation de la réponse linéaire

Si l'impulsion est de petit angle, $(\theta_0 << \pi/2)$, on se trouve dans les conditions de l'approximation linéaire. La réponse du système de spins est donnée approximativement par l'équation (2.28). On vérifie aisément que la transformée de Fourier d'une impulsion rectangulaire de durée T et d'amplitude b_1^0, appliquée à l'instant $t = -T$, est égale à :

$$B_1^{\perp}(\omega) = -b_1^0 T \frac{\sin(\omega T/2)}{\omega T/2} \exp(\mathrm{i}\omega T/2). \tag{2.94}$$

Si l'aimantation initiale est purement longitudinale, on obtient en reprenant l'équation (2.28) :

$$M_{\perp}(\omega,\, t = 0) = \mathrm{i}\theta_0 M_0 \frac{\sin(\omega T/2)}{\omega T/2} \exp(\mathrm{i}\omega T/2), \tag{2.95}$$

où θ_0 est l'angle de rotation à la résonance $(\theta_0 = -\gamma\, b_1^0 T)$.

La précision de l'estimation peut très facilement être améliorée en remplaçant θ_0 par $\sin\theta_0$, ce qui conduit à :

$$M_{\perp}(\omega,\, t = 0) = \mathrm{i}\sin(\theta_0) M_0 \frac{\sin(\omega T/2)}{\omega T/2} \exp(\mathrm{i}\omega T/2). \tag{2.96}$$

Le profil de $M_{\perp}$ obtenu dans le cadre de l'approximation linéaire peut être confronté à celui obtenu à partir de la résolution des équations de Bloch (équations (2.90) et (2.91)). La figure 2.9 présente M_y et $|M_{\perp}|$ calculés dans les deux cas. L'excellent accord entre les deux approches est bien visible. Nous sommes pourtant dans le cas d'une impulsion d'angle $\pi/2$, qui est donc très loin de satisfaire à l'hypothèse de base de l'approximation de la réponse linéaire. La figure 2.10 montre que le glissement de phase prédit par l'approximation de la réponse linéaire est très proche de celui qui peut être calculé à partir des équations (2.90) et (2.91).

2.4.3 Calcul de la réponse à une impulsion modulée en amplitude

Les impulsions rectangulaires sont en fait peu utilisées en spectroscopie localisée et en imagerie. Elles présentent cependant une importance particulière, car les résultats les concernant permettent de déterminer la réponse d'un système de spins à des formes d'impulsion quelconques. L'impulsion dont la réponse doit être calculée est décomposée en une suite de N impulsions rectangulaires élémentaires (*cf.* figure 2.4) de durées identiques $\tau = T/N$. Les paramètres de Cayley-Klein a_i et b_i associés à chaque impulsion élémentaire peuvent être déterminés et l'opérateur d'évolution,

$$\boldsymbol{U} = \begin{pmatrix} a & -b^* \\ b & a^* \end{pmatrix}, \tag{2.97}$$

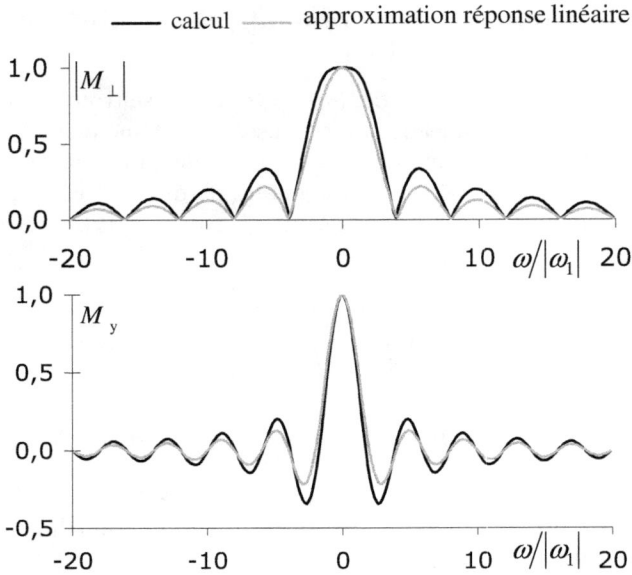

FIG. 2.9 – Impulsion rectangulaire $\pi/2$. Champ appliqué selon x. Comparaison de l'approximation de la réponse linéaire (réponse normalisée à la valeur exacte pour $\omega = 0$), à la simulation numérique des équations de Bloch. La relaxation a été négligée.

décrivant l'impulsion, est obtenu par multiplication des opérateur d'évolution $\boldsymbol{U}_i$ associés à chaque segment :

$$\boldsymbol{U} = \begin{pmatrix} a & -b^* \\ b & a^* \end{pmatrix} = \begin{pmatrix} a_N & -b_N^* \\ b_N & a_N^* \end{pmatrix} \cdots \begin{pmatrix} a_i & -b_i^* \\ b_i & a_i^* \end{pmatrix} \cdots \begin{pmatrix} a_1 & -b_1^* \\ b_1 & a_1^* \end{pmatrix}. \quad (2.98)$$

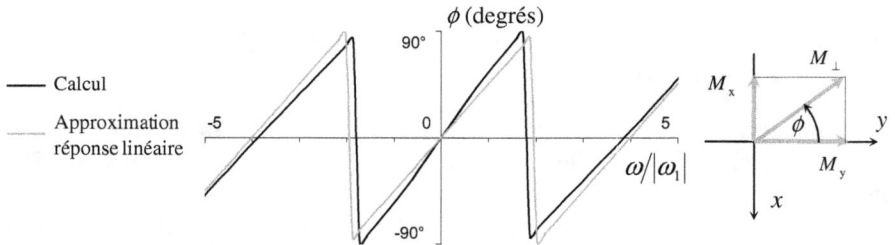

FIG. 2.10 – Phase de l'aimantation transversale produite par une impulsion rectangulaire de 90° appliquée sur l'axe x du trièdre tournant, en fonction de $\omega/|\omega_1|$. Comparaison entre les résultats obtenus en utilisant l'approximation de la réponse linéaire ou en résolvant numériquement les équations de Bloch.

2.4.4 Impulsion gaussienne

La réponse fréquentielle à une impulsion rectangulaire présente bien des caractéristiques affirmées de sélectivité fréquentielle, mais la présence de lobes latéraux relativement intenses l'éloignent d'une excitation sélective idéale qui devrait, dans le domaine fréquentiel, avoir la forme d'une porte. À défaut de présenter un profil de porte, les impulsions gaussiennes ne sont pas affectées par des oscillations s'étendant à grande distance de la fenêtre de production d'aimantation transversale.

L'approximation de la réponse linéaire permet d'évaluer très facilement l'allure de la réponse. Une gaussienne, $g(t) = \exp\left(-\pi t^2\right)$, a pour transformée de Fourier une gaussienne $G(f) = \exp\left(-\pi f^2\right)$. Plus généralement, on vérifiera qu'une gaussienne $g(t) = \exp\left(-at^2\right)$ a pour transformée de Fourier $G(f) = \sqrt{\pi/a}\,\exp\left(-\pi^2 f^2/a\right)$. Il est intéressant d'établir la relation entre la largeur à mi-hauteur d'une gaussienne dans le domaine temporel $(t_{1/2})$ et la largeur correspondante $(f_{1/2})$ de la fenêtre fréquentielle. Une gaussienne de largeur à mi-hauteur $t_{1/2}$ peut s'écrire sous la forme :

$$g(t) = \exp\left[-4\ln(2)\frac{t^2}{t_{1/2}^2}\right]. \tag{2.99}$$

On a donc :

$$G(f) = t_{1/2}\sqrt{\frac{\pi}{4\ln(2)}}\exp\left[-\frac{\pi^2}{4\ln(2)}t_{1/2}^2 f^2\right], \tag{2.100}$$

et l'on en déduit

$$f_{1/2} = 4\frac{\ln(2)}{\pi\, t_{1/2}} \approx \frac{0,882}{t_{1/2}}. \tag{2.101}$$

Ces résultats permettent d'obtenir des ordres de grandeur, mais il faut utiliser le calcul numérique si l'on souhaite accéder de manière plus précise à la réponse du système de spins à des impulsions gaussiennes ne respectant pas les conditions de l'approximation de la réponse linéaire ($\theta << \pi/2$). Les impulsions utilisées en imagerie sont bien sûr tronquées (souvent à 2 ou 5 % de la valeur maximum). La figure 2.11 présente la réponse (simulation) à une impulsion gaussienne d'angle $\pi/2$ de 2,56 ms de durée totale, tronquée à 5 %. La figure 2.12 montre que l'amplitude de la réponse, comme sa phase, sont très proches de ce qui peut être calculé avec l'approximation de la réponse linéaire.

Les impulsions sélectives gaussiennes furent très utilisées au début du développement de l'IRM. Le profil de la réponse reste éloigné de la réponse idéale (une porte), mais ces impulsions sont assez tolérantes vis à vis des imperfections de linéarité de la chaîne amplificatrice.

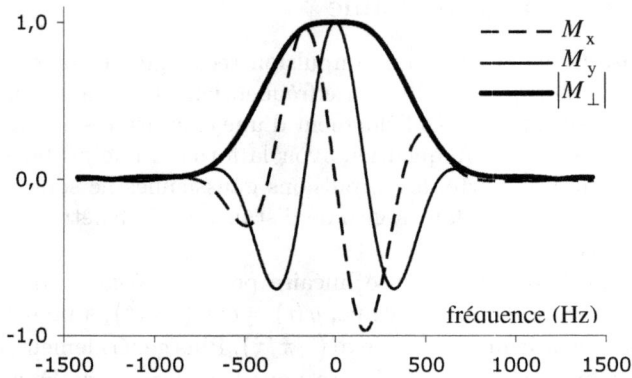

FIG. 2.11 – Réponse à une impulsion gaussienne de $\pi/2$ tronquée à 5 %. Durée 2,56 ms. Simulation numérique des équations de Bloch. Noyaux à $\gamma > 0$.

2.4.5   Impulsion sinc

Afin d'obtenir un profil d'excitation proche d'une porte, les résultats de l'approximation de la réponse linéaire, suggèrent que l'on peut utiliser des impulsions modulées en amplitude ayant la forme d'une sinc. En effet la transformée de Fourier inverse d'une porte, s'étendant dans le domaine fréquentiel de $-f^{max}/2$ à $+f^{max}/2$ est proportionnelle à $(\sin{(\pi\,f^{max}t)})/(\pi\,f^{max}t)$.

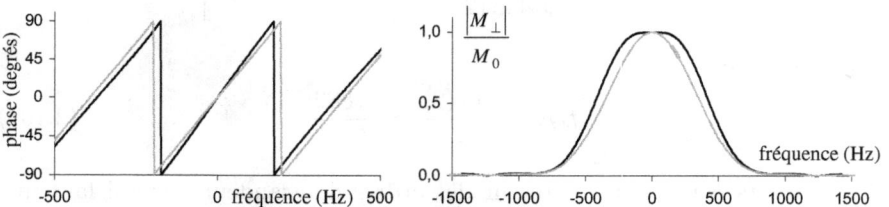

FIG. 2.12 – Réponse (phase et $|M_\perp|$), à une impulsion gaussienne de 2,56 ms tronquée à 5 %. Comparaison entre les résultats obtenus, par résolution numérique des équations de Bloch (trait noir) et en utilisant l'approximation de la réponse linéaire (trait grisé). Dans ce dernier cas la réponse a été normalisée à la valeur exacte pour $\omega = 0$.

Malheureusement un sinc s'étend de plus l'infini à moins l'infini ce qui n'est pas réalisable. On doit donc tronquer l'impulsion. La troncature est souvent effectuée au second ou au troisième zéro de chaque coté de l'impulsion (figure 2.13). On peut aussi caractériser la troncature par le nombre de lobes : un sinc tronqué au n-ième zéro est un sinc à $2n$-1 lobes, ou encore par le nombre total, NZ, de zéros (en comptant ceux des extrémités). La troncature

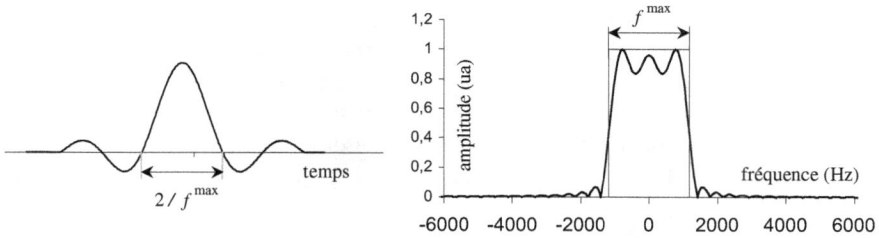

FIG. 2.13 – Impulsion sinc $\pi/2$ tronquée au troisième zéro et sa transformée de Fourier (approximation de la réponse linéaire). Durée d'impulsion 2,56 ms. En traits fins, transformée de Fourier de l'impulsion non tronquée.

est responsable des oscillations sur le profil (convolution avec la transformée de Fourier de la fenêtre de troncature), mais le résultat est de bien meilleure qualité que celui produit par des impulsions rectangulaires ou gaussiennes. On remarque que le produit de la durée (T) par la bande passante (f^{max}) est égal à NZ :

$$T\,f^{\mathrm{max}} = NZ. \tag{2.102}$$

La figure 2.13 présente la réponse à une impulsion sinc tronquée au troisième zéro dans le cas de petits angles d'excitation. Cette réponse a été calculée en utilisant l'approximation de la réponse linéaire. Cette approximation ne peut en principe plus être utilisée pour une impulsion d'angle $\pi/2$ à la fréquence $\omega = 0$. La figure 2.14 présente le profil d'une impulsion sinc $\pi/2$ calculé en décomposant l'impulsion sinc en une suite de 256 impulsions rectangulaires. La comparaison avec les résultats obtenus en utilisant l'approximation de la réponse linéaire (figure 2.13), montre que les oscillations à l'intérieur de la bande passante sont atténuées, mais que les différences restent mineures.

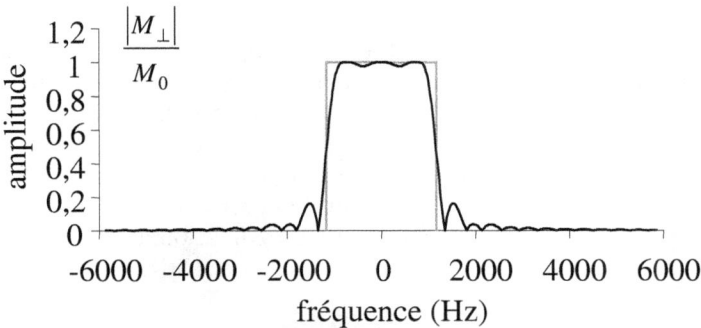

FIG. 2.14 – Profil d'excitation d'une impulsion sinc $\pi/2$ de 2,56 ms tronquée au troisième zéro. Profil obtenu en décomposant l'impulsion en une suite de 256 impulsions rectangulaires.

La figure 2.15 compare la réponse en fréquence d'impulsions sinc de caractéristiques différentes. La diminution de la troncature accroît la raideur des
flancs de la bande passante, mais si la fréquence des oscillations s'accroît, leur
amplitude reste sensiblement constante. Pour une bande passante donnée, la
diminution de la troncature nécessite l'accroissement de la durée d'impulsion.
Le résultat peut alors être affecté par la relaxation spin-spin.

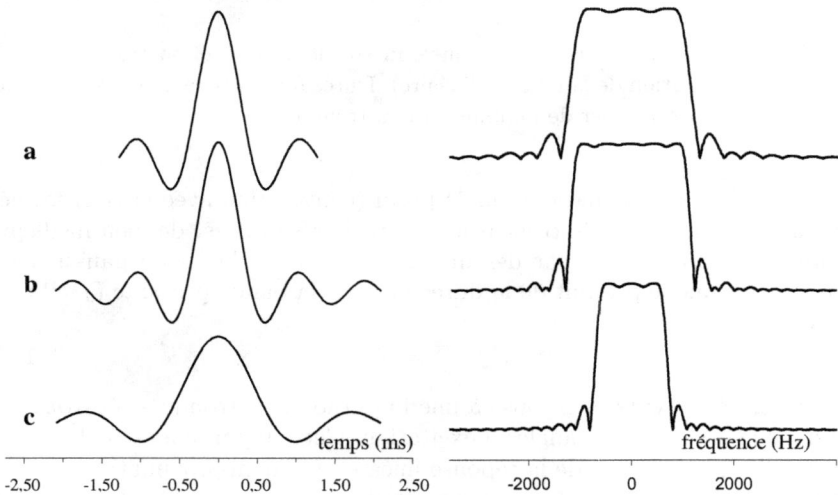

FIG. 2.15 – Réponse ($|M_\perp|/M_0$) à des impulsions $\pi/2$ de type sinc de caractéris-
tiques différentes. Impulsion sinc 5 lobes de 2,56 ms, $NZ = 6$ (a). Impulsion sinc
9 lobes de bande passante identique à la précédente, donc de durée 5/3 fois plus
grande $NZ = 10$ (b). Impulsion sinc 5 lobes ($NZ = 6$) de durée identique à la
précédente (c). La bande passante est réduite d'un facteur 5/3.

Comme dans le cas des impulsions rectangulaires et gaussiennes, l'approximation de la réponse linéaire prédit que le signal observable à l'issue
de l'impulsion subit un déphasage proportionnel à la fréquence $\phi = \pi f t$. La
figure 2.16 compare le glissement de phase déterminé avec les deux approches,
dans le cas d'une impulsion $\pi/2$. Une régression linéaire effectué sur la courbe
de la figure 2.16 conduit à un glissement de phase effectif $\phi = 1{,}034\,\pi f t$, qui
est donc très proche de celui donné par l'approximation de la réponse linéaire.
Les impulsions sinc sont très utilisées en imagerie RMN.

2.4.6   Impulsions sinc-cos et sinc-sin

L'approximation de la réponse linéaire donnant d'excellents résultats pour
des impulsions de type sinc, nous nous limiterons ici à cette approche. Les

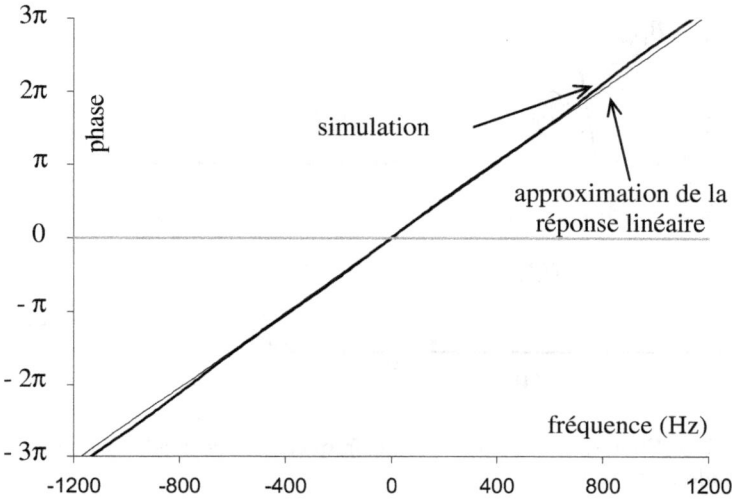

FIG. 2.16 – Phase de l'aimantation transversale produite par une impulsion sinc $\pi/2$ de 2,56 ms, tronquée au troisième zéro. Comparaison des résultats de l'approximation de la réponse linéaire et du calcul numérique effectué sur une impulsion sinc construite à partir de 256 impulsions rectangulaires.

impulsions sinc-cos ou sinc-sin sont des impulsions modulées en amplitude, qui permettent d'exciter deux bandes de fréquences simultanément.

Considérons une impulsion sinc qui, dans le domaine fréquentiel présente un spectre proche d'un rectangle (voir figure 2.13). Cette impulsion est produite par une modulation d'amplitude du champ radiofréquence de la forme :

$$b_1^\perp (t) = b_1^0 \frac{\sin (\pi f^{\max}t)}{\pi f^{\max}t}. \tag{2.103}$$

Supposons maintenant que $b_1^\perp (t)$ devienne $b'^\perp_1 (t)$:

$$b'^\perp_1 (t) = b_1^0 \frac{\sin (\pi f^{\max}t)}{\pi f^{\max}t} \exp (2\mathrm{i}\pi\Delta f\,t). \tag{2.104}$$

Cette modulation peut être réalisée en agissant sur la phase φ du champ rf qui dépend alors du temps ($\varphi = 2\mathrm{i}\pi\Delta f\,t$). Cela revient à décaler d'une quantité Δf la fréquence centrale de la bande d'excitation (figure 2.17).

Considérons maintenant une fonction de la forme

$$b'^\perp_1 (t) = b_1^\perp (t) \left[\exp (2\mathrm{i}\pi\,\Delta f\,t) + \exp (-2\mathrm{i}\pi\,\Delta f\,t)\right] = 2b_1^\perp (t) \cos (2\pi\,\Delta f\,t). \tag{2.105}$$

On revient cette fois à une pure modulation d'amplitude. La réponse du système de spins étant supposée linéaire, on obtient deux bandes d'excitation (figure 2.18). L'impulsion est appelé sinc-cos.

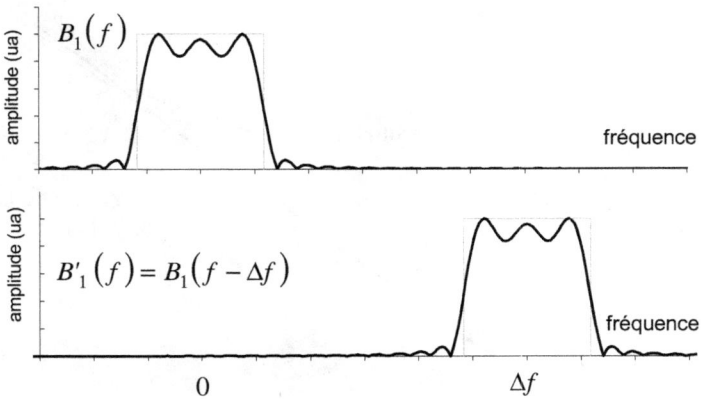

FIG. 2.17 – Effet de la modulation de fréquence superposée à une modulation d'amplitude de type sinc.

De la même manière, si l'on utilise la fonction

$$b'^{\perp}_1(t) = b^{\perp}_1(t)\left[\exp\left(2\mathrm{i}\pi\Delta f\,t\right) - \exp\left(-2\mathrm{i}\pi\Delta f\,t\right)\right] = 2\mathrm{i}b^{\perp}_1(t)\sin\left(2\pi\,\Delta f\,t\right),$$
$$(2.106)$$

on obtient une impulsion sinc-sin caractérisée par deux bandes de signes opposés (figure 2.19). On n'oubliera cependant pas le déphasage d'ordre 1 qui affecte la réponse.

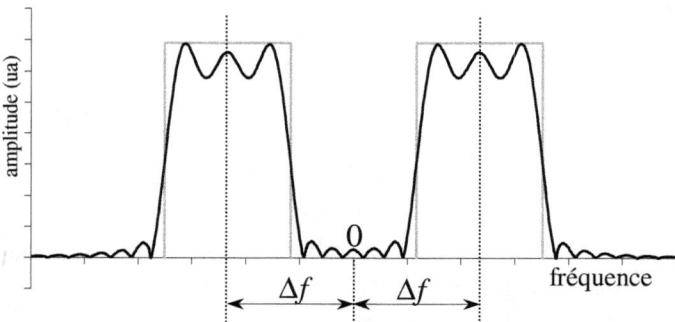

FIG. 2.18 – Les deux bandes d'excitation caractéristiques d'une impulsion sinc-cos.

Ce type d'impulsion peut présenter un certain intérêt lorsqu'on souhaite détruire l'aimantation nucléaire autour d'une bande fréquentielle à préserver. Nous en verrons un exemple dans le chapitre 6 (section 6.6.3).

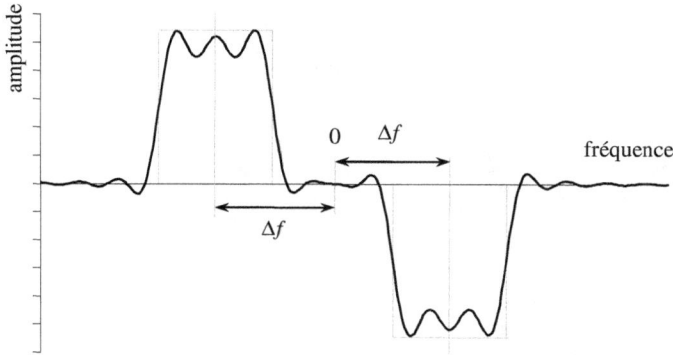

FIG. 2.19 – Les deux bandes d'excitation caractéristiques d'une impulsion sinc-sin.

2.4.7 Apodisation

La présence d'oscillations hors de la bande passante d'une impulsion sélective (voir par exemple l'impulsion sinc et la figure 2.14) peut être une source de difficultés, notamment en imagerie. Il est possible de réduire l'amplitude de ces lobes latéraux en multipliant la fonction temporelle d'excitation par une fonction d'apodisation qui a pour objectif de rendre moins abruptes les modifications d'amplitude de l'impulsion d'excitation dues à la troncature. Une fonction d'apodisation fréquemment utilisée pour « adoucir » des impulsions d'excitation est la fonction de Hanning qui a pour forme :

$$h_{\mathrm{n}}\left(t\right) = \frac{1}{2}\left(1 + \cos\left(2\pi\frac{t}{T}\right)\right) \quad \text{pour } t \in \left[-\frac{T}{2}, \frac{T}{2}\right]$$

$$\text{et } H_{\mathrm{n}}\left(t\right) = 0 \quad \text{pour } t \notin \left[-\frac{T}{2}, \frac{T}{2}\right]. \tag{2.107}$$

La figure 2.20 montre qu'en effet la multiplication d'une fonction sinc par une fonction de Hanning, réduit significativement l'amplitude des lobes latéraux. Le prix à payer est l'élargissement des zones de transition.

L'approximation de la réponse linéaire nous indique que, de manière approchée, la réponse à une impulsion de forme $s\left(t\right)h_{\mathrm{n}}\left(t\right)$, où $h_{\mathrm{n}}\left(t\right)$ est une fonction d'apodisation, est égale à la transformée de Fourier de $s\left(t\right)$ convoluée avec la transformée de Fourier de $h_{\mathrm{n}}\left(t\right)$.

On peut utiliser aussi une fonction de Hamming (h_{m}) qui donne des résultats similaires :

$$h_{\mathrm{m}}\left(t\right) = 0,54 + 0,46\cos\left(2\pi\frac{t}{T}\right) \quad \text{pour } t \in \left[-\frac{T}{2}, \frac{T}{2}\right]$$

$$\text{et } h_{\mathrm{m}}\left(t\right) = 0 \quad \text{pour } t \notin \left[-\frac{T}{2}, \frac{T}{2}\right]. \tag{2.108}$$

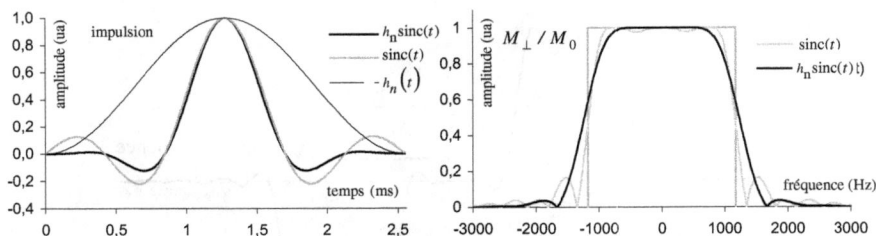

FIG. 2.20 – Utilisation d'une fonction de Hanning pour atténuer les oscillations de la réponse à une impulsion sinc. À gauche : fonction de Hanning $h_n(t)$, impulsion sinc tronquée au troisième zéro et impulsion sinc multipliée par la fonction de Hanning. À droite : profil d'excitation produit par une impulsion sinc de 90° et profil d'excitation produit par une impulsion sinc de 90° multipliée par une fonction de Hanning.

2.4.8   Impulsions binomiales

Il s'agit de trains d'impulsions dont la réponse fréquentielle présente un zéro à une fréquence particulière. Ces trains d'impulsions, construits à partir d'impulsions rectangulaires, sont utiles lorsqu'on veut, par exemple, effectuer la spectroscopie de molécules en solution aqueuse. Dans ce cas la différence de concentration entre protons de l'eau et protons des molécules étudiées peut atteindre un facteur 10^4 à 10^5. En plaçant le zéro de la réponse fréquentielle à la fréquence de l'eau, cette résonance est en principe supprimée. Les séquences ci-dessous sont souvent désignées sous le terme d'**impulsions semi-sélectives**.

2.4.8.1   Séquence $1 - \bar{1}$

Considérons la séquence :

$$\theta_x - T - \theta_{-x}, \qquad (2.109)$$

où θ représente une impulsion rectangulaire, de durée très courte par rapport à T, qui produit une rotation des aimantations à la résonance d'un angle θ (figure 2.21). Cette séquence est appliquée à un système de spins supposé à l'équilibre thermique. Les indices x ou $-x$ indiquent que le champ rf est appliqué dans les directions x ou $-x$. On dit encore qu'il s'agit d'une séquence « un moins un » (notée $1-\bar{1}$). En se plaçant dans le cadre de l'approximation de la réponse linéaire ($2\theta << \pi/2$), la réponse à cette séquence à deux impulsions peut être calculée en utilisant l'équation (2.28). On obtient ainsi, en négligeant l'influence de la relaxation,

$$M_\perp(\omega, t = 0) = i\gamma M_0(\omega) B_1^\perp(\omega). \qquad (2.110)$$

Si les impulsions sont de très courte durée, elles peuvent être considérées comme proportionnelles à une fonction de Dirac. Dans ce cas la transformée

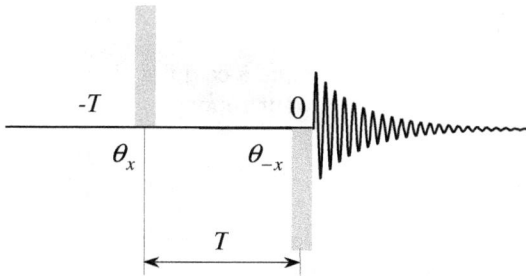

FIG. 2.21 – Séquence $1 - \bar{1}$.

de Fourier $B_1^\perp (\omega)$ de $b_1^\perp (t)$ est donnée par,

$$B_1^\perp (\omega) = -\frac{2\mathrm{i}\theta}{\gamma} \exp\left(\mathrm{i}\omega\frac{T}{2}\right) \sin\left(\omega\frac{T}{2}\right), \qquad (2.111)$$

de sorte que, à l'instant $t = 0$, c'est-à-dire immédiatement après la seconde impulsion,

$$M_\perp (\omega, t = 0) = 2M_0 (\omega)\, \theta \exp\left(\mathrm{i}\omega\frac{T}{2}\right) \sin\left(\omega\frac{T}{2}\right). \qquad (2.112)$$

Il s'agit d'une fonction présentant un zéro à la fréquence zéro et un maximum à la fréquence $\omega = \pi/T$. On retrouve bien sûr le gradient de phase caractéristique d'impulsions remplissant les conditions de l'approximation de la réponse linéaire.

Lorsque θ s'accroît la réponse devient rapidement non linéaire. Ainsi avec $|\theta| = \pi/2$ et $\gamma > 0$, la séquence devient $(-\pi/2) - T - (+\pi/2)$. On montre facilement que la réponse à cette séquence s'écrit :

$$M_\perp(\omega, t = 0) = -M_0(\omega)\sin(\omega T), \qquad (2.113)$$

où les effets d'off-résonance pendant l'application des impulsion ont été négligés (impulsions parfaitement dures). Il est intéressant de constater l'absence de gradient de phase : à l'instant $t = 0$ toutes les aimantations sont en phase. Il s'agit d'une séquence auto-refocalisante. Cette caractéristique ne peut être obtenue qu'en se plaçant délibérément hors de l'approximation de la réponse linéaire. Nous verrons (section 2.4.11) que l'absence de gradient de phase est particulièrement intéressante lorsque l'on est en présence d'un ensemble de résonances imparfaitement résolues. On remarque par ailleurs que la période de la réponse est double de celle caractéristique de la séquence $1 - \bar{1}$. Cette séquence de suppression de solvant est connue sous le nom de séquence « *jump and return* ».

2.4.8.2   Séquence 1 − 1

On montre, d'une manière identique à ce qui a été fait précédemment, que la séquence $1 - 1$ $(\theta_x - T - \theta_x)$, a pour réponse

$$M_\perp\left(\omega, t = 0\right) = -2\mathrm{i}M_0\left(\omega\right)\theta\exp\left(\mathrm{i}\omega\frac{T}{2}\right)\cos\left(\omega\frac{T}{2}\right). \qquad (2.114)$$

Le zéro ne se trouve plus à la fréquence d'excitation, mais à la fréquence $\omega = \pi/T$, tandis que le maximum est lui à la fréquence d'excitation (fréquence zéro).

2.4.8.3   Séquences binomiales

On établit aisément (directement, ou en utilisant les séquences $1 - 1$ et $1 - \bar{1}$ comme blocs élémentaires de construction), les résultats du tableau 2.3 et de la figure 2.22 qui concernent quelques séquences dites binomiales puisque construites avec des impulsions d'amplitudes identiques et de largeurs proportionnelles aux coefficients du binôme (ou de largeurs identiques et d'amplitudes proportionnelles aux coefficients du binôme). La largeur de la fenêtre de suppression s'accroît avec le nombre d'impulsions, mais le gradient de phase s'accroît aussi avec la longueur de la séquence (ωT pour les deux premières, $3\omega T/2$ pour la dernière, T étant le temps séparant deux impulsions).

TAB. 2.3 – Réponses fréquentielles de quelques impulsions binomiales (approximation de la réponse linéaire).

Séquence	Symbole	Réponse $(M_\perp/\theta M_0)$
	$1 - 2 - 1$	$-4\mathrm{i}\exp\left(\mathrm{i}\omega T\right)\cos^2\left(\omega T/2\right)$
	$1 - \bar{2} - 1$	$4\mathrm{i}\exp\left(\mathrm{i}\omega T\right)\sin^2\left(\omega T/2\right)$
	$1 - \bar{3} - 3 - \bar{1}$	$-8\exp\left(3\mathrm{i}\omega T/2\right)\sin^3\left(\omega T/2\right)$

2.4.9   Trains d'impulsions DANTE

2.4.9.1   Approximation d'une impulsion par une suite d'impulsions de Dirac

Considérons une impulsion rectangulaire de durée τ et d'angle $|\theta_0| \ll \pi/2$. Limitons nous à l'étude de la réponse à cette impulsion dans une bande de fréquences telle que $|\omega|\,\tau \ll \pi/2$. Nous sommes donc en présence d'une rotation de petit angle $|\theta| = \sqrt{\theta_0^2 + \omega^2\tau^2}$ autour du champ effectif. Dans ce cas

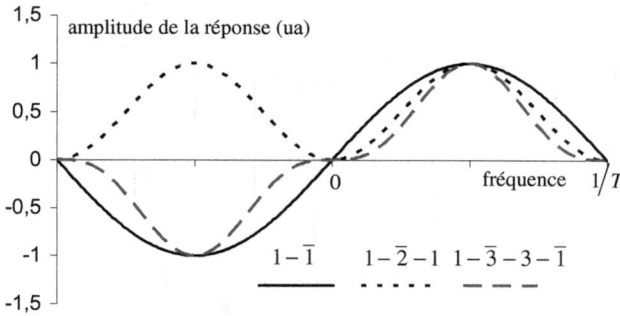

FIG. 2.22 – Réponse des séquences binomiales $1-\bar{1}, 1-\bar{2}-1, 1-\bar{3}-3-\bar{1}$ (approximation de la réponse linéaire) ; T est le temps séparant deux impulsions successives.

on peut montrer (voir exercice 2-7), que l'impulsion rectangulaire élémentaire de durée τ et d'angle θ_0, peut être remplacée par une impulsion de Dirac $\theta_0 \delta\left(t + \tau/2\right)$ placée au milieu d'un délai de précession libre τ (figure 2.23).

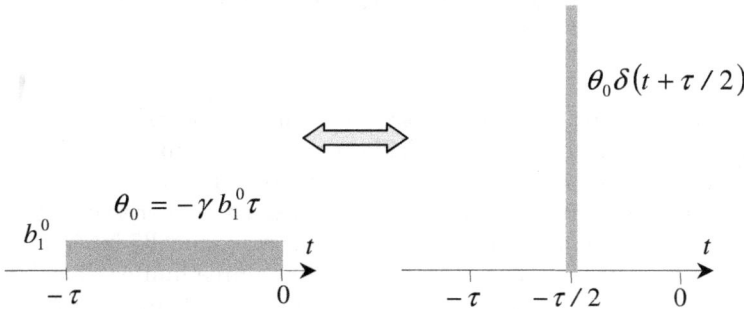

FIG. 2.23 – Pour des fréquences telles que $|\omega|\,\tau \ll \pi/2$, une impulsion rectangulaire de durée τ et de petit angle θ_0 ($\theta_0 \ll \pi/2$), est équivalente à une impulsion de Dirac placée au milieu d'un délai de précession libre de durée τ.

Nous savons qu'une impulsion de forme quelconque peut être décomposée en une suite d'impulsions rectangulaires élémentaires (section 2.3.3) de durée τ suffisamment petite pour que $|\omega|\,\tau \ll \pi/2$ et d'angle $|\theta_0| \ll \pi/2$. Nous admettrons que chacune de ces impulsions élémentaires peut être remplacée une impulsion de Dirac placée au milieu du délai τ, et qu'il est ainsi possible de remplacer une impulsion de forme quelconque par un train d'impulsions élémentaires. Cette technique de construction d'impulsions sélectives est connue sous le nom DANTE (*Delay Alternating with Nutation for Tailored Excitation*).

La justification de cette substitution peut être trouvée en adoptant un autre point de vue, celui qui consiste à considérer le champ rf comme un

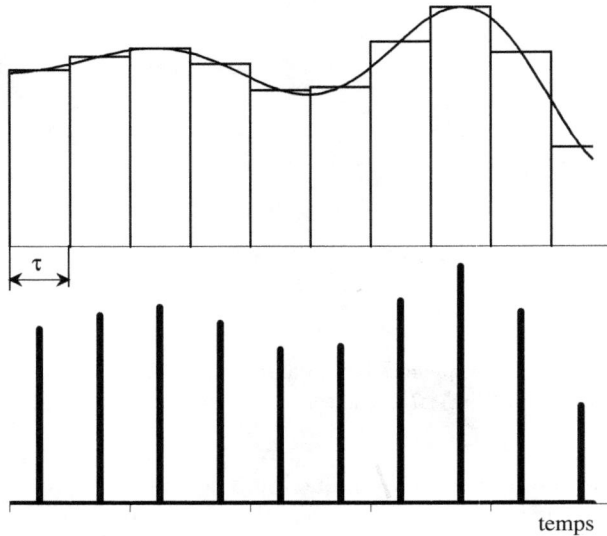

FIG. 2.24 – Chacune des impulsions rectangulaires élémentaires peut être remplacée par une impulsion dure de même intégrale.

signal placé à l'entrée de la boite noire constituée par le système de spins (*cf.* figure 2.2). Si l'on assimile les impulsions dures à des impulsions de Dirac, on voit que la technique DANTE consiste à échantillonner le signal. Si le critère de Nyquist est satisfait, le contenu spectral du signal numérisé est identique à celui du signal analogique. On retrouve bien sûr une difficulté inhérente à cette procédure : l'impulsion étant nécessairement de durée limitée dans le temps, la bande fréquentielle qu'elle couvre ne peut donc pas strictement être limitée et, en toute rigueur, le critère de Nyquist ne peut jamais être satisfait. Nous admettrons que les repliements induits par la méthode restent négligeables.

2.4.9.2   Trains d'impulsions d'amplitudes et de largeurs identiques

Munis de l'équivalence qui vient d'être définie, nous concluons qu'une impulsion rectangulaire d'amplitude A et de durée T est équivalente à un train de N impulsions rectangulaires identiques de durée ε et d'amplitude $AT/N\varepsilon$ (figure 2.25). Nous allons le vérifier de manière classique.

Considérons donc un train de N impulsions rectangulaires identiques, d'amplitude $A\tau/T$, séparées par le délai τ. L'origine des temps est placée immédiatement après la dernière impulsion. Les impulsions sont donc appliquées aux instants $0, -\tau, -2\tau \ldots - (N-1)\tau$. Chaque impulsion d'angle $\theta_0 = -\gamma b_1^0 \tau$, est supposée de durée suffisamment petite pour qu'elle puisse être assimilée à une impulsion de Dirac $\theta_0 \delta(t + n\tau)$, où $0 \leq n \leq (N-1)$. La

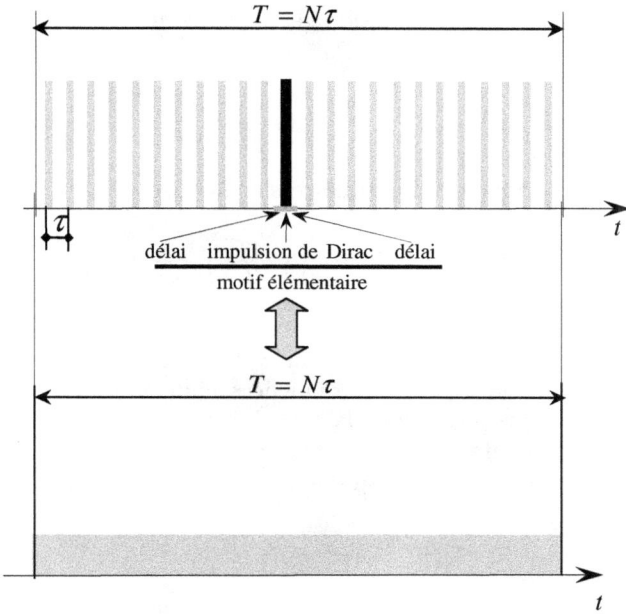

FIG. 2.25 – Train d'impulsions DANTE. Une impulsion rectangulaire, de durée $T = N\tau$ et d'amplitude A, est équivalente à une suite de N impulsions rectangulaires, de durée ε et d'amplitude $A\tau/\varepsilon$ placées au milieu d'un délai τ.

séquence DANTE s'écrit donc :

$$\theta(t) = \sum_{n=0}^{N-1} \theta_0 \delta(t + n\tau). \tag{2.115}$$

Nous nous situerons dans le cadre de l'approximation de la réponse linéaire ($N\theta_0 << \pi/2$), et nous admettrons que le système de spins est initialement à l'équilibre thermique. Calculons l'aimantation transversale en supposant que le champ rf est aligné avec l'axe x du référentiel tournant. On peut écrire en utilisant le principe de superposition caractéristique des systèmes linéaires :

$$M_\perp(\omega, t = 0) = -\mathrm{i}\, M_0\theta_0 \left[1 + \exp(\mathrm{i}\omega\tau) + \exp(\mathrm{i}2\omega\tau)\ldots + \exp(\mathrm{i}(N-1)\omega\tau)\right], \tag{2.116}$$

soit

$$M_\perp(\omega, t = 0) = -\mathrm{i}\, M_0\theta_0 \sum_{n=0}^{N-1} \exp(\mathrm{i}n\omega t). \tag{2.117}$$

La somme est celle d'une progression géométrique de N termes, de premier terme 1 et de raison $r = \exp(\mathrm{i}\omega\tau)$. Par suite :

$$M_\perp(\omega, t = 0) = -\mathrm{i}\, M_0\theta_0 \frac{1 - \exp(\mathrm{i}N\omega\tau)}{1 - \exp(\mathrm{i}\omega\tau)}. \qquad (2.118)$$

Si l'on s'intéresse à l'aimantation transversale à l'instant $t = \tau/2$ on arrive à :

$$M_\perp(\omega, t = \tau/2) = -\mathrm{i}\, M_0\theta_0 \exp\left(\mathrm{i}\frac{N\omega\tau}{2}\right) \frac{\sin(N\omega\tau/2)}{\sin(\omega\tau/2)}. \qquad (2.119)$$

La figure 2.26, qui présente M_y, montre que la séquence possède une fenêtre d'excitation étroite autour de $f = \omega/2\pi = 0$, et que ce pic d'excitation se reproduit périodiquement pour les fréquences multiples de $1/\tau$. Nous avons supposé ici que chaque impulsion élémentaire se comportait comme une impulsion infiniment étroite. La largeur finie des impulsions du train, introduit en fait un affaiblissement progressif des bandes d'excitation.

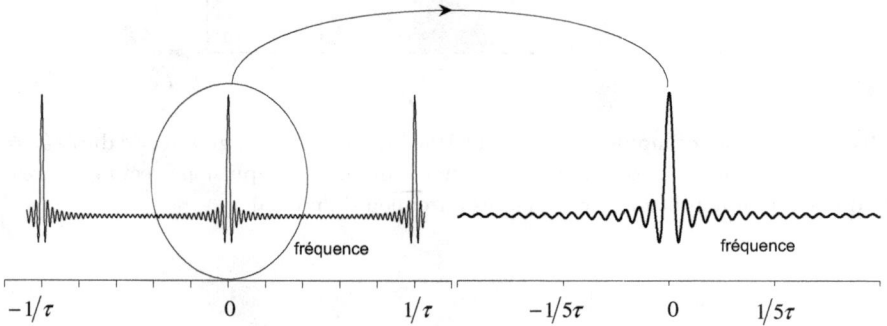

FIG. 2.26 – Réponse en fréquence de la séquence DANTE ($M_y(\omega)$). Approximation de la réponse linéaire, $N = 100$.

Autour de la fréquence centrale ($\omega = 0$), lorsque $\omega\tau/2 \ll \pi/2$, et en considérant l'instant $t = \tau/2$, on peut écrire :

$$M_\perp(\omega, t = \tau/2) = -\mathrm{i}M_0N\theta_0 \exp\left(\mathrm{i}\frac{N\omega\tau}{2}\right) \frac{\sin(N\omega\tau/2)}{N\omega\tau/2}. \qquad (2.120)$$

Ce résultat est identique à celui qui aurait été obtenu avec une impulsion rectangulaire de durée $T = N\tau$, et dont l'angle à $\omega = 0$ serait égal à $N\theta_0$ (équation (2.95)). Un train DANTE de N impulsions d'angle θ_0 situées chacune au milieu d'un délai τ est donc équivalent à une impulsion rectangulaire de durée $N\tau$ et d'angle $N\theta_0$. Si ε est la durée d'une impulsion du train DANTE et b_1^0 l'amplitude du champ rf associé à ces impulsions élémentaires, alors $b_1 = b_1^0\varepsilon/\tau$ est l'amplitude du champ rf de l'impulsion rectangulaire équivalente.

Ces résultats auraient pu être obtenus directement en remarquant que le train d'impulsions DANTE est le produit d'une porte de durée T et d'un peigne de Dirac. La transformée de Fourier du train d'impulsions est donc simplement un peigne de Dirac (la transformée de Fourier d'un peigne de Dirac est un peigne de Dirac), convolué avec la transformée de Fourier de la porte (un sinc).

Les trains d'impulsions d'amplitude et de largeur constantes ont été très utilisés lorsque les spectromètres ne disposaient pas de modulateur d'amplitude et qu'une séquence devait comporter des impulsions large bande (donc courtes et intenses) et des impulsions très sélectives (donc longues et de faible intensité).

2.4.9.3 Trains d'impulsions DANTE, modulés en amplitude ou en durée

Les trains d'impulsions DANTE peuvent être utilisés pour obtenir d'autres profils d'excitation. La figure 2.27 montre par exemple comment un train d'impulsions DANTE peut être modulé en amplitude pour obtenir un profil d'excitation similaire à celui que fournirait une impulsion sinc. L'intérêt d'utiliser une modulation d'amplitude d'un train DANTE est limité, sauf si l'on souhaite répliquer périodiquement le profil d'excitation.

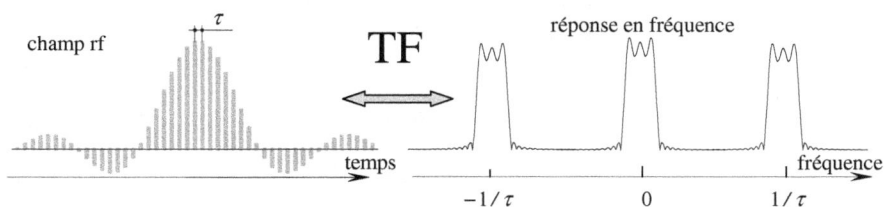

FIG. 2.27 – Réponse fréquentielle à un train d'impulsions DANTE modulé en amplitude par une fonction sinc.

Il peut être plus intéressant d'utiliser des impulsions élémentaires de hauteur constante, mais de largeur proportionnelle à l'amplitude de la fonction modulante (figure 2.28). Dans le cas d'une fonction modulante comportant des inversions de signe (fonction sinc par exemple), il sera nécessaire d'opérer des changements de phase. L'utilisation de trains d'impulsions peut permettre de travailler avec des impulsions sélectives de forme complexe, même avec une chaîne d'émission peu linéaire (utilisation d'un amplificateur de classe C, par exemple).

La technique DANTE de production d'impulsions sélectives présente cependant l'inconvénient d'accroître considérablement l'énergie dissipée (*cf.* exercice 2-9). Ce qui n'est sans doute pas un problème important pour la spectroscopie conventionnelle, peut constituer une difficulté majeure lorsque,

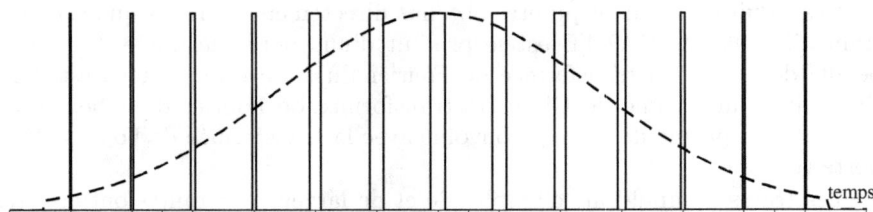

FIG. 2.28 – Train d'impulsions DANTE modulé en largeur d'impulsion. Ce train est équivalent à une impulsion de forme gaussienne.

comme en imagerie corps entier à haut champ, l'énergie est dissipée dans le patient. L'importance pratique de cette méthode est donc limitée dans le monde de l'imagerie, mais nous verrons que le concept est la base d'une méthode très utilisée de calcul d'impulsions sélectives : la méthode de Shinnar et Le Roux (*cf.* section 2.4.11).

2.4.10   Gradient de phase : conséquences en spectroscopie

L'aimantation transversale produite par une impulsion appliquée dans la direction x est, pour $\omega = 0$ alignée avec l'axe y. Dès que ω s'éloigne de zéro, $M_\perp$ s'éloigne de y. Si les conditions de l'approximation de la réponse linéaire sont remplies, l'angle entre $M_\perp$ et y est égal à $\omega T/2$: les composantes spectrales subissent un déphasage linéaire, désigné sous le terme de déphasage d'ordre 1.

Nous allons examiner les conséquences de ce déphasage sur le spectre RMN. Nous nous placerons dans le cas des impulsions rectangulaires, mais les résultats peuvent être étendus aux autres impulsions que nous avons présentées. Nous garderons en mémoire que les fréquences sont mesurées dans un trièdre tournant dans le sens de la précession de LARMOR, à la fréquence $\Omega_{\rm rf}$. Le signal s'écrit,

$$s\left(t\right) \propto \sum_{i=1}^{N} i\, M_0\left(\omega_1\right) B_1^\perp\left(\omega_i\right) \exp\left(-\frac{t}{T_2^i}\right) \exp\left(i\omega_i t\right), \qquad (2.121)$$

où $t = 0$ est l'instant qui suit la fin de l'impulsion rf, N est le nombre de composantes spectrales et $B_1^\perp\left(\omega_i\right)$ est la transformée de Fourier de l'impulsion (*cf.* équation (2.94)). On a donc, pour $t \geq 0$

$$s\left(t\right) \propto \sum_{i=1}^{N} -i\, \theta_0\, M_0\left(\omega_i\right) \frac{\sin\left(\omega_i T/2\right)}{\omega_i T/2} \exp\left(i\,\omega_i \frac{T}{2}\right) \exp\left[\left(i\,\omega_i - \frac{1}{T_2^i}\right)t\right].$$
$$(2.122)$$

Avant l'application de l'impulsion d'excitation, le signal est supposé nul (équilibre thermique) et, pour des raisons instrumentales, on admet qu'il en est de même pendant la durée d'impulsion. Par suite $s(t) = 0$ pour $t \leq 0$. Le spectre, $S(\omega)$, est obtenu en effectuant la transformée de Fourier de $s(t)$,

$$S(\omega) \propto \sum_{i=1}^{N} -\mathrm{i}\,\theta_0\,M_0(\omega_i)\,\frac{\sin(\omega_i T/2)}{\omega_i T/2}\exp(\mathrm{i}\omega_i T/2)$$

$$\times \int_0^\infty \exp\left[\left(\mathrm{i}(\omega_i - \omega) - \frac{1}{T_2^i}\right)t\right]\,\mathrm{d}t. \qquad (2.123)$$

Le signal étant nul pour $t < 0$, la borne inférieure de l'intégrale a été posée égale à 0. L'intégrale de l'équation (2.123) se calcule aisément et l'on obtient,

$$I = \int_0^\infty \exp\left[\left(\mathrm{i}(\omega_i - \omega) - \frac{1}{T_2^i}\right)t\right]\,\mathrm{d}t = \frac{-1}{\mathrm{i}(\omega_i - \omega) - 1/T_2^i}, \qquad (2.124)$$

soit encore,

$$I = \frac{T_2^i}{1 + T_2^{i2}(\omega_i - \omega)^2} + \mathrm{i}\,\frac{T_2^{i2}(\omega_i - \omega)}{1 + T_2^{i2}(\omega_i - \omega)^2}. \qquad (2.125)$$

La partie réelle produit la forme de raie dite d'absorption,

$$A(\omega_i, \omega) = \frac{T_2^i}{1 + T_2^{i2}(\omega_i - \omega)^2}, \qquad (2.126)$$

et la partie imaginaire à la forme de raie dite de dispersion,

$$D(\omega_i, \omega) = \frac{T_2^{i2}(\omega_i - \omega)}{1 + T_2^{i2}(\omega_i - \omega)^2}. \qquad (2.127)$$

La figure 2.29 présente la forme de ces deux composantes.

L'expression (2.123) peut être alors réécrite sous la forme,

$$S(\omega) \propto \sum_{i=1}^{N} -\mathrm{i}\,\theta_0\,M_0(\omega_i)\frac{\sin(\omega_i T/2)}{\omega_i T/2}\exp(\mathrm{i}\omega_i T/2)\,[A(\omega_i, \omega) + \mathrm{i}\,D(\omega_i, \omega)].$$

$$(2.128)$$

La présentation d'un spectre doit être en fait celle du terme d'absorption. L'extraction de ce terme est tout à fait simple si l'impulsion d'excitation est infiniment courte ($T = 0$, impulsion de Dirac), mais peut devenir plus délicate lorsqu'on s'éloigne de cette situation.

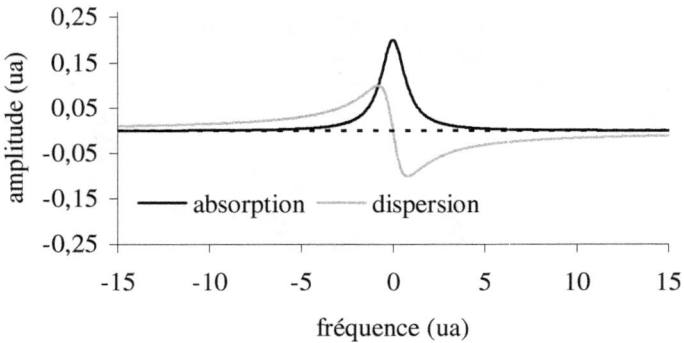

FIG. 2.29 – Composantes d'absorption $A(\omega)$ et de dispersion $D(\omega)$ d'une raie située à la fréquence zéro.

Impulsion infiniment courte

L'expression (2.128) se réduit à,

$$S(\omega) = k \exp(\mathrm{i}\,\phi) \sum_{i=1}^{N} (\omega_i) [A(\omega_i, \omega) + \mathrm{i}\, D(\omega_i, \omega)], \qquad (2.129)$$

où nous avons introduit une constante de proportionnalité qui est un nombre complexe, de phase arbitraire. Le trièdre d'observation est en effet, en général, décalé du trièdre d'émission par un terme de phase introduit par la chaîne d'amplification et de traitement du signal. La présentation des parties réelle et imaginaire de ce spectre, comporte un mélange d'absorption et de dispersion (figure 2.30). Il suffit de multiplier le spectre par un terme $\exp(-\mathrm{i}\,\phi)$ (correction de phase indépendante de la fréquence, dite correction d'ordre 0) pour que la partie réelle de $S(f)$ soit le terme d'absorption pure,

$$\Re[S(\omega)] = k \sum_{i=1}^{N} \theta_0 M_0(\omega_i) A(\omega_i, \omega). \qquad (2.130)$$

Impulsion de durée finie

Revenons à l'expression générale (2.128) et appliquons la correction d'ordre zéro. On a alors après correction,

$$S(\omega) = k \sum_{i=1}^{N} \theta_0 M_0(\omega_i) \frac{\sin(\omega_i T/2)}{\omega_i T/2} \exp(\mathrm{i}\omega_i T/2) [A(\omega_i, \omega) + \mathrm{i}D(\omega_i, \omega)].$$

$$(2.131)$$

Compte tenu du terme de phase $\exp(\mathrm{i}\omega_i T/2)$, le spectre d'une raie à la fréquence f_i est en général un mélange d'absorption et de dispersion.

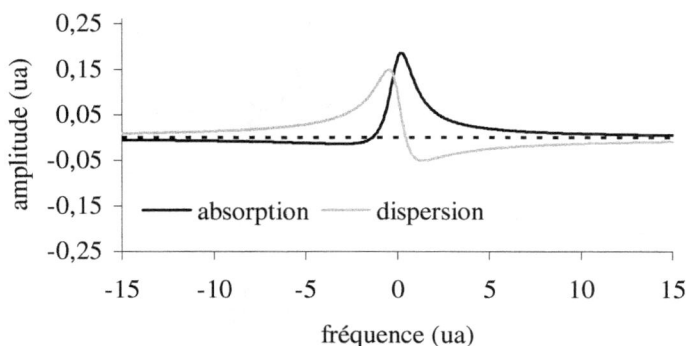

FIG. 2.30 – Effet d'un déphasage d'ordre zéro sur une raie de résonance (ici 30°).
On observe un mélange d'absorption et de dispersion.

En effet la partie réelle est proportionnelle à $A(\omega_i, \omega) \cos(\omega_i T/2) - D(\omega_i, \omega) \sin(\omega_i T/2)$.

On peut appliquer une correction de phase d'ordre 1, du type $\phi = -\omega T/2$, en vue de corriger le défaut de présentation. Cependant on remarque que la correction de phase qui devrait être apportée à *chaque raie* est $\phi = -\omega_i T/2$. La correction est donc correcte au centre de chaque raie ($\omega = \omega_i$), mais s'écarte de la valeur idéale dès que s'on éloigne du centre ($\omega \neq \omega_i$). Chaque raie devrait donc être corrigée *individuellement* avec une correction de phase correspondant à la fréquence du centre de la raie. Cela n'est en fait pas possible en général, les résonances étant souvent nombreuses et empiétant les unes sur les autres. On applique donc en pratique, à l'ensemble du spectre, la correction $\phi = -\omega T/2$. Les conséquences de l'erreur ainsi introduite sont faibles si les raies sont fines (variation de phase faible sur la largeur de raie) et si elles sont d'amplitudes comparables. Dans le cas contraire on trouve ici la source d'un phénomène appelé distorsion de ligne de base (voir figure 2.31). Au gradient de phase s'ajoute également une distorsion d'amplitude (terme en sinc) qui affecte l'analyse quantitative. On trouvera un phénomène du même type si l'on est en présence d'un retard à l'acquisition (temps mort[2]), ou d'un déphasage lié à la présence des filtres destinés à éviter les repliements de bruit (d'où l'intérêt du sur-échantillonnage).

Cela dit les corrections d'ordre 1 sont couramment utilisées en RMN. Elles ne posent pas de problème majeur si les raies sont fines et bien résolues. Il faut cependant être conscient des difficultés sous-jacentes à l'utilisation de cette technique et éviter, autant que possible la présence de gradients de phase. Avec une impulsion rectangulaire on voit que ce gradient de phase décroît lorsque T décroît c'est-à-dire lorsque l'impulsion devient plus dure (hard).

---

2. Temps qui suit la coupure de l'impulsion rf et qui permet à l'énergie stockée dans la bobine et le circuit d'accord-adaptation de se dissiper.

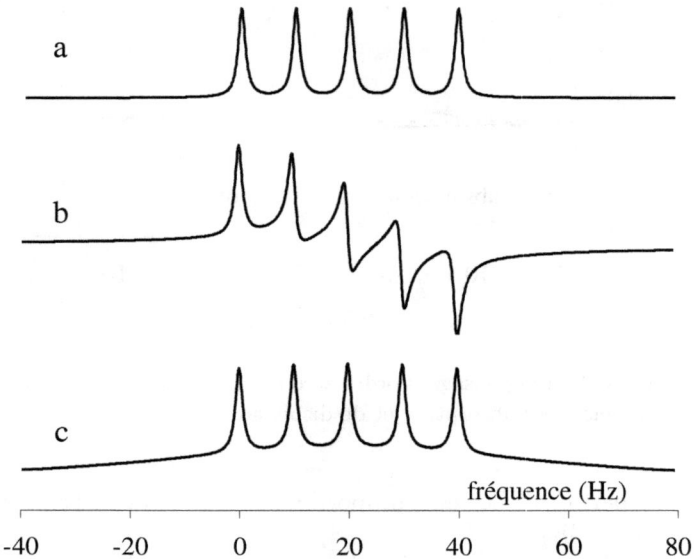

FIG. 2.31 – Effet d'un déphasage d'ordre 1 sur un spectre RMN (cinq raies d'intensités égales et de fréquences centrales 0, 10, 20, 30 et 40 Hz). (a) : impulsion *hard* (Dirac) sans retard à l'acquisition. (b) : impulsion d'excitation longue. Gradient de phase de $\pi/50$ rd/Hz. Les distorsions d'amplitude ne sont pas prises en compte. (c) : correction de phase d'ordre 1. Noter la distorsion de ligne de base introduite par la correction de phase d'ordre 1.

En effet le déphasage est, comme nous l'avons vu, proportionnel à la durée d'impulsion.

Prenons l'exemple de la spectroscopie du proton à une fréquence de 400 MHz. Le spectre s'étale sur ± 5 ppm soit ± 2000 Hz. Une impulsion $\pi/4$ de durée $T = 5$ μs donne, à l'extrémité du spectre, un déphasage $\phi^{max} \approx 2°$ ce qui est parfaitement négligeable. Prenons maintenant l'exemple de la spectroscopie du ^{13}C dans le même champ, c'est-à-dire à une fréquence de 100 MHz. Le spectre s'étale sur ± 80 ppm soit ± 8000 Hz. Si l'impulsion est produite par le même champ b_1, l'impulsion $\pi/4$ a une durée $T = 20$ μs. On a, à l'extrémité du spectre, un déphasage $\phi^{max} \approx 30°$, ce qui n'est plus du tout négligeable. Il faut aussi noter que nous avons négligé ici la nécessaire présence d'un temps mort après l'impulsion qui accentue encore ces déphasages.

En conclusion, il est nécessaire d'utiliser des impulsions courtes et donc intenses, si l'on souhaite exciter sans distorsion l'ensemble d'un spectre. Cela peut poser évidemment des problèmes en imagerie puisque les impulsions sont souvent spatialement sélectives et donc relativement longues. L'utilisation de techniques d'écho de spin ou d'une impulsion d'excitation auto-refocalisante (section 2.4.12) permet d'éviter ce genre de difficulté.

2.4.11 Problème inverse : algorithme de Shinnar et Le Roux

Les diverse formes d'impulsions sélectives présentées jusque là sont finalement directement inspirées des résultats de l'approximation de la réponse linéaire. Nous avons vu que cette approximation donnait de bons résultats pour des impulsions d'excitation. Elle ne peut plus être utilisée lorsqu'il s'agit de construire les impulsions sélectives d'angle plus important, que nécessitent l'inversion ou la refocalisation. En outre, la conception d'impulsions d'excitation ne présentant pas le gradient de phase dont nous avons vu les inconvénients, nécessite aussi une autre approche. La conception d'impulsions présentant des caractéristiques bien adaptées au problème qui doit être étudié, passe par la résolution du problème inverse, celui de la détermination de la forme d'impulsion susceptible de produire un profil cible. En général il n'existe pas de solution exacte à ce type de problème. Diverses méthodes analytiques (transformation de Shinnar-Le Roux ou théorie de la diffusion inverse par exemple), ou numériques (recuit simulé ou méthode du gradient conjugué par exemple) ont été développées. La plus connue dans le monde de l'imagerie est celle de Shinnar et Le Roux, et nous en présenterons donc les grandes lignes.

2.4.11.1 La transformation de Shinnar et Le Roux

Nous avons vu qu'une impulsion de forme quelconque pouvait être décomposée en une suite d'impulsions rectangulaires de courtes durées (section 2.3.3), et qu'une impulsion rectangulaire de petit angle était elle même équivalente à une impulsion de Dirac, suivie (ou précédée) d'un délai de précession libre (section 2.4.9.1) égal à la durée d'impulsion. On retrouve là le principe de construction des impulsions de type DANTE. Une impulsion de forme quelconque peut ainsi être représentée par un train de N impulsions (θ_1, φ_1), (θ_2, φ_2), ..., (θ_i, φ_i), ..., (θ_N, φ_N), où θ_i est l'angle de rotation à la résonance produit par l'impulsion, et φ_i est l'angle que fait le champ rf avec l'axe x. Le temps séparant deux impulsions étant τ, le délai de précession libre correspond à une rotation d'angle $\omega\tau$ autour de z. La matrice de rotation représentative de ce train d'impulsions s'écrit

$$
\begin{pmatrix} a_N^{tot} & -(b_N^{tot})^* \\ b_N^{tot} & (a_N^{tot})^* \end{pmatrix} = \begin{pmatrix} a_N & -b_N^* \\ b_N & a_N^* \end{pmatrix} \begin{pmatrix} \lambda^{1/2} & 0 \\ 0 & \lambda^{-1/2} \end{pmatrix} \begin{pmatrix} a_{N-1} & -b_{N-1}^* \\ b_{N-1} & a_{N-1}^* \end{pmatrix} \cdots
$$

$$
\cdots \begin{pmatrix} \lambda^{1/2} & 0 \\ 0 & \lambda^{-1/2} \end{pmatrix} \begin{pmatrix} a_2 & -b_2^* \\ b_2 & a_2^* \end{pmatrix} \begin{pmatrix} \lambda^{1/2} & 0 \\ 0 & \lambda^{-1/2} \end{pmatrix} \begin{pmatrix} a_1 & -b_1^* \\ b_1 & b_1^* \end{pmatrix} \begin{pmatrix} \lambda^{1/2} & 0 \\ 0 & \lambda^{-1/2} \end{pmatrix},
$$

$$(2.132)$$

où,

$$a_n = \cos\left(\frac{\theta_n}{2}\right), \quad b_n = \mathrm{i}\exp\left(\mathrm{i}\varphi_n\right)\sin\left(\frac{\theta_n}{2}\right), \quad \lambda = \exp\left(-\mathrm{i}\omega\tau\right). \quad (2.133)$$

Supposons qu'après $n-1$ impulsions élémentaires, le système de spins ait subi une rotation totale définie par les paramètres de Cayley-Klein a_{n-1}^{tot} et b_{n-1}^{tot}. La matrice de rotation totale après la n-ième impulsion s'écrit,

$$\begin{pmatrix} a_n^{\mathrm{tot}} & -\left(b_n^{\mathrm{tot}}\right)^* \\ b_n^{\mathrm{tot}} & \left(a_n^{\mathrm{tot}}\right)^* \end{pmatrix} = \lambda^{1/2} \begin{pmatrix} a_n & -b_n^* \\ b_n & a_n^* \end{pmatrix} \begin{pmatrix} 1 & 0 \\ 0 & \lambda^{-1} \end{pmatrix} \begin{pmatrix} a_{n-1}^{\mathrm{tot}} & -\left(b_{n-1}^{\mathrm{tot}}\right)^* \\ b_{n-1}^{\mathrm{tot}} & \left(a_{n-1}^{\mathrm{tot}}\right)^* \end{pmatrix}.$$
$$(2.134)$$

Par suite, en posant

$$A_n = \lambda^{-n/2} a_n^{\mathrm{tot}} \quad \mathrm{et} \quad B_n = \lambda^{-n/2} b_n^{\mathrm{tot}}, \quad (2.135)$$

on peut écrire,

$$\begin{aligned} A_n &= a_n A_{n-1} - b_n^* B_{n-1} \lambda^{-1}, \\ B_n &= b_n A_{n-1} + a_n^* B_{n-1} \lambda^{-1}. \end{aligned} \quad (2.136)$$

A_1 et B_1 ont pour valeur après la première impulsion $A_1 = a_1$ et $B_1 = b_1$. De proche en proche on en déduit qu'après N impulsions, les coefficients A_N et B_N peuvent s'écrire sous la forme de polynômes de degré $N-1$, de la variable λ^{-1},

$$\begin{aligned} A_N\left(\lambda\right) &= \sum_{n=1}^{N} \alpha_n^N \left(\lambda^{-1}\right)^{n-1}, \\ B_N\left(\lambda\right) &= \sum_{n=1}^{N} \beta_n^N \left(\lambda^{-1}\right)^{n-1}. \end{aligned} \quad (2.137)$$

Sachant que les coefficients de Cayley-Klein sont liés par la relation de conservation de la norme $aa^* + bb^* = 1$ (*cf.* équation (2.38)), on peut écrire,

$$\left|A_N\left(\lambda\right)\right|^2 + \left|B_N\left(\lambda\right)\right|^2 = 1. \quad (2.138)$$

La connaissance des polynômes A_N et B_N détermine complètement l'action de l'impulsion sur le système de spins, et notamment sa réponse en fréquence dans les diverses situations qui peuvent être rencontrées (excitation d'un système à l'équilibre thermique, refocalisation, inversion, etc.).

2.4.11.2   Transformation inverse

On doit maintenant résoudre le problème suivant : quelle forme d'impulsion peut-elle conduire à une réponse en fréquence caractérisée par les polynômes A_N et B_N ?

Les polynômes A_N et B_N étant donnés, les relations (2.136) permettent de calculer les polynômes A_{N-1} et B_{N-1} :

$$A_{N-1} = \frac{a_N^* A_N + b_N^* B_N}{a_N a_N^* + b_N b_N^*} \quad \mathrm{et} \quad B_{N-1} = \frac{a_N B_N - b_N A_N}{\lambda^{-1}\left(a_N a_N^* + b_N b_N^*\right)}. \quad (2.139)$$

En introduisant la relation $a_N a_N^* + b_N b_N^* = 1$ et en remarquant que le coefficient a_N est purement réel, puisque l'impulsion élémentaire correspondante est une impulsion de Dirac, on obtient :

$$A_{N-1} = a_N A_N + b_N^* B_N$$
$$B_{N-1} = \lambda \left(a_N B_N - b_N A_N \right). \qquad (2.140)$$

Les polynômes de la variable λ^{-1}, A_{N-1} et B_{N-1} doivent être de degré $N-2$. Pour qu'il en soit ainsi, il faut que le terme d'ordre le plus élevé de A_{N-1} et le terme d'ordre le plus bas de B_{N-1}, s'annulent. On obtient donc en reprenant les équations (2.137),

$$\alpha_N^N a_N + \beta_N^N b_N^* = 0,$$
$$\beta_1^N a_N - \alpha_1^N b_N = 0. \qquad (2.141)$$

On remarque que pour que l'équation (2.138) soit satisfaite, il est nécessaire que tous les termes soient nuls sauf le terme qui ne dépend pas de λ. En particulier, le coefficient du terme d'ordre le plus élevé en λ^{-1}, $\alpha_N^N \alpha_1^{N*} + \beta_N^N \beta_1^{N*}$, est nul. On en déduit que $\alpha_N^N / \beta_N^N = -\beta_1^{N*} / \alpha_1^{N*}$, et que les deux équations (2.141) sont équivalentes. On a donc $b_N / a_N = \beta_1^N / \alpha_1^N$, ce qui conduit aux caractéristiques de la dernière impulsion du train :

$$\theta_N = 2 \tan^{-1} \left| \frac{\beta_1^N}{\alpha_1^N} \right| \quad \text{et} \quad \varphi_N = \arg \left(\frac{\beta_1^N}{\alpha_1^N} \right) - \frac{\pi}{2}. \qquad (2.142)$$

De proche en proche, on détermine ainsi les caractéristiques de chaque impulsion élémentaire.

2.4.11.3 Choix des paramètres A_N et B_N

Nous avons montré qu'à une impulsion sélective comportant N segments, pouvaient être associés deux polynômes $A_N (\lambda)$ et $B_N (\lambda)$, dont la connaissance permet de décrire entièrement l'action de l'impulsion sur un système de spins. Inversement, si A_N et B_N sont connus, on sait calculer la forme d'impulsion liée à ces paramètres.

Profil de coupe et polynômes A_N et B_N

Le polynôme $B_N (\lambda) = \lambda^{N/2} b_N^{\text{tot}}$ est directement associé au profil d'excitation, d'inversion, ou de refocalisation, d'une impulsion. Par exemple si l'on part d'une aimantation initialement à l'équilibre thermique ($M_z (0) = M_0$, $M_\perp (0) = 0$), les composantes longitudinale et transversale de l'aimantation s'écrivent (cf. tableau 2.1),

$$|M_z (t = T, \omega)| = \left(1 - 2 \left| b_N^{\text{tot}} (\omega) \right|^2 \right) M_0 (t = 0), \qquad (2.143)$$

$$| M_\perp \left(t = T, \ \omega \right)| = 2 \left(1 - \left| b_N^{\text{tot}} \left(\omega \right) \right|^2 \right)^{1/2} | b_N \left(\omega \right)| \ M_0 \left(t = 0 \right), \qquad (2.144)$$

où $T = N\tau$. Le tableau 2.1 montre aussi que l'efficacité d'une opération de refocalisation est proportionnelle à $\left| b_N^{\text{tot}} \left(\omega \right) \right|^2$.

Filtres à réponse impulsionnelle finie et construction des polynômes A_N et B_N

En imagerie, on souhaite disposer d'impulsions dont le profil fréquentiel est aussi proche que possible d'une porte. Le problème consiste donc à définir le profil cible, à en déduire $\left| b_N^{\text{tot}} \left(\omega \right) \right|^2$ et à approcher cette fonction par un polynôme $B_N \left(\lambda \right)$. Ce problème est identique à celui rencontré lors de la conception de filtres numériques à réponse impulsionnelle finie. Très brièvement, si un signal $e \left(t \right)$ a un contenu fréquentiel défini par sa transformée de Fourier $E \left(\omega \right)$, et si $F \left(\omega \right)$ est la réponse en fréquence du filtre, le résultat d'une opération de filtrage est un signal $S \left(\omega \right) = F \left(\omega \right) E \left(\omega \right)$. Dans le domaine temporel, le signal de sortie du filtre, $s \left(t \right)$ s'écrit :

$$s \left(t \right) = f \left(t \right) \otimes e \left(t \right), \qquad (2.145)$$

où $s \left(t \right)$ est la transformée de Fourier inverse de $S \left(\omega \right)$, ou réponse impulsionnelle. Le filtrage numérique se réduit ainsi au calcul d'un produit de convolution. La difficulté est que la réponse impulsionnelle d'une porte s'étale à l'infini. La réalisation pratique d'une opération de ce type consiste à construire une réponse impulsionnelle finie dont le profil fréquentiel est assez proche d'une porte. Plusieurs méthodes sont utilisables mais on fait souvent appel à l'algorithme Parks-McClellan. Cette méthode produit un filtre, dont la réponse impulsionnelle est décrite par un polynôme. Les caractéristiques de ce polynôme dépendent de conditions imposées : nombre de points, amplitude des oscillations intérieures (δ_1) et extérieures (δ_2) à la bande passante, fréquences hautes (f_h) et basses (f_b) des zones de transition (figure 2.32). Le polynôme $B_N \left(\lambda \right)$ étant construit, il reste à déterminer $A_N \left(\lambda \right)$ en respectant la relation (2.137).

Phase du polynôme B_N

À ce stade, nous avons montré que $|B_N \left(\lambda \right)|$, et donc $|A_N \left(\lambda \right)|$, pouvaient être déterminés si l'on se donne le module d'un profil cible. La solution de ce problème n'est pas unique puisque aucune contrainte n'a été imposée au sujet de la phase de la réponse en fréquence. Reste donc à préciser le lien entre ces polynômes et la phase de l'aimantation, en particulier lorsqu'il s'agit d'une impulsion d'excitation. Nous ferons parfois appel, dans ce qui suit, à des résultats de la théorie des filtres à réponse impulsionnelle finie. Nous utiliserons ces résultats sans justification.

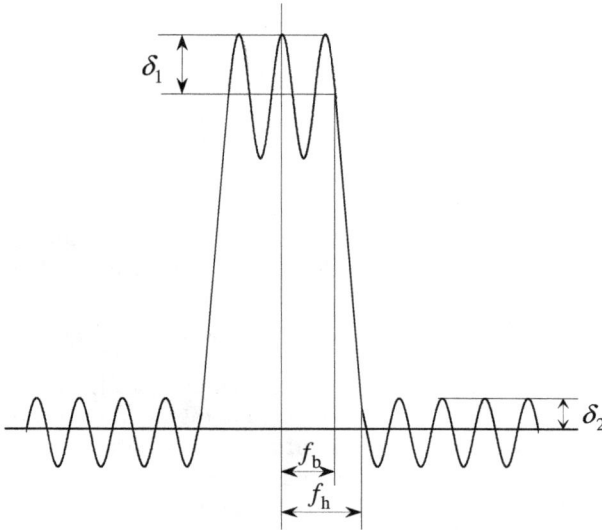

FIG. 2.32 – Paramètres de départ lors de la conception d'un filtre numérique.

Intéressons nous au terme α_1^N du polynôme A_N. En utilisant les expressions (2.133) et (2.136), on montre que

$$\alpha_1^N = \cos\left(\frac{\theta_1}{2}\right) \cos\left(\frac{\theta_2}{2}\right) \cos\left(\frac{\theta_3}{2}\right) \ldots \cos\left(\frac{\theta_{N-1}}{2}\right) \cos\left(\frac{\theta_N}{2}\right). \qquad (2.146)$$

Les impulsions élémentaires sont toutes de petit angle. Par suite, en ne conservant que les termes du second ordre

$$\alpha_1^N \approx 1 - \frac{1}{8} \sum_{n=1}^{N} \theta_n^2. \qquad (2.147)$$

On sait (équation (2.4)), que $\sum_{n=1}^{N} \theta_n^2$ est proportionnel à l'énergie dissipée lors de l'application de l'impulsion. Par conséquent, minimiser l'énergie d'un train d'impulsion revient à maximiser le coefficient α_1^N du polynôme A_N. Il se trouve aussi que parmi tous les polynômes ayant un module imposé, celui dont le coefficient α_1^N est maximum, présente un déphasage minimum en fonction de la fréquence. Ce déphasage est en outre raisonnablement linéaire. Mieux encore, on peut montrer (voir publications citées en fin de chapitre), que le polynôme A_N de phase minimale est directement calculable si son module est connu.

Phase du polynôme A_N

Dans le cas d'une impulsion symétrique, la phase de b_N^{tot} ne dépend pas de la fréquence (*cf.* section 2.3.6.4). Pour une suite d'impulsions appliquées le long de x, b_N^{tot} est un imaginaire pur. On en conclut que pour construire une impulsion symétrique, $B_N = \exp{(\mathrm{i}N\omega\tau/2)}\, b_N^{tot}$ doit être un polynôme dont la phase varie linéairement en fonction de la fréquence.

Revenons aux impulsions d'excitation. Pour une impulsion agissant sur un système à l'équilibre thermique, on déduit des données du tableau 2.1 :

$$M_\perp \left(t = T, \ \omega \right) = 2\, A_N^*\, B_N\, M_0 \left(t = 0 \right). \qquad (2.148)$$

Si on choisit de construire une impulsion symétrique, la phase de B_N doit varier linéairement avec la fréquence. Le polynôme A_N étant à déphasage minimum, l'aimantation transversale produite présentera un déphasage approximativement linéaire en fonction de la fréquence, ce qui autorise une refocalisation par écho de spin ou, en imagerie, par réversion de gradient. On peut aussi construire des impulsions d'excitation qui ont pour objectif de détruire l'aimantation dans une bande de fréquences déterminée (saturation). Dans ce cas, on pourra choisir un polynôme B_N dont la phase varie quadratiquement en fonction de la fréquence, ce qui interdit la refocalisation de l'aimantation transversale. Le choix d'un polynôme B_N de phase minimum permet de construire des impulsions auto-refocalisantes (*cf.* section 2.4.12). On note que seuls les polynômes B_N à phase linéaire sont associés à des impulsions symétriques.

La figure 2.33 montre une impulsion $\pi/2$ construite avec l'algorithme de Shinnar et Le Roux et la réponse correspondante. On note une amélioration de la réponse par rapport à une impulsion sinc, mais l'intérêt de la méthode est beaucoup plus grand pour des impulsions s'écartant plus fortement du domaine d'application de l'approximation de la réponse linéaire (impulsions d'inversion et de refocalisation).

2.4.12   Impulsions auto-refocalisantes

Les impulsions que nous avons présentées sont affectées par la présence d'un gradient de phase. Avec ces impulsions, l'origine des phases se trouve approximativement au milieu de l'impulsion (approximation de la réponse linéaire). L'acquisition du signal ne pouvant commencer qu'après la fin de l'impulsion, les aimantations nucléaires sont affectées par un déphasage qui dépend de la fréquence. Nous avons vu que cela a d'importantes conséquences en spectroscopie conventionnelle (distorsion de ligne de base, section 2.4.10), comme en imagerie (réversion de gradient, chapitre 3 section 3.2.2).

De nombreux travaux ont été effectués en vue de construire des impulsions dites auto-refocalisantes, qui ne seraient pas affectées par la présence d'un gradient de phase, c'est-à-dire qui soient telles que les aimantations soient en

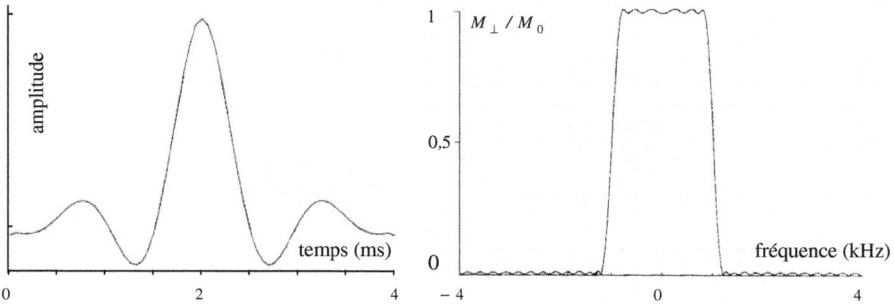

FIG. 2.33 – Impulsion d'excitation calculée avec l'algorithme de Shinnar et Le Roux. Adapté des figures 11 et 12 de Pauly *et al.*, IEEE Trans. Med. Imag. 10 53-65, 1991, © IEEE 1991.

phase lorsque commence l'acquisition du signal. La manière la plus simple pour réaliser cet objectif, est de faire suivre une impulsion sélective, par une impulsion de refocalisation qui peut être elle même sélective ou non sélective. Un écho de spin est ainsi produit. La figure 2.34 illustre ce type de méthode : une impulsion sinc de 90°_x de durée T_{90} est suivie immédiatement d'une impulsion rectangulaire 180°_x de durée $T_{180} << T_{90}$. Si l'instant $-t_0$, est l'origine des phases des aimantations transversales créées par l'impulsion sinc, l'impulsion de 180° refocalise ces aimantations à l'instant $t_0 + T_{180}$. Nous avons vu (section 2.4.5) que dans le cas d'une impulsion de 90°, l'origine des phases se situe en un point $t_0 = 1{,}034T_{90}/2$, un peu différent de celui de celui prédit par l'approximation de la réponse linéaire ($t_0 = T_{90}/2$). La figure 2.34 illustre ce point et montre que la composante M_x reste de très faible amplitude sur toute la bande passante de l'impulsion sélective.

En spectroscopie, l'utilisation d'une impulsion de refocalisation non sélective peut être une source de difficultés lorsque l'on est en présence de systèmes couplés (la modulation J n'est pas refocalisée). Une impulsion de refocalisation sélective peut dans certains cas être utilisée, mais au prix d'un allongement de la séquence d'excitation. Les imperfections de l'impulsion de refocalisation sont aussi une source de difficultés, ce qui impose l'utilisation d'un cyclage de phase de cette impulsion (section 2.5.3), ou l'inclusion de gradients de dispersion (section 2.5.2).

Il est ainsi souhaitable de pouvoir disposer d'impulsions non affectées par un gradient de phase. La plus simple de ces impulsions est une impulsion gaussienne d'angle 270° à la fréquence $\omega = 0$. Comme le montre la figure 2.35, cette impulsion présente sur toute l'étendue de sa bande passante un gradient de phase beaucoup moins prononcé que celui associé à une impulsion gaussienne de 90°. Le profil fréquentiel de cette impulsion reste cependant assez éloigné de celui d'une porte.

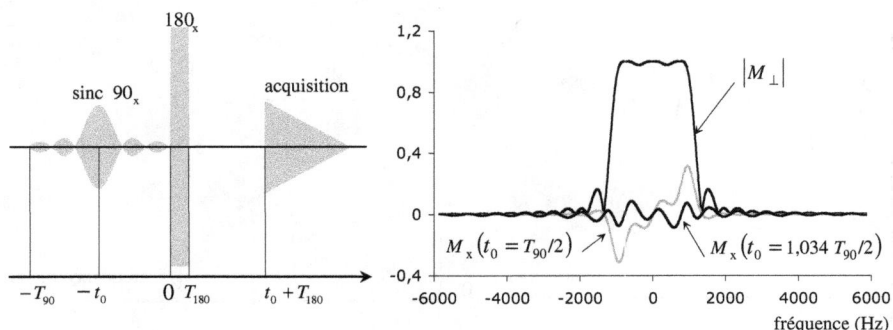

Fig. 2.34 – Utilisation d'une impulsion de refocalisation pour placer l'origine des phases au début du temps d'acquisition. À gauche : séquence d'écho de spin comportant une impulsion sinc de 90° (durée 2,56 ms) appliquée dans la direction x, suivie d'une impulsion de refocalisation rectangulaire (180_x°). À droite : réponse fréquentielle pour deux valeurs du délai de refocalisation. On note que le délai optimum pour supprimer le gradient de phase, n'est pas exactement celui prédit par l'approximation de la réponse linéaire.

De nombreux travaux ont été effectués afin de construire des impulsions dites auto-refocalisantes, présentant simultanément une excellente sélectivité fréquentielle et l'absence de gradient de phase. Des méthodes numériques d'optimisation ont souvent été utilisées pour construire des impulsions dont la réponse fréquentielle tend vers un profil cible. L'impulsion peut être construite à partir d'un développement en série. On a ainsi utilisé des développements en séries de Fourier ou en sommes de gaussiennes. On trouve dans la littérature de très nombreux exemples d'impulsions construites de cette manière. Nous illustrerons ce point en en présentant une impulsion de chaque type.

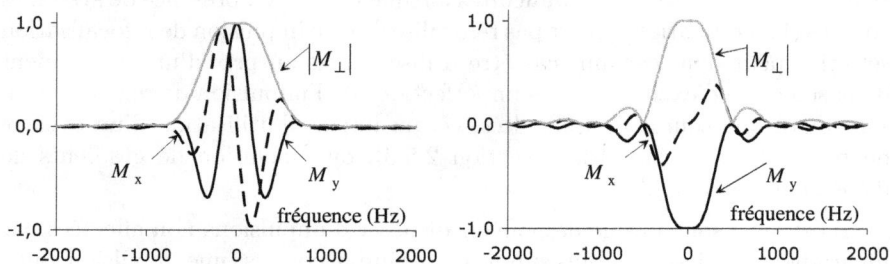

Fig. 2.35 – Réponses fréquentielles associées à des gaussiennes de 90° (à gauche) et 270° (à droite). La largeur à mi-hauteur de ces gaussiennes est 1,28 ms et leur durée de 2,56 ms (troncature à environ 6 %).

TAB. 2.4 – Paramètres des quatre impulsions gaussiennes constituant la cascade G4 de la figure 2.36. Largeurs et positions sont exprimées en prenant pour unité temporelle la durée d'impulsion.

	Gaussienne 1	Gaussienne 2	Gaussienne 3	Gaussienne 4
Position	0,177	0,492	0,653	0,892
Amplitude (ua)	0,62	0,72	−0,91	−0,33
Largeur à mi-hauteur	0,172	0,129	0,119	0,139

Les impulsions constituées d'une somme de gaussiennes ont pour forme générale

$$b_1(t) \propto \left\{ \sum_{k=0}^n A_k \exp\left[-4\left(\ln 2\right) \left(\frac{t - t_k^{\max}}{t_{1/2}^k} \right)^2 \right] \right\} \prod (0, T), \qquad (2.149)$$

où $\prod (0, T)$ est une fonction rectangle, égale à 1 dans l'intervalle $0 - T$ et à 0 à l'extérieur de cet intervalle. Chaque gaussienne est caractérisée par son amplitude A_k, la position du maximum $t_k^{\max}$ et sa largeur à mi-hauteur $t_{1/2}^k$.

La figure 2.36 montre le profil temporel d'une cascade de gaussiennes appelée G4. Il s'agit d'une somme de quatre gaussiennes, Le tableau 2.4 liste les 12 paramètres définissant cette somme. Comme le montre la figure 2.36, l'amplitude de la composante M_x reste très faible ce qui correspond à un gradient de phase tout à fait négligeable. La forme de la fenêtre fréquentielle est aussi plus proche d'une porte que ne l'étaient celles produites par les gaussiennes 90° ou 270°.

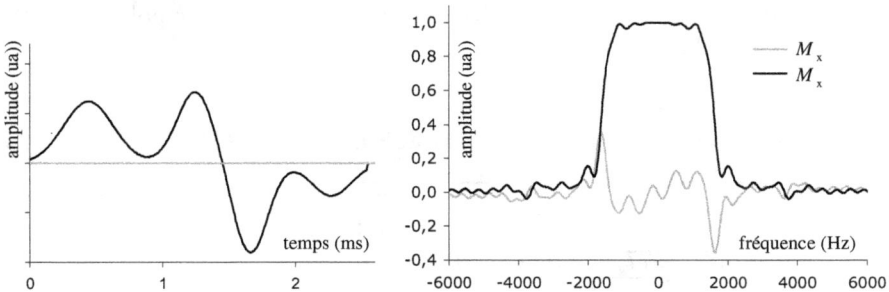

FIG. 2.36 – Profil d'excitation d'une cascade de gaussiennes G4 dont les paramètres sont regroupés dans le tableau 2.4. Durée 2,56 ms. À gauche l'impulsion G4. À droite la réponse fréquentielle à l'impulsion G4.

Les impulsions construites à partir d'un développement en série de Fourier ont pour forme :

$$b_1(t) \propto \left\{ \sum_{k=0}^n \left[A_k \cos\left(\frac{2k\pi}{T} t \right) + B_k \sin\left(\frac{2k\pi}{T} t \right) \right] \right\} \prod (0, T), \qquad (2.150)$$

où T est la durée d'impulsion. La série est en général tronquée à l'ordre 10 environ. La figure 2.37 présente la forme d'impulsion et le profil fréquentiel associés à une impulsion constituée par un développement en série de Fourier désignée sous le nom de SNEEZE. Les paramètres de cette impulsion sont regroupés dans le tableau 2.5. On notera la très faible valeur de la composante M_x sur toute la bande passante et le très faible niveau d'oscillation sur le plateau de M_y.

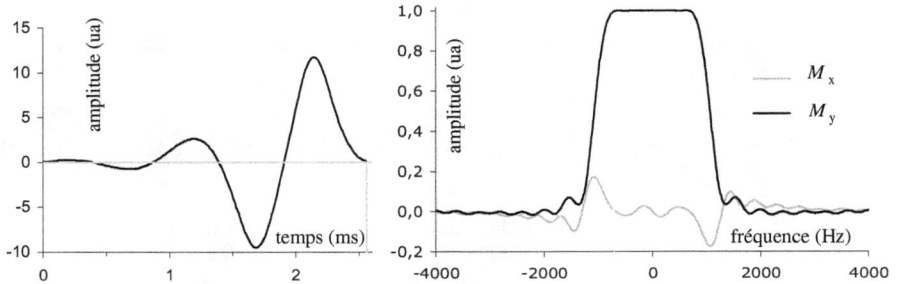

FIG. 2.37 – Profil d'excitation d'une impulsion de type SNEEZE de 90° dont les paramètres sont regroupés dans le tableau 2.5. Durée 2,56 ms. À gauche l'impulsion. À droite la réponse fréquentielle à l'impulsion.

Des impulsions auto-refocalisantes peuvent être aussi calculées en utilisant l'algorithme de Shinnar et Le Roux (section 2.4.11). On utilise pour cela un profil de phase du polynôme B_N qui compense celle du polynôme A_N^* (*cf.* équation (2.148)).

TAB. 2.5 – Paramètres de l'impulsion SNEEZE de la figure 2.37.

k	0	1	2	3	4	5	6	7	8	9	10
A_k	25	94,3	18	−152,7	0,3	14,3	5	7,2	−1,5	−4	−0,5
B_k	0	−19,7	−177,2	20,4	61,9	7,6	3,9	−2,5	−6	0,5	1,7

2.5   Impulsions de refocalisation : séquences d'écho de spin

Le principe de la refocalisation des inhomogénéités du champ vu par les noyaux a été présenté dans le chapitre 1 (section 1.13) dans le cas d'une impulsion de 180° parfaite. Dans ce cas l'impulsion de refocalisation appliquée dans une direction u du plan xOy, transforme une aimantation $M_\perp$ en

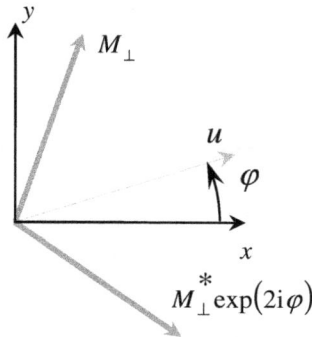

FIG. 2.38 – Action d'une impulsion de 180° sur des aimantations transversales. Le champ radiofréquence est appliqué selon un axe u du plan xOy faisant l'angle φ avec Ox. À un terme de phase près, l'impulsion transforme l'aimantation en son complexe conjugué.

$M_\perp^* \exp(2i\varphi)$ (figure 2.38) et une composante longitudinale M_z en $-M_z$. Une impulsion n'est cependant jamais parfaite : aux inhomogénéités du champ rf et aux imperfections d'ajustement des angles d'impulsion, se rajoutent des effets d'off-résonance qui peuvent être non souhaités si l'on veut agir de manière non sélective sur le système de spins ou, au contraire, exploités s'il s'agit d'une impulsion sélective. Ces imperfections introduisent des erreurs de phase et d'amplitude. Nous montrerons que deux méthodes permettent de s'en affranchir : l'utilisation d'impulsions de gradient dites de dispersion (*spoiling*), ou un cyclage de phase appelé EXORCYCLE.

2.5.1 Le signal produit par une séquence d'écho de spin

Nous nous intéressons à la séquence d'écho de spin de base. Cette séquence comporte deux impulsions de durée T que nous supposons symétriques. L'impulsion d'excitation, centrée à l'instant $t = 0$, est suivie d'un délai de précession libre de durée $T_E/2 - T$ et de l'impulsion de refocalisation centrée à l'instant $T_E/2$. Un nouveau délai de précession libre, pendant lequel le signal est acquis, suit l'impulsion de refocalisation (figure 2.39). La fenêtre d'acquisition peut être centrée autour de l'instant T_E. L'aimantation avant l'impulsion d'excitation est supposée à l'équilibre thermique. Le chemin de cohérence que nous souhaitons privilégier est donc le chemin $p = 0 \Rightarrow 1 \Rightarrow -1$, mais les chemins $p = 0 \Rightarrow 0 \Rightarrow -1$ et $p = 0 \Rightarrow -1 \Rightarrow -1$ sont aussi susceptibles de produire un signal observable après l'impulsion de refocalisation. Nous supposons dans ce qui suit que $T_2 \gg T_E$.

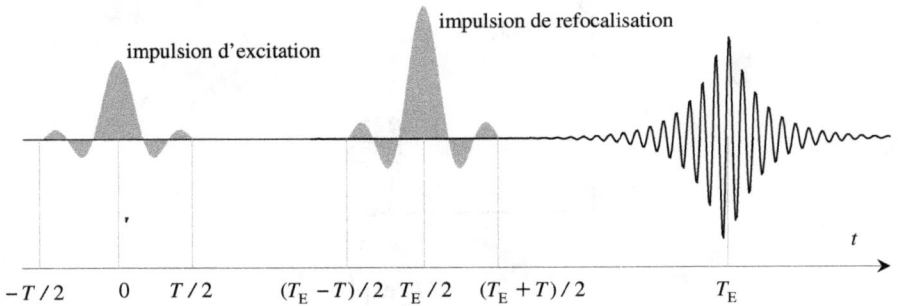

FIG. 2.39 – Séquence d'écho de spin.

Les composantes de l'aimantation à la fin de l'impulsion d'excitation (instant $t = T/2$) sont données par (tableau 2.2) :

$$M_\perp (T/2) = 2\, a'^{*}_{\text{ex}}\, b_{\text{ex}} \exp\left(\mathrm{i}\omega \frac{T}{2}\right) M_0,$$

$$M^*_\perp (T/2) = 2\, a'_{\text{ex}}\, b^*_{\text{ex}} \exp\left(-\mathrm{i}\omega \frac{T}{2}\right) M_0, \qquad (2.151)$$

$$M_z (T/2) = \left(a'_{\text{ex}} a'^{*}_{\text{ex}} - b_{\text{ex}} b^*_{\text{ex}}\right) M_0,$$

où $a'_{\text{ex}} = a_{\text{ex}} \exp\left(\mathrm{i}\omega T/2\right)$ et b_{ex} sont les paramètres de Cayley-Klein de l'impulsion d'excitation. Si le déphasage produit par l'impulsion est proche de celui décrit par l'approximation de la réponse linéaire, ce qui est généralement le cas des impulsions d'excitation symétriques ou antisymétriques, a'_{ex} est un nombre complexe dont la phase ne dépend pas de la fréquence (*cf.* section 2.3.6.4). Nous nous situons dans ce cas. L'origine des phases se trouve alors au centre de l'impulsion (instant $t = 0$) et l'on peut écrire :

$$M_\perp (0) = 2\, a'^{*}_{\text{ex}} b_{\text{ex}} M_0,$$
$$M^*_\perp (0) = 2\, a'_{\text{ex}} b^*_{\text{ex}} M_0, \qquad (2.152)$$
$$M_z (0) = \left(a'_{\text{ex}} a'^{*}_{\text{ex}} - b_{\text{ex}} b^*_{\text{ex}}\right) M_0.$$

Pendant le délai de précession libre, les cohérences $p = 0, 1, -1$, évoluent à la fréquence $-p\omega$ et à l'instant $t = (T_{\text{E}} - T)/2$, c'est-à-dire immédiatement avant application de l'impulsion de refocalisation, on obtient :

$$M_\perp \left(\frac{T_{\text{E}} - T}{2}\right) = M_\perp (0) \exp\left(\mathrm{i}\omega \frac{(T_{\text{E}} - T)}{2}\right),$$

$$M^*_\perp \left(\frac{T_{\text{E}} - T}{2}\right) = M^*_\perp (0) \exp\left(-\mathrm{i}\omega \frac{(T_{\text{E}} - T)}{2}\right), \qquad (2.153)$$

$$M_z \left(\frac{T_{\text{E}} - T}{2}\right) = M_z (0).$$

Soient a_r et b_r les paramètres de Cayley-Klein caractérisant l'impulsion de refocalisation. Utilisons les résultats de la section 2.3.6.1 et plus particulièrement l'équation (2.73) qui concerne la cohérence $p = -1$, c'est à dire le signal observable. On peut écrire :

$$M_\perp \left(\frac{T_E + T}{2} \right) = 2\,a_r^* b_r M_z\,(0) - b_r^2 \exp\left(-\mathrm{i}\omega \frac{T_E - T}{2} \right) M_\perp^*\,(0) + a_r^{*2}$$

$$\times \exp\left(\mathrm{i}\omega \frac{T_E - T}{2} \right) M_\perp\,(0) . \qquad (2.154)$$

Après une nouvelle période de précession libre de durée $(T_E - T)/2$ on obtient, à l'instant T_E :

$$M_\perp\,(T_E) = 2\,a_r^* b_r M_z\,(0) \exp\left(\mathrm{i}\omega \, \frac{T_E - T}{2} \right)$$

$$-b_r^2 M_\perp^*\,(0) + a_r^{*2} M_\perp\,(0) \exp\left(\mathrm{i}\omega \, (T_E - T) \right). \qquad (2.155)$$

Si l'impulsion est parfaite et non sélective – champ rf homogène sur tout l'échantillon, impulsion de Dirac de 180° (donc $\theta = \pi$, $\alpha = \pi/2$) – les paramètres de Cayley-Klein ont pour valeur $a_r = 0$, $b_r = -\mathrm{i}\exp(\mathrm{i}\,\varphi)$. Par suite,

$$M_\perp\,(T_E) = \exp\left(2\,\mathrm{i}\,\varphi \right) M_\perp^*\,(0). \qquad (2.156)$$

À un terme de phase près, l'impulsion de refocalisation transforme l'aimantation transversale en son complexe conjugué. Si $\varphi = 0$ (impulsion de refocalisation dirigée selon x), on retrouve les résultats de la section 1.13.

Si ces conditions ne sont pas remplies, que devient le signal observable ? Une partie de l'aimantation transversale à $t = 0$ a été bien été refocalisée à l'instant T_E (terme $b_r^2 M_\perp^*\,(0)$) : le déphasage dépendant de la fréquence est en effet absent de ce terme de l'équation (2.155). Cependant deux autres termes sont présents. L'impulsion a placé dans le plan transversal de l'aimantation initialement longitudinale (1$^\mathrm{er}$ terme). En outre, une partie de l'aimantation transversale « traverse » l'impulsion de refocalisation sans en subir des effets autres que des modifications d'amplitude et éventuellement de phase (3$^\mathrm{e}$ terme). Des erreurs de phase et d'amplitude sont ainsi introduites.

L'équation (2.155) donne l'expression du signal associé à un isochromat de fréquence ω. Le signal recueilli provient en fait de l'ensemble des isochromats constituant l'échantillon. Selon la qualité de l'homogénéité du champ, décrite par le paramètre T_2^{inh} (section 1.6.4), l'intégration sur l'échantillon introduit une destruction plus ou moins importante des termes dépendant de la fréquence. Si T_2^{inh} n'est pas très inférieur à $T_E/2$, deux méthodes permettent d'éliminer les erreurs : l'utilisation d'impulsions de gradient et le cyclage de phase EXORCYCLE.

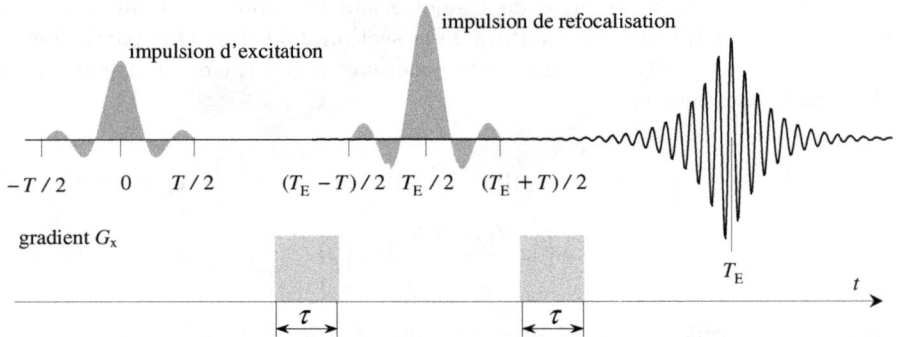

FIG. 2.40 – Impulsions de gradient entourant une impulsion radiofréquence de refocalisation.

2.5.2   Utilisation de gradients de dispersion

Considérons une impulsion de refocalisation entourée de deux impulsions de gradient de durée τ et de surfaces identiques (figure 2.40). Pendant un délai de précession libre, une cohérence d'ordre p évolue à la fréquence $-p\omega$. En présence de gradient la fréquence dépend de la position r et devient :

$$\omega' = \omega - \gamma \, \boldsymbol{G}.\boldsymbol{r}. \tag{2.157}$$

Un gradient présent de l'instant t à l'instant $t+\tau$ introduit donc un déphasage supplémentaire :

$$\Phi_p\left(\boldsymbol{r}\right) = p\Phi\left(\boldsymbol{r}\right), \tag{2.158}$$

où,

$$\Phi\left(\boldsymbol{r}\right) = \gamma \int\limits_{t}^{t+\tau} \boldsymbol{G}.\boldsymbol{r} \, \mathrm{d}t. \tag{2.159}$$

Reprenons l'équation (2.155). Le premier terme de cette équation correspond au transfert de cohérence $p = 0 \Rightarrow -1$ (l'impulsion de refocalisation place de l'aimantation longitudinale dans le plan transversal), le second au transfert $p = 1 \Rightarrow -1$ (qui doit être privilégié) et le dernier au transfert $p = -1 \Rightarrow -1$ (l'impulsion est partiellement transparente). Le déphasage intervenant sur le chemin $p_1 \Rightarrow p_2$ est simplement égal à $(p_1 + p_2)\,\Phi$. En absence de gradient $M_\perp\left(T_E\right)$ est donné par l'équation (2.155). La présence des impulsions de gradient modifie $M_\perp\left(T_E\right)$ qui devient donc :

$$M_\perp\left(T_E\right) = 2a_r^* b_r M_z\left(0\right) \exp\left(\mathrm{i}\omega \frac{T_E - T}{2}\right) \exp\left(-\mathrm{i}\Phi\right) - b_r^2 M_\perp^*\left(0\right)$$
$$+ a_r^{*2} M_\perp\left(0\right) \exp\left(\mathrm{i}\omega \, \left(T_E - T\right)\right) \exp\left(-2\mathrm{i}\Phi\right). \tag{2.160}$$

On doit maintenant considérer que le signal provient de l'échantillon entier et résulte donc d'une sommation des signaux élémentaires sur le volume de l'échantillon. Si l'on suppose que l'échantillon est raisonnablement homogène, seuls les termes en Φ dépendent de la coordonnée. Si la dispersion de phase est suffisamment forte, on peut écrire :

$$\langle \exp\left(-i\Phi\right)\rangle_{\text{ech}} = \langle \exp\left(-2i\Phi\right)\rangle_{\text{ech}} = 0. \tag{2.161}$$

Ainsi, seul le second terme de l'équation (2.160) contribue au signal. Nous appellerons $M_\perp^{\text{obs}}$ cette fraction de l'aimantation transversale qui ne s'annule pas en moyenne spatiale. On a donc

$$M_\perp^{\text{obs}}\left(T_{\text{E}}\right) = -b_{\text{r}}^2 M_\perp^*\left(0\right). \tag{2.162}$$

La connaissance de b_{r} permet donc de préciser l'amplitude de l'écho (exercice 2-10). Nous avions remarqué à la fin de la section 2.5.1, qu'un champ statique suffisamment inhomogène permettait de faire disparaître les termes non souhaités dans l'expression du signal. Les impulsions de gradient travaillent d'une manière tout à fait identique.

L'efficacité de la dispersion s'accroît lorsqu'on accroît l'intensité ou la durée d'application des gradients. On peut aussi appliquer simultanément des gradients dans les trois directions x, y ou z.

2.5.3 Cyclage de phase EXORCYCLE

La séquence de la figure 2.39 est répétée quatre fois, l'impulsion de refocalisation étant appliquée la première fois avec la phase φ_0, la seconde avec la phase $\varphi_0 + \pi/2$, la troisième avec la phase $\varphi_0 + \pi$ et la quatrième avec la phase $\varphi_0 + 3\pi/2$. Quatre acquisitions sont effectuées et les signaux sont, avant addition, affectés respectivement des signes $+$, $-$, $+$, $-$. On remarque (équations (2.48)), que a_{r} ne dépend pas de φ et que $b_{\text{r}} = b_{\text{r}}^0 \exp\left(in\pi/2\right)$ où l'entier $n = 0$, 1, 2, 3, est associé à la phase φ imposée à l'impulsion. On a donc :

$$\langle M_\perp\left(T_{\text{E}}\right)\rangle = \frac{1}{4}\sum_{n=0}^{3}(-1)^n$$

$$\times \begin{bmatrix} 2a_{\text{r}}^* b_{\text{r}}^0 M_z\left(0\right)\exp\left(in\pi/2\right)\exp\left(i\omega(T_{\text{E}}-T)/2\right) - b_{\text{r}}^{0^2}\exp\left(in\pi\right)M_\perp^*\left(0\right) \\ + a_{\text{r}}^{*2}M_\perp\left(0\right)\exp\left(i\omega\left(T_{\text{E}}-T\right)\right) \end{bmatrix} \tag{2.163}$$

soit

$$\langle M_\perp\left(T_{\text{E}}\right)\rangle = -b_{\text{r}}^2 M_\perp^*\left(0\right). \tag{2.164}$$

Seul le terme proportionnel au complexe conjugué de l'aimantation présente à $t = 0$ est conservé.

On obtient ainsi un résultat tout à fait similaire à celui obtenu avec des impulsions de gradient. La méthode présente l'inconvénient de nécessiter quatre acquisitions, ce qui accroît la durée minimum de l'expérience et nécessite une excellente stabilité de l'instrumentation et l'absence de vibrations, ou de mouvements lorsqu'on travaille sur un système vivant. En outre le système de spins doit être dans un état stationnaire, c'est à dire que l'aimantation avant l'impulsion d'excitation doit être la même d'une séquence à l'autre. L'utilisation d'impulsions de gradient a maintenant largement supplanté le cyclage de phase. Lorsque la répétition de la séquence est nécessaire pour obtenir un rapport signal sur bruit raisonnable, on peut cependant associer les deux méthodes. Le cyclage peut aussi présenter un intérêt si l'on doit éviter des pertes de signal dues à la diffusion moléculaire, c'est la raison pour laquelle nous avons donné quelques détails sur la méthode.

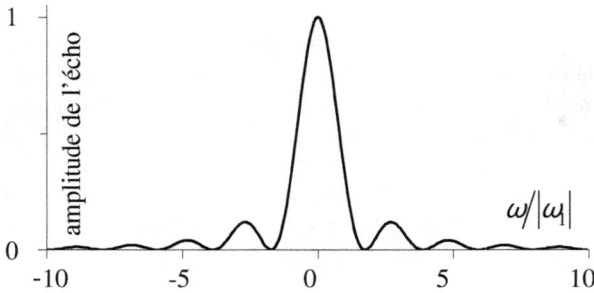

FIG. 2.41 – Profil de refocalisation d'une impulsion rectangulaire d'angle π à $\omega = 0$.

2.5.4   Profils de refocalisation sélective

Dans le cas d'une impulsion rectangulaire, on peut remplacer le coefficient b_r par son expression en fonction des angles θ, α et φ (équations (2.48)) :

$$M_\perp^{\mathrm{obs}}(T_E) = \sin^2\left(\frac{\theta}{2}\right)\sin^2(\alpha)\exp(2\mathrm{i}\varphi)\, M_\perp^*(0).\qquad(2.165)$$

En exprimant les angles α et θ en fonction de $f_1 = \omega_1/2\pi = -\gamma b_1/2\pi$ et de $f = \omega/2\pi$ (offset). comme cela a été fait dans la section 2.4.2.1, on obtient pour une champ b_1 dirigé selon l'axe x :

$$M_\perp^{\mathrm{obs}}(T_E) = \frac{f_1^2}{f_1^2 + f^2}\sin^2\left(\pi\sqrt{f_1^2 + f^2}\,T\right) M_\perp^*(0).\qquad(2.166)$$

La réponse fréquentielle de l'impulsion est présentée figure 2.41 On remarque que cette impulsion présente une réponse fréquentielle très sélective et que les lobes latéraux sont relativement peu importants. Cette réponse est cependant très éloignée d'un profil rectangulaire et l'on utilise généralement d'autres types d'impulsions. La figure 2.42 présente à titre d'exemple le profil

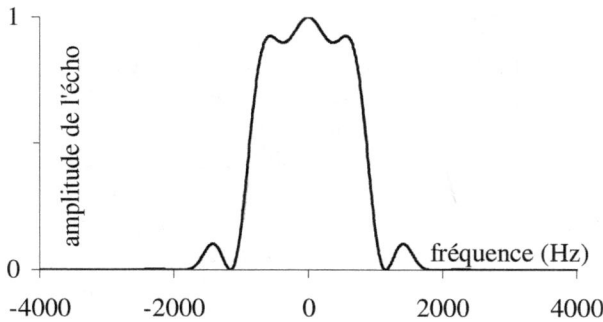

FIG. 2.42 – Profil de refocalisation (coefficient b_r^2) d'une impulsion de type sinc tronquée au troisième zéro. Durée d'impulsion 2,56 ms. Angle π à $\omega = 0$.

de refocalisation d'une impulsion sinc tronquée au troisième zéro. Dans ce cas les paramètres de Cayley-Klein ne peuvent être calculés analytiquement et le profil est calculé numériquement, en effectuant le produit des matrices associées aux impulsions rectangulaires élémentaires constituant l'impulsion. Le profil est nettement amélioré, mais reste encore éloigné du profil idéal. Pour se rapprocher de cet objectif on doit résoudre le problème inverse. La figure 2.43 montre le résultat obtenu avec la méthode de Shinnar et Le Roux dont nous avons donné les grandes lignes.

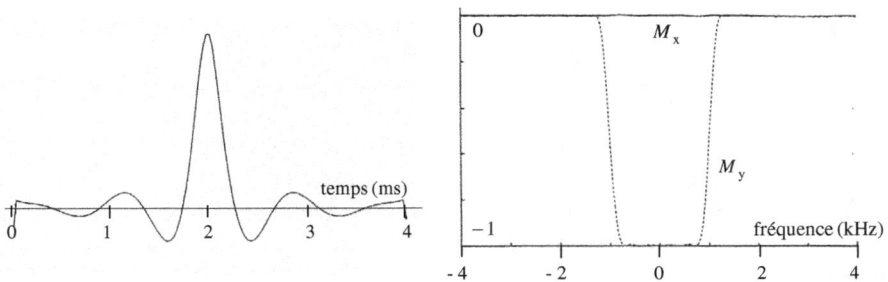

FIG. 2.43 – Impulsion de refocalisation et profil correspondant. Méthode de Shinnar et Le Roux. D'après J. Pauly et al., IEEE Trans. Med. Imag. **10**, 53-65, 1991, © IEEE 1991.

Pour simplifier la présentation, nous avons supposé dans toute cette section que les impulsions de la séquence étaient symétriques et que le gradient de phase associé à l'impulsion d'excitation était donné par l'approximation de la réponse linéaire. On peut bien sûr utiliser des impulsions ne satisfaisant pas ces hypothèses, par exemple utiliser en excitation une impulsion auto-refocalisante. Dans ce cas le maximum de l'écho sera déplacé (exercice 2-13).

2.5.5   Pondération T_1 et T_2

L'évaluation de l'influence de la relaxation est évaluée en négligeant les durées d'impulsion devant les temps d'évolution considérés. Il est en effet très difficile d'évaluer rigoureusement l'influence de la relaxation pendant une impulsion. Compte tenu des ordres de grandeur cela n'est d'ailleurs généralement pas nécessaire.

Si le temps de répétition T_R de la séquence (temps séparant deux impulsions d'excitation successives), est long devant T_1, le signal acquis a simplement la forme :

$$s\left(T_E\right) \propto \exp\left(-\frac{T_E}{T_2}\right). \tag{2.167}$$

Si ce n'est pas le cas, il faut introduire la relaxation spin-réseau. On a alors, si $T_E << T_1$ et si l'angle de la rotation associée à l'impulsion d'excitation est de 90°, $M_z\left(T_E\right) \approx 0$, et :

$$s\left(T_E\right) \propto \left[1 - \exp\left(-\frac{T_R}{T_1}\right)\right] \exp\left(-\frac{T_E}{T_2}\right). \tag{2.168}$$

Dans le cas général on obtient une expression plus complexe (voir exercice 2-15).

2.5.6   Séquences multi-échos

Une nouvelle impulsion de refocalisation peut être appliquée dès que le processus de refocalisation est achevé (figure 2.44). Le schéma de gradients devra être dessiné soigneusement afin de sélectionner un unique chemin de cohérences. Avec une séquence à deux échos par exemple, le premier écho ne doit comporter que le signal correspondant au chemin $p = 0 \Rightarrow 1 \Rightarrow -1$, tandis que le second écho doit correspondre au seul chemin $p = 0 \Rightarrow -1 \Rightarrow 1 \Rightarrow -1$. C'est pour cette raison que, sur la figure 2.44, les gradients entourant la première impulsion de refocalisation et ceux entourant la seconde impulsion n'ont pas la même intensité. Des gradients de même amplitude auraient autorisé la production d'un signal associé à la cohérence $p = 0 \Rightarrow -1 \Rightarrow 0 \Rightarrow -1$, qui serait susceptible de contaminer le second écho lorsque l'angle des impulsions de refocalisation diffère de π. Le nombre de chemins de cohérence produits par de telles suites d'impulsions croit vite avec le nombre d'impulsions et l'élimination des cohérences indésirables devient vite difficile lorsque les impulsions de refocalisation s'éloignent trop de l'idéalité.

La multiplication du nombre d'impulsions conduit aux séquences multi-échos et en particulier à la séquence connue sous le nom de Carr-Purcell-Meiboom-Gill (CPMG) qui peut comporter plusieurs dizaines d'impulsions de refocalisation. Cette technique est très utilisée en RMN haute résolution, pour effectuer des mesures de T_2 affranchies de la contribution de la diffusion moléculaire (chapitre 1, section 1.14.4). En RMN traditionnelle, cette séquence

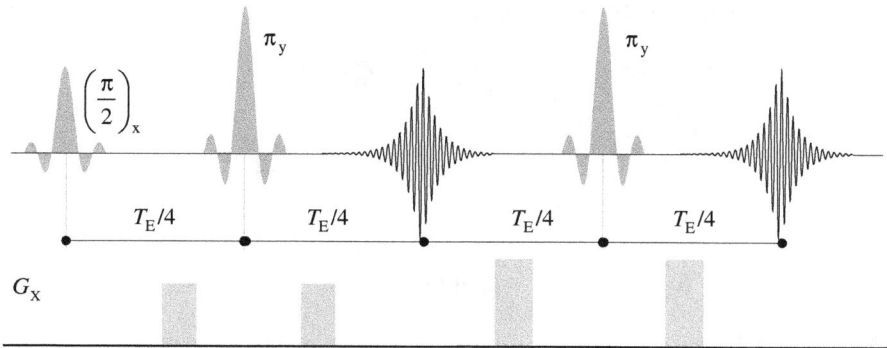

FIG. 2.44 – Séquence à deux échos.

est utilisée avec des impulsions de refocalisation dures. Pour limiter les erreurs dues à la non-idéalité des impulsions de refocalisation, leur phase est décalée de 90° par rapport à la phase de l'impulsion d'excitation. La séquence CPMG s'écrit alors :

$$(\pi/2)_x - T_E/2 - \pi_y - T_E - \pi_y - T_E - ... - . \pi_y - T_E/2 - \text{Acq} \quad (2.169)$$

Nous reviendrons sur ce type de méthode lors de la description des méthodes rapides d'imagerie par écho de spin (voir chapitre 5, section 5.7).

2.6 Impulsions de stockage : séquences d'écho stimulé

2.6.1 La séquence d'écho stimulé

On appelle impulsion de stockage, une impulsion qui agit sur une aimantation transversale pour la transformer, au moins partiellement, en aimantation longitudinale. Nous allons présenter un exemple d'utilisation d'une impulsion de stockage.

Considérons la séquence d'impulsions de la figure 2.45 qui comporte trois impulsions identiques, que nous supposons symétriques, dont les centres sont placées aux instants 0, $T_E/2$ et $T_E/2 + T_M$. L'angle d'impulsion est en principe égal à 90° à $\omega = 0$. L'aimantation avant la première impulsion est supposée à l'équilibre thermique. Comme dans le cas des séquences d'écho de spin nous admettrons que le déphasage produit par les trois impulsions est celui donné par l'approximation de la réponse linéaire. Intéressons nous à l'état du système immédiatement avant la seconde impulsion. La situation est jusque là tout à fait semblable à ce qui a été décrit pour les séquences d'écho de spin et nous pouvons reprendre les équations (2.153) :

$$
\begin{aligned}
M_\perp \left(\frac{T_{\mathrm{E}} - T}{2} \right) &= M_\perp (0) \exp \left(\mathrm{i} \omega \frac{(T_{\mathrm{E}} - T)}{2} \right), \\
M_\perp^* \left(\frac{T_{\mathrm{E}} - T}{2} \right) &= M_\perp^* (0) \exp \left(-\mathrm{i} \omega \frac{(T_{\mathrm{E}} - T)}{2} \right), \\
M_z \left(\frac{T_{\mathrm{E}} - T}{2} \right) &= M_z (0),
\end{aligned}
\tag{2.170}
$$

où $M_\perp (0)$ $M_\perp^* (0)$ et $M_z (0)$ sont donnés par les équations (2.152). On retrouve ici les trois ordres de cohérences, $p = -1$ $(M_\perp)$, $p = +1$ $(M_\perp^*)$ et $p = 0$ (M_z). La seconde impulsion produit également à partir de chaque terme les trois ordres de cohérence.

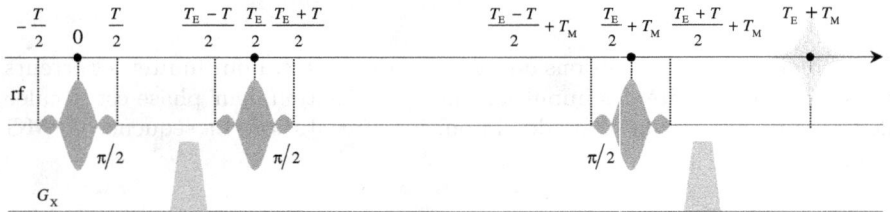

FIG. 2.45 – production d'un écho stimulé.

2.6.2 L'écho stimulé

Limitons d'abord cette étude aux transferts de cohérence vers l'ordre $p = 0$, c'est-à-dire à l'aimantation qui, durant T_{M} (c'est-à-dire, entre la seconde et la troisième impulsion), est alignée avec l'axe z. Utilisons les résultats du tableau 2.2, en gardant en mémoire que le paramètre ϕ_a a la forme $\phi_a = -\omega T/2$ (approximation de la réponse linéaire). On obtient :

$$
M_z \left(\frac{T_{\mathrm{E}} + T}{2} \right) =
\begin{bmatrix}
-a' \, b \, M_\perp^* (0) \exp \left(-\mathrm{i} \, \omega \, T_{\mathrm{E}}/2 \right) \\
-a'^* \, b^* \, M_\perp (0) \exp \left(\mathrm{i} \, \omega \, T_{\mathrm{E}}/2 \right) + \left(a' \, a'^* - b \, b^* \right) M_z (0)
\end{bmatrix}.
\tag{2.171}
$$

La seconde impulsion stocke, dans la direction z, de l'aimantation initialement transversale. Si l'on néglige la relaxation spin-réseau, le délai de précession libre T_{M} n'affecte pas ce terme. La dernière impulsion produit, à partir de cette aimantation longitudinale, de l'aimantation observable (transfert $p = 0 \Rightarrow -1$). Le tableau 2.1 nous donne l'efficacité de ce transfert, ce qui permet d'écrire l'aimantation transversale après cette dernière impulsion :

$$
M_\perp \left(\frac{T_{\mathrm{E}} + T}{2} + T_{\mathrm{M}} \right) = 2 \, a'^* \, b \exp \left(\mathrm{i} \omega \frac{T}{2} \right) M_z \left(\frac{T_{\mathrm{E}} + T}{2} \right).
\tag{2.172}
$$

Cette aimantation évolue ensuite pendant la période de précession libre qui suit et, à l'instant $T_E + T_M$ (c'est à dire un temps $(T_E - T)/2$ après la fin de l'impulsion), l'aimantation observable s'écrit :

$$M_\perp (T_E + T_M) = 2\, a'^* \, b \begin{bmatrix} -a'\, b\, M_\perp^* (0) - a'^*\, b^*\, M_\perp (0) \exp\left(\mathrm{i}\,\omega\, T_E\right) \\ + \left(a'\, a'^* - b\, b^* \right) M_z (0) \exp\left(\mathrm{i}\,\omega\, T_E/2\right) \end{bmatrix}.$$
$$(2.173)$$

Le premier terme de (2.173) qui correspond au chemin $p = 0 \Rightarrow 1 \Rightarrow 0 \Rightarrow -1$ est indépendant de la fréquence : l'aimantation transversale produite par la première impulsion se trouve en partie refocalisée. Ce type d'écho est appelé **écho stimulé**. Supposons les impulsions parfaites et non sélectives ($\alpha = \pi/2$ et $\theta = -\pi/2$). Les paramètres de Cayley Klein ont pour expression $a = a' = \sqrt{2}/2$, $b = \mathrm{i} \exp\left(\mathrm{i}\varphi\right)/\sqrt{2}$ (*cf.* équations (2.48)) et l'écho a pour intensité $\frac{1}{2} \exp\left(2\mathrm{i}\varphi\right) M_\perp^* (0)$. L'écho est donc deux fois plus petit que celui qui serait obtenu avec une séquence d'écho de spin classique (voir équation (2.156)).

Cependant l'équation (2.173) comporte deux autres termes qui dépendent de la fréquence. Ils correspondent aux chemins de cohérence $p = 0 \Rightarrow -1 \Rightarrow 0 \Rightarrow -1$ et $p = 0 \Rightarrow 0 \Rightarrow 0 \Rightarrow -1$. Les signaux associés à ces termes peuvent interférer avec l'écho stimulé et doivent être éliminés. Cela peut être fait en utilisant une paire d'impulsions de gradients entourant les deux dernières impulsions (figure 2.45). Une impulsion de gradient introduisant le déphasage $\Phi_p (\boldsymbol{r}) = p\Phi (\boldsymbol{r})$, où $\Phi (\boldsymbol{r})$ est donné par l'équation (2.159), on peut écrire :

$$M_\perp (T_E + T_M) =$$

$$2\, a'^* \, b \begin{bmatrix} -a'\, b\, M_\perp^* (0) - a'^*\, b^*\, M_\perp (0) \exp\left(2\,\mathrm{i}\,\Phi (\boldsymbol{r})\right) \exp\left(\mathrm{i}\,\omega\, T_E\right) \\ + \left(a'\, a'^* - b\, b^* \right) M_z (0) \exp\left(\mathrm{i}\,\Phi (\boldsymbol{r})\right) \exp\left(\mathrm{i}\,\omega\, T_E/2\right) \end{bmatrix}. (2.174)$$

L'intégration sur le volume de l'échantillon fait disparaître les termes contenant $\Phi (\boldsymbol{r})$. Il reste l'aimantation observable :

$$M_\perp^{\mathrm{obs}} (T_E + T_M) = -2\, |a'|^2\, b^2\, M_\perp^* (0). \qquad (2.175)$$

Si l'on exprime $M_\perp^* (0)$ en fonction de l'aimantation longitudinale initiale (équation (2.152)), on obtient :

$$M_\perp^{\mathrm{obs}} (T_E + T_M) = -4\, a'^2\, a'^*\, b^2\, b^*\, M_0. \qquad (2.176)$$

À la résonance ($\omega = 0$) et avec un angle $\theta = -\pi/2$:

$$M_\perp^{\mathrm{obs}} (T_E + T_M) = -\frac{1}{2}\, \mathrm{i} \exp\left(\mathrm{i}\,\varphi\right) M_0. \qquad (2.177)$$

La suppression des chemins de cohérence indésirables peut aussi être réalisée en utilisant un cyclage de phase de type EXORCYCLE des deux dernières impulsions (exercice 2-18). Enfin, comme dans le cas d'une séquence d'écho de spin, l'intégration sur l'échantillon fait intervenir le paramètre T_2^{inh} ce qui entraîne, selon l'ordre de grandeur de T_2^{inh} par rapport à T_E, une destruction plus ou moins forte des signaux non désirés. On remarque qu'avec une séquence d'écho de spin et une impulsion de refocalisation parfaite, l'écho de spin n'est perturbé par aucun signal gênant. Ce n'est pas le cas ici. Une séquence d'écho stimulé doit toujours être utilisée avec une méthode de suppression des cohérences indésirables.

Nous nous sommes limités jusque là, à l'examen des trois chemins de cohérences, $p = 0 \Rightarrow -1 \Rightarrow 0 \Rightarrow -1$, $p = 0 \Rightarrow 0 \Rightarrow 0 \Rightarrow -1$ et $p = 0 \Rightarrow 1 \Rightarrow 0 \Rightarrow -1$. C'est ce dernier chemin qui conduit à l'écho stimulé. **Nous avons pu dégager une première condition pour obtenir un écho stimulé sans artefact : disperser complètement l'aimantation transversale avant l'application de la seconde impulsion. Cela peut être fait avec une impulsion de gradient.** Une impulsion de même surface placée après la troisième impulsion refocalise les aimantations. Malheureusement nous allons voir qu'une séquence de trois impulsions produit d'autres signaux susceptibles d'interférer avec l'écho stimulé et qu'il faut donc supprimer aussi.

2.6.3   Les divers signaux produits par une séquence d'écho stimulé

Pour éviter l'utilisation d'un cyclage de phase, le schéma de gradients doit être tel que tous les échos et signaux de précession libre soient détruits, à l'exception de l'écho stimulé, ou au moins qu'aucun signal n'interfère avec cet écho pendant toute la durée de la fenêtre d'acquisition. L'analyse est grandement facilitée si l'on examine les chemins de cohérence. Chaque impulsion crée en général trois ordres de cohérences. On est donc en présence de 27 chemins de cohérences (figure 2.46). Heureusement, neuf seulement doivent être examinés, ceux qui produisent des signaux observables au cours de la période d'acquisition placée après la troisième impulsion. Il s'agit bien sûr des chemins tels que $p = -1$ après la troisième impulsion.

La figure 2.47 présente ces neuf chemins. Les chemins pour lesquels $p = 0$ pendant T_M, ont été étudiés précédemment. Restent six chemins pour lesquels la cohérence $p = \pm 1$ est présente pendant T_M. Il suffira pour supprimer les signaux associés à ces six chemins de placer une impulsion de gradient pendant ce délai T_M, ce qui conduit au schéma de la figure 2.47. Pour éviter toute refocalisation des aimantations par l'impulsion de gradient qui suit la troisième impulsion on sera attentif aux aires des impulsions de gradient, mais on peut aussi utiliser une seconde direction de gradient, ce qui interdit toute interférence.

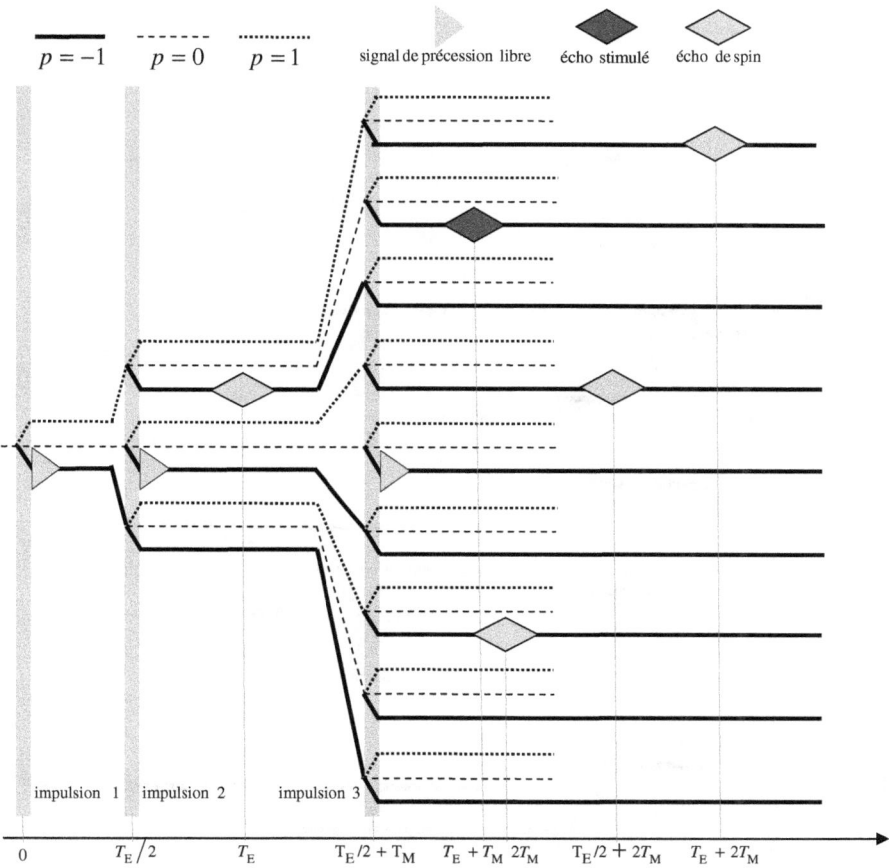

FIG. 2.46 – Les différents chemins de cohérences présents dans une séquence d'écho stimulé.

La séquence d'écho stimulé présente un grand intérêt dans quelques cas spécifiques, par exemple pour la mesure de coefficients de diffusion d'espèces à T_2 court. Avec une séquence d'écho de spin, on ne peut pas, si T_2 est court, utiliser les temps d'écho longs qui seraient nécessaires lorsque les coefficients de diffusion à mesurer sont petits. Les séquences d'écho stimulé peuvent ainsi permettre d'étendre la gamme des coefficients mesurables par RMN. Un autre domaine où le handicap que constitue la perte d'un facteur $1/2$ en rapport signal sur bruit peut être accepté, est la spectroscopie localisée du proton. Le temps de stockage T_M, peut être utilisé pour saturer le signal des protons de l'eau, sans que l'amplitude du signal soit affectée par la relaxation transversale.

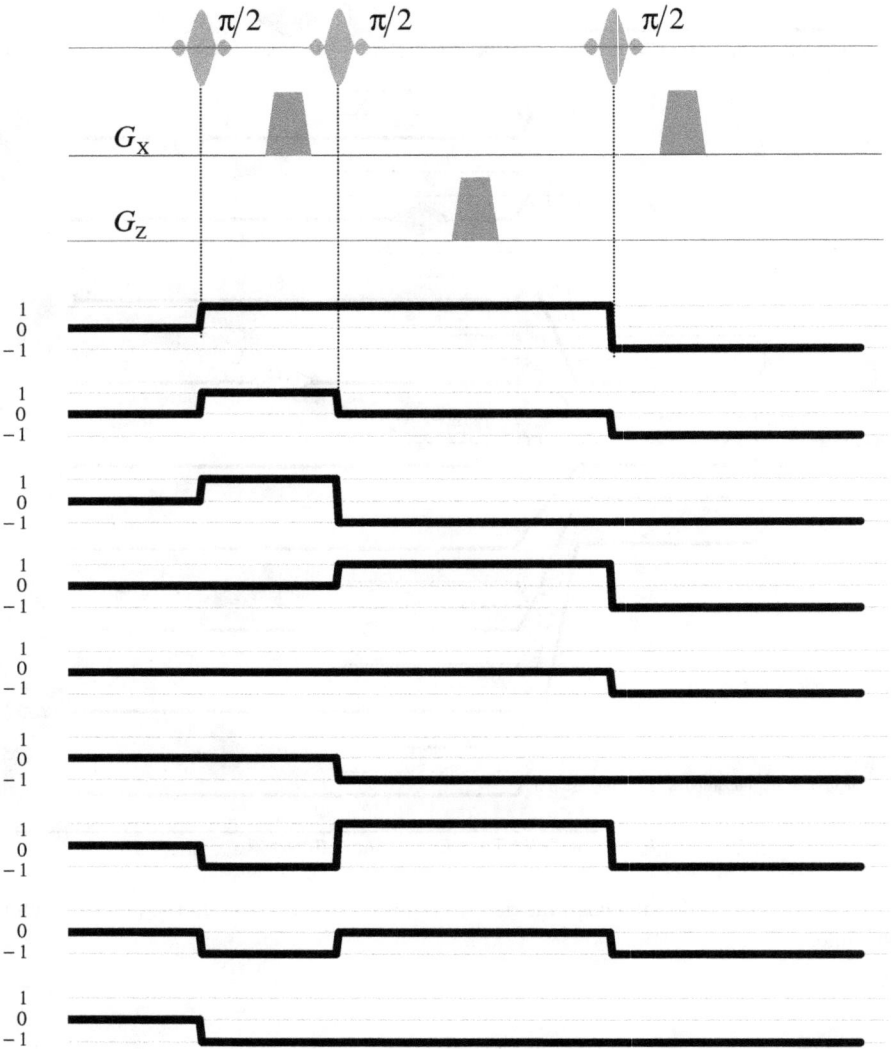

FIG. 2.47 – Les neuf chemins de cohérence susceptibles de produire un signal après la dernière impulsion d'une séquence d'écho stimulé.

2.6.4   Relaxation

Pendant T_M, la cohérence qui conduit au signal est une cohérence $p = 0$ qui provient du transfert $p = 1 \Rightarrow 0$. Dans cet état $p = 0$ l'aimantation qui conduira à l'écho est, au début de l'intervalle T_M, proportionnelle à

$M_\perp^*(0)\exp\left(-\mathrm{i}\,\omega\,T_\mathrm{E}/2\right)$ (*cf.* équation (2.171)). Ce terme évolue sous l'effet de la relaxation spin-réseau et s'écrit à la fin du temps T_M :

$$M_\perp^*(0)\exp\left(-\frac{T_\mathrm{M}}{T_1}\right)\exp\left(-\mathrm{i}\,\omega\,\frac{T_\mathrm{E}}{2}\right). \tag{2.178}$$

La relaxation spin-réseau produit donc une atténuation du signal par un facteur $\exp\left(-T_\mathrm{M}/T_1\right)$. Pendant les intervalles $T_\mathrm{E}/2$ c'est T_2 qui intervient, de sorte que l'atténuation globale est donnée par le facteur $\exp\left(-T_\mathrm{E}/T_2\right)\exp\left(-T_\mathrm{M}/T_1\right)$.

2.7 Impulsions d'inversion

Ce sont des impulsions destinées à transformer M_z en $-M_z$. Il s'agit bien sûr d'impulsions π. Dans le cas d'un ordre initial purement longitudinal et d'une impulsion rectangulaire de durée T, on peut utiliser l'expression (2.92). On choisit $\theta = \pi$. À la résonance on a donc $\alpha = \pi/2$. Si l'origine des temps est placé immédiatement après la fin de l'impulsion, $M_z(0) = -M_z(-T)$, et l'inversion est parfaite. Lorsqu'on s'éloigne de la résonance, l'inversion est partielle. On obtient ainsi une impulsion d'inversion sélective (figure 2.48).

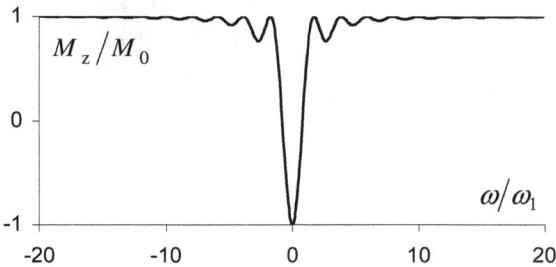

FIG. 2.48 – Profil d'inversion d'une impulsion rectangulaire.

Il est intéressant en imagerie de disposer d'impulsions présentant un profil d'inversion plus rectangulaire. De manière générale, le profil spectral d'une impulsion d'inversion peut être obtenu en utilisant le tableau 2.1 :

$$M_z(0) = |a|^2 - |b|^2 \tag{2.179}$$

Une impulsion de type sinc d'angle π à la résonance (figure 2.49) présente un profil amélioré par rapport à l'impulsion rectangulaire, mais encore peu satisfaisant. Il n'est pas surprenant que ce profil reste éloigné du profil idéal, la forme sinc étant directement issue de l'approximation de la réponse linéaire qui clairement n'est plus utilisable avec un angle π.

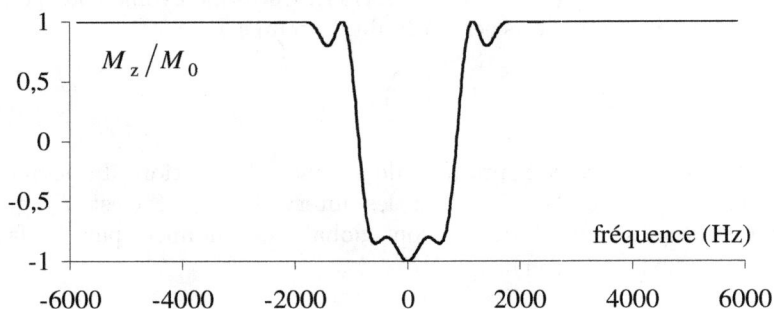

FIG. 2.49 – Profil d'inversion d'une impulsion sinc d'une durée de 2,56 ms tronquée au troisième zéro.

D'autres types d'impulsions sont mieux adaptées à cet objectif, par exemple des impulsions calculées avec l'algorithme de Shinnar et Le Roux, ou avec d'autres méthodes d'inversion des équations de Bloch. La figure 2.50 présente, à titre d'exemple, une impulsion d'inversion calculée avec la théorie de la diffusion inverse et le profil fréquentiel correspondant. Le profil est très satisfaisant, mais cette impulsion est beaucoup trop longue pour pouvoir être utilisée dans les applications classiques de l'IRM. On préférera souvent en imagerie les impulsions adiabatiques d'inversion, que nous abordons dans la section qui suit (voir figure 2.55). Ces impulsions ont des durées raisonnables, un profil souvent proche de l'idéal et sont en outre peu sensibles aux inhomogénéités de champ.

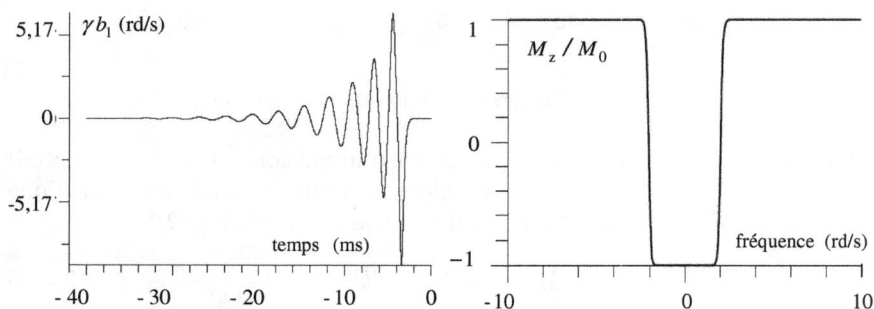

FIG. 2.50 – Impulsion d'inversion construite avec une méthode fondée sur la transformation de diffusion inverse. D'après David Rourke ; thèse Ph.D. Université de Cambridge, 1992.

2.8 Impulsions adiabatiques

Les différents impulsions présentées ci-dessus sont toujours très sensibles aux inhomogénéités du champ rf. À la résonance, l'angle de rotation de l'aimantation est en effet proportionnel à $\int_0^T b_1(t)\,dt$. Cela peut produire des pertes de signal lorsque le champ rf n'est pas très homogène, ce qui est fréquemment le cas en imagerie. Les impulsions dites adiabatiques, qui agissent sur un système de spins de manière très différente de ce que nous avons vu jusque-là, ont pour caractéristique une forte insensibilité aux variations de b_1. Nous verrons en outre que ces impulsions présentent une autre caractéristique intéressante, elles permettent de réaliser des inversions sélectives de manière bien plus satisfaisante que les impulsions brièvement présentées dans la section précédente. Nous présentons ci-dessous les principes généraux qui ont permis de créer des impulsions adiabatiques performantes. Nous ne tenterons cependant pas d'être exhaustif et renvoyons le lecteur aux très nombreuses publications concernant ce thème.

2.8.1 Passage adiabatique rapide

Le passage adiabatique rapide a longtemps été utilisé pour observer le phénomène de RMN. On utilisait alors une onde continue de fréquence fixe et un champ magnétique dont l'intensité était balayée d'une valeur inférieure à la condition de résonance, vers une valeur supérieure, ou inversement. Un signal pouvait être observé au passage à la résonance.

La méthode peut être comprise en se plaçant dans le référentiel tournant (figure 2.51). Un champ rf b_1, polarisé rectilignement, est appliqué dans la direction x d'un référentiel tournant à la fréquence Ω_{rf}. Dans ce repère, le système de spins est soumis au champ fictif $B_{\text{fict}} = B_0(t) + \Omega_{\text{rf}}/\gamma$, où $B_0(t)$ est le champ magnétique externe qui est balayé linéairement d'une valeur B_0^{max} vers une valeur B_0^{min}. Le champ fictif varie donc aussi d'une valeur $B_{\text{fict}}^{\text{max}}$ vers la valeur $B_{\text{fict}}^{\text{min}}$. Au cours du temps, le champ effectif $B_{\text{eff}} = B_{\text{fict}} + b_1$ bascule donc d'une position proche de la direction $+z$, vers une position proche

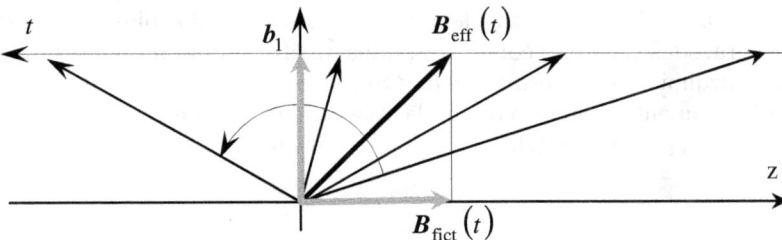

FIG. 2.51 – Passage adiabatique rapide. Mouvement du champ effectif pendant la variation de B_0.

de la direction $-z$. Si ce basculement est suffisamment lent, l'aimantation nucléaire, initialement alignée avec la direction $+z$, et donc avec $\boldsymbol{B}_{\text{fict}}^{\text{max}}$, suit le mouvement du champ effectif pour se retrouver à la fin du balayage du champ, alignée avec l'axe $-z$. Cette méthode permet d'inverser les populations du système de spins. On notera que le balayage du champ en sens inverse produit le même résultat. On remarquera, que lorsque l'aimantation passe dans le plan transversal, un signal peut en effet être détecté, mais ce n'est pas le point qui nous intéresse ici (ce type d'observation du signal n'est plus d'actualité). Observons le mouvement de manière plus quantitative.

On peut, pour simplifier l'étude du mouvement du champ effectif dans le plan xOz, utiliser un repère $x''y''z''$ tournant autour de l'axe y (y'' est donc confondu avec y) à la fréquence angulaire $d\alpha/dt$, où α est l'angle que fait $\boldsymbol{B}_{\text{eff}}$ avec l'axe z. Dans ce nouveau repère, $\boldsymbol{B}_{\text{eff}}$ est immobile, et le mouvement de l'aimantation s'écrit simplement :

$$\frac{\mathrm{d}\boldsymbol{M}}{\mathrm{d}t} = \gamma \boldsymbol{M} \times \left(\boldsymbol{B}_{\text{eff}} + \frac{1}{\gamma}\frac{\mathrm{d}\alpha}{\mathrm{d}t}\boldsymbol{k}_{y''} \right), \tag{2.180}$$

où $\boldsymbol{k}_{y''}$ est le vecteur unité aligné avec l'axe y''. Si la condition

$$\left| \frac{\mathrm{d}\alpha}{\mathrm{d}t} \right| << |\gamma \boldsymbol{B}_{\text{eff}}|, \tag{2.181}$$

dite condition d'adiabaticité, est satisfaite, alors, vu dans le repère $x''y\,z''$, $\boldsymbol{M}$ effectue un mouvement de précession autour de $\boldsymbol{B}_{\text{eff}}$. Si, initialement, l'aimantation $\boldsymbol{M}$ est alignée avec $\boldsymbol{B}_{\text{eff}}$, elle le restera pendant la durée du balayage. On montrera facilement (exercice 2-19), que la condition ci-dessus peut être mise sous la forme :

$$\left| \frac{\mathrm{d}B_{\text{fict}}}{\mathrm{d}t} \right| << |\gamma b_1{}^2|. \tag{2.182}$$

Ce type de manipulation du système de spins, qui a été utilisé dès les premières mises en évidence du phénomène de RMN[3], est connu sous le nom de passage adiabatique rapide. Il faut prendre le terme adiabatique au sens quantique du terme[4] (lorsqu'un système se trouve dans un état propre de l'hamiltonien et que cet hamiltonien évolue très lentement, alors en fin d'évolution le système se trouvera, sous certaines conditions, dans un état propre du nouvel hamiltonien). Pourquoi alors le terme rapide ? Simplement parce que l'évolution doit être suffisamment rapide pour que la relaxation puisse être négligée, ce qui conduit à compléter l'inégalité (2.181) qui devient :

$$\frac{1}{T_1}, \frac{1}{T_2} << \left| \frac{\mathrm{d}\alpha}{\mathrm{d}t} \right| << |\gamma \boldsymbol{B}_{\text{eff}}|. \tag{2.183}$$

3. F. Bloch, W.W. Hansen, M. Packard. *Nuclear induction.* Phys. Rev. **69**, 127, 1946.

4. J.G. Powles. *The adiabatic fast passage in magnetic resonance.* Proc. Phys. Soc, **71**, 497, 1956.

Une caractéristique particulièrement intéressante de ce type d'approche, est que le résultat obtenu (ici l'inversion des populations), n'est pas sensible à l'amplitude du champ rf, dès lors que la condition d'adiabaticité est satisfaite. C'est cette caractéristique qui a suscité un vif intérêt en imagerie, où l'on souffre souvent d'un champ rf inhomogène. Sur les principes d'adiabaticité, on a construit des impulsions sélectives d'inversion particulièrement performantes, mais aussi des impulsions d'excitation et de refocalisation.

2.8.2 Impulsions adiabatiques d'inversion modulées en amplitude et en phase

Les différents repères utilisés dans la section 2.8.
- Le repère XYZ lié au laboratoire.
- Le repère xyz tournant à la fréquence centrale Ω_{rf} du champ radiofréquence.
- Le repère $x'y'z$ qui tourne à la fréquence instantanée $\Omega(t)$ du champ radiofréquence.
- x' étant aligné avec le champ rf, on définit le repère $x''y''z''$ en alignant l'axe z'' avec le champ effectif. L'axe y'' est confondu avec y'.

L'objectif n'est plus aujourd'hui d'observer un signal pendant un passage rapide, mais d'agir sur l'aimantation macroscopique pour l'écarter de sa position initiale. Si la condition d'adiabaticité (2.181) est satisfaite à la résonance ($B_{\mathrm{fict}} = 0$), alors que le champ effectif a sa valeur minimum ($\boldsymbol{B}_{\mathrm{eff}} = \boldsymbol{b}_1$) et que la rotation de $\boldsymbol{B}_{\mathrm{eff}}$ dans le plan xOz atteint sa plus grande vitesse, elle le sera à plus forte raison lorsqu'on s'éloigne de la résonance. Conserver constante l'amplitude du champ rf présente donc l'inconvénient d'entraîner une dissipation d'énergie plus importante qu'il n'est nécessaire, mais aussi de produire une orientation de $\boldsymbol{B}_{\mathrm{eff}}$ imparfaitement alignée avec l'axe z au début et à la fin du balayage.

Avec l'apparition des techniques d'IRM, les spectromètres ont été équipés de modulateurs d'amplitude. Il est alors devenu possible de contrôler l'amplitude du champ rf et d'utiliser des formes d'impulsion telles que l'amplitude de ce champ soit nulle au début et à la fin du balayage et maximum à mi-chemin. Par ailleurs l'implantation de modulateurs de phase a permis de remplacer le balayage du champ statique par une modulation de la fréquence du champ rf. On distingue parfois modulation de fréquence et modulation de phase du champ rf. Cette distinction ne concerne en fait que la structure de l'émetteur et la technique de synthèse de l'impulsion rf. Quel que soit le mode de production de l'impulsion, modulation de fréquence ou de phase, le champ tournant modulé en amplitude et en fréquence a pour forme générale, vu du laboratoire,

$$b_1^\perp(t) = b_1^0(t) \exp(\mathrm{i}\,(\Omega_{\mathrm{rf}} t + \varphi(t)). \tag{2.184}$$

Dans le trièdre xyz, tournant à la fréquence constante Ω_{rf}, le champ rf s'écrit :

$$b_1^{\perp}(t) = b_1^0(t)\exp\left(i\,\varphi(t)\right). \tag{2.185}$$

Le repère xyz est celui depuis lequel est généralement observé le signal lorsqu'on analyse l'effet d'une impulsion. Dans le cas des impulsions adiabatiques, il sera souvent commode de se placer dans un repère $x'y'z$ tournant **à la fréquence instantanée** $\Omega(t)$ du champ rf (figure 2.52) :

$$\Omega(t) = \Omega_{\text{rf}} + \frac{d\varphi(t)}{dt}. \tag{2.186}$$

Dans ce repère l'orientation du champ $\boldsymbol{b}_1$ est fixe et le champ effectif s'écrit :

$$\boldsymbol{B}_{\text{eff}}(t) = b_1^0(t)\,\boldsymbol{k}_{x'} + \frac{\Omega(t) - \Omega_0}{\gamma}\boldsymbol{k}_z, \tag{2.187}$$

où l'axe x' a été choisi arbitrairement aligné avec $\boldsymbol{b}_1$. L'orientation du champ effectif dans le plan $x'Oz$ varie avec le temps puisque l'amplitude de $\boldsymbol{b}_1$, comme celle du champ fictif, dépendent du temps.

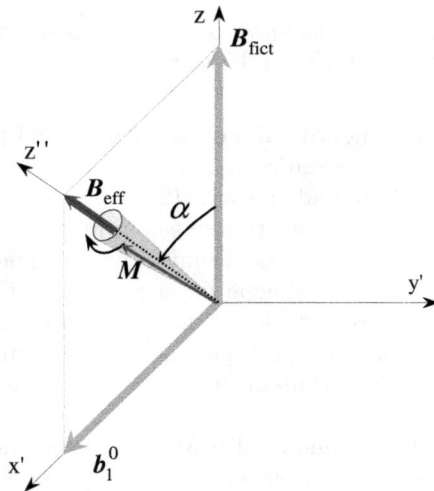

FIG. 2.52 – Champ rf, champ fictif et champ effectif dans un référentiel tournant à la fréquence Ω_{rf}.

Deux conditions doivent être respectées lors de la construction d'une impulsion adiabatique d'inversion :

- Le champ rf doit s'annuler en début et en fin d'impulsion. Il est en effet nécessaire qu'à ces deux instants le champ effectif soit aligné avec l'axe z.

- La condition d'adiabaticité (équation (2.181)) doit être respectée.

2.8.3 Impulsions de type secante hyperbolique

L'impulsion connue sous les noms de secante hyperbolique, sech ou encore sech/tanh, est surtout utilisée pour réaliser des inversions sélectives. Dans un référentiel tournant à la fréquence Ω_{rf}, le champ rf associé à cette impulsion a pour forme :

$$b_1^\perp (t) = b_1^{\max} \left(\mathrm{sech}\,(\beta t)\right)^{1+\mathrm{i}\mu}, \qquad (2.188)$$

où μ est un nombre sans dimension. On peut aussi écrire :

$$b_1^\perp = b_1^{\max}\mathrm{sech}\,(\beta t) \exp\left[\mathrm{i}\mu \ln\left(\mathrm{sech}\,(\beta t)\right)\right]. \qquad (2.189)$$

Le champ rf a donc une amplitude b_1^0 modulée :

$$b_1^0 (t) = b_1^{\max}\mathrm{sech}\,(\beta t). \qquad (2.190)$$

La fréquence instantanée du champ rf peut être exprimée en utilisant l'équation (2.186). On obtient :

$$\Omega\,(t) = \Omega_{\mathrm{rf}} \pm \mu\,\beta\,\tanh\,(\beta t), \qquad (2.191)$$

où les signes $+$ plus ou $-$ fixent le sens du balayage du balayage. La désignation de cette impulsion par le terme sech/tanh provient bien sûr des formes respectives des modulations d'amplitude et de fréquence. Dans le trièdre tournant à la fréquence Ω_{rf}, on a :

$$\begin{aligned} b_{1x}\,(t) &= b_1^{\max}\mathrm{sech}\,(\beta t) \cos\,(\mu \ln\,(\mathrm{sech}\,(\beta t))), \\ b_{1y}\,(t) &= b_1^{\max}\mathrm{sech}\,(\beta t) \sin\,(\mu \ln\,(\mathrm{sech}\,(\beta t))). \end{aligned} \qquad (2.192)$$

La figure 2.53 présente la forme de ces deux composantes.

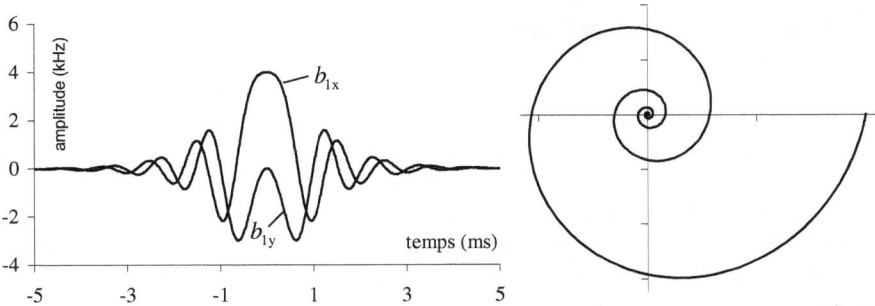

FIG. 2.53 – Impulsion sech. Composantes x et y du champ rf vues du référentiel tournant. À gauche amplitude des composantes en fonction du temps. À droite : trajectoire du champ rf dans le plan transversal. $\mu = 5$, $\beta = 400\pi$ rd/s (soit une bande passante de 2000 Hz).

L'impulsion sech est un des rares cas (avec l'impulsion rectangulaire) où les équations de Bloch ont une solution analytique connue[5]. Si $\gamma\, b_1^{\max} \geqslant \mu\,\beta$, cette solution a pour forme :

$$
\frac{M_z}{M_0} = \tanh\left[\pi\left(\frac{\omega}{2\beta} + \frac{\mu}{2}\right)\right] \tanh\left[\pi\left(\frac{\omega}{2\beta} - \frac{\mu}{2}\right)\right]
$$

$$
+ \cos\left[\pi\sqrt{\left(\frac{\gamma b_1^{\max}}{\beta}\right)^2 - \mu^2}\,\right] \operatorname{sech}\left[\pi\left(\frac{\omega}{2\beta} + \frac{\mu}{2}\right)\right] \operatorname{sech}\left[\pi\left(\frac{\omega}{2\beta} - \frac{\mu}{2}\right)\right].
$$

$$(2.193)$$

Cette expression décrit l'effet de l'impulsion sur l'aimantation longitudinale. L'étude de cette fonction montre que si $\mu \geqslant 2$, le second terme de la somme reste négligeable par rapport au premier et que, dans ce cas, le résultat ne dépend plus de l'amplitude du champ rf. L'extension temporelle de l'impulsion décrite par l'équation (2.188) est infinie et la réponse (2.193) est donc obtenue lorsque $t \to \infty$. La figure 2.53 montre qu'en fait, l'amplitude du champ rf décroît très vite lorsque $|t|$ croît et que, si $b_1^0\,(-T/2) = b_1^0\,(T/2) \ll b_1^{\max}$, l'impulsion peut être tronquée aux instants $t = \pm T/2$, sans que la réponse soit significativement modifiée.

Examinons qualitativement comment fonctionne cette impulsion. L'étude du comportement de l'aimantation est grandement facilitée si l'on se place dans le repère $x'y'z$ qui tourne à la fréquence instantanée $\Omega\,(t)$ du champ rf. Dans ce repère, le champ fictif s'écrit :

$$
\boldsymbol{B}_{\text{fict}} = \frac{1}{\gamma}\left(\Omega\,(t) - \Omega_0\right) \boldsymbol{k}_z. \tag{2.194}
$$

L'équation (2.191) indique que la fréquence instantanée varie entre valeur $\Omega_{\text{rf}} + \mu\,\beta$ et $\Omega_{\text{rf}} - \mu\,\beta$. Si, comme il se doit, la troncature reste faible, alors $b_1 \approx 0$ au début comme à la fin de l'impulsion. À ces instants le champ effectif est donc pratiquement confondu avec le champ fictif et est aligné avec l'axe z. Si la condition d'adiabaticité (équation (2.181)) est satisfaite, l'aimantation initialement $(t = -T/2)$ alignée avec z, donc avec B_{eff}, reste alignée avec ce champ, lorsqu'il s'écarte progressivement de la direction z. Pour qu'une inversion des populations intervienne, il faut que les orientations du champ fictif aux instants $t = -T/2$ et $t = T/2$ soient de sens opposés. Pour cela, il est nécessaire que les fréquences de résonance Ω_0 se situent dans l'intervalle $[\Omega\,(-T/2),\,\Omega\,(T/2)]$, c'est à dire que $\omega = \Omega_0 - \Omega_{\text{rf}}$ se situe dans l'intervalle $[-\mu\,\beta, +\mu\,\beta]$. Comme le montre la figure 2.54, au-delà de cet l'intervalle, le champ effectif B_{eff} à la fin de l'impulsion se retrouve dans la même direction qu'au début de l'impulsion et l'inversion n'est pas réalisée. La largeur de bande est donc $\Delta\omega = 2\mu\,\beta$. Cependant, aux extrémités de l'intervalle (c'est-à-dire

5. Voir M.S. Silver, R.I. Joseph, D.I. Hoult. *Selective spin inversion in nuclear magnetic resonance and coherent optics through an exact solution of the Bloch-Riccati equation.* Phys. Rev. **A 31**, 2753–2755 (1985).

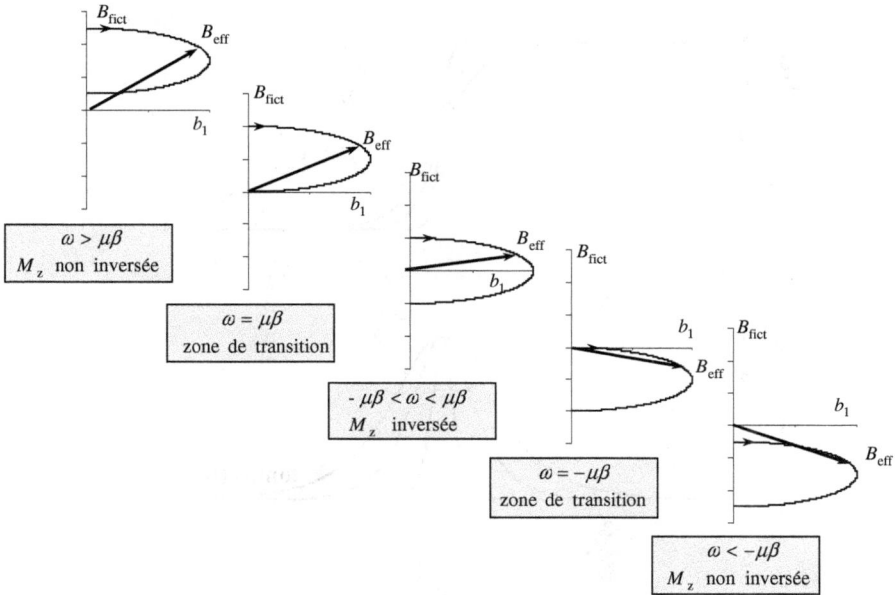

FIG. 2.54 – Impulsion sech. Trajectoires du champ effectif pour différentes valeurs de $\omega = \Omega_0 - \Omega_{\text{rf}}$.

pour les fréquences de résonance $\omega = \Omega_0 - \Omega_{\text{rf}} \approx \pm \mu \beta$), B_{eff} devient très petit et la condition d'adiabaticité ne peut plus être respectée. Il existe donc, comme avec toute impulsion sélective, une zone de transition.

La résolution numérique des équations de Bloch en absence de relaxation, permet de calculer la réponse aux impulsions de type sech, en incluant l'éventuel effet de la troncature. La figure 2.55 présente cette réponse pour différentes valeurs de μ. On remarquera que la définition de la bande passante s'améliore avec l'accroissement de μ. La valeur $\mu = 2$ constitue un seuil, au-delà duquel la réponse se modifie peu.

La relative insensibilité des impulsions adiabatiques aux variations d'amplitude du champ rf est une caractéristique extrêmement importante de ce type d'impulsion. La figure 2.56 illustre cette caractéristique dans le cas d'une impulsion sech de 10 ms. L'inversion au centre de la bande passante est quasiment parfaite, dès que l'amplitude du champ rf, $\gamma\, b_1^{\text{max}}/2\pi$, excède environ un millier de Hertz. De manière plus générale, la condition à respecter est :

$$\gamma\, b_1^{\text{max}} \geqslant \mu\, \beta \qquad (2.195)$$

La conséquence de cette condition est que la puissance crête nécessaire pour mettre en œuvre cette impulsion, varie comme le carré de la bande passante. Comme le montre la figure 2.57, il existe peu de différence entre les réponses

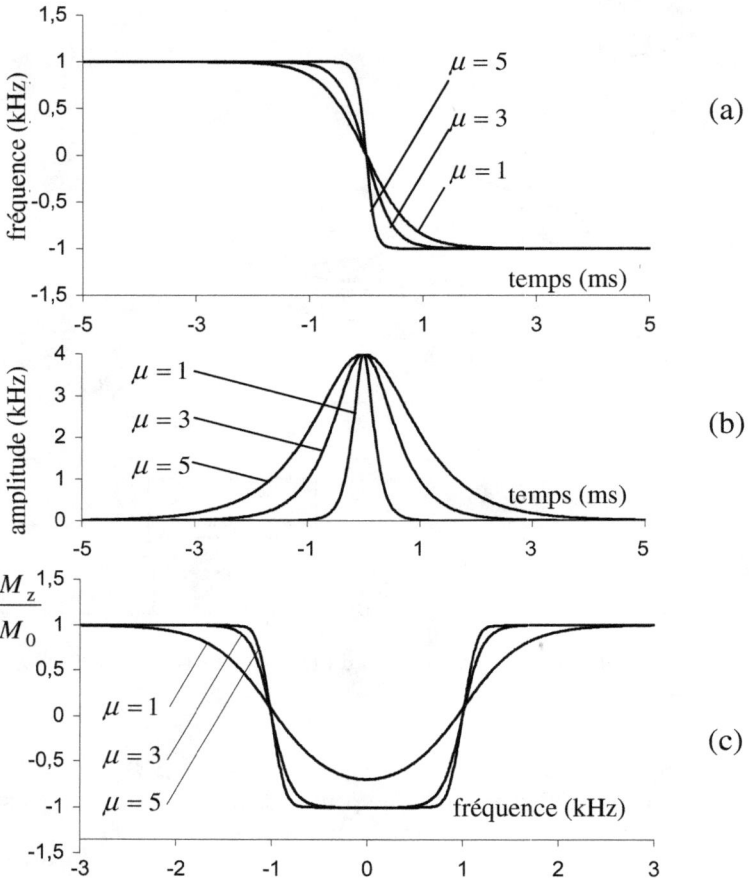

FIG. 2.55 – Fréquence instantanée en fonction du temps (a), amplitude en fonction du temps (b) et bande passante (c), d'impulsions sech pour différentes valeurs du paramètre μ. Durée de l'impulsion $T = 10$ ms, $\mu\beta/2\pi = 1000$ Hz, $\gamma b_1^{\max}/2\pi = 4000$ Hz.

lorsqu'on accroît $\gamma b_1^{\max}/2\pi$ de 1000 à 5000 Hz, si ce n'est une amélioration dans les zones de transition. Par contre, la condition d'adiabaticité n'est clairement plus respectée lorsque $\gamma b_1^{\max}/2\pi$ est égal à 200 ou 500 Hz, puisque l'inversion complète n'est plus réalisée On remarque cependant, que la forme générale de la réponse n'est pas affectée par le non respect de l'adiabaticité. Les impulsions sech ou dérivées sont parfois utilisées hors des limites de la condition adiabatique pour la qualité de cette réponse (raideur des flancs et excellente uniformité de la réponse à l'intérieur de la bande passante). Si l'on

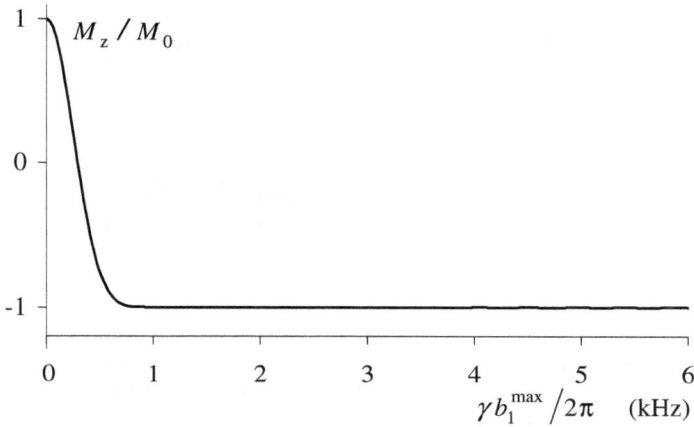

FIG. 2.56 – Impulsion sech d'inversion : efficacité de l'inversion au centre de la bande passante en fonction de l'amplitude du champ rf. Paramètres : durée de l'impulsion : 10 ms, $\mu\beta/2\pi = 1000$ Hz, $\mu = 5$.

utilise des impulsions sech dans ces conditions, le champ rf doit alors être homogène.

Les impulsions sech ont ceci de particulier que, dans ce cas, on sait résoudre les équations de Bloch en présence de champ rf. Il existe cependant de nombreuses autres formes d'impulsions adiabatiques, qui permettent de réaliser des inversions sélectives de l'aimantation macroscopique très satisfaisantes. De nombreux travaux ont permis de proposer des couples $b_1^0(t)/\Omega(t)$, qui permettent d'obtenir des bandes passantes avec des zones de transition plus abruptes, ou une énergie moyenne dissipée lors de l'application de l'impulsion, inférieure à celle associée à une impulsion sech.

La condition d'adiabaticité (équation (2.181)) peut être mise sous la forme :

$$Q \left| \frac{d\alpha}{dt} \right| = |\gamma \, \boldsymbol{B}_{\text{eff}}|, \qquad (2.196)$$

où Q est le facteur d'adiabaticité, qui doit rester bien supérieur à 1 pendant la durée d'impulsion et ceci quelle que soit la fréquence de résonance considérée. En utilisant l'expression (2.187), on peut écrire :

$$\alpha = \arctan\left(\frac{\gamma \, b_1^0(t)}{\Omega(t) - \Omega_0} \right). \qquad (2.197)$$

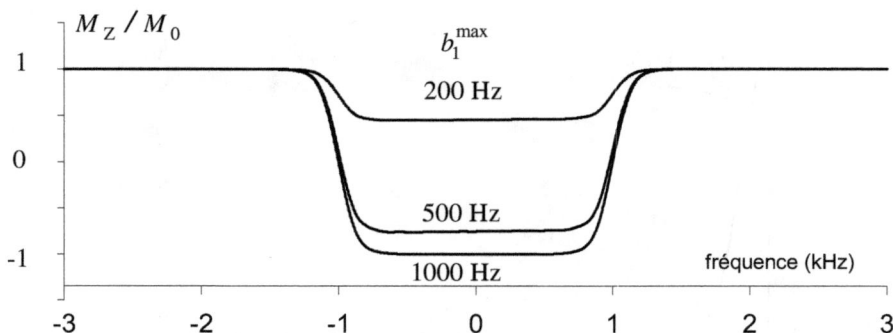

FIG. 2.57 – Réponse à une impulsion sech de 10 ms ($\mu = 5$, $\mu\beta/2\pi = 1000$ Hz), pour différentes valeurs du champ rf $\gamma b_1^{\max}/2\pi = 200, 500, 1000$ Hz. Au-delà de 1000 Hz les modifications sont peu visibles.

Par suite,

$$Q = \left| \frac{\left[\left(\gamma b_1^0(t)\right)^2 + \left(\Omega(t) - \Omega_0\right)^2 \right]^{3/2}}{\gamma(\mathrm{d}b_1^0(t)/\mathrm{d}t)\left(\Omega(t) - \Omega_0\right) - \gamma b_1^0(t)\left(\mathrm{d}\Omega(t)/\mathrm{d}t\right)} \right|. \qquad (2.198)$$

Cette expression permet, pour une impulsion donnée, de déterminer le degré d'adiabaticité pour chaque fréquence de résonance (Ω_0), intérieure ou extérieure à la bande passante, et en tout point de la trajectoire (c'est-à-dire à tout instant t pendant l'application de l'impulsion). Elle permet aussi de construire des classes d'impulsions adiabatiques répondant à des critères particuliers. Certaines impulsions, parmi les plus utilisées, répondent à la contrainte d'un facteur Q donné lorsque la trajectoire coupe le plan xOy, c'est-à dire lorsque $\Omega(t) - \Omega_0 = 0$. C'est en effet dans cette situation que la condition d'adiabaticité est la plus difficile à satisfaire. Cette circonstance se produit en un instant qui dépend de la fréquence de résonance Ω_0. Soit t_{Ω_0} cet instant. L'expression de Q s'écrit alors :

$$Q \left| \frac{\mathrm{d}\Omega(t_{\Omega_0})}{\mathrm{d}t} \right| = \left(\gamma b_1^0(t_{\Omega_0})\right)^2. \qquad (2.199)$$

L'instant t_{Ω_0} dépend bien sûr de Ω_0. On peut ainsi associer à une forme donnée de modulation d'amplitude, la modulation de fréquence assurant le respect d'une condition d'adiabaticité préalablement fixée, et ceci quelle que soit Ω_0 à l'intérieur d'une bande passante donnée. On vérifiera que les impulsions sech satisfont à cette relation, mais aussi de nombreux autres couples amplitude/fréquence, comme par exemple le couple associant une modulation d'amplitude gaussienne ($\exp\left(-\beta^2 t^2\right)$), à une modulation de fréquence en forme de fonction d'erreur ($\mathrm{erf}(\beta t)$). Les impulsions répondant à ce critère sont connues sous le sigle OIA (« *Offset Independent Adiabaticity* »). L'impulsion sech reste la plus connue et sans doute la plus utilisée des impulsions adiabatiques d'inversion. Cependant certaines applications peuvent nécessiter d'autres types d'impulsions. Par exemple, en spectroscopie, du carbone 13, les séquences de découplage nécessitent des impulsions d'inversion à large bande passante et une certaine immunité aux variations de champ rf. Les impulsions adiabatiques sech sont bien adaptées à ces objectifs, mais la puissance crête nécessaire aux bonnes performances de ce type d'impulsion, s'accroît très vite avec la bande passante (*cf.* relation (2.195)). On peut donc, dans diverses circonstances, préférer d'autres types d'impulsions adiabatiques, parmi lesquelles une impulsion très simple est l'impulsion cos/sin :

$$b_1^0(t) = b_1^{\mathrm{max}} \cos\left(\frac{t}{T}\right), \qquad (2.200)$$

$$\Omega(t) = \Omega_{\mathrm{rf}} + \Delta\Omega^{\mathrm{max}} \sin\left(\frac{\pi t}{T}\right). \qquad (2.201)$$

Parmi les points importants qui doivent être considérés lors du choix et de l'implantation d'une impulsion adiabatique d'inversion, il faut retenir :

– la valeur maximum de $b_1(t)$ (l'amplificateur de puissance doit être capable de produire ce champ),

– l'énergie moyenne dissipée dans l'échantillon (qui est proportionnelle à $\langle[b_1(t)]^2\rangle$, *cf.* section 2.1.2),

– la forme de la réponse en fréquence et en particulier la raideur des zones de transition.

2.8.4 Impulsions adiabatiques d'excitation et de refocalisation

2.8.4.1 Demi-passage adiabatique

Les impulsions adiabatiques d'inversion effectuent très efficacement la transformation $M_z = M_0 \Rightarrow M_z = -M_0$. Considérons maintenant un demi-passage adiabatique tel qu'il peut être effectué avec une impulsion sech définie par l'équation (2.188) (ou bien (2.190) et (2.191)), mais avec $-T/2 \leqslant t \leqslant 0$. En reprenant les principes énoncés dans la section précédente, on comprend que, vu d'un repère tournant à la fréquence instantanée du champ rf, et pour des isochromats de fréquence $\Omega_0 = \Omega_{\mathrm{rf}}$, le champ effectif se déplace d'une position quasiment alignée avec l'axe z (instant $t = -T/2$), vers une position orthogonale à cet axe (instant, $t = 0$) et effectue donc la transformation $M_z = M_0 \Rightarrow M_\perp = M_0$. Lorsque que Ω_0 s'éloigne de Ω_{rf} l'aimantation en fin d'impulsion s'éloigne du plan transversal et $M_\perp/M_0$ décroît. La figure 2.58, obtenue avec des paramètres identiques à ceux utilisés figure 2.55, (exceptée

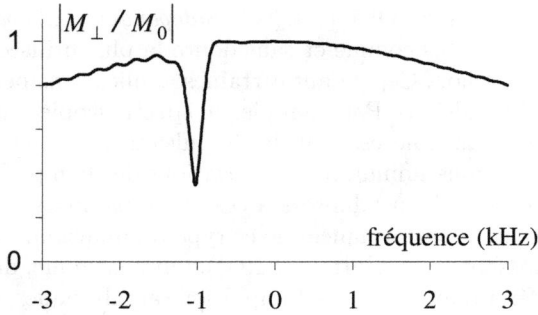

FIG. 2.58 – Réponse en fréquence correspondant à un demi - passage adiabatique effectué avec une impulsion sech. Durée d'impulsion 5 ms, $\mu\beta/2\pi = 1000$ Hz, $\gamma\, b_1^{\mathrm{max}}/2\pi = 4000$ Hz, $\mu = 5$. On remarque une nette singularité à la fréquence $\omega/2\pi = -1000$ Hz, singularité due à des conditions d'adiabaticité non remplies pour cet offset.

la durée d'impulsion qui, comme il se doit, a été divisée par 2), montre que la bande passante est beaucoup plus large que celle caractérisant l'impulsion d'inversion. Le profil fréquentiel présente cependant une anomalie pour les isochromats de fréquence $\omega = -\mu\beta$. La présence de cette anomalie, située en fait à la fréquence $+\mu\beta$ ou $-\mu\beta$, selon le sens de balayage, est aisément compréhensible. Si $\Omega\left(-T/2\right) = \Omega_0$, le champ fictif $B_{\mathrm{fict}} = -\left[\Omega_0 - \Omega\left(-T/2\right)\right]/\gamma$ est nul au début de l'impulsion. La condition d'adiabaticité ne peut être satisfaite au voisinage de cette fréquence car, lorsque $t \approx -T/2$, le champ rf est également nul ou très faible, ce qui conduit à la discontinuité observée sur la réponse en fréquence. Les passages adiabatiques complets sont soumis aux mêmes conditions au début de l'impulsion, mais aussi à la fin de l'impulsion, ce qui limite la raideur des flancs de la réponse au voisinage des fréquences $\omega = \pm\mu\beta$.

Le demi-passage adiabatique permet donc de créer de l'aimantation transversale à partir d'une aimantation initialement longitudinale d'une manière peu sensible aux inhomogénéités du champ rf. Puisque, compte tenu de la forme de sa réponse fréquentielle, un demi-passage ne peut être utilisé comme impulsion d'excitation fréquentiellement sélective, on utilise des couples amplitude/fréquence caractérisés par une plus faible énergie dissipée que le couple sech/tanh.

Un couple qui donne de bons résultats est par exemple le couple tanh/tan :

$$b_1^0\left(t\right) = b_1^{\mathrm{max}} \tanh\left(\frac{\xi t}{T}\right), \tag{2.202}$$

$$\Omega\left(t\right) = \Omega_{\mathrm{rf}} + \Delta\Omega^{\mathrm{max}}\frac{\tan\left[\kappa\left(1 - \frac{t}{T}\right)\right]}{\tan\kappa}. \tag{2.203}$$

T est la durée d'impulsion et les paramètres ξ et κ ont généralement pour valeur $\xi = 10$ et $\tan \kappa = 20$. Les figures 2.59a et 2.59b, présentent les formes des modulations de fréquence et d'amplitude de ce type d'impulsion.

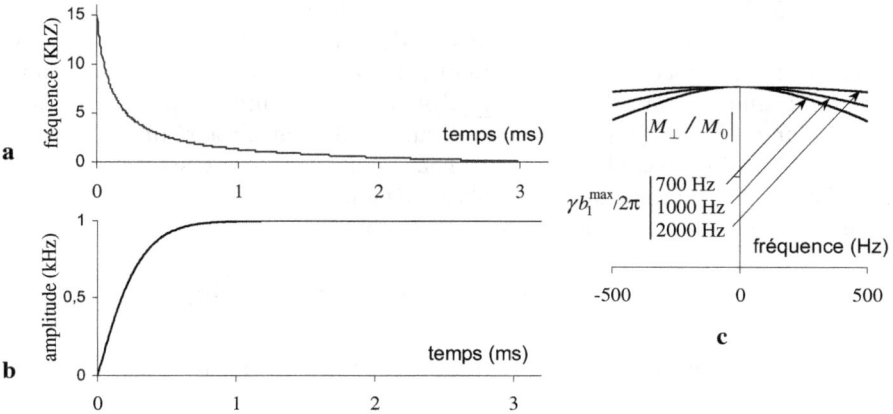

FIG. 2.59 – Modulations d'amplitude (a), de fréquence (b) d'un demi-passage adiabatique tanh/tan, et sa réponse fréquentielle (c), pour différentes valeurs du champ rf : $\gamma b_1^{\mathrm{max}}/2\pi = 700$, 1000 et 2000 Hz. Durée d'impulsion 3,2 ms, $\Delta \Omega^{\mathrm{max}}/2\pi = 15\,000$ Hz, $\xi = 10$, $\tan \kappa = 20$.

Comme avec tout demi-passage adiabatique, le champ effectif à la fin de l'impulsion n'est strictement dans le plan transversal que pour la fréquence $\omega = \Omega_0 - \Omega_{\mathrm{rf}} = 0$. Dès que ω s'écarte de cette valeur, l'aimantation produite par l'impulsion s'éloigne du plan transversal et $M_\perp/M_0$ décroît. En outre la forme cette décroissance dépend de l'amplitude du champ rf (figure 2.59c).

2.8.4.2 Impulsions adiabatiques d'inversion utilisées comme impulsions de refocalisation

Les impulsions de refocalisation dont l'usage est important en IRM comme en spectroscopie, peuvent faire subir au système de spins une rotation autour d'un axe quelconque du plan transversal. Par exemple une impulsion de 180° appliquée dans la direction x, transforme l'aimantation (M_x, M_y, M_z) en (M_x, M_{-y}, M_{-z}). Les impulsions adiabatiques, que nous avons vues jusque là, peuvent, dans certaines conditions, permettre de réaliser cette transformation.

Nous savons qu'une impulsion de refocalisation doit transformer une aimantation transversale $M_\perp$ en son complexe conjugué $M_\perp^*$. Considérons une impulsion d'inversion adiabatique. Vu dans le repère tournant à la fréquence instantanée du champ rf (repère $x'y'z$), l'aimantation longitudinale suit le champ effectif, tandis que l'aimantation transversale précesse dans un plan orthogonal au champ effectif. Le comportement de cette aimantation transversale est plus facile à décrire si l'on utilise le repère $x''y'z''$, déduit du repère $x'y'z'$ par une rotation d'angle α autour de l'axe y' (voir figure 2.52 et encadré page 143). Au début de l'impulsion $(t = 0)$ x'' et z'' sont confondus avec x' et z'. Si l'on se situe **à l'intérieur de la bande passante**, à la fin de l'impulsion $(t = T)$, x'' et z'' sont confondus avec $-x$ et $-z$. En absence de mouvement de précession dans le plan orthogonal à B_{eff}, l'impulsion transformerait simplement $M_\perp$ en $-M_\perp^*$ (il n'en est évidemment pas de même à l'extérieur de la bande passante où aucune inversion n'est réalisée). Mais il faut aussi introduire la phase ψ acquise par l'aimantation transversale pendant l'application de l'impulsion. Cette phase dépend de l'intensité du champ rf et de la fréquence de résonance considérée, et s'écrit :

$$\psi\left(t\right) = \int_0^T \left[\gamma\, b_1\left(t\right)^2 + \left(\Omega\left(t\right) - \Omega_0\right)^2\right]^{1/2} dt. \qquad (2.204)$$

À la fin de l'impulsion, et en se replaçant dans le repère $x'y'z$, on a donc

$$M_\perp\left(T\right) = -\exp\left(-\mathrm{i}\psi\right) M_\perp^*\left(0\right) \qquad (2.205)$$

La présence du déphasage ψ qui est une fonction de l'amplitude du champ rf et du champ statique, et donc éventuellement de la position, détériore la qualité de la refocalisation. L'application d'une seconde impulsion de refocalisation élimine ce déphasage. Cela peut être vu directement en examinant le chemin de cohérence. Le second écho est associé au chemin $p = 0 \Rightarrow -1 \Rightarrow 1 \Rightarrow -1$. La première impulsion de refocalisation est donc responsable du transfert $p = -1 \Rightarrow 1$, dont l'efficacité est $-b^{*2}$ (tableau 2.1). La seconde impulsion est associée au transfert $p = 1 \Rightarrow -1$, dont l'efficacité est $-b^2$. Par suite, le déphasage introduit par la première impulsion, est annulé par celui associé à la seconde impulsion. La figure 2.60 présente une séquence d'écho de spin construite avec un demi passage adiabatique en excitation, et une paire d'impulsions sech de refocalisation.

2.8.4.3   Impulsions composites BIR

Les impulsions « classiques » font subir au système de spins une rotation dont les caractéristiques peuvent être imposées. Ce n'est pas le cas des impulsions adiabatiques que nous avons étudiées jusque-là. Par exemple un demi-passage adiabatique permet bien de faire basculer de 90° l'aimantation longitudinale, mais cette rotation concerne M_z et non les composantes situées initialement dans le plan transversal. Au cours du mouvement, ces composantes restent orthogonales au champ effectif, mais elles effectuent une précession autour du champ effectif et sont, en fin de mouvement, déphasées d'une quantité donnée par l'équation (2.204). Cette phase est mal contrôlée, puisqu'elle dépend de la valeur des champs b_1 et B_{fict}. L'inhomogénéité de ces champs, produit en outre une dispersion de l'aimantation transversale

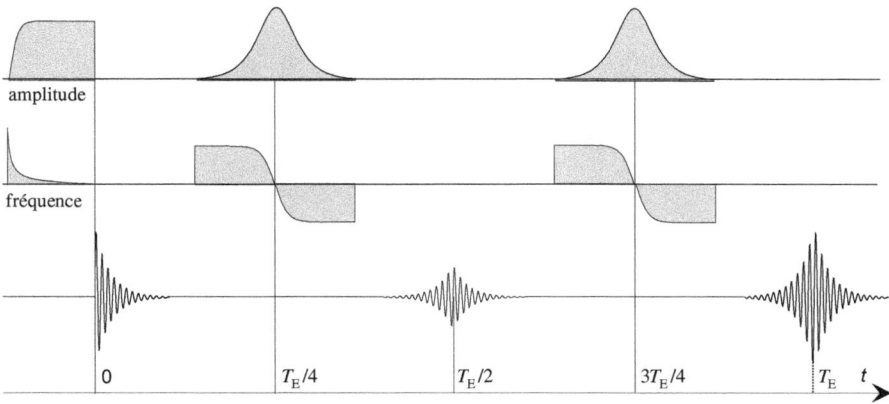

FIG. 2.60 – Séquence à double écho de spin. Une paire d'impulsions adiabatiques sech refocalise l'aimantation produite par un demi-passage adiabatique de type tanh/tan.

pendant l'application de l'impulsion. Nous avons aussi vu qu'une unique impulsion adiabatique d'inversion, ne pouvait être utilisée comme impulsion de refocalisation.

L'impulsion composite BIR4 (B_1 - *Insensitive Rotation*) se comporte comme une impulsion classique qui fait subir une rotation d'angle déterminé à l'aimantation nucléaire quelle que soit sa position dans le plan orthogonal à l'axe de rotation. Elle permet notamment de soumettre le système de spins à des rotations d'angle quelconque autour d'un axe du plan xOy.

L'impulsion BIR4 (figure 2.61) est constituée successivement :

– D'un demi-passage adiabatique inverse ($0 \leqslant t \leqslant T/4$).

– D'un passage complet ($T/4 \leqslant t \leqslant 3T/4$). À l'instant $t = T/4$, le signe de $\Omega\,(t) - \Omega_{\mathrm{rf}}$ est instantanément renversé, et le champ rf subit un déphasage ϕ par rapport à la première partie de l'impulsion.

– Et enfin d'un demi-passage ($3T/4 \leqslant t \leqslant T$). Au début de cette dernière période ($t = 3T/4$), le signe de $\Omega\,(t) - \Omega_{\mathrm{rf}}$ est à nouveau instantanément renversé, et le champ rf retrouve sa phase initiale.

Nous admettrons, dans ce qui suit, que la condition d'adiabaticité est parfaitement respectée. Nous admettrons aussi, que la troncature des impulsions est négligeable, de sorte qu'aux instants $T/4$ et $3T/4$, le champ effectif peut être considéré comme parfaitement aligné avec l'axe z. L'axe x' du repère $x'y'z$ qui tourne à la fréquence instantanée du champ rf est choisi de manière telle qu'il soit aligné avec b_1 à l'instant $t = 0$ et donc pendant toute la première partie de l'impulsion.

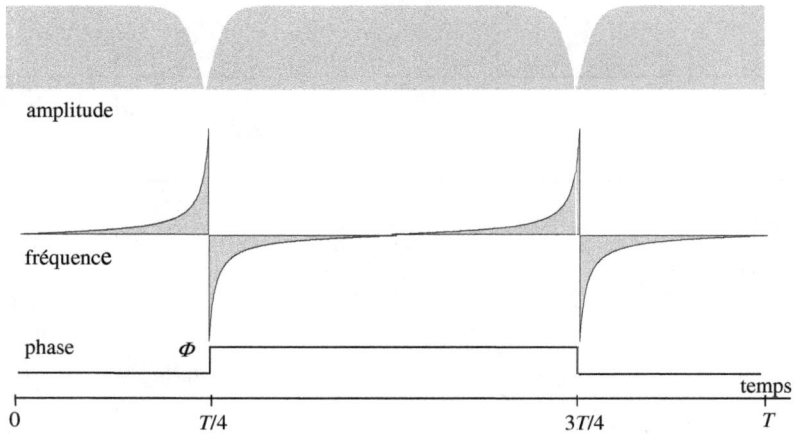

FIG. 2.61 – Impulsion BIR4.

Plaçons nous d'abord dans le cas $\omega = \Omega_0 - \Omega_{\mathrm{rf}} = 0$. À l'instant $t = 0$, l'axe z'' du trièdre $x''y''z''$ est orienté selon B_{eff}, c'est-à-dire qu'il coïncide avec x', tandis que y'' et x'' coïncident avec y' et $-z$, respectivement. Nous allons suivre le mouvement, du champ effectif, et du trièdre $x''y''z''$. Le champ effectif et le trièdre $x''y''z''$ subissent d'abord une *rotation de $-\pi/2$ autour de l'axe y'*. Cette rotation amène B_{eff} et z'' dans la direction z. À l'instant $t = T/4$, B_{eff} est inversé pour être orienté selon $-z$. À cet instant, z et z'' sont parallèles, tandis que B_{eff} est antiparallèle à cette direction. Au cours du passage adiabatique complet qui suit, B_{eff} et le trièdre $x''y''z''$ effectuent *une rotation de π autour d'un axe u du plan $x'y'$*, faisant un angle ϕ avec l'axe y'. Cette rotation ramène B_{eff} dans la direction z. L'inversion de signe de la modulation de fréquence, qui intervient à l'instant $t = 3T/4$, oriente B_{eff} selon $-z$. Enfin, le demi-passage adiabatique final, au cours duquel b_1 retrouve sa phase initiale, fait subir à B_{eff} et au trièdre $x''y''z''$, *une rotation de $-\pi/2$ autour de l'axe y'*, ce qui ramène B_{eff} le long de x'. La succession de rotations subies par B_{eff} s'écrit de manière plus condensée :

$$R = R_{y'}\left(-\pi/2\right) R_z\left(-\phi\right) R_{y'}\left(\pi\right) R_z\left(\phi\right) R_{y'}\left(-\pi/2\right). \qquad (2.206)$$

Cette expression peut être réécrite de la manière suivante :

$$R = R_{y'}\left(-\pi/2\right) R_{y'}\left(\pi\right) R_z\left(\phi\right) R_{y'}\left(-\pi\right) R_{y'}\left(\pi\right) R_z\left(\phi\right) R_{y'}\left(-\pi/2\right), \qquad (2.207)$$

ce qui finalement conduit à :

$$R = R_{y'}\left(\pi/2\right) R_z\left(2\phi\right) R_{y'}\left(-\pi/2\right). \qquad (2.208)$$

Le trièdre $x''y''z''$ a donc été soumis à une rotation d'un angle $\theta = 2\phi$ autour de l'axe x' (rappelons que nous nous sommes placés dans le cas $\omega = 0$). Par ailleurs, dans le repère $x''y''z''$, l'aimantation accomplit un mouvement de précession autour du champ effectif. Pendant les deux demi-passages, B_{eff} et z'' ont la même direction, et la précession s'effectue dans un sens qui ne dépend que du signe du rapport gyromagnétique. Au contraire, pendant le passage complet B_{eff} et z'' sont anti-parallèles, et la rotation s'effectue en sens contraire. Par suite, dans le repère $x''y''z''$, l'angle de la rotation autour du champ effectif effectuée par l'aimantation M, est nul quel que soit b_1. Puisque l'impulsion n'a pas modifié la position de M dans le trièdre $x''y''z''$, alors, vu du repère tournant $x'y'z'$, cette aimantation est simplement soumise à la rotation d'angle $\theta = 2\phi$ autour de l'axe x'.

Examinons maintenant le cas $\omega \neq 0$, mais restons à l'intérieur de la bande passante d'inversion des impulsions. Le champ fictif à l'instant $t = 0$ n'est plus nul, et la champ effectif fait donc un angle $\alpha = \arctan\left(-\omega/\gamma\,|b_1\,(t = 0)|\right)$ avec l'axe z. L'équation (2.206) doit être réécrite, et devient

$$R = R_{y'}\left(-\pi + \alpha\right) R_z\left(-\phi\right) R_{y'}\left(\pi\right) R_z\left(\phi\right) R_{y'}\left(-\alpha\right). \qquad (2.209)$$

On en déduit, en procédant comme précédemment :

$$R = R_{y'}\left(\alpha\right) R_z\left(2\phi\right) R_{y'}\left(-\alpha\right). \qquad (2.210)$$

On est toujours en présence d'une rotation d'angle $\theta = 2\phi$, mais celle-ci est effectuée autour d'un axe faisant l'angle α avec l'axe z. Nous avons montré, que l'angle de la rotation effectuée par l'aimantation nucléaire autour de B_{eff}, est globalement nul, quel que soit b_1. On vérifiera que ce raisonnement est toujours valable, à condition que ω reste à l'intérieur de la bande passante d'inversion.

Par suite, l'impulsion composite BIR4, permet d'effectuer des rotations d'angle $\theta = 2\phi$ autour d'un axe faisant un angle $\alpha = \arctan\left(-\omega/\gamma\,|b_1\,(t = 0)|\right)$ avec l'axe z. C'est la valeur du saut de phase à l'instant $T/4$ (cf. figure 2.61), qui détermine l'angle de rotation. La phase de l'impulsion est celle du champ rf à l'instant $t = 0$. L'effet d'off-résonance, qui écarte l'axe de rotation du plan transversal, est tout à fait similaire à celui observé avec des impulsions classiques. L'angle de rotation autour de cet axe reste cependant constant lorsque ω s'écarte de zéro, ce qui n'est pas le cas avec une impulsion classique. Les impulsions BIR4 peuvent accomplir toutes les tâches effectuées par des impulsions classiques (en particulier excitation et refocalisation), mais avec une insensibilité à l'amplitude du champ rf, ce qui peut être appréciable. Rappelons enfin que ces propriétés, tout à fait remarquables, supposent que l'adiabaticité est parfaite, et que la troncature est négligeable.

De nombreux couples amplitude/fréquence peuvent être utilisés pour construire des impulsions de type BIR4, mais le couple tanh/tan (équations (2.202) et (2.203)) est souvent utilisé. On notera que les impulsions BIR4 ne sont pas des impulsions sélectives. Leurs caractéristiques fréquentielles sont effet très éloignées de ce qui est généralement recherché avec une impulsion sélective.

Nous avons présenté ici les éléments de base concernant les impulsions adiabatiques. C'est probablement le champ rf inhomogène des bobines de surface utilisées pour l'exploration spectroscopique des tissus qui, au cours des 25 dernières années, a fortement stimulé les recherches dans un domaine qui était en sommeil depuis la fin des années cinquante. Un grand nombre d'impulsions respectant le critère d'adiabaticité, ont été décrites et utilisées.

Références bibliographiques

Approximation de la réponse linéaire

D. Hoult. *The solution of the Bloch equations in the presence of a varying B1 field – an approach to selective pulse analysis.* J. Magn. Reson. **35**, 69–86, 1979.

Spineurs

E. Jaynes. *Matrix treatment of nuclear induction.* Phys. Rev. **98**, 1099–1105, 1955.

A. Messiah. *Mécanique quantique.* Dunod, Paris, 1966.

Impulsions sélectives

R. Freeman. *Shaped radiofrequency pulses in high resolution NMR.* Prog. Nucl. Magn. Reson. Spectrosc. **32**, 59–106, 1998.

Séquence « *jump and return* »

P. Plateau, M. Guéron. *Exchangeable proton NMR without base-line distortion, using new strong-pulse sequences.* J. Am. Chem. Soc. **104**, 7310–7311, 1982.

Impulsions binomials

P. Hore. *Solvent suppression in Fourier transform nuclear magnetic resonance.* J. Magn. Reson. **55**, 283–300, 1983.

DANTE

G. Bodenhausen, R. Freeman, G. Morris. *A simple pulse sequence for selective excitation in Fourier transform NMR.* J. Magn. Reson. **23**, 171–175, 1976.

G. Morris, R. Freeman. *Selective excitation in Fourier Transform Nuclear Magnetic Resonance.* J. Magn. Reson. **29**, 433–462, 1978.

Symétrie des impulsions

J. Ngo, P. Morris. *NMR pulse symmetry.* J. Magn. Reson. **74**, 122–133, 1987.

Impulsions autorefocalisantes

H. Geen, R. Freeman. *Band-selective radiofrequency pulses.* J. Magn. Reson. **95**, 93–141, 1991.

L. Emsley, G. Bodenhausen. *Gaussian pulse cascades : new analytical functions for rectangular selective inversion and in-phase excitation in NMR.* Chem. Phys. Lett. **165**, 469–476, 1990.

E. Kupce, R. Freeman. *Band-selective correlation spectroscopy.* J. Magn. Reson. **A112**, 134–137, 1995.

Algorithme de Shinnar et Le Roux

J. Pauly, P. Le Roux, D. Nishimura, A. Macovski. *Parameter relations for the Shinnar-Le Roux selective excitation pulse design algorithm.* IEEE Trans. Med. Imag. **10**, 53–65, 1991.

P. Le Roux. *Suites régulières d'impulsions radio-fréquence en résonance magnétique. application à l'IRM.* Thèse de Doctorat, Université de Paris-Sud, 2006.

Impulsions adiabatiques

J. Baum, R. Tycko, A. Pines. *Broadband and adiabatic inversion of two-level systems by phase modulated pulses.* Phys. Rev. **A 32**, 3435–3447, 1985.

A. Tannús, M. Garwood. *Adiabatic pulses.* NMR Biomed. **10**, 423–434 1997.

R. De Graaf, K. Nicolay. *Adiabatic rf pulses : Applications to in vivo NMR.* Concepts Magn. Reson. **9**, 247–268, 1997.

M. Garwood, L. DelaBarre, *The Return of the frequency sweep : designing adiabatic pulses for contemporary NMR.* J. Magn. Reson. **153**, 155–177, 2001.

D. Norris. *Adiabatic radiofrequency pulse forms in biomedical nuclear magnetic resonance.* Concepts Magn. Reson. **14**, 89–101, 2002.

M. Silver, R. Joseph, D. Hoult. *Selective spin inversion in nuclear magnetic resonance and coherent optics through an exact solution of the Bloch-Riccati equation.* Phys. Rev. **A 31**, 2753–2755, 1985.

Exercices du chapitre 2

Exercice 2-1

Montrer que, dans le cadre de l'approximation de la réponse linéaire, les aimantations à l'issue d'une impulsion d'excitation modulée en amplitude et antisymétrique de durée T (c'est-à-dire telle que $b_\perp(-t) = -b_\perp(t)$), sont affectées par un déphasage dépendant de la fréquence $\phi = \omega T/2$. L'aimantation avant l'application de l'impulsion est supposée purement longitudinale.

Exercice 2-2

Montrer que le système d'équations de Bloch, en absence de relaxation, peut se transformer en une équation de RICATTI :

$$\frac{\mathrm{d}f}{\mathrm{d}t} - \mathrm{i}\omega\, f + \mathrm{i}\omega_1^{\perp *} \frac{f^2}{2} = \frac{\mathrm{i}\omega_1^\perp}{2}$$

où $\gamma b_1^\perp = -\omega_1^\perp$, $f = M_\perp/(M_0 - M_z)$, et $M_0^2 = M_\perp^2 + M_z^2$.

Exercice 2-3

L'approximation de la réponse linéaire consiste à admettre que si la perturbation apportée par le champ b_1 est suffisamment faible, son action sur M_z ne modifie pas M_z de manière significative. De la même manière, nous faisons l'hypothèse d'une perturbation apportée par le champ b_1, suffisamment faible pour que son action sur $M_\perp$ ne modifie pas $M_\perp$ de manière significative. Nous avons examiné dans la section 2.2.2, la création d'aimantation transversale par action de $b_1^\perp$ sur M_z. Nous considérons maintenant le problème inverse : la création d'aimantation longitudinale par action de b_1 sur une aimantation transversale.

On considère une aimantation transversale $M_\perp(\omega) = M_\perp^0 \exp\mathrm{i}(\omega t + \varphi)$, évoluant dans le trièdre tournant à la fréquence ω. À l'instant $t = -T$ on applique un champ radiofréquence $b_1^\perp = b_1^x + \mathrm{i}b_1^y$. T est la durée d'application du champ radiofréquence. Montrer qu'à la fin de l'impulsion, l'aimantation longitudinale a pour forme

$$M_z(0) = M_z(-T) + \gamma\Im\left\{\left|M_\perp^0\right|(\exp-\mathrm{i}\varphi)B_1^\perp(\omega)\right\}$$

où $B_1^\perp(\omega)$ est la transformée de Fourier de $b_1^\perp(t)$.

Exercice 2-4

À l'instant $t = -T$, on applique une impulsion d'excitation, $b_1(t)$, de durée T, sur à un système de spins à l'équilibre thermique. Le champ radiofréquence est dirigé dans la direction de l'axe x du trièdre tournant. Cette impulsion est symétrique par rapport au centre l'impulsion

$(b_1(-T/2 - \tau) = b_1(-T/2 + \tau))$. Montrer que $M_y(\omega, t = 0)$ est une fonction paire, tandis que $M_x(\omega, t = 0)$ est une fonction impaire. De manière similaire, on montrera que si l'impulsion est antisymétrique, $M_y(\omega, t = 0)$ est une fonction impaire, tandis que $M_x(\omega, t = 0)$ est une fonction paire.

Exercice 2-5

On considère une impulsion d'excitation symétrique, et d'amplitude suffisamment faible pour que l'approximation de la réponse linéaire soit applicable. Cette impulsion est appliquée à un système à l'équilibre thermique. L'origine des temps est placée au centre de l'impulsion. Montrer que le signal produit par cette impulsion est de la forme :

$$s(\omega, t) \propto M_0 \, |a| \, b \exp(i\omega \, t)$$

Exercice 2-6

On considère une impulsion binomiale $\theta_x - T - \theta_{-x}$, où θ est l'angle d'impulsion. La durée d'impulsion est égale à τ. En se situant dans le cadre de l'approximation de la réponse linéaire, calculer $M_\perp(\omega)$ immédiatement à la fin de la seconde impulsion.

Exercice 2-7

Montrer qu'une impulsion rectangulaire dont l'angle θ_0 à la fréquence zéro est supposé très inférieur à $\pi/2$, et de durée τ suffisamment petite pour que $\omega\tau << \pi/2$, est équivalente à une impulsion de Dirac, $\theta_0 \delta(t + \tau/2)$.

Exercice 2-8

Montrer qu'une impulsion de petit angle θ_0 appliquée dans une direction u du plan xOy faisant un angle φ avec l'axe x, peut être décomposée en une suite d'une impulsion appliquée selon x d'angle $\theta_0 \cos\varphi$ et d'une impulsion appliquée selon y, d'angle $\theta_0 \sin\varphi$.

Exercice 2-9

Quel est le rapport des énergies dissipées lors de l'utilisation de deux impulsions sélectives d'excitation, de bandes passantes identiques autour de $\omega = 0$:

- impulsion DANTE constituée de N impulsions rectangulaires de durée τ, d'angle θ à $\omega = 0$, séparées par un délai T

- impulsion rectangulaire d'angle $N\theta$ à $\omega = 0$ et de durée NT.

Exercice 2-10

On considère une impulsion gaussienne $b_1(t) = b_1^{\max} \exp\left(-at^2\right)$. Calculer l'angle d'impulsion θ_0 à la résonance (angle vu par les spins dont la fréquence de précession est égale à la fréquence d'excitation Ω_{rf}). On négligera les effets de troncature de l'impulsion.

Exercice 2-11

On considère une impulsion sinc à 5 lobes d'une durée de 2 ms. Calculer sa bande passante en se plaçant dans les conditions de l'approximation de la réponse linéaire. Même question pour un sinc 3 lobes de même durée.

Exercice 2-12

On considère une séquence d'écho de spin $\theta - T_{\mathrm{E}}/2 - 2\theta - T_{\mathrm{E}}/2 - \mathrm{Acq}$ où θ est l'angle à $\omega = 0$. Montrer que le signal acquis est proportionnel à $\sin^3 \theta$. Si l'impulsion est une impulsion rectangulaire, que devient cette expression lorsque $\omega \neq 0$?

Exercice 2-13

On considère une séquence d'écho de spin $\theta - T_{\mathrm{E}}/2 - 2\theta - \mathrm{Acq}$. Chaque impulsion a une durée T. Si les impulsions sont symétriques, le centre de l'écho apparaît approximativement à l'instant $(T_{\mathrm{E}} + T)/2$ après la fin de l'impulsion de refocalisation. Quelle est sa position si l'impulsion d'excitation est auto-refocalisante ?

Exercice 2-14

On considère une séquence d'écho de spin où l'impulsion de refocalisation est entourée d'une paire de gradients de dispersion (*cf.* figure 2.40). On suppose le système à l'équilibre thermique au moment de l'application de l'impulsion d'excitation, et l'on néglige l'influence de la relaxation pendant T_{E}. Calculer la valeur de l'aimantation longitudinale à l'instant T_{E}, en fonction des paramètres de Cayley-Klein associés aux impulsions d'excitation $(a_{\mathrm{ex}}, b_{\mathrm{ex}})$ et de refocalisation $(a_{\mathrm{r}}, b_{\mathrm{r}})$.

Exercice 2-15

On considère la séquence d'écho de spin, $\pi/2 - T_{\mathrm{E}}/2 - \pi - T_{\mathrm{E}}/2 - \mathrm{Acq}$. Le temps de répétition de la séquence (temps entre 2 impulsions de 90°) est égal à T_{R}. À l'état stationnaire, calculer l'expression de l'aimantation longitudinale au moment de l'application de l'impulsion d'excitation.

Exercice 2-16

Dans une séquence d'écho stimulé, la présence d'un signal correspondant au chemin de cohérences $p = 0 \Rightarrow -1 \Rightarrow 0 \Rightarrow -1$, est susceptible de provoquer des erreurs de phase et d'amplitude. Montrer que l'utilisation d'un cyclage de phase de type EXORCYCLE des 2 dernières impulsion permet de supprimer ce signal.

Exercice 2-17

On considère un échantillon caractérisé par un ensemble de N fréquences de résonance distinctes, dont les valeurs dans le référentiel tournant sont notées ω_n, $n = 1$ à N. Les temps de relaxation spin-spin correspondants sont notés T_2^n On excite le système de spin à l'aide d'une impulsion de petit angle (module θ) et de durée T. L'impulsion est appliquée suivant l'axe x du référentiel tournant et est symétrique. L'acquisition du signal commence au temps $t = \delta$, après la fin de l'impulsion. Déduire de la théorie de la réponse linéaire que le signal de précession libre ainsi acquis, s'écrit :

$$s\left(t\right) \propto \sum_{n=1}^{N} B_1^{\perp}\left(\omega_n\right) M_0\left(\omega_n\right) \exp\left[\mathrm{i}\omega_n\left(t + (T/2) + \delta\right)\right] \exp\left(-\frac{t + T/2 + \delta}{T_2^n}\right)$$

$$(2.211)$$

où $B_1^{\perp}\left(\omega_n\right)$ est une fonction purement réelle et où l'origine des temps est fixée au début de l'acquisition. Calculer la transformée de ce signal (qui est supposé nul pour $t < 0$), et montrer que pour obtenir un spectre d'absorption pure, chaque raie doit être corrigée par un terme de phase d'ordre zéro, $\exp\left[-\mathrm{i}\omega_n\left(T/2 + \delta\right)\right]$, qui ne dépend que de la fréquence de résonance de chaque raie.

Exercice 2-18

On considère une séquence de trois impulsions symétriques de durées identiques T, définies respectivement par les coefficients a_i, b_i, $i = 1-3$. Les centres des deux premières impulsions sont séparées par un délai $T_{\mathrm{E}}/2$, et les centres des deux dernières par un délai T_{M}. L'origine des temps est fixée au centre de la première impulsion (*cf.* figure 2.45). On désignera par ω la fréquence de résonance dans un trièdre tournant à la fréquence Ω_{rf} des impulsions. L'aimantation macroscopique, avant application de la première impulsion, est supposée à l'équilibre thermodynamique.

On considère les 9 chemins de cohérence qui conduisent à une aimantation observable après la dernière impulsion :

1/ Donner les expressions des signaux associés à chacun de ces 9 chemins de cohérence. Quel est celui qui correspond à la formation d'un écho stimulé ?

2/ Montrer qu'un cyclage des phases des impulsions 2 (φ_2) et 3 (φ_3) et du récepteur (φ_r), permet de ne conserver que le signal correspondant à l'écho stimulé, si l'on effectue 16 acquisitions successives en faisant tourner **indépendamment** φ_2 et φ_3 sur les 4 phases 0, $\pi/2$, π, $3\pi/2$, la phase du récepteur étant telle que $\varphi_r = \varphi_2 + \varphi_3$ (le signal acquis est proportionnel à $M_\perp \exp\left(-i\varphi_r\right)$).

Exercice 2-19

Montrer que lors d'un passage adiabatique rapide classique (champ rf constant), la condition d'adiabaticité se réduit à $\left|dB_{\text{fict}}/dt\right| << \left|\gamma b_1^2\right|$.

Chapitre 3

Impulsions spatialement sélectives

Ce chapitre se situe dans le prolongement du chapitre 2 consacré aux impulsions sélectives. Le passage de la sélectivité fréquentielle à la sélectivité spatiale s'effectue en appliquant une impulsion sélective en présence d'un gradient. La sélection d'un plan de coupe constitue souvent la première étape de la réalisation d'une image, mais la méthode est aussi un outil de base en spectroscopie localisée.

*Après avoir rappelé dans une courte **première** partie les propriétés des gradients de champ magnétique, on s'intéresse dans la **seconde** partie de ce chapitre à la procédure classique de sélection de coupe (champ rf appliqué en présence d'un gradient de champ constant dans le temps et dans l'espace). L'importance de la réversion du gradient de sélection est soulignée. La **troisième** partie du chapitre est consacrée à l'analyse des procédures de sélection de coupe avec des séquences d'écho de spin, en insistant sur l'importance des gradients de dispersion des cohérences non désirables. La **quatrième** partie porte sur les techniques d'échos stimulés et la **cinquième** sur les impulsions d'inversion spatialement sélectives. Le relevé expérimental du profil de coupe est traité dans la **sixième** partie. Les artefacts susceptibles de perturber la procédure sont décrits dans les **septième** (artefact de déplacement chimique) et **huitième** (distorsions associées aux imperfection du champ magnétique et des gradients) parties. On aborde dans la **neuvième** partie l'intérêt de la sélection de tranche en présence d'un gradient dépendant du temps (technique VERSE). Une importante section suit, la sélection de volume multidimensionnelle (**dixième** partie) où l'espace réciproque est introduit et où la procédure de sélection de volume en présence de gradient apparaît dans toute sa généralité. Enfin, le chapitre est clos par la présentation des impulsions spectrales-spatiales (**onzième** partie). Ces deux dernières parties nécessitent une certaine connaissance des méthodes d'imagerie, et notamment du concept d'espace réciproque et de son échantillonnage. Elles devraient être passées en première lecture par ceux qui abordent l'imagerie RMN pour la première fois.*

Nous négligerons dans ce chapitre la relaxation pendant les durées d'impulsions, et nous supposerons que, sauf indication contraire, l'échantillon ne contient qu'une seule fréquence de résonance (par exemple celle des protons de l'eau).

3.1   Gradients de champ

La sélection de coupe repose sur la présence du système de trois bobinages capables de créer un gradient de champ dans chacune des trois directions X, Y et Z de l'espace. L'intensité et l'orientation du gradient résultant sont contrôlées en agissant sur le courant dans chaque bobinage (*cf.* exercice 3-1). En présence du gradient :

$$G = G_X + G_Y + G_Z = G_X k_X + G_Y k_Y + G_Z k_Z, \qquad (3.1)$$

le champ au point de position r est donné par :

$$B(r) = (B_0 + G \cdot r) k_Z, \qquad (3.2)$$

et la fréquence de résonance dans le trièdre lié au laboratoire s'écrit :

$$\Omega(r) = \Omega_0 - \gamma G \cdot r, \qquad (3.3)$$

où $\Omega_0 = -\gamma B_0$ est la fréquence de résonance en absence de gradient. La fréquence est donc constante dans un plan orthogonal à la direction u du gradient (figure 3.1). Cette remarque est à la base du processus de sélection de coupe.

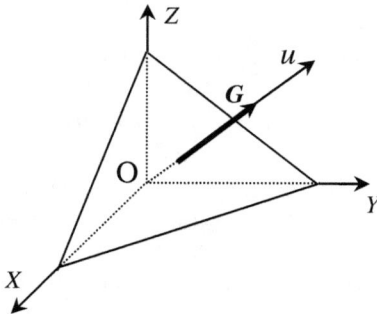

Fig. 3.1 – La fréquence de résonance est constante dans un plan orthogonal à la direction du gradient.

3.2 Excitation d'un système de spins en présence d'un gradient constant

L'excitation des spins contenus dans une coupe d'épaisseur e, orthogonale à une direction u, s'effectue à l'aide d'une impulsion sélective appliquée en présence d'un gradient $\boldsymbol{G}_u$. Un gradient de champ permet d'établir une relation linéaire entre fréquence et position. Par suite, lorsqu'une impulsion sélective est appliquée en présence de gradient, les propriétés de sélectivité fréquentielle deviennent des propriétés de sélectivité spatiale.

Le profil d'excitation de l'impulsion doit ressembler à une porte. Il n'est cependant pas possible d'obtenir des profils tout à fait rectangulaires, avec des impulsions dont la durée peut difficilement excéder quelques ms, car les temps de relaxation T_2^* sont, avec des systèmes hétérogènes comme les tissus, rarement supérieurs à quelques dizaines de ms. Il est plus raisonnable de tenter de se rapprocher d'un trapèze de largeur à mi-hauteur $e_{1/2}$, mais qui perturbe quelque peu une région de largeur e_t un peu plus importante (figure 3.2).

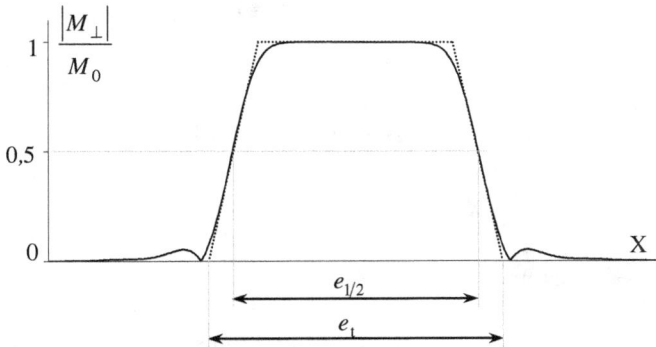

FIG. 3.2 – Module du profil de coupe obtenu avec une impulsion d'excitation $\pi/2$ de type sinc, tronquée au quatrième zéro et apodisée par une fonction de Hanning. Ce profil peut être schématisé par un trapèze de largeur $e_{1/2}$, à mi-hauteur, et de base e_t.

3.2.1 Épaisseur de coupe – Position de la coupe

Considérons un objet homogène placé dans un gradient de champ d'intensité G_X^0, et appliquons une impulsion d'excitation sélective, par exemple un sinc, de fréquence Ω_{rf} (figure 3.3). Dans un repère tournant à la fréquence Ω_{rf} de l'impulsion sélective, on peut écrire :

$$\omega = \omega_0 - \gamma G_X^0 X, \tag{3.4}$$

où $\omega = \Omega - \Omega_{\mathrm{rf}}$ et $\omega_0 = \Omega_0 - \Omega_{\mathrm{rf}}$.

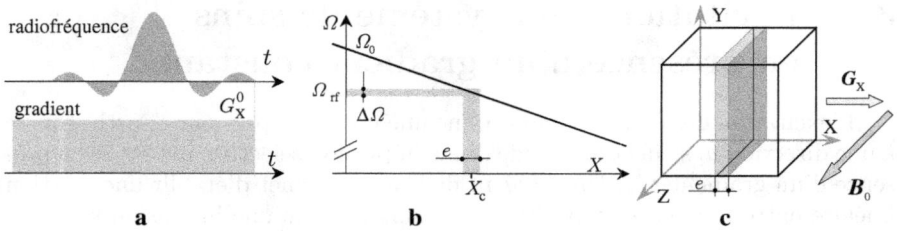

FIG. 3.3 – Principe de la sélection de coupe en IRM. Une impulsion sélective, de fréquence Ω_{rf}, est appliquée en présence d'un gradient (a). La fréquence de résonance $\Omega = \Omega_0 - \gamma G_X^0 X$, est une fonction linéaire de la position (b). L'excitation sélective est efficace dans une coupe, dont l'épaisseur e dépend de la largeur fréquentielle $\Delta\Omega$ de l'excitation, et dont la position dépend de la fréquence d'excitation (c).

Soit $\Delta\omega$ la largeur fréquentielle sur laquelle l'impulsion est efficace. L'épaisseur de coupe e est reliée à l'intensité G_X^0 du gradient par la relation

$$e = \frac{\Delta\omega}{|\gamma G_X^0|}. \tag{3.5}$$

Le centre X_c de la région excitée se trouve à la position $\Omega_c = \Omega_{\text{rf}}$, soit $\omega = 0$. On a donc

$$X_c = \frac{\Omega_0 - \Omega_{\text{rf}}}{\gamma G_X^0} = \frac{\omega_0}{\gamma G_X^0}. \tag{3.6}$$

La procédure d'ajustement de la sélection de coupe est contenue dans les relations (3.5) et (3.6). La largeur fréquentielle $\Delta\omega$ est fixée dès lors que l'impulsion sélective est choisie (forme, amplitude, durée). Le choix de l'épaisseur de coupe e, détermine l'intensité du gradient (équation (3.5)). La position de la coupe X_c est ajustée en agissant sur ω_0 (équation (3.6)), ce qui détermine Ω_{rf} On remarque que le signe du gradient peut être choisi de manière arbitraire, mais que, selon le choix effectué, ω_0 sera positif ou négatif.

Une bonne compréhension de la procédure de sélection de coupe, impose de passer du champ magnétique, aux fréquences de rotation vues dans le repère du laboratoire, puis vues dans un repère tournant à la fréquence du champ tournant. La figure 3.4 présente ces étapes, dans le cas d'un espace à une dimension spatiale. Dans ce qui suit nous décrirons l'aimantation transversale issue de la procédure de sélection de coupe en nous plaçant dans un trièdre tournant à la fréquence Ω_{rf}.

Nous avons bien mis dans le plan transversal l'aimantation longitudinale d'une coupe d'épaisseur e située à la position X_c, mais nous allons voir que la présence du déphasage proportionnel à la fréquence (*cf.* chapitre 2), introduit une difficulté qui conduit à inverser le gradient de coupe après la fin de l'impulsion.

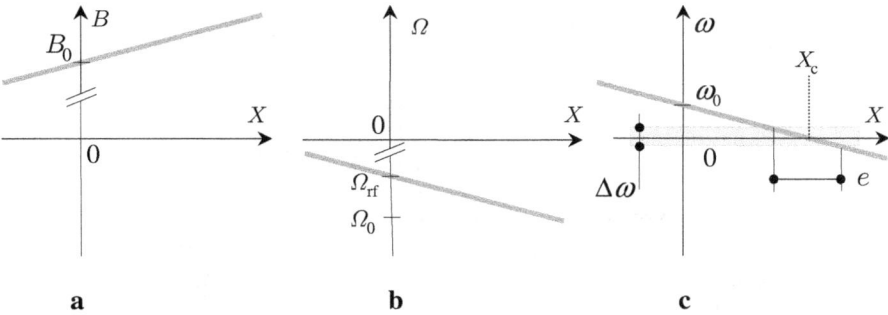

FIG. 3.4 – Excitation sélective en présence d'un gradient appliqué dans la direction X. Variation spatiale, du champ magnétique (a), de la fréquence de Larmor dans le référentiel du laboratoire ($\gamma > 0$) (b), de la fréquence de Larmor dans le référentiel tournant (c).

3.2.2 Le signal à l'issue d'une excitation spatialement sélective

Supposons que l'excitation soit de faible amplitude. Dans ce cas, le système de spins, que nous supposons à l'équilibre thermique, répond comme un système linéaire. Si l'on se place dans le cadre de l'approximation de la réponse linéaire, on sait (chapitre 2), que le signal produit par une impulsion est donné par l'équation (2.27). En présence de gradient, les fréquences dépendent linéairement de la position (équation (3.4)). Par suite, si nous supposons que l'échantillon est homogène et infini, alors $M_0(\omega) = \text{Cste}$. L'équation (2.27) devient donc :

$$s(t) \propto \int_{-\infty}^{+\infty} B_1^{\perp}(\omega) \exp(i\,\omega\,t)\,\mathrm{d}\omega, \qquad (3.7)$$

où $B_1^{\perp}(\omega)$ est la transformée de Fourier du champ rf, $b_1^{\perp}(t)$.

L'intégrale de l'équation (3.7), est proportionnelle à la transformée de Fourier inverse de $B_1^{\perp}(\omega_X)$, ce qui nous ramène à $b_1^{\perp}$:

$$s(t) \propto b_1^{\perp}(t). \qquad (3.8)$$

Le signal étant proportionnel à l'impulsion elle même, il est donc nul à partir du moment où il peut être acquis, c'est-à-dire immédiatement après la fin de l'impulsion ! L'hypothèse faite, échantillon homogène et infini, est bien sûr réductrice. Mais le résultat reste là : l'excitation sélective en présence de gradient produit un signal d'amplitude très inférieure à celle attendue.

Ce résultat est en fait lié à la dispersion de phase de l'aimantation transversale que nous avons décrite dans le chapitre 2, et qui produit l'annulation, en moyenne, du signal. Le profil de la figure 3.5, montre qu'après une impulsion sinc de 90°, les aimantations M_x et M_y ont un caractère oscillatoire très

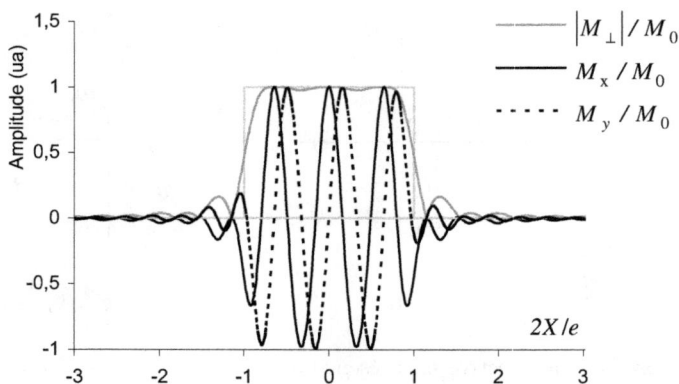

FIG. 3.5 – Réponse à une impulsion sinc de 90° tronquée au troisième zéro (sinc 5 lobes), appliquée en présence d'un gradient, sur un système de spins à l'équilibre thermique. Le gradient est coupé dès la fin de l'impulsion. La distribution de l'aimantation transversale, montre la présence d'un important déphasage dépendant de la position. Le signal détecté, qui résulte d'une intégration spatiale dans la direction de l'épaisseur de coupe, est donc très faible.

marqué qui permet de comprendre que la sommation des isochromats donne un résultat de très faible amplitude.

Cette situation pose évidemment problème. À ce stade, deux types de remèdes peuvent être envisagés :

- l'utilisation d'impulsions auto-refocalisantes (section 2.2.2),

- la réversion de gradient.

Cette dernière solution est celle qui est généralement utilisée, mais l'utilisation d'impulsions auto-refocalisantes peut être intéressante dans certaines applications où il est essentiel de commencer l'acquisition aussi tôt que possible après la fin de l'impulsion d'excitation (objets à T_2^* court). Nous présentons ci-dessous la technique de réversion de gradient.

3.2.3   Réversion de gradient – Écho de gradient

L'annulation du signal ne provient pas d'un phénomène irréversible comme celui constitué par la relaxation spin-spin, mais est la conséquence de la présence d'un gradient de phase. Nous avons vu dans le chapitre 2, que ce gradient de phase reste présent avec de nombreux types d'impulsions, même lorsqu'on sort de manière évidente du domaine de validité de l'approximation de la réponse linéaire.

Dans les conditions de validité de l'approximation de la réponse linéaire, l'aimantation transversale produite par une impulsion appliquée dans la direction x, est donnée par l'équation (2.28) qui s'écrit, en négligeant la relaxation,

$$M_\perp (\omega, t) = \mathrm{i}\,\gamma M_0 (\omega)\, B_1^\perp (\omega) \exp (\mathrm{i}\,\omega t). \tag{3.9}$$

Plaçons l'origine des temps au centre d'une impulsion symétrique dans le temps, et de durée T. $B_1^\perp (\omega)$ est réel, et le déphasage, $\phi = \omega\, t$, de l'isochromat de fréquence $\omega = \omega_0 - \gamma\, G_X^0 X$ est, à la coupure de l'impulsion, égal à :

$$\phi = \left[\omega_0 - \gamma\, G_X^0\, X\right] \frac{T}{2}. \tag{3.10}$$

Ce déphasage dépendant de la position, observée à la fin de l'impulsion, est susceptible d'évoluer ultérieurement d'une manière qui dépend des gradients qui peuvent être appliqués. La forme même du déphasage, suggère que si le gradient est inversé dès la fin de l'impulsion et appliqué pendant une durée $T/2$ (figure 3.6), on obtiendra l'annulation du gradient de phase dépendant de la position. Plus précisément, pendant la réversion, les fréquences de précession s'écrivent :

$$\omega = \omega_0 + \gamma\, G_X^0 X. \tag{3.11}$$

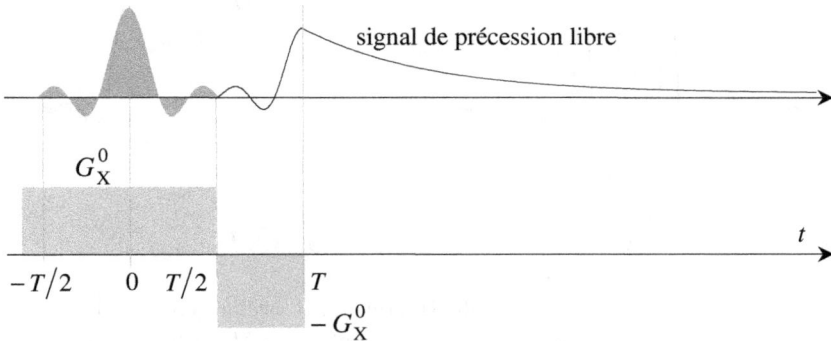

FIG. 3.6 – Rephasage des aimantations transversales par réversion de gradient. Le gradient de rephasage est égal et opposé au gradient de sélection.

La phase, à l'issue de la période de réversion $(t = T)$ est indépendante de X et devient

$$\phi (T) = \omega_0 T. \tag{3.12}$$

On peut donc écrire, après la réversion de gradient $(t > T)$:

$$M_\perp (X, t) = \mathrm{i}\,\gamma M_0 (X) \exp (\mathrm{i}\,\omega_0 t)\, B_1^\perp (\omega_X). \tag{3.13}$$

Dans la coupe sélectionnée, tout se passe comme si les isochromats avaient évolué pendant le temps t, à la fréquence ω_0 caractéristique du système de spins en absence de gradient. La réapparition (progressive) du signal pendant le renversement du signe du gradient, constitue un **écho de gradient**. On note que l'expression (3.13), est relative à une observation effectuée dans un trièdre tournant à la fréquence Ω_{rf}. Si l'observation est effectuée dans un trièdre tournant à la fréquence Ω_0, le terme $\exp(\mathrm{i}\,\omega_0 t)$ est remplacé par un terme constant $\exp(\mathrm{i}\varphi)$, où φ, dépend de la différence $\Omega_0 - \Omega_{\mathrm{rf}}$.

Pour des impulsions symétriques, nous savons que le déphasage à l'issue d'une impulsion de 90°, n'est pas tout à fait égal à celui prédit par l'approximation de la réponse linéaire (chapitre 2, sections 2.4.2.2 et 2.4.5). Si la compensation du gradient de phase était parfaite, M_x serait nul. La figure 3.7 montre qu'en effet, avec une impulsion sinc de 90°, la minimisation de M_x est obtenue pour un temps un peu supérieur à $T/2$. La figure 3.8 présente, toujours pour une impulsion sinc, l'évolution de l'amplitude de l'écho de gradient (c'est-à-dire de l'intégrale spatiale[1] de $M_\perp$), en fonction de la durée de réversion (voir exercice 3-4). On constate que la durée idéale de la réversion de gradient est un peu supérieure à $0{,}5\,T$, mais que l'ajustement du temps de réversion ne nécessite pas une précision extrême. Il apparaît que le gain d'intensité qui est obtenu en corrigeant la durée de la réversion donnée par l'approximation de la réponse linéaire, reste très modéré.

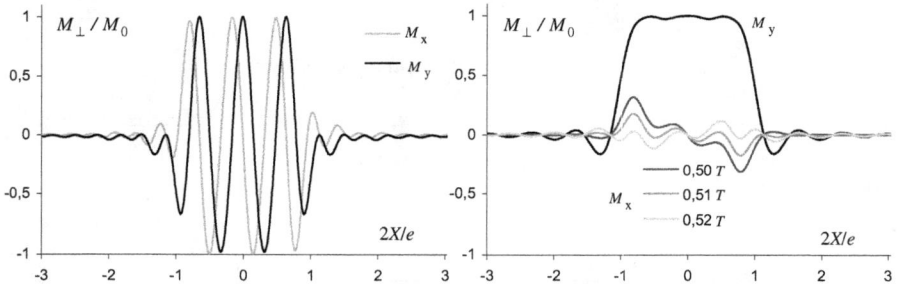

FIG. 3.7 – Excitation avec un sinc 90° tronqué au troisième zéro, appliqué dans la direction x du trièdre tournant. À gauche, aimantations M_x et M_y immédiatement après la fin de l'impulsion. À droite, la composante M_x, après inversion du gradient pendant différentes durées $0{,}50T$, $0{,}51T$, $0{,}52T$, où T est la durée de l'impulsion. La composante M_y est très peu affectée par de faibles modifications de la durée de la réversion du gradient, et est représentée ici pour la seule durée $0{,}50T$.

Nous avons supposé jusque là, que les commutations de gradient étaient instantanées. En réalité il n'en est rien. Selon le système utilisé, il faut un délai variant entre quelques dizaines de microsecondes et plusieurs millisecondes, pour effectuer une commutation d'un gradient nul vers l'amplitude maximale de ce gradient. Il est en général possible d'établir le gradient de sélection suffisamment longtemps avant l'impulsion, pour que son amplitude

---

1. L'impulsion étant symétrique et appliquée dans la direction de l'axe x du trièdre tournant, M_x est antisymétrique et ne contribue donc pas au signal (si l'échantillon est homogène sur l'épaisseur de coupe).

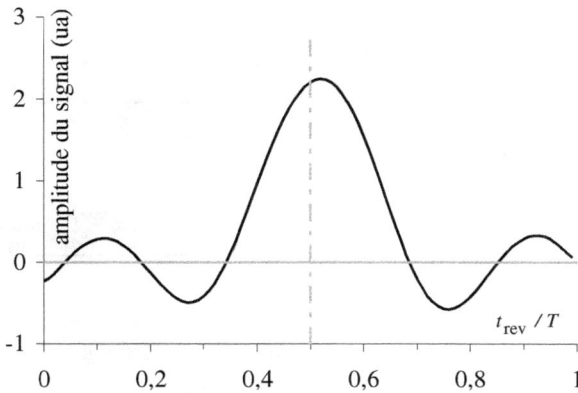

FIG. 3.8 – Évolution de l'amplitude du signal en fonction de la durée (t_{rev}) de la réversion de gradient. Impulsion sinc 5 lobes d'angle 90° à la résonance. Commutations de gradients idéales. L'amplitude du gradient pendant la réversion est égale et opposée à celle du gradient de sélection.

soit supposée constante pendant l'application de l'impulsion. Soit G_X^0 cette valeur du gradient de sélection de coupe pendant la procédure de sélection (c'est-à-dire jusqu'à la coupure du champ radiofréquence), et $G_X(t)$ sa valeur lorsque $t > T/2$. Soit t_0 l'instant où ce gradient peut raisonnablement être considéré comme étant nul (figure 3.9) (cet instant correspond au moment où le gradient de coupe est devenu suffisamment faible, pour que les déphasages qu'il produit deviennent négligeables pendant les durées d'évolution considérées). L'isochromat qui évoluait à la fréquence $\omega = \omega_0 - \gamma G_X^0 X$ pendant l'impulsion, évolue à la fréquence instantanée $\omega(t) = \omega_0 - \gamma G_X(t) X$ pendant la réversion. On a donc :

$$\phi(t) = \int_{T/2}^{t} [\omega_0 - \gamma G_X(t) X] \, dt. \qquad (3.14)$$

Le réglage de la réversion de gradient consiste à ajuster l'amplitude du gradient, ou sa durée, de manière telle que le déphasage dépendant de la position soit annulé :

$$\int_{T/2}^{t_0} G_X(t) \, dt = -G_X^0 \frac{T}{2}. \qquad (3.15)$$

Comme précédemment, si le réglage est effectué correctement, tout se passe comme si les aimantations nucléaires avaient évolué à la fréquence de précession ω_0 en absence de gradient. On désigne cette procédure d'ajustement de la réversion de gradient sous le nom de procédure de « trim ». On notera cependant que, si les déphasages associés au gradient de sélection de coupe sont bien annulés par la procédure, il n'en est pas de même des dispersions de phase qui interviennent sous l'effet des inhomogénéités microscopiques ou

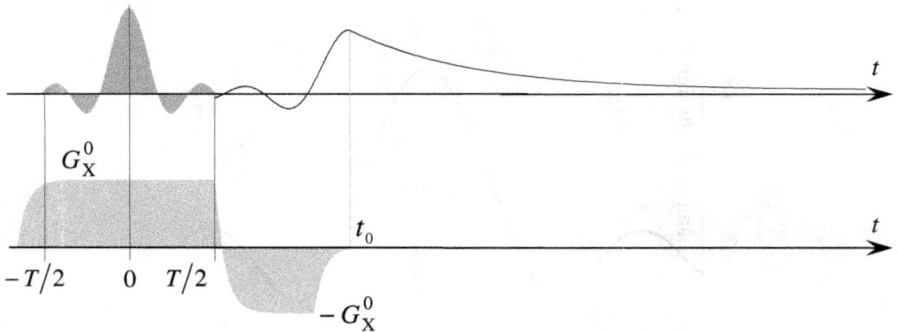

FIG. 3.9 – Schéma réaliste d'une procédure de réversion du gradient, comportant des commutations de gradient qui ne sont pas instantanées.

macroscopiques du champ directeur. Seule une expérience d'écho de spin peut refocaliser ce type de déphasage.

La condition d'annulation du gradient de phase dépendant de la position, est simplement que l'aire sous le gradient de rephasage soit égale à $-G_X^0 T/2$. On peut donc accroître l'amplitude du gradient de rephasage, de manière à diminuer la durée de l'opération de sélection de tranche.

3.2.4 Perturbation de l'aimantation longitudinale

Il est important de connaître le profil de l'aimantation longitudinale, après une opération de sélection de coupe. Il faut, en effet, évaluer l'impact de l'excitation sur les régions voisines et le temps qui sera nécessaire avant d'effectuer une nouvelle excitation dans la zone touchée par la sélection de coupe. On montrera aisément que, toujours en négligeant la relaxation, le profil de l'aimantation longitudinale s'écrit :

$$M_z \left(t > T/2\right) = M_0 \left[a_{\text{ex}} a_{\text{ex}}^* - b_{\text{ex}} b_{\text{ex}}^* \right], \tag{3.16}$$

où a_{ex} et b_{ex} sont les paramètres de Cayley-Klein de l'impulsion. Comme le montre la figure 3.10, malgré la présence de quelques oscillations, l'aimantation longitudinale reste peu perturbée hors de la bande passante d'une impulsion d'excitation de type sinc. Nous verrons que la situation est plus complexe avec des séquences d'écho de spin ou d'écho stimulé.

3.2.5 Ordres de grandeurs

La raison instrumentale la plus évidente qui limite la vitesse de commutation d'un gradient, est la tension qui doit être appliquée aux bornes de la bobine ($L dI/dt$ où L est l'inductance du bobinage), tension qui devient

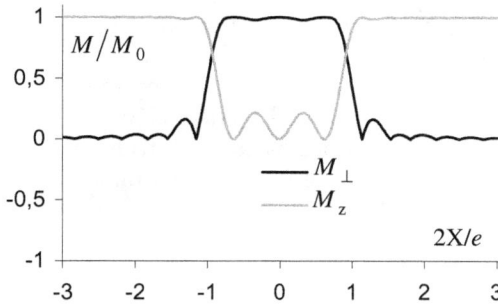

FIG. 3.10 – Aimantations longitudinale et transversale à l'issue d'une procédure de sélection de coupe utilisant une impulsion sélective d'excitation de 90° (impulsion sinc 5 lobes non apodisée).

considérable dès que les temps de montée sont courts. Cela nécessite des amplificateurs de commande des gradients particulièrement performants. Les difficultés s'accroissent bien sûr avec L, donc avec les dimensions du système. Outre cet aspect, le couplage entre le bobinage de gradient considéré et les autre bobinages (gradients, bobinages de correction d'homogénéité, voire bobinage supraconducteur de production du champ principal) constituent de grandes difficultés qui ont conduit à la construction de gradients écrantés ou blindés. Nous verrons que les techniques modernes d'imagerie nécessitent des gradients de plus en plus performants et donc des temps de montée de plus en plus courts.

Ainsi, une bobine de gradient de 5 cm de diamètre intérieur destinée à l'imagerie de petits objets, nécessitera quelques dizaines de microsecondes pour atteindre un gradient maximum de 1 T/m environ. Si l'on s'intéresse à des systèmes destinés à l'étude de modèles animaux (diamètre intérieur 20 à 30 cm), les temps de montée peuvent être de l'ordre de 200 μs pour atteindre un gradient maximum de l'ordre de 100 mT/m. Enfin, avec un système corps entier, un temps de montée du même ordre de grandeur permettra d'atteindre un gradient de 40 mT/m.

En imagerie corps entier, l'épaisseur de coupe se situe dans la gamme 5–20 mm selon les applications. Pour l'imagerie du petit animal, on peut utiliser des épaisseurs de coupe de l'ordre du mm. Lorsque la taille de l'échantillon est réduite, l'utilisation de micro-bobines rf peut permettre d'atteindre des largeurs de coupe de l'ordre de 100 μm.

3.2.6 Coupes obliques

Il peut être intéressant de sélectionner une coupe, ou un ensemble de coupes, orthogonales à une direction U qui ne coïncide pas avec les axes X, Y ou Z du système de gradients. Cela peut être fait très facilement, en associant plusieurs gradients (*cf.* chapitre 1, section 1.8.2). Par exemple, pour sélection-ner un plan orthogonal à une direction définie par les angles polaires θ et φ (chapitre 2, figure 2.3), en présence d'un gradient d'intensité G, on appliquera simultanément les gradients $G_X = G \sin(\theta) \cos(\varphi)$, $G_Y = G \sin(\theta) \sin(\varphi)$ et $G_Z = G \cos(\theta)$. En imagerie médicale, cette technique est souvent utilisée pour faire coïncider le plan de coupe avec l'anatomie de l'organe étudié.

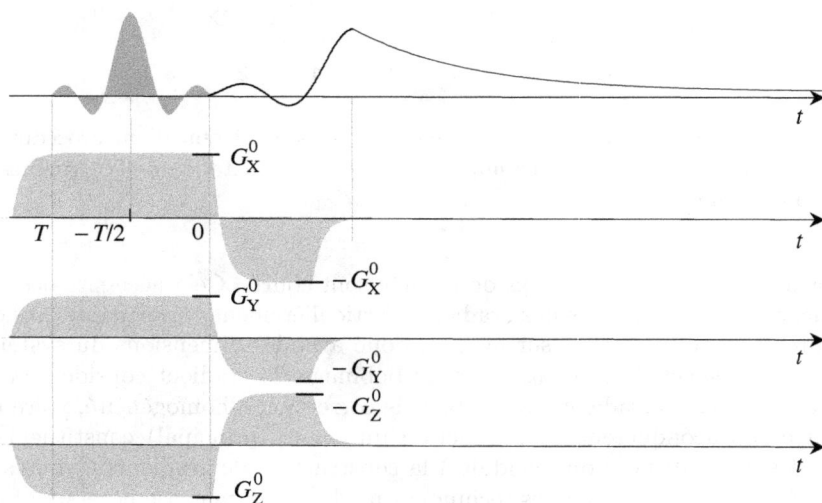

FIG. 3.11 – Sélection d'une coupe oblique.

3.3　Séquences d'écho de spin

3.3.1　Écho de spin et réversion du gradient de sélection de coupe

On utilise souvent, en imagerie comme en spectroscopie localisée, des sé-quences d'écho de spin. Considérons une séquence d'écho de spin compor-tant une impulsion d'excitation sélective de 90° appliquée en présence d'un gradient, et une impulsion de refocalisation (figure 3.12). L'impulsion de re-focalisation n'étant pas appliquée en présence de gradient, elle inverse les aimantations dans tout l'échantillon, la seule condition étant, bien sûr, que la fréquence de résonance des spins considérés se situe à l'intérieur de la fenêtre fréquentielle de l'impulsion.

Le chemin de cohérence associé à la formation d'un écho de spin est le chemin $p = 0 \Rightarrow 1 \Rightarrow -1$. Nous avons vu dans le chapitre précédent (sec-tion 2.5.2), que la présence de deux lobes de gradient identiques, placés de part et d'autre de l'impulsion de refocalisation, n'introduit pas de déphasage

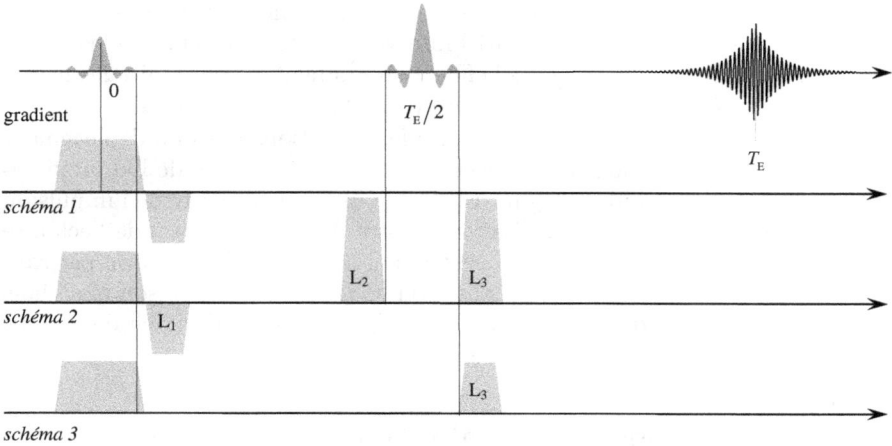

FIG. 3.12 – Impulsion de sélection de coupe suivie d'une impulsion de refocalisation non spatialement sélective. Le schéma 1, ne permet pas d'éliminer les erreurs
de phase et d'amplitude associées aux imperfections de l'impulsion de refocalisation. Avec les schémas 2 et 3, les aimantations sont dispersées avant application
de l'impulsion de refocalisation. Cela permet de privilégier le chemin de cohérences
$p = 0 \Rightarrow 1 \Rightarrow -1$.

du signal dépendant de la position, et que cette technique permet d'éliminer
les erreurs de phase et d'amplitude associées aux imperfections de l'impulsion
de refocalisation. Trois schémas de gradients différents sont présentés sur la
figure 3.12. Sur le premier schéma, le gradient de coupe est simplement suivi
d'un lobe de réversion destiné à éliminer les déphasages introduits pendant
la procédure de sélection de coupe. Ce schéma ne permet pas d'éliminer les
erreurs de phase et d'amplitude associées aux imperfections de l'impulsion de
refocalisation. Sur le second schéma, l'impulsion de refocalisation est entourée
de deux lobes L_2 et L_3 d'égales surfaces. Ce schéma, identique au précédent
du point de vue du bilan des déphasages associés à la présence des gradients,
permet d'éliminer les erreurs introduites par les imperfections de l'impulsion
de refocalisation. Le schéma 3 peut être construit à partir du schéma 2 : si
les lobes L_2 et L_3 sont de surfaces égales et opposées à L_1, alors L_1 et L_3 se
compensent et peuvent être supprimés. On voit ainsi que le lobe de refocalisation négatif placé après la fin de l'impulsion d'excitation peut être supprimé
et remplacé par un lobe positif placé après l'impulsion de refocalisation. Le
schéma 3 est plus intéressant que le schéma 1, car la dispersion des aimantations avant application de l'impulsion de refocalisation, est justement ce qui
doit être fait si l'on souhaite éviter l'usage d'un cyclage de phase (chapitre 2,
section 2.5.3). Pour des temps d'écho longs et/ou des échantillons présentant
un coefficient de diffusion élevé, il est préférable d'utiliser le schéma 2, avec

des lobes L_2 et L_3 situés respectivement immédiatement avant et après l'impulsion π. En effet, on réduit ainsi l'intervalle de temps pendant lequel les aimantations sont déphasées sous l'effet d'un gradient, ce qui limite les pertes de signal dues à la diffusion moléculaire (chapitre 1 ; section 1.14).

Le processus d'écho de spin refocalise les évolutions dues au déplacement chimique ou aux inhomogénéités de champ. Dans le contexte de l'approximation de la réponse linéaire, l'origine des phases se situe au centre de l'impulsion d'excitation. Le point de refocalisation, c'est-à-dire le maximum de l'écho, se situe à l'instant T_E, symétrique du centre de l'impulsion d'excitation par rapport au centre l'impulsion de refocalisation. C'est pour cette raison que, dans les séquences d'écho de spin, nous plaçons généralement l'origine des temps au centre de l'impulsion d'excitation.

3.3.2   Impulsions de refocalisation spatialement sélectives

La séquence d'écho de spin de la figure 3.12, qui comporte une impulsion de refocalisation non spatialement sélective, est rarement utilisée car elle perturbe l'aimantation de la totalité de l'échantillon. On préfère utiliser une impulsion de refocalisation spatialement sélective, appliquée en présence d'un gradient de même direction que celui utilisé pour l'excitation. Seule une coupe de l'espace est alors perturbée, ce qui permet, immédiatement après l'acquisition du signal, d'aller explorer une coupe voisine. La figure 3.13 reprend la séquence de la figure 3.12, mais l'impulsion de refocalisation est maintenant appliquée en présence de gradient. Le chemin de cohérence qui nous intéresse est le chemin $p = 0 \Rightarrow 1 \Rightarrow -1$. Les résultats du tableau 2.2 montrent qu'aucun déphasage dépendant de la fréquence n'est présent pendant le transfert de cohérence $p = 1 \Rightarrow -1$. Le gradient étant appliqué symétriquement par rapport au centre de l'impulsion, aucun déphasage supplémentaire n'est donc introduit.

Contrairement aux impulsions d'excitation spatialement sélectives, une impulsion de refocalisation spatialement sélective ne nécessite donc pas de réversion de gradient supplémentaire. Pratiquement, le gradient est appliqué un certain temps T_d (de l'ordre de la ms) avant l'impulsion, et est coupé un temps T_d après la fin de l'impulsion. Ces délais de précession libre en présence de gradient placés avant et après l'impulsion sont destinés à permettre l'établissement du gradient (cela n'est jamais instantané), mais cela vise aussi à assurer la dispersion des aimantations afin d'éviter les erreurs de refocalisation discutées dans le chapitre précédent. Les imperfections de commutation modifient ce schéma de principe et brisent la symétrie. L'essentiel reste cependant que les aires sous le gradient, avant et après l'impulsion, soient égales. En utilisant les principes présentés dans la section précédente, le schéma 1 de gradients de la figure 3.13 peut être remplacé par le schéma 2 qui présente aussi l'intérêt d'accroître la dispersion de phase avant l'impulsion. On utilise

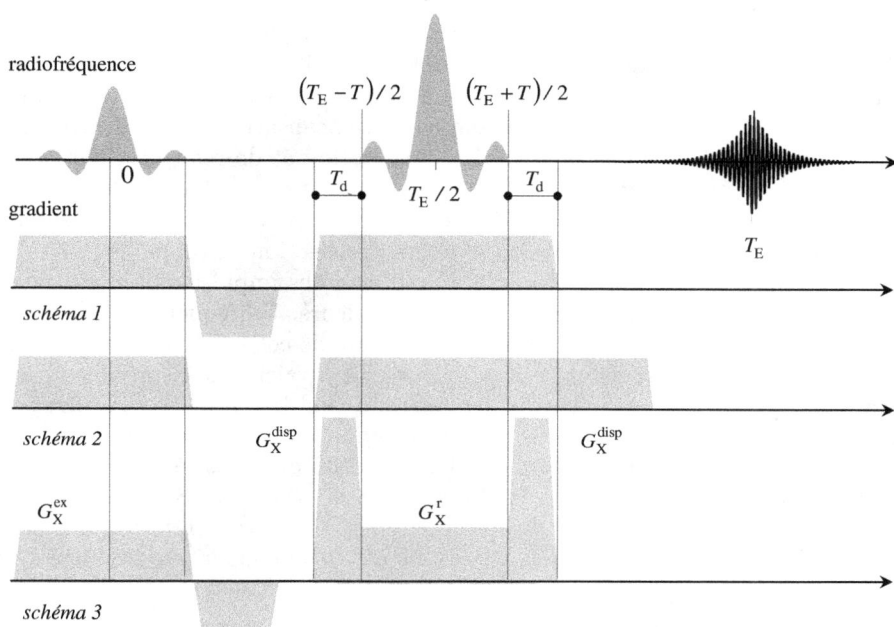

FIG. 3.13 – Sélection de coupe avec une séquence d'écho de spin. Trois schémas de gradients sont présentés. Schéma 1 : le lobe de refocalisation de l'impulsion sélective d'excitation est placé immédiatement après l'impulsion. Schéma 2 : le lobe de refocalisation de l'impulsion sélective d'excitation est placé après l'impulsion de refocalisation. Noter l'inversion de ce lobe de refocalisation. Schéma 3 : identique au schéma 1, mais avec d'intenses gradients de déphasage-rephasage entourant l'impulsion de refocalisation.

aussi le schéma 3 où les gradients de dispersion entourant l'impulsion de refocalisation, sont d'intensité supérieure à celle utilisée pendant l'impulsion rf. On désigne parfois ces puissants gradients de dispersion par le terme anglais « *crushers* ». Un schéma de gradient assurant la dispersion de phase au plus près de l'impulsion de 180°, peut présenter l'intérêt de limiter la pondération du signal par la diffusion moléculaire.

3.3.3 Influence du profil spectral de l'impulsion de refocalisation sur le profil de coupe

Nous savons (chapitre 2, section 2.5.3), que le profil spectral d'une impulsion de refocalisation entourée de gradients de dispersion des cohérences indésirables, est donné par le terme $-b_r^2$ (équation (2.161)). Sur la figure 3.14a, le profil de refocalisation est comparé au profil d'excitation dans le cas d'une impulsion de type sinc 5 lobes utilisée en excitation comme en refocalisation.

On constate que pour des durées d'impulsions identiques, la largeur de bande de refocalisation est nettement plus faible que celle d'excitation. Cette caractéristique est encore plus marquée si l'on utilise une apodisation avec une fonction de Hanning en excitation comme en refocalisation (figure 3.14b). Le rapprochement des largeurs des profils d'excitation et de refocalisation peut s'effectuer, soit en allongeant l'impulsion d'excitation, soit en réduisant la durée de l'impulsion de refocalisation afin d'accroître sa bande passante. On pourrait aussi réduire l'intensité du gradient de sélection de coupe de l'impulsion de refocalisation. Dans ce cas, les gradients des impulsions d'excitation et de refocalisation n'ayant pas les mêmes valeurs, la fréquence $\Omega_{\mathrm{rf}}^{\mathrm{refocc}}$ de l'impulsion de refocalisation devra être différente de celle $\Omega_{\mathrm{rf}}^{\mathrm{exc}}$ de l'impulsion d'excitation. Cette procédure est strictement équivalente à la précédente si l'on néglige les inhomogénéités du champ statique et les imperfections du système de gradients. Nous verrons en effet (section 3.8.1), qu'avec un système non idéal, la position de la coupe diffère de celle qui avait été calculée, et que l'erreur dépend de l'intensité du gradient de sélection. Si les gradients de sélection sont différents en excitation et en refocalisation, les positions des coupes définies par ces impulsions, peuvent ne pas coïncider parfaitement.

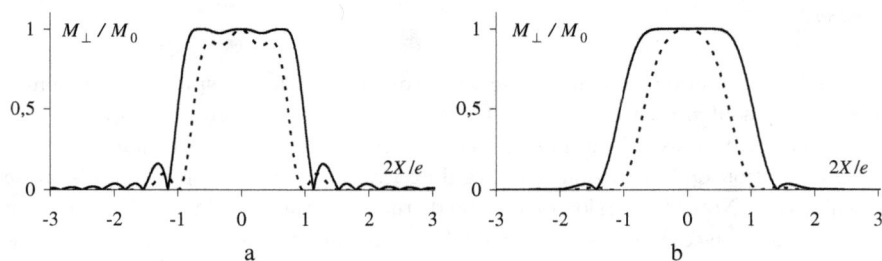

a   b

FIG. 3.14 – Séquence d'écho de spin spatialement sélective. Les impulsions d'excitation et de refocalisation sont des sinc à 5 lobes (troncature au 3e zéro), de mêmes durées. Dans un cas les impulsions ne sont pas apodisées (a) ; dans l'autre les impulsions sont apodisées avec une fonction de Hanning (b). En traits pleins : profil d'excitation. En traits pointillés : profil de refocalisation. Noter la très forte différence des largeurs à mi-hauteur.

Dans une séquence d'écho de spin, le profil de coupe est en fait le produit du profil d'excitation par le profil de refocalisation. La figure 3.15 montre le résultat de cette association, toujours dans le cas d'impulsions de type sinc tronqué au 3e zéro. La réduction d'un facteur 1,3 de la durée d'impulsion élargit d'autant le profil de refocalisation, qui devient alors comparable au profil d'excitation. Il est intéressant de remarquer que, dans ce cas, le profil global comporte très peu d'oscillations hors de la bande passante. La coupe étudiée contiendra relativement peu de contaminations en provenance de coupes adjacentes. Nous verrons cependant (section 3.3.6) que cela ne signifie pas que l'aimantation longitudinale des coupes adjacentes n'est pas perturbée.

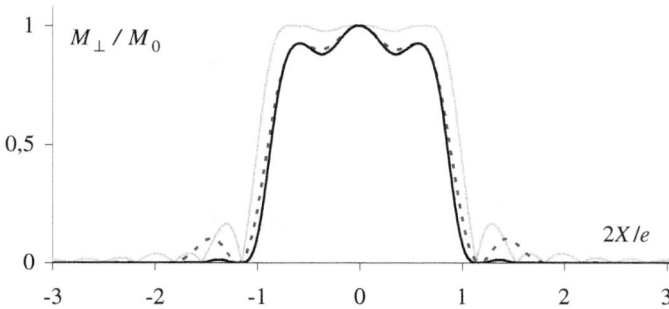

FIG. 3.15 – Profils d'excitation (en grisé), de refocalisation (pointillés) et profil de coupe (trait plein noir) pour une séquence d'écho de spin. L'impulsion de refocalisation est 1,3 fois plus courte que l'impulsion d'excitation. Les deux impulsions sont des sinc à 5 lobes non apodisés.

3.3.4 Importance des gradients de dispersion

Considérons maintenant la séquence d'écho de spin de la figure 3.13 et le schéma de gradients N° 3. Nous supposons que la coupe observée se situe au centre magnétique du système de gradient ($X = 0$). Par suite, en absence de gradient, la précession de l'aimantation transversale s'effectue à la fréquence $\omega_0 = 0$. Reprenons les résultats du chapitre 2. Nous admettrons que le déphasage introduit par l'excitation a été parfaitement refocalisé. En utilisant les équations (2.151) et (2.15), on obtient l'aimantation transversale à l'instant T_E :

$$M_\perp (T_E, X) = 2\bigg[-b_r^2\, a'_{ex}\, b_{ex}^* + a_r^*\, b_r\, (a'_{ex}\, a'^*_{ex} - b_{ex}\, b_{ex}^*)$$
$$\times \exp(-i\Phi) + a_r^{*2}\, a'^*_{ex}\, b_{ex} \exp(-2\,i\Phi)\bigg] M_0, \quad (3.17)$$

où Φ est le déphasage introduit par le lobe de dispersion d'intensité G^{disp}. Ce déphasage, comme les paramètres de Cayley-Klein, dépend de la fréquence, c'est-à-dire de la position considérée.

L'élimination de signaux indésirables s'effectue lors de la sommation sur le volume de l'échantillon où les termes contenant la phase Φ, qui dépend de la coordonnée, s'annulent en moyenne spatiale, ce qui conduit à l'aimantation transversale observable :

$$M_\perp^{obs} (T_E) = -2b_r^2\, a'_{ex}\, b_{ex}^*\, M_0. \quad (3.18)$$

La figure 3.16 met en évidence l'intérêt et l'importance de l'utilisation des gradients de dispersion entourant l'impulsion de refocalisation. Le profil obtenu sans gradients de sélection du chemin de cohérence correspondant à la seule refocalisation, est entaché d'imperfections. Ces imperfections dépendent

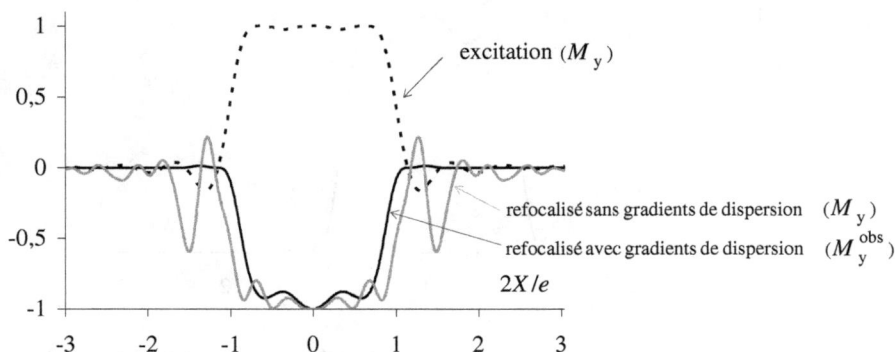

FIG. 3.16 – Comparaison du profil d'excitation et du profil de coupe obtenus, en présence (M_y^{obs}), et en absence (M_y), de gradients de sélection du transfert de cohérence $p = 1 \Rightarrow -1$. Les impulsions d'excitation et de refocalisation sont des sinc 5 lobes, appliquées dans la direction x. L'impulsion de refocalisation est 1,2 fois plus longue que l'impulsion d'excitation. Le champ directeur est supposé parfaitement homogène.

notamment de la forme et de l'ajustement de l'impulsion de refocalisation, de l'homogénéité du champ rf, et donc de la position de la coupe, c'est-à-dire de ω_0.

Un point essentiel est que nous nous sommes intéressé ici à un signal issu d'une sommation sur l'échantillon. $M_\perp^{\text{obs}}$ est la partie de l'aimantation transversale **qui contribue au signal acquis**. À ce terme s'ajoutent des termes oscillatoires (voir l'équation (3.17)) qui ne contribuent pas au signal avec un échantillon raisonnablement homogène, car leur moyenne sur l'échantillon est nulle. Cependant, ces termes sont présents et pourraient être observés en réalisant une image à très haute résolution dans la direction de sélection de coupe.

La figure 3.17 illustre ce point dans le cas de M_y et met bien en évidence la forte intensité de ces termes qui certes ne sont normalement pas détectés, mais sont susceptibles d'être refocalisés de manière inattendue lors de l'application imprudente d'un lobe de gradient bien dimensionné... La relaxation spin-spin en fait cependant disparaître rapidement les traces.

3.3.5 Détermination des aires des gradients de dispersion

Les gradients de dispersion doivent être suffisamment intenses pour produire des oscillations spatiales dont la période est très inférieure à l'épaisseur de tranche. Sous l'effet d'un gradient de dispersion d'amplitude G_X^{disp} et de

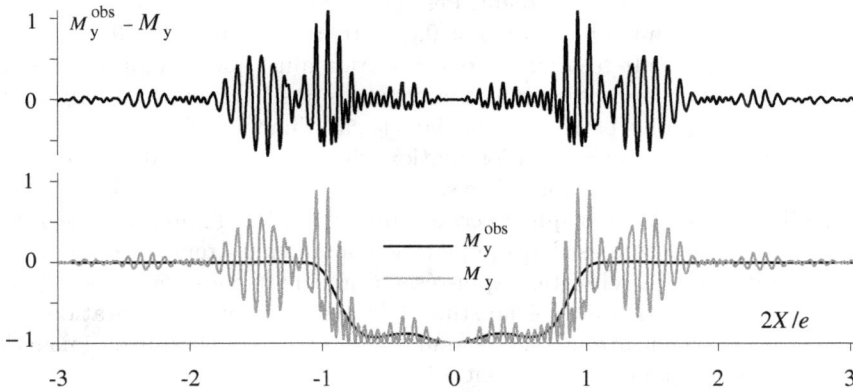

FIG. 3.17 – Sur le graphique du bas ont été tracés M_y^{obs} et M_y. Le graphe du haut présente la différence de ces deux grandeurs : un signal oscillatoire de valeur moyenne nulle. Les impulsions d'excitation et de refocalisation sont des sinc 5 lobes. L'impulsion de refocalisation est 1,2 fois plus longue que l'impulsion d'excitation.

durée T_{d}, une cohérence d'ordre p est déphasée d'une quantité :

$$\phi_{\mathrm{disp}} = p\gamma\, G_X^{\mathrm{disp}} X\, T_{\mathrm{d}}. \tag{3.19}$$

Deux chemins de cohérence doivent être éliminés, $p = 0 \Rightarrow 0 \Rightarrow -1$ et $p = 0 \Rightarrow -1 \Rightarrow -1$. Le déphasage $\phi_{\mathrm{disp}} = -\gamma\, G_X^{\mathrm{disp}} X\, T_{\mathrm{d}}$ intervient au cours du premier chemin, ce qui correspond à période spatiale des oscillations $\Delta X = 2\pi / \gamma\, G_X^{\mathrm{disp}} T_{\mathrm{d}}$. Un déphasage deux fois plus important (et donc une période spatiale deux fois plus petite) est associé au second chemin. Ces deux fréquences d'oscillations sont d'ailleurs bien visibles sur la figure 3.17.

L'élimination de ces termes nécessite une épaisseur de coupe bien supérieure à la période spatiale des oscillations. L'aire $G_X^{\mathrm{disp}} T_{\mathrm{d}}$ des gradients de filtrage doit donc être telle que :

$$G_X^{\mathrm{disp}} T_{\mathrm{d}} \gg \frac{2\pi}{\gamma e}. \tag{3.20}$$

Un rapport de l'ordre de 5 entre l'épaisseur de coupe et la période spatiale des oscillations est en général suffisant pour assurer la dispersion des signaux indésirables.

3.3.6 Impact de la séquence sur l'aimantation longitudinale

Reprenons à nouveau la séquence d'écho de spin de la figure 3.13 (schéma 3). Nous supposons toujours que la coupe observée se situe au centre magnétique du système de gradient. Les chemins de cohérences qui nous intéressent sont les chemins $p = 0 \Rightarrow 0 \Rightarrow 0$, $p = 0 \Rightarrow -1 \Rightarrow 0$ et $p = 0 \Rightarrow 1 \Rightarrow 0$. La figure 3.18 présente le profil de refocalisation ainsi que l'aimantation longitudinale à l'issue de la séquence. On constate que l'aimantation longitudinale est beaucoup plus perturbée que dans le cas d'une impulsion d'excitation seule. On remarque la présence d'oscillations de grande amplitude sur le profil de l'aimantation longitudinale. Elles sont évidemment associées à la présence du gradient de dispersion qui précède l'application de l'impulsion de refocalisation. Ce caractère oscillatoire peut se conserver un temps relativement long puisque c'est la relaxation spin-réseau qu'il faut considérer. Cela peut conduire à la formation d'un écho stimulé lors d'une nouvelle excitation. On devra être également attentif aux erreurs qui peuvent intervenir en imagerie multi-coupes lorsque les coupes sont jointives.

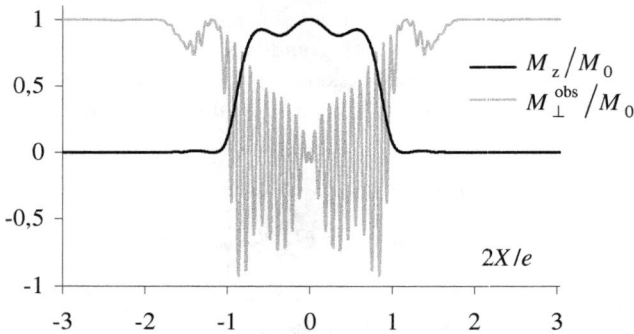

FIG. 3.18 – Aimantations longitudinales et transversales à l'instant T_E. Les impulsions d'excitation et de refocalisation sont des sinc 5 lobes. L'impulsion de refocalisation est 1,2 fois plus longue que l'impulsion d'excitation.

Ces résultats montrent qu'en dépit d'un profil de coupe acceptable, les impulsions sinc utilisées pour refocaliser présentent des insuffisances importantes. L'utilisation d'impulsions de refocalisation de type Shinnar et Le Roux par exemple, devient ici particulièrement intéressante.

3.4   Impulsions de stockage spatialement sélectives. Échos stimulés

Nous avons étudié dans le chapitre 2, la séquence d'écho stimulé. Cette séquence comporte trois impulsions de 90° qui, en imagerie, sont le plus souvent appliquées en présence d'un gradient. L'utilisation de trois impulsions spatialement sélectives permet de ne perturber l'aimantation longitudinale que dans la région de l'espace limitée à la coupe sélectionnée. La figure 3.19

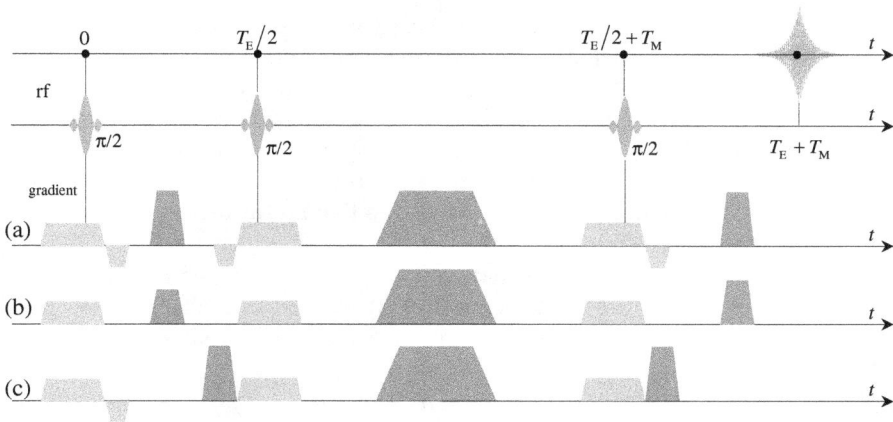

FIG. 3.19 – Sélection de coupe utilisant une séquence d'écho stimulé. Le schéma
de gradients (a) distingue nettement gradients de sélection et lobes de rephasage
associés (gris clair), et gradients de dispersion (gris sombre). Schéma (b) : regroupement des lobes de gradients présents à l'intérieur d'une même période d'évolution.
Schéma (c) : optimisation du schéma de gradient en vue de minimiser les pertes de
signal dues aux mouvements microscopiques et macroscopiques.

présente une séquence de ce type. Nous supposerons que les impulsions sont
identiques et symétriques. Nous utiliserons ici les notations et résultats des
sections 2.3.6.4 et 2.6.

Nous savons que le chemin qui conduit à l'écho stimulé est le chemin
$p = 0 \Rightarrow 1 \Rightarrow 0 \Rightarrow -1$. L'impulsion d'excitation qui assure le transfert
$p = 0 \Rightarrow 1$ introduit un déphasage dépendant de la fréquence. Examinons
le schéma de gradient (a). Un lobe de rephasage placé immédiatement après
la coupure du gradient assure la refocalisation. La seconde impulsion de stockage, assure le transfert $p = 1 \Rightarrow 0$, inverse du précédent. Ce transfert
s'effectue avec un déphasage qui est pré-compensé avec le lobe de phasage
placé avant cette impulsion. Pendant cette période de durée T_M, un lobe de
gradient détruit toute aimantation transversale. Enfin, la dernière impulsion
rend observable l'aimantation longitudinale stockée par la seconde impulsion
(transfert $p = 0 \Rightarrow -1$). Le déphasage est compensé par le lobe de refocalisation placé après l'impulsion. Mais il faut aussi détruire les nombreux autres
chemins susceptibles de produire un signal observable. C'est la fonction des
lobes de dispersion encadrant les deux dernières impulsions.

Le schéma de gradient présenté ici n'est qu'un schéma de principe qui
permet d'identifier les différentes fonctions des impulsions de gradient. Si l'on
néglige les influences de la diffusion moléculaire (et les mouvements ou vibrations éventuels), la position d'un lobe de gradient entre deux impulsions rf ne
joue aucun rôle. Seule la surface de ce lobe intervient. De ce point de vue, le

schéma de gradient (b) de la figure 3.19 est tout à fait équivalent au schéma (a). Les trois lobes situés entre les deux premières impulsions ont été remplacés par un seul lobe dont la surface est égale à la somme des surfaces des trois lobes. La même opération a été réalisée pour les lobes de gradient situé après la troisième impulsion. Si l'on souhaite limiter les pertes de signal dues aux mouvements macroscopiques ou microscopiques, on préférera le schéma (c) où l'on a limité au maximum les évolutions de l'aimantation en présence d'un déphasage dépendant de la position.

Le profil de la coupe définie par une séquence d'écho stimulé peut être calculé si l'on connaît les coefficients de Cayley-Klein de chacune des trois impulsions. Si les trois impulsions sont identiques, ce profil est donné par l'équation (2.175) :

$$M_\perp^{\mathrm{obs}} = -4a'^2\, a'^*\, b^2\, b^* M_0. \tag{3.21}$$

La figure 3.20 montre que, dans le cas d'impulsions sinc tronquées au troisième zéro, ce profil est très proche de celui caractérisant une séquence d'écho de spin. On gardera en mémoire que, comme dans le cas d'une séquence d'écho de spin, ce profil « observable » ne représente pas l'aimantation transversale effective, mais est le fruit d'une moyenne spatiale.

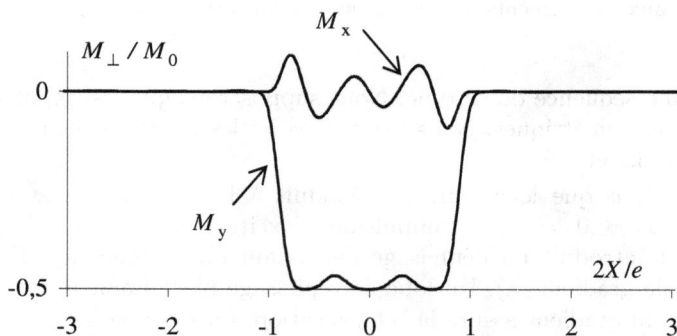

FIG. 3.20 – Profil observable de la coupe définie par une séquence d'écho stimulé. La séquence comporte trois impulsions sinc identiques, tronquées au troisième zéro. La durée de la réversion du gradient associé à l'impulsion d'excitation a été fixée à $0,0515Y$, où T est la durée d'impulsion.

Les séquences d'écho stimulé spatialement sélectives sont utilisées en imagerie, comme en spectroscopie localisée, et sont souvent désignées par le sigle STEAM (Stimulated Echo Acquisition Mode). La perte d'un facteur 2 sur l'intensité du signal par rapport à une séquence d'écho de spin limite l'utilisation de la méthode à des applications où elle présente des avantages spécifiques. C'est par exemple le cas en spectroscopie du proton où la méthode permet l'observation d'espèces à temps d'écho T_E court (donc avec une faible atténuation due à la relaxation spin-spin T_2), tout en permettant une suppression efficace du signal des protons de l'eau. C'est aussi le cas si l'on souhaite, en imagerie comme en spectroscopie, obtenir des informations sur la mobilité des espèces à faibles coefficients de diffusion.

3.5 Impulsions d'inversion spatialement sélectives

Une impulsion spatialement sélective d'inversion peut être utilisée, par exemple, pour faire des mesures de temps de relaxation, ou pour accroître le contraste entre structures présentant des temps de relaxation différents. On utilise souvent une impulsion adiabatique d'inversion de type sech en raison de son excellent profil. La figure 3.21 donne le principe d'une séquence d'inversion-récupération spatialement sélective de type écho de spin. Le chemin de transfert de cohérence qui doit être privilégié est bien sûr le chemin $p = 0 \Rightarrow 0 \Rightarrow 1 \Rightarrow -1$. Le lobe de gradient placé entre l'impulsion d'inversion et l'impulsion d'excitation, vise à détruire l'aimantation transversale produite par les imperfections de l'impulsion d'inversion. Il faudra veiller à ce que les impulsions de gradient qui suivent, ne favorisent pas des chemins de cohérence non désirés.

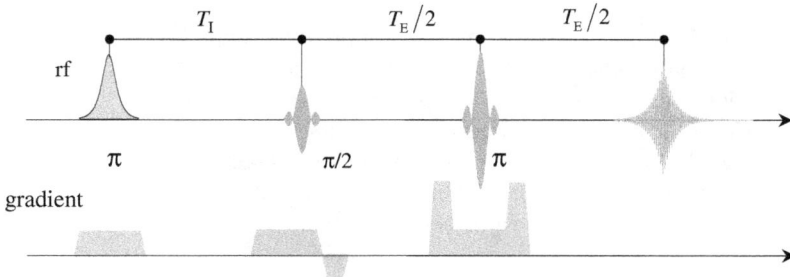

FIG. 3.21 – Séquence d'inversion récupération.

3.6 Détermination expérimentale du profil de coupe

Une procédure de sélection de coupe, met dans le plan transversal une aimantation dont la phase et le module dépendent de la position. Considérons un échantillon homogène (M_0 ne dépend pas de la position), et la sélection d'une coupe orthogonale à la direction X. Soit $X_c = \omega_0/\gamma G_X^0$ (*cf.* équation (3.6)), la position de la coupe. En négligeant la relaxation, le signal à l'issue de la procédure (instants $t \geqslant T$, figure 3.22a) s'écrit :

$$s(t) \propto \exp\left(i\,\gamma G_X^0 X_c \left(t - T\right)\right) \int_{\text{éch}} M_\perp \left(X\right) dX, \qquad (3.22)$$

où $M_\perp(X)$ définit le profil de coupe, ω_0 est la fréquence de précession dans le trièdre tournant à la fréquence Ω_{rf}, et $M_\perp(X)$ le profil que l'on souhaite déterminer expérimentalement. Si à l'instant $t = T$, le gradient de sélection de coupe n'est pas coupé, mais conserve la valeur $-G_X^0$ (figure 3.22b), le signal devient :

$$s_G(t) \propto \exp\left(\mathrm{i}\,\gamma\,G_X^0\,X_{\mathrm{c}}\,(t-T)\right) \int_{\text{éch}} M_\perp(X)\exp\left(\mathrm{i}\,\gamma\,G_X^0\,X\,(t-T)\right)\mathrm{d}X.$$

$$(3.23)$$

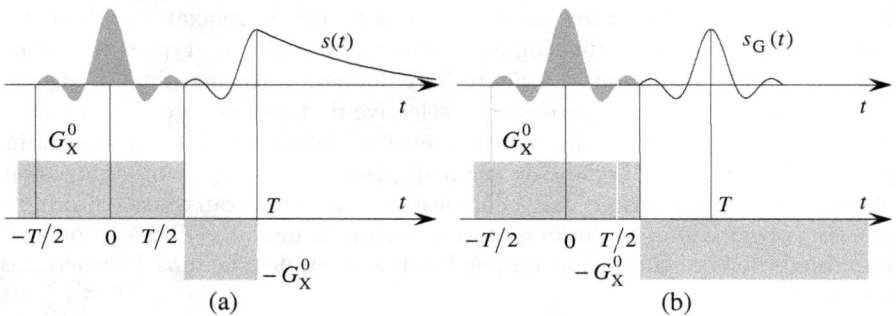

FIG. 3.22 – Détermination expérimentale du profil de coupe. À gauche (a) : impulsion de sélection de coupe. La réversion de gradient $(-G_X^0)$ permet de refocaliser les dispersions de phase associées à la présence du gradient pendant la durée d'impulsion. Cette refocalisation est effective à l'instant $t = T$ et le gradient est alors supprimé. À droite (b) : méthode permettant de visualiser le profil de coupe. Le gradient d'intensité $-G_X^0$ est maintenu après l'instant $t = T$. La transformée de Fourier du signal $s_G(t)$ acquis en présence du gradient d'intensité $-G_X^0$ est le profil de coupe.

En posant :

$$2\,\pi\,k_X = -\gamma\,G_X^0\,(t-T),$$

$$(3.24)$$

et $F(k_X(t)) = s_G(t)$, l'équation (3.23) devient

$$F(k_X) \propto \exp\left(-2\,\pi\,\mathrm{i}\,k_X X_{\mathrm{c}}\right)\int_{\text{éch}} M_\perp(X)\exp\left(-2\,\pi\,\mathrm{i}\,k_X X\right)\mathrm{d}X.$$

$$(3.25)$$

L'intégrale de cette expression est la transformée de Fourier de $M_\perp$. Compte tenu des propriétés de la transformée de Fourier par rapport aux translations, on peut écrire :

$$M_\perp(X - X_{\mathrm{c}}) \propto \int_{-\infty}^{\infty} F(k_X)\exp\left(2\pi\mathrm{i}\,k_X X\right)\mathrm{d}k_X.$$

$$(3.26)$$

Le profil de coupe peut donc être déterminé en effectuant la transformée de Fourier inverse de $s_G(t)$ (écho de gradient). Il s'agit là d'un premier contact avec une technique d'imagerie. Nous n'entrerons pas dans les détails pratiques concernant l'échantillonnage du signal et la position de la fenêtre d'acquisition. Ces notions sont développées plus loin. Compte tenu des imperfections du système de gradients, l'instant correspondant au rephasage des aimantations dans la coupe, n'est pas connu avec précision et la méthode permet essentiellement de déterminer le module du profil d'excitation.

Le schéma présenté n'est, bien sûr, pas le seul utilisable. On utilise parfois une technique d'écho de spin telle que celle présentée figure 3.23, mais le principe reste le même : l'acquisition est effectuée en présence du gradient de sélection de coupe.

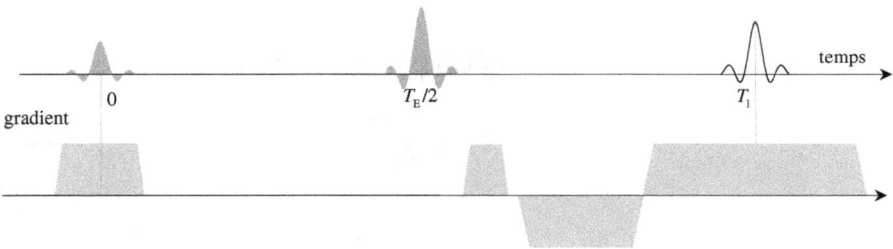

FIG. 3.23 – Imagerie du profil de coupe à l'aide d'une séquence d'écho de spin. Par rapport à la méthode d'écho de gradient, cette méthode présente l'avantage de refocaliser les déphasages dus aux inhomogénéités de champ. On remarquera que le lobe de rephasage est placé après l'impulsion de refocalisation, afin de sélectionner le chemin $p = 0 \Rightarrow 1 \Rightarrow -1$.

3.7 Artefact de déplacement chimique

L'échantillon peut contenir plusieurs espèces de déplacements chimiques différents. C'est évidemment le cas en spectroscopie, mais aussi en imagerie médicale de routine où les deux espèces chimiques qui contribuent au signal recueilli, l'eau et les graisses, ont des protons ne présentant pas le même déplacement chimique (figure 3.24). Les fréquences de résonance Ω_0^i correspondant à ces différents environnements s'écrivent (équation (1.83)) :

$$\Omega_0^i = \Omega_0^R \left(1 + \delta_i 10^{-6} \right), \qquad (3.27)$$

où Ω_0^R est la fréquence de résonance du noyau R dont l'environnement est utilisé comme référence, et où δ_i, déplacement chimique du noyau i, est exprimé en ppm.

Lorsqu'on utilise une procédure de sélection de coupe en faisant appel à une impulsion sélective appliquée en présence d'un gradient, la position de la coupe dépend de la fréquence de résonance (figure 3.25) et donc de l'environnement

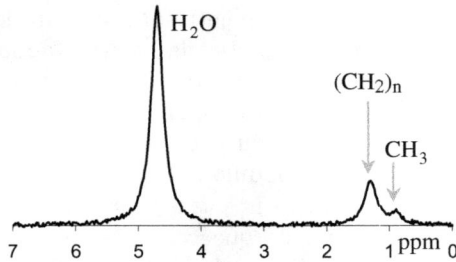

FIG. 3.24 – Résonance de l'eau et des lipides (simulation).

électronique du noyau. L'équation (3.6) doit être réécrite sous la forme :

$$X_c^i = \frac{\Omega_0^i - \Omega_{rf}}{\gamma \, G_X^0}. \tag{3.28}$$

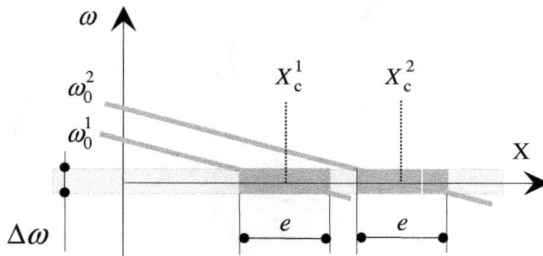

FIG. 3.25 – Aux espèces de fréquences de résonance ω_0^1 et ω_0^2, correspondent deux coupes de positions X_c^1 et X_c^2, respectivement.

Si maintenant on considère deux espèces de déplacements chimiques δ_i et δ_j :

$$X_c^i - X_c^j = \frac{\Omega_0^R \, (\delta_i - \delta_j) \, 10^{-6}}{\gamma \, G_X^0}. \tag{3.29}$$

En utilisant l'approximation $\Omega_0^R \approx -\gamma \, B_0$, on obtient :

$$\left| X_c^i - X_c^j \right| = \left| \delta_i - \delta_j \right| \, 10^{-6} \frac{B_0}{|G_X^0|}. \tag{3.30}$$

On peut aussi utiliser la relation reliant l'épaisseur de coupe e à l'intensité du gradient G_X et à la largeur de la bande d'excitation $\Delta\omega$ (équation (3.5)), ce qui conduit à :

$$\left| X_c^i - X_c^j \right| = e \frac{|\Omega_0|}{\Delta\omega} \left| \delta_i - \delta_j \right| \, 10^{-6}. \tag{3.31}$$

Ainsi, à chaque fréquence de résonance correspond une position du plan de coupe. Toutes les techniques exploitant des impulsions sélectives en présence de gradient sont affectées par cet artefact, dit de déplacement chimique. Sur une même image, des structures lipidiques présentes dans un plan de coupe, peuvent se trouver superposées à des structures aqueuses présentes dans un autre plan de coupe. On retiendra que l'importance du déplacement de la coupe est inversement proportionnel à l'intensité du gradient de sélection. L'utilisation de gradients intenses peut permettre de rendre négligeable cet artefact. On peut aussi utiliser des impulsions sélectives de saturation des résonances non souhaitées, ou encore utiliser une séquence d'inversion récupération qui exploitera les différences de temps de relaxation spin réseau pour éliminer un des deux signaux. L'utilisation d'impulsions spectrales-spatiales constitue aussi une alternative intéressante (voir section 3.11.5). En imagerie classique, à 1,5 Tesla, la différence de déplacement chimique eau-graisse (environ 3,5 ppm) induit une différence de position de l'ordre 0,5 mm si le gradient de sélection a une intensité de 10 mT/m, ce qui peut être généralement négligé. Dans un champ de 8 T et avec le même gradient, l'erreur atteindra environ 2,5 mm, ce qui est plus préoccupant. Cet artefact devra être examiné avec attention lors de l'étude de noyaux présentant une gamme de déplacements chimiques plus large que le proton (chapitre 6, section 6.6.4).

3.8 Distorsions associées à la procédure de sélection de coupe

Considérons la sélection d'une coupe orthogonale à l'axe X, qui s'effectue en présence d'un gradient G_X. Idéalement, le champ produit par le bobinage de gradient devrait avoir pour forme $B = B_0 + \gamma G_X X$ où B_0 et G_X doivent être indépendants de la position. En pratique le champ statique n'est pas parfaitement homogène et s'écarte de sa valeur idéale d'une quantité $\Delta B_0 (X, Y, Z)$. Les imperfections des gradients de champ doivent, elles aussi, être prises en compte. Un gradient n'est pas strictement constant sur toute l'étendue du domaine de travail. La figure 3.26 montre schématiquement les imperfections d'un gradient G_X. L'écart ΔB_{GX} entre le champ associé à un gradient parfait, et le champ effectivement créé par le bobinage est aussi une fonction de X, Y, Z. En présence d'un gradient G_X, le champ a donc pour forme générale :

$$B = B_0 + G_X X + \Delta B_0 (X, Y, Z) + \Delta B_{GX} (X, Y, Z). \qquad (3.32)$$

Nous étudierons d'abord les distorsions associées aux inhomogénéités du champ statique, puis celles associées aux imperfections du système de gradients.

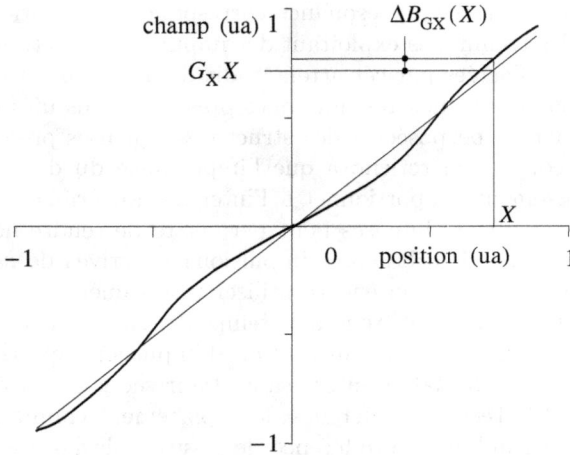

FIG. 3.26 – Non uniformité d'un gradient. Le champ produit par le bobinage à la position X, diffère de celui, $G_X X$, qui était attendu.

3.8.1   Inhomogénéités du champ statique

La position d'une coupe dépendant de la fréquence, les inhomogénéités du champ statique créent des variations de sa position. Dans ce cas, la coupe n'est plus délimitée par deux plans parallèles, mais par des surfaces qui sont plus ou moins incurvées. Le déplacement de la position de la coupe associé à une variation de champ $\Delta B_0 (X, Y, Z)$ s'écrit (équation (3.6)) :

$$\Delta X_c = - \frac{\Delta B_0 (X, Y, Z)}{G_X}. \tag{3.33}$$

Les inhomogénéités de champ peuvent être dues soit à l'aimant et à la présence des diverses structures (antenne, bobinages de gradients...) se trouvant dans l'aimant, soit à l'échantillon lui même. En imagerie médicale, les inhomogénéités du champ associées au sujet peuvent être dues aux interfaces air-tissu (différences de susceptibilité de l'ordre de 10 ppm), ou à la présence de prothèses et implants qui peuvent produire des différences de susceptibilité beaucoup plus importantes. Ces inhomogénéités de champ, dont l'ordre de grandeur est $\Delta B_0 \approx \Delta \chi B_0$, s'accroissent donc avec l'intensité du champ statique. À 1,5 T par exemple, et avec une sélection pratiquée avec un gradient de 10 mT/m, le déplacement de la coupe associé à une variation de champ de 10 ppm, est de l'ordre de 1,5 mm, ce qui reste faible. Les déplacements de champ associés à la présence de prothèses peuvent être beaucoup plus importants.

La figure 3.27 montre la distorsion des lignes de champ produite par la présence d'une sphère de susceptibilité différente de celle du milieu environnant. La figure 3.28 montre que la présence d'une sphère d'acier inox entraîne

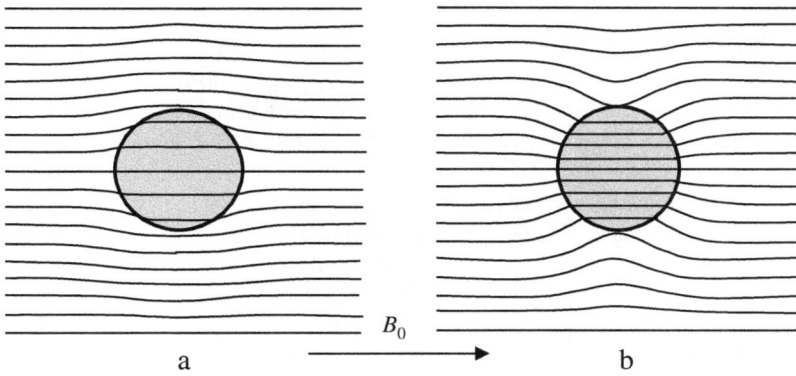

FIG. 3.27 – Perturbation du champ associée à la présence d'une sphère de susceptibilité χ_{int} différente de celle χ_{ext} de l'environnement. À gauche (a) $\chi_{int} < \chi_{ext}$, à droite (b) $\chi_{int} > \chi_{ext}$.

des distorsions du « plan » de la coupe d'autant plus importantes que le gradient de sélection est faible. Cette relation entre distorsion géométrique du plan de coupe et intensité du gradient suggère que, dans une séquence multi-impulsionnelle, les sélections successives d'une même coupe (par exemple inversion, excitation, refocalisation) devraient être, si possible, effectuées avec la même intensité de gradient, les ajustements étant effectués avec la durée d'impulsion. D'autres paramètres associés à l'ajustement des durées d'impulsions doivent alors être examinés (relaxation et durée d'impulsion, puissance crête et puissance moyenne dissipée).

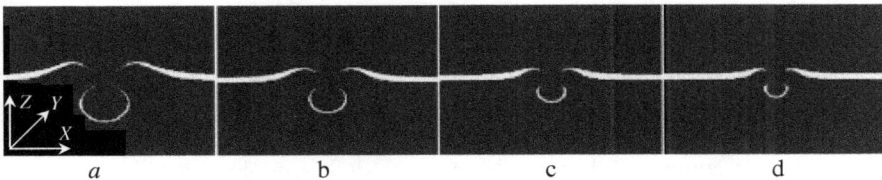

FIG. 3.28 – Simulation des distorsions du « plan » de coupe créées par la présence d'une sphère d'acier inoxydable de 8 mm de diamètre. Susceptibilité de la sphère $\Delta\chi = 4000$ ppm ; intensité du gradient de sélection de coupe (Z) : (a) 6 mT/m, (b) 18 mT/m, (c) 60 mT/m, (d) 120 mT/m ; épaisseur de coupe 2 mm. D'après Hopper *et al.* Magn. Reson. Imag. **24**, 1077–1085, 2006, with permission from Elsevier.

3.8.2 Imperfections du système de gradients

La relation (3.32) montre que le terme ΔB_{GX} induit le même type de déformation des surfaces délimitant la coupe que l'inhomogénéité du champ statique. Ces déformations dépendent du gradient considéré, X, Y, ou Z, et sont d'autant plus importantes que la coupe est éloignée du centre magnétique du fourreau de gradients. Bien entendu, ΔB_{GX} est proportionnel au courant parcourant le bobinage. Pour des raisons qui tiennent à la symétrie des bobinages de gradient, les coupes passant par le centre magnétique ne sont normalement peu déformées. Les distorsions produites par ces imperfections sont dites en forme de « chips ». La figure 3.29 présente, de manière très amplifiée, l'allure d'une coupe présentant ce type de défaut. Cette déformation suggère à nouveau que lorsqu'une séquence comporte plusieurs impulsions spatialement sélectives, il faut éviter d'utiliser des impulsions travaillant avec des gradients d'intensités différentes. On préférera agir sur les durées d'impulsions.

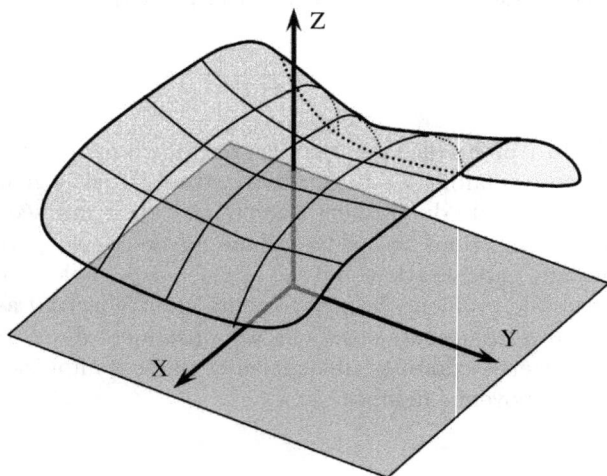

FIG. 3.29 – Déformation du plan de coupe due aux imperfections du système de gradients (distorsion en forme de « chips »).

Une autre anomalie associée aux imperfections des gradients, concerne l'épaisseur de coupe qui devient dépendante de la position considérée dans le plan de coupe. En présence de non linéarité du système de gradients l'équation (3.5), qui donne l'épaisseur de coupe, doit être modifiée et s'écrit :

$$e\left(Y,Z\right) \approx \frac{\Delta\omega}{\left|\gamma\left(\mathrm{d}B_{GX}\left(X,Y,Z\right)/\mathrm{d}X\right)_{X=X_{\mathrm{c}}}\right|}. \tag{3.34}$$

Le gradient effectif $\mathrm{d}B_{GX}\left(X,Y,Z\right)/\mathrm{d}X$ variant avec la position produit une distorsion dite « en nœud papillon » (figure 3.30). Cette désignation est justi-

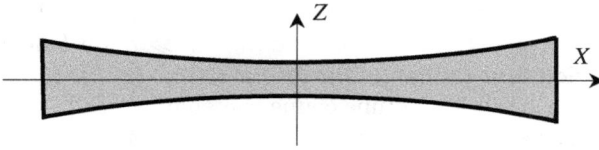

FIG. 3.30 – Distorsion de la section d'une coupe due à des gradients non uniformes (distorsion en nœud papillon).

fiée si le gradient décroît (en valeur absolue) lorsqu'on s'éloigne du centre de la coupe. Elle l'est moins dans le cas contraire...

Avec les systèmes récents d'imagerie, les distorsions géométriques liées aux inhomogénéités du champ principal et aux écarts à la linéarité du système de gradient sont généralement faibles. Elles peuvent cependant prendre de l'importance, par exemple en neurochirurgie lorsque l'imagerie est utilisée pour des repérages stéréotaxiques préopératoires, ou encore lorsque l'image est destinée à guider un traitement radiothérapique. Les techniques d'imagerie 3D permettent d'éviter les artefacts affectant le plan de coupe, mais on retrouvera ce type de problème lors du codage spatial.

3.8.3 Distorsions dues à la présence des termes de Maxwell

Nous avons vu (chapitre 1, section 1.8.3) que la production de gradients de champ, s'accompagnait nécessairement de termes perturbateurs. Un champ $B_Z = B_0 + G_X X + G_Y Y + G_Z Z$ est toujours accompagné de composantes orthogonales dont la forme est donnée par les expressions (1.72) et (1.73) que nous rappelons ici :

$$B_X = G_X Z - \frac{G_Z X}{2}, \quad B_Y = G_Y Z - \frac{G_Z Y}{2}. \qquad (3.35)$$

Ces expressions sont établies dans le cas d'un bobinage de gradient Z à symétrie cylindrique. L'influence de ces termes sur la sélection de coupe est tout à fait négligeable en champ fort, mais doit être examinée dans le cas de l'imagerie en champ B_0 faible. Une particularité de ce type de difficulté est que ses conséquences dépendent de l'orientation de la coupe considérée.

Les coupes orthogonales à l'axe Z (coupes dites transverses ou axiales) s'effectuent en utilisant un gradient G_Z et les expressions (3.35) se réduisent à :

$$B_X = -\frac{G_Z X}{2}, \quad B_Y = -\frac{G_Z Y}{2}. \qquad (3.36)$$

Lors d'une excitation sélective en présence d'un gradient G_Z, le lieu des points excités est tel que Ω_0 (et donc $|B|$) est constant. On a donc

$$|B|^2 = (B_0 + G_Z Z)^2 + (G_Z X/2)^2 + (G_Z Y/2)^2 = \text{Constante}. \qquad (3.37)$$

Cette expression définit un ellipsoïde de révolution. La courbure des coupes associée à cet effet reste très faible lorsque $B_0/G_Z \gg L$, où L définit la largeur du champ qui doit être exploré.

Dans le cas de la sélection d'une coupe contenant l'axe Z, par exemple une coupe orthogonale à l'axe X, la production du gradient G_X s'accompagne de la création d'une composante du champ dans la direction X, $B_X = G_X Z$. On peut donc écrire

$$|B|^2 = (B_0 + G_X X)^2 + (G_X Z)^2 = \text{Constante.} \tag{3.38}$$

Cette expression définit un cylindre dont l'axe est parallèle à la direction Y. Là encore, la courbure de la coupe sélectionnée ne sera pas significative si $B_0/G_X \gg L$.

En résumé, la présence des termes de Maxwell doit être gardée en mémoire si l'on utilise une procédure de sélection de coupe en champ faible.

3.9   VERSE : excitation en présence d'un gradient variable dans le temps

Nous n'avons utilisé jusque là que des impulsions rf appliquées en présence d'un gradient constant. Il est en fait souvent intéressant, d'utiliser un gradient dépendant du temps. Nous en verrons de nombreux exemples dans les sections suivantes. La méthode, connue sous le nom de VERSE (*Variable-Rate Selective Excitation*), exploite cette possibilité afin d'améliorer les caractéristiques d'une impulsion : on peut ainsi, par exemple, avoir une énergie dissipée moins importante, ou une durée d'impulsion réduite sans modification du profil de coupe.

Nous avons largement utilisé dans le chapitre 2, la technique de décomposition d'une impulsion rf en une suite d'impulsions rectangulaires de durée dt (figure 2.4). Chacune de ces impulsions élémentaires produit une rotation de l'aimantation macroscopique autour du champ effectif. Considérons donc une impulsion appliquée en présence d'un gradient dirigé selon X. Pour l'instant, nous nous intéressons à la production d'une coupe positionnée au centre magnétique du système de gradients, c'est-à-dire que $\omega_0 = 0$. Le champ fictif dépend de la position et est égal à $G_X^0 X$ et le champ rf à l'instant τ est égal à $b_1^{\perp}(\tau)$. Si l'on s'intéresse à l'impulsion élémentaire de durée dτ centrée autour de l'instant τ, on voit qu'une rotation identique peut être produite par une impulsion élémentaire de durée d$t = $ dτ/A, d'amplitude $Ab_1^{\perp}(\tau)$, en présence d'un gradient AG_X^0. Si A dépend du temps, l'impulsion subit une contraction ou une dilatation qui dépend du temps. Une excitation en tous points identique à celle produite par l'impulsion $b_1^{\perp}(\tau)$ en présence du gradient constant d'amplitude G_X^0, peut donc être produite par une impulsion d'amplitude :

$$b_1^{\text{V}}(t) = b_1^{\perp}(\tau(t)) \frac{\mathrm{d}\tau(t)}{\mathrm{d}t}, \tag{3.39}$$

appliquée en présence d'un gradient d'intensité :

$$G_X^V(t) = G_X^0(\tau(t)) \frac{d\tau(t)}{dt}, \qquad (3.40)$$

où l'index V indique qu'il s'agit d'une impulsion remodelée selon la technique VERSE.

La figure 3.31 illustre de manière très schématique le principe de la méthode. Avec une impulsion sinc, le champ rf atteint sa valeur maximale pendant l'intervalle de temps T_b. L'amplificateur de puissance doit pouvoir délivrer une puissance crête suffisante pour assurer une transmission fidèle de la forme d'impulsion. Par ailleurs, c'est pendant cet intervalle de temps qu'est dissipée l'essentiel de l'énergie (voir section 2.1.2 du chapitre 2 pour rappel de la notion d'énergie dissipée pendant une impulsion). On calculera aisément que dans le cas de l'impulsion de la figure 3.31, 92 % de l'énergie est dissipée pendant T_b. Afin de réduire, et la puissance crête nécessaire, et l'énergie dissipée, le gradient a été divisé par 2 pendant l'intervalle de temps T_b, tandis que la durée du lobe principal a été multipliée par 2. La puissance crête nécessaire est donc 4 fois plus faible, et l'énergie dissipée 2 fois plus faible. Cette opération allonge l'impulsion ce qui peut être gênant. Pour compenser cet allongement, le gradient a été doublé pendant les intervalles de temps T_a et la durée de ces périodes a été divisée par un facteur 2. L'accroissement d'énergie dissipée pour décrire les lobes latéraux reste faible, mais la durée totale

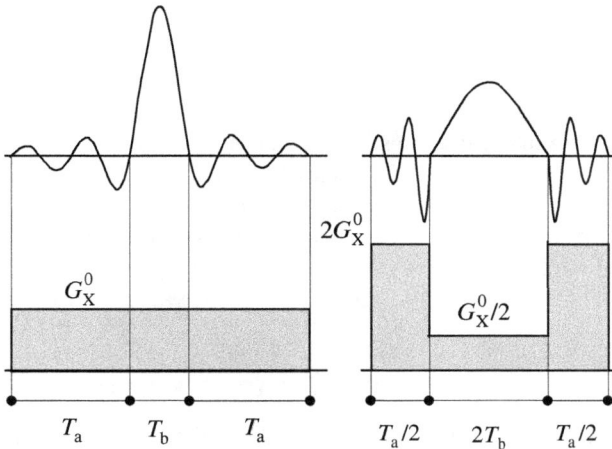

FIG. 3.31 – Principe du passage d'une excitation sélective en présence d'un gradient de champ constant, à une excitation en présence d'un gradient variable dans le temps (technique VERSE). Les profils de coupe des deux impulsions sont strictement identiques, mais l'énergie dissipée, la puissance crête nécessaire et la durée d'impulsion sont réduites.

d'impulsion initialement égale à $5T_b$ est maintenant égale à $4T_b$. Au total, on vérifie par intégration numérique que l'énergie dissipée pendant l'impulsion est réduite de 38 %.

En pratique, l'intensité du gradient ne peut être modifiée instantanément. On utilisera des fonctions telles que les vitesses de montée ne dépassent pas la valeur maximale autorisée par le système utilisé ($dG_X^V(t)/dt \leqslant S_{\max}$). Par ailleurs, les intensités des gradients et du champ rf ne devront pas excéder les valeurs maximales permises par l'instrumentation. Ces contraintes étant respectées, les choix effectués dépendront largement des objectifs fixés qui peuvent être variés : on peut souhaiter utiliser la méthode pour réduire la puissance crête, ou bien l'énergie dissipée pendant une impulsion, ou encore, au contraire (car inévitablement l'énergie dissipée va s'accroître), réduire autant que possible la durée d'impulsion pour étudier des objets à T_2 court ou pour réduire l'amplitude de l'artefact de déplacement chimique. Cette technique concerne tous les types d'impulsions, celles issues de l'approximation de la réponse linéaire, les impulsions adiabatiques (technique FOCI), ou les impulsions issues de la transformation de Shinnar et Le Roux, ou de toute autre méthode d'inversion des équations de Bloch.

Une particularité des impulsions de sélection de coupe utilisant des gradients dépendant du temps, est que si la coupe ne passe pas par le centre magnétique du système, il faut moduler la fréquence de l'impulsion à un rythme qui dépend de $G_X^V(t)$. La relation (3.6) est toujours valide, mais le gradient dépendant du temps, on doit moduler la fréquence du champ rf :

$$\omega_0(t) = \Omega_0 - \Omega_{\rm rf}(t) = \gamma\, G_X(t)\, X_{\rm c}. \tag{3.41}$$

Cette modulation peut être effectuée sous la forme d'une modulation de la phase du champ rf.

Nous nous sommes intéressés, jusque là, à la manipulation de l'aimantation nucléaire dans le volume limité par deux plans parallèles. Les impulsions susceptibles d'effectuer ce travail sont appliquées en présence d'un gradient orthogonal au plan de coupe. Nous verrons dans ce qui suit, que l'utilisation de gradients dont l'orientation varie dans le temps peut permettre d'agir sur l'aimantation dans un cylindre, une barre, ou un parallélépipède.

3.10   Impulsions spatialement sélectives multidimensionnelles : espace réciproque d'excitation

Considérons une excitation de petit angle, appliquée sur un système de spins à l'équilibre thermique, en présence d'un gradient dont l'intensité, et éventuellement l'orientation dépendent du temps (figure 3.32). Ce gradient est mis en place à l'instant $T_{\rm G}^{\rm on}$ et coupé à l'instant $T_{\rm G}^{\rm off}$. On souhaite obtenir

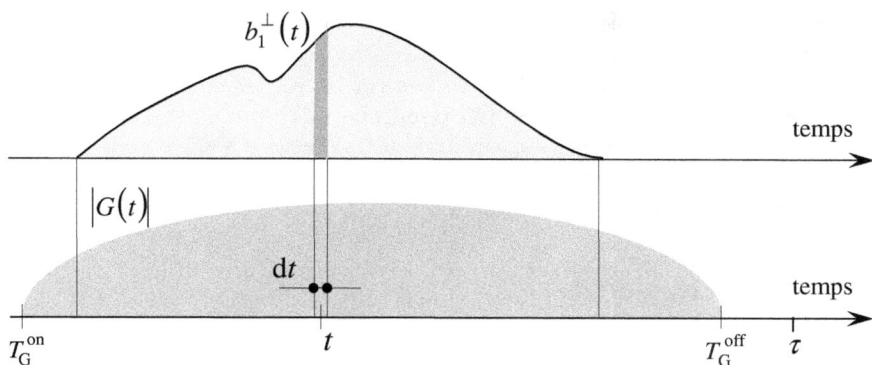

FIG. 3.32 – Impulsion sélective de petit angle appliquée en présence d'un gradient, dont l'intensité et l'orientation dépendent du temps.

l'expression de l'aimantation transversale à l'instant où le gradient est coupé. Nous nous situons donc dans le cadre de l'approximation de la réponse linéaire et nous supposerons pour l'instant que le système de spins ne comporte qu'une seule fréquence de résonance, et que $\omega_0 = 0$. Pendant l'intervalle de temps élémentaire dt, le champ radiofréquence $b_1(t)$ crée l'aimantation transversale :

$$dM_\perp\left(\boldsymbol{r}, t\right) = i\,\gamma M_0\left(\boldsymbol{r}\right) b_1^\perp\left(t\right) dt. \qquad (3.42)$$

Cette aimantation évolue ensuite sous l'effet du gradient, sans être perturbée par le champ rf puisque nous avons supposé que l'excitation était de petit angle (principe de superposition, caractéristique des systèmes linéaires). À l'instant $T_{\mathrm{G}}^{\mathrm{off}}$, le déphasage subi par l'aimantation s'écrit $\varphi\left(t, T_{\mathrm{G}}^{\mathrm{off}}\right) = -\int_t^{T_{\mathrm{G}}^{\mathrm{off}}} \gamma\,\boldsymbol{G}\left(t'\right) \cdot \boldsymbol{r}\,dt'$. À l'issue de l'excitation, on a donc :

$$dM_\perp\left(\boldsymbol{r}, t, T_{\mathrm{G}}^{\mathrm{off}}\right) = i\,\gamma\,M_0\left(\boldsymbol{r}\right) b_1^\perp\left(t\right) \left[\exp\left(-i\int_t^{T_{\mathrm{G}}^{\mathrm{off}}} \gamma\,\boldsymbol{G}\left(t'\right) \cdot \boldsymbol{r}\,dt'\right)\right] dt.$$
$$(3.43)$$

On obtient en intégrant :

$$M_\perp\left(\boldsymbol{r}, T_{\mathrm{G}}^{\mathrm{off}}\right) = i\,\gamma\,M_0\left(\boldsymbol{r}\right) \int_{-\infty}^{+\infty} b_1^\perp\left(t\right) \exp\left(2\pi\,i\,\boldsymbol{k}\left(t\right) \cdot \boldsymbol{r}\right) dt, \qquad (3.44)$$

avec

$$\boldsymbol{k}\left(t\right) = -\frac{\gamma}{2\pi} \int_t^{T_{\mathrm{G}}^{\mathrm{off}}} \boldsymbol{G}\left(t'\right) dt'. \qquad (3.45)$$

Les bornes de l'intégrale de l'équation (3.44) ont été rejetée à $\pm\infty$ puisque $b_1^\perp(t)$ et $G(t)$ sont nuls à l'extérieur de l'intervalle $\left[T_{\mathrm{G}}^{\mathrm{on}}, T_{\mathrm{G}}^{\mathrm{off}}\right]$. L'intégrale de l'équation (3.44) est une forme paramétrique de transformation de Fourier où

r et k sont des variables conjuguées. L'espace k_X, k_Y, k_Z est l'espace des fréquences spatiales. La fréquence spatiale s'exprime en m^{-1}, ou, par analogie avec le Hz, en cycles.m^{-1}. On désigne cet espace sous le terme d'espace réciproque ou espace de Fourier. On remarque qu'à la coupure du gradient, $k\left(T_G^{off}\right) = 0$. Nous précisons dans ce qui suit, comment s'effectue le remplissage de l'espace réciproque d'excitation et quel intérêt présente cette approche, en revisitant d'abord les excitations à une dimension.

3.10.1   Excitation 1D

Lorsqu'on se limite à une seule dimension spatiale, X par exemple, l'équation (3.45) devient :

$$k_X(t) = -\frac{\gamma}{2\pi} \int_t^{T_G^{off}} G_X(t')\,dt', \qquad (3.46)$$

où $t \leqslant T_G^{off}$. À chaque valeur de t correspond une valeur de k_X, et $k_X(t)$ décrit un chemin dans un espace réciproque à une dimension.

3.10.1.1   Excitation classique. Gradient constant pendant l'impulsion

Plaçons nous d'abord dans le cas simple que nous connaissons bien, d'une impulsion de durée T, appliquée en présence d'un gradient qui reste constant pendant l'impulsion, et qui est renversé pendant une durée $T/2$ après la coupure du champ rf (figure 3.33). Nous supposerons que ce gradient est dirigé selon l'axe X, et que son intensité pendant l'impulsion est égale à G_X^0. L'origine des temps est placée au centre de l'impulsion. La fréquence spatiale k_X s'écrit simplement

$$k_X = \frac{\gamma}{2\pi} G_X^0 t \quad \text{lorsque} \quad T_G^{in} \leqslant t \leqslant T/2 \qquad (3.47)$$

et

$$k_X = \frac{\gamma}{2\pi} G_X^0 (T-t) \quad \text{lorsque} \quad T/2 \leqslant t \leqslant T. \qquad (3.48)$$

La région de l'espace réciproque balayée par l'impulsion est le segment compris entre les points $k_X^{min} = -\gamma\, G_X^0 T/4\pi$ et $k_X^{max} = \gamma\, G_X^0 T/4\pi$, qui correspondent respectivement aux instants $t = -T/2$ et $t = T/2$.

À l'intérieur de l'intervalle de temps $[-T/2, T/2]$, $k_X(t)$ est bijective et admet donc une fonction réciproque $t = 2\pi k_X/\gamma\, G_X^0$. L'équation (3.44) devient donc :

$$M_\perp(X, T) = 2\pi\, i\, \gamma\, M_0(X) \int_{-\infty}^{+\infty} W(k_X) \exp(2\pi i\, k_X X)\,dk_X, \qquad (3.49)$$

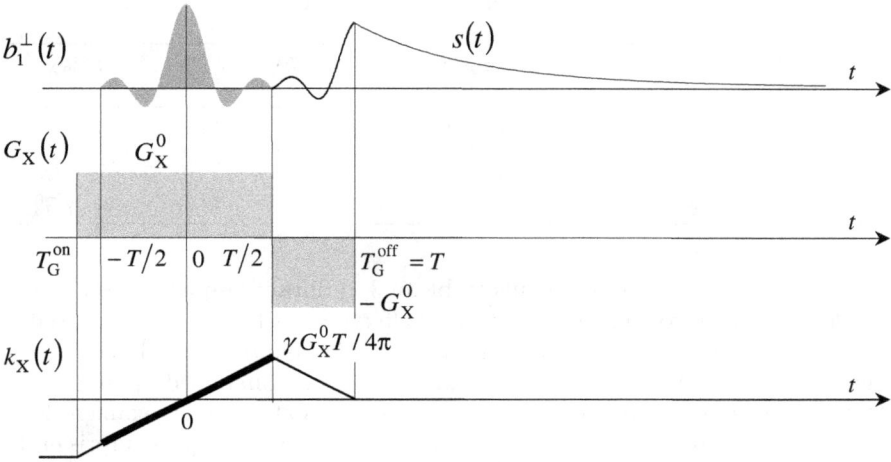

F IG. 3.33 – Balayage de l'espace réciproque lors d'une excitation 1D classique.

où l'on a posé :

$$W\left(k_X\right) = \frac{b_1^{\perp}\left(t = 2\,\pi\,k_X/\gamma\,G_X^0\right)}{\gamma\,G_X^0}.\qquad(3.50)$$

Le profil d'excitation est ainsi proportionnel à la transformée de Fourier inverse de $W\left(k_X\right)$. Avant l'application de l'impulsion d'excitation, $M_{\perp}\left(X\right) = 0$, et l'espace réciproque est vide $\left(W\left(k_X\right) = 0\right)$. L'impulsion rf crée du signal dans la partie de l'espace réciproque qu'elle parcourt.

Prenons l'exemple d'une impulsion d'excitation de type sinc. Nous avons vu (chapitre 2, section 2.4.5), que ce type d'impulsion pouvait être décrit par le produit de sa durée T par la bande passante $f^{\max}$ (équation (2.101) : $T\,f^{\max} = NZ$, où NZ est le nombre de zéros du sinc, extrémités incluses). Lorsque l'impulsion est utilisée pour une sélection spatiale, il peut être utile d'utiliser le produit de la largeur de l'espace réciproque couvert par l'impulsion, $k_X^{\max}$, par l'épaisseur de coupe, e :

$$e\,k_X^{\max} = NZ,\qquad(3.51)$$

C'est cependant lorsque les gradients appliqués pendant l'impulsion dépendent du temps que l'introduction de l'espace réciproque trouve tout son intérêt. Nous en présentons un exemple simple dans ce qui suit.

3.10.1.2 Excitation intrinsèquement refocalisée

Considérons la séquence de la figure 3.34 dont les caractéristiques sont regroupées dans le tableau 3.1. Dans l'intervalle $[-T, T]$ durant lequel le champ rf est appliqué, $k_X\left(t\right)$ n'est pas bijective. Cet intervalle peut être

TAB. 3.1 – Caractéristiques de la séquence de la figure 3.34.

Intervalle de temps	Gradient	Champ rf	k_X	dt/dk_X
$[-T, -T/2]$	$G_X(t) = -G_X^0$	$b_1^\perp(-t-T)$	$k_X = -\gamma\, G_X^0 (t+T)/2\pi$	$-2\pi/\gamma\, G_X^0$
$[-T/2, T/2]$	$G_X(t) = G_X^0$	$b_1^\perp(t)$	$k_X = \gamma\, G_X^0 t/2\pi$	$2\pi/\gamma\, G_X^0$
$[T/2, T]$	$G_X(t) = -G_X^0$	$b_1^\perp(-t+T)$	$k_X = -\gamma\, G_X^0 (t-T)/2\pi$	$-2\pi/\gamma\, G_X^0$

scindé en trois intervalles de temps (tableau 3.1) durant lesquels $k_X(t)$ admet une fonction réciproque, ce qui permet d'effectuer le changement de variable temps-fréquence spatiale. On montre ainsi que l'aimantation transversale est encore donnée par l'équation (3.49), mais avec une fonction de pondération deux fois plus grande que celle donnée par l'équation (3.50). L'examen de la figure 3.34 montre en effet que le segment de l'espace réciproque compris entre les points $k_X^{\min} = -\gamma\, G_X^0 T/4\pi$ et $k_X^{\max} = \gamma\, G_X^0 T/4\pi$, est parcouru deux fois : une fois lorsque $G_X = G_X^0$, et une fois lorsque $G_X = -G_X^0$. À l'issue de l'excitation les aimantations sont ainsi rephasées sans qu'un lobe de refocalisation doive être utilisé après la coupure du champ rf.

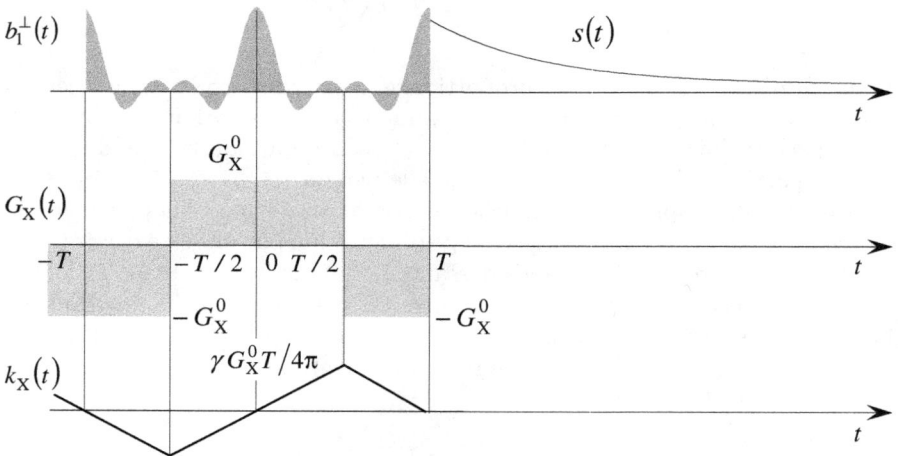

FIG. 3.34 – Excitation intrinsèquement refocalisée.

La durée de l'excitation est un peu plus importante que celle d'une excitation classique ($2T$ au lieu de $3T/2$). La durée d'application du champ rf est doublée, mais, pour un même angle d'impulsion, l'intensité du champ rf est deux fois plus faible. On vérifiera que l'énergie dissipée est deux fois plus faible qu'avec une excitation classique. Le déplacement de la coupe hors du centre magnétique du système de gradients, ne peut plus s'effectuer aussi simplement qu'avec une excitation classique. Comme dans le cas de la technique VERSE, on doit utiliser une modulation de la fréquence d'impulsion satisfaisant la relation (3.41). Enfin, l'artefact de déplacement chimique prend une forme bien différente de celle associée à une excitation classique (*cf.* exercice 3-9).

On note que les déphasages liés à la présence de gradients sont refocalisés dès la coupure du champ rf. L'impulsion appartient à une classe d'impulsions dites intrinsèquement refocalisées (en anglais : « *inherently refocused* »). La refocalisation produite par cette classe d'impulsion, concerne exclusivement le déphasage introduit par des gradients. Ces impulsions ne produisent aucunement une refocalisation du déphasage associé au déplacement chimique. Elles doivent donc être distinguées des impulsions auto-refocalisantes (chapitre 2, section 2.4.12). Nous reviendrons dans la section 3.10.7 sur les propriétés de ce type particulier d'impulsions et sur leur intérêt.

3.10.1.3   Échantillonnage de l'espace réciproque

Nous avons présenté dans le chapitre 2, la technique DANTE qui permet de construire des impulsions sélectives avec une suite d'impulsions de Dirac (section 2.4.9). Cette construction repose justement sur l'approximation de la réponse linéaire. On sait que ce type d'impulsion produit un profil d'excitation périodique de période égale à $1/\tau$ (τ étant le délai séparant deux impulsions de Dirac successives). S'agissant d'une impulsion sélective de petit angle appliquée en présence d'un gradient (figure 3.35), il est intéressant de se placer dans l'espace réciproque. La période d'échantillonnage de l'espace réciproque s'écrit simplement :

$$\Delta k_X = \frac{\gamma}{2\pi} G_X^0 \tau. \tag{3.52}$$

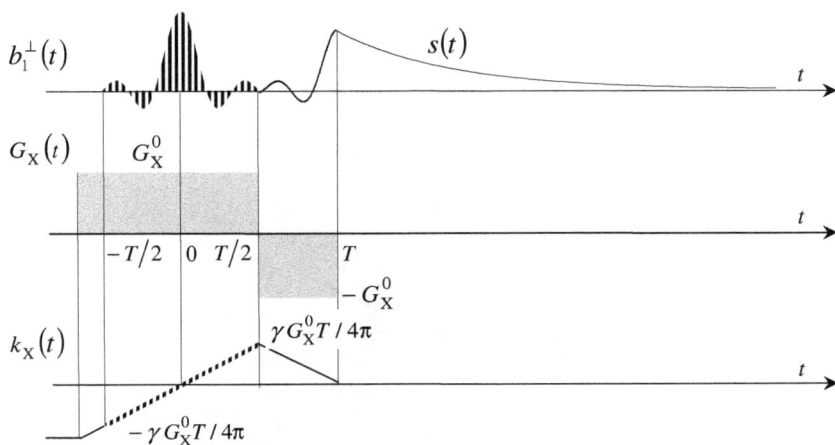

FIG. 3.35 – Une impulsion de type DANTE produit un échantillonnage de l'espace réciproque.

Si l'objet étudié a une largeur L, et si l'on souhaite que seule la bande centrale d'excitation soit localisée sur l'objet, on doit respecter le condition :

$$\Delta k_X < \frac{1}{L}. \tag{3.53}$$

La méthode ne présente généralement pas d'intérêt pratique en IRM (on remarquera que l'énergie dissipée, comme la puissance crête nécessaire, sont bien supérieures à celles d'une impulsion continue). Cette présentation a pour objet d'aborder sous un autre angle les excitations de type DANTE, et de montrer que l'espace réciproque d'excitation peut être décrit de manière discontinue, si l'on respecte certaines conditions d'échantillonnage. L'échantillonnage de l'espace réciproque devient absolument nécessaire avec une excitation 2D.

Ainsi une procédure de sélection de coupe, peut être vue comme une opération de remplissage de l'espace réciproque d'excitation, par une fonction du champ rf et des gradients. Cette approche est particulièrement bien adaptée à la conception d'excitations sélectives dans deux ou trois dimensions de l'espace.

3.10.2   Excitation 2D

Tout ce qui suit peut être directement étendu à des excitations 3D.

Reprenons l'excitation de la figure 3.32, et considérons l'espace k_X, k_Y. Dans cet espace, le point de coordonnées $\boldsymbol{k}(t)$ se trouve sur une courbe Γ paramétrée par le temps (figure 3.36). Le premier point de cette courbe correspond à l'instant T_G^{on}, et le dernier, qui se trouve à l'origine de l'espace réciproque, correspond à la coupure du gradient (instant T_G^{off}).

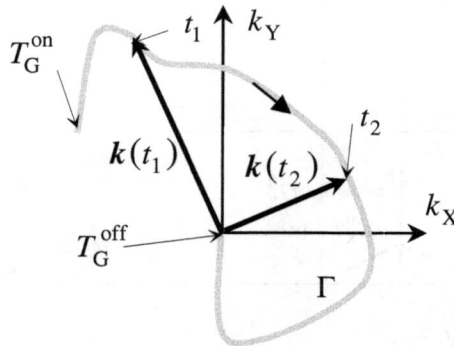

FIG. 3.36 – Trajectoire Γ décrite par l'extrémité du vecteur $\boldsymbol{k}(t)$.

Interprétation dans l'espace réciproque

En introduisant des bornes finies, l'équation (3.44) s'écrit

$$M_\perp \left(r, T_{\mathrm{G}}^{\mathrm{off}} \right) = \mathrm{i}\,\gamma\, M_0 \left(r \right) \int_{T_{\mathrm{G}}^{\mathrm{on}}}^{T_{\mathrm{G}}^{\mathrm{off}}} b_1^\perp \left(t \right) \exp \left(2\pi\,\mathrm{i}\,k \left(t \right) \cdot r \right) \mathrm{d}t. \qquad (3.54)$$

Nous allons montrer que cette expression a la forme d'une transformée de Fourier 2D classique.

Admettons que la fonction réciproque de $k\left(t\right)$ existe (ce qui suppose que la trajectoire ne se recoupe pas), et posons $b_1^\perp \left(t \left(k \right) \right) = \tilde{b}_1^\perp \left(k \right)$ et $G \left(t \left(k \right) \right) = \tilde{G} \left(k \right)$ où $\tilde{b}_1^\perp \left(k \right)$ et $\tilde{G} \left(k \right)$ sont connus sur la trajectoire Γ. On sait que

$$\int_{T_{\mathrm{G}}^{\mathrm{in}}}^{T_{\mathrm{G}}^{\mathrm{off}}} f \left(k \left(t \right) \right) \left| \frac{\mathrm{d}k \left(t \right)}{\mathrm{d}t} \right| \mathrm{d}t = \int_{\Gamma} f \left(k \left(t \right) \right) \mathrm{d}s, \qquad (3.55)$$

où $\mathrm{d}s = \left| \dfrac{\mathrm{d}k \left(t \right)}{\mathrm{d}t} \right| \mathrm{d}t$.

Par suite, en utilisant la relation :

$$\mathrm{d}k \left(t \right) = \frac{\gamma}{2\pi}\, G \left(t \right) \mathrm{d}t, \qquad (3.56)$$

et en posant,

$$W \left(k \right) = \frac{\tilde{b}_1^\perp \left(k \right)}{\left| \gamma\, \tilde{G} \left(k \right) \right|}, \qquad (3.57)$$

l'équation (3.54) s'écrit :

$$M_\perp \left(r, T_{\mathrm{G}}^{\mathrm{off}} \right) = 2\pi\mathrm{i}\,\gamma\, M_0 \left(r \right) \int_{\Gamma} W \left(k \right) \exp \left(2\pi\,\mathrm{i}\,k \cdot r \right) \mathrm{d}s. \qquad (3.58)$$

En introduisant une fonction d'échantillonnage $S\left(k\right)$, égale à 1 sur la trajectoire et à 0 hors de cette trajectoire, on obtient

$$M_\perp \left(r, T_{\mathrm{G}}^{\mathrm{off}} \right) = 2\pi\,\mathrm{i}\,\gamma\, M_0 \left(r \right) \int_{-\infty}^{\infty} \int_{-\infty}^{\infty} S \left(k \right) W \left(k \right)$$

$$\times \exp \left(2\pi\,\mathrm{i}\,k \cdot r \right) \mathrm{d}k_X\,\mathrm{d}k_Y. \qquad (3.59)$$

Cette relation montre que l'aimantation transversale produite par cette excitation est la transformée de Fourier inverse de $S(k)W(k)$. Comme dans le cas d'une excitation 1D avec une impulsion de type DANTE (section 3.10.1.3), l'espace réciproque est couvert de manière discrète. La fonction $S\left(k\right)$ étant nulle hors de la trajectoire, la forme de $W(k)$ peut rester non spécifiée hors de cette trajectoire.

Champ rf et profil spatial

L'aimantation transversale produite par l'excitation est donc proportionnelle au produit de l'aimantation longitudinale par un profil 2D que nous désignerons par $p(\boldsymbol{r})$:

$$M_\perp(\boldsymbol{r}, T) = 2\pi\, \mathrm{i}\, \gamma\, M_0(\boldsymbol{r})\; p(\boldsymbol{r}), \qquad (3.60)$$

avec

$$p(\boldsymbol{r}) = s(\boldsymbol{r}) \otimes w(\boldsymbol{r}), \qquad (3.61)$$

où $s(\boldsymbol{r})$ et $w(\boldsymbol{r})$ sont respectivement les transformées de Fourier inverses de $S(\boldsymbol{k})$ et $W(\boldsymbol{k})$. L'objectif est que $p(\boldsymbol{r})$ soit aussi proche que possible d'un profil cible, $p_{\text{ideal}}(\boldsymbol{r})$, dont la forme dépend de l'étude envisagée. La question posée est donc la suivante : pour une trajectoire donnée, comment choisir $W(\boldsymbol{k})$, c'est-à-dire $b_1^\perp(t(\boldsymbol{k}))$, pour obtenir un profil proche de $p_{\text{ideal}}(\boldsymbol{r})$

Si l'échantillonnage de l'espace réciproque est suffisamment dense (respect du critère de Nyquist) et uniforme, on peut utiliser comme fonction $W(\boldsymbol{k})$, la transformée de Fourier de $p_{\text{ideal}}(\boldsymbol{r})$:

$$W(\boldsymbol{k}) = TF\,[p_{\text{ideal}}(\boldsymbol{r})]. \qquad (3.62)$$

Dans ces conditions

$$p(\boldsymbol{r}) = s(\boldsymbol{r}) \otimes p_{\text{ideal}}(\boldsymbol{r}). \qquad (3.63)$$

La fonction $s(\boldsymbol{r})$ est la fonction de dispersion du point, qui devrait être aussi proche que possible d'un Dirac. La couverture limitée de l'espace réciproque (troncature), introduit des oscillations sur le profil et élargit les zones de transition. L'amplitude de ces oscillations peut être fortement réduite en utilisant une fonction d'apodisation (chapitre 2, section 2.4.7), ce qui malheureusement élargit encore les zones de transition. Par ailleurs, l'échantillonnage de l'espace réciproque conduit à la production de bandes latérales et donc, potentiellement, de repliements sur le volume sélectionné.

Nous supposerons dans ce qui suit que l'échantillonnage est suffisamment uniforme. Si ce n'est pas le cas, comme par exemple lorsque l'on utilise un balayage en spirale à densité variable, il devient nécessaire, de corriger $W(\boldsymbol{k})$ en utilisant une fonction de compensation de la densité d'échantillonnage. On retiendra enfin, que, comme dans le cas 1D, si $W(\boldsymbol{k})$ est symétrique par rapport au centre de l'espace réciproque, alors l'aimantation produite est refocalisée.

3.10.3   Excitation 2D : balayage en cercles concentriques

3.10.3.1   Trajectoire

Considérons une trajectoire constituée de N cercles concentriques équidistants (figure 3.37). Soit Δk l'accroissement du rayon d'un cercle à l'autre.

Pour une même trajectoire, divers choix sont possibles concernant la vitesse de parcours. Nous supposerons que la vitesse angulaire est constante, que chaque cercle est parcouru en un temps τ et que le parcours commence à l'extérieur de la trajectoire pour finir en son centre. Les parties circulaires de la trajectoire ont pour expression :

$$k_{XY}\left(t\right) = n\,\Delta k \exp\left(2\pi\,\mathrm{i}\frac{t}{\tau}\right) \quad 1 \leqslant n \leqslant N, \tag{3.64}$$

où nous avons utilisé la notation complexe, $k_{XY} = k_X + ik_Y$.

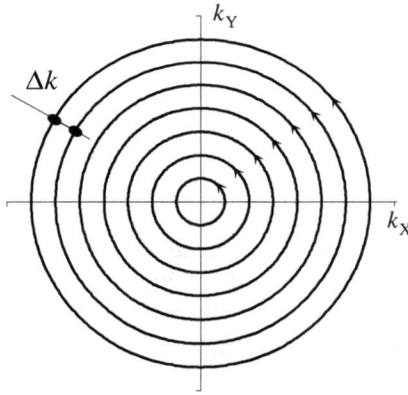

FIG. 3.37 – Balayage de l'espace réciproque sous forme d'une série de cercles concentriques équidistants.

3.10.3.2   Gradients

Le schéma de gradients associé au parcours de l'espace réciproque sur les trajectoires circulaires de la figure 3.37, peut être établi en utilisant l'expression (3.56). Toujours en notation complexe ($G_{XY} = G_X + iG_Y$), les gradients produisant cette trajectoire ont donc pour forme :

$$G_{XY}\left(t\right) = \mathrm{i}\frac{4\pi^2}{\gamma\,\tau}n\,\Delta k \exp\left(2\,\pi\,\mathrm{i}\frac{t}{\tau}\right). \tag{3.65}$$

Si le balayage commence par le cercle externe, le passage d'un cercle à l'autre s'effectue en utilisant une impulsion de gradient G_X dont la surface est égale à $-2\,\pi\,\Delta k/\gamma$. Ces impulsions de gradient de très courte durée, sont appelées des « blips ». Cela conduit au schéma de gradient de la figure 3.38. On pourra à titre d'exercice, établir le schéma de gradient associé à un parcours commençant et finissant au centre de l'espace réciproque (exercice 3-10).

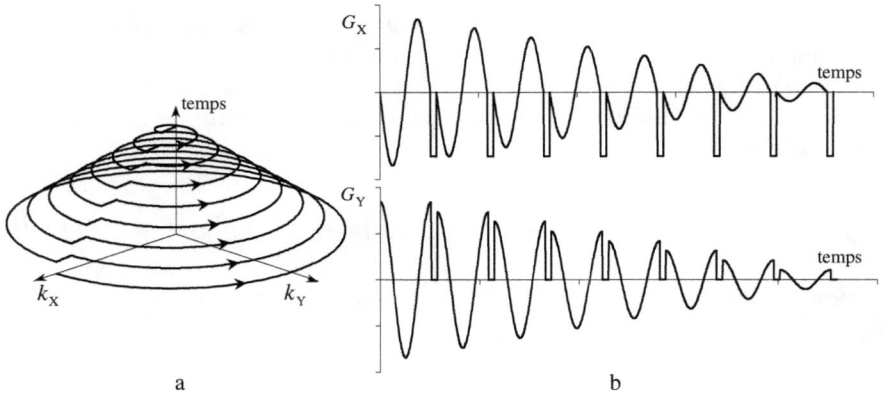

FIG. 3.38 – Trajectoire de cercles concentriques dans l'espace réciproque (a), et variations temporelles des gradients associés à ce parcours (b).

3.10.3.3 Champ rf

L'amplitude des gradients étant fixée il est alors possible de calculer le champ rf sur la trajectoire en utilisant l'équation (3.57). Il faut au préalable choisir $W\left(\boldsymbol{k}\left(t\right)\right)$ (équation (3.62)). Supposons que nous souhaitions obtenir un profil $p\left(\boldsymbol{r}\right)$ ayant la forme d'une gaussienne à symétrie circulaire,

$$p\left(\boldsymbol{r}\right) = A\frac{\sqrt{\pi}}{a}\exp\left(-\frac{\pi^2\boldsymbol{r}^2}{a^2}\right). \qquad (3.66)$$

Le champ rf peut alors être calculé (figure 3.39). La transformée de Fourier de $p\left(\boldsymbol{r}\right)$ est encore une gaussienne de symétrie circulaire, $P\left(\boldsymbol{k}\right) = W\left(\boldsymbol{k}\right) = A\exp\left(-a^2\boldsymbol{k}^2\right)$.

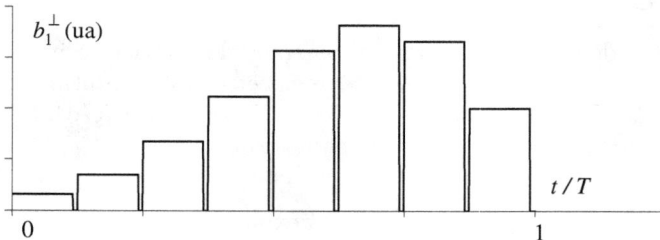

FIG. 3.39 – Champ rf associé à l'échantillonnage circulaire de l'espace réciproque (vitesse angulaire constante). Durée d'impulsion T. Chaque plateau représente l'intensité du champ rf sur un des cercles concentriques.

Si la largeur totale à mi-hauteur de $P(\boldsymbol{k})$ est égale à $k_{1/2}$ ($k_{1/2} = 2\sqrt{\ln(2)}/a \cong 1{,}665/a$), la largeur totale à mi-hauteur de la réponse sera égale à $X_{1/2} = 0,882/k_{1/2}$. La figure 3.40 présente la réponse à une impulsion gaussienne, dirigée selon l'axe x du trièdre tournant, de paramètre $a = 0,1$ m, c'est-à-dire de largeur totale à mi-hauteur dans l'espace réciproque, $k_{1/2} = 16,65$ m^{-1}, ce qui donne une largeur de 5,3 cm dans l'espace image. La figure 3.40a montre le profil correspondant à cette excitation. On remarque que M_X est négligeable devant M_Y, ce qui indique que l'aimantation est bien refocalisée. Comme dans le cas de l'excitation avec une séquence DANTE, l'échantillonnage de l'espace réciproque crée des bandes latérales aux positions $r_{\text{BL}} = 1/\Delta k$, $2/\Delta k$, $3/\Delta k$, etc. (figure 3.40b). Par ailleurs, le rayon $k^{\max}/2 = N\,\Delta k$ de la région de l'espace réciproque couverte par la trajectoire, est lié à la dimension du plus petit volume susceptible d'être sélectionné avec une telle trajectoire ($\Delta r = 1/k^{\max}$). Il est aussi associé à la précision de la sélection du volume désiré. Plus $k^{\max}$ est grand, plus la précision est grande (et dans le cas de profils d'excitation en forme de porte, plus les zones de transition peuvent être abruptes).

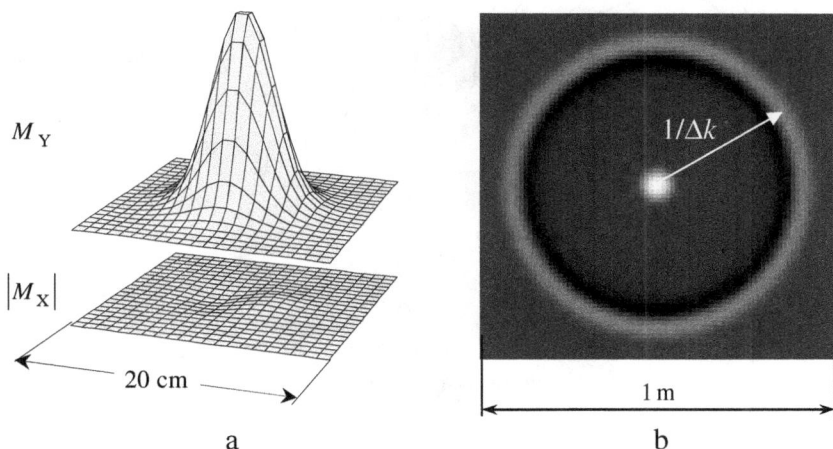

a   b

FIG. 3.40 – Balayage de l'espace réciproque en 8 cercles concentriques distants de $\Delta k = 2,5$ m^{-1}. La fonction $S(\boldsymbol{k})W(\boldsymbol{k})$ a la forme d'une gaussienne de largeur totale à mi-hauteur $k_{1/2} = 16,65$ m^{-1}. L'angle d'impulsion est égal à $\pi/6$. La représentation volumique (a) montre la réponse spatiale (M_x et M_y) à cette excitation. L'échantillonnage de l'espace réciproque produit des bandes latérales circulaires à une distance $n/\Delta k$ du centre du volume excité. L'image (b) montre la première de ces bandes latérales.

On remarque que le schéma de gradients associé au balayage circulaire (figure 3.38) comporte de nombreuses commutations de gradients. Il est donc préférable d'utiliser le balayage en spirale que nous présentons ci-dessous.

3.10.4   Excitation 2D : balayage en spirale

3.10.4.1   Trajectoire

La figure 3.41 présente un balayage en spirale de l'espace réciproque. Le balayage commence à l'extérieur et se termine au centre, ce qui permet d'éviter d'utiliser un lobe de rephasage. Si N est le nombre de tours et T la durée du balayage (c'est-à-dire de l'impulsion), on peut écrire en notation complexe pour une trajectoire parcourue à vitesse angulaire constante :

$$k_{XY} = \frac{k^{\max}}{2}\left(1 - \frac{t}{T}\right)\exp\left(\mathrm{i}\,2\,\pi\,N\frac{t}{T}\right). \tag{3.67}$$

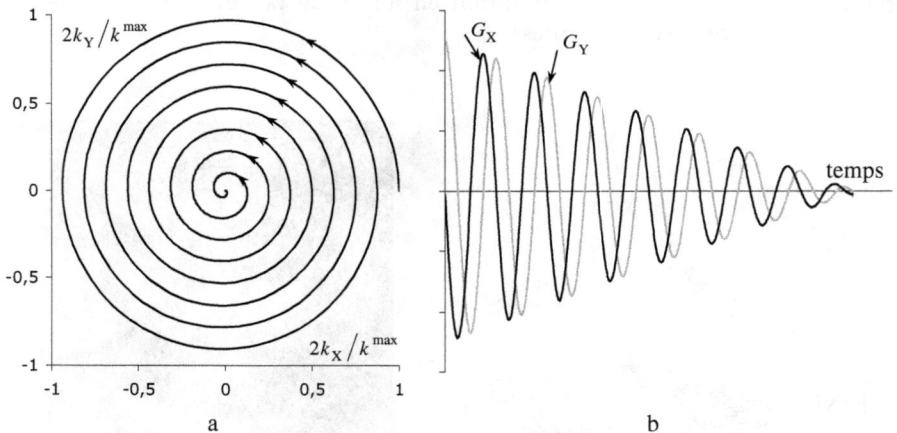

Fig. 3.41 – Balayage en spirale de l'espace réciproque (a), et schéma de gradient correspondant (b).

3.10.4.2   Gradients

En utilisant la relation (3.56), on peut calculer l'expression des gradients à l'origine du balayage :

$$G_{XY} = \frac{\pi\,k^{\max}}{\gamma\,T}\left[2\pi\,\mathrm{i}\,N\left(1 - \frac{t}{T}\right) - 1\right]\exp\left(2\pi\,\mathrm{i}\,N\frac{t}{T}\right). \tag{3.68}$$

La figure 3.41b présente la variation temporelle des gradients X et Y. Le paramétrage des gradients dépend en fait, de deux caractéristiques du système : le gradient maximum ($G^{\max}$) et la vitesse maximale de montée des gradients ($S_{\max} = [\mathrm{d}G/\mathrm{d}t]_{\max}$). Utiliser une vitesse angulaire constante tout au long de la trajectoire n'est pas nécessairement le meilleur choix. C'est au début du balayage que ces deux grandeurs atteignent leur plus grande valeur. On peut réduire la durée de l'impulsion en accélérant progressivement le mouvement. L'exploitation optimale du système de gradients suggère d'imposer la contrainte d'atteindre la vitesse de montée maximale des gradients lors de chaque tour de la spirale, ce qui entraîne une réduction significative de la durée d'impulsion (mais une augmentation de l'énergie déposée).

3.10.4.3 Champ rf : impulsions gaussiennes

Comme dans le cas du balayage de l'espace en cercles concentriques, la première étape est de choisir une fonction $P(k)$. Choisissons comme précédemment une fonction gaussienne de paramètre $a = 0,1$ m (figure 3.42a). Connaissant le schéma de gradients, l'amplitude du champ peut être calculée en utilisant l'équation (3.57). On obtient ainsi (figure 3.42b) :

$$b_1(t) = A \frac{\pi \, k^{\max}}{T} \exp\left(-a^2 \frac{k^{\max^2}}{4}\left(1 - \frac{t}{T}\right)\right) \sqrt{\left[2\pi N \left(1 - \frac{t}{T}\right)\right]^2 + 1}$$

$$(3.69)$$

où le paramètre A dépend de l'angle d'impulsion.

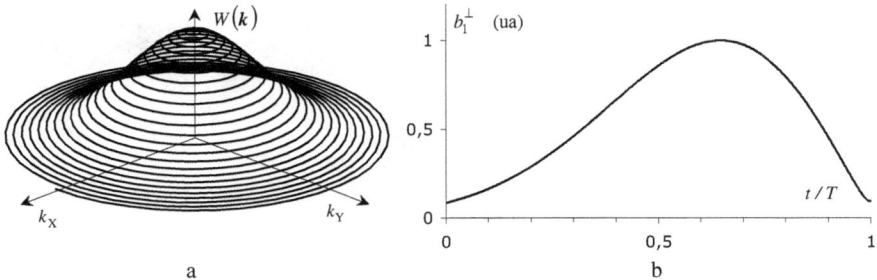

FIG. 3.42 – Balayage en spirale et impulsion gaussienne ; $a = 0,1$ m.

La figure 3.43 présente une impulsion 2D de forme gaussienne, appliquée en présence de gradients spiralés. La figure 3.44, qui présente les profils de la sélection de volume obtenue pour deux angles, 30° et 90°, montre que la méthode fonctionne correctement, bien au delà des conditions d'application de l'approximation de la réponse linéaire.

3.10.4.4 Champ rf : impulsions sinc et jinc

Comme dans le cas de la sélection de coupe à une dimension, on peut souhaiter disposer de profils présentant des flancs plus abrupts que ceux d'une gaussienne. Deux types de modulation peuvent être utilisées. Le premier type de modulation utilise une fonction $P(k)$ ayant la forme d'un produit de deux

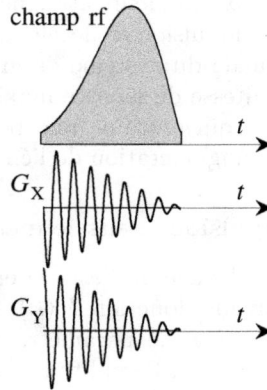

FIG. 3.43 – Excitation 2D gradients spiralés. Champ rf de forme gaussienne.

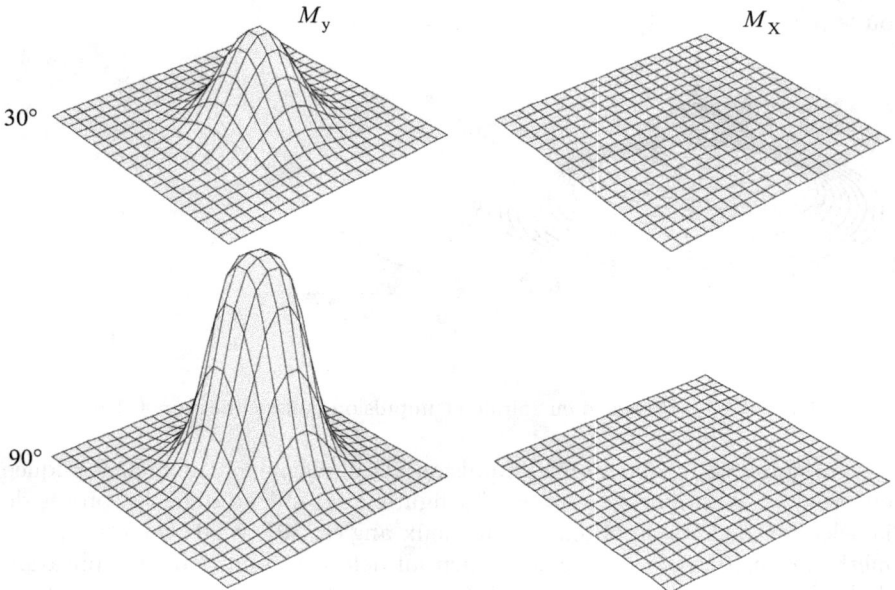

FIG. 3.44 – Sélection de volume 2D (simulation). Balayage en spirale. $N = 8$, $k^{\max} = 40$ m^{-1}, modulation gaussienne de largeur totale à mi-hauteur $k_{1/2} = 16{,}65$ m^{-1}. Angle d'impulsion 30° (en haut), 90° (en bas). Aimantation transversale (M_y et M_x) produite par l'excitation. Noter l'absence de composante M_x et l'excellent comportement de l'impulsion pour des angles sortant très largement des conditions d'application de l'approximation de la réponse linéaire.

fonctions sinc :

$$W\left(\boldsymbol{k}\right) = A\,\frac{\sin\left(\pi\,k_X e_X\right)}{\pi\,k_X e_X}\frac{\sin\left(\pi\,k_Y e_Y\right)}{\pi\,k_Y e_Y},\tag{3.70}$$

dont la transformée de Fourier inverse est simplement un produit de deux portes (ou fonctions rect) de largeur e_X et e_Y :

$$p\left(\boldsymbol{r}\right) = \frac{A}{e_X e_Y}\mathrm{rect}\left(\frac{X}{e_X}\right)\mathrm{rect}\left(\frac{Y}{e_Y}\right),\tag{3.71}$$

où $\mathrm{rect}(x) = 1$ si $x \in [-1/2, 1/2]$ et est nul à l'extérieur de cet intervalle. La figure 3.45 présente le profil obtenu avec une impulsion rf de type sinc 2D non apodisée (mais évidemment tronquée).

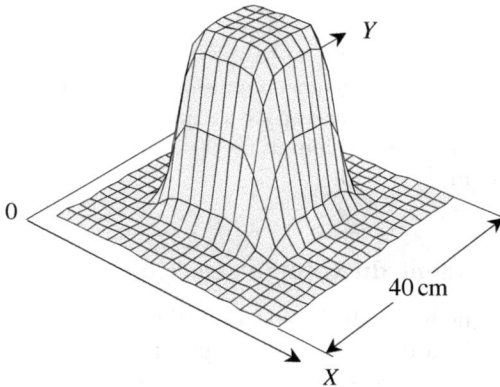

FIG. 3.45 – Réponse spatiale (M_Y) à une impulsion sinc$(k_X e_X)$sinc$(k_Y e_X)$, apodisée avec une fonction de Hamming, et appliquée dans la direction x du trièdre tournant (simulation). Angle d'impulsion 90°, $e_X = e_Y = 15$ cm, durée d'impulsion $T = 4$ ms, balayage en spirale $k^{\mathrm{max}} = 40$ m^{-1}, $N = 8$.

Le second type de modulation utilise une fonction $P\left(\boldsymbol{k}\right)$ ayant la forme d'une fonction jinc[2] :

$$W\left(\boldsymbol{k}\right) = A\,2\,\pi\,r_0^2\,\mathrm{jinc}\left(k\,r_0\right) = A\,2\,\pi\,r_0^2\frac{J_1\left(2\pi\,k\,r_0\right)}{2\pi\,k\,r_0},\tag{3.72}$$

où J_1 est la fonction de Bessel d'ordre 1.

La transformée de Fourier inverse de la fonction jinc, est proportionnelle à la fonction porte à symétrie circulaire, ou fonction circ :

$$p\left(\boldsymbol{r}\right) \propto A\,\mathrm{circ}\left(\frac{r}{r_0}\right)\ \text{où}\ \mathrm{circ}\left(\frac{r}{r_0}\right) = \begin{cases} 1 \text{ si } r/r_0 \leqslant 1 \\ 0 \text{ si } r/r_0 > 1 \end{cases}.\tag{3.73}$$

---

2. $\mathrm{jinc}(x) = J_1\left(2\,\pi\,x\right)/2\,\pi\,x$.

La figure 3.46 montre le champ rf associé à une impulsion de type jinc (tronquée) et l'aimantation transversale sélectionnée. Comme avec une sélection de coupe 1D, les ondulations hors de la bande passante peuvent être atténuées en utilisant des fonctions d'apodisation. Les zones de transition sont bien sûr élargies par l'apodisation.

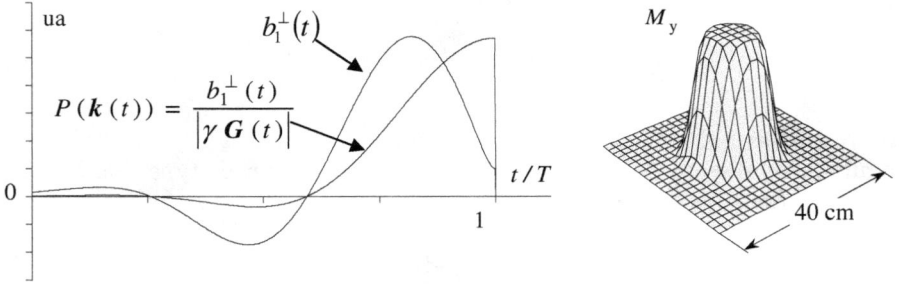

FIG. 3.46 – Champ rf associé à une impulsion 2D de type jinc, apodisée avec une fonction de Hamming et réponse spatiale. Balayage en spirale. Simulation avec les paramètres suivants : angle d'impulsion 90°, $r_0 = 7,5$ cm, durée d'impulsion $T = 4$ ms, $k^{\max} = 40$ m^{-1}, $N = 8$.

3.10.4.5 Déplacement du volume sélectionné

Nous avons, jusque là, étudié la sélection d'un volume positionné au centre magnétique du système de gradients. La fréquence du champ rf était égale à la fréquence de résonance en absence de gradient. Comme nous l'avons vu à plusieurs reprises (*cf.* sections 3.9 et 3.10.1.2), la présence de gradients variables dans le temps pendant l'impulsion, ne permet plus le déplacement de la position du volume sélectionné par action sur la fréquence de résonance dans le trièdre tournant. Si l'on souhaite sélectionner une coupe à la position r_{c}, il faudra qu'à tout instant, au point de coordonnée r_{c}, $\omega(r_{\mathrm{c}}) = 0$. Pour cela, la fréquence du champ rf devra être modulée de manière telle que :

$$\omega_0(t) = \gamma\, \boldsymbol{G}(t) \cdot \boldsymbol{r}_{\mathrm{c}}, \tag{3.74}$$

où $\omega_0(t) = \varOmega_0 - \varOmega_{\mathrm{rf}}(t)$. En utilisant l'équation (3.56), on en déduit :

$$\varOmega_{\mathrm{rf}}(t) = \varOmega_0 - 2\pi \frac{\mathrm{d}\boldsymbol{k}(t)}{\mathrm{d}t} \cdot \boldsymbol{r}_{\mathrm{c}}. \tag{3.75}$$

Le champ rf, vu dans un trièdre tournant à la fréquence $\varOmega_0$, a donc pour forme,

$$b_1^{\perp}(t) = b_1^0(t) \exp\left(-2\pi\,\mathrm{i}\,\boldsymbol{k}(t) \cdot \boldsymbol{r}_{\mathrm{c}}\right). \tag{3.76}$$

Nous n'avons, jusque là, nullement fait appel à l'approximation de la réponse linéaire pour établir ce résultat, qui est donc tout à fait général. Si les conditions d'application de l'approximation de la réponse linéaire sont réunies, l'équation (3.59) devient :

$$M'_\perp (r, T) = 2\pi \, i \, \gamma \, M_0 (r) \iint S(k) \, W'(k)$$

$$\times \exp (2\pi \, i \, k \cdot (r - r_c)) \, dk_X \, dk_Y = M_\perp ((r - r_c), T) \quad (3.77)$$

où $W'(k(t)) = b_1^0(t)/|\gamma \, G(t)|$.

3.10.4.6   Effets d'off-résonance

Les impulsions spatialement sélectives 2D, comme toutes les excitations appliquées en présence d'un gradient dépendant du temps, sont très sensibles aux effets d'off-résonance ($\omega_0 \neq 0$) dont les causes peuvent être multiples : déplacement chimique, effets de susceptibilité, inhomogénéité du champ principal, imperfections du système de gradients, dérive du champ principal pendant l'expérience, etc. En présence d'offset ($\omega_0 \neq 0$), l'équation (3.44) devient :

$$M_\perp \left(r, T_G^{\text{off}} \right) = i \, \gamma \, M_0 (r) \int_{T_G^{\text{on}}}^{T_G^{\text{off}}} b_1^\perp (t) \exp (i \, \omega_0 t) \exp (2\pi \, i \, k(t) \cdot r) \, dt. \quad (3.78)$$

Tout se passe comme si le champ rf n'était plus $b_1^\perp (t)$, mais $b_1^\perp (t) \exp (i \, \omega_0 t)$. Lorsque ω_0 croit, les contours du volume sélectionné deviennent moins précis, puis le volume se déforme (figure 3.47). Cet artefact peut être très gênant en spectroscopie. Il est évidemment d'autant plus marqué que l'impulsion est longue.

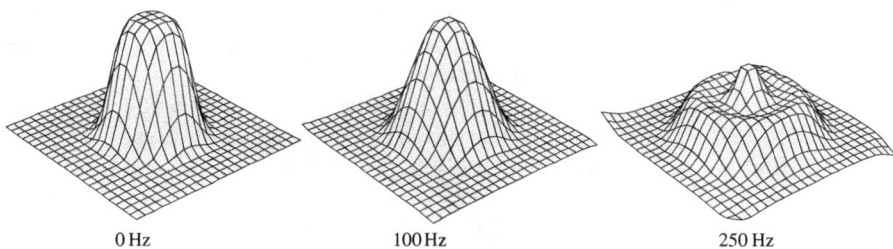

0 Hz   100 Hz   250 Hz

FIG. 3.47 – Évolution du volume sélectionné (M_{xy}) pour différentes valeurs de ω_0. Balayage en spirale : simulation avec les paramètres suivants : impulsion jinc apodisée avec une fonction de Hamming, angle d'impulsion 30°, $r_0 = 7{,}5$ cm, durée d'impulsion $T = 4$ ms, $k^{\text{max}} = 40$ m^{-1}, $N = 8$.

3.10.4.7   Bandes latérales

Comme dans le cas du balayage en cercles concentriques, on retrouve des bandes latérales circulaires à une distance $n/\Delta k$ du centre du volume excité. La figure 3.48 montre que ces bandes latérales ont une structure plus complexe que dans le cas du balayage en cercles concentriques.

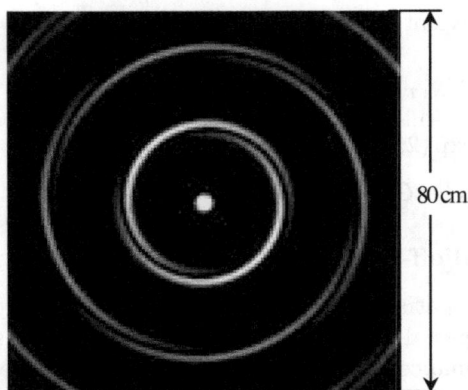

FIG. 3.48 – Repliements associés au balayage en spirale. Image du module de l'aimantation transversale (simulation) ; $k^{\mathrm{max}} = 100$ m^{-1}, $N = 8$, modulation gaussienne de largeur totale à mi-hauteur $k_{1/2} = 41{,}6$ m^{-1}, angle d'impulsion 30°.

3.10.5   Excitation 2D : balayage EPI

3.10.5.1   Trajectoire

Un autre type de balayage utilisé pour couvrir l'espace réciproque lors de l'application d'impulsions 2D, est le balayage EPI (*Echo-Planar Imaging*). Ce type de balayage est en fait issu d'une méthode d'imagerie rapide décrite dans le chapitre 5 (section 5.9). La figure 3.49 présente une des différentes versions du balayage EPI. La variante est dite à blips car le passage d'une ligne à l'autre s'effectue en utilisant des impulsions de gradient de très courte durée. Dans la direction k_X, la couverture de l'espace réciproque est tronquée, mais continue sur la partie balayée. Il n'y aura donc pas de bande latérale dans la direction X. Dans la direction k_Y, la couverture de l'espace réciproque est tronquée et échantillonnée. L'échantillonnage produit des bandes latérales à une distance $X_{\mathrm{BL}} = 1/\Delta k_Y$ du centre du volume excité. Cela impose le respect de la condition $1/\Delta k_Y < L$ où L est l'étendue de l'objet dans la direction X.

Gradients

La variation temporelle des gradients produisant ce balayage peut être calculée à l'aide de l'expression (3.56). La figure 3.50 présente le schéma de gradients associé au balayage de la figure 3.49. On remarque que des lobes de rephasage doivent être utilisés pour placer l'origine de l'espace réciproque au centre du balayage.

Soit N le nombre de lignes, τ la durée de parcours d'une ligne, τ_B la durée d'un blip, G_X^0 et G_Y^0 les amplitudes des gradients G_X et G_Y (*cf.* figure 3.50).

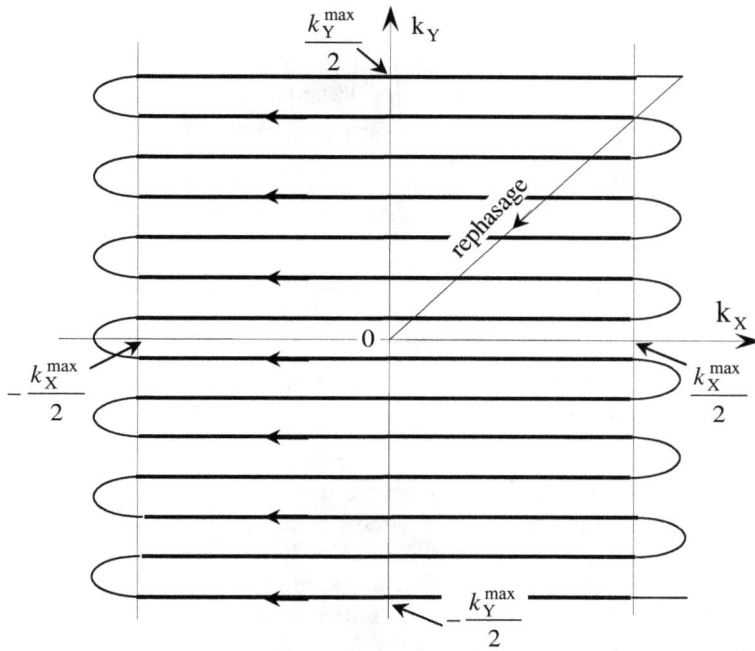

FIG. 3.49 – Balayage EPI de l'espace réciproque.

On peut écrire :

$$\Delta k_Y = \frac{\gamma \tau_B}{4\pi} G_Y^0, \tag{3.79}$$

$$k_Y^{\max} = \Delta k_Y \, (N - 1), \tag{3.80}$$

$$k_X^{\max} = \frac{\gamma \tau}{2\pi} G_X^0. \tag{3.81}$$

L'aire du lobe de rephasage dans la direction X doit être égale à la moitié de l'aire d'un lobe de gradient G_X (soit $G_X^0 \, (\tau + \tau_B/2)/2$). Dans la direction Y, l'aire du lobe de rephasage sera égale à $(N - 1) \, G_Y^0 \tau_B/4$.

La difficulté provient d'une part des limites imposées par le système de gradient (gradient maximum $G_{\max}$ et vitesse de montée maximale $S_{\max}$), et d'autre part de la durée d'impulsion qui doit rester bien inférieure à T_2. Considérons par exemple un système corps entier dont le système de gradient est tel que $G_{\max} = 25$ mT.m^{-1} et $S_{\max} = 100$ T.m^{-1}.s^{-1}. Le temps nécessaire pour atteindre le gradient maximum sera de 0,25 ms ($G_{\max}/S_{\max}$). Il faudra donc 0,5 ms (τ_B) pour passer d'une ligne à l'autre. Considérons un balayage qui comporte 14 lignes comme sur la figure 3.48, et supposons que, compte tenu de l'ordre de grandeur de T_2 où de T_2^*, on souhaite limiter la durée totale de l'excitation à environ 15 ms. Dans ces conditions, la demi-période

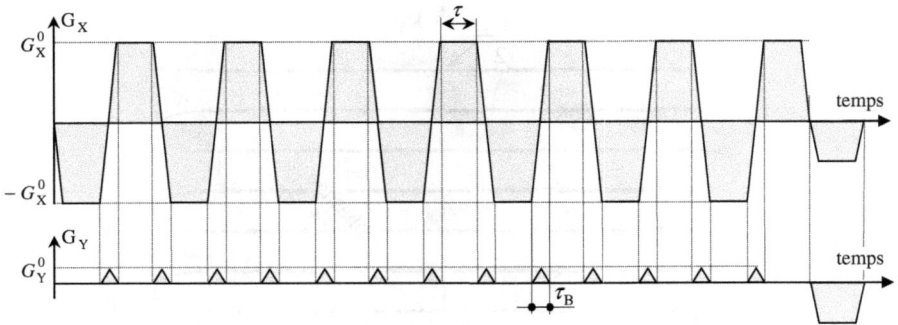

FIG. 3.50 – Variation temporelle des gradients produisant le balayage de l'espace réciproque de la figure 3.49.

$(\tau + \tau_B)$ peut être fixée à 1 ms. La durée d'un plateau du gradient G_X sera égale à 0,5 ms et la largeur $k_X^{\max}$ du balayage ne pourra pas excéder 532 m^{-1}. Le plus petit volume susceptible d'être sélectionné dans cette direction sera de l'ordre de 2 mm $(1/k_X^{\max})$. Si l'on utilise un sinc de produit durée-bande passante égal à 4 (sinc 3 lobes), la largeur du volume sélectionné dans cette direction ne pourra donc être inférieure à environ 8 mm. On peut réduire un peu l'épaisseur de coupe dans cette direction en réduisant la durée des blips et en utilisant une partie des rampes de montée des gradients.

Dans la direction Y, la durée d'un blip est, avec les données précédentes, de 0,5 ms. Compte tenu du gradient maximum utilisable, l'incrément Δk_Y pourra être égal à 266 m^{-1}, ce qui conduit à une valeur maximale de $k_Y^{\max}$ de 3460 m^{-1}, valeur qui excède très largement ce qui est nécessaire du point de vue de la résolution spatiale.

Champ rf

Le champ rf peut être appliqué tout au long de la trajectoire, mais il est plus simple de se limiter aux parties rectilignes de cette trajectoire. Avec ce mode de balayage, on utilise généralement une fonction de modulation ayant la forme d'un produit de fonctions sinc :

$$P\left(\boldsymbol{k}\right) \propto \frac{\sin\left(\pi k_X e_X\right)}{\pi\, k_X e_X} \frac{\sin\left(\pi k_Y e_Y\right)}{\pi\, k_Y e_Y}, \tag{3.82}$$

où e_X et e_Y sont respectivement les épaisseurs de coupe dans les directions X et Y. Les lignes de l'espace réciproque étant parcourues à vitesse constante $(G\left(t\right) = \text{Constante})$, alors $b_1\left(\boldsymbol{k}\right) \propto P\left(\boldsymbol{k}\right)$.

La figure 3.51 présente la forme du champ rf correspondant à une modulation ayant la forme d'un produit de fonctions sinc et l'image de la sélection volumique produite par cette impulsion. On remarque la présence des bandes

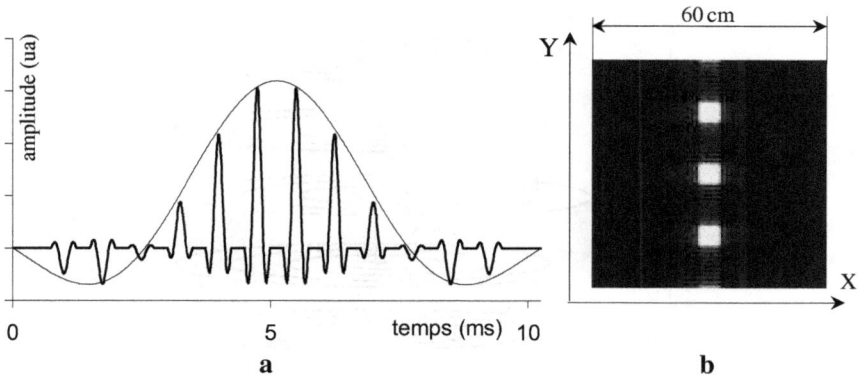

FIG. 3.51 – Champ rf correspondant à une modulation ayant la forme d'un produit de fonctions sinc (a), et image du volume sélectionné (b). Paramètres $e_X = e_Y = 5$ cm, $k_X^{\max} = k_Y^{\max} = 80$ m^{-1}, $\tau = 0{,}5$ ms, $\tau_B = 0{,}25$ ms, $N = 15$, angle d'impulsion $\pi/6$ (simulation).

latérales dans la direction Y. Ces bandes latérales doivent en principe se trouver hors de l'objet, mais on peut aussi saturer les régions touchées par cette excitation non désirée.

3.10.6 Impulsions 3D

La construction d'impulsions spatialement sélectives dans les trois directions de l'espace, s'effectue en assurant la couverture de l'espace réciproque dans une troisième direction (k_Z). Dans le cas 3D la relation (3.59) devient :

$$M_\perp (r, T) = 2\pi \, \mathrm{i} \, \gamma \, M_0 (r) \iiint S(k) \, W(k) \exp(2\pi \, \mathrm{i} \, k \cdot r) \, \mathrm{d}k_X \, \mathrm{d}k_Y \, \mathrm{d}k_Z.$$

$$(3.83)$$

La figure 3.52 donne un exemple de parcours de l'espace réciproque associé à une impulsion 3D. Les plans k_X, k_Y sont parcourus avec un balayage en spirale. Le passage d'un valeur de k_Z à l'autre, s'effectue en utilisant des impulsions de gradient dans la direction Z. La principale difficulté se situe dans la durée d'impulsion qui est nécessairement longue. Certaines excitations 3D peuvent nécessiter plusieurs dizaines de ms. Cette difficulté peut être surmontée en utilisant des excitations multiples couvrant chacune une partie de l'espace réciproque. Chaque excitation est suivie d'une acquisition, et la somme des données acquises lors de chaque excitation, conduit au même résultat que si tout l'espace réciproque avait été couvert en une seule excitation.

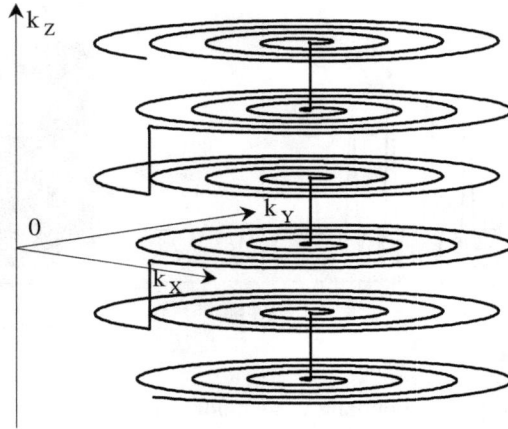

FIG. 3.52 – Trajectoire dans l'espace réciproque associée à une impulsion spatialement sélective 3D.

3.10.7 Impulsions d'angle quelconque : refocalisation intrinsèque

Lors de cette présentation des impulsions multidimensionnelles, nous n'avons considéré que des impulsions de petit angle agissant sur une aimantation à l'équilibre thermique. Nous allons voir comment construire des impulsions multidimensionnelles d'angle quelconque.

Plaçons nous dans le cas particulier d'une impulsion de petit angle appliquée le long de l'axe x du repère tournant, en présence de gradients produisant une trajectoire $\boldsymbol{k}\,(t)$ qui couvre l'espace réciproque symétriquement. Cela signifie que la trajectoire commence et se termine au centre de l'espace réciproque ($\boldsymbol{k} = 0$). On en déduit que le moment d'ordre 0 du gradient est nul :

$$\int_{T_{\mathrm{G}}^{on}}^{T_{\mathrm{G}}^{\mathrm{off}}} \boldsymbol{G}\,(t)\mathrm{d}t = 0. \qquad (3.84)$$

La figure 3.53 présente un exemple d'impulsion satisfaisant à ces critères.

Considérons maintenant une aimantation macroscopique qui, au moment de l'application des gradients et du champ rf, a une composante longitudinale $M_Z\,(\boldsymbol{r}, T_{\mathrm{G}}^{on})$ et une composante transversale $M_\perp\,(\boldsymbol{r}, T_{\mathrm{G}}^{on})$. Nous négligeons toujours la relaxation et supposons que, en absence de gradient, $\omega_0 = 0$. Examinons l'effet de l'impulsion sur cette aimantation.

Dans les conditions de l'approximation de la réponse linéaire, l'aimantation transversale initialement présente, évolue sous l'effet des gradients, mais son module reste intact. À l'instant t, elle aura subi le déphasage $\varphi\,(\boldsymbol{r}, t) = -\int_{T_{\mathrm{G}}^{in}}^{t} \gamma\,\boldsymbol{G}\,(t') \cdot \boldsymbol{r}\,\mathrm{d}t'$. Compte tenu de (3.84), on a donc, immé-

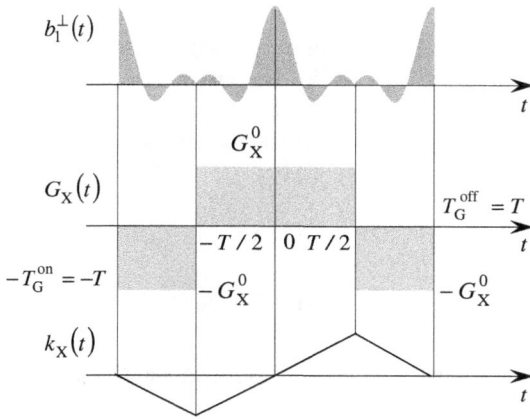

FIG. 3.53 – Exemple d'impulsion symétrique, appliquée en présence de gradients produisant une trajectoire qui commence et se termine au centre de l'espace réciproque.

diatement après la coupure des gradients (instant T_G^{off}),

$$M_\perp \left(r, T_G^{\text{off}} \right) = M_\perp \left(r, T_G^{\text{on}} \right). \tag{3.85}$$

Cette impulsion est donc totalement transparente pour l'aimantation transversale présente avant son application. Cependant, sous l'effet du champ rf, une composante transversale supplémentaire est créée à partir de $M_Z \left(r, T_G^{\text{on}} \right)$ (*cf.* équation (3.44)). À la fin de l'impulsion, l'aimantation transversale s'écrit donc :

$$M_\perp \left(r, T_G^{\text{off}} \right) = M_\perp \left(r, T_G^{\text{on}} \right) + \mathrm{i}\, \gamma\, M_Z \left(r, T_G^{\text{in}} \right) \int_{T_G^{\text{on}}}^{T_G^{\text{off}}} b_1^\perp (t) \exp \left(2\pi\, \mathrm{i}\, k(t) \cdot r \right) \mathrm{d}t. \tag{3.86}$$

On sait que l'intégrale contenue dans cette expression peut se mettre sous la forme :

$$\int_{T_G^{\text{in}}}^{T_G^{\text{in}}} b_1^\perp (t) \exp \left(2\, \pi\, \mathrm{i}\, k(t) \cdot r \right) \mathrm{d}t = \iiint S(k)\, W(k)$$
$$\times \exp \left(2\pi\, \mathrm{i}\, k(t) \cdot r \right) \mathrm{d}k_X\, \mathrm{d}k_Y\, \mathrm{d}k_Z. \tag{3.87}$$

L'équation (3.86) peut donc être réécrite de la manière suivante :

$$M_\perp \left(r, T_G^{\text{off}} \right) = M_\perp \left(r, T_G^{\text{on}} \right) + \mathrm{i}\, \gamma\, M_Z \left(r, T_G^{\text{on}} \right) \iiint S(k)\, W(k)$$
$$\times \exp \left(2\pi\, \mathrm{i}\, k(t) \cdot r \right) \mathrm{d}k_X\, \mathrm{d}k_Y\, \mathrm{d}k_Z. \tag{3.88}$$

Si la trajectoire $k(t)$ couvre l'espace réciproque symétriquement, et si $W(k) = b_1^\perp(t)/|\gamma G(t)|$ possède une symétrie hermitienne dans cet espace, alors l'intégrale de l'équation (3.88) est réelle. On en déduit que l'aimantation transversale produite par l'impulsion est alignée avec l'axe y du trièdre tournant. L'impulsion agit donc comme une rotation autour de l'axe x. L'angle de rotation associé à cette impulsion s'écrit :

$$\theta = \gamma \iiint S(k) \, W(k) \exp\left(2\pi \, \mathrm{i} \, k(t) \cdot r\right) \mathrm{d}k_X \, \mathrm{d}k_Y \, \mathrm{d}k_Z. \tag{3.89}$$

Le résultat obtenu est de grande importance. Si les trois conditions suivantes sont réalisées :

- la perturbation apportée par l'impulsion est faible,

- l'espace réciproque est couvert symétriquement, ce qui implique que le gradient de sélection de volume a un moment d'ordre zéro nul,

- la fonction de pondération $S(k)\,W(k)$ possède une symétrie hermitienne,

alors l'impulsion produit une rotation autour de l'axe x, dont l'angle est proportionnel à la transformée de Fourier de la fonction $S(k)W(k)$. Cette impulsion est intrinsèquement refocalisée.

On en déduit que des impulsions d'angle quelconque peuvent être facilement construites comme une suite de rotations de petits angles autour d'un axe donné du plan xy. Une suite de rotations autour d'un même axe, produit une rotation totale égale à la somme des rotations. La figure 3.54 montre que, par exemple, une impulsion de refocalisation peut être construite avec une suite de 6 impulsions 1D intrinsèquement refocalisées de 30°, identiques à celle décrite dans la section 3.10.1.2 et représentée figure 3.34. On note que la relation (3.89) s'applique à une impulsion isolée, comme à une suite d'impulsions de petits angles.

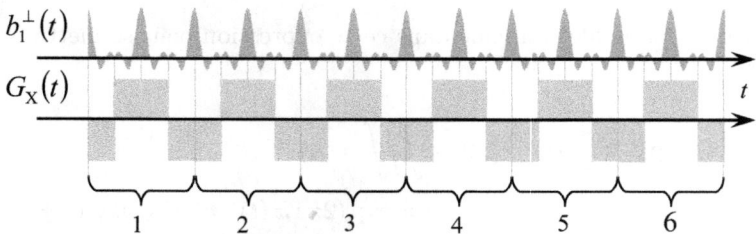

FIG. 3.54 – Impulsion de 180° construite comme une suite de six impulsions intrinsèquement refocalisées de 30°.

L'analyse a été effectué en supposant $\omega_0 = 0$. Elle reste bien sûr valable si le centre du volume sélectionné ne se trouve pas au centre magnétique du système de gradients. Il suffit alors de moduler en phase le champ rf, comme cela a été présenté dans la section 3.10.4.5 (équation (3.76)). Elle ne s'applique pas en présence d'offset (champ directeur inhomogène, déplacement chimique, etc.). Si de telles sources d'erreurs existent, il est nécessaire les déphasages produits pendant l'application de l'impulsions restent faibles. Cela est plus facilement réalisable si la durée d'impulsion est faible.

Cette analyse conduit à deux types d'applications : les impulsions qui sortent largement des conditions d'application de l'approximation de la réponse linéaire, comme les impulsions 2D de refocalisation que nous présentons brièvement ci-dessous, et les impulsions spatialement et spectralement sélectives ou impulsions spectrales-spatiales que nous décrivons dans la section 3.11.

3.10.8 Impulsions 2D de refocalisation

On montre facilement que les impulsions dont la trajectoire dans l'espace réciproque est constituée de cercles concentriques (section 3.10.3), se présentent comme une suite d'impulsions intrinsèquement refocalisées.

Reprenons le schéma de gradients de la figure 3.38. Le moment d'ordre zéro du gradient G_Y est nul, mais ce n'est pas le cas de celui du gradient G_X. Une impulsion de préphasage placée avant l'impulsion et de surface égale et opposée à celle de la somme des blips, permet de remplir cette condition. La trajectoire commence et se termine alors au centre de l'espace réciproque (figure 3.55). Par ailleurs, les blips ayant pour fonction de passer d'un cercle à l'autre, peuvent être considérés comme étant construits à partir d'une impulsion de gradient assurant le retour au centre de l'espace réciproque, suivie d'une impulsion amenant au début du cercle suivant (figure 3.56a). Chaque

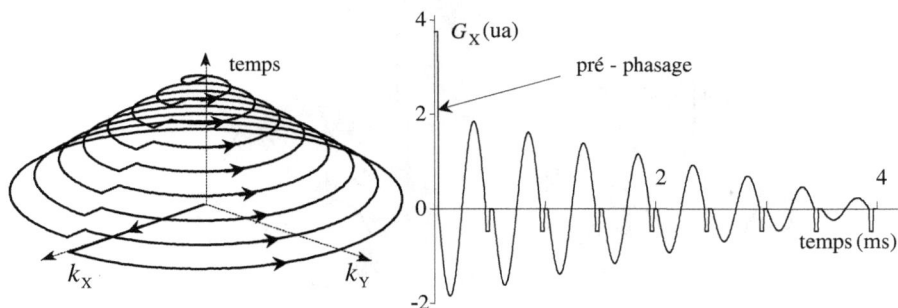

FIG. 3.55 – Trajectoire de cercles concentriques (à gauche). À la différence de la trajectoire illustrée figure 3.38, celle-ci commence et se termine au centre de l'espace réciproque. À droite, variation temporelle du gradient G_X. L'impulsion de pré-phasage a pour objectif de placer l'origine du balayage au centre de l'espace réciproque.

trajectoire circulaire est donc caractérisée par un moment d'ordre zéro nul et le parcours de chaque cercle s'effectue symétriquement autour de l'origine. Si le champ rf est tel que la pondération $W(\boldsymbol{k})$ possède sur chaque cercle la symétrie hermitienne et si les angles θ_i des rotations produites lors du parcours de chaque trajectoire circulaire sont suffisamment petits, alors, les impulsions associées à chaque cercle sont intrinsèquement refocalisées. Les axes des rotations sont confondus et alignés avec l'axe du repère tournant le long duquel est appliqué le champ rf. Les rotations s'additionnent, de sorte que, quel que soit l'ordre de grandeur de θ,

$$\theta = \sum_{i=1}^{N} \theta_i = -\gamma \iint S(\boldsymbol{k}) W(\boldsymbol{k}) \exp\left(2\pi i \boldsymbol{k}(t) \cdot \boldsymbol{r}\right) \mathrm{d}k_X \, \mathrm{d}k_Y. \tag{3.90}$$

Ce résultat est tout à fait général : si une trajectoire peut être décomposée en segments symétriques autour de l'origine, si l'angle de rotation associé à chaque segment est suffisamment petit et si le champ rf produit une pondération hermitienne de la trajectoire, alors l'angle de rotation est simplement la transformée de Fourier de la fonction de pondération $P(\boldsymbol{k}) = S(\boldsymbol{k})W(\boldsymbol{k})$.

Un balayage en spirale est en fait très proche d'un balayage formé de cercles concentriques. Chaque tour de la spirale peut être considéré approximativement comme une impulsion intrinsèquement refocalisée. On peut de cette manière, construire une impulsion de 180° autour d'un axe du plan transversal. Cette impulsion peut être utilisée comme impulsion d'inversion ou de refocalisation. La figure 3.57, montre le profil de refocalisation ($\left|b_r^2\right|$) d'une impulsion de 180° de type spirale.

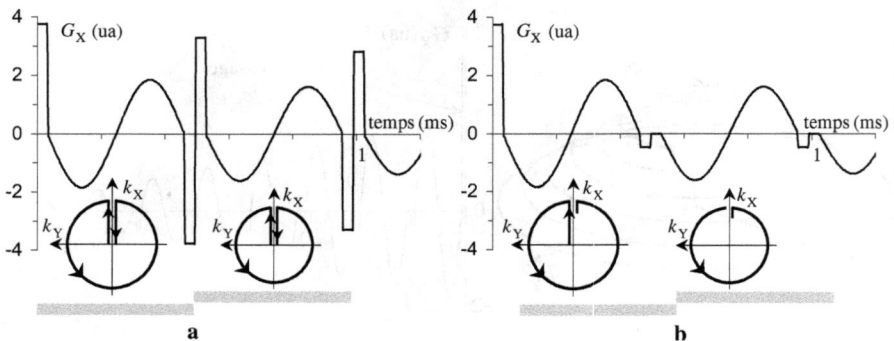

FIG. 3.56 – Les blips permettant de passer directement d'un cercle à l'autre (b) sont équivalents à l'association de deux impulsions de gradients assurant un passage par l'origine (a). Le schéma b est bien sûr plus intéressant.

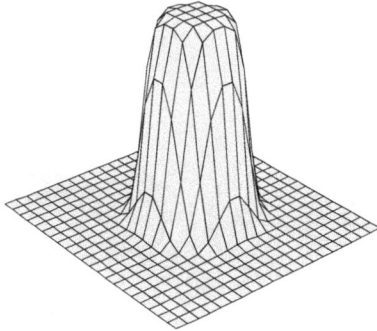

FIG. 3.57 – Impulsion de refocalisation. Profil de refocalisation (M_{xy}). Balayage en spirale ; simulation avec les paramètres suivants : jinc apodisé avec une fonction de Hamming, angle d'impulsion 180°, $r_0 = 7{,}5$ cm, durée d'impulsion $T = 4$ ms, $k^{\max} = 40$ m^{-1}, $N = 8$.

3.10.9 Utilisation des impulsions multidimensionnelles

Le principe des impulsions multidimensionnelles a été décrit il y a environ 20 ans, mais leur utilisation pratique n'a progressé que lentement. Il a fallu d'importantes améliorations des caractéristiques des bobinages de gradient et de l'homogénéité du champ principal, pour que se développe l'utilisation de la méthode qui possède un large potentiel.

Les impulsions 2 ou 3D présentent un intérêt particulier pour réduire l'étendue de la zone qui doit être imagée et, par suite, la durée d'acquisition qui suit l'excitation. La figure 3.58 illustre l'intérêt de la technique lorsque l'on souhaite étudier une région de petite taille dans un objet de grande taille. On devra être attentif à la position des bandes latérales. S'il n'est pas possible de placer ces bandes latérales à l'extérieur de l'objet étudié, on pourra associer à la sélection de volume une impulsion de saturation du volume extérieur à la zone étudiée. Le profil d'excitation $p(r)$ produit par des impulsions 2 ou 3D, est donné par la transformée de Fourier inverse de la fonction $W(k)$. Il est donc tout à fait possible de définir des formes adaptées à l'organe à étudier. Par exemple, en imagerie cérébrale, on peut souhaiter utiliser des tranches incurvées épousant la forme de régions corticales superficielles. Des impulsions 2D peuvent être utilisées pour saturer le volume extérieur à la région d'intérêt (on peut par exemple sélectionner non pas un cylindre, mais un anneau).

Enfin, un autre type d'application est l'imagerie de paramètres du mouvement en sélectionnant un cylindre de petit diamètre (« crayon » ou « faisceau »), et en effectuant ensuite une image à une dimension le long de l'axe du cylindre (écho navigateur).

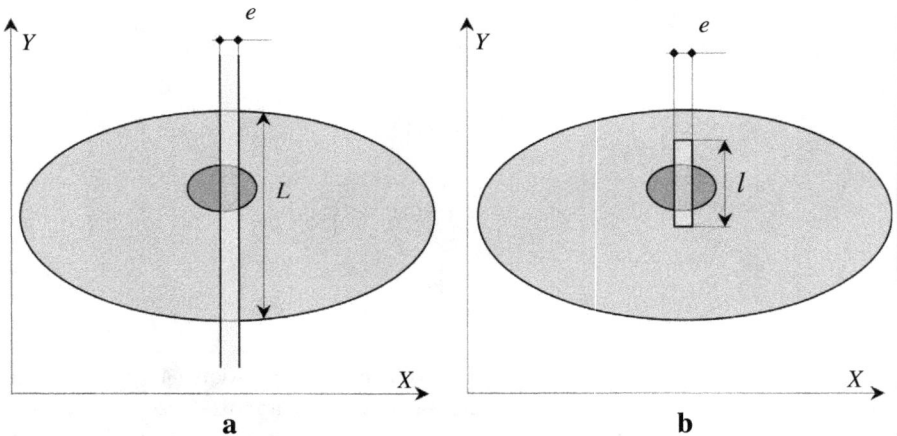

FIG. 3.58 – Utilisation d'impulsions multidimensionnelles pour réduire la largeur du champ qui devra être imagé. (a) Sélection d'une coupe d'épaisseur e orthogonale à l'axe X. Le champ imagé dans la direction Y doit être au moins égal à la taille de l'objet dans cette direction. (b) Sélection d'un volume 2D dans le plan XY. Le champ imagé dans la direction Y peut être limité à la taille de la région d'intérêt dans cette direction.

3.11 Impulsions à sélectivités spectrale et spatiale

3.11.1 Principe

Nous savons qu'une excitation fréquentiellement sélective peut être réalisées avec une suite de N impulsions dures (chapitre 2 ; sections 2.4.8 et 2.4.9), d'amplitudes A_i ($i = 1$ à N). Une impulsion peut être considérée comme suffisamment « dure » si sa bande passante est bien supérieure à la largeur du spectre considéré. En imagerie clinique de routine par exemple, les espèces de concentration suffisante pour être observées, protons de l'eau et protons des groupements CH_2 des graisses, sont séparés par environ 3,5 ppm (figure 3.24). Dans un champ de 3 T, cela correspond à une largeur spectrale de l'ordre de 450 Hz. Une impulsion sinc à trois lobes ($NZ = 4$), d'une durée de 1 ms a une bande passante de 4000 Hz et peut donc être considérée comme une impulsion dure pour une application eau – graisses à 3 T. Ainsi, par exemple, chaque impulsion d'une séquence binomiale d'impulsions de type $1-3-3-1$, peut tout à fait être en forme de sinc (figure 3.59). On obtient ainsi la sélectivité fréquentielle caractéristique de la séquence $1-3-3-1$ (chapitre 2). Si ces impulsions élémentaires sont rendues spatialement sélectives, en les appliquant

champ rf

(a)

T

gradient G_X

(b)

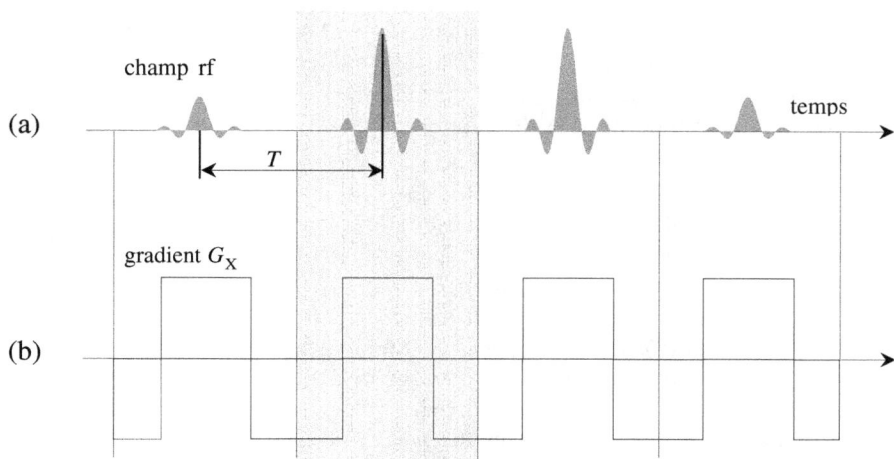

FIG. 3.59 – Impulsion spectrale-spatiale de type I. Chaque impulsion élémentaire est intrinsèquement refocalisée et laisse intacte l'aimantation transversale produite par les impulsions précédentes. On note que le lobe de gradient négatif, situé au début de la séquence, n'est pas nécessaire si l'impulsion agit sur une aimantation initialement purement longitudinale.

en présence d'un gradient (figure 3.59), on ajoute une sélectivité spatiale à la sélectivité fréquentielle.

Le schéma de gradient et de rf est tel que chaque impulsion élémentaire est intrinsèquement refocalisée (section 3.10.7). Cette caractéristique assure notamment,

- la refocalisation des déphasages de l'aimantation associés à la présence des gradients et,

- la « transparence » de l'impulsion à l'aimantation transversale présente avant son application.

L'aimantation produite par la i-ème impulsion élémentaire, d'amplitude $A_i b_1^{\perp} (t - t_i)$, centrée autour de l'instant t_i, peut être établie à partir de l'équation (3.13) :

$$M_{\perp}^i (X, t) = i\, \gamma\, M_0 (X, \omega) \exp\left[i\, \omega\, (t - t_i)\right] A_i\, B_1^{\perp} (\omega_X), \qquad (3.91)$$

où $B_1^{\perp}$ est la transformée de Fourier de $b_1^{\perp} (t)$, et où $\omega_X = \omega - \gamma G_X^0 X$. On a finalement :

$$M_{\perp} (X, t) = i\, \gamma\, M_0 (X, \omega)\, B_1^{\perp} (\omega_X) \sum_{i=1}^{N} A_i \exp\left[i\, \omega\, (t - t_i)\right]. \qquad (3.92)$$

On obtient ainsi une impulsion dite spectrale-spatiale, qui est simultanément sélective dans le domaine spatial ($B_1^{\perp}(\omega_X)$) et dans le domaine fréquentiel ($\sum A_i \exp[\mathrm{i}\omega(t - t_i)]$). Cette caractéristique permet de sélectionner simultanément, une gamme limitée de déplacements chimiques **et** une région de l'espace.

Les coefficients A_i peuvent être les coefficients du binôme, comme c'est le cas avec l'exemple de la figure 3.60 qui présente les réponses spectrales-spatiales des séquences 1331 et $1\bar{3}3\bar{1}$. Les paramètres ont été choisis en vue d'une utilisation dans un champ de 4,7 Tesla. Avec un maximum et un nul distants d'environ ± 550 Hz, ce type de séquence peut être utilisé, par exemple, en spectroscopie du proton, lorsque l'on souhaite supprimer la résonance de l'eau (ou celle des lipides). On remarque que la séquence $1\bar{3}3\bar{1}$ se déduit de la séquence 1331 en introduisant une correction de phase d'ordre 1 : $\varphi = \pi t/T$. En conséquence, les réponses fréquentielles se déduisent l'un de l'autre par une translation de $1/2T$.

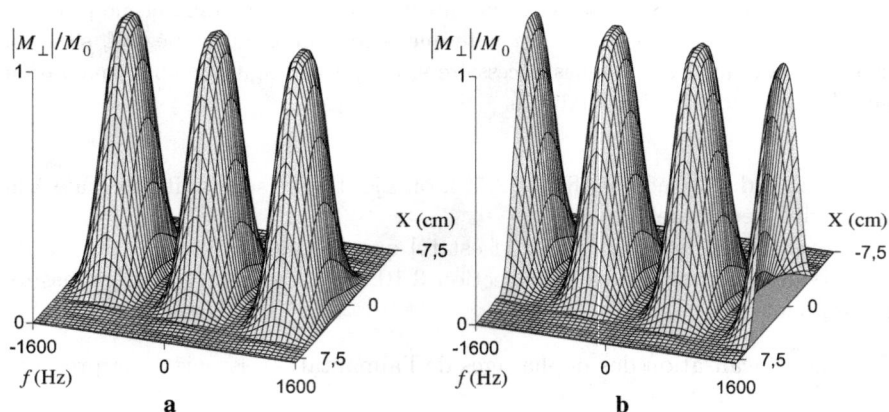

FIG. 3.60 – Réponses spectrales-spatiales aux séquences 1331 (a) et $1\bar{3}3\bar{1}$ (b). Paramètres : $T = 900~\mu s$; produit temps-bande passante du sinc de sélection spatiale, $Tf^{\max} = 3,1$; apodisation avec une fonction de Hanning ; épaisseur de coupe, 5 cm ; angle d'impulsion 90° ; gradient oscillant appliqué dans la direction X.

Les coefficients A_i peuvent être aussi les échantillons de toute fonction assurant une sélectivité fréquentielle, par exemple un sinc. La figure 3.61 donne l'exemple d'une fonction de ce type. Conséquence de l'échantillonnage dans la direction temporelle, la réponse spectrale est périodique ($1/T$).

Les impulsions décrites dans cette section sont dites impulsions de type I. Avant de présenter les impulsions spectrales-spatiales de type II, nous soulignerons la proximité des impulsions spectrales-spatiales et des impulsions spatialement sélectives 2D.

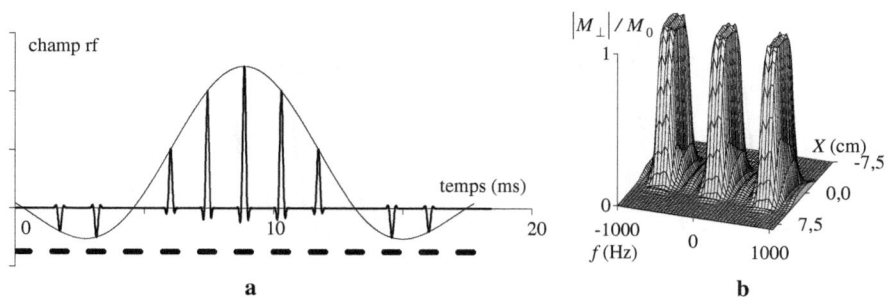

a   **b**

FIG. 3.61 – Réponse spectrale-spatiale (b) à une impulsion sinc échantillonnée sur 13 points dans la direction spectrale (a). Sélection spectrale, impulsion sinc de produit durée-bande passante égal à 4, angle d'impulsion de 90°. Sélection spatiale : impulsions sinc de produit durée-bande passante égal à 5,1 ; durée 600 μs ; apodisation avec une fonction de Hanning ; épaisseur de coupe 5 cm. Gradient oscillant appliqué dans la direction X, période T = 1,428 ms. Les traits gras sous l'axe temporel marquent les périodes d'application du champ rf.

3.11.2   Analogie entre impulsions spectrales-spatiales et impulsions spatialement sélectives 2D

Les impulsions spectrales-spatiales sont directement dérivées des impulsions 2D produites avec un balayage EPI (section 3.10.5). Considérons le schéma de gradients et le balayage EPI de la figure 3.62. Ce balayage comporte un gradient oscillant appliqué dans la direction Y, et un gradient qui ne dépend pas du temps, appliqué dans la direction X. Ce gradient G_X établit une relation linéaire entre fréquence et position, $f_0 = -\gamma G_X X/2\pi$. La réponse spatiale $M_\perp (X, Y, \tau)$ est donc tout à fait semblable à la réponse spectrale-spatiale $M_\perp (f_0, Y, t)$ qui serait observée en absence de gradient G_X, mais en présence d'un offset f_0.

L'utilisation d'une impulsion EPI 2D utilisant ce type de balayage pour effectuer une sélection de volume sur un échantillon, nécessiterait une réversion du gradient G_X, afin de centrer la trajectoire $\boldsymbol{k}(t)$ par rapport à l'origine de l'espace réciproque. L'absence de réversion entraînerait une dispersion de la phase de l'aimantation dans la direction X. Une forte atténuation du signal serait observée, à cause de la distribution *continue* et généralement approximativement uniforme, des aimantations sur l'épaisseur du volume sélectionné. Une distribution de déplacements chimiques n'est cependant pas une distribution continue de fréquences de résonance, mais une distribution *discrète*. Le signal n'est nullement détruit lors de la sommation des signaux de différentes fréquences. La présence d'un gradient de phase peut être traitée, avant acquisition en réalisant un écho de spin, ou après acquisition en réalisant une correction de phase d'ordre 1 (chapitre 2, section 2.4.10). Lorsque la méthode

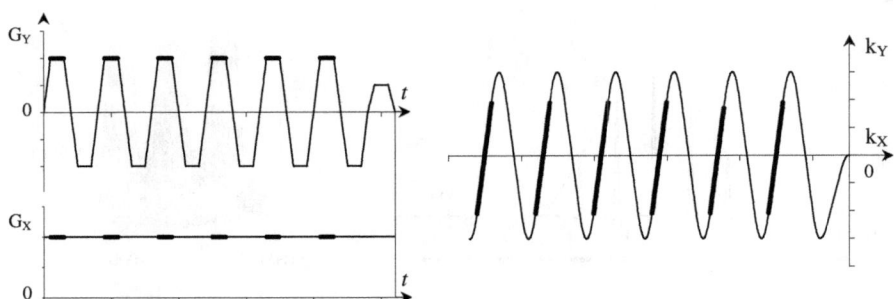

FIG. 3.62 – Schéma de gradients simulant le principe des impulsions spectrales-spatiales. On remarque que la trajectoire, dans l'espace réciproque, n'est pas centrée. En traits gras : périodes pendant lesquelles le champ rf d'une impulsion spectrale-spatiale de type I, est appliqué.

est utilisée, pour supprimer une résonance d'un spectre à deux raies (eau, graisse), le problème ne se pose pas. Une correction d'ordre zéro suffit.

3.11.3   Impulsions spectrales-spatiales de type II

Les impulsions qui viennent d'être décrites souffrent d'une sous-utilisation du temps puisque le champ rf n'est appliqué que pendant une fraction réduite du temps accordé à l'application de l'impulsion (figure 3.62). Nous savons que ces impulsions sont construites comme une suite d'impulsions intrinsèquement refocalisées (figure 3.63, schéma de gradient 1). On peut changer le signe du gradient d'une impulsion sur deux. C'est ce qui est présenté avec le schéma 2. Les lobes de rephasage-déphasage situés entre les périodes d'application du champ rf ont des aires égales et opposées et peuvent être supprimés. On aboutit à une impulsion dite de type II. Le temps séparant deux applications du champ rf a été divisé par un facteur 2. Il en est donc de même de la durée totale de l'impulsion. Si la sélection de tranche doit s'effectuer hors du centre magnétique du système de gradients, la fréquence dans le trièdre tournant devra être modulée comme le gradient :

$$\omega\left(t\right) = \gamma\, G_X\left(t\right) X. \tag{3.93}$$

L'analyse de la réponse est cependant plus complexe que dans le cas des impulsions de type I. La fréquence ω_X varie maintenant d'une alternance de gradient à l'autre. L'équation (3.92), devient

$$M_\perp\left(X,t\right) = \mathrm{i}\,\gamma\, M_0\left(X,\omega\right) \sum_{i=1}^{N} A_i\, B_1^\perp\left(\omega_X^i\right) \exp\left[\mathrm{i}\,\omega\left(t - t_i\right)\right], \tag{3.94}$$

où

$$\omega_X^i = \omega - \left(-1\right)^{i-1} \gamma\, G_X^0\, X. \tag{3.95}$$

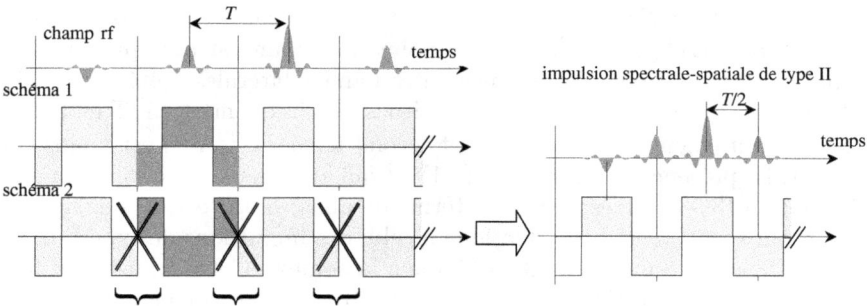

FIG. 3.63 – Passage d'une impulsion de type I à une impulsion de type II. Le renversement du signe du gradient d'une impulsion intrinsèquement refocalisée sur deux, suggère que les lobes de rephasage et de déphasage consécutifs, qui sont alors de signes opposés, peuvent être supprimés. Cela conduit aux impulsions de type II où la rf est appliquée pendant les lobes négatifs comme pendant les lobes positifs.

L'aimantation produite par l'impulsion peut se mettre sous la forme d'une somme de deux termes,

$$M_\perp(X,t) = M_\perp^1(X,t) + M_\perp^2(X,t), \qquad (3.96)$$

où

$$M_\perp^1(X,t) = i\,\gamma\,M_0(X,\omega)\left[\frac{B_1^\perp\left(\omega - \gamma\,G_X^0 X\right) + B_1^\perp\left(\omega + \gamma\,G_X^0 X\right)}{2}\right]$$
$$\times \sum_{i=1}^{N} A_i \exp\left[i\,\omega\,(t - t_i)\right], \quad (3.97)$$

et

$$M_\perp^2(X,t) = i\,\gamma\,M_0(X,\omega)\left[\frac{B_1^\perp\left(\omega - \gamma\,G_X^0 X\right) - B_1^\perp\left(\omega + \gamma\,G_X^0 X\right)}{2}\right]$$
$$\times \sum_{i=1}^{N} (-1)^{i-1}\,A_i \exp\left[i\,\omega\,(t - t_i)\right]. \quad (3.98)$$

La contribution de $M_\perp^1(X,t)$ à l'aimantation produite par l'impulsion a une forme très proche de celle de l'aimantation produite par les impulsions de type I (3.92). Le profil spectral défini par les coefficients A_i ($\sum_{i=1}^{N} A_i \exp[i\omega(t - t_i)]$) est identique à celui des impulsions de type I. Si ω reste petit par rapport à la largeur spectrale des impulsions de sélection de tranche, alors le profil spatial définie par le terme

$[B_1^\perp(\omega - \gamma\, G_X^0 X) + B_1^\perp(\omega + \gamma\, G_X^0 X)]/2$ est assez voisin de celui des impulsions de type I $(B_1^\perp(\omega - \gamma G_X^0 X))$. Un point important est que, par rapport aux impulsions de type I, la distance entre bandes latérales a été multipliée par 2 et est égale à $2/T$. Les zéros sont situés aux fréquences $-1/T$ et $1/T$.

Malheureusement, le comportement second terme $M_\perp^2(X,t)$ est moins satisfaisant. La présence du coefficient $(-1)^{i-1}$ qui apparaît sous le signe somme de l'équation (3.98) correspond à un terme de phase d'ordre 1, ce qui signifie que le profil spectral est bien identique à celui des impulsions de type I, mais qu'il est translaté d'une quantité $1/T$ dans la somme. Cette translation fait apparaître de l'aimantation transversale aux fréquences, $-1/T$ et $1/T$. Le profil spatial, $[B_1^\perp(\omega - \gamma G_X^0 X) - B_1^\perp(\omega + \gamma G_X^0 X)]/2$, est cependant d'amplitude réduite. Il est en outre antisymétrique en X, ce qui est intéressant si l'échantillon est homogène dans la direction de sélection spatiale, puisque qu'aucun signal ne sera acquis.

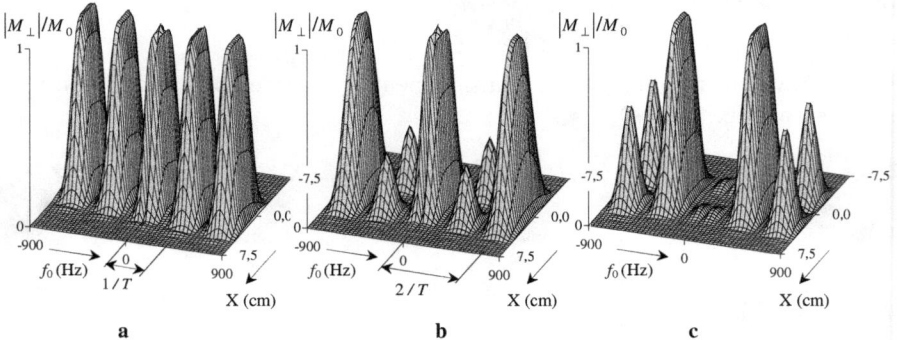

a   **b**   **c**

FIG. 3.64 – Impulsions spectrales spatiales. Sélection spectrale : impulsion sinc apodisée avec une fonction de Hanning ; produit gain bande-bande passante 2,1 ; angle d'impulsion 90°. Sélection spatiale : impulsions sinc de produit durée-bande passante 5,1 ; durée 1220 ms ; apodisation avec une fonction de Hanning ; épaisseur de coupe, 5 cm. Gradient oscillant appliqué dans la direction X, période $T = 2,75$ ms. Impulsion de type 1 : l'impulsion de sélection est échantillonnée sur 7 points (a). Impulsion de type II : mêmes paramètres, mais échantillonnage sur 13 points (b). Impulsion de type II : mêmes paramètres, mais inversion du signe d'une impulsion de sélection spatiale sur deux (c).

La figure 3.64a présente la réponse spectrale spatiale d'une impulsion de type I. La période d'oscillation du gradient est de 2,67 ms, et la sélection spectrale est effectuée avec une impulsion sinc échantillonnée sur 7 points. La séparation entre bandes latérales est de 375 Hz. La figure 3.64b montre la réponse à une impulsion de type 2 utilisant le même schéma de gradient. La séparation entre le lobe central et les lobes latéraux est doublée et devient de l'ordre de 750 Hz. Les régions situées autour de $f = \pm 375$ Hz sont cependant polluées par la présence du terme associé à la différence des fréquences de précession pendant les alternances de gradient négatives et positives. Le caractère antisymétrique de cette pollution peut cependant ne pas être gênant si l'échantillon étudié est approximativement homogène sur l'épaisseur de tranche.

On remarque que le terme $[B_1^\perp(\omega - \gamma G_X^0 X) - B_1^\perp(\omega + \gamma G_X^0 X)]/2$, responsable des pollutions aux fréquences $\pm 1/T$, s'accroît avec ω. Si l'on souhaite disposer d'une plage de zéros plus propre, on pourra simplement inverser le signe de l'impulsion pendant une alternance sur deux, ce qui produira une translation de la réponse d'une quantité $1/T$. La zone non excitée se trouvera alors autour de la fréquence zéro (figure 3.64c).

3.11.4   À propos de la durée des impulsions spectrales-spatiales

La durée minimale des impulsions multidimensionnelles purement spatiales, est limitée par les vitesses de commutation des gradients et par l'intensité maximale de ces gradients et du champ rf. Dans le cas des impulsions spectrales-spatiales, la sélectivité spectrale est associée aux évolutions sous l'effet du temps. Ces évolutions ne peuvent être accélérées. La durée d'une impulsion spectrale-spatiale est donc associée à la largeur de la bande fréquentielle qui doit être couverte et à la raideur des zones de transition. Ainsi par exemple, si la sélectivité fréquentielle doit être de 200 Hz, l'impulsion durera nécessairement 20 ms si on fait le choix d'utiliser une impulsion sinc à 3 lobes ($NZ = 4$). La réduction de la durée d'impulsion s'accompagnera, nécessairement, d'un élargissement des zones de transition. La fréquence d'échantillonnage détermine la proximité des bandes latérales. Pour éviter tout repliement, la distance entre bandes latérales doit être supérieure à la largeur spectrale considérée. Par exemple en imagerie du proton, la séparation eau-graisse est de l'ordre de 3–4 ppm, soit, dans un champ de 3 T, 380 à 500 Hz environ. Si la fréquence de travail est la fréquence de résonance des protons de l'eau, la période d'échantillonnage devra être inférieure à 2–2,6 ms. La fréquence d'échantillonnage devra donc s'accroître avec l'intensité de champ directeur. La mise en place d'impulsions spectrales-spatiales nécessite des systèmes de gradients d'autant plus performants que le champ utilisé est élevé.

Par ailleurs, les impulsions de gradient de la figure 3.59 ont des fronts de montée infiniment courts, ce qui n'est évidemment par réaliste. En pratique on pourra appliquer le champ rf pendant les commutations de gradient en utilisant la technique VERSE (section 3.9).

3.11.5   Applications : imagerie eau-graisse

En imagerie clinique, les protons de l'eau comme ceux des graisses sont une source de signal. Le diagnostic pourra souvent être affiné si l'on connaît l'origine moléculaire du signal. La figure 3.65 donne l'exemple de la détection des infiltrations graisseuses dans la paroi ventriculaire, qui peuvent être à l'origine de troubles du rythme cardiaque.

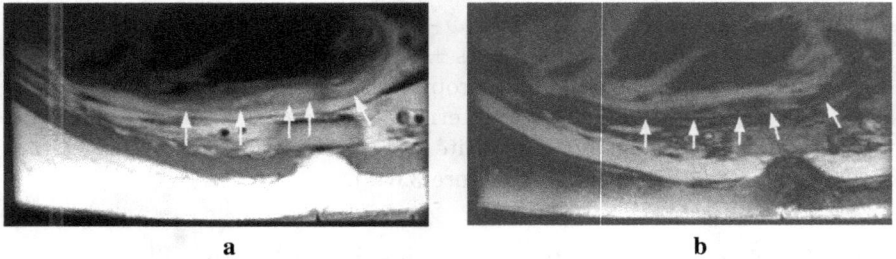

a   b

FIG. 3.65 – Sur l'image conventionnelle (a) les régions marquées par des flèches suggèrent la présence d'infiltrations adipeuses dans la paroi ventriculaire. L'image acquise avec suppression du signal des graisses (b) confirme le diagnostic. D'après S. Abbara *et al.*; Am. J. Roentgenol. **182** 587–591, 2004, © ARRS 2004.

La suppression du signal des graisses peut s'effectuer classiquement en appliquant une impulsion fréquentiellement sélective de 90°, centrée dans la région 0,9–1,3 ppm (figure 3.24). Cette impulsion détruit l'aimantation longitudinale des protons des graisses (saturation) dans tout l'objet étudié. Une impulsion de gradient qui suit l'impulsion rf permet de disperser l'aimantation transversale. La sélection de coupe est effectuée après cette période de destruction de l'aimantation longitudinale des protons des graisses. L'impulsion de saturation est non spatialement sélective et c'est tout l'échantillon qui est touché. La technique suppose donc une excellente homogénéité du champ sur tout l'échantillon si c'est l'ensemble de l'objet qui doit être imagé avec une technique multi-coupes. Une impulsion spectrale-spatiale permet de faire le même travail dans une région limitée de l'espace et ne perturbe donc pas l'aimantation de l'ensemble de l'objet. Il est aussi possible de réaliser, non pas une saturation des graisses, mais l'excitation spatialement sélective du seul signal de l'eau. Le choix entre les deux possibilités : saturation des protons des graisses avec une impulsion spectrale spatiale, puis sélection de coupe classique, où excitation sélective spectrale-spatiale des protons de l'eau, dépend de l'objectif fixé. Si l'on souhaite faire une observation du signal de l'eau à temps d'écho très court, l'excitation spectrale-spatiale de ce signal pose quelques problèmes : la durée de cette impulsion est nécessairement longue puisque imposée par la sélectivité spectrale. Dans ce cas, on pourra utiliser une impulsion spectrale-spatiale de saturation, suivie (après dispersion de l'aimantation transversale) d'une impulsion de sélection de coupe classique.

Références bibliographiques

Sélection de coupe

A. Garroway, P. Grannell, P. Mansfield. *Image formation in NMR by a selective irradiative pulse.* J. Phys. C. Solid. State Phys. **7**, L457–L462, 1974.

P. Mansfield, A. Maudsley, T. Baines. *Fast scan proton density imaging by NMR.* J. Phys. E: Sci. Instrum. **9**, 271–278, 1976.

D. Hoult. *Zeugmatography: A criticism of the concept of a selective pulse in the presence of a field gradient.* J. Magn. Reson. **26**, 165–167, 1977.

Effets de susceptibilité

J. Schenck. *The role of magnetic susceptibility in magnetic resonance imaging: MRI magnetic compatibility of the first and second kinds.* Med. Phys. **23**, 815–850, 1996.

Technique VERSE

S. Conolly, D. Nishimura, A. Macovski, G. Glover. *Variable-rate selective excitation.* J. Magn. Reson. **78**, 440–458, 1988.

R. Ordidge, M. Wylezinska, J. Hugg, E. Butterworth, F. Franconi. *Frequency offset corrected inversion (FOCI) pulses for use in localized spectroscopy.* Magn. Reson. Med. **36**, 562–566, 1996.

B. Hargreaves, C. Cunningham, D. Nishimura, S. Conolly. *Variable-rate selective excitation for rapid MRI sequences.* Magn. Reson. Med. **52**, 590–597, 2004.

Impulsions de sélection spatiale : utilisation de l'espace réciproque

J. Pauly, D. Nishimura, A. Macovski. *A k-space analysis of small-tip-angle excitation.* J. Magn. Reson. **81**, 43–56, 1989.

J. Pauly, D. Nishimura, A. Macovski. *A linear class of large-tip-angle selective excitation pulses.* J. Magn. Reson. **82**, 571–587, 1989.

J. Pauly, B. Hu, S. Wang, D. Nishimura, A. Marcovski. *A three-dimensional spin-echo or inversion pulse.* Magn. Reson. Med. **29**, 2–6, 1993.

P. Börnert, B. Aldefeld. *On spatially selective RF excitation and its analogy with spiral MR image acquisition.* MAGMA. **7**, 166–178, 1998.

Balayage en spirale

C. Schröder, P. Börnert, B. Aldefeld. *Spatial excitation using variable-density spiral trajectories.* J. Magn. Reson. Imaging. **18**, 136–141, 2003.

G. Glover. *Simple analytic spiral K-space algorithm.* Magn. Reson. Med. **42**, 412–415, 1999.

Balayage EPI

S. Rieseberg, J. Frahm, J. Finsterbusch. *Two-dimensional spatially-selective RF excitation pulses in Echo-Planar Imaging.* Magn. Reson. Med. **47**, 1186–1193, 2002.

Impulsions spectrales-spatiales

C. Meyer, J. Pauly, A. Macovski, D. Nishimura. *Simultaneous spatial and spectral selective excitation.* Magn. Reson. Med. **15**, 287–304, 1990.

Y. Zur. *Design of improved spectral-spatial pulses for routine clinical use.* Magn. Reson. Med. **43**, 410–420, 2000.

Exercices du chapitre 3

Exercice 3-1

On souhaite mettre en place un gradient dans une direction U de l'espace définie par ses angles polaires θ et φ (chapitre 2, figure 2.3). Calculer les relations liant les intensités des courants I_X, I_Y et I_Z dans les bobinages de gradient G_X, G_Y et G_Z. On supposera que, pour un même courant, le bobinage produisant le gradient G_Z est deux fois plus efficace que les bobinages G_X et G_Y. Application : $\theta = 45°$, $\varphi = 30°$.

Exercice 3-2

On considère un tube d'eau de 2 cm de diamètre dont l'axe est perpendiculaire au plan XOY. Les coordonnées de l'axe du tube dans le plan XOY sont $X = 0$ cm, $Y = 2$ cm. On excite le système de spins à l'aide d'une impulsion sélective appliquée en présence d'un gradient G_Y dont l'intensité est égale à 0,005 T/m. On travaille dans un champ de 1,5 T. On ajuste la fréquence de travail pour que le centre de la coupe soit situé à la coordonnée $Y = 2$ cm. Quelle doit être la bande passante de l'impulsion pour obtenir une épaisseur de coupe de 2 cm ? On effectue la transformée de Fourier du signal acquis après la réversion de gradient. L'acquisition est effectuée dans un trièdre tournant à la fréquence du champ rf. Quelle est sa fréquence du signal par rapport à la fréquence d'excitation ?

Exercice 3-3

Dans une séquence d'imagerie, l'impulsion d'excitation est une impulsion de type sinc d'une durée totale de 4 ms. Elle comporte le lobe principal et un lobe de chaque coté du lobe principal. Le gradient de sélection appliqué dans la direction X est inversé immédiatement à la fin de cette impulsion (temps d'inversion 100 μs, décroissance supposée linéaire), maintenu constant pendant un temps T, puis coupé (décroissance supposée linéaire d'une durée de 100 μs). On souhaite sélectionner une coupe de 5 mm d'épaisseur. La bande passante de l'impulsion sera, en première approximation, supposée identique à celle d'une impulsion sinc non tronquée, qui serait utilisée dans les conditions de l'approximation de la réponse linéaire. Calculer l'intensité du gradient de sélection G_X et la durée du plateau d'inversion. $\gamma = 26{,}52 \ 10^7$ rad.T^{-1}.s^{-1}.

Exercice 3-4

L'évolution de l'amplitude du signal en fonction de la durée de réversion de gradient (figure 3.8) ressemble à un sinc. Pourquoi ?

Exercice 3-5

On réalise une coupe oblique. Les trois gradients G_X, G_Y et G_Z sont appliqués simultanément et sont de même intensité. Déterminer l'orientation du plan de coupe.

Exercice 3-6

On considère une impulsion d'excitation de type sinc qui comporte 5 lobes. La durée totale de l'impulsion est de 4 ms. Les expériences se déroulent dans un champ de 2,35 T, sur un échantillon dont les protons visibles dans l'expérience considérée sont essentiellement les protons de l'eau. Leur fréquence de résonance dans ce champ est de 100 MHz.

a/ Calculer l'intensité du gradient de sélection de coupe appliqué dans la direction X, pour sélectionner une coupe d'une épaisseur de 2 mm. On utilisera l'approximation de la réponse linéaire. Le résultat sera exprimé en mT/m.

b/ Calculer la différence $|F_{rf} - F_0|$ entre la fréquence de Larmor F_0, et la fréquence de l'impulsion F_{rf}, pour sélectionner une coupe dont le centre est situé à 5 mm du centre magnétique du système de gradients.

c/ G_X étant positif, quel doit être le signe de la différence $(F_{rf} - F)_0$ pour que la coupe soit située à +5 mm ?

Exercice 3-7

Donner l'expression de l'aimantation longitudinale à l'issue d'une séquence d'écho de spin spatialement sélective, en fonction de M_0 et des paramètres de Cayley-Klein des impulsions d'excitation et de refocalisation. On supposera que le gradient de phase associé à l'impulsion d'excitation a été parfaitement refocalisé. On se placera dans le cas d'une coupe située au centre magnétique du système de gradients. L'impulsion de refocalisation est entourée de lobes de déphasage-rephasage d'amplitude G^{disp} et de durée T^{disp}. On négligera l'effet des relaxations spin-spin et spin-réseau.

Exercice 3-8

On considère une séquence d'inversion-récupération spatialement sélective (*cf.* figure 3.20). Les imperfections de l'impulsion d'inversion produisent une aimantation transversale (chemins $p = 0 \Rightarrow 1$ et $p = 0 \Rightarrow -1$) susceptible de contribuer à l'aimantation observable après l'impulsion de refocalisation. Les chemins concernés sont donc $p = 0 \Rightarrow 1 \Rightarrow 1 \Rightarrow -1$, $p = 0 \Rightarrow 1 \Rightarrow 0 \Rightarrow -1$, $p = 0 \Rightarrow 1 \Rightarrow -1 \Rightarrow -1$, d'une part, et $p = 0 \Rightarrow -1 \Rightarrow 1 \Rightarrow -1$,

$p = 0 \Rightarrow -1 \Rightarrow 0 \Rightarrow -1$, $p = 0 \Rightarrow -1 \Rightarrow -1 \Rightarrow -1$, d'autre part. Les divers gradients sont tous appliqués dans la direction X. Le schéma de gradient est celui de la figure 3.20. Discuter des conditions qui doivent être respectées par les gradients pour éviter des contributions indésirables au signal.

Exercice 3-9

On considère l'excitation intrinsèquement refocalisée de la figure 3.34. L'impulsion sinc est tronquée au troisième zéro ($NZ = 6$). Le gradient a pour intensité $G_X^0 = +20$ mT/m.

1/ Calculer l'épaisseur de coupe e.

2/ On place le centre de la coupe à la position $X_C = +20$ cm. Donner les expressions du champ rf pendant les périodes de temps $-T \leqslant t < -T/2$, $-T/2 \leqslant t \leqslant T/2$ et $T/2 < t \leqslant T$.

3/ L'échantillon comporte de l'eau et des graisses. On admettra que la réso-nance dominante des protons lipidiques se trouve à 3,5 ppm de la résonance de l'eau. On travaille dans un champ de 3 T. Le positionnement de la coupe a été calculé pour la fréquence de l'eau. Pour cette molécule, on considè-rera que le profil de coupe est un rectangle. Dans ces conditions, comment se situe le profil de coupe des graisses par rapport à celui de l'eau ?

Exercice 3-10

Déterminer le schéma de gradients permettant de réaliser un échantillon-nage circulaire 2D de l'espace réciproque comportant huit cercles équidistants, dont les rayons s'accroissent régulièrement d'une quantité $\Delta k = 5$ m^{-1}. L'ori-gine du balayage sera placée au centre de l'espace réciproque. La durée d'im-pulsion est de 5 ms et le temps de passage d'un cercle à l'autre est de 200 μs.

Exercice 3-11

On considère un balayage 2D de l'espace réciproque sous forme de cercles concentriques. On utilise un champ rf, appliqué dans la direction de l'axe x du trièdre tournant, tel que $W(\boldsymbol{k}) = $ Cste lorsque $k \leqslant k^{\max}$, et $W(\boldsymbol{k}) = 0$ à l'extérieur de cette région. Calculer la forme de l'aimantation M_y produite par cette impulsion.

Exercice 3-12

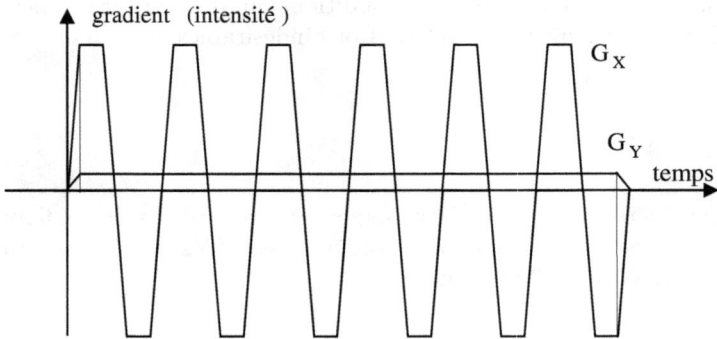

On considère le schéma de gradients EPI de la figure ci-dessus. Déterminer le balayage de l'espace réciproque correspondant à ce schéma de gradients.

Exercice 3-13

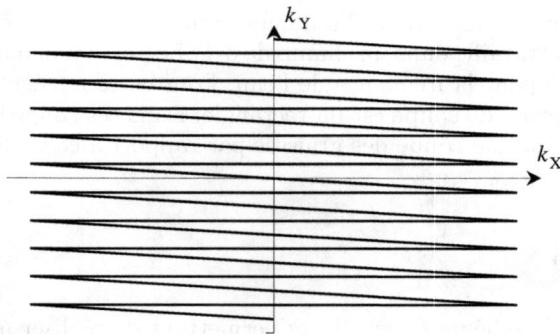

On considère le balayage EPI de l'espace réciproque de la figure ci-dessus. Déterminer le schéma de gradients associé à ce balayage.

Exercice 3-14

Proposer un schéma de gradient pour les trois impulsions spectrales-spatiales de la figure 3.64. Préciser la variation temporelle dans chaque cas. Montrer que la durée d'impulsion peut être réduite significativement sans modification du profil spectral spatial.

Chapitre 4

Espace image - espace réciproque. Introduction aux méthodes de construction de l'image

*Nous présentons dans ce chapitre les concepts de base qui permettront ensuite d'aborder les diverses méthodes d'imagerie RMN. Dans une courte **première** partie, nous rappelons les caractéristiques générales de l'image numérique. Dans la **seconde** partie, nous discutons de la grandeur physique qui est imagée. La **troisième** partie est consacrée à la notion d'espace réciproque qui simplifie grandement l'exposé et la compréhension des très nombreuses méthodes d'imagerie RMN. L'échantillonnage cartésien du signal acquis dans l'espace réciproque est introduit dans la **quatrième** partie, en insistant sur la répétition périodique de l'image qui correspond aux données échantillonnées. Les possibles repliements associés à l'échantillonnage sont présentés dans la **cinquième** partie. On aborde dans la **sixième** partie les conséquences de la troncature (déformation du profil et repliements associés à la troncature). Les deux principales fenêtres de troncature, rectangulaire et circulaire, sont décrites. La **septième** partie est consacrée à l'importante question de la résolution spatiale et aux outils d'évaluation de cette résolution, les fonctions de dispersion du point et de réponse spatiale. Cette présentation des divers aspects de la reconstruction d'images à partir de signaux acquis dans l'espace réciproque est conclue dans une **huitième** partie regroupant des aspects pratiques, choix des paramètres et méthodologie de la construction de l'image, en insistant sur la technique de zéro-filling. La **neuvième** partie nous rapproche des méthodes d'imagerie avec le théorème de la coupe centrale dont la tomographie X fait un large usage. Les méthodes de projection-reconstruction, qui sont à la source de la première image RMN, font l'objet de la **dixième** partie de ce chapitre. L'échantillonnage radial utilisé par les techniques de projection reconstruction constitue une transition vers la **onzième** et dernière partie du chapitre consacrée au traitement de données échantillonnées non* *uniformément dans l'espace de Fourier. Les grandes lignes de l'importante méthode de ré-échantillonnage sur une grille cartésienne (gridding) sont présentées.*

4.1   Voxel, pixel, échelle de gris

Les images IRM, comme beaucoup d'autres, sont des images numériques. Voxels et pixels sont des concepts de base de l'imagerie numérique. Le mot voxel est formé par la contraction des mots « *volume* » et « *cell* » (ou, selon certains auteurs, de « *element* ») et désigne en imagerie, l'élément de volume dans lequel la moyenne d'une grandeur physique (ou l'intensité d'un signal), est évaluée puis convertie en un niveau de gris (ou en un niveau d'une échelle de couleurs). Un voxel a souvent la forme d'un cube ou d'un parallélépipède rectangle de côtés ΔX, ΔY, ΔZ. La position de chaque voxel est définie par les coordonnées X, Y, Z de son barycentre. À chaque voxel de l'objet correspond un pixel (contraction de « *picture* » et de « *cell* » ou de « *element* ») de l'image. La figure 4.1 montre la structure numérisée de l'image.

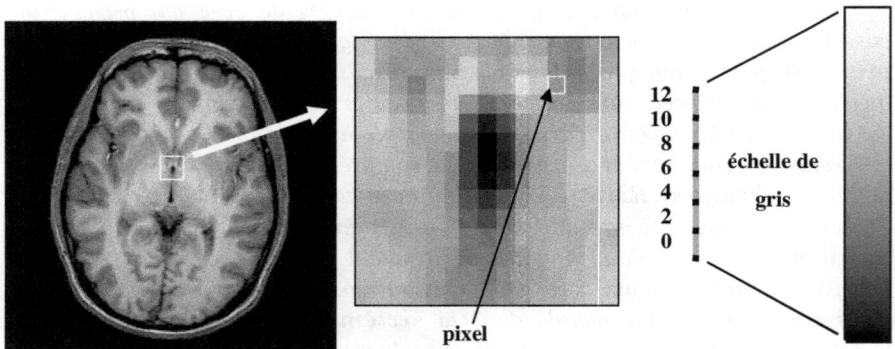

FIG. 4.1 – Pixels d'une image numérique et échelle de gris (unités arbitraires).

4.2   Grandeur imagée

Le concept d'image appelle immédiatement une question : quelle est la grandeur physique qui est imagée ? Quelques exemples montrent que, selon le type d'image considéré, les réponses peuvent être très différentes.

En photographie noir et blanc classique, la réponse est déjà moins simple qu'on pourrait le penser *a priori*. On sait bien sûr que le niveau de gris d'une région du négatif est proportionnel au nombre de photons reçus par cette région. Mais tous les photons n'ont pas la même efficacité sur les cristaux de sels d'argent photosensibles, ou sur le capteur. Il faut introduire la longueur d'onde. Et puis l'objectif est un filtre... Les choses sont donc complexes. Disons qu'on associe un niveau de gris, à la luminance d'une surface vue à travers le filtre que constitue l'objectif de l'appareil de prise de vue et la pellicule (ou le capteur).

En radiographie X (projection d'un objet sur un plan), on associe un niveau de gris au nombre de photons transmis à travers le patient ou l'objet (ou encore, à l'atténuation subie par le rayonnement lors de sa traversée de l'objet). Cette atténuation dépend des tissus traversés et de la longueur du trajet. En tomographie X (scanner X, qui permet d'imager une tranche d'un objet), on associe un niveau de gris, à l'absorption des rayons X lors de sa traversée d'un voxel de l'objet. Les images produites par une caméra gamma donnent une information sur le nombre de photons gamma émis dans une direction approximativement orthogonale au plan image (collimation).

En imagerie RMN, la réponse est à la fois simple et complexe. Elle est simple puisque le niveau de gris caractéristique d'un voxel particulier est associé à *l'intensité $s(X, Y, Z)$ du signal RMN observé dans ce voxel*. Mais elle devient complexe lorsqu'on souhaite, de manière plus précise, lier l'intensité du signal à des grandeurs physiques caractéristiques de l'objet. Un premier élément de clarification est qu'une image RMN ne concerne qu'une seule espèce de spins : les protons le plus fréquemment. Il s'agit même souvent de protons dans un environnement moléculaire bien déterminé. En imagerie médicale, ce sont généralement les protons de l'eau que l'on observe, compte tenu de leur abondance dans les tissus (mais les protons des lipides, abondants dans certains tissus peuvent apporter, leur contribution). Dans un voxel de coordonnées X, Y, Z, le signal RMN est évidemment proportionnel à la densité locale $\rho(X, Y, Z)$ des noyaux considérés. Mais, et c'est là l'origine du vaste potentiel de l'imagerie RMN, d'autres paramètres interviennent (temps de relaxation $T_1, T_2 T_2^*$, coefficient de diffusion translationnelle apparent D_{app}, etc.). Le poids de chaque paramètre dépend de la séquence d'impulsions utilisée et, pour une même séquence, des délais utilisés. On peut ainsi, pour un même objet, obtenir une « image T_2 », une « image T_1 », une image en « densité de spins », une « image de diffusion », etc. Comme cela est illustré figure 4.2, deux images d'un même objet peuvent être très différentes l'une de l'autre. L'information associée au niveau de gris d'un pixel reste souvent qualitative. On pourra alors seulement dire qu'un paramètre physique, par exemple T_1 ou T_2, joue un rôle prépondérant dans la production du contraste de l'image. Mais d'autres paramètres peuvent intervenir et notamment la densité de spins. On dit dans ce cas que l'image est pondérée T_1 ou T_2 par exemple. Ainsi les image des figures 4.2a, b et c sont respectivement des images pondérées T_1, densité de proton et T_2. L'information associée au niveau de gris d'un pixel peut être parfois quantitative, on aura alors une correspondance biunivoque entre une grandeur physique et le niveau de gris.

Les images IRM sont généralement présentées en noir et blanc et sont souvent codées de 8 bits à 16 bits. Une image 8 bits 512×512, non compressée

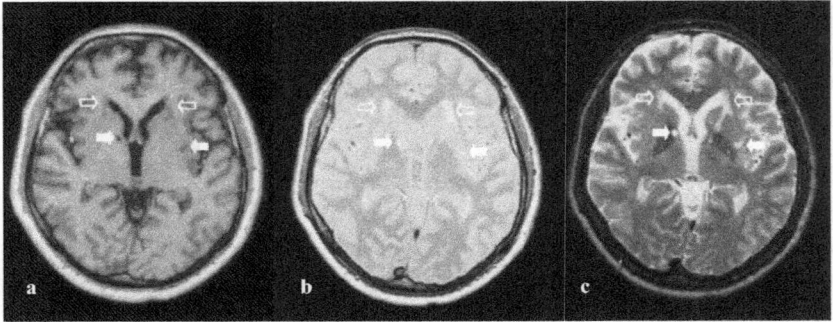

FIG. 4.2 – Trois images RMN très différentes d'une même coupe cérébrale. La première image (a), acquise avec une séquence d'écho de gradient est une image pondérée T_1. La seconde (b) acquise avec une séquence d'écho de spin à temps d'écho court est une image de la densité de proton. La troisième (c) acquise avec une séquence d'écho de spin à temps d'écho long est une image pondérée T_2. Les flèches pointent vers deux types de lésions : hyper-intensités (flèches creuses) et lacunes (flèches pleines). (D'après A-T Du, Neurobiol. Aging. **26**, 553–559, 2005, with permission from Elsevier).

« pèse » donc environ 262 ko auxquels s'ajoute la taille des informations concernant l'image (entête).

4.3 L'espace réciproque

Nous avons déjà utilisé la notion d'espace réciproque lors de la présentation des méthodes multidimensionnelles de sélection de coupe (chapitre 3 section 3.10). Nous allons reprendre cette notion de manière plus complète et plus générale. Le concept d'espace réciproque est utilisé couramment en optique, en cristallographie et en physique du solide, mais il n'a été introduit que relativement tardivement au cours du développement de l'imagerie RMN.

De manière générale, l'objet qui doit être imagé est décrit par une fonction $f(X, Y, Z)$. Le repère X, Y, Z définit ce qui est souvent appelé *espace objet*, et que nous désignerons aussi par le terme *espace direct*. Rappelons que f dépend de la grandeur physique qui doit être imagée. À cette description de l'objet dans l'espace direct, on peut faire correspondre une autre description dans un espace conjugué, appelé *espace réciproque* ou *espace de Fourier*. Dans cet espace l'objet est décrit par une fonction $F(k_X, k_Y, k_Z)$ liée à $f(X, Y, Z)$ par une transformation de Fourier 3D :

$$F(k_X, k_Y, k_Z) = \int\limits_{-\infty}^{\infty} \int\limits_{-\infty}^{\infty} \int\limits_{-\infty}^{\infty} f(X, Y, Z)$$

$$\times \exp\left[-2\pi i\left(k_X X + k_Y Y + k_Z Z\right)\right] \, \mathrm{d}X \, \mathrm{d}Y \, \mathrm{d}Z. \quad (4.1)$$

Cette expression peut s'écrire sous la forme plus compacte ci-dessous :

$$F(\boldsymbol{k}) = \int\limits_{-\infty}^{\infty} \int\limits_{-\infty}^{\infty} \int\limits_{-\infty}^{\infty} f(\boldsymbol{r}) \exp\left(-2\,\pi\,\mathrm{i}\,\boldsymbol{k}\,.\,\boldsymbol{r}\right)\,\mathrm{d}X\,\mathrm{d}Y\,\mathrm{d}Z, \qquad (4.2)$$

où $\boldsymbol{r}$ et $\boldsymbol{k}$ sont les vecteurs de composantes respectives X, Y, Z et k_X, k_Y, k_Z. Les coordonnées k_X, k_Y, k_Z dans l'espace de Fourier sont les fréquences spatiales. Les fréquences spatiales ont la dimension de l'inverse d'une longueur (m^{-1}). La notion d'espace réciproque est particulièrement importante en IRM puisque c'est dans cet espace que les données sont acquises.

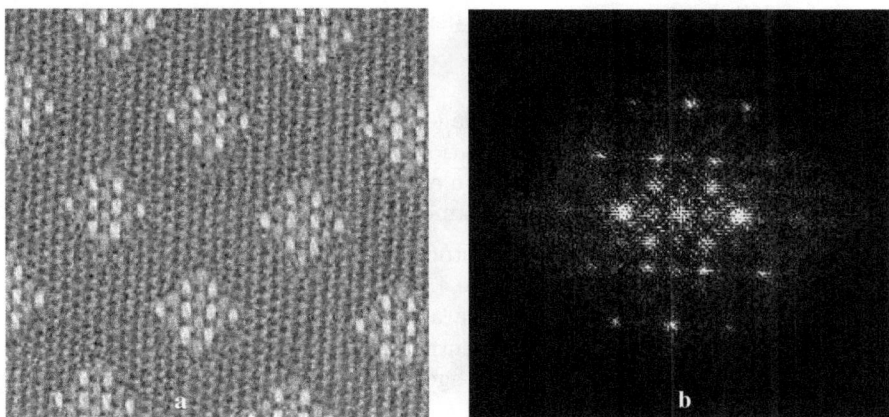

FIG. 4.3 – Image d'un tissu (a) et image du même tissu dans l'espace réciproque (b). La présentation utilisée est le spectre de puissance $|F(k_X,\ k_Y,\ k_Z)|^2$. L'objet, un tapis, a des périodicités marquées que l'on visualise bien dans l'espace des fréquences spatiales.

La connaissance de $F(\boldsymbol{k})$ permet alors de déterminer $f(\boldsymbol{r})$. On utilise pour cela la *transformée de Fourier inverse* qui s'écrit :

$$f(\boldsymbol{r}) = \int\limits_{-\infty}^{\infty} \int\limits_{-\infty}^{\infty} \int\limits_{-\infty}^{\infty} F(\boldsymbol{k}) \exp\left(2\,\pi\,\mathrm{i}\,\boldsymbol{k}\,.\,\boldsymbol{r}\right)\,\mathrm{d}k_X\,\mathrm{d}k_Y\,\mathrm{d}k_Z. \qquad (4.3)$$

Lorsqu'un objet présente des structures périodiques marquées, l'examen de son image dans l'espace de Fourier, peut être riche d'informations. Les cristallographes exploitent très largement cet aspect. La figure 4.3 montre comment l'espace réciproque révèle la présence de fréquences spatiales bien définies. Cependant les objets soumis à l'imagerie RMN n'ont généralement pas de périodicités marquées. L'image d'un objet dans l'espace de Fourier n'est pas utilisable directement. L'examen visuel d'une image dans l'espace de Fourier

FIG. 4.4 – Portrait de Joseph Fourier (gauche), et sa transformée (amplitude).

est peu informatif (figure 4.4). L'image complexe dans l'espace réciproque contient pourtant les mêmes informations que l'image correspondante dans l'espace direct. L'espace réciproque n'est utilisé que pour l'acquisition des signaux, mais en aucun cas pour l'examen des images.

L'essentiel des informations est stocké au centre de l'espace réciproque (basses fréquences spatiales). La figure 4.5c obtenue en masquant la périphérie de l'espace réciproque, contient les caractéristiques générales de l'image. La figure 4.5e obtenue en masquant le centre de l'espace réciproque, contient les informations sur les détails et les changements d'intensité intervenant sur de courtes distances.

4.4   Échantillonnage et répétition périodique de l'image

Comme nous l'avons indiqué, les données initiales sont en IRM recueillies dans l'espace de Fourier. En pratique, les signaux recueillis résultent d'un processus d'échantillonnage, ce qui a d'importantes conséquences qui sont évoquées dans ce qui suit. L'intégrale de l'équation (4.3) doit donc être remplacée par une somme sur un ensemble discret et fini de valeurs de k. Par rapport à d'autres modalités comme les tomographies X ou à positons, où l'échantillonnage s'effectue dans l'espace objet, cette situation est particulière. Nous rappelons ci-dessous, les conditions qui doivent être respectées lors de l'échantillonnage du signal (ici $F(k)$).

Nous nous placerons dans le cas d'objets à deux dimensions. La généralisation à trois dimensions est directe. Nous désignerons par $\tilde{F}(k)$ la fonction échantillonnée. Le processus d'échantillonnage peut être modélisé comme une

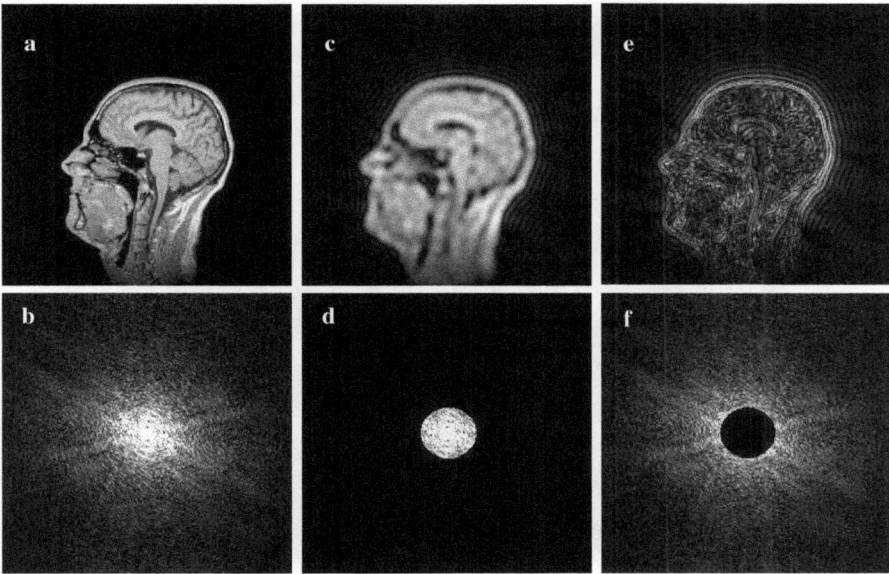

FIG. 4.5 – Cerveau humain dans l'espace image (a) et dans l'espace réciproque (b). Les figures (c) et (d) ont été obtenues en ne conservant que le centre de l'espace réciproque. Les figures (e) et (f) ont été obtenues en ne conservant que la périphérie de l'espace réciproque.

multiplication de $F(\boldsymbol{k})$ par un peigne de Dirac :

$$\tilde{F}\left(k_X,\ k_Y\right) = F\left(k_X,\ k_Y\right)$$
$$\times \sum_{n_X,n_Y=-\infty}^{\infty} \delta\left(k_X - n_X\Delta k_X,\ k_Y - n_Y\Delta k_Y\right)\Delta k_X\ \Delta k_Y, \quad (4.4)$$

où le produit $\Delta k_X\ \Delta k_Y$ représente le « poids » de chaque échantillon. Le passage de l'espace réciproque à l'espace image, s'effectue par transformation de Fourier inverse. On sait que la transformée de Fourier d'un peigne de Dirac de période Δk est un peigne de Dirac de période et de poids $1/\Delta k$. On peut donc écrire :

$$\tilde{f}\left(X,\ Y\right) = f\left(X,\ Y\right) \otimes \sum_{p_X,p_Y=-\infty}^{\infty} \delta\left(X - \frac{p_X}{\Delta k_X},\ Y - \frac{p_Y}{\Delta k_Y}\right). \quad (4.5)$$

Par suite

$$\tilde{f}\left(X,\ Y\right) = \sum_{p_X,p_Y=-\infty}^{\infty} f\left(X - \frac{p_X}{\Delta k_X},\ Y - \frac{p_Y}{\Delta k_Y}\right). \quad (4.6)$$

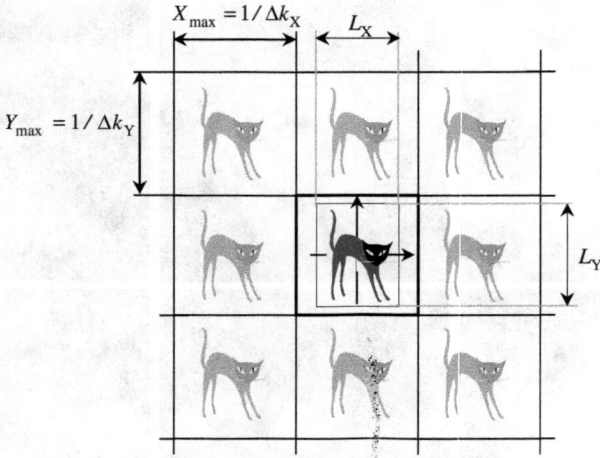

FIG. 4.6 – L'échantillonnage dans le domaine de Fourier est associé à la répétition périodique de l'image dans l'espace image.

L'échantillonnage dans l'espace de Fourier, conduit donc à la répétition périodique de l'image dans l'espace objet (figure 4.6). À chaque valeur du couple p_X, p_Y correspond une image identique à celle qui aurait été obtenue avec une transformée de Fourier continue. Cependant, sa position a subi une translation dont le vecteur directeur a pour composantes $p_X/\Delta k_X$, $p_Y/\Delta k_Y$. Soit L_X et L_Y, les dimensions du rectangle qui contient la totalité de l'objet. Nous supposerons que ce rectangle est centré sur l'origine du repère. Ce n'est pas du tout une nécessité, mais en IRM où l'échantillonnage de l'espace réciproque passe par l'utilisation de gradients, il est préférable de centrer l'objet. Les images ne se recouvrent pas si la fréquence d'échantillonnage est telle que

$$\Delta k_X \leq 1/L_X, \Delta k_Y \leq 1/L_Y. \tag{4.7}$$

Les quantités

$$X_{\max} = \frac{1}{\Delta k_X} \quad \text{et} \quad Y_{\max} = \frac{1}{\Delta k_Y}, \tag{4.8}$$

sont les dimensions du champ de vue (en anglais **F**ield **O**f **V**iew, FOV) couvert par la méthode d'imagerie. On notera que les relations (4.8) sont une conséquence directe du critère de Nyquist.

Le point situé à l'origine de l'espace réciproque constitue un des échantillons sélectionnés par la procédure décrite par l'équation (4.4). Cela n'est bien sûr pas nécessaire. Cependant si l'on fait subir une translation au peigne d'échantillonnage, sa transformée de Fourier est affectée par l'introduction d'un terme de phase. Par exemple, à une dimension, la transformée de Fourier inverse du peigne d'échantillonnage

$\Delta k_X \sum\limits_{n_X, n_Y = -\infty}^{\infty} \delta(k_X - k_X^U - n_X \Delta k_X)$ (translation d'une quantité k_X^U) s'écrit

$\sum\limits_{p_X = -\infty}^{\infty} \exp(2\pi i k_X^U p_X / \Delta k_X) \, \delta(X - p_X / \Delta k_X)$. La répétition périodique de l'image s'effectue alors avec introduction d'un déphasage qui dépend du motif considéré (p_X).

4.5 Repliements

Lorsque l'objet imagé est plus grand que le champ de vue, ce qui signifie que l'on l'utilise une fréquence d'échantillonnage ($1/\Delta k_i$, $i = X, Y, Z$) de l'espace réciproque trop faible, on peut observer un repliement dans le champ de vue des éléments normalement hors champ (en anglais *aliasing*, traduit parfois par aliasage). L'artefact de repliement est étroitement lié à la réplication périodique de l'image. Des réplications normalement hors champ, se retrouvent en partie dans le champ de vue, à l'issue d'une translation d'une quantité $\pm 1/\Delta k_i$, où $i = X$ ou Y.

La figure 4.7 met en évidence cet artefact. En IRM, on rencontre ce type d'artefact (figure 4.8) principalement lors de l'opération de codage de phase (chapitre 5, section 5.4.1).

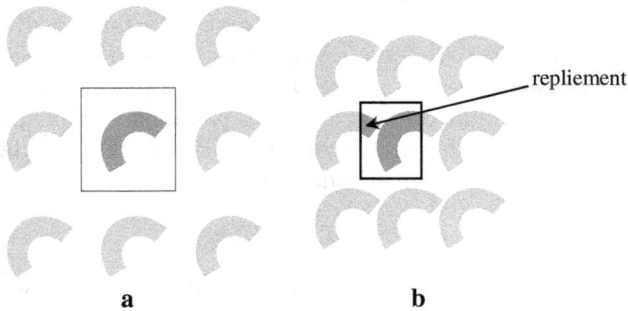

a   b

FIG. 4.7 – Si le champ de vue est mal choisi, on peut observer la présence (repliement) dans le cadre de l'image d'éléments qui devraient être hors champ.

On note que l'échantillonnage dans l'espace réciproque est responsable de la répétition périodique de l'image, mais n'induit nullement une numérisation dans l'espace image. C'est l'utilisation des algorithmes de transformée de Fourier discrète, et notamment des algorithmes de transformée de Fourier rapide (FFT : *Fast Fourier Transform*), qui conduisent généralement à faire correspondre, $N_X N_Y$ points de l'espace image à $N_X N_Y$ points de l'espace réciproque.

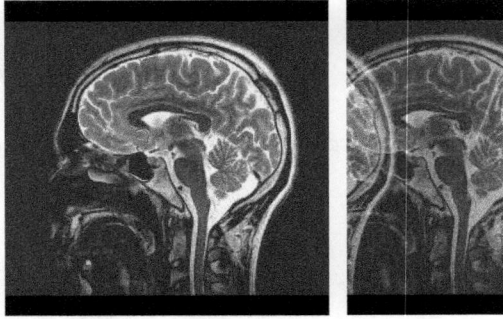

FIG. 4.8 – Artefact de repliement qui peut parfois être observé en IRM, dans la direction de codage de phase. Le défaut est facile à corriger, mais cela peut nécessiter un accroissement du temps d'acquisition de l'image.

4.6   Troncature

L'objet imagé, décrit par $f(\boldsymbol{r})$, a toujours une étendue finie ($F(\boldsymbol{k})$ est à support borné). Une fonction ne peut cependant pas avoir une étendue finie à la fois dans le domaine spatial et dans celui des fréquences spatiales (si une fonction est nulle en dehors d'un intervalle fermé et borné, sa transformée de Fourier ne peut pas avoir la même propriété). La transformée de Fourier d'un objet a donc toujours une extension infinie. Il n'est, bien sûr, jamais possible d'échantillonner $F(\boldsymbol{k})$ sur la totalité du domaine de définition. L'espace réciproque sera donc toujours tronqué. Le signal acquis se présente donc comme le produit de $\tilde{F}(\boldsymbol{k})$ avec une fonction de troncature $T(\boldsymbol{k})$ qui, pour une image 2D, sera souvent un produit de deux fonctions rectangle, ou une fonction circ.

Examinons d'abord l'effet de la troncature des acquisitions dans l'espace réciproque, sur des données non échantillonnées. On peut écrire :

$$F_{\mathrm{tr}}(\boldsymbol{k}) = T(\boldsymbol{k})\ F(\boldsymbol{k}), \tag{4.9}$$

où $F_{\mathrm{tr}}(\boldsymbol{k})$ est le signal tronqué. La transformée de Fourier inverse $f_{\mathrm{tr}}(\boldsymbol{r})$ de cette fonction s'écrit :

$$f_{\mathrm{tr}}(\boldsymbol{r}) = t(\boldsymbol{r}) \otimes f(\boldsymbol{r}), \tag{4.10}$$

où $t(\boldsymbol{r})$ est la TF inverse de $T(\boldsymbol{k})$.

La convolution de $f(\boldsymbol{r})$ avec $t(\boldsymbol{r})$ (équation (4.10)), introduit un flou, bien visible sur la figure 4.9. Ce flou est d'autant plus important que la troncature est sévère. La troncature avec des fenêtres rectangulaires ou circulaires provoque, un « *overshoot* » de part et d'autre d'une discontinuité, et des oscillations. Lorsque la largeur de la fenêtre de troncature s'accroît, la fréquence des oscillations s'accroît et la décroissance de l'amplitude des oscillations en fonction de la distance à la discontinuité devient plus rapide. Le fait remarquable est que l'amplitude des « *overshoots* » reste constante (environ 9 %) et

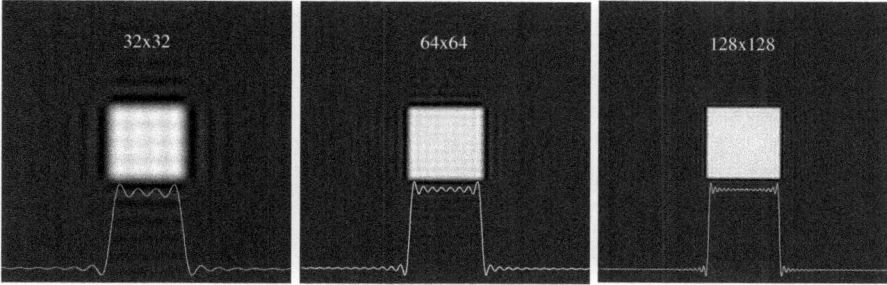

FIG. 4.9 – Image d'un objet de section carrée (partie réelle). Acquisition de matrices 32×32, 64×64 et 128×128 dans l'espace réciproque. Zero-filling vers une taille 512×512. L'amplitude des « *overshoot* » de part et d'autre d'une discontinuité ne dépend pas de la largeur de la fenêtre de troncature (phénomène de Gibbs). Les profils sont relevés le long d'une ligne traversant l'objet.

indépendante de la largeur de la fenêtre de troncature (figure 4.9). Ce résultat est connu sous le nom de phénomène de Gibbs.

4.6.1 Fenêtres de troncature

En utilisant, ce qui est le cas le plus fréquent, une fenêtre de troncature en forme d'un produit de deux fonctions rectangle

$$T\left(k_X,\ k_Y\right) = \mathrm{rect}\left(\frac{k_X}{k_X^{\mathrm{max}}}\right)\mathrm{rect}\left(\frac{k_Y}{k_Y^{\mathrm{max}}}\right), \qquad (4.11)$$

où k_X^{max} et k_Y^{max} sont respectivement les largeurs des portes dans les directions k_X et k_Y, alors $t(\boldsymbol{r})$ a la forme d'un produit de deux fonction sinc :

$$t\left(X,\ Y\right) = k_X^{\mathrm{max}}\ k_Y^{\mathrm{max}}\mathrm{sinc}\left(X\,k_X^{\mathrm{max}}\right)\mathrm{sinc}\left(Y\,k_Y^{\mathrm{max}}\right)$$

$$= \frac{\sin\left(\pi\,X\,k_X^{\mathrm{max}}\right)}{\pi\,X}\frac{\sin\left(\pi\,Y\,k_Y^{\mathrm{max}}\right)}{\pi\,Y}. \qquad (4.12)$$

On utilise aussi, avec certaines méthodes d'imagerie, une fenêtre de troncature de forme circulaire (ou sphérique en 3D) qui est décrite par la fonction circ :

$$T\left(\boldsymbol{k}\right) = \mathrm{circ}\left(\frac{k}{k_0}\right) \quad \text{où} \quad \mathrm{circ}\left(\frac{k}{k_0}\right) = \begin{cases} 1 \text{ si } k \le k_0 \\ 0 \text{ si } k > k_0 \end{cases} \quad \text{avec } k_0 = k_{\mathrm{max}}/2. \ (4.13)$$

La transformée de Fourier de $T(\boldsymbol{k})$ s'écrit :

$$t\left(\boldsymbol{r}\right) = \pi\,k_0^2\,\mathrm{jinc}\left(k_0\,r\right), \qquad (4.14)$$

où $\mathrm{jinc}\left(x\right) = 2J_1(2\,\pi\,x)/(2\,\pi\,x)$ et où J_1 est la fonction de Bessel d'ordre 1 (*cf.* chapitre 3, section 3.10.4.4).

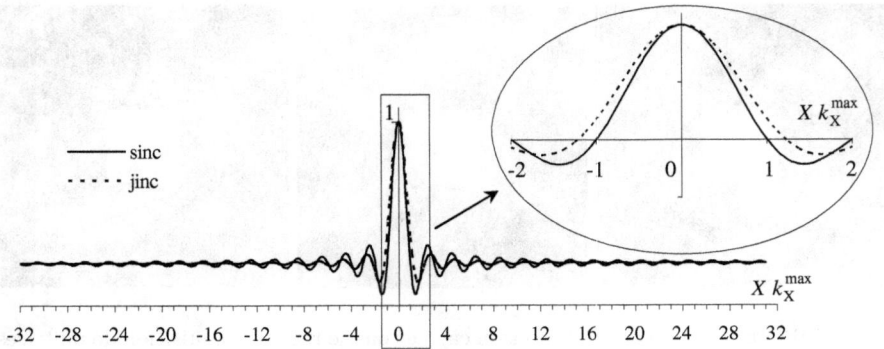

FIG. 4.10 – Profils $t(X, 0)$ dans le cas d'une fenêtre de troncature, rectangulaire (fonction sinc, équation (4.12)), ou circulaire (fonction jinc, équation (4.14), avec $k_0 = k_X^{\max}/2$).

La figure 4.10 présente les profils des fonctions $t(\boldsymbol{r})$ dans le cas de fenêtres de troncature rectangulaire et circulaire. Le profil associé à la troncature circulaire est légèrement plus large que celui associé à la troncature rectangulaire (cela est bien normal, la surface de la fenêtre étant moins importante dans le premier cas), mais les oscillations de la fonction jinc, s'atténuent plus rapidement que celles de la fonction sinc.

4.6.2   Repliements associés à la troncature

Soit N_X le nombre de points échantillonnés dans la direction k_X. Ces points sont numérotés de $n_X = 0$ à $n_X = N_X - 1$. La largeur de la fenêtre est égale à $k_X^{\max} = N_X \Delta k_X$. La figure 4.11 illustre ces notations qui seront utilisées dans les sections et chapitres qui suivent.

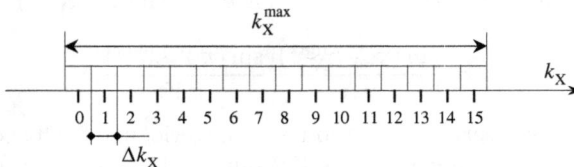

FIG. 4.11 – Notations utilisées pour décrire l'échantillonnage d'un axe de l'espace réciproque (16 échantillons).

Si l'on associe troncature et échantillonnage, on peut écrire :

$$
\tilde{F}(k_X, k_Y) = F_{\mathrm{tr}}(k_X, k_Y)
$$
$$
\times \left[\sum_{n_X, n_Y = -\infty}^{\infty} \delta(k_X - n_X \Delta k_X, \ k_Y - n_Y \Delta k_Y) \right] \Delta k_X \, \Delta k_Y. \quad (4.15)
$$

Dans l'espace conjugué, on a donc :

$$\tilde{f}_{tr}\left(X,\,Y\right) = f_{\mathrm{tr}}\left(X,\,Y\right) \otimes \left[\sum_{p_X,p_Y=-\infty}^{\infty} \delta\left(X - \frac{p_X}{\Delta k_X},\,Y - \frac{p_Y}{\Delta k_Y}\right)\right]. \quad (4.16)$$

On retrouve bien sûr la répétition périodique de l'image dans l'espace objet. Mais l'image $\tilde{f}_{tr}(\boldsymbol{r})$ issue de la convolution de l'équation (4.10), n'est plus la copie fidèle de l'objet $f(\boldsymbol{r})$. La fonction $t(\boldsymbol{r})$ n'ayant pas une étendue finie, $f_{\mathrm{tr}}(\boldsymbol{r})$ n'a pas une étendue finie, ce qui introduit à nouveau des repliements, même si le critère de Nyquist était initialement correctement vérifié. Ce type de repliement est visible sur la figure 4.12c. En pratique les repliements introduits par la troncature sont généralement de faible intensité. Ils peuvent être observés lorsque des discontinuités d'intensité sont proches des limites du champ, comme c'est le cas avec l'image de la figure 4.12.

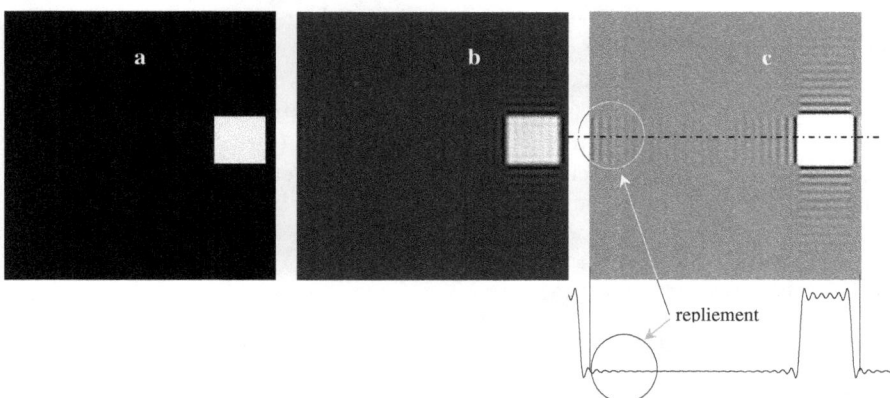

FIG. 4.12 – Un objet de section carrée (a). Image (partie réelle) de cet objet (b) ; acquisition 64×64, zéro-filling 512×512. Noter le flou introduit par la fenêtre de troncature. La modification du contraste et la luminosité fait apparaître les détails de faible intensité (c). Le repliement des oscillations associées à la troncature est bien visible sur l'image, comme sur le profil le long d'une ligne traversant l'objet. Le profil a été prolongé sur des deux cotés de l'image afin de souligner la périodicité responsable du repliement. Simulation.

4.6.3   Symétrie des fenêtres de troncature

Une fenêtre de troncature doit être normalement centrée sur l'origine de l'espace réciproque afin d'échantillonner de la même manière les fréquences spatiales négatives et positives. La fonction $T(\boldsymbol{k})$ étant réelle et paire, $t(\boldsymbol{r})$ est donc aussi réelle et paire. Toute translation de la fenêtre introduit une multiplication de $t(\boldsymbol{r})$ par un terme de phase d'ordre 1. La fonction $t(\boldsymbol{r})$ n'est alors plus réelle.

Pour des raisons liées au temps de calcul des transformées de Fourier, le nombre de points échantillonnés dans chaque direction est souvent une puissance de 2. L'échantillonnage décrit par l'équation (4.4) conduit à une troncature dissymétrique de l'espace réciproque, lorsque nombre de points est pair (le centre de l'espace réciproque est échantillonné). Par exemple, dans le cas de la direction k_X, n_X varie de $-N_X/2$ à $(N_X/2) - 1$ (ou bien de $-(N_X/2) + 1$ à $N_X/2$). Le décalage du centre de la fenêtre de troncature de $\pm \Delta k_X/2$, entraîne une multiplication de $t(X)$ par $\exp(\pm\pi\,\mathrm{i}\,\Delta k_X\,X)$. Il est facile de voir que l'erreur provient de l'absence du point $n_X = N_X/2$ (ou bien du point $n_X = -N_X/2$). Si la grandeur physique imagée $f(\boldsymbol{r})$ est purement réelle, $F(k)$ est à symétrie hermitienne ($\Re\,[F(\boldsymbol{k})] = \Re\,[F(-\boldsymbol{k})]$ et $\Im\,[F(\boldsymbol{k})] = -\Im\,[F(-\boldsymbol{k})]$), et l'absence d'un point revient à diviser par 2 le contenu spectral de l'image à la fréquence spatiale $|k_X| = N_X \Delta k_X/2$. L'impact sur l'image est généralement tout à fait négligeable si N_X est grand, mais ce décalage peut avoir des conséquences pour de petites valeurs de N_X, en particulier en introduisant une erreur de phase. Ce cas peut être rencontré en imagerie spectroscopique (chapitre 6, section 6.7.4).

On note que lorsque $F(k)$ est à symétrie hermitienne, il est possible de n'échantillonner que les seules fréquences négatives (ou positives). La partie manquante pourra être calculée. En pratique, nous verrons que les choses sont plus complexes qu'il n'y paraît (chapitre 5, sections 5.2.3 et 5.4.8)...

4.7   Résolution spatiale : fonction de dispersion d'un point, fonction de réponse spatiale

Considérons un échantillon ponctuel à la position $\boldsymbol{r}_0$. Cet échantillon peut être modélisé par une fonction de Dirac, $f(\boldsymbol{r}_0) \propto \delta(\boldsymbol{r} - \boldsymbol{r}_0)$. Dans l'espace réciproque, cet objet est décrit par la fonction $F(\boldsymbol{k}) \propto \exp(-2\pi\,\mathrm{i}\,\boldsymbol{k}\,.\,\boldsymbol{r}_0)$. Lors de l'échantillonnage, cette fonction est tronquée. Conséquence de la troncature, l'image du point-échantillon à la position $\boldsymbol{r}_0$, n'est pas un Dirac, mais s'écrit

$$PSF(\boldsymbol{r},\,\boldsymbol{r}_0) = t(\boldsymbol{r} - \boldsymbol{r}_0)\,. \tag{4.17}$$

La fonction $PSF(\boldsymbol{r},\,\boldsymbol{r}_0)$ est la fonction de dispersion du point (PSF : de l'anglais, *Point Spread Function*). Dans le cas d'une fenêtre de troncature en forme d'un produit de deux fonctions rectangle on a, en négligeant les repliements dus à la troncature :

$$PSF(\boldsymbol{r},\,\boldsymbol{r}_0) \approx k_X^{\max} k_Y^{\max}\mathrm{sinc}\,[(X - X_0)\,k_X^{\max}]\,\mathrm{sinc}\,[(Y - Y_0)\,k_Y^{\max}]\,, \tag{4.18}$$

et dans le cas d'une fenêtre de troncature circulaire de rayon k_0 :

$$PSF(\boldsymbol{r},\,\boldsymbol{r}_0) \approx \pi\,k_0^2\,\mathrm{jinc}\left(k_0\sqrt{(X - X_0)^2 + (Y - Y_0)^2}\right). \tag{4.19}$$

Les deux types de fonctions de dispersion du point sont très proches l'une de l'autre si l'on considère leurs profils le long des axes X et Y (*cf.* figure 4.10), mais leurs structures 2D sont bien différentes (figure 4.13).

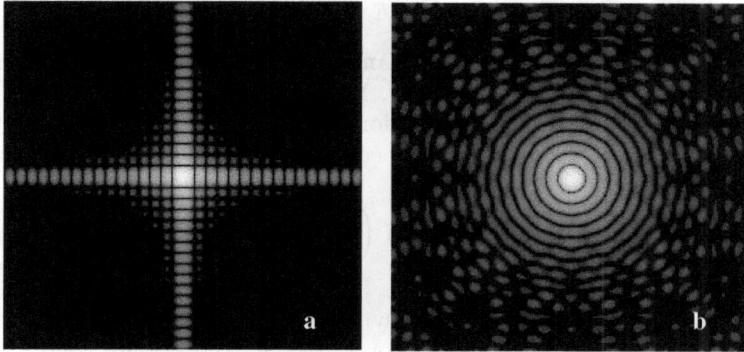

FIG. 4.13 – Image d'un point (échelle logarithmique). Troncature sous la forme d'un produit de deux fonctions rectangle 32×32, remplissage avec des zéros vers une taille 256×256 (a). Troncature sous la forme d'une fonction circ ayant un diamètre de 32 points (b). Remplissage avec des zéros vers une taille 256×256.

La fonction de dispersion du point permet de savoir comment le signal en provenance d'un point est dispersé sur l'ensemble de l'image. Un autre point de vue, plus immédiatement associé aux objectifs de l'utilisateur de l'image, est d'évaluer le degré de contribution des différents points d'un l'objet à l'intensité mesurée dans un pixel. Cette évaluation s'effectue à l'aide de la fonction de réponse spatiale. L'équation (4.17) décrit en fait, à la fois la fonction de dispersion du point (r_0 fixe, r variable) et la fonction de réponse spatiale (r fixe, r_0 variable). La fonction de dispersion du point d'un système d'imagerie, qui décrit la réponse du système à un point échantillon, est parfois appelée réponse impulsionnelle (en référence à la nomenclature utilisée en théorie des systèmes linéaires).

4.7.1 Fonction de dispersion du point et repliements associés à la troncature

Nous avons vu que l'impact des repliements associés à la troncature est plus important lorsque des discontinuités sont proches des limites du champ de vue. La présence de ces repliements modifie la forme de la fonction de dispersion du point qui, dans le cas d'une fenêtre rectangulaire, s'éloigne d'un sinc.

Il est facile de déterminer la forme analytique exacte de la fonction de dispersion du point. Si l'échantillonnage de $F(k_X, k_Y)$ est effectué avec des incréments $\Delta k_X = 1/X_{\max}$ et $\Delta k_Y = 1/Y_{\max}$, $\tilde{f}_{tr}(X, Y)$ s'écrit :

$$\tilde{f}_{tr}(X, Y) = \Delta k_X \, \Delta k_Y \sum_{n_X, n_Y} \tilde{F}_{tr}\left(k_X(n_X), \, k_Y(n_Y)\right)$$
$$\times \exp\left[2\,\pi\,i\,(k_X(n_X)X + k_Y(n_Y)Y)\right], \qquad (4.20)$$

où n_X et n_Y sont les numéros des échantillons. $\tilde{F}_{tr}(k_X(n_X), \, k_Y(n_Y))$ est une fonction périodique de périodes $X_{\max}$, $Y_{\max}$.

En se limitant à une seule dimension spatiale et en considérant un point-échantillon situé en $X = X_0$, on peut écrire :

$$P\tilde{S}F(X, \, X_0) = \Delta k_X \sum_{n_X=0}^{N_X-1} \exp\left[2\pi\,i\left(-\frac{N_X-1}{2} + n_X\right)\Delta k_X\,(X-X_0)\right],$$
$$(4.21)$$

où l'on a considéré une exploration symétrique de l'axe des fréquences spatiales. Le calcul de la somme (4.21) (progression géométrique) conduit à :

$$P\tilde{S}F(X, \, X_0) = \Delta k_X \frac{\sin\left(\pi\,(X-X_0)\,k_X^{\max}\right)}{\sin\left(\pi\,(X-X_0)\,k_X^{\max}/N_X\right)}. \qquad (4.22)$$

Cette expression est à comparer au résultat issu de l'équation (4.18), équation obtenue en ignorant l'échantillonnage et donc les repliements associés à la troncature :

$$PSF(X, \, X_0) = \Delta k_X \frac{\sin\left(\pi\,(X-X_0)\,k_X^{\max}\right)}{\pi\,(X-X_0)\,k_X^{\max}/N_X}. \qquad (4.23)$$

Pour des faibles valeurs de $X - X_0$, ces deux expressions sont approximativement égales. Par contre, pour de plus fortes valeurs de $X - X_0$ les différences deviennent importantes. La figure 4.14 présente les résultats correspondant à ces deux expressions.

Si N_X est pair, la reproduction de l'image produite par la translation $X \Rightarrow X \pm X_{\max}$, qui conduit à explorer les motifs d'ordre $p_X = \pm 1$, s'effectue avec un changement de signe ($PSF(X \pm X_{\max}, \, X_0) = -PSF(X, \, X_0)$). Ceci est une conséquence d'un échantillonnage ne passant pas l'origine de l'espace réciproque (*cf.* section 4.4). La translation de $\Delta k_X/2$ subie par le peigne d'échantillonnage lorsque N_X est pair, introduit en effet un terme de phase $\exp(\mp i\,\pi\,p_X)$.

4.7.2   Résolution spatiale numérique

Comme avec toute méthode d'imagerie, en IRM l'image d'un point n'est donc pas un point et la fonction de dispersion du point donne une information sur l'élargissement introduit par la troncature. La résolution spatiale numérique de l'image dans une direction particulière, X par exemple, est définie comme la largeur de la fenêtre rectangulaire d'amplitude égale à $PSF(0)$,

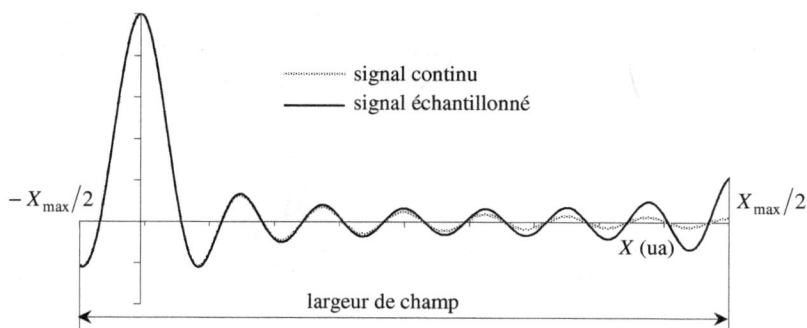

FIG. 4.14 – Fonction de dispersion du point associée à une fenêtre de troncature de largeur $k_X^{\max} = 16/X_{\max}$. La courbe en trait pointillé a été obtenue en ignorant l'échantillonnage (équation (4.23)). La courbe en trait plein prend en compte l'échantillonnage (expression (4.22)). Le point échantillon est situé en limite du champ. Les repliements dus à la troncature sont bien visibles.

ayant la même intégrale que $PSF(X - X_0)$ (figure 4.15). On vérifiera que cette largeur est égale à $(k_X^{\max})^{-1}$ dans le cas d'une fenêtre de troncature carrée, et à $(2k_0)^{-1}$ dans le cas d'une fenêtre de troncature circulaire. Les quantités

$$\Delta X = (k_X^{\max})^{-1} = X_{\max}/N_X \quad \text{et} \quad \Delta Y = (k_Y^{\max})^{-1} = Y_{\max}/N_Y, \qquad (4.24)$$

définissent la **résolution spatiale numérique** de l'image dans les directions X et Y respectivement. On constate que la largeur à mi-hauteur de la fonction de dispersion du point, égale à $1{,}21\Delta X$ dans la direction X (figure 4.15), est donc plus importante que la résolution spatiale numérique de l'image.

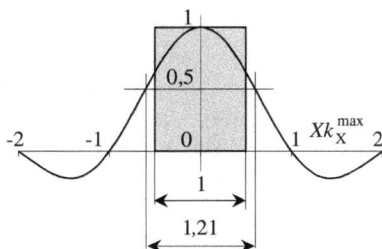

FIG. 4.15 – Fonction de dispersion du point $\text{sinc}(X\,k_X^{\max})$. La largeur à mi-hauteur de la fonction est égale à $1{,}21/k_X^{\max}$ et la largeur de la fonction rectangulaire de hauteur unité, ayant la même aire que la fonction sinc est égale à $1/k_X^{\max}$.

Cette définition de la résolution spatiale ne signifie pas que deux points échantillons distants de ΔX peuvent être distingués sur une image. L'image

1D de la figure 4.16 montre que deux points commencent à pouvoir être distingués lorsque la distance d entre ces points est telle que $d/\Delta X \approx 1,4$, mais qu'il faut encore éloigner ces deux points échantillons pour observer une séparation plus nette.

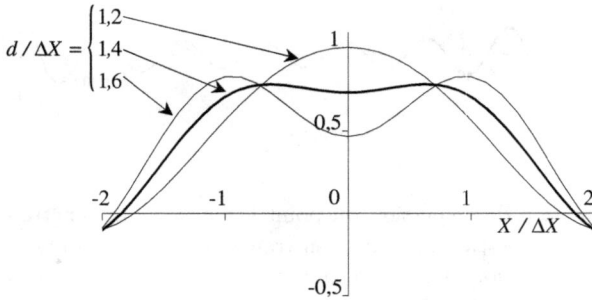

FIG. 4.16 – Image 1D de deux points échantillons situés symétriquement par rapport à l'origine, pour trois valeurs de la distance d séparant ces points. Lorsque $d/\Delta X = 1,2$, la présence de deux points n'est pas détectable. On commence à séparer les deux points lorsque $d/\Delta X \approx 1,4$, et la séparation devient nette lorsque $d/\Delta X = 1,6$.

4.7.3   Apodisation

Les oscillations de la fonction de dispersion du point sont à l'origine du phénomène de Gibbs (figure 4.9). Elles peuvent être grandement atténuées par l'utilisation d'une fonction d'apodisation. Nous avons déjà utilisé cette technique pour améliorer le profil spectral des impulsions (chapitre 2, section 2.4.7). La figure 4.17 montre qu'en effet l'utilisation d'une fonction d'apodisation de type Hanning (équation (2.106)) détruit les oscillations au prix d'un élargissement de la fonction de réponse spatiale. On note que la multiplication des données de l'espace réciproque par une fonction d'apodisation peut être effectuée par une convolution dans le domaine spatial (*cf.* exercice 4.1). On utilise aussi parfois une multiplication des données de l'espace réciproque par une exponentielle décroissante ce qui correspond à une convolution avec une lorentzienne dans l'espace image.

En IRM, d'autres formes d'apodisation, non souhaitées cette fois, peuvent détériorer la résolution : la relaxation spin-spin, la diffusion translationnelle, l'imperfection des gradients et les courants de Foucault consécutifs aux commutations par exemple. L'impact d'un fonction d'apodisation est facile à évaluer, mais celle de paramètres tels que T_2 et T_2^* l'est beaucoup moins, car ces paramètres dépendent de l'objet étudié et de la position considérée. La forme de la fonction de dispersion du point dépend donc des paramètres physicochimiques du point considéré. La fonction de dispersion du point, évaluée en

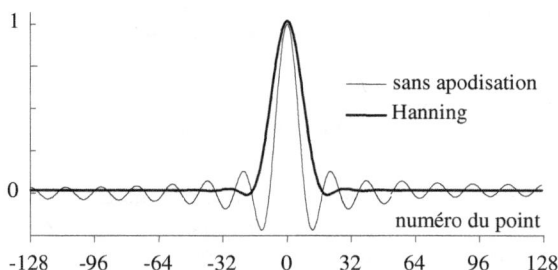

FIG. 4.17 – Fonction de dispersion d'un point. Acquisition 29 points. Remplissage avec des zéros pour atteindre une taille de 256 points. Apodisation avec une fonction de Hanning $h_n = (1 + \cos(2\pi\,n/30))/2$, où n est le numéro du point $(-14 \leq n \leq 14)$.

tenant compte uniquement de la troncature et de l'application éventuelle de fonctions d'apodisation, donne une information sur la résolution maximum qui sera atteinte avec la méthode d'imagerie utilisée (T_2 et T_2^* bien supérieurs au temps d'acquisition, absence de mouvements ou vibrations, pondération due à la diffusion translationnelle négligeable, gradients parfaits, etc.). Elle ne reflète donc pas nécessairement la résolution effective.

4.8 L'image numérique en pratique

4.8.1 Choix des paramètres

À ce stade de la présentation, nous n'avons pas introduit de numérisation dans l'espace image. Pourtant on travaille avec un calculateur et les transformées de Fourier ne peuvent être calculées qu'en un nombre limité de points. Le calcul numérique s'effectue en fait en utilisant un algorithme de transformée de Fourier discrète (qui réalisera le plus souvent une transformée de Fourier rapide, avec un nombre de points égal à une puissance de 2). Pour ne pas surcharger l'exposé nous nous limiterons à une seule dimension spatiale. L'extension à deux ou trois dimensions est immédiate.

Lorsqu'on souhaite produire une image, on précise d'abord la largeur $X_{\max}$ du champ qui doit être couvert ; cela ne dépend que de la taille de l'objet à imager. On en déduit la fréquence d'échantillonnage de l'espace réciproque, $1/\Delta k_X$. En fonction du problème posé et des contraintes expérimentales, on fixe ensuite la résolution spatiale numérique $\Delta X = 1/k_X^{\max}$ qui doit être atteinte, ou bien, de manière équivalente, le nombre de points qui doivent être acquis :

$$N_X = \frac{k_X^{\max}}{\Delta k_X}. \tag{4.25}$$

Image numérique et espace réciproque

$$\Delta k_X = \frac{1}{X_{\max}} \quad k_X^{\max} = \frac{1}{\Delta X}$$

L'espace réciproque est exploré en incrémentant les valeurs de k_X d'une quantité Δk_X égale à $1/X_{\max}$. Nous supposerons dans ce qui suit que le nombre N_X d'échantillons acquis est un nombre pair. On peut alors établir la liste des N_X valeurs de k_X qui seront utilisées pour l'échantillonnage :

$$k_X(n_X) = n_X \, \Delta k_X, \tag{4.26}$$

où n_X est un entier compris entre $-N_X/2$ et $(N_X/2) - 1$.

En ce qui concerne la variable X, la largeur du champ couvert étant donnée par $X_{\max}$, on choisira un incrément $\Delta X = X_{\max}/N_X$, égal à la résolution spatiale numérique (équation (4.24)). On peut alors calculer $\tilde{f}(X)$ en N_X points de coordonnées :

$$X(m_X) = m_X \, \Delta X, \tag{4.27}$$

où m_X est un entier compris entre $-N_X/2$ et $(N_X/2) - 1$. On a donc :

$$\tilde{f}(X(m_X)) = \Delta k_X \sum_{n_X=-N_X/2}^{N_X/2-1} \tilde{F}(k_X(n_X)) \exp\left[2\pi \, \mathrm{i}\,(k_X(n_X)X(m_X))\right], \tag{4.28}$$

et l'on obtient finalement :

$$\tilde{f}(X(m_X)) = \Delta k_X \sum_{n_X=-N_X/2}^{(N_X/2)-1} \tilde{F}(k_X(n_X)) \exp\left(2\pi \, \mathrm{i}\frac{1}{N_X}m_X n_X\right). \tag{4.29}$$

La quantité $\displaystyle\sum_{n_X=-N_X/2}^{(N_X/2)-1} \tilde{F}(k_X(n_X)) \exp\left(2\pi \, \mathrm{i}m_X n_X/N_X\right)$ est une transformée de Fourier discrète inverse de $\tilde{F}(k_X(n_X))$, qui peut être calculée par transformation de Fourier rapide.

4.8.2 Symétrie de l'échantillonnage des fréquences spatiales

Lorsque N_X est pair, nous avons vu (section 4.6.3) que l'échantillonnage utilisé ci-dessus (équation (4.26)) conduit à une exploration dissymétrique de l'espace réciproque et à l'introduction d'une anomalie de phase. On peut, si cela est nécessaire, réaliser un échantillonnage symétrique autour de l'origine :

$$k_X(n_X) = \left(n_X + \frac{1}{2}\right) \Delta k_X, \tag{4.30}$$

où n_X est un entier compris entre $-N_X/2$ et $(N_X/2) - 1$. L'image $\tilde{f}(X(m_X))$ s'écrit alors

$$\tilde{f}\left(X\left(m_X\right)\right) = \Delta k_X \exp\left(\pi \, \mathrm{i} \frac{1}{N_X} m_X\right) \sum_{n_X = -N_X/2}^{(N_X/2)-1} \tilde{F}\left(k_X\left(n_X\right)\right)$$
$$\times \exp\left(2\pi \, \mathrm{i} \frac{1}{N_X} m_X n_X\right). \tag{4.31}$$

Cette expression diffère de l'expression (4.29), par un terme de phase. Si la phase est une donnée qui doit être utilisée, il faudra effectuer une correction de phase sur la série issue de la transformée de Fourier discrète. Cette correction n'est pas nécessaire si l'on travaille sur le module de $\tilde{f}(X(m_X))$, comme c'est souvent le cas.

4.8.3 Symétrie de l'exploration des coordonnées spatiales

Lorsque N_X est pair, le calcul de la transformée de Fourier aux points décrits par l'équation (4.27), conduit à présenter l'image dans un champ dissymétrique. Une présentation symétrique serait obtenue pour les valeurs

$$X\left(m_X\right) = \left(m_X + \frac{1}{2}\right) \Delta X, \tag{4.32}$$

où m_X est un entier compris entre $-N_X/2$ et $(N_X/2) - 1$.

Ce résultat est obtenu très simplement en appliquant, avant transformation de Fourier, une correction de phase d'ordre 1, $\phi = \pi \, n_X/N_X$, sur les données brutes :

$$\tilde{f}\left(X\left(m_X\right)\right) = \Delta k_X \sum_{n_X = -N_X/2}^{(N_X/2)-1} \exp\left(\pi \, \mathrm{i} \frac{1}{N_X} n_X\right) \tilde{F}\left(k_X\left(n_X\right)\right)$$
$$\times \exp\left(2\pi \, \mathrm{i} \frac{1}{N_X} m_X n_X\right). \tag{4.33}$$

La figure 4.18 présente les grilles d'échantillonnage dans l'espace réciproque et dans l'espace image, dans le cas d'un échantillonnage symétrique des deux domaines.

4.8.4 Accroissement du nombre de points calculés dans l'espace image

4.8.4.1 Zéro-filling

L'échantillonnage dans l'espace des fréquences spatiales n'implique nullement que le nombre de points dans l'espace image doive être identique au

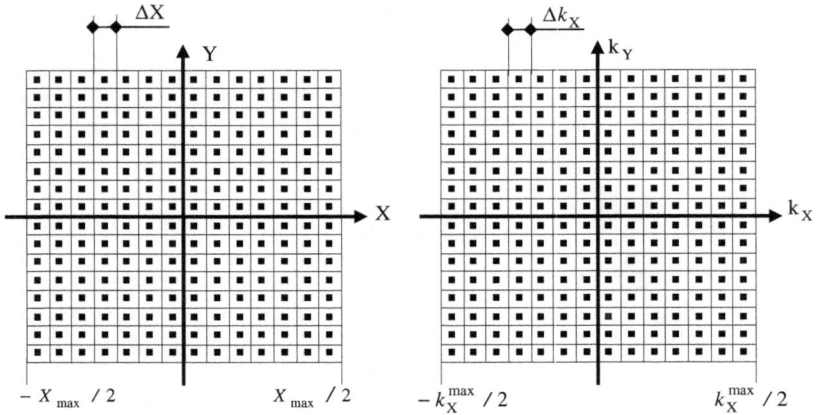

FIG. 4.18 – Positions des échantillons dans les espaces image et réciproque. Échantillonnage selon une grille cartésienne.

nombre de points échantillonnés dans l'espace réciproque. Ce sont les algorithmes de transformée de Fourier discrète qui font correspondre N points dans l'espace image à N points dans l'espace réciproque. En fait nous allons voir que le nombre de points calculés dans l'espace image gagne à être supérieur au nombre d'échantillons dans l'espace de Fourier.

L'échantillonnage des fréquences spatiales est effectué de $-k_{max}/2$ à $+k_{max}/2$. Une fréquence un peu inférieure en valeur absolue à $+|k_{max}/2|$, correspond dans l'espace image à une sinusoïde de période un peu supérieure à $2\Delta X$. Cela signifie que cette sinusoïde sera décrite, dans l'espace image, par un peu plus de 2 points par période, en moyenne. Cela est bien suffisant pour un calculateur qui saura faire l'interpolation, mais pas pour l'œil. La figure 4.19 met en évidence cela. Cette figure a été construite pour illustrer les déformations pouvant intervenir lorsque le nombre de points calculés dans l'espace image est strictement égal au nombre d'échantillons acquis dans l'espace réciproque. La réalité est plus tolérante, car il est rare d'être en présence d'objets ayant un tel contenu spectral. La figure 4.20 montre cependant que le zéro-filling peut améliorer la présentation d'une image.

L'augmentation du nombre de points calculés peut se faire très facilement en utilisant la technique dite de « zéro-filling ». La largeur de la fenêtre d'échantillonnage de l'espace réciproque, peut être accrue en rajoutant des points d'amplitude nulle, de part et d'autre de la fenêtre de troncature. Cette opération accroît la largeur de la fenêtre d'échantillonnage (mais la largeur de la fenêtre de troncature reste intacte). Par exemple, si à des données échantillonnées sur N points on ajoute N zéros (une moitié à droite et l'autre à gauche), la largeur apparente de la fenêtre d'échantillonnage devient $2\,k_X^{max}$ et la résolution spatiale apparente $\Delta X/2$. Le nombre de points dans l'espace image a été doublé sans modification de la largeur du champ de vue. L'opéra-

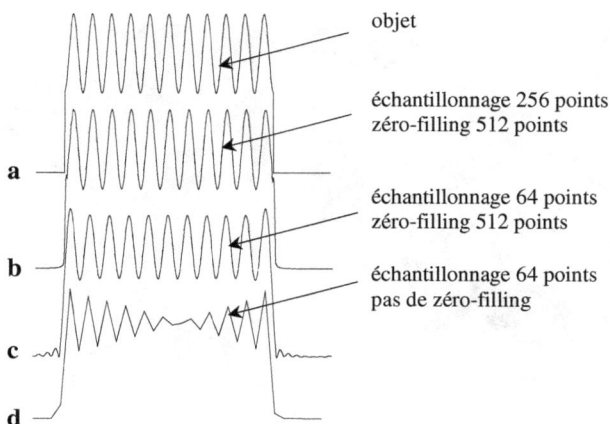

FIG. 4.19 – Objet unidimensionnel (a). Un échantillonnage sur 256 points suivi de zéro-filling pour aboutir à une matrice de 512 points, permet de reproduire assez fidèlement l'objet (b). Si l'acquisition n'est que de 64 points, mais reste suivie par une opération de zéro-filling vers une matrice de 512 points, le résultat reste acceptable (c). Les mêmes données non complétées par des zéros produisent de fortes déformations (d).

tion permet d'effectuer très rapidement le calcul d'un point quelconque d'une fonction à partir de ses échantillons (interpolation de Whittaker-Shannon). L'amélioration de la résolution spatiale, n'est bien sûr qu'apparente.

4.8.4.2 Déplacement de la grille image

Nous savons (c'est ce qui est utilisé dans la section 4.8.3), qu'il est possible de calculer $\tilde{f}(X)$ en une série de positions $X(m_X) = (m_X + \alpha)\Delta X$, où $0 \leq \alpha \leq 1$, en appliquant la correction de phase d'ordre 1, $\phi = 2\pi \alpha n_X/N_X$, aux données de l'espace réciproque. Cette technique peut être utilisée pour modifier la position de la grille image, mais elle peut permettre aussi de calculer le signal en des points intermédiaires d'une grille. Les résultats sont strictement identiques à ceux que produirait une méthode de zéro-filling. Cette technique est peu utilisée en imagerie de routine, la résolution étant suffisamment élevée. Par contre, elle peut être utile lorsqu'on utilise une faible résolution, comme cela peut être le cas en imagerie spectroscopique (chapitre 6, section 6.7.4).

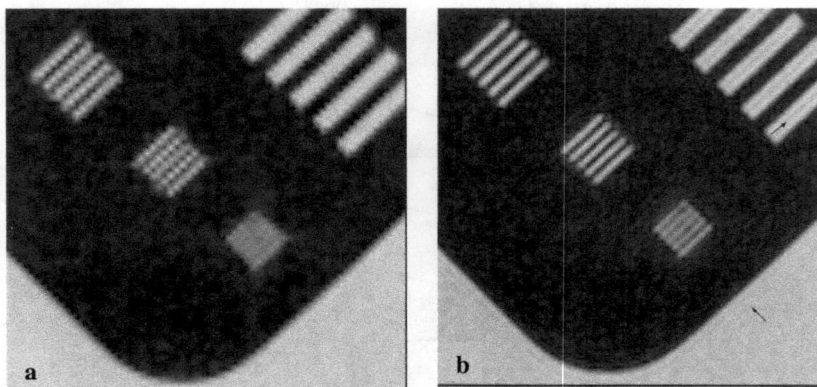

FIG. 4.20 – Images IRM d'un fantôme. Acquisition, dans une fenêtre rectangulaire 256 × 256. À gauche (a), image reconstruite sans zéro-filling. À droite même acquisition ; mais reconstruction avec zéro-filling vers une grille 512 × 512. Noter l'amélioration significative de la résolution. D'après M. Bernstein *et al.*, J. Magn. Reson. Imag. **14**, 270-280, 2001. (This material is reproduced with permission of John Wiley & sons, inc.)

4.9   Contraste et luminosité

La présentation de l'image sur un moniteur vidéo s'effectue généralement sur 8 bits ce qui permet de disposer de 256 niveaux de gris, s'étalant du noir au blanc. Une relation linéaire associe l'intensité du signal dans chaque pixel de l'image, à un niveau de gris (N_G). L'histogramme représentant la distribution des intensités des pixels de l'image (figure 4.21), permet d'ajuster au mieux, luminosité et contraste.

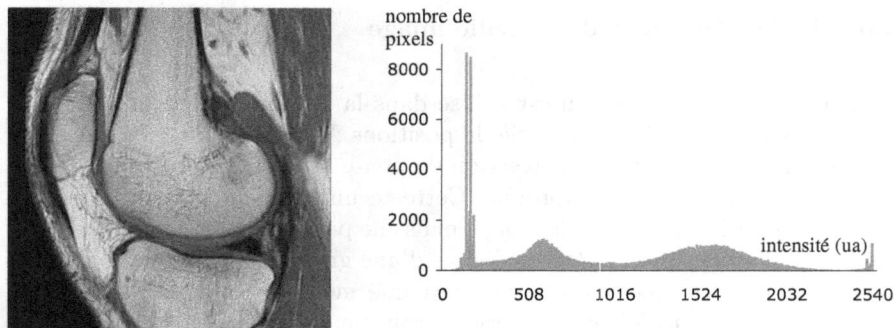

FIG. 4.21 – Image d'un genou et histogramme des intensités de la matrice image. Image Philips Medical Systems.

La présentation standard d'une image associe un noir (niveau de gris de densité $N_G^{min} = 0$) aux pixels de plus faible intensité, et un blanc ($N_G^{max} = 255$) aux pixels de plus forte intensité. Le contraste entre deux régions A et B est égal à la différence $\left| N_G^A - N_G^B \right|$ des densités de gris dans ces régions. Il est possible de modifier le contraste et la luminosité de manière à mettre en valeur des détails dans certaines zones. L'accroissement du contraste s'effectue en augmentant la pente de la relation liant intensité et niveau de gris. Par rapport à l'image standard, une telle augmentation peut s'effectuer en attribuant le noir ($N_G = 0$) à la région de plus faible intensité et le blanc ($N_G = 255$) à la région de plus forte intensité. L'accroissement du contraste produit dans certaines régions des noirs « bouchés » ou/et des blancs « brûlés », mais permet d'améliorer l'analyse visuelle de l'image dans les régions d'intérêt. La figure 4.22 illustre ce point. Par ailleurs, modifier la luminosité consiste à translater la droite liant intensité et niveau de gris.

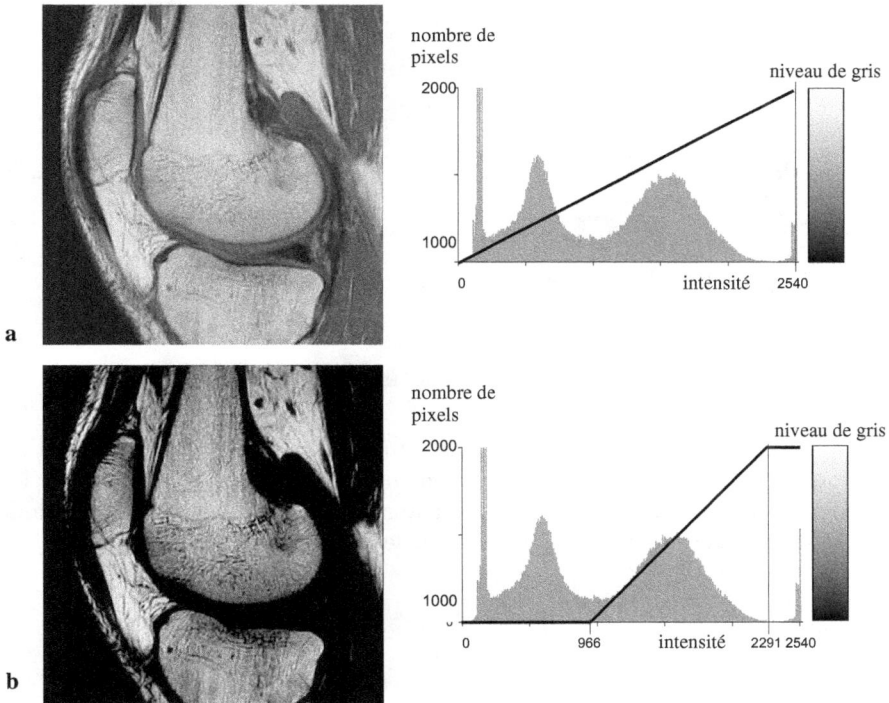

FIG. 4.22 – Image du genou ; réglage standard (a). L'accroissement du contraste (b), permet d'améliorer l'observation des détails des structures osseuses. Les droites superposées à l'histogramme précisent la relation entre intensité d'un pixel et niveau de gris. Image Philips Medical Systems.

Le sens du terme contraste dépend en fait du contexte dans lequel il est utilisé. Dans ce qui précède nous nous sommes placés dans le contexte de la présentation d'une image sur un moniteur. Dans ce contexte, le terme contraste est relatif à des niveaux de gris. L'accroissement de la pente de la relation liant intensité et niveau de gris modifie certes le contraste $\left|N_G^A - N_G^B\right|$, mais accroît le bruit dans la même proportion, de sorte que le contraste sur bruit $\left|N_G^A - N_G^B\right|/\sigma$ reste constant.

Une toute autre manière de définir le contraste d'image est de considérer l'intensité des pixels ou de régions de l'image (et non le niveau de gris associé). Défini de cette manière, le contraste ne dépend que des données sources, et donc de la méthode d'imagerie utilisée. Nous reviendrons sur ce point dans le chapitre 5 (section 5.3).

4.10   Projection d'un objet sur une direction de l'espace : théorème de la coupe centrale

4.10.1   Projection sur un axe de coordonnées

Reprenons l'équation (4.1) et considérons un axe de l'espace réciproque, k_X par exemple. Sur cet axe $F(\boldsymbol{k})$ s'écrit :

$$F(k_X,\ 0,\ 0) = \int_{-\infty}^{+\infty} \left[\int_{-\infty}^{+\infty} \int_{-\infty}^{+\infty} f(X,\ Y,\ Z)\,\mathrm{d}Y\,\mathrm{d}Z\right] \exp\left(-2\pi\mathrm{i}k_X X\right)\,\mathrm{d}X.$$
(4.34)

L'intégrale $p_X(X) = \int_{-\infty}^{\infty}\int_{-\infty}^{\infty} f(X,\ Y,\ Z)\,\mathrm{d}Y\,\mathrm{d}Z$ est la projection de $f(X,\ Y,\ Z)$ sur l'axe X (figure 4.23). L'équation (4.34) peut donc être réécrite sous la forme :

$$F(k_X,\ 0,\ 0) = \int_{-\infty}^{+\infty} p_X(X) \exp\left(-2\pi\mathrm{i}k_X X\right)\,\mathrm{d}X.$$
(4.35)

Ainsi, les fonctions $p_X(X)$ et $F(k_X, 0, 0)$ sont liées par une transformation de Fourier unidimensionnelle. De la même manière, les profils de $F(\boldsymbol{k})$ sur les axes k_Y et k_Z, sont respectivement les transformées de Fourier unidimensionnelles des projections de $f(X, Y, Z))$ sur les axes Y et Z.

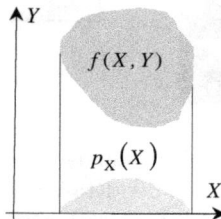

FIG. 4.23 – Un objet à deux dimensions et sa projection sur l'axe X.

4.10.2   Projection sur une direction quelconque de l'espace

Cette propriété de la projection d'un objet sur un axe n'est pas spécifique des axes du repère, mais est tout à fait générale : *la transformée de Fourier de la projection d'une fonction $f(\boldsymbol{r})$ sur une direction u définie par les angles polaires θ et φ, est égale au profil de $F(\boldsymbol{k})$ sur la direction k_u de l'espace de Fourier, passant par l'origine, et définie par les mêmes angles polaires θ et φ.* On peut donc écrire :

$$F(k\cos\theta,\ k\sin\theta) = \int_{-\infty}^{+\infty} p_u(u)\exp(-2\,\pi\,\mathrm{i}\,k\,u)\mathrm{d}u. \tag{4.36}$$

Ce théorème est aussi connu dans la littérature anglo-saxonne sous le nom de « Fourier *slice projection theorem* » ou « *central projection theorem* », et est schématisé figure 4.24. La démonstration du théorème est immédiate si l'on fait appel à la propriété de la transformée de Fourier par rapport aux rotations : la rotation d'une image dans l'espace direct se traduit par une rotation identique de l'image conjuguée dans l'espace de Fourier. Cette propriété est illustrée figure 4.25. On peut choisir les paramètres de la rotation pour qu'une direction quelconque de l'espace coïncide avec un axe de coordonnées, et l'on est ainsi ramené au problème traité précédemment.

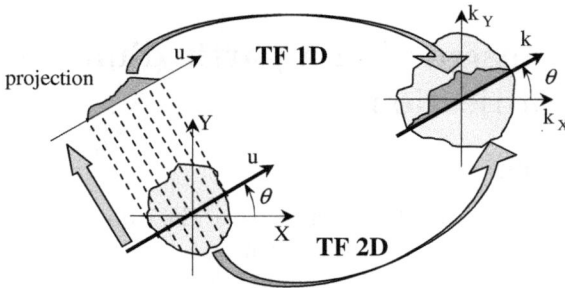

FIG. 4.24 – Théorème de la ligne centrale, illustré dans le cas d'un objet à deux dimensions.

Notons encore que le théorème s'applique aussi à la projection sur un plan quelconque défini par les angles polaires θ *et* φ de sa normale. Cette projection est égale à la transformée de Fourier bidimensionnelle des valeurs de $F(\boldsymbol{k})$ dans un plan de l'espace réciproque passant par l'origine du repère (coupe centrale) et dont la normale est définie par les mêmes angles polaires θ et φ. La démonstration est tout à fait comparable à la précédente et pourra être faite à titre d'exercice (*cf.* exercice 4.2).

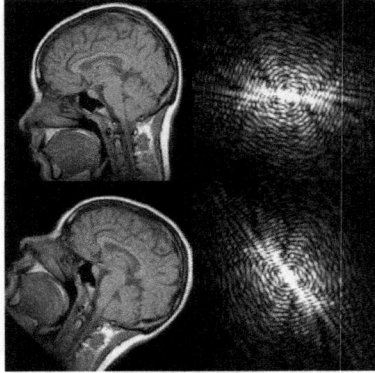

FIG. 4.25 – Illustration des propriétés de la transformation de Fourier par rapport aux rotations, dans le cas d'une image à deux dimensions : à une rotation de l'image autour de l'origine (dans ce cas, il s'agit d'une rotation de 45°), correspond une rotation identique de sa transformée de Fourier. Les images dans l'espace réciproque sont des spectres de puissance représentés avec une échelle logarithmique. Image IRM issue de la bibliothèque du logiciel ImageJ (http://rsb.info.nih.gov/ij/index.html).

Le théorème de la ligne centrale est largement exploité pour la reconstruction des images tomographiques, mais aussi par les techniques IRM de projection reconstruction.

4.11 Reconstruction à partir d'un ensemble de projections

4.11.1 Principe

Le concept d'imagerie RMN est apparu alors qu'une nouvelle modalité d'imagerie, la tomographie X, faisait irruption dans les hôpitaux. Cette nouvelle modalité était basée sur la possibilité de reconstruire l'image d'un objet à partir de ses projections. Les principes mathématiques de la construction d'une image à partir de ses projections ont été énoncés en 1917 par Johann Radon. Les applications pratiques furent développées par Ronald Bracewell en 1956 dans le domaine de la radioastronomie afin d'identifier des régions solaires émettant des radiations micro-ondes. Les premières applications médicales furent réalisées en 1961 par William Oldendorf en utilisant une source de rayons gamma. La tomographie par rayons X fut développée par Allan Cormack et Godfrey Hounsfield et la première machine clinique fut installée en 1971 à Londres. Elle a valu à Cormack et Hounsfield, le prix Nobel de Médecine en 1979. En 1973, Paul Lauterbur décrivit l'expérience qui lui a permis de produire la première image obtenue à partir du signal RMN. Il s'agissait aussi de la reconstruction d'une image à partir de ses projections. Paul Lauterbur n'avait eu connaissance, ni des travaux de Bracewell, ni des principes utilisés en tomographie X, et utilisa une méthode de rétroprojection corrigée de manière itérative. On remarque qu'avec les tomographies X ou gamma, les données de base sont des projections, tandis qu'en IRM nous verrons que les signaux acquis sont les transformées de Fourier de ces projections, c'est à dire des lignes centrales de l'espace de Fourier. Nous donnons ci-dessous les grandes lignes de la technique de rétroprojection filtrée, appelée aussi projection-reconstruction, qui est bien adaptée au traitement de données radiales.

4.11.2   Projection filtrée, rétroprojection

Considérons un objet $f(\boldsymbol{r})$ à deux dimensions (une coupe). Soit $F(\boldsymbol{k})$ l'image de cet objet dans l'espace réciproque.

En introduisant les coordonnées polaires k, θ dans l'espace réciproque et en posant $\boldsymbol{k} = k\,\boldsymbol{e}_\theta$, où $\boldsymbol{e}_\theta$ est un vecteur unité de composantes $(\cos\theta, \sin\theta)$, l'expression (4.3) peut être réécrite sous la forme

$$f\,(X,\,Y) = \int_0^\pi \left(\int_{-\infty}^{+\infty} F\,(k\cos\theta,\ k\sin\theta)\exp\,(2\,\pi\,\mathrm{i}\,k\,u)\,|k|\ \mathrm{d}k \right)\ \mathrm{d}\theta, \quad (4.37)$$

où $u = \boldsymbol{e}_\theta\,.\,\boldsymbol{r} = X\cos\theta + Y\sin\theta$.

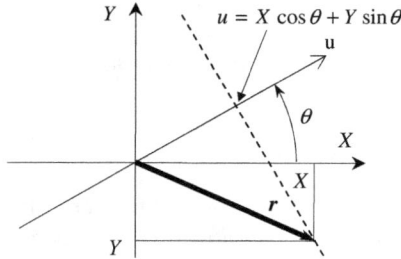

FIG. 4.26 – Projection d'un point de coordonnées X, Y, sur la direction u.

On sait (théorème de la ligne centrale), que $\int_{-\infty}^{+\infty} F(k\cos\theta,\ k\sin\theta)\exp(2\,\pi\,\mathrm{i}\,k\,u)\mathrm{d}k$ est la projection $p_u(u)$ de l'objet sur la direction u d'angle polaire θ. L'intégrale intérieure de l'équation (4.37), qui ne diffère de $p_u(u)$ que par la présence du facteur $|k|$ sous le signe somme, est une projection filtrée que nous désignerons par $p_u^{\mathrm{F}}(u)$:

$$p_u^{\mathrm{F}}\,(u) = \int_{-\infty}^{\infty} |k|\,F\,(k\cos\theta,\ k\sin\theta)\exp\,(2\,\pi\,\mathrm{i}\,k\,u)\,\mathrm{d}k = (\mathrm{TF}^{-1}\,(|k|)\otimes p_u(u,\,\theta)).$$

$$(4.38)$$

On a donc :

$$f(X, Y) = \int_0^\pi p_u^{\mathrm{F}}(X\cos\theta,\ Y\sin\theta)\ \mathrm{d}\theta. \tag{4.39}$$

Cette expression définit une opération dite de rétroprojection ou d'épandage. Le sens de l'opération est le suivant : θ étant donné, on attribue la valeur $p_u^{\mathrm{F}}(u)$ à chaque point de la droite orthogonale à l'axe u d'abscisse u (figure 4.26). On effectue l'épandage pour chaque valeur de u, ce qui recouvre le plan X, Y. L'opération est ensuite reproduite pour chaque θ et l'on somme les résultats en chaque point du plan X, Y.

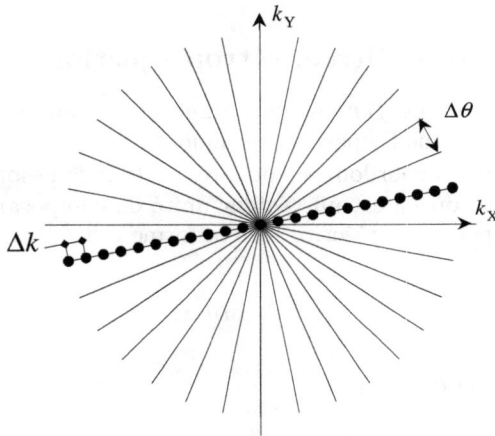

FIG. 4.27 – Échantillonnage de l'espace réciproque avec une technique radiale.

4.11.3   Échantillonnage

L'échantillonnage est effectué le long d'une série de diamètres de l'espace réciproque, espacés régulièrement (figure 4.27). Les échantillons étant situés dans un domaine circulaire, le champ couvert par l'opération d'imagerie est lui-même circulaire. Soit R le rayon du champ à l'intérieur duquel l'objet est contenu. Pour éviter tout repliement des projections, l'échantillonnage radial doit être effectué avec une période $\Delta k \leq 1/2R$. Le nombre de points N acquis sur un diamètre, détermine l'importance de la troncature et la résolution numérique des projections. Le nombre de diamètres M, et donc la résolution angulaire $\Delta\theta = \pi/M$, est déterminé en utilisant le même critère de distance maximum entre deux points. Si la résolution azimutale est égale à la résolution radiale :

$$M = \frac{\pi}{2}N. \tag{4.40}$$

On retiendra que le sous-échantillonnage azimutal est à l'origine d'un arte-fact d'image en forme de stries (figure 4.28). Contrairement aux artefacts de

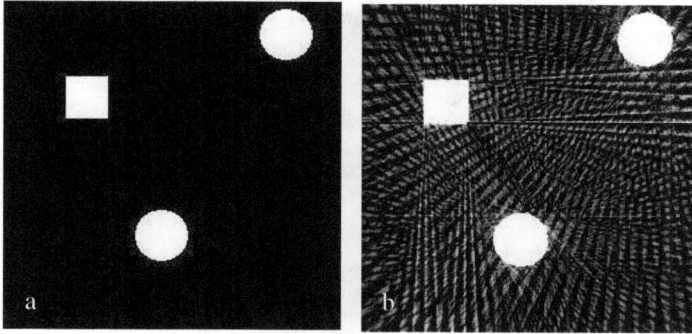

FIG. 4.28 – Image d'un objet correctement échantillonné (a) et à l'issue d'une procédure de projection-reconstruction sous-échantillonnée (b) où 60 diamètres ont été utilisés pour produire une image 256 × 256 (simulation). Les stries traversant l'image b, sont une conséquence du sous-échantillonnage azimutal. Simulation.

repliement observés avec un échantillonnage cartésien, l'image fantôme est ici distribuée sur toute l'image.

On dispose ainsi d'un ensemble d'échantillons $F(k_n \cos\theta_m, k_n \sin\theta_m)$ où n varie de 0 à $N-1$ et m de 0 à $M-1$. L'équivalent discret de l'équation (4.37) s'écrit :

$$f(X, Y) = \sum_{n=0}^{N-1} \sum_{m=0}^{M-1} F(k_n \cos\theta_m, k_n \sin\theta_m)$$
$$\times \exp(2\pi i k (X\cos\theta_m + Y\sin\theta_m)) \Delta A_{nm}. \qquad (4.41)$$

Où, en utilisant un échantillonnage symétrique de chaque diamètre,

$$k_n = \left(-\frac{N-1}{2} + n\right) \Delta k \ \text{ et } \ \theta_m = m\,\Delta\theta, \qquad (4.42)$$

et

$$\Delta A_{nm} = |k_n| \ \Delta k \ \Delta\theta. \qquad (4.43)$$

De simples considérations géométriques (figure 4.29) montrent, qu'en effet, l'aire associée à un point échantillonné distinct du centre de l'espace réciproque, est bien donnée par l'équation (4.43) (*cf.* exercice 4.4). Il n'en est cependant pas de même de l'aire associée au point $k = 0$ qui est égale à $\Delta\theta(\Delta k/2)^2$, et non pas nulle. Une erreur sur la valeur du point central introduit une erreur sur la valeur moyenne de l'intensité image. On notera que, si N est pair, et l'échantillonnage symétrique, le point $k = 0$ n'est pas échantillonné.

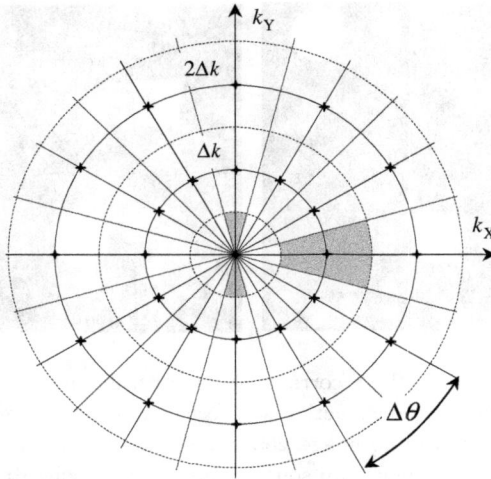

FIG. 4.29 – Échantillonnage radial. Les zones grisées matérialisent les éléments d'aire associés au centre de l'espace réciproque d'une part, et au point de coordonnées $k_X = \Delta k_X$, $k_Y = 0$, d'autre part.

Le calcul de la somme de l'équation (4.41) en utilisant la méthode de projection-reconstruction, comporte les étapes suivantes

– Calcul des éléments $\Delta A_{nm}\ F(k_n \cos\theta_m,\ k_n \sin\theta_m)$.

– Transformation de Fourier rapide de $\Delta A_{nm}\ F(k_n \cos\theta_m,\ k_n \sin\theta_m)$ par rapport à l'indice n. Cette transformation produit $p_u^{\mathrm{F}}(u_l, \theta_j)$, où l'indice l varie de 0 à $N-1$. Si l'on choisit un échantillonnage symétrique des projections, alors $u_l = (-(N-1)/2 + l)\Delta u$ et $\Delta u = 2R/N$.

– Épandage qui, en mettant sous forme discrète l'intégrale (4.39), s'écrit :

$$\tilde{f}(X_p, Y_q) = \frac{\pi}{N_d} \sum_{j=0}^{M-1} p_u^{\mathrm{F}}(u_{pq}, \theta_j), \qquad (4.44)$$

où $u_{pq} = X_p \cos\theta_j + Y_q \cos\theta_j$.

En fait, en général, u_{pq} ne correspond pas tout à fait avec l'un des échantillons u_l calculés lors de l'étape précédente. Il faut donc calculer chaque u_{pq} à partir des échantillons u_l. On peut se contenter d'une interpolation. On peut aussi utiliser le théorème de l'échantillonnage et l'interpolation de Whittaker-Shannon

$$p_u^{\mathrm{F}}(u_{pq}, \theta_j) = \sum_s p_u^{\mathrm{F}}(u_l, \theta_j)\, \mathrm{sinc}\left(\frac{u_{pq} - u_l}{\Delta u}\right). \qquad (4.45)$$

Une autre méthode, consiste à effectuer un important zéro-filling avant la transformation de Fourier rapide qui permet de calculer $p^{\mathrm{F}}(u_l, \theta_j)$. On utilisera ensuite la valeur u_l la plus proche de u_{pq}.

À partir d'un ensemble de lignes centrales (diamètres) de l'espace réciproque, on peut donc par simple FFT unidimensionnelle, puis rétroprojection, reconstruire l'image de l'objet. Les temps de calcul pour reconstruire une image à partir des transformées de Fourier des projections sont très courts. Nous avons limité l'exposé au problème 2D, mais la méthode peut très bien être généralisée à 3 dimensions (*cf.* exercice 4.3).

Il existe aujourd'hui d'autres méthodes, dites de « *gridding* », qui font efficacement les opérations d'interpolation d'un échantillonnage radial à un échantillonnage cartésien et qui permettent donc d'utiliser les algorithmes de FFT. Nous présentons ce type de méthode dans la section 4.12.3.

4.11.4 Échantillonnage radial : fonction de dispersion du point

Dans le cas d'un échantillonnage radial, la fonction de dispersion du point est donnée par l'équation (4.41) avec $F(k_n \cos\theta_m, k_n \sin\theta_m) = 1$, pour un point échantillon situé au centre du champ ($X = Y = 0$). La figure 4.30 montre l'image de ce point pour un plan couvert par 100 diamètres (M), 64 points étant collectés sur chaque diamètre (N). La condition d'échantillonnage (équation (4.40)) est donc satisfaite. Le cercle de rayon $R = 1/\Delta k$ correspond aux réplications latérales de la projection de l'objet sur un diamètre. On retrouve ainsi la présence de bandes latérales discutées dans un autre contexte, celui de l'excitation 2D d'un système de spins avec un balayage spiral, ou en cercles concentriques.

Avec une technique d'échantillonnage radial, le champ dans lequel un objet peut être imagé sans artefact n'est pas rectangulaire, mais circulaire de rayon $1/(2\Delta k)$ (champ tracé en surimpression sur la figure 4.30).

La figure 4.31 illustre les effets du sous échantillonnage dans la direction azimutale. Avec 64 points par diamètre, il faut normalement disposer de 100 diamètres dans l'espace réciproque. Lorsque le nombre de diamètres échantillonnés diminue, le diamètre de la région de l'image sans artefact se réduit. Le sous-échantillonnage azimutal autorise encore la production d'une image sans artefact, mais l'objet doit se situer dans un champ de dimensions restreintes.

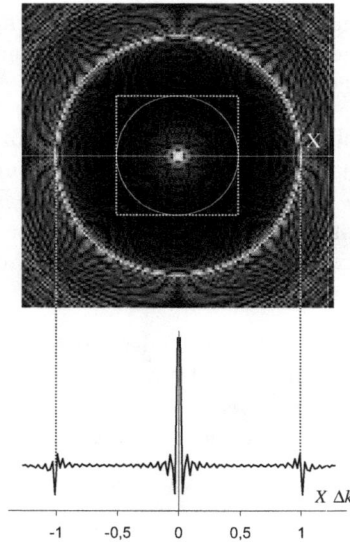

FIG. 4.30 – Balayage radial : fonction de dispersion d'un point centré (simulation). Image 128×128 obtenue par échantillonnage de 100 diamètres de l'espace réciproque régulièrement espacés ; 64 points sont échantillonnés sur chaque diamètre. Le profil est relevé sur l'axe X. L'image est présentée en mode module. Aucun repliement ne sera présent si l'objet est contenu dans le champ circulaire de rayon $R = 1/(2\Delta k)$.

4.12   Méthodes générales de traitement de données échantillonnées sur une grille non cartésiennes

4.12.1   Introduction

L'échantillonnage sur un ensemble de rayons de l'espace réciproque (figure 4.32a), qui peut être traité par projection-reconstruction (section 4.11), constitue un exemple d'échantillonnage sur une grille non cartésienne. Nous rencontrerons d'autres formes d'échantillonnage sur des grilles non cartésiennes, comme par exemple l'échantillonnage en spirale ou en rosette (figures 4.32b et c).

Le critère de Nyquist (équations (4.8)), établi initialement pour un échantillonnage 1D, puis étendu à un échantillonnage cartésien multidimensionnel, ne peut plus être utilisé directement. Le critère utilisé est plus imprécis : de manière générale, on admet que pour produire un champ de vue parallélépipédique de dimensions X_{max}, Y_{max}, Z_{max}, tout parallélépipède de dimensions $1/X_{max}$, $1/Y_{max}$, $1/Z_{max}$ de la zone échantillonnée dans l'espace réciproque, doit contenir au moins un point. Le non respect de cette condition conduit au

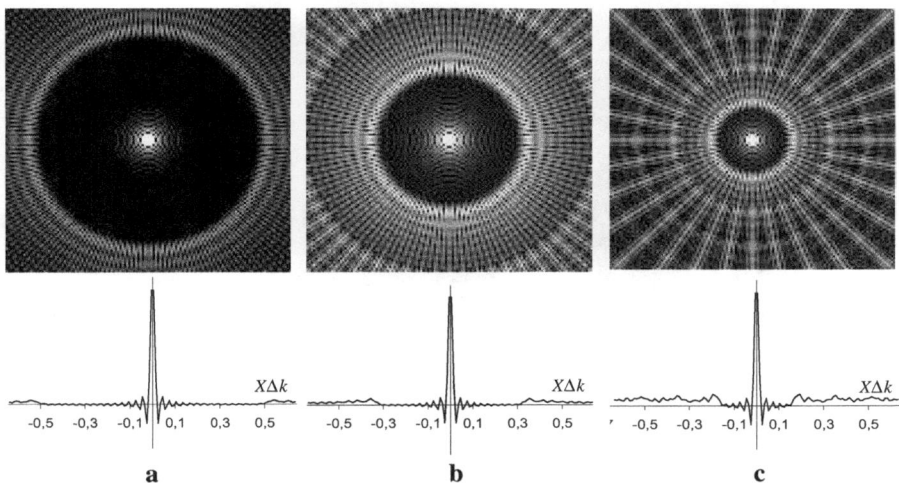

FIG. 4.31 – Balayage radial : fonction de dispersion d'un point centré (simulation). Images 128×128, 64 points par diamètre de l'espace réciproque. Nombre de diamètres 50 (a), 32 (b), 16 (c). Les images sont présentées en mode module.

sous-échantillonnage. Nous supposons dans ce qui suit que les données sont correctement échantillonnées.

L'échantillonnage non uniforme conduit à remplacer la somme (4.4) par :

$$\tilde{F}(\boldsymbol{k}) = F(\boldsymbol{k}) \sum_n \delta(\boldsymbol{k} - \boldsymbol{k}_n) \, \Delta V(\boldsymbol{k}_n), \qquad (4.46)$$

où $\Delta V(\boldsymbol{k}_n)$ représente l'élément de volume associé à l'échantillon situé au point $\boldsymbol{k}_n$. L'image a alors pour forme

$$\tilde{f}(\boldsymbol{r}) = \sum_n \tilde{F}(\boldsymbol{k}_n) \exp(2\pi \, \mathrm{i} \, \boldsymbol{k}_n . \boldsymbol{r}). \qquad (4.47)$$

Dans le cas de l'échantillonnage cartésien, l'élément de volume $\Delta V(\boldsymbol{k}_n)$ est constant, la répartition des échantillons est uniforme. La somme (4.47) peut être calculée en utilisant une transformée de Fourier rapide. Dans le cas d'une exploration radiale l'élément de volume a une forme simple, et l'on a vu que l'on pouvait calculer relativement facilement $\tilde{f}(\boldsymbol{r})$ en utilisant une technique de rétroprojection. L'échantillonnage en spirale de la figure 4.32b (parcours de l'espace réciproque à vitesse angulaire constante), peut encore être traité avec une méthode de projection-reconstruction. On remarque en effet qu'il est constitué de points alignés sur un ensemble de diamètres. Cependant, de nombreuses autres trajectoires dans l'espace réciproque ne présentent pas ces caractéristiques et l'on doit faire appel à d'autres méthodes. C'est par exemple le cas du balayage en rosette illustré figure 4.32c, de certains balayages EPI

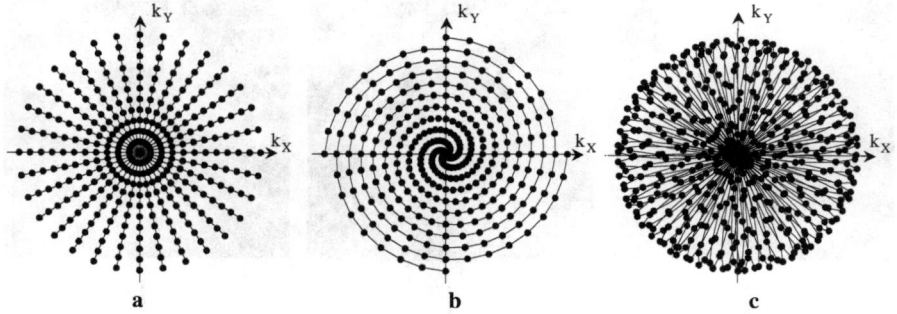

FIG. 4.32 – Exemples d'échantillonnages non cartésiens. Balayage radial (a), balayage spiral (b) et balayage en rosette (c).

utilisant des gradients pas aussi performants qu'on le souhaiterait, ou tout simplement de balayages perturbés par des imperfections instrumentales, ou des mouvements du patient. Les méthodes de FFT ou de projection reconstruction ne sont plus utilisables. Ces parcours sont généralement caractérisés par une densité d'échantillonnage de l'espace réciproque, non uniforme. Cette caractéristique rend plus difficile la construction de l'image à partir des données acquises dans l'espace réciproque. De très nombreuses méthodes de traitement ont été proposées et ce domaine est encore en évolution. Nous décrirons de manière détaillée deux des approches utilisées : le ré-échantillonnage sur une grille cartésienne (section 4.12.3), et la méthode directe de la somme (4.47) (section 4.12.4). Ces deux méthodes nécessitent l'évaluation de l'élément de volume associé à chaque échantillon $(\Delta V(\boldsymbol{k}))$. On désigne cet élément de volume sous le nom de « fonction compensatrice de densité d'échantillonnage ».

4.12.2 Évaluation de la fonction compensatrice de densité d'échantillonnage

Lorsque la densité d'échantillonnage n'est pas uniforme, tous les points n'ont pas le même « poids ». Des points très voisins d'une région suréchantillonnée, contiennent des informations fortement corrélées. Leurs poids doivent être minimisés. C'est notamment le cas avec un échantillonnage radial dans la région entourant le centre de l'espace réciproque. Nous avons vu (section 4.11.3) qu'avec ce type d'échantillonnage, la fonction compensatrice de densité est, sauf au centre, obtenu en calculant le jacobien de la transformation de coordonnées cartésiennes en coordonnées polaires. Cela conduit à $\Delta V(\boldsymbol{k}) \propto |k| \ \Delta k \ \Delta \theta$. Une forme algébrique peut souvent être obtenue ainsi lorsque la trajectoire est définie analytiquement.

Lorsque ce n'est pas le cas, on peut, connaissant la position des échantillons dans l'espace réciproque, utiliser la partition de Voronoi. Cette technique permet de définir autour de chaque échantillon, une région de l'espace cite cellule de Voronoi, qui est l'ensemble des points du plan plus proches de cet échantillon que de tout autre échantillon (figure 4.33). Une cellule de Voronoi est un polygone convexe (ou, en 3D, un polyèdre), dont le nombre de cotés est variable et dépend de la disposition des échantillons. La construction du polygone entourant un des points échantillonnés (P) s'effectue en considérant les proches voisins de ce point. Soit Q un de ses voisins. Un point M de la médiatrice du segment PQ appartient à la cellule de Voronoi entourant P, si la distance MP (MQ) est plus petite que la distance entre M et tout autre échantillon. Chaque sommet d'un polygone de Voronoi est le centre d'un cercle passant par trois des points échantillonnés. Divers algorithmes permettent d'effectuer cette construction (l'un d'entre eux est disponible sous MATLAB). $\Delta V(k_n)$ est alors choisi égale à l'aire (ou, en 3D, au volume) de la cellule de Voronoi entourant l'échantillon n. La détermination de $\Delta V(k)$ peut devenir difficile en périphérie de la région échantillonnée. Si l'échantillonnage est effectué en utilisant une trajectoire dans l'espace de Fourier de forme analytiquement connue, il est possible, par extrapolation, de fermer la région échantillonnée par une série de points ayant pour seule fonction de permettre le calcul des cellules de Voronoi périphériques.

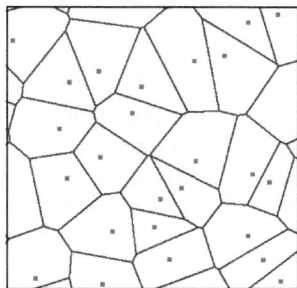

FIG. 4.33 – Polygones de Voronoi entourant chaque point d'un plan échantillonné de manière irrégulière.

D'autres méthodes d'évaluation de $\Delta V(k)$ ont été proposées. L'une d'entre elle, qui exploite les outils utilisés pour rééchantillonner le signal sur une grille cartésienne (*gridding*), est évoquée plus loin (section 4.12.3.2).

4.12.3   Gridding

Le ré-échantillonnage du signal sur une grille cartésienne est de loin la méthode la plus utilisée pour le traitement de données IRM échantillonnées non uniformément. Nous décrivons dans ce qui suit la version de base de la technique, connue sous le nom de « *gridding* ».

4.12.3.1 Convolution

Le principe de la méthode peut être trouvé dans le théorème de l'échantillonnage qui établit qu'un signal à bande passante limitée peut être reconstitué exactement à partir de ses échantillons, si le critère de Nyquist a été respecté lors de l'échantillonnage. Soit i l'indice associé aux coordonnées $\boldsymbol{k}_i$ des échantillons recalculés sur une grille cartésienne et n l'indice associé aux coordonnées $\boldsymbol{k}_n$ des échantillons acquis. L'interpolation de Whittaker-Shannon s'écrit :

$$F\left(\boldsymbol{k}_i\right) = \sum_n F\left(\boldsymbol{k}_n\right) \, \Delta V\left(\boldsymbol{k}_n\right) \operatorname{sinc}\left(\frac{\left(\boldsymbol{k}_i - \boldsymbol{k}_n\right) \cdot \boldsymbol{i}}{\Delta k_X}\right) \operatorname{sinc}\left(\frac{\left(\boldsymbol{k}_i - \boldsymbol{k}_n\right) \cdot \boldsymbol{j}}{\Delta k_Y}\right),$$
(4.48)

où l'intensité $F(\boldsymbol{k}_n)$ de chaque échantillon acquis a été multipliée par la valeur de fonction compensatrice de densité d'échantillonnage $\Delta V(\boldsymbol{k}_n)$ et où $\boldsymbol{i}$ et $\boldsymbol{j}$ sont les vecteurs unité le long des axes k_X et k_Y. L'opération étant réalisée, une transformée de Fourier rapide peut être appliquée.

L'utilisation d'une fonction sinc, qui s'étend à grande distance, pour réaliser la convolution décrite par l'équation (4.48) est non réalisable en pratique (temps de calcul prohibitif). C'est bien dommage car aucune correction ultérieure n'est nécessaire : la convolution dans l'espace de Fourier par une fonction sinc, est équivalente à une multiplication dans l'espace image par la transformée de Fourier de la fonction sinc, qui est une porte de largeur égale au champ de vue (figure 4.34a). L'image reste donc intacte. Il n'en est pas de même si, pour limiter le temps de calcul, on réduit l'étendue du noyau de convolution $N_{\text{conv}}(\boldsymbol{k})$. La figure 4.34b montre par exemple que si l'étendue du noyau de convolution est réduite au lobe central de la fonction sinc, l'image subit une atténuation qui dépend de la position. Cette atténuation doit donc être corrigée en divisant l'image par la transformée de Fourier $n_{\text{conv}}(\boldsymbol{r})$ du noyau de convolution (déconvolution).

Des noyaux de formes diverses peuvent être utilisés. Nous en citerons deux, le noyau gaussien :

$$N_{\text{conv}}\left(\boldsymbol{k}\right) = \exp\left(-\frac{k^2}{2\sigma^2}\right),$$
(4.49)

et le noyau de Kaiser-Bessel qui est fréquemment utilisé pour le traitement des données IRM :

$$N_{\text{conv}}\left(k_X\right) = \frac{1}{L} I_0 \left(\beta \sqrt{1 - \left(\frac{2k_X}{L}\right)^2}\right)$$

$$\text{et} \quad N_{\text{conv}}(\boldsymbol{k}) = N_{\text{conv}}\left(k_X\right) N_{\text{conv}}\left(k_Y\right) N_{\text{conv}}\left(k_Z\right),$$
(4.50)

où I_0 est la fonction de Bessel modifiée de première espèce, d'ordre zéro. Ces fonctions sont définies sur un intervalle $|k_X| \leq L/2$. Le noyau est posé égal à zéro à l'extérieur de cet intervalle (réduction du temps de calcul).

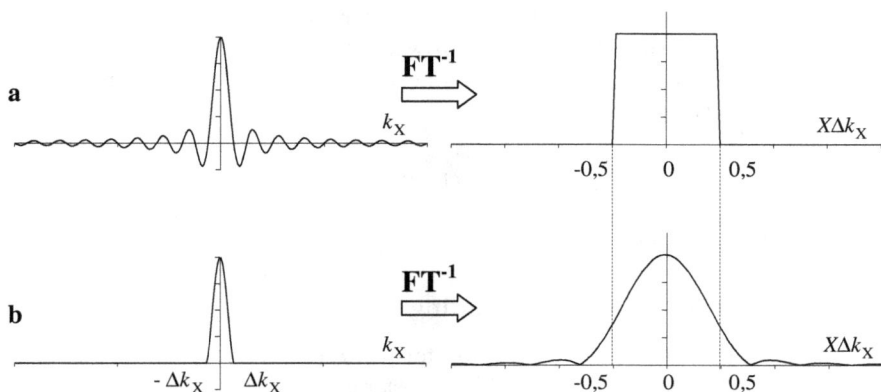

FIG. 4.34 – Effectuer une convolution avec $N_{\mathrm{conv}}(k_X)$ dans l'espace de Fourier est équivalent à une multiplication par $n_{\mathrm{conv}}(X)$ dans l'espace image. La convolution avec un sinc (a) est équivalente à une multiplication de l'image par une porte de largeur égale à la largeur de champ. Si le noyau de convolution est réduit au lobe central du sinc (b), l'image subit une atténuation dépendant de la position.

La figure 4.35 montre que la convolution consiste à remplacer chaque échantillon par le noyau de convolution, et à sommer en chaque point de la grille cartésienne les contributions de chaque échantillon.

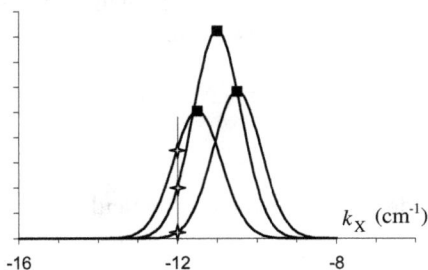

FIG. 4.35 – Convolution. Chaque point échantillonné (carrés noirs) est remplacé par le noyau de convolution choisi (amplitude du noyau normalisée à celle du signal au point considéré). Les contributions de chaque noyau sont sommées aux différents points de la grille cartésienne. La figure montre les contributions de trois échantillons à l'abscisse $k_X = 12 \text{ cm}^{-1}$.

4.12.3.2 Convolution et évaluation de la densité d'échantillonnage

La fonction compensatrice de densité $\Delta V(\mathbf{k})$ est liée à la densité d'échantillonnage $\rho(\mathbf{k})$. Si la distribution d'échantillons est arbitraire, il est difficile d'établir le lien entre $\Delta V(\boldsymbol{k})$ et $\rho(\boldsymbol{k})$. Par contre, si $\rho(\boldsymbol{k})$ varie lentement, on peut écrire $\Delta V(\boldsymbol{k}) \approx 1/\rho(\boldsymbol{k})$. La densité peut alors être évaluée en convoluant $N_{\text{conv}}(\boldsymbol{k})$ avec la fonction d'échantillonnage non cartésien $E_{\text{nc}}(\boldsymbol{k}) = \sum_n \delta(\boldsymbol{k} - \boldsymbol{k}_n)$:

$$\rho(\boldsymbol{k}) \propto E_{\text{nc}}(\boldsymbol{k}) \otimes N_{\text{conv}}(\boldsymbol{k}). \tag{4.51}$$

On en déduit $\Delta V(\boldsymbol{k})$.

4.12.3.3 La procédure de gridding

Le signal échantillonné a pour forme $F(\boldsymbol{k})\ E_{\text{nc}}(\boldsymbol{k})$ où $E_{\text{nc}}(\boldsymbol{k}) = \sum_n \delta(\boldsymbol{k} - \boldsymbol{k}_n)$. La procédure de gridding est mise en œuvre de la manière suivante :

- L'intensité de chaque échantillon est multipliée par la valeur correspondante de la fonction compensatrice de densité $\Delta V(\boldsymbol{k}_n)$. On obtient ainsi un signal $\tilde{F}_{\text{nc}}(\boldsymbol{k})$, échantillonné de manière non uniforme et corrigé par la fonction compensatrice de densité :

$$\tilde{F}_{\text{nc}}(\boldsymbol{k}) = F(\boldsymbol{k})\ E_{\text{nc}}(\boldsymbol{k})\ \Delta V(\boldsymbol{k}). \tag{4.52}$$

- Ces données corrigées sont convoluées avec la fenêtre choisie $N_{\text{conv}}(\boldsymbol{k})$.

- Le résultat est ré-échantillonné sur une grille cartésienne décrite par la fonction d'échantillonnage $E_{\text{c}}(\boldsymbol{k})$ dont la forme générale s'écrit :

$$E_{\text{c}}(\boldsymbol{k}) = \sum_{n_X, n_Y, n_Z} \delta(k_X - n_X \Delta k_X,\ k_Y - n_Y \Delta k_Y,\ k_Z - n_Z \Delta k_Z). \tag{4.53}$$

- La transformée de Fourier inverse est calculée.

- Une apodisation (division par la transformée de Fourier inverse, $n_{\text{conv}}(\boldsymbol{r})$, du noyau de convolution), produit l'image finale $\tilde{f}_{\text{G}}(\boldsymbol{r})$.

L'ensemble de cette procédure est résumé par l'expression suivante :

$$\tilde{f}_{\text{G}}(\boldsymbol{r}) \approx \left\{ FT^{-1} \left\{ \left[\tilde{F}_{\text{nc}}(\boldsymbol{k}) \otimes N_{\text{conv}}(\boldsymbol{k}) \right] E_{\text{c}}(\boldsymbol{k}) \right\} \right\} [n_{\text{conv}}(\boldsymbol{r})]^{-1}. \tag{4.54}$$

Ces cinq étapes sont illustrées figure 4.36, dans le cas d'un objet à une dimension $(f(X))$. L'imageur de résonance magnétique permet d'acquérir une version échantillonnée, $F(k_X)\ E_{\text{nc}}(k_X)$, de la transformée de Fourier de l'objet (figure 4.36b). L'échantillonnage étant non uniforme, les intensités des échantillons sont multipliées par la fonction compensatrice de densité $\Delta V(k_X)$ (figure 4.36c). L'opération de convolution est alors effectuée ce qui conduit à $F(k_X)$ $E_{\text{nc}}(k_X)$ $\Delta V(k_X) \otimes N_{\text{conv}}(k_X)$ et le résultat est ré-échantillonné sur une grille cartésienne (figure 4.36d) (en pratique le résultat de la convolution n'est calculé que sur la grille cartésienne). Cela conduit à $\{F(k_X) E_{\text{nc}}(k_X) \Delta V(k_X) \otimes N_{\text{conv}}(k_X)\} E_{\text{c}}(k_X)$ (figure 4.36d). Une transformation de Fourier rapide est alors effectuée, et le résultat est divisé par la transformée de Fourier inverse du noyau de convolution $n_{\text{conv}}(X)$ (figure 4.36e et f).

4.12.3.4   Repliements

L'équation (4.54) peut être réécrite sous la forme :

$$\tilde{f}_{\text{G}}(\boldsymbol{r}) \approx \left[\left(\tilde{f}_{\text{nc}}(\boldsymbol{r}) \; n_{\text{conv}}(\boldsymbol{r}) \right) \otimes e_{\text{c}}(\boldsymbol{r}) \right] (n_{\text{conv}}(\boldsymbol{r}))^{-1}, \qquad (4.55)$$

où $\tilde{f}_{\text{nc}}(\boldsymbol{r})$ et $e_{\text{c}}(\boldsymbol{r})$ sont respectivement les transformées de Fourier inverse de $\tilde{F}_{\text{nc}}(\boldsymbol{k})$ et de $E_{\text{c}}(\boldsymbol{k})$ ($E_{\text{c}}(\boldsymbol{k})$ étant un peigne de Dirac, $e_{\text{c}}(\boldsymbol{r})$ est aussi un peigne de Dirac ; *cf.* section 4.4). Le point important est que $F(\boldsymbol{k})$ est une fonction à bande passante limitée, mais que ce n'est pas du tout le cas de $\tilde{F}(\boldsymbol{k})$ (équation (4.52)), dont la transformée de Fourier s'étend bien au delà de l'intervalle $[-1/2\Delta k_X, 1/2\Delta k_X]$. Tandis qu'un échantillonnage uniforme produit des bandes latérales en forme de réplication de l'image, un échantillonnage non uniforme produit des bandes latérales qui n'ont plus de lien apparent avec l'image. La forme de ces bandes latérales dépend en fait de la répartition des échantillons. La figure 4.37 illustre ce point dans le cas de l'échantillonnage non uniforme à une dimension déjà utilisé dans la figure 4.36. La multiplication par la transformée de Fourier de la fonction de convolution, atténue certes l'intensité du signal hors champ, mais ne détruit pas ce signal qui va se replier sur l'image à l'issue de la phase de ré-échantillonnage sur la grille cartésienne. Le noyau de convolution doit être tel que $n_{\text{conv}}(\boldsymbol{r})$ soit aussi faible que possible, à l'extérieur du champ de vue. Une solution permettant de surmonter cette difficulté, est d'utiliser une grille cartésienne suréchantillonnée. Un facteur 2 est souvent utilisé, mais le temps de calcul est accru.

4.12.4   Calcul direct

La densité d'échantillonnage étant connue, la méthode la plus simple serait en fait de calculer directement la somme (4.47). Cette somme ressemble à une transformée de Fourier discrète. Le terme « transformée de Fourier discrète » caractérise cependant usuellement une somme de termes uniformément espacés, ce qui n'est le cas ici. Les méthodes de calcul des transformées de Fourier discrètes ne sont pas utilisables dans le cas d'un échantillonnage non uniforme. Le calcul de la somme (4.47) est très lent. Pour une image 2D, $\boldsymbol{r}$ est décrit par une matrice $N \times N$. Par ailleurs, le nombre d'échantillons est de l'ordre

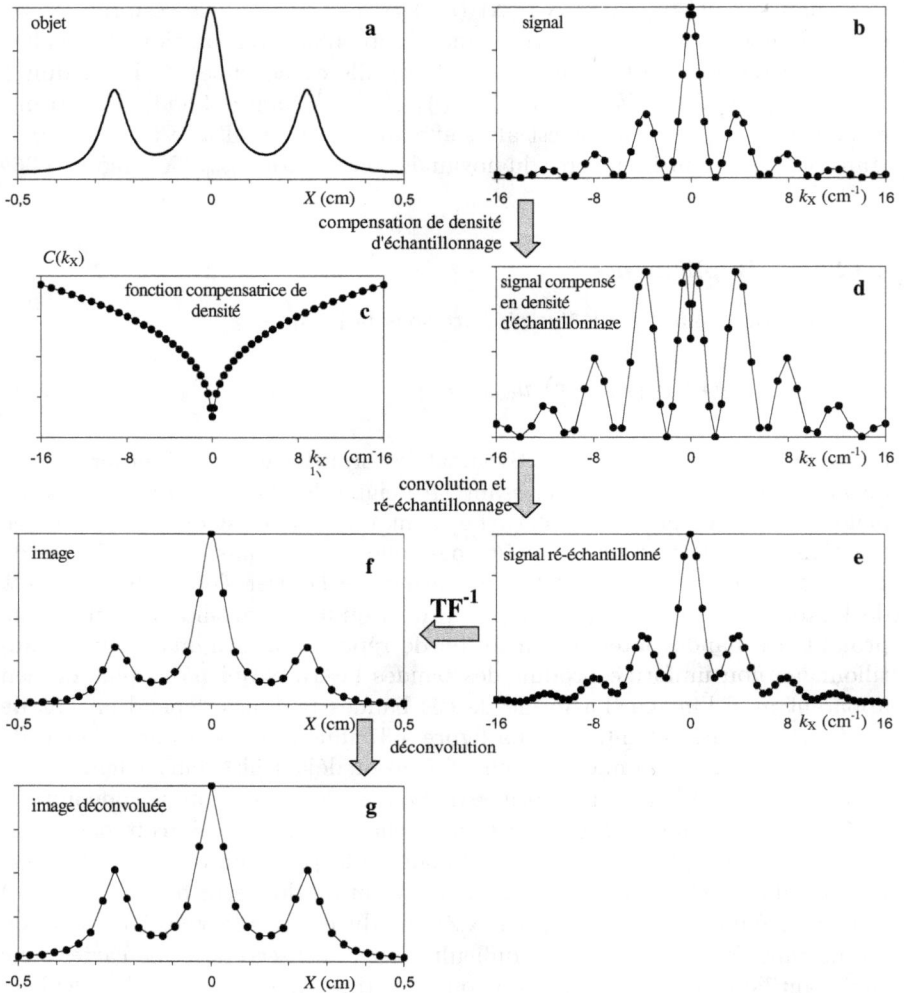

FIG. 4.36 – Principe d'une opération de gridding. L'objet (a), sa transformée de Fourier échantillonnée de manière non uniforme (b), puis compensée en densité d'échantillonnage (c et d). Le signal est alors convolué avec un noyau gaussien puis ré-échantillonné sur une grille cartésienne (e). L'image est obtenue après transformée de Fourier inverse (f) et déconvolution (g). Le signal b est échantillonné avec 49 points. Le ré-échantillonnage (e) est effectué sur 64 points (sur-échantillonnage d'un facteur 2).

de N^2. Une opération de reconstruction nécessite ainsi environ N^4 opérations. Les temps de calcul sont donc prohibitifs et la méthode ne peut être

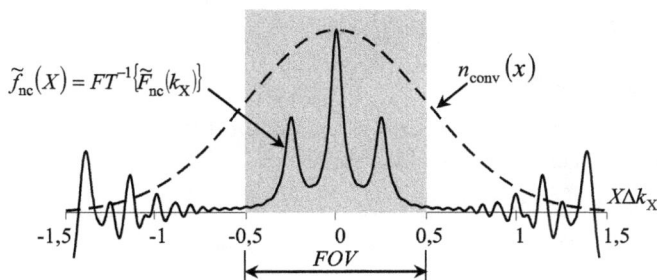

FIG. 4.37 – La transformée de Fourier ($\tilde{f}_{\mathrm{nc}}(X)$) de données échantillonnées sur une grille non uniforme ($\tilde{F}_{\mathrm{nc}}(k_X) = F(k_X)\, E_{\mathrm{nc}}(k_X)\, \Delta V(k_X)$), s'étend au delà de la largeur de champ associée à la densité d'échantillonnage dans l'espace réciproque (zone grisée). Contrairement à $f(X)$, la fonction $\tilde{f}_{\mathrm{nc}}(X)$ n'est pas à support borné. Le ré-échantillonnage sur une grille cartésienne de cette fonction non bornée, entraîne des repliements dont l'importance dépend du choix du noyau de convolution.

utilisée que ponctuellement. On note que, si la fonction de compensation de densité est bien évaluée, le calcul de la transformée de Fourier discrète donne un résultat qui peut servir de référence. Avec le gain continu de rapidité des processeurs, la méthode pourrait à terme devenir intéressante. La figure 4.38 montre qu'une reconstruction effectuée à partir de l'échantillonnage non uniforme de 49 points utilisé dans la figure 4.36, donne un résultat très proche de celui obtenu classiquement avec le même signal échantillonné uniformément en 192 points.

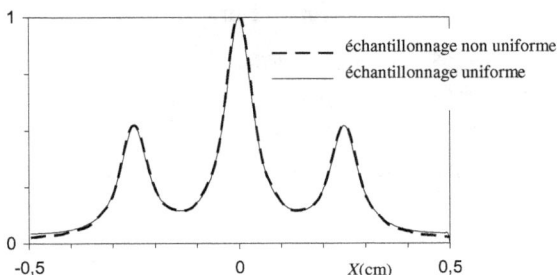

FIG. 4.38 – Comparaison du calcul effectué en utilisant l'équation (4.47) avec un signal échantillonné non uniformément (49 points, *cf.* figure 4.36), et du calcul effectué par transformée de Fourier sur le même signal échantillonné uniformément (192 points).

Références bibliographiques

Ouvrages généraux

Hong Yan (Ed.). *Signal processing for magnetic resonance imaging and spectroscopy.* Marcel Dekker Publ., New York, 2002.

Z.-P. Liang, P. Lauterbur. *Principles of magnetic resonance imaging: a signal processing perspective.* Wiley-IEEE Press, 1999.

k-space

T. Brown, B. Kincaid, K. Ugurbil. *NMR chemical shift imaging in three dimensions.* Proc. Nat. Acad. Sci. **79**, 3523–3526, 1982.

S. Ljunggren. *Fourier-based imaging method.* J. Magn. Res. **54**, 338–343, 1983.

D. Twieg. *The k-trajectory formulation of the NMR imaging process with applications in analysis and synthesis of imaging methods.* Med. Phys. **10**, 610–621, 1983.

E. Haacke. *The effects of finite sampling in spin-echo or field-echo magnetic resonance imaging.* Magn. Reson. Med. **4**, 407–21, 1987.

T. Mareci, H. Brooker. *Essential considerations for spectral localization using indirect gradient encoding of spatial information.* J. Magn. Reson. **92**, 229–246, 1991.

G. Hurst, J. Hua, O. Simonetti, J. Duerk. *Signal-to-noise, resolution, and bias function analysis of asymmetric sampling with zero-padded magnitude FT reconstruction.* Magn. Reson. Med. **27**, 247–269, 1992.

J. Hennig. *K-space sampling strategies.* Eur. Radiol. **9**, 1020–1031, 1999.

M. Bernstein, S. Fain, S. Riederer. *Effect of windowing and zero-filled reconstruction of MRI data on spatial resolution and acquisition strategy.* J. Magn. Reson. Imag. **14**, 270–280, 2001.

S. Sykora. *K-space formulation of MRI.* Stan's Library, Vol. I, 2005–2006 (www.ebyte.it/library).

Projection reconstruction

P. Lauterbur. *Image formation by induced local interactions : examples employing nuclear magnetic resonance.* Nature **242**, 190–191, 1973.

Voir aussi l'exposé de Paul Lauterbur lors de la remise du prix Nobel de Médecine 2003 : *The Nobel Prizes 2003.* Editor Tore Frängsmyr [Nobel Foundation], Stockholm, 2004.

A. Markoe. *Analytic tomography.* Cambridge University Press, 2006.

P. Grangeat (ed.). *Tomographie : fondements mathématiques, imagerie microscopique et imagerie industrielle.* Hermes, Paris, 2002.

P. Lauterbur, C.-M. Lai. *Zeugmatography by reconstruction from projections.* IEEE Trans. Nucl. Sci. **27**, 1227–1231, 1980.

L. Lauzon, B. Rutt. *Effects of polar sampling in k-space.* Magn. Reson. Med. **36**, 940–949, 1996.

K. Scheffler, J. Hennig. *Reduced circular field-of-view imaging.* Magn Reson. Med. **40**, 474–80, 1998.

D. Peters, T. Grist, F. Korosec, J. Holden, W. Block, K. Wedding, T. Carroll, C. Mistretta. *Undersampled projection reconstruction applied to MR angiography.* Magn. Reson. Med. **43**, 91–101, 2000.

Échantillonnage non uniforme : gridding et autres méthodes de reconstruction.

J. O'Sullivan. *A fast sinc-function gridding algorithm for Fourier inversion in computer tomography.* IEEE Trans. Med. Imag. **4**, 200–207, 1985.

J. Jackson, C. Meyer, D. Nishimura, A. Macovski. *Selection of a convolution function for Fourier inversion using gridding.* IEEE Transactions on Med. Imag. **10**, 473–478, 1991.

H. Schomberg, J. Timmer. *The gridding method for image reconstruction by Fourier transformation.* IEEE Trans. Med. Imag. **14**, 596–607, 1995.

V. Rasche, R. Proksa, R. Sinkus, P. Bornert, H. Eggers. *Resampling of data between arbitrary grids using convolution interpolation.* IEEE Trans. Med. Imag. **18**, 385–392, 1999.

G. Sarty, R. Bennett, R. Cox. *Direct reconstruction of non-cartesian k-space data using a nonuniform fast Fourier transform.* Magn. Reson. Med. **45**, 908–915, 2001.

P. Beatty, D. Nishimura, J. Pauly. *Rapid gridding reconstruction with a minimal oversampling ratio.* IEEE Trans. Med. Imag. **24**, 799–808, 2005.

M. Bydder, A. Samsonov, J. Du. *Evaluation of optimal density weighting for regridding.* Magn. Reson. Imaging. **25**, 695–702, 2007.

D. Noll, B. Sutton. *Gridding procedures for non-cartesian k-space trajectories.* www.eecs.umich.edu/~dnoll/gridding.pdf.

J. Pauly. *Non-Cartesian Reconstruction.* www.stanford.edu/class/ee369c/notes/non_cart_rec_07.pdf. 2007.

Exercices du chapitre 4

Exercice 4-1

On considère une acquisition de 128×128 points dans l'espace réciproque. On effectue une transformée de Fourier rapide de ces données. Montrer que le filtrage correspondant à la multiplication des données brutes par une fonction de Hanning peut être obtenu en convoluant les données $f(m_X, m_Y)$ dans l'espace image avec le filtre passe bas $h_n(l_X, l_Y)$:

$$f_{\text{filtré}}(m_X, m_Y) = \sum_{l_X=-1}^{l_Y=1} \sum_{l_Y=-1}^{l_Y=1} h_n(l_X, l_Y)\, f(m_X - l_X, m_Y - l_Y)$$

où les coefficients $h_n(l_X, l_Y)$ sont donnés par :

$$\frac{1}{16} \begin{pmatrix} h_n(-1,-1) & h_n(-1,0) & h_n(-1,1) \\ h_n(0,-1) & h_n(0,0) & h_n(0,1) \\ h_n(1,-1) & h_n(1,0) & h_n(1,1) \end{pmatrix} = \frac{1}{16} \begin{pmatrix} 1 & 2 & 1 \\ 2 & 4 & 2 \\ 1 & 2 & 1 \end{pmatrix}.$$

Exercice 4-2

Montrer que la projection d'un objet à trois dimensions sur un plan défini par les angles polaires θ, φ, de la normale n au plan, est égale à la transformée de Fourier bidimensionnelle d'une coupe centrale (c'est à dire passant par l'origine du repère) de l'espace réciproque, coupe définie par une normale de même orientation θ, φ. On pourra exploiter la propriété de la transformée de Fourier multidimensionnelle par rapport aux rotations.

Exercice 4-3

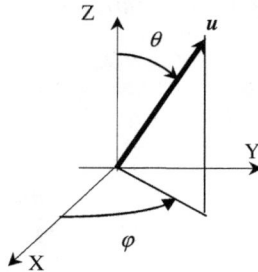

Décrivez une procédure de rétroprojection filtrée 3D pour traiter les données acquises dans l'espace de Fourier le long de diamètres dont l'orientation est définie par les angles θ et φ. Ces angles sont décrits avec des incréments constants $\Delta\theta$ et $\Delta\varphi$. Si l'échantillonnage de chaque diamètre nécessite une mesure particulière, le choix d'un incrément constant est-il le meilleur choix en terme de durée d'expérience ?

Exercice 4-4

On considère un échantillonnage uniforme de M diamètres du plan de Fourier. Les coordonnées des points échantillonnés sur chaque diamètre ont pour forme $k_n = n\Delta k$, n variant de $-N/2$ à $+N/2$. On admettra que l'élément d'aire associé à l'échantillon k_n ($n \neq 0$), est un secteur d'angle $\Delta\theta$ situé sur la couronne comprise entre les cercles de rayons $(k_n + k_{n+1})/2$ et $(k_n + k_{n-1})/2$ (*cf.* figure 4.29). Calculer cet élément d'aire en fonction de k_n, Δk et $\Delta\theta$.

Exercice 4-5

On considère une acquisition IRM de données radiales qui doivent être traitées par une méthode de projection reconstruction. Montrer que pour une acquisition comportant N points sur chaque diamètre de l'espace réciproque et M diamètres, la fonction de dispersion d'un point situé au centre du champ s'écrit :

$$P\tilde{S}F(X, Y) = \sum_{i=0}^{N-1} \sum_{j=0}^{M-1} |k_i| \exp\left(2\pi i \left(X\cos\theta_j + Y\sin\theta_j\right)\right)\, \Delta k_i\, \Delta\theta_j.$$

Exercice 4-6

On utilise une technique de projection reconstruction qui permet l'acquisition du signal le long de M diamètres de l'espace réciproque. N points sont collectés sur chaque diamètre. On souhaite faire une image dans un champ circulaire d'un diamètre de 30 cm, avec une résolution numérique inférieure à 4 mm environ. Déterminer N, M et la période Δk de l'échantillonnage radial. N devra être égal à une puissance de 2.

Exercice 4-7

On souhaite effectuer une acquisition radiale 3D en faisant l'acquisition de M rayons de l'espace réciproque. Ces M rayons doivent être distribués uniformément sur une sphère. Par analogie avec l'échantillonnage cartésien dans un plan ou l'aire associée à chaque point doit être $1/(X_{\max}Y_{\max})$, on admettra que, sur la sphère de **diamètre** $k_{\max}$, l'aire associée à chaque rayon échantillonné doit être égale à $1/L^2$ où L est le diamètre du champ de vue. L'angle solide associé à chaque orientation est ainsi constant et égal à $4/(Lk_{\max})^2$.

1/ Montrer que $M = \pi\, k_{\max}^2 L^2 / 2$.

2/ Chaque direction d'échantillonnage est définie par les angles θ ($0 \leq \theta \leq \pi$) et φ ($0 \leq \varphi \leq 2\pi$) – voir figure de l'exercice 4.3. L'angle solide associé à la i-ième orientation est proportionnel à $\sin\theta_i\, \Delta\theta_i\Delta\varphi_i$. Pour obtenir un angle solide indépendant de l'orientation on fixe $\Delta\theta$ ($\Delta\theta_i = \Delta\theta = $ constante), et l'on fait varier $\Delta\varphi_i$ de manière telle que le produit $\sin\theta_i\, \Delta\varphi_i$ soit constant. Montrer que $\Delta\theta = 1/N$ où N est le nombre de points acquis sur chaque rayon ($N = k_{\max}/2\Delta k$).

Chapitre 5

Principales méthodes d'imagerie RMN

Ce chapitre présente les principales méthodes d'imagerie. Il ne prétend nullement à l'exhaustivité. Les variations autour d'une méthode d'imagerie particulière sont souvent très nombreuses et les décrire aurait pu conduire à donner à cette section une taille excessive. L'objectif est de donner au lecteur les éléments lui permettant de lire sans difficultés les articles décrivant ces variations. De la même manière, les difficultés rencontrées lors de la mise en oeuvre d'une méthode sont souvent attribuables à l'instrumentation qui n'est pas toujours aussi performante qu'il serait souhaité. Les évolutions instrumentales sont cependant extrêmement rapides et certains problèmes, sources de grandes difficultés il y a quelques années, ne se posent plus aujourd'hui. Nous nous limiterons souvent à poser les problèmes, sans décrire de manière détaillée les nombreuses propositions visant à contourner ces problèmes.

*Dans une **première partie**, nous établissons le lien entre espace réciproque et signal de précession libre en présence de gradient. Il est montré qu'à un schéma de gradient correspond une trajectoire dans l'espace réciproque. Une courte **seconde partie** permet de préciser l'importante notion de contraste intrinsèque des données source, en le distinguant du contraste de l'image sur l'écran. La **troisième partie** est consacrée aux méthodes 2DFT d'écho de gradient. Les notions de codages de phase et de fréquence sont introduites. Après avoir décrit l'impact des acquisitions effectuées off-résonance, puis introduit la notion de bande passante par pixel, le contraste des images obtenues avec cette méthode est discuté. De nombreuses notions introduites dans cette section concernent en fait l'ensemble des méthodes d'imagerie RMN. La **quatrième partie** présente de manière détaillée les techniques rapides d'écho de gradient. Quatre groupes de méthodes sont étudiées : méthodes SSFP équilibrées, méthodes SSFP non équilibrées : SSFP-FID et SSFP-écho, et enfin méthodes incluant une procédure de destruction de la contribution de l'aimantation transversale à l'établissement de l'état stationnaire. On aborde l'imagerie*

*2DFT d'écho de spin dans la **cinquième partie**, les techniques rapides d'écho de spin faisant l'objet de la **sixième partie**. Les conditions à respecter lors de l'utilisation de suites d'impulsions d'angles inférieurs à 180°, sont décrites. Les méthodes radiales sont détaillées dans la **septième partie**, en insistant sur leur intérêt pour l'imagerie d'objets à T_2^* court. La **huitième partie** est consacrée aux méthodes écho planar, dont le rôle en IRM ne cesse de croître. Après une présentation des principes de base de la méthode et des différentes formes que peut prendre un balayage écho-planar, les conséquences des imperfections du système de gradients sont décrites. L'artefact dit de Nyquist est notamment analysé, comme le sont les conséquences des effets d'off-résonance. La revue des différentes méthodes d'imagerie est close avec la présentation du balayage de l'espace réciproque en spirale, qui fait l'objet de la **neuvième partie**. On aborde alors un aspect transversal avec le relevé des trajectoires effectives dans l'espace réciproque, qui concerne toutes les méthodes rapides mais plus particulièrement l'imagerie spirale (**dixième partie**). Ce chapitre est clos par la description des méthodes d'imagerie parallèle, qui permettent d'accélérer de manière très significative, tous les types de balayage de l'espace réciproque (**onzième partie**).*

5.1   Introduction

La première image RMN qui fut présentée en 1973 par Paul Lauterbur dans un article de la revue Nature, faisait appel à une technique de reconstruction d'image à partir de projections. Le spectromètre était un appareil à onde continue, le gradient de champ avait été créé en utilisant un des bobinages de correction de l'homogénéité, et quatre projections avaient été obtenues en tournant l'échantillon (figure 5.1). La même année, Peter Mansfield et Peter Grannell décrivaient une expérience qui avait permis d'obtenir une projection de trois plaquettes de camphre solide. Ce travail faisait appel à une technique impulsionnelle.

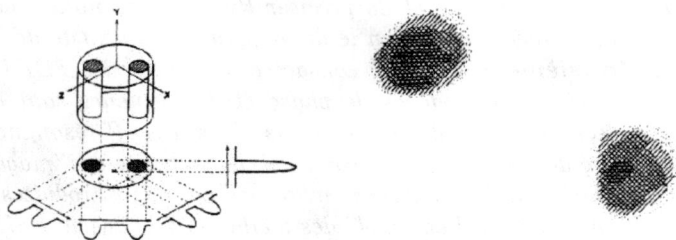

FIG. 5.1 – La première image RMN. La figure est issue de l'article publié par Paul Lauterbur en 1973 (P. Lauterbur. Nature, **242**, 190-191, 1973). L'image a été obtenue à partir de 4 projections.

Depuis ces premières expériences, les techniques ont beaucoup évolué. La spectroscopie impulsionnelle a par exemple remplacé le balayage de champ, et les gradients pulsés permettent d'obtenir des images sans toucher à l'échantillon. Les méthodes permettant de reconstruire des images RMN à partir de projections ont rapidement été abandonnées au profit des méthodes d'imagerie dites 2DFT, mais elles sont maintenant à nouveau utilisées pour certaines applications.

De très nombreuses méthodes permettent aujourd'hui d'acquérir des images RMN. Elles peuvent être décrites très facilement, en utilisant le concept d'espace réciproque qui a été présenté de manière assez générale dans le chapitre 4. Nous examinons maintenant le lien entre gradients, aimantation transversale et signal dans l'espace réciproque.

5.2 Espace réciproque et signal de précession libre en présence de gradients

Nous considérons dans ce qui suit, un objet ne contenant qu'une seule espèce de spins (par exemple le proton), situé dans un environnement électronique déterminé (il s'agit par exemple des protons de la molécule d'eau). Cet objet est placé dans un champ magnétique uniforme. Tous les protons résonnent à la même fréquence Ω_0. L'observation s'effectue dans un trièdre tournant qui, en absence de gradient, précesse à une fréquence Ω_{rf} égale à la fréquence de résonance Ω_0. Par suite, $\omega_0 = \Omega_0 - \Omega_{\mathrm{rf}} = 0$. Le signal de précession libre, qui suit une excitation du système de spins, se présente comme un signal décroissant lentement (relaxation T_2^*), mais sans oscillations (figure 5.2a). Dans toute cette partie, nous considérerons que, sauf précision contraire, T_2^* est bien plus grand que les durées d'évolution auxquelles nous nous intéressons.

Après la fin de l'impulsion, ou de la séquence d'excitation du système de spins, on installe maintenant un gradient de champ (figure 5.2b). Dès cet instant ($t = 0$), l'échantillon n'est plus dans un champ uniforme. Il est le siège d'une distribution de fréquences de résonance. Le signal de précession libre décroît beaucoup plus rapidement, les différents points de l'échantillon ayant perdu leur cohérence de phase.

5.2.1 Fréquences spatiales

En présence d'un gradient de champ, qui peut dépendre du temps, les fréquences de précession s'écrivent :

$$\omega(t) = -\gamma \, \boldsymbol{G}(t) \cdot \boldsymbol{r}. \tag{5.1}$$

Le spectre du signal recueilli aux bornes de la bobine de réception, dépend de la forme et du contenu de l'objet. La phase du signal provenant d'un élément

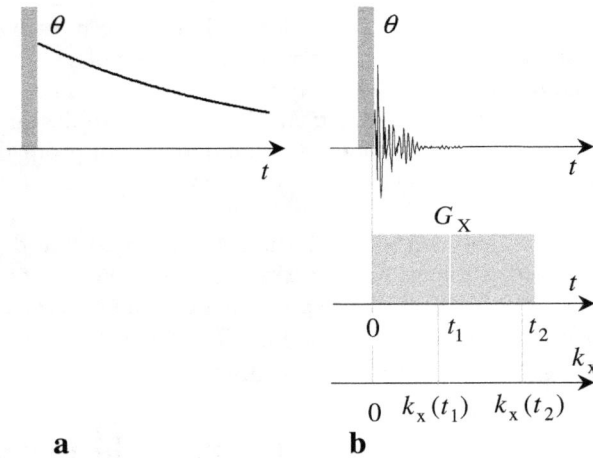

FIG. 5.2 – Signal de précession libre en absence de gradient (a), et en présence d'un gradient de champ statique (b). Le signal reçu à l'instant t est proportionnel à la valeur de la transformée de Fourier de l'aimantation transversale, à la fréquence spatiale $\boldsymbol{k}(t)$.

de volume situé au point de coordonnée $\boldsymbol{r}$ s'écrit :

$$\varphi(t) = -\gamma \int_0^t \boldsymbol{G}(t') \cdot \boldsymbol{r}\, \mathrm{d}t. \tag{5.2}$$

En posant

$$\boldsymbol{k}(t) = \frac{\gamma}{2\pi} \int_0^t \boldsymbol{G}(t')\, \mathrm{d}t', \tag{5.3}$$

la phase devient :

$$\varphi(t) = -2\pi\, \boldsymbol{k}(t) \cdot \boldsymbol{r}. \tag{5.4}$$

Le signal reçu par la bobine s'écrit donc :

$$s(t) = \iiint_{V_e} f(\boldsymbol{r}) \exp\left(-2\pi\, \mathrm{i}\, \boldsymbol{k}(t) \cdot \boldsymbol{r}\right) \mathrm{d}X\, \mathrm{d}Y\, \mathrm{d}Z, \tag{5.5}$$

où $f(\boldsymbol{r}) \exp\left(-2\,\pi\, \mathrm{i}\, \boldsymbol{k}(t) \cdot \boldsymbol{r}\right) \mathrm{d}X\, \mathrm{d}Y\, \mathrm{d}Z$ est le signal provenant de l'élément de volume $\mathrm{d}X\, \mathrm{d}Y\, \mathrm{d}Z$ situé au point de coordonnée $\boldsymbol{r}$, et V_e est le volume de l'échantillon. La quantité $f(\boldsymbol{r})$ est bien sûr proportionnelle à la distribution de l'aimantation transversale dans l'échantillon :

$$f(\boldsymbol{r}) \propto M_\perp(\boldsymbol{r}). \tag{5.6}$$

On note que si le gradient est constant, on a simplement :

$$\boldsymbol{k} = \frac{\gamma\, \boldsymbol{G}\, t}{2\pi}. \tag{5.7}$$

Le signal reçu à l'instant t est donc proportionnel à la transformée de Fourier de l'aimantation transversale à la fréquence spatiale $\boldsymbol{k}(t)$. En posant $F(\boldsymbol{k}(t)) = s(t)$, on peut écrire :

$$F(\boldsymbol{k}) = \iiint_{V_e} f(\boldsymbol{r}) \exp(-2\pi i \, \boldsymbol{k} \cdot \boldsymbol{r}) \, dX \, dY \, dZ. \qquad (5.8)$$

La première étape de la production d'une image consiste simplement à échantillonner $F(\boldsymbol{k})$. Lorsqu'un nombre suffisant d'échantillons a été acquis, l'image peut être reconstruite en prenant la transformée de Fourier inverse de $F(\boldsymbol{k})$:

$$f(\boldsymbol{r}) = \iiint_{V_e} F(\boldsymbol{k}) \exp(2\pi i \, \boldsymbol{k} \cdot \boldsymbol{r}) \, dk_X \, dk_Y \, dk_Z. \qquad (5.9)$$

Les conditions que doit respecter l'échantillonnage (densité d'échantillonnage et étendue du domaine couvert par l'échantillonnage), ont été discutées dans le chapitre 4 dans le cas d'échantillonnages cartésiens ou non.

5.2.2 Trajectoires dans l'espace réciproque

La relation (5.3) définit une trajectoire dans l'espace réciproque. La figure 5.3 présente quelques trajectoires planes rencontrées fréquemment.

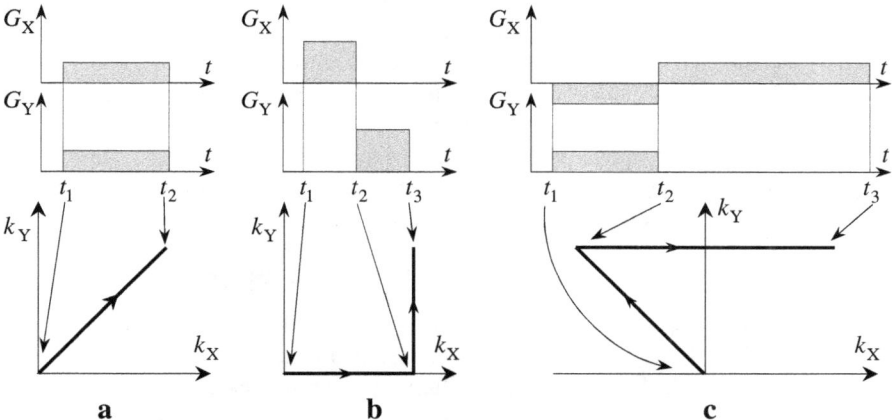

FIG. 5.3 – Quelques schémas de gradients et les trajectoires associées dans l'espace de Fourier.

On déduit de l'équation (5.3) une forme différentielle qui permet de calculer la trajectoire $\boldsymbol{G}(t)$ que doit suivre le vecteur gradient pour produire une trajectoire $\boldsymbol{k}(t)$ particulière :

$$d\boldsymbol{k}(t) = \frac{\gamma}{2\pi} \boldsymbol{G}(t) \, dt \qquad (5.10)$$

La figure 5.4 montre par exemple quelle trajectoire doit suivre le vecteur gradient pour produire un balayage en spirale de l'espace réciproque, de vitesse angulaire constante.

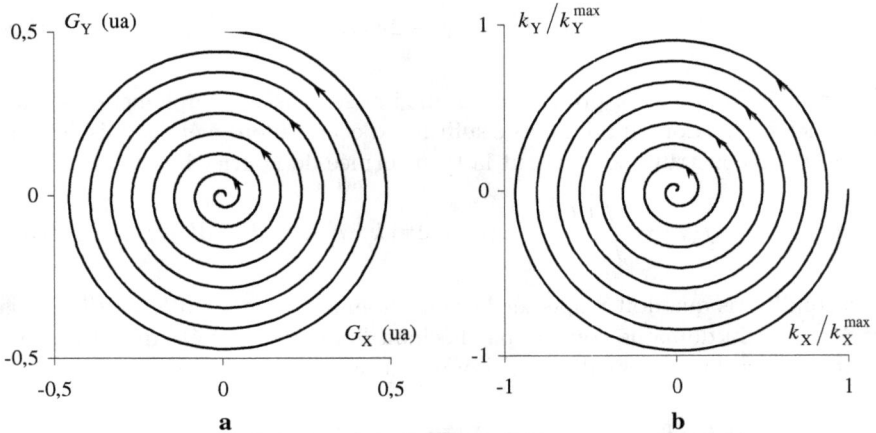

FIG. 5.4 – Trajectoire suivie par le vecteur gradient (a) pour produire un balayage en spirale de l'espace réciproque (b).

Nous avions utilisé la notion d'espace réciproque lors de la présentation des méthodes d'excitation multidimensionnelles d'un système de spins (chapitre 3, sections 3.10 et 3.11). Le lien entre gradient et fréquence spatiale n'est pas tout à fait le même lorsqu'il s'agit de *l'espace réciproque d'excitation* (chapitre 3, équation (3.45)) ou de *l'espace réciproque de réception* (équation (5.3)). On remarque ainsi que dans l'espace réciproque d'excitation les trajectoires se terminent toujours au centre, tandis dans l'espace réciproque de réception les trajectoires commencent au centre.

5.2.3   Hermiticité de l'espace réciproque

Nous avons supposé jusque là que l'objet étudié était constitué d'une seule espèce de spins, dont la fréquence dans le trièdre tournant est nulle ($\omega_0 = 0$), et nous avons négligé la relaxation. Dans ces conditions idéales $M_\perp(\boldsymbol{r})$ est une quantité purement réelle. La grandeur imagée $f(\boldsymbol{r})$ est proportionnelle à $M_\perp(\boldsymbol{r})$ (équation (5.6)), mais le coefficient de proportionnalité peut être complexe. Nous savons en effet (chapitre 2, section 2.1.3), que le signal est acquis dans un trièdre de réception dont la position par rapport au trièdre d'émission est souvent arbitraire. Il est cependant en principe facile de mesurer le déphasage d'un trièdre par rapport à l'autre, et d'effectuer la correction de phase qui rend la fonction $f(\boldsymbol{r})$ purement réelle. On sait que la transformée de Fourier $F(\boldsymbol{k})$ d'une fonction réelle est telle que $F(\boldsymbol{k}) = F^*(-\boldsymbol{k})$ (symétrie hermitienne). Cette propriété peut être utilisée pour limiter l'acquisition des signaux à un demi-plan de Fourier. Diverses causes peuvent détruire la symétrie hermitienne : une homogénéité imparfaite du champ magnétique, des variations de susceptibilité magnétique dans l'échantillon qui introduisent des variations locales du champ, les mouvements du patient, les fluides en mouvement, les déphasages dépendant de la position associés à l'utilisation d'une bobine d'émission et d'une bobine de réception (*cf.* chapitre 6, section 6.5.1), etc. Nous verrons (section 5.4.8) que ces écarts à la symétrie hermitienne peuvent cependant être corrigés, au moins partiellement, ce qui permet d'exploiter l'hermiticité de l'espace réciproque.

Dans d'autres situations, imagerie spectroscopique ou imagerie de débit, par exemple, la phase du signal est une information essentielle et les données de l'espace réciproque ne sont pas à symétrie hermicienne.

5.3 Contraste

Nous avons abordé la notion de contraste dans le chapitre 4 (section 4.9). Nous nous placions alors dans le contexte de l'examen d'une image observée sur un écran. La notion de contraste concernait des niveaux de gris et non des intensités du signal. Nous précisons maintenant le sens de ce terme dans le contexte de l'acquisition du signal et des données produites. On appelle contraste, la différence d'intensité entre deux régions de l'image distinctes par leurs paramètres physiques (densité de protons, temps de relaxation T_1, T_2, T_2^*, coefficient de diffusion, débit, etc.). Le terme contraste est généralement employé dans un sens qualitatif. On parle, par exemple, de contraste T_1, T_2, T_2^*, ou en diffusion, ce qui signifie que les différences d'intensité des signaux provenant de deux régions de l'objet sont, à densités de spins similaires, principalement dues à des différence des temps de relaxation T_1, T_2, T_2^*, ou des coefficients de diffusion. Lorsqu'aucun de ces paramètres n'affecte le signal reçu, le contraste est purement en densité de spins. On utilise aussi fréquemment le terme pondération : par exemple image pondérée T_1, T_2 ou en densité de proton. Le terme contraste peut recouvrir des différences tissulaires plus complexes : on parle par exemple de contraste BOLD, lorsqu'on traite de la variation de signal induite par l'activité cérébrale.

De manière plus quantitative, on définit souvent le contraste comme la différence des intensités des signaux S_A et S_B provenant de deux régions d'un objet :

$$C_{A,B} = |S_A - S_B| / S_0, \qquad (5.11)$$

où S_0 est un facteur de normalisation, qui peut être l'écart type du bruit (on parle alors de rapport contraste sur bruit) ou parfois $S_A + S_B$. On peut aussi, pour évaluer le contraste offert par une méthode donnée pour diverses valeurs des paramètres physico-chimiques, utiliser simplement $S_0 = 1$.

5.4   Imagerie 2DFT d'écho de gradient

Le terme 2DFT (*Two **D**imensional **F**ourier **T**ransform*) désigne les techniques de balayage associées à une couverture cartésienne de l'espace réciproque (*cf.* chapitre 4, figure 4.18). L'acquisition d'une image 2D dans un champ rectangulaire de dimensions Y_{max}, Z_{max}, avec une résolution spatiale $\Delta Y, \Delta Z$, est liée à l'acquisition du signal dans l'espace réciproque dans un champ de largeur $k_Y^{max} = 1/\Delta Y, k_Z^{max} = 1/\Delta Z$, et avec une résolution $\Delta k_Y = 1/Y_{max}, \Delta k_Z = 1/Z_{max}$. On désigne parfois les méthodes 2DFT sous le terme de « spin warp ». Avec l'imagerie d'écho de gradient, l'acquisition de N points sur une ligne du plan de Fourier, s'effectue en une seule excitation du système de spins. La collecte de l'ensemble des données nécessaires à la construction d'une image de dimension N^2, nécessite donc N excitations successives. L'image est obtenue par simple transformation de Fourier bidimensionnelle des données. La méthode d'écho de gradient est probablement la plus simple des séquences d'imagerie. Selon les constructeurs, la méthode prend des noms tels que, FE (*Field Echo*), GE (*Gradient Echo*) ou GRE (*Gradient Recalled Echo*). Les notions introduites dans cette section concernent, à des degrés divers, toutes les méthodes d'imagerie RMN.

5.4.1   Principe : codage de phase, codage de fréquence

Examinons la séquence d'impulsions de la figure 5.5. L'excitation d'angle θ est répétée périodiquement, et l'on admettra que l'aimantation longitudinale avant chaque excitation a atteint un état stationnaire.

Chaque excitation doit permettre d'acquérir une ligne de l'espace réciproque. La préparation consiste à positionner le point représentatif de l'état du système de spins au début d'une ligne. L'acquisition s'effectue ensuite en se déplaçant sur cette ligne. Trois fonctions sont assurées par la séquence de la figure 5.5 :

1. **Sélection d'une coupe** orthogonale à l'axe X, à l'aide d'une impulsion sélective appliquée en présence d'un gradient G_X. À l'instant t_0 (fin de l'impulsion), le champ rf est coupé, et le gradient est renversé pour remettre en phase les aimantations (chapitre 3, section 3.2).

2. **Codage de phase** permettant d'atteindre une ligne de coordonnée k_Z (n_Z) où n_Z est l'indice associé à chacune des N_Z lignes. Pour cela, un gradient G_Z est installé à l'instant t_0 et coupé à l'instant t_1. La valeur du gradient est telle que :

$$k_Z(n_Z) = \frac{\gamma}{2\pi} \int_{t_0}^{t_1} G_Z(n_Z, t)\, \mathrm{d}t. \tag{5.12}$$

Ce gradient introduit un déphasage proportionnel à la position Z :

$$\varphi(Z) = -2\pi\, k_Z\, Z = -\gamma\, Z \int_{t_0}^{t_1} G_Z(n_Z, t)\, \mathrm{d}t, \tag{5.13}$$

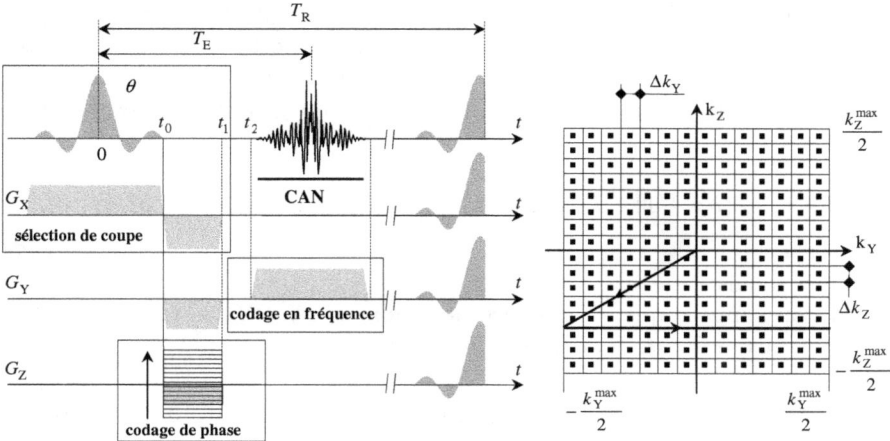

FIG. 5.5 – Séquence 2DFT d'écho de gradient et balayage de l'espace réciproque produit par la séquence. CAN : convertisseur analogique numérique.

d'où l'appellation codage de phase. L'indice n_Z est incrémenté lors de chaque excitation.

3. **Production d'un écho de gradient et lecture.** Un lobe de gradient G_Y est appliqué pendant l'intervalle $[t_0, t_1]$. Le déphasage ainsi introduit est ensuite refocalisé pour produire un **écho de gradient** à l'instant T_E. Cela est effectué en inversant le signe du gradient de manière telle que :

$$\gamma Z \int_{t_0}^{T_E} G_Y(t)\, \mathrm{d}t = 0. \tag{5.14}$$

Cet écho de gradient est placé au centre de la période d'acquisition, pendant laquelle est effectuée la conversion analogique-numérique (CAN). Le gradient est supposé d'amplitude constante pendant la durée de l'acquisition ($G_Y = G_Y^0$). Le gradient G_Y est appelé **gradient de lecture**, ou encore **gradient de codage en fréquence**. Le sens de cette dernière expression est que la position Y d'un voxel est en fait identifiée par la fréquence angulaire $\omega = -\gamma\, G_Y^0\, Y$ du signal qu'il produit. La trajectoire couvre ainsi une ligne du plan de Fourier :

$$k_Y = \gamma\, G_Y^0\, (t - T_E)/2\pi. \tag{5.15}$$

La période d'échantillonnage ΔT correspond à l'incrément

$$\Delta k_Y = \gamma\, G_Y^0 \Delta T/2\pi, \tag{5.16}$$

N_Y points sont acquis couvrant une ligne de l'espace réciproque sur une largeur $k_Y^{\max}$.

Après un temps T_{R} permettant à l'aimantation longitudinale de se rapprocher de sa valeur d'équilibre thermique, la séquence est répétée en modifiant l'amplitude du gradient de codage de phase de manière à décrire une autre ligne du plan de Fourier. Le signal de N_Z lignes du plan de Fourier distantes de

$$\Delta k_Z = k_Z \left(n_Z + 1 \right) - k_Z \left(n_Z \right) = \frac{\gamma}{2\pi} \int_{t_0}^{t_1} \left[G_Z \left(n_{Z+1}, t \right) - G_Z \left(n_Z, t \right) \right] \mathrm{d}t,$$
(5.17)

est ainsi acquis.

Si l'on suppose que, en absence de gradient, $\omega_0 = \Omega_0 - \Omega_{\mathrm{rf}} = 0$ (coupe centrée), et que $T_{\mathrm{E}} \ll T_2, T_2^*$, le signal s'écrit :

$$s\left(t, k_Z\right) = F\left(\boldsymbol{k}\right) = \iint_{\mathrm{coupe}} f\left(\boldsymbol{r}\right) \exp\left(-2\pi\,\mathrm{i}\,\boldsymbol{k}\left(t\right) \cdot \boldsymbol{r}\right) \mathrm{d}Y\,\mathrm{d}Z,$$
(5.18)

où

$$f\left(\boldsymbol{r}\right) \propto M_\perp\left(\boldsymbol{r}, t = 0\right).$$
(5.19)

L'image de l'aimantation transversale est obtenue par transformation de Fourier inverse de $F(\boldsymbol{k})$.

En présence de relaxation, et en supposant que la durée d'acquisition est courte devant T_2^*, le signal dans l'espace réciproque devient :

$$F\left(\boldsymbol{k}\right) = \iint_{\mathrm{coupe}} f\left(\boldsymbol{r}\right) \exp\left(-\frac{T_{\mathrm{E}}}{T_2^*\left(\boldsymbol{r}\right)}\right) \exp\left(-2\pi\,\mathrm{i}\,\boldsymbol{k}\left(t\right) \cdot \boldsymbol{r}\right) \mathrm{d}Y\,\mathrm{d}Z.$$
(5.20)

Dans ce cas la grandeur imagée a pour expression, $M_\perp(\boldsymbol{r}, t = 0) \times \exp(-T_{\mathrm{E}}/T_2^*(\boldsymbol{r}))$.

5.4.2   Choix des paramètres

La construction de l'image s'effectue simplement en utilisant une transformation de Fourier 2D rapide. La taille de la matrice dans l'espace réciproque est fréquemment de 128×128 ou 256×256. Le résultat de la transformation de Fourier est de type complexe. On calcule en général dans chaque pixel le module du nombre complexe. Mais, dans certaines situations, on peut aussi s'intéresser à la phase.

Si l'on considère un nombre pair de pas de codage de phase (N_Z), le gradient assurant un échantillonnage symétrique par rapport à l'origine du plan de Fourier doit être tel que :

$$\gamma \int_{t_0}^{t_1} G_Z\left(n_Z, t\right) \mathrm{d}t = 2\pi \left(n_Z + \frac{1}{2}\right) \Delta k_Z,$$
(5.21)

où $\Delta k_Z = 1/Z_{\mathrm{max}}$ est associé à la largeur de champ dans la direction Z, et où $-N_Z/2 \le n_Z \le (N_Z/2) - 1$.

De la même manière, dans la direction k_Y, l'échantillonnage du signal s'effectuera aux instants

$$t = T_E + \left(n_Y + \frac{1}{2} \right) \frac{2 \pi \Delta k_Y}{\gamma G_Y^0}, \tag{5.22}$$

où $-N_Y/2 \le n_Y \le (N_Y/2) - 1$. Cela correspond à une fréquence d'échantillonnage

$$f_e = \frac{\gamma G_Y^0}{2 \pi \Delta k_Y}. \tag{5.23}$$

Si le gradient de lecture n'est pas constant pendant l'acquisition, l'incrément Δk_Y ne l'est pas non plus, et l'on doit faire appel à une technique d'interpolation (chapitre 4, section 4.12).

Il est très facile d'accroître la largeur de champ dans la direction du codage de fréquence, il suffit en effet d'accroître la fréquence d'échantillonnage. Le sur-échantillonnage (échantillonnage à une fréquence plus élevée que celle correspondant au critère de Nyquist) dans cette direction, est même assez généralement utilisé. Le sur-échantillonnage suivi d'une opération de filtrage numérique et décimation, permet d'accroître la dynamique du récepteur, tout en conservant (voire en améliorant) le rapport signal sur bruit, et en interdisant tout repliement dans la direction lecture. Par contre, dans la direction du codage de phase, l'accroissement de la largeur de champ ne peut s'effectuer (à résolution spatiale constante), qu'en accroissant le nombre de pas de codage de phase, et donc la durée d'expérience.

On rappelle que, lorsque N est grand, la symétrie de l'échantillonnage ne constitue nullement un impératif (*cf.* chapitre 4, section 4.6.3) et l'on établira sans difficultés l'équivalent des expressions (5.21) et (5.22) permettant à la fréquence spatiale $k = 0$ d'être échantillonnée (*cf.* exercice 5-1). On trouvera des ordres de grandeur concernant les paramètres d'une séquence de ce type dans l'exercice 5-2.

5.4.3 Effets d'off-résonance

Nous avons supposé jusque là que $\omega_0 = \Omega_0 - \Omega_{rf} = 0$ en absence de gradient. En présence d'un offset, la phase devient $\varphi(t) = \omega_0 t - 2 \pi i k(t) \cdot r$ et, en négligeant la relaxation, le signal acquis s'écrit :

$$s(t) = F(\omega_0, \mathbf{k}) = \iint_{\text{coupe}} \exp(i \omega_0 t) f(\mathbf{r}) \exp(-2\pi i \mathbf{k}(t) \cdot \mathbf{r}) \, dY \, dZ. \tag{5.24}$$

En utilisant l'expression (5.15), on en déduit le signal dans l'espace réciproque :

$$F(\omega_0, \mathbf{k}) = \exp(i \omega_0 T_E) \exp\left(2\pi i k_Y \frac{\omega_0}{\gamma G_Y^0} \right) F(\omega_0 = 0, \mathbf{k}), \tag{5.25}$$

La fonction $F(\omega_0, \boldsymbol{k})$ diffère de $F(\omega_0 = 0, \boldsymbol{k})$ par la présence d'une constante $\exp(i\,\omega_0\,T_{\mathrm{E}})$ et d'un terme de phase dépendant linéairement de k_Y. Compte tenu des propriétés de la transformée de Fourier par rapport aux translations, on en déduit que la transformée de Fourier inverse de $F(\omega_0, \boldsymbol{k})$ s'écrit :

$$f_T(Y, Z) = \exp(i\,\omega_0\,T_{\mathrm{E}})\, f\left(Y + \frac{\omega_0}{\gamma\,G_Y^0}, Z\right), \qquad (5.26)$$

où $f(Y, Z)$ est la transformée de Fourier inverse de $F(\omega_0 = 0, \boldsymbol{k})$. Ainsi, outre l'ajout d'une constante complexe de module unité, l'offset introduit une translation de l'image d'une quantité $\Delta Y = -\omega_0/\gamma\,G_Y^0$ **dans la direction** Y **du gradient de lecture.** En utilisant la relation (5.16), on en déduit que

$$\Delta Y = -\frac{f_0\,\Delta T}{\Delta k_Y}, \qquad (5.27)$$

où $f_0 = \omega_0/2\pi$. Nous examinons ci-dessous les conséquences des effets d'off-résonance dans diverses situations.

5.4.3.1 Offset associé à la position de la coupe par rapport au centre magnétique

La sélection d'une coupe non située au centre magnétique du système de gradient, peut introduire un offset. En effet la position de la coupe est ajustée en agissant sur Ω_{rf} (chapitre 3, section 3.2.1). Si l'observation est effectuée dans un trièdre tournant à la fréquence Ω_{rf}, alors l'acquisition s'effectue en présence d'un offset $\omega_0 = \gamma\,X_c\,G_X^0$ (chapitre 3, équation (3.6)), ce qui introduit une translation de l'image dans la direction du gradient de lecture. Plus le plan de coupe s'éloigne du centre magnétique du système de gradient, plus la translation de l'image est importante. La correction est très facile à réaliser puisqu'il suffit de multiplier les données brutes, avant transformation de Fourier, par la quantité $\exp\left(-2\,\pi\,i\,k_Y\,\omega_0/\gamma\,G_Y^0\right)$. Ce problème n'existe pas si la fréquence du synthétiseur est commutée à la valeur Ω_0, après excitation.

5.4.3.2 Déformations de l'image

En présence d'un champ B_0 inhomogène, ou de variations de susceptibilité magnétique dans l'échantillon, l'offset devient dépendant de la position. Il apparaît immédiatement en reprenant l'équation (5.26), que des inhomogénéités de champ induisent des distorsions d'image. La fonction image calculée, $|f'(Y, Z)|$, s'écrit :

$$|f'(Y, Z)| = \left| f\left(Y + \frac{\omega_0(Y, Z)}{\gamma\,G_Y^0}, Z\right) \right|. \qquad (5.28)$$

où $f(Y, Z)$ est l'image qui serait acquise en champ homogène. Ainsi, un champ B_0 inhomogène, produit des distorsions dans la direction du gradient

de lecture. Ces déformations restent en général très faibles, sauf éventuellement au voisinage de discontinuités de la susceptibilité magnétique, où elles
peuvent être parfois importantes. On gardera en mémoire que de fortes inhomogénéités peuvent aussi induire des pertes de signal lorsque que la rotation
de phase devient importante sur la taille d'un voxel (*cf.* section 5.4.6.1).

5.4.3.3 Artefact de déplacement chimique

Nous avons vu que la position d'un plan de coupe dépend du déplacement
chimique, ce qui pose quelques problèmes en imagerie clinique (chapitre 3,
section 3.7). La présence d'eau et de graisses dans les tissus pose aussi un
problème dans le plan de coupe. La condition $\omega_0 = 0$ ne peut être réalisée
simultanément pour les deux espèces. Cette condition est, en général, ajustée
pour les protons de l'eau. La différence de déplacement chimique eau-graisse
est de l'ordre de 3,5 ppm (*cf.* figure 3.24), la fréquence de résonance des lipides
(Ω_0^{lip}) étant, *en valeur absolue*, plus petite que celle de l'eau (Ω_0^{eau}). Dans la
direction du gradient de lecture, les zones comportant des lipides sont donc
décalées vers les basses fréquences (quel que soit le signe de γ, la fréquence
croît, en valeur absolue, dans la direction du vecteur gradient).

Par ailleurs, le terme $\exp(i\,\omega_0\,T_E)$ présent dans l'expression (5.26) a aussi
son importance. La phase relative des signaux de l'eau et des graisses, dépend
du temps d'écho. Considérons d'abord le cas où $\omega_0\,T_E$ est un multiple de 2π.
Dans ce cas, les signaux de l'eau et des graisses sont en phase. Lorsqu'un organe est entouré de graisse, sa frontière « basses fréquences » est alors ourlée
de noir, tandis que sa frontière « hautes fréquences » est ourlée de blanc (figure 5.6). Il s'agit de l'artefact de déplacement chimique de première espèce.
La figure 5.7a montre comment se manifeste cet artefact en imagerie clinique.
L'artefact est d'autant plus important que le champ directeur est important.
Il peut être réduit en accroissant le gradient de lecture et la fréquence d'échantillonnage. La durée d'acquisition du signal d'une ligne est alors réduite. Cela
s'effectue au détriment du rapport signal sur bruit. En effet, l'accroissement
du gradient augmente la largeur fréquentielle de l'objet ; il faut donc ouvrir
la bande passante du récepteur, ce qui détériore le rapport signal/bruit (*cf.*
exercice 5-3). Comme cela a été indiqué dans la section 3.7, la saturation du
signal des graisses est une possibilité fréquemment utilisée pour éviter ce type
d'artefact, lorsqu'il peut être gênant.

Une autre situation intéressante est celle qui produit une opposition de
phase des signaux de l'eau et des graisses contenues dans un même voxel
($\omega_0\,T_E$ est un multiple impair de π). Dans ce cas, c'est toute la coupe de
l'organe entouré de graisse, qui se trouve ourlée de noir (figure 5.7b). Il s'agit
de l'artefact de déplacement chimique de seconde espèce.

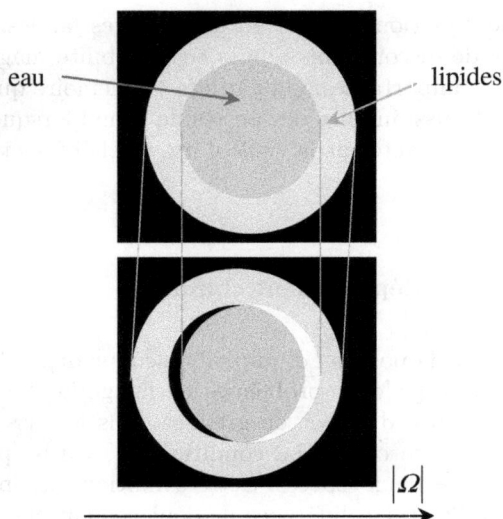

FIG. 5.6 – L'artefact de déplacement chimique introduit par le codage en fréquence, déplace les régions lipidiques vers les basses fréquences. Lorsqu'une région contenant de l'eau est entourée de lipides, le déplacement des régions lipidiques dans la direction du codage en fréquence introduit une hypo-intensité du côté des basses fréquences (absence de signal) et, si les signaux de l'eau et des lipides sont en phase, une hyper-intensité du coté des hautes fréquences (addition des signaux).

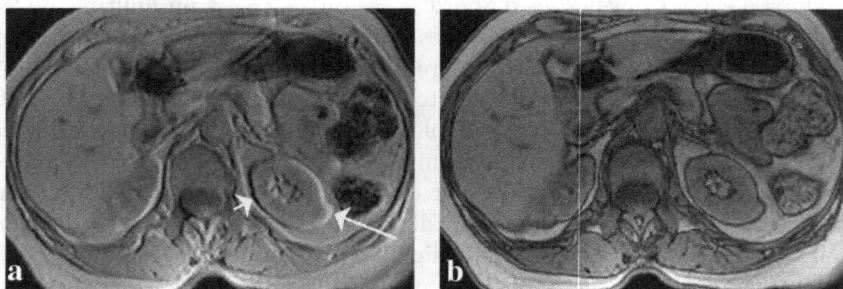

FIG. 5.7 – Artefact de déplacement chimique autour du rein. Eau et graisses en phase : hypo-intensité à gauche (petite flèche) et hyper-intensité (longue flèche) à droite (a). Eau et graisses en opposition de phase : l'organe est ourlé de noir (b). D'après E. Merkle *et al.* Am. J. Roentgenol. **186**, 1524–1532, 2006, © ARRS 2006.

5.4.4   Bande passante par pixel

Le signal acquis est toujours accompagné d'un certain niveau de bruit. Le bruit superposé au signal est d'autant plus important que la bande passante du récepteur est large. Cette bande passante, BP, doit être égale à l'inverse de la période d'échantillonnage :

$$BP = \frac{1}{\Delta T} \tag{5.29}$$

Lorsqu'on accroît le gradient de lecture, la durée de l'acquisition et ΔT diminuent, mais la bande passante et donc le bruit s'accroissent. Une caractéristique importante d'une séquence d'imagerie est sa bande passante par pixel, BP/N_Y, dans la direction du gradient de lecture. La donnée de cette bande passante contient donc une information sur la qualité de l'image. Elle permet aussi d'évaluer directement l'amplitude de l'erreur de position due au déplacement chimique. Une valeur de 100–125 Hz par pixel est typique de nombreuses méthodes d'imagerie RMN. On vérifiera que cela correspond à une durée d'ouverture du récepteur et du CAN de 8–10 ms.

5.4.5 Enchaînement des séquences : imagerie multi-coupes

L'enchaînement des excitations le plus communément rencontré en imagerie clinique est de type multi-coupes entrelacées. Après que les données d'une ligne de l'espace réciproque aient été acquises dans la coupe 1, une nouvelle excitation de cette coupe pour acquérir une deuxième ligne de l'espace réciproque n'est effectuée qu'après un temps T_R (temps de récupération), dont la valeur dépend du contraste souhaité (figure 5.8). Cela permet à l'aimantation longitudinale de retourner vers l'équilibre thermique. Ce temps est utilisé

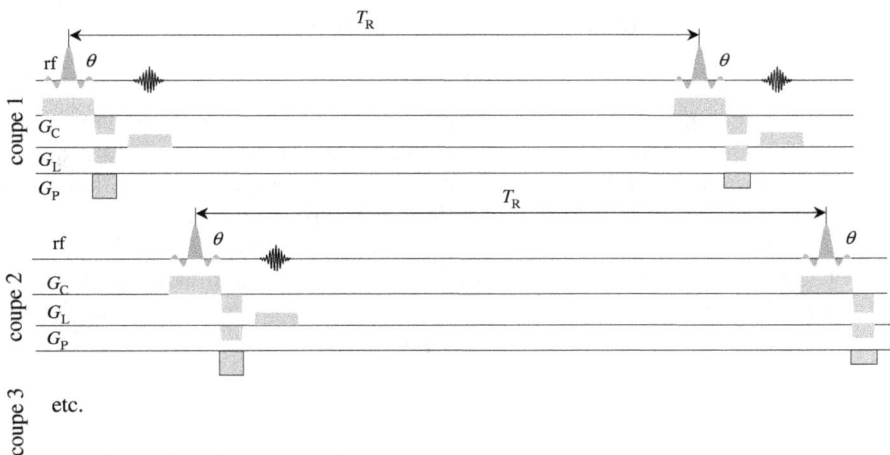

FIG. 5.8 – Imagerie multi-coupes. Enchaînement des séquences. G_C : gradient de coupe, G_L : gradient de lecture, G_P : gradient de codage de phase.

pour aller exciter d'autres coupes avec les mêmes paramètres : la ligne 1 de l'espace réciproque de la coupe 2 est ainsi acquise, puis celle de la coupe 3, etc. D'une coupe à l'autre, seule la fréquence d'excitation est modifiée.

L'aimantation longitudinale dans chaque tranche atteint progressivement un état stationnaire. Cet état et la rapidité de son établissement dépendent des paramètres tels que T_1, T_2, qui eux-mêmes dépendent de la position, et des paramètres de séquence, T_E, T_R et θ (angle d'impulsion). À l'état stationnaire, la valeur de l'aimantation longitudinale d'un isochromat peut être calculée aisément si l'on fait l'hypothèse $T_R \gg T_2$. On obtient :

$$M_Z\left(\boldsymbol{r}\right) = M_0\left(\boldsymbol{r}\right)\frac{1 - E_1\left(\boldsymbol{r}\right)}{1 - E_1\left(\boldsymbol{r}\right)\cos\theta} \tag{5.30}$$

où $E_1\left(\boldsymbol{r}\right) = \exp\left(-T_R/T_1\left(\boldsymbol{r}\right)\right)$.

Lorsque T_R est de l'ordre de T_1, cet état stationnaire est atteint très rapidement, 3 ou 4 impulsions séparées de l'intervalle de temps T_R suffisent (*cf.* exercice 5-4). Il est même atteint dès la seconde impulsion si $\theta = 90°$. Afin d'éviter des erreurs d'amplitude sur les premières lignes de l'espace réciproque acquises, il est important d'effectuer des excitations « à blanc », avant de procéder à l'acquisition.

L'aimantation transversale associée à l'isochromat de coordonnée $\boldsymbol{r}$ a pour expression :

$$M_\perp\left(\boldsymbol{r}\right) = M_Z\left(\boldsymbol{r}\right)\sin\theta\exp\left(-T_E/T_2\left(\boldsymbol{r}\right)\right). \tag{5.31}$$

Si l'on considère, non plus un isochromat, mais un ensemble d'isochromats, il faudra remplacer T_2 par T_2^*. Avec $T_R = 0{,}5$ s, $T_E = 10$ ms, et une matrice 128×128, plus d'une vingtaine de coupes pourront être acquises en un temps de l'ordre de la minute. En imagerie clinique, l'épaisseur de coupe est généralement comprise entre 3 et 10 mm, selon le type d'étude. On vérifiera que le signal maximum est obtenu lorsque l'angle θ est tel que :

$$\cos\theta = E_1. \tag{5.32}$$

Cet angle est connu sous le nom d'angle de Ernst. Remarquons cependant qu'en IRM le contraste est certainement un paramètre aussi important que le niveau du signal. Par ailleurs, T_1 étant une fonction de la position, la condition de Ernst l'est aussi. Elle ne peut donc pas être satisfaite sur tout l'objet imagé. La relation (5.30) a été établie en faisant l'hypothèse $T_R \gg T_2$. Si cette hypothèse n'est pas satisfaite, on peut éviter la contribution de la composante transversale résiduelle, à l'établissement de l'état stationnaire, en incrémentant la phase des impulsions (section 5.5.4).

5.4.6   Contraste

5.4.6.1   Contraste T_2^*, contraste de susceptibilité magnétique

Une caractéristique majeure de la séquence d'écho de gradient est sa sensibilité à T_2^*, sensibilité d'autant plus forte que T_E est long. Cela peut être une source d'artefacts si l'homogénéité du champ est insuffisante, ou lorsqu'un patient porte des prothèses métalliques. La variation du champ moyen d'un voxel à l'autre se traduit par des distorsions d'image et quelques anomalies d'intensité (*cf.* section 5.4.3.2). Avec une séquence d'écho de gradient à T_E long, les variations de phase dépendant de la coordonnée (terme $\exp(i\omega_0 T_E)$ de l'équation (5.26)) peuvent devenir importantes sur l'étendue d'un voxel, ce qui entraine des pertes de signal (figure 5.9). En imagerie 2D multi-coupes, la résolution spatiale dans la direction de coupe est souvent moins bonne que dans les deux autres directions. C'est donc alors la dispersion de phase dans la direction orthogonale au plan de coupe qui est principalement à l'origine des difficultés.

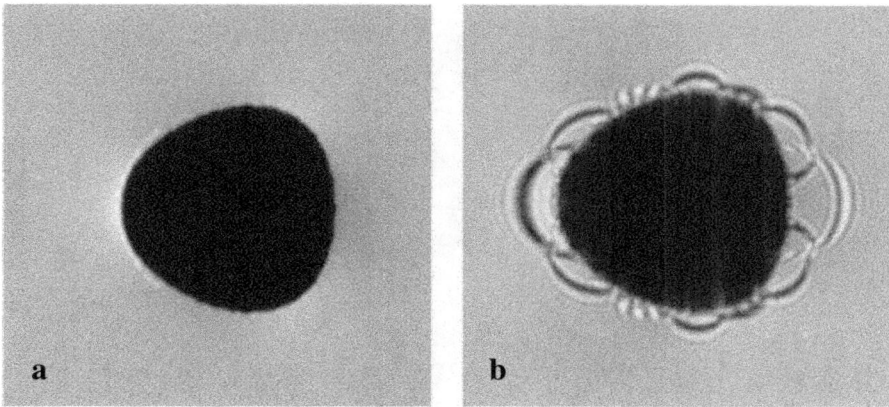

FIG. 5.9 – Images d'une bulle d'air dans de l'eau. La différence des susceptibilités magnétiques de l'air et de l'eau induit des perturbations du champ magnétique au voisinage de l'interface air-eau. Cela se traduit sur l'image en écho de spin (a) par des distorsions géométriques et quelques anomalies d'intensité. Outre ces distorsions, l'image en écho de gradient (b) présente d'importantes pertes de signal. Simulation, $B_0 = 7$ T, $T_E = 20$ ms, $T_R = 1$ s). D'après H. Benoit-Cattin *et al.* J. Magn. Reson. **173**, 97–115, 2005, with permission from Elsevier.

La sensibilité à T_2^* peut être aussi une source appréciable d'informations dans de multiples situations. La plus connue de ces situations est celle qui est exploitée pour réaliser l'imagerie de l'activité cérébrale. Toute activité céré-brale nécessite de l'énergie et donc de l'oxygène. Cet oxygène est fourni par voie sanguine : le débit sanguin cérébral s'accroît dans les régions corticales sièges d'une activité. Le paradoxe est que l'apport est sensiblement supérieur à ce qui est nécessaire, de sorte que la concentration d'oxygène dans les ca-pillaires et veinules drainant la région concernée s'accroît lors d'une activité cognitive. Cela se traduit par un accroissement de la concentration sanguine en oxyhémoglobine, qui est diamagnétique, au détriment de la concentration en déoxyhémoglobine qui, elle, est paramagnétique. Avec une technique d'écho de gradient les régions corticales sièges d'une activité voient donc leur signal s'accroître (croissance de T_2^*). Ce mécanisme est appelé contraste BOLD (*Blood Oxygenation Level Dependent*).

Les différences de susceptibilité magnétique produisent des pertes de cohérence, et donc des modifications de T_2^*, mais elles entraînent aussi des modifications de la fréquence de résonance. Ces modifications peuvent être détectées en mesurant la phase du signal issu de la transformée de Fourier inverse 2D, plutôt que son amplitude. La figure 5.10 montre ainsi comment peut être exploitée la présence d'un contraste associé aux différences locales de susceptibilité magnétique des tissus.

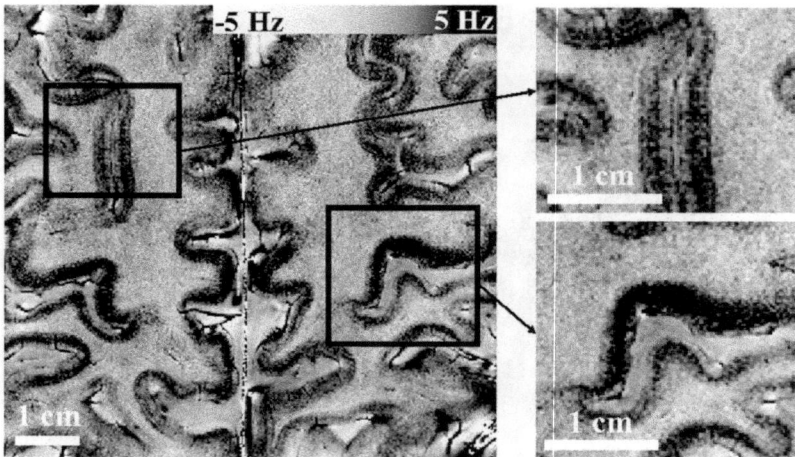

FIG. 5.10 – Images du cerveau humain dans un champ de 7 T. $T_E \approx 30$ ms, épaisseur de coupe 1 mm, résolution digitale 240×240 μm. Ces images de phase révèlent des différences de susceptibilité entre matière grise et matière blanche, mais aussi à l'intérieur même du ruban cortical. D'après J. Duyn *et al.* Proc. Natl. Acad. Sci., **104**, 11796–11801, 2007, © 2007, NAS, USA.

5.4.6.2   Contraste T_1, contraste en densité de spins

La figure 5.11 montre l'évolution de l'aimantation longitudinale à l'état stationnaire (équation (5.30)), en fonction du rapport T_R/T_1, et pour différentes valeurs de l'angle d'impulsion θ. Si le temps d'écho T_E est court devant T_2^*, l'utilisation d'un angle d'impulsion relativement important, et d'un rapport $T_R/T_1 < 1$, donne un contraste T_1. L'allongement de T_R, et/ou la diminution de θ, rapproche d'un contraste en densité de spins. On note qu'une impulsion d'angle $\theta = 90°$ provoque une saturation du système de spins ($M_Z = 0$). La séquence est alors parfois désignée sous le nom de saturation-récupération.

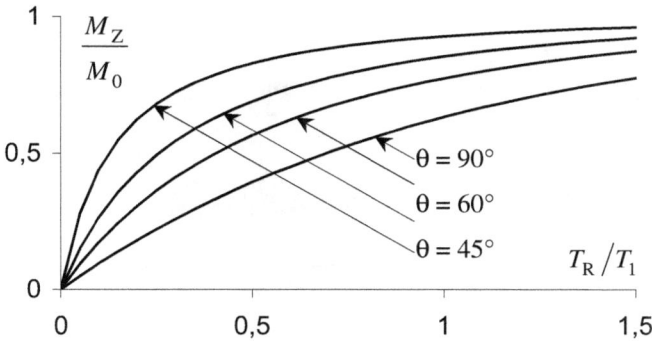

FIG. 5.11 – Valeur de M_Z/M_0 à l'état stationnaire en fonction du rapport T_R/T_1, pour différentes valeurs de l'angle d'impulsion.

On peut utiliser aussi une séquence d'inversion-récupération, où une impulsion de 180° inverse l'aimantation longitudinale. Cette impulsion est suivie d'un délai T_I appelé temps d'inversion, après quoi la séquence d'écho de gradient est appliquée (figure 5.12). L'inversion peut permettre d'éliminer le signal provenant de certains tissus, fluides ou espèces chimiques (lipides).

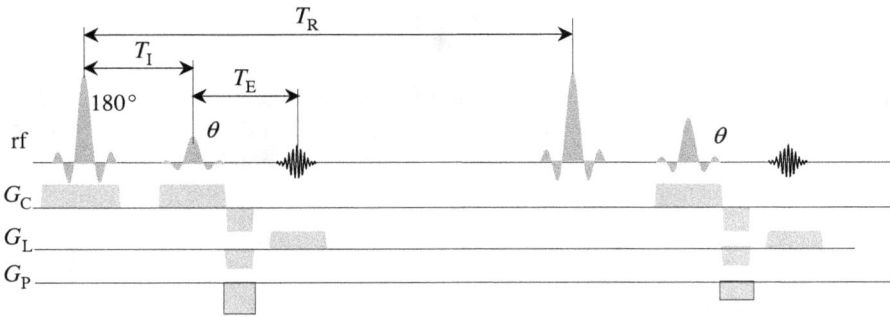

FIG. 5.12 – Séquence d'inversion-récupération.

5.4.7   Imagerie 3DFT

L'imagerie multi-coupes permet d'obtenir une image 3D d'un objet. Ce résultat peut être aussi obtenu en remplaçant l'excitation spatialement sélective par une excitation non sélective, et en utilisant un codage de phase pour résoudre la troisième dimension spatiale. La figure 5.13 présente une séquence

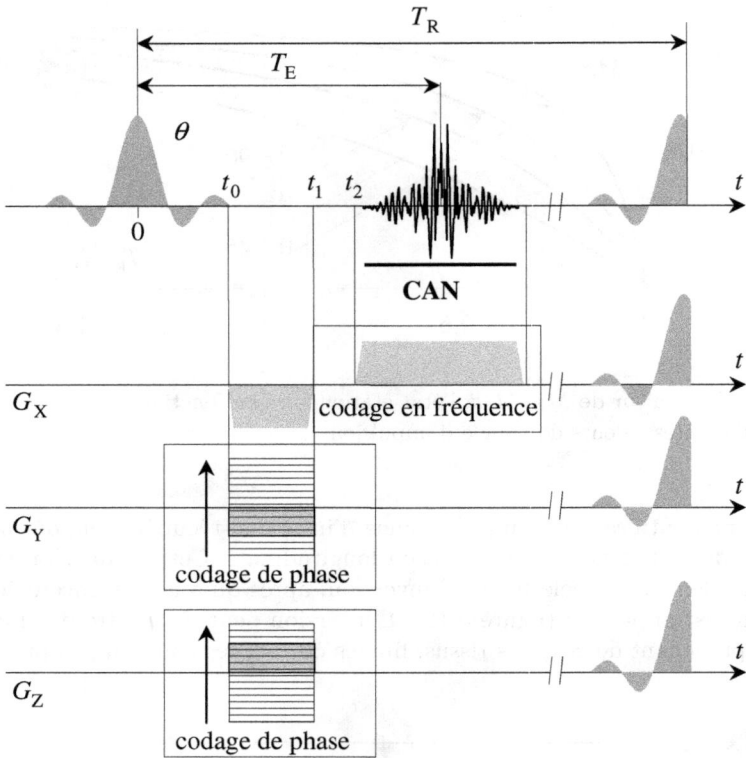

FIG. 5.13 – Imagerie 3DFT d'écho de gradient. S'il n'est pas nécessaire de couvrir la totalité de l'objet, on peut ajouter un gradient de sélection de coupe dans l'une des directions de codage de phase. Cela permet de réduire le nombre de pas de codage dans cette direction et donc le temps d'acquisition.

de ce type. Le signal acquis s'écrit :

$$F\left(\boldsymbol{k}\right) = \iiint_{\text{échantillon}} f\left(\boldsymbol{r}\right) \exp\left(-\frac{T_{\mathrm{E}}}{T_2\left(\boldsymbol{r}\right)}\right) \exp\left(-2\pi\, \mathrm{i}\, \boldsymbol{k}\left(t\right) \cdot \boldsymbol{r}\right) \mathrm{d}X \,\mathrm{d}Y \,\mathrm{d}Z, \tag{5.33}$$

et l'image est obtenue par transformée de Fourier 3D.

Dans ce cas cependant, le temps séparant deux excitations n'est pas exploité, et l'acquisition d'une image avec une technique 3DFT, est beaucoup plus longue qu'avec une approche multi-coupes. L'imagerie 3DFT ne trouve son intérêt qu'avec les techniques rapides travaillant avec de faibles temps de répétition.

5.4.8 Couverture incomplète du plan de Fourier

Lorsque $f(r)$ est réel, l'exploitation de la symétrie hermitienne de $F(k)$ permet d'envisager de limiter les acquisitions à la couverture d'une partie seulement de l'espace réciproque. En principe un demi-espace pourrait être suffisant. Nous verrons qu'en pratique, il en faut un peu plus. L'acquisition d'un demi-espace de Fourier peut être intéressante dans deux types d'applications :

- Diminution du temps d'écho T_E. Les échos sont acquis de manière asymétrique (figure 5.14a). La réduction du temps d'écho peut permettre de limiter l'atténuation dues aux temps de relaxation T_2 et T_2^*, mais aussi de limiter les déphasages associés au mouvement.

- Réduction de la durée minimum d'acquisition d'une image. On réduit le nombre de pas de codages de phase (figure 5.14b).

On notera cependant que l'acquisition d'un demi espace réciproque diminue le rapport signal sur bruit d'un facteur $\sqrt{2}$.

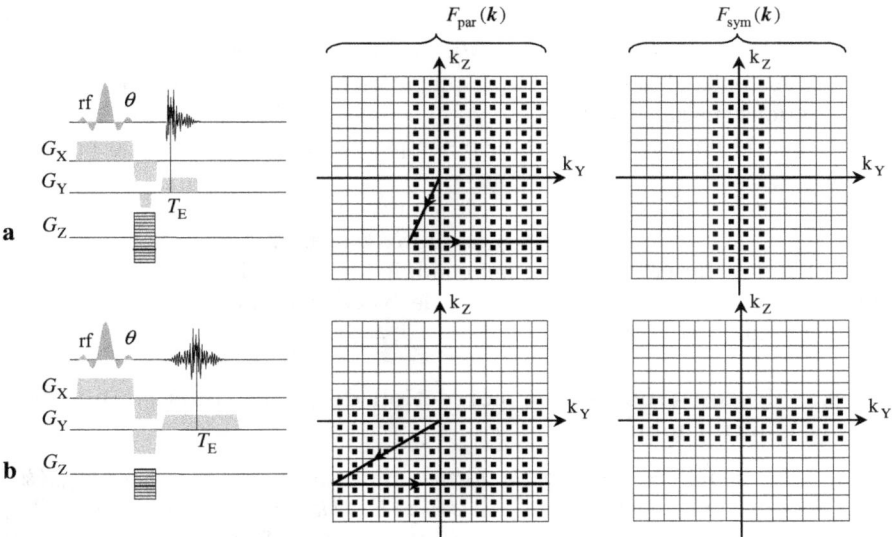

FIG. 5.14 – Remplissage incomplet de l'espace. (a) Diminution du temps d'écho : la première partie de l'écho est tronquée. (b) Diminution de la durée d'expérience : le nombre de pas de codage de phase est réduit. De gauche à droite : séquence d'excitation, points de l'espace réciproque acquis ($F_{\text{par}}(k)$), points de l'espace réciproque retenus pour l'évaluation des glissements de phase ($F_{\text{sym}}(k)$).

Les écarts à la symétrie hermitienne de $F(k)$, interviennent lorsque $f(r)$ est complexe. C'est le cas lorsque l'aimantation n'est pas alignée avec l'axe x

du trièdre de réception, ou en présence d'offset. Ces déphasages, indépendants de la position, peuvent être corrigés sans difficulté. Les problèmes apparaissent en présence de déphasages dépendants de la position, $\varphi(\boldsymbol{r})$, dont les causes peuvent être multiples : homogénéité imparfaite du champ magnétique, effets de susceptibilité magnétique qui introduisent des variations locales du champ, mouvements du patient, fluides en mouvement (*cf.* chapitre 1, section 1.15), déphasages dépendant de la position associés à l'utilisation d'une bobine d'émission et d'une bobine de réception (*cf.* chapitre 6, section 6.5.1), etc. Ces écarts à la symétrie hermitienne peuvent souvent être corrigés, au moins partiellement.

5.4.8.1 Évaluation du déphasage dépendant de la position

Si l'on veut évaluer le déphasage dépendant de la position, l'acquisition ne peut être strictement limitée à un demi-plan de Fourier. Elle doit au moins inclure une étroite bande centrale de fréquences spatiales pour laquelle l'acquisition est symétrique ($F_{\text{sym}}(\boldsymbol{k})$, figure 5.14). La largeur de cette bande dépend des applications, mais elle peut atteindre des valeurs de l'ordre du quart de la largeur de l'espace de Fourier. C'est le traitement de cette bande centrale, qui permet de déterminer le déphasage dépendant de la position $\varphi(\boldsymbol{r})$. On sait que $TF^{-1}[F(\boldsymbol{k})\,T(\boldsymbol{k})] = f(\boldsymbol{r}) \otimes t(\boldsymbol{r})$. La fenêtre $T(\boldsymbol{k})$ étant symétrique par rapport au centre de l'espace réciproque, alors $t(\boldsymbol{r})$ est une fonction réelle. Si les variations spatiales de la phase $\varphi(\boldsymbol{r})$ sont lentes, la convolution avec $t(\boldsymbol{r})$ affecte peu la phase. Il n'en est bien sûr pas de même si ces variations sont rapides.

La bande étroite de fréquences de l'espace réciproque pour laquelle l'acquisition est symétrique ($F_{\text{sym}}(\boldsymbol{k})$) est, après zéro-filling, soumise à une transformation de Fourier inverse, ce qui conduit à $f_{\text{sym}}(\boldsymbol{r})$. La phase, $\varphi(\boldsymbol{r})$, peut être ainsi déterminée sur cette image de basse résolution. Nous allons voir comment exploiter ce résultat.

5.4.8.2 Reconstruction par correction de phase, puis conjugaison hermitienne

$F_{\text{par}}(\boldsymbol{k})$ peut s'écrire sous la forme d'une partie symétrique $F_{\text{sym}}(\boldsymbol{k})$, et d'une partie asymétrique $F_{\text{asym}}(\boldsymbol{k})$: $F_{par}(\boldsymbol{k}) = F_{\text{sym}}(\boldsymbol{k}) + F_{\text{asym}}(\boldsymbol{k})$ (figure 5.15a). Soient $f_{\text{sym}}(\boldsymbol{r})$ et $f_{\text{asym}}(\boldsymbol{r})$ les transformées de Fourier inverse de $F_{\text{sym}}(\boldsymbol{k})$ et de $F_{\text{asym}}(\boldsymbol{k})$. Une correction de phase (multiplication par $\exp(-\mathrm{i}\,\varphi(\boldsymbol{r}))$), peut être appliquée à $f_{\text{sym}}(\boldsymbol{r})$ et $f_{\text{asym}}(\boldsymbol{r})$, ce qui produit $f_{\text{sym}}^{\text{cor}}(\boldsymbol{r})$, qui est réelle, et $f_{\text{asym}}^{\text{cor}}(\boldsymbol{r})$. On peut alors retourner dans l'espace réciproque, pour compléter les données en exploitant l'hermiticité, en principe retrouvée. À la suite de la correction de phase, $F_{\text{asym}}(\boldsymbol{k})$ devient, $F_{\text{asym}}^{\text{cor}}(\boldsymbol{k})$, et $F_{\text{sym}}(\boldsymbol{k})$ devient $F_{\text{sym}}^{\text{cor}}(\boldsymbol{k})$. La partie qui manque s'écrit simplement $F_{\text{asym}}^{\text{cor}}{}^{*}(-\boldsymbol{k})$, et la fonction $F(\boldsymbol{k})$ reconstituée s'écrit :

$$F(\boldsymbol{k}) = F_{\text{sym}}^{\text{cor}}(\boldsymbol{k}) + F_{\text{asym}}^{\text{cor}}(\boldsymbol{k}) + F_{\text{asym}}^{\text{cor}}{}^{*}(-\boldsymbol{k}). \tag{5.34}$$

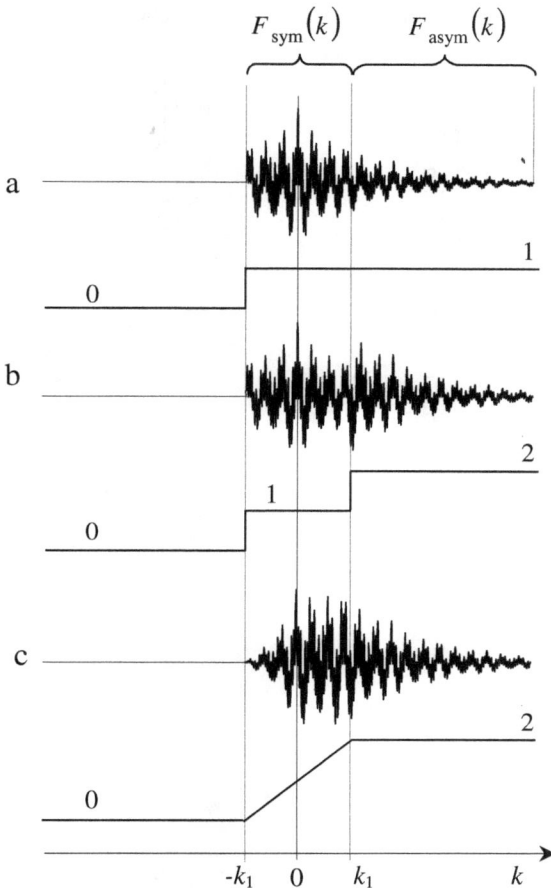

FIG. 5.15 – Illustration 1D du traitement du signal lors d'une reconstruction homo-dyne. (a) Signal acquis. (b) Doublement du poids de la partie asymétrique. (c) At-ténuation des discontinuités.

On vérifiera que la transformée inverse de cette fonction, maintenant à symé-trie hermitienne, est égale à :

$$f(\boldsymbol{r}) = f_{\text{sym}}^{\text{cor}}(\boldsymbol{r}) + 2\Re\left\{f_{\text{asym}}^{\text{cor}}(\boldsymbol{r})\right\}, \qquad (5.35)$$

ou encore,

$$f(\boldsymbol{r}) = \Re\left\{f_{\text{sym}}^{\text{cor}}(\boldsymbol{r}) + 2f_{\text{asym}}^{\text{cor}}(\boldsymbol{r})\right\}. \qquad (5.36)$$

Appliquée telle qu'elle est décrite, la procédure comporte trois transformations de Fourier successives (figure 5.16a).

Partie a :

$F_{\text{sym}}(\boldsymbol{k})$ $F_{\text{sym}}(\boldsymbol{k}) + F_{\text{asym}}(\boldsymbol{k})$

$\text{TF}^{-1} \Downarrow$ $\text{TF}^{-1} \Downarrow$

$f_{\text{sym}}(\boldsymbol{r})$ $f_{\text{sym}}(\boldsymbol{r}) + f_{\text{asym}}(\boldsymbol{r})$

$\varphi(\boldsymbol{r})$ correction de phase $\Longrightarrow$

$$f_{\text{sym}}^{\text{cor}}(\boldsymbol{r}) + f_{\text{asym}}^{\text{cor}}(\boldsymbol{r})$$

$\text{TF} \Downarrow$

$$F_{\text{sym}}^{\text{cor}}(\boldsymbol{k}) + F_{\text{asym}}^{\text{cor}}(\boldsymbol{k})$$

conjugaison hermitienne $\Downarrow$

$$F_{\text{sym}}^{\text{cor}}(\boldsymbol{k}) + F_{\text{asym}}^{\text{cor}}(\boldsymbol{k}) + F_{\text{asym}}^{\text{cor}\,*}(-\boldsymbol{k})$$

$\text{TF}^{-1} \Downarrow$

$$f(\boldsymbol{r}) = \Re\left[f_{\text{sym}}^{\text{cor}}(\boldsymbol{r}) + 2 f_{\text{asym}}^{\text{cor}}(\boldsymbol{r}) \right]$$

a

Partie b :

$F_{\text{sym}}(\boldsymbol{k})$ $F_{\text{sym}}(\boldsymbol{k}) + F_{\text{asym}}(\boldsymbol{k})$

$\text{TF}^{-1} \Downarrow$ pondération $\Downarrow$

     $F_{\text{sym}}(\boldsymbol{k}) + 2 F_{\text{asym}}(\boldsymbol{k})$

     $\text{TF}^{-1} \Downarrow$

$f_{\text{sym}}(\boldsymbol{r})$ $f_{\text{sym}}(\boldsymbol{r}) + 2 f_{\text{asym}}(\boldsymbol{r})$

$\varphi(\boldsymbol{r})$ correction de phase $\Longrightarrow$

$$f(\boldsymbol{r}) = \Re\left[f_{\text{sym}}^{\text{cor}}(\boldsymbol{r}) + 2 f_{\text{asym}}^{\text{cor}}(\boldsymbol{r}) \right]$$

b

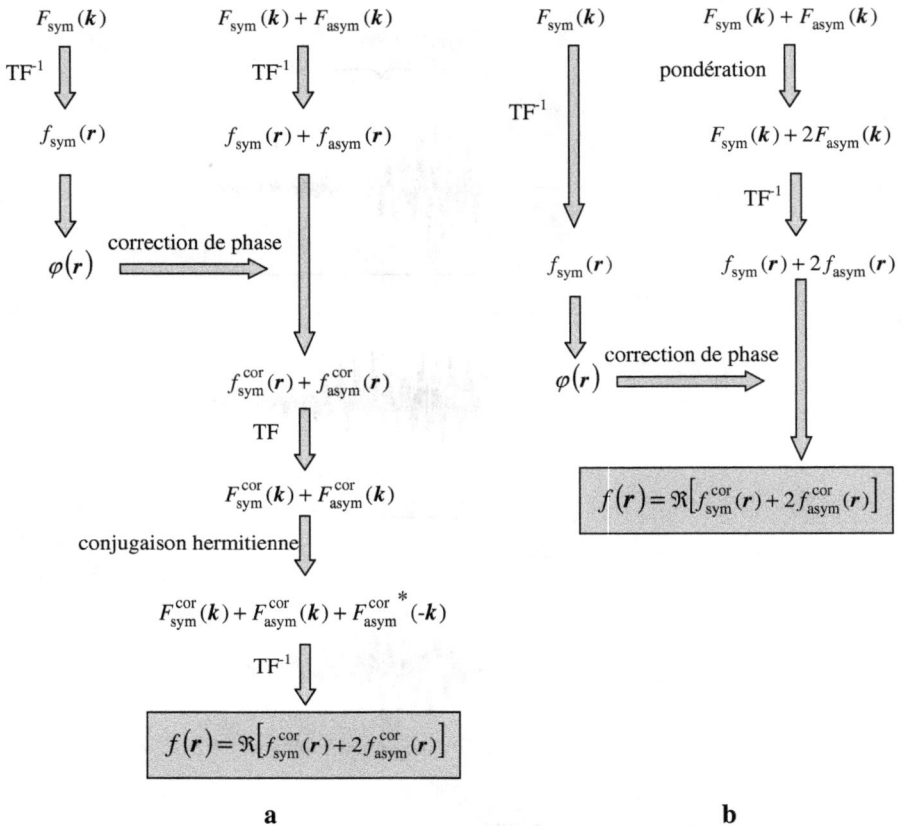

FIG. 5.16 – (a) Reconstruction par correction de phase puis conjugaison hermitienne. (b) Reconstruction homodyne.

5.4.8.3   Reconstruction homodyne

L'expression ci-dessus montre qu'une méthode plus économe en temps de calcul peut être utilisée. Elle consiste inverser les étapes de correction de phase et de conjugaison hermitienne, en partant de la fonction $F_{\text{sym}}(\boldsymbol{k}) + 2 F_{\text{asym}}(\boldsymbol{k})$ (figure 5.15b). Ces données pondérées sont soumises à une transformation de Fourier inverse, puis corrigées en phase, ce qui conduit à $f_{\text{sym}}^{\text{cor}}(\boldsymbol{r}) + 2 f_{\text{asym}}^{\text{cor}}(\boldsymbol{r})$. La partie réelle de cette fonction conduit à $f(\boldsymbol{r})$. Cette méthode est appelée reconstruction homodyne.

Les deux méthodes sont totalement identiques si l'on considère les développements analytiques. Elles ne différent que si l'on fait intervenir la numérisation des données. La correction de phase dans l'espace image est une convolution dans l'espace réciproque. Appliquée à des données comportant des zéros dans la région non acquise de l'espace de Fourier, et des discontinuités importantes, elle introduit des erreurs au voisinage de ces discontinuités. Ces erreurs se retrouvent sous la forme d'artefacts sur l'image. La correction de phase intervenant sur des données qui ne sont pas identiques dans les deux méthodes, les erreurs ne sont donc pas identiques.

Avec la reconstruction homodyne, ces erreurs peuvent être minimisées en multipliant $F_{\text{sym}}(\boldsymbol{k})$ par une fonction de pondération de la forme $1+w(k_i)$, où $i = X, Y$, ou Z, est la direction dans laquelle s'effectue la réduction du nombre de points, et $w(k_i)$ est telle que $w(k_i) = -w(-k_i)$. Ce terme antisymétrique a pour seule fonction d'adoucir les discontinuités de $F(\boldsymbol{k})$. Il est nul à l'extérieur de l'intervalle $[-k_1, k_1]$ bornant $F_{\text{sym}}(\boldsymbol{k})$ (figure 5.15c). Il ne contribue qu'à la partie imaginaire de $f_{\text{sym}}^{\text{cor}}(\boldsymbol{r}) + 2f_{\text{asym}}^{\text{cor}}(\boldsymbol{r})$. Il peut avoir la forme d'une rampe, ou de toute autre fonction antisymétrique égale à -1, lorsque $k = -k_1$, et à 1 lorsque $k = k_1$.

De nombreuses autres méthodes existent, dont des méthodes qui procèdent par itérations successives. Certaines permettent de corriger les variations spatiales rapides de la phase, qui ne sont pas prises en compte avec les méthodes présentées ci-dessus. Les principes de la reconstruction d'image à partir d'une couverture incomplète de l'espace réciproque, peuvent évidemment être appliqués à de nombreuses méthodes autres que l'imagerie par écho de gradient.

5.4.9 Cartographie du champ magnétique

En présence d'un champ statique inhomogène, l'expression (5.26) s'écrit :

$$f'(Y, Z) = \exp\left(i\,\omega_0\,(X, Y)\,T_{\text{E}}\right) f\left(Y + \frac{\omega_0\,(X, Y)}{\gamma\,G_Y^0}, Z\right). \tag{5.37}$$

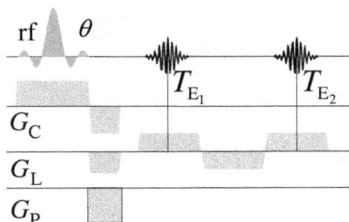

FIG. 5.17 – Séquence d'écho de gradient à deux échos.

La carte de champ peut être construire en déterminant la différence de phase entre deux images acquises à des temps d'écho différents (figure 5.17). Cela ne présente pas de difficultés, mais la phase ne peut être déterminée que modulo 2π. Si la différence de phase excède 2π, on doit mettre en oeuvre une méthode de déroulement de la phase. Cela ne présente pas de difficultés si les variations de phase d'un pixel à l'autre sont petites. La figure 5.18 présente

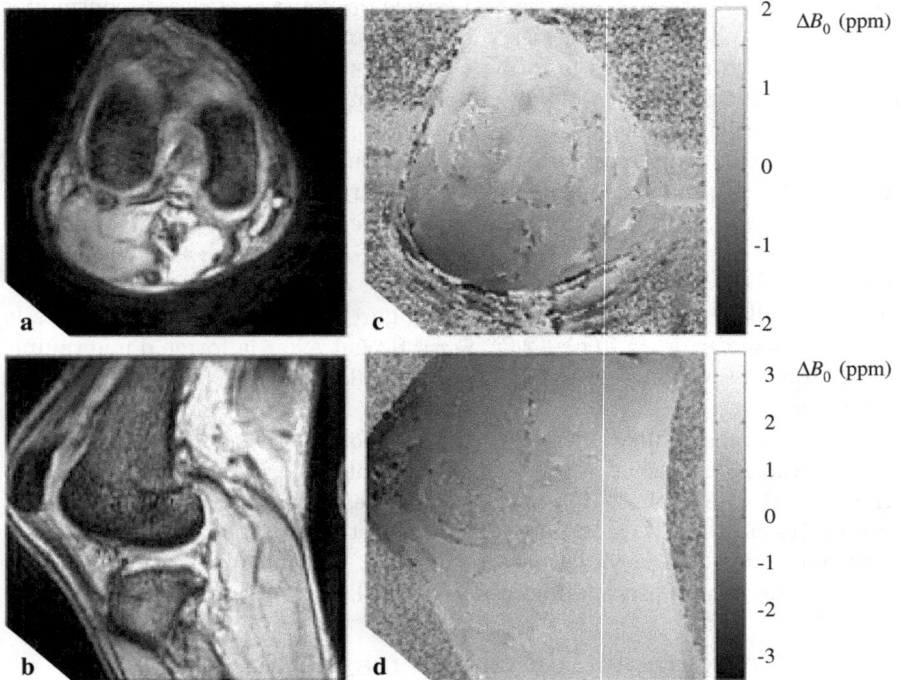

FIG. 5.18 – Coupes axiale (a) et sagittale (b) du genou dans un champ de 7 T et cartes de champ (c et d) correspondantes. D'après J. Zuo *et al.*, Magn. Reson. Imaging, **26**, 560–566, 2008, with permission from Elsevier.

une image du champ statique dans le genou humain, image obtenue avec une séquence d'écho de gradient à 2 échos.

5.5   Techniques d'écho de gradient rapides : SSFP

Nous avons supposé jusque là, que le temps de répétition de la séquence restait bien supérieur à T_2. Dans ces conditions, un état stationnaire de l'aimantation longitudinale avant chaque impulsion d'excitation s'établit (équation (5.30)), mais l'amplitude de l'aimantation transversale *avant* chaque impulsion peut être considérée comme nulle. Nous considérons maintenant des méthodes d'écho de gradient qui ont pour caractéristique commune, la répétition de l'excitation d'un système de spins avec une période T_R, de l'ordre de, ou inférieure à T_2. Cette caractéristique a pour conséquence l'établissement d'un état stationnaire de l'aimantation longitudinale, comme de l'aimantation transversale.

5.5.1 État stationnaire : introduction aux séquences SSFP

La mise en évidence de l'établissement d'un état stationnaire du signal de précession libre lors de l'application d'une suite d'impulsions, remonte à 1958 et à un article de H.Y. Carr dans *Physical Review*.

Les méthodes d'imagerie qui exploitent la présence d'un tel état stationnaire de l'aimantation transversale, sont désignées sous le terme SSFP (*Steady State Free Precession*). Pour qu'un état stationnaire s'établisse, il faut bien sûr que les paramètres, et notamment le déphasage subi pendant T_R, restent constants. Une séquence d'imagerie comporte un gradient de codage de phase, dont l'intensité varie d'un pas de codage à l'autre, et donc d'une impulsion à l'autre. Ce gradient de codage de phase, appliqué avant acquisition, doit donc être compensé après acquisition, de manière à remplir les conditions d'établissement de l'état stationnaire. Une impulsion de gradient de codage de phase d'amplitude G_P, sera donc toujours suivie, après acquisition, d'une impulsion de même largeur et d'amplitude $-G_P$. Ainsi le déphasage associé à ce gradient pendant T_R, sera toujours nul. On parle de « rembobinage » de la phase.

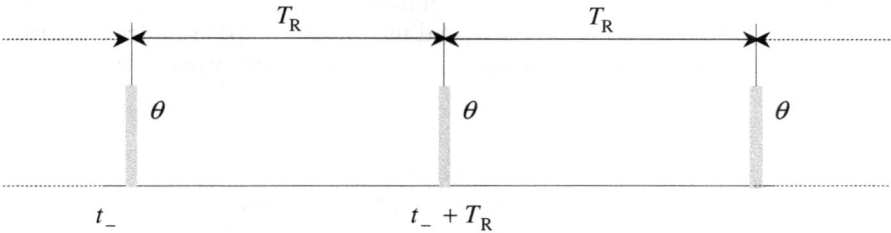

FIG. 5.19 – Suite d'impulsions identiques.

Considérons donc la suite d'impulsions identiques séparées par un temps de répétition T_R de la figure 5.19. Il est facile de calculer l'état stationnaire de l'aimantation en un instant quelconque. Pour cela on écrit que si M_x, M_y, M_z, sont les composantes de l'aimantation d'un isochromat en l'instant t, alors on retrouvera ces valeurs à l'instant $t + T_R$. Si l'on considère un instant t_- situé immédiatement avant une impulsion, alors :

$$M_x\left(t_- + T_R\right) = \left[M_x\left(t_-\right)\cos\varphi - \left(M_y\left(t_-\right)\cos\theta - M_z\left(t_-\right)\sin\theta\right)\sin\varphi\right]E_2,$$
$$M_y\left(t_- + T_R\right) = \left[\left(M_y\left(t_-\right)\cos\theta - M_z\left(t_-\right)\sin\theta\right)\cos\varphi + M_x\left(t_-\right)\sin\varphi\right]E_2,$$
$$M_z\left(t_- + T_R\right) = M_0 + \left[M_y\left(t_-\right)\sin\theta + M_z\left(t_-\right)\cos\theta - M_0\right]E_1, \tag{5.38}$$

où, $E_1 = \exp(-T_R/T_1)$, $E_2 = \exp(-T_R/T_2)$, φ est l'angle de précession autour du champ fictif pendant T_R, M_0 est l'aimantation longitudinale à l'équilibre thermique, et où l'on a supposé que les impulsions étaient infiniment courtes et appliquées selon l'axe x du repère tournant. La précession pendant T_R est due à la présence éventuelle d'un offset ($\omega_0 \neq 0$), aux inhomogénéités du champ, et à la présence d'impulsions de gradient. En écrivant que $\boldsymbol{M}(t_- + T_R) = \boldsymbol{M}(t_-)$, on en déduit qu'immédiatement avant l'impulsion l'aimantation s'écrit[1] :

$$M_\perp^- = M_x(t_-) + \mathrm{i}\, M_y(t_-) = M_0(1 - E_1)E_2 \sin\theta \big[\sin\varphi + \mathrm{i}(E_2 - \cos\varphi)\big]/D, \tag{5.39}$$

$$M_z^- = M_z(t_-) = M_0(1 - E_1)[1 - E_2 \cos\varphi - E_2 \cos\theta \cos\varphi + E_2^2 \cos\theta]/D, \tag{5.40}$$

avec,

$$D = (1 - E_1 \cos\theta)(1 - E_2 \cos\varphi) - E_2\,[E_2 - \cos\varphi]\,[E_1 - \cos\theta]. \tag{5.41}$$

Immédiatement après l'impulsion on a donc :

$$M_\perp^+ = M_0(1 - E_1)\sin\theta\,[E_2 \sin\varphi - \mathrm{i}(1 - E_2 \cos\varphi)]/D, \tag{5.42}$$

$$M_z^+ = M_0(1 - E_1)\left\{(1 - E_2 \cos\varphi)\cos\theta - E_2 \cos\varphi + E_2^2\right\}/D. \tag{5.43}$$

La figure 5.20 montre l'allure de l'aimantation transversale (module) en fonction de φ. On remarque, qu'en dépit d'un temps de répétition très inférieur à T_1 et T_2, l'aimantation transversale peut atteindre des valeurs très élevées lorsque φ s'éloigne de $2k\,\pi$.

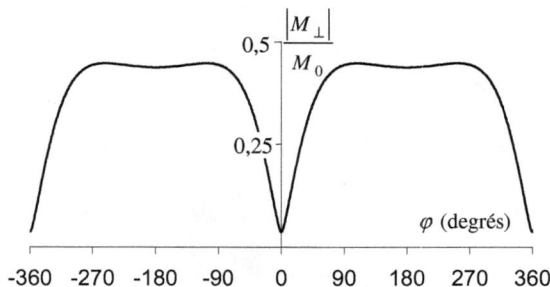

FIG. 5.20 – Module de l'aimantation transversale à l'état stationnaire en fonction de φ, après une impulsion d'angle α, pour une suite d'impulsions de phase constante. $\theta = 70°$, $T_1 = 20\,T_R$, $T_2 = 15\,T_R$.

---

1. Les expressions (5.39) et (5.42) diffèrent par le signe de M_y, de celles présentées dans l'article de Freeman et Hill, qui fait référence en la matière (J. Magn. Reson. **4**, 366–383, 1971). Ces auteurs définissent le sens des aiguilles d'une montre comme sens positif des rotations, convention fréquemment utilisée en RMN.

Nous avons supposé jusque là, que la phase des impulsions successives était constante. Dans certaines applications, la phase des impulsions est incrémentée de 180° lors de chaque répétition (ce qui signifie que le champ rf est alternativement dirigé selon x et $-x$). Si l'on observe ce champ depuis un second trièdre qui tourne à une fréquence angulaire π/T_R par rapport au trièdre tournant à la fréquence Ω_{rf}, l'alternance de phase disparaît. Ce schéma donne donc un résultat identique à celui qui aurait été obtenu avec une suite d'impulsions de phase constante, et une fréquence angulaire réduite (ou accrue) d'une quantité π/T_R, ce qui revient à changer φ en $\varphi + \pi$. L'acquisition du signal doit bien sûr s'effectuer en alternant la phase du récepteur.

Cette étude a été effectuée en supposant les impulsions infiniment courtes. Les méthodes d'imagerie font très souvent appel à une sélection de coupe, donc à des impulsions sélectives qu'il est *a priori* difficile d'assimiler à des impulsions infiniment courtes... Si les impulsions sont symétriques ou antisymétriques, et si les conditions de l'approximation de la réponse linéaire sont vérifiées, l'origine des phases est située au centre de l'impulsion (*cf.* chapitre 2, section 2.3.6.4), quelle que soit la durée d'impulsion. On peut donc toujours (au moins par la pensée), diviser les durées de l'impulsion et des gradients de sélection par un facteur quelconque, si les intensités sont accrues du même facteur (figure 5.21). Cette opération ne modifie en rien l'établissement du régime stationnaire.

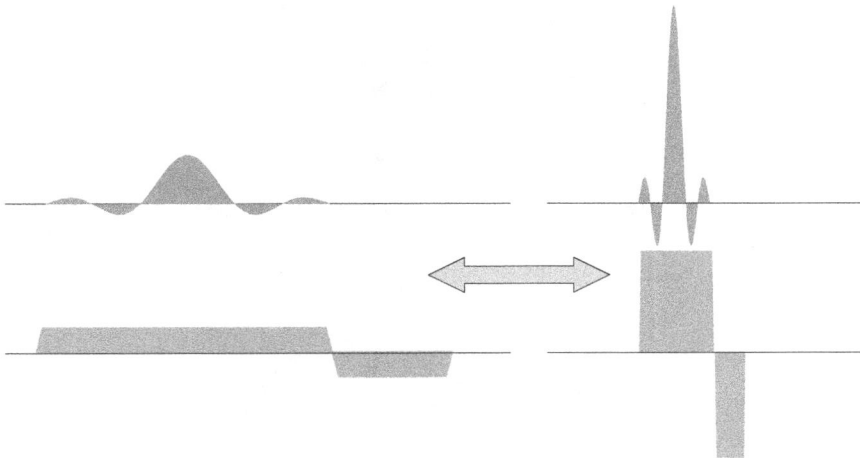

FIG. 5.21 – La division par un facteur quelconque, des durées de l'impulsion et des gradients de sélection, ne modifie en rien la sélection de coupe si les intensités sont accrues par le même facteur.

Les méthodes d'imagerie rapide basées sur l'établissement d'un état stationnaire, se sont beaucoup développées. Quelques unes ont émergé et sont présentées dans ce qui suit.

5.5.2 Séquences SSFP équilibrées

5.5.2.1 Séquence d'imagerie

On trouve la méthode sous divers acronymes, parmi lesquels True-FISP (*Fast Imaging with Steady-state Precession*), FIESTA (*Fast Imaging Employing STeady-state Acquisition*), bFFE (*balanced Fast Field Echo*), b-SSFP (*balanced SSFP*), etc. La figure 5.22 en donne les caractéristiques générales : symétrie de la séquence de gradients incluant le « rembobinage » du gradient de codage de phase, alternance de phase des impulsions, acquisition souvent centrée dans l'intervalle T_R. Par ailleurs, l'intégrale des gradients sur le temps de répétition T_R est nulle. Le déphasage associé à la présence de gradients est donc nul sur l'intervalle T_R, mais il peut subsister un déphasage associé à la présence d'un offset ω_0, de sorte que $\varphi = \omega_0 T_R$. En présence d'inhomogénéités de champ, ω_0 et donc φ, dépendent de la position r.

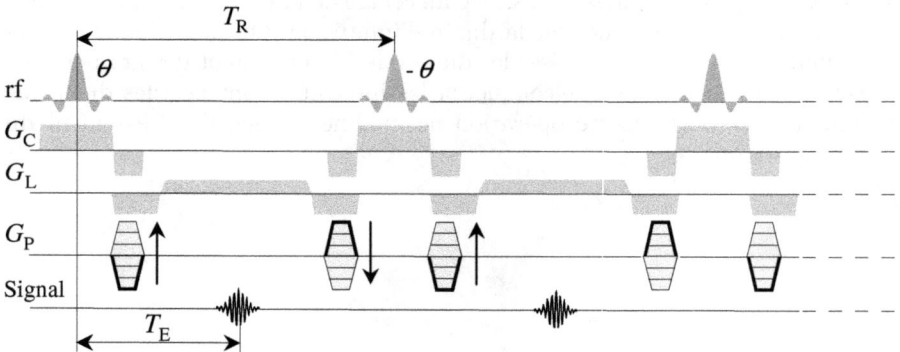

FIG. 5.22 – Séquence SSFP équilibrée. Si la fenêtre d'acquisition est centrée, $T_E = T_R/2$.

5.5.2.2 Signal

L'aimantation immédiatement après l'impulsion est facilement obtenue à partir des expression (5.42) et (5.43) si l'on remplace φ par $\varphi + \pi$ pour tenir compte de l'alternance de phase des impulsions. On obtient :

$$M_\perp^+ = -M_0 \left(1 - E_1\right) \sin\theta \left[E_2 \sin\varphi + \mathrm{i}\left(1 + E_2 \cos\varphi\right)\right]/D', \qquad (5.44)$$

$$M_z^+ = M_0 \left(1 - E_1\right) \left[\left(1 + E_2 \cos\varphi\right)\cos\theta + E_2 \cos\varphi + E_2^2\right]/D', \qquad (5.45)$$

avec,

$$D' = \left(1 - E_1 \cos\theta\right)\left(1 + E_2 \cos\varphi\right) - E_2 \left[E_2 + \cos\varphi\right]\left[E_1 - \cos\theta\right]. \qquad (5.46)$$

L'aimantation transversale à l'instant $T_E = T_R/2$ est obtenue simplement en multipliant $M_\perp^+$ par $\exp(-T_R/2T_2)\exp(i\varphi/2)$. La figure 5.23 présente le module de l'aimantation transversale au centre de la fenêtre d'acquisition, et sa phase, en fonction de φ.

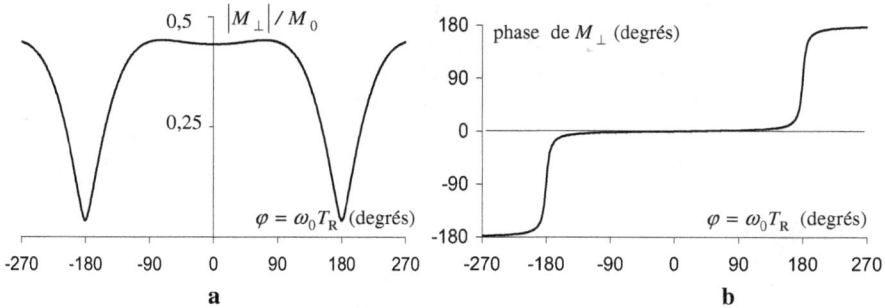

FIG. 5.23 – Séquence SSFP équilibrée avec alternance de phase des impulsions. Module (a) et phase (b) de l'aimantation transversale à l'état stationnaire en fonction de $\varphi = \omega_0 T_R$, après une impulsion d'angle α; $\theta = 70°$, $T_1 = 20\,T_R$, $T_2 = 15\,T_R$, $T_E = T_R/2$. La phase de $M_\perp$ a été calculée en utilisant pour origine des phases celle de l'aimantation on-résonance ($\varphi = 0$).

En absence d'offset ($\varphi = 0$), le module de l'aimantation transversale à l'instant $T_E = T_R/2$, s'écrit :

$$|M_\perp(T_E)| = \frac{M_0\sqrt{E_2}\,(1 - E_1)}{1 - (E_1 - E_2)\cos\theta - E_1 E_2}\sin\theta. \qquad (5.47)$$

Si T_R est très inférieur à T_1 et à T_2, comme c'est souvent le cas, cette expression se réduit à (*cf.* exercice 5-5) :

$$|M_\perp(T_E)| \approx \frac{T_2\,M_0}{T_1 + T_2 - (T_1 - T_2)\cos\theta}\sin\theta. \qquad (5.48)$$

On montre alors, que $M_\perp$ est maximum pour un angle d'impulsion satisfaisant à $\cos\theta = (T_1 - T_2)/(T_1 + T_2)$, et que l'aimantation transversale se réduit à (exercice 5-5) :

$$|M_\perp(T_E)| \approx \frac{M_0}{2}\sqrt{\frac{T_2}{T_1}} \qquad (5.49)$$

Le signal produit par une méthode SSFP équilibrée est donc très élevé puisque, pour des milieux liquides ($T_1 \approx T_2$), l'aimantation transversale a une amplitude proche de $M_0/2$ lorsque l'angle d'impulsion est voisin de 90°. Le dépôt d'énergie dans l'échantillon est cependant très important pour les temps de répétition courts, de l'ordre de quelques ms, qui sont utilisés.

5.5.2.3   Effets d'off-résonance

Tous les développements de la section précédente concernent un isochromat. Nous considérons maintenant un échantillon complet, c'est-à-dire un ensemble d'isochromats. Comme le montre la figure 5.23, la réponse en fréquence est relativement plate autour de l'offset zéro, mais elle s'affaisse brutalement lorsque $\omega_0 T_R = (2k+1)\pi$. Cela signifie que l'homogénéité du champ doit être excellente, et cela d'autant plus que T_R est grand. La figure 5.24 montre qu'une homogénéité insuffisante introduit des bandes noires sur l'image. On calculera sans difficulté que la distance fréquentielle entre les bandes est de 25 Hz dans le cas de l'image a, et de 12,5 Hz sur l'image b. Cet artefact (« *banding artefact* ») peut aussi se produire avec des commutations de gradient imparfaites qui dissymétrisent le schéma de gradients. À cause de ces difficultés les méthodes SSFP équilibrées n'ont pu être utilisées en routine clinique qu'avec l'évolution technologique des systèmes d'imagerie. Les variations de susceptibilité intrinsèques à l'échantillon peuvent cependant encore poser problème.

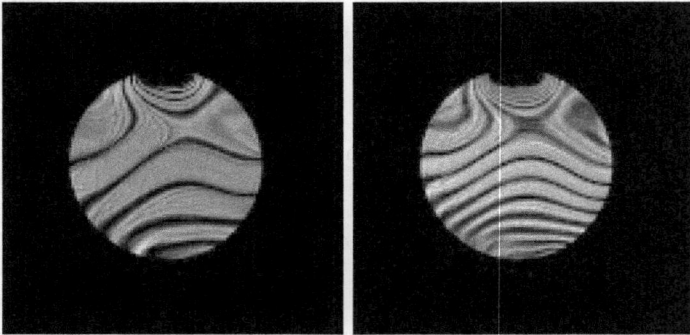

FIG. 5.24 – Coupes transversales d'un cylindre (diamètre 70 mm) à 2,35 T. Méthode SSFP, $\theta = 75°$, $T_E = 15$ ms, $T_R = 40$ ms (a), et $T_R = 80$ ms (b). Images E. Barbier et T. Christen, Grenoble Institut des Neurosciences (GIN), INSERM U836/Équipe 5.

Un second point remarquable de la séquence est la quasi-constance de la phase du signal au centre de la fenêtre d'acquisition (figure 5.23) : pour une distribution de fréquences limitée au plateau de la réponse fréquentielle, l'instant $T_E = T_R/2$ correspond à la formation d'un écho de spin. Cependant, une distribution plus large de fréquences ne produit plus de refocalisation. Les séquences SSFP équilibrées peuvent notamment être utilisées en imagerie de l'activité cérébrale, où sont exploitées les modifications de susceptibilité magnétique associées aux variations d'oxygénation sanguine (*cf.* section 5.4.6.1). En plaçant le « point de fonctionnement » sur le plateau de la réponse fréquentielle de la figure 5.23, une bonne sensibilité aux variations d'oxygénation sanguine peut être obtenue en raison de la largeur relativement importante de la distribution de fréquences intravoxel. On peut aussi exploiter la grande sensibilité aux variations de fréquence lorsque le point de fonctionnement se trouve dans la région de très fort gradient de phase située autour du centre des bandes de transition ($\omega_0 T_R = \pi$ pour la séquence avec alternance de phase, $\omega_0 T_R = 0$ pour la séquence sans alternance).

La présence de ces bandes de transition est aussi un problème lorsque deux composantes de déplacements chimiques différents sont présentes dans l'échantillon. Ces deux composantes sont généralement l'eau et les graisses. Elles sont distantes de 3,5 ppm environ (*cf.* chapitre 3, figure 3.24), soit 450 Hz à 3 T. Un temps de répétition de 3 ms correspond, à 3 T, à un déphasage différentiel entre ces deux composantes supérieur à 2π, donc plus important que la largeur du plateau. On choisit généralement de supprimer l'une des composantes (souvent la graisse).

5.5.2.4 Établissement de l'état stationnaire

L'établissement de l'état stationnaire avec une séquence SSFP équilibrée $\theta_x - T_R - \theta_{-x} - T_R - \theta_x - T_R - \theta_{-x} - T_R - ...$, peut nécessiter un temps de l'ordre de plusieurs T_1. La figure 5.25 montre l'évolution du signal à la résonance ($\omega_0 = 0$), en fonction du numéro d'impulsion (n). Avant l'établissement de l'état stationnaire, le signal présente un caractère oscillatoire très marqué. Comme le montre la figure 5.25, l'utilisation d'une impulsion de préparation d'angle $\theta_{-x}/2$ suivie d'un délai $T_R/2$, permet, au moins pour les isochromats à la résonance, de supprimer ce caractère oscillatoire (*cf.* exercice 5-6). La présence du régime transitoire peut modifier le contraste d'image. L'ordre du déroulement des pas de codage de phase joue alors un rôle dans le contraste obtenu.

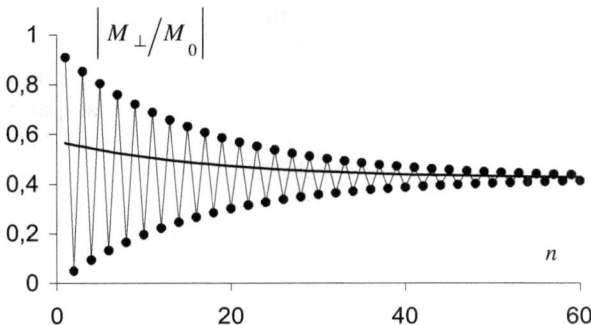

FIG. 5.25 – L'établissement de l'état stationnaire avec une séquence SSFP équilibrée $\theta_x - T_R - \theta_{-x} - T_R - \theta_x - T_R - \theta_{-x} - T_R - ...$, s'accompagne de fortes oscillations du signal (pointillés). Ce régime transitoire oscillatoire disparaît si la séquence est précédée d'une impulsion $\theta_{-x}/2$ et d'un délai $T_R/2$ (trait plein). Simulation : $\theta = 70°$, $T_1 = 20\,T_R$, $T_2 = 15\,T_R$, $\varphi = 0$.

5.5.3   Séquences SSFP non équilibrées (présence de gradients de dispersion)

Nous considérons toujours une suite d'impulsions identiques séparées par un délai T_R. La production d'un état stationnaire de l'aimantation impose, comme précédemment, le « rembobinage » du gradient de codage de phase.

À la différence des techniques SSFP équilibrées, la séquence comporte d'intenses gradients de dispersion. L'intégrale des gradients entre deux impulsions n'est donc pas nulle. À l'état stationnaire, l'aimantation précédant ou suivant chaque impulsion, est encore donnée par les expressions (5.39), (5.40) d'une part, et (5.42), (5.43) d'autre part. Le déphasage φ est donné par

$$\varphi\left(\boldsymbol{r}\right) = \omega_0\left(\boldsymbol{r}\right) T_R - \gamma \int_0^{T_R} \boldsymbol{G}\left(t\right) \cdot \boldsymbol{r}\, \mathrm{d}t. \tag{5.50}$$

La compréhension de l'origine du signal acquis avec des séquences SSFP utilisant des gradients de dispersion, passe par celle de la construction de l'état stationnaire.

5.5.3.1   Construction de l'état stationnaire

La première impulsion d'une séquence SSFP produit, à partir d'un ordre longitudinal ($p = 0$), un transfert vers les ordres de cohérence $p = 1$, 0, ou -1. Chaque impulsion effectue ensuite à nouveau, à partir de chacun des ordres de cohérence précédant l'impulsion, des transferts vers les trois ordres de cohérence (*cf.* chapitre 2, section 2.3.6). Après $n - 1$ impulsions on est donc en présence de 3^{n-1} chemins de cohérence différents. Le signal potentiellement détectable après la n-ième impulsion, correspond aux transferts vers l'ordre $p = -1$. Le long de chaque chemin de cohérence, les isochromats subissent des déphasages liés aux inhomogénéités de champ et à la présence des gradients. Un chemin de cohérence conduisant à une aimantation observable après la n-ième impulsion, peut être caractérisé par un vecteur $\boldsymbol{P}$ ($\boldsymbol{P} = [p_1, p_2, \ldots p_{n-1}, -1]$, p_i ayant pour valeur -1, 0 ou 1). Pour un chemin de cohérence $\boldsymbol{P}$, le déphasage total mesurable immédiatement après la n-ième impulsion s'écrit :

$$\Phi_l\left(\boldsymbol{P}\right) = l\,\varphi, \tag{5.51}$$

où l'entier l est donné par :

$$l = \sum_{i=1}^{n-1} \left(-p_i\right). \tag{5.52}$$

Le suivi de la phase des diverses cohérences en fonction du temps, peut être grandement facilité en établissant un diagramme de phase. La figure 5.26 illustre le principe du tracé du diagramme de phase dans le cas de trois impulsions, et d'une fréquence de résonance ne dépendant pas du temps. La

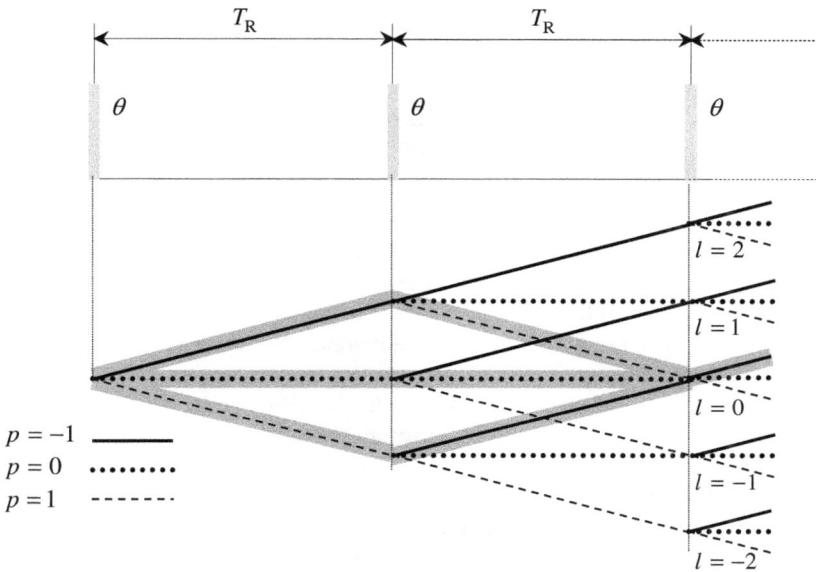

FIG. 5.26 – Diagramme de phase associé aux divers chemins de cohérence, produits par une suite de trois impulsions. Les trois chemins surlignés en gris, appartiennent au groupe $l = 0$, et produisent une aimantation observable après la troisième impulsion.

relaxation module bien sûr l'amplitude des aimantations associées aux divers chemins de cohérence, mais la phase reste définie par la relation (5.51). Le nombre l caractérise ainsi l'histoire d'une aimantation le long d'un chemin de cohérence particulier. Un même indice l, peut être associé à plusieurs chemins de cohérence. Par exemple, l'indice $l = 0$ est associé à tous les chemins comportant un nombre identique d'ordres $p = -1$ et d'ordres $p = 1$. Les divers chemins associés à un même indice l produisent après la n-ième impulsion des aimantations ayant la même phase, mais des amplitudes différentes, la relaxation et les coefficients de transfert des impulsions affectant différemment chacun de ces chemins. Elles se somment donc de manière cohérente, produisant une aimantation transversale d'amplitude $m_l\,(T_1, T_2, T_{\mathrm{R}}, \psi)\exp\,(\mathrm{i}\,l\,\varphi)$, où ψ est la phase de l'impulsion. La figure 5.26 montre ainsi, qu'une suite de trois impulsions produit, après la troisième impulsion, cinq groupes d'aimantations transversales observables caractérisés par $l = -2, -1, 0, 1, 2$.

L'aimantation transversale observable après la n-ième impulsion, est ainsi la somme des aimantations associées à chaque valeur de l :

$$M_\perp^+ (n) = \sum_{l=-(n-1)}^{n-1} m_l \exp\,(\mathrm{i}\,l\,\varphi). \tag{5.53}$$

Dans l'état stationnaire ($n = \infty$), l'expression (5.53) devient :

$$M_\perp^+ (\infty) = \sum_{l=-\infty}^{+\infty} m_l \exp(i\, l\, \varphi). \qquad (5.54)$$

Nous connaissons la forme de cette aimantation transversale d'état stationnaire après une impulsion, c'est une fonction périodique de φ donnée par l'équation (5.42). Ainsi, l'expression (5.54) n'est pas autre chose que la décomposition en série de Fourier de cette aimantation d'état stationnaire, et les amplitudes m_l sont les coefficients de Fourier ($m_l = (1/2\,\pi) \int_{-\pi}^{\pi} M_\perp^+ \exp(-i\, l\, \varphi)\, d\varphi$). Ces coefficients peuvent être calculés par intégration numérique.

Les méthodes d'imagerie rapide décrites ci-dessous, sélectionnent un indice l particulier. L'amplitude de l'aimantation transversale associée à des ordres élevés, décroît rapidement. La figure 5.27 illustre ce point, pour des valeurs particulières des temps de relaxation. On note aussi que, pour une valeur donnée de $|l|$, les valeurs négatives de l, correspondent à une amplitude plus importante que les valeurs positives.

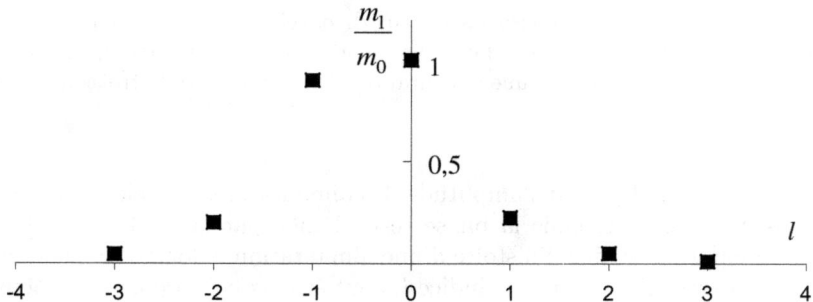

FIG. 5.27 – Amplitudes relatives des aimantations transversales associées aux différentes valeurs de l (intégration numérique). Ces amplitudes décroissent rapidement lorsque $|l|$ croît. Simulation : $\theta = 70°$, $T_1 = 20\,T_R$, $T_2 = 15\,T_R$.

Parmi les groupes de chemins de cohérence, deux ont une importance particulière :

– Le groupe $l = 0$, pour lequel l'aimantation à l'état stationnaire se trouve en phase immédiatement après une impulsion, puis décroît sous l'effet des inhomogénéités de champ (effet T_2^*). Ce signal, qui a toute les caractéristiques d'une FID, est parfois désigné par le terme SSFP-FID.

– Le groupe $l = -1$, pour lequel l'aimantation à l'état stationnaire se trouve rephasée immédiatement avant une impulsion, mais dont l'amplitude décroît sous l'effet des inhomogénéités de champ lorsqu'on remonte le temps (effet T_2^*). Ce signal, qui est un demi écho, est parfois appelé SSFP-écho (figure 5.28).

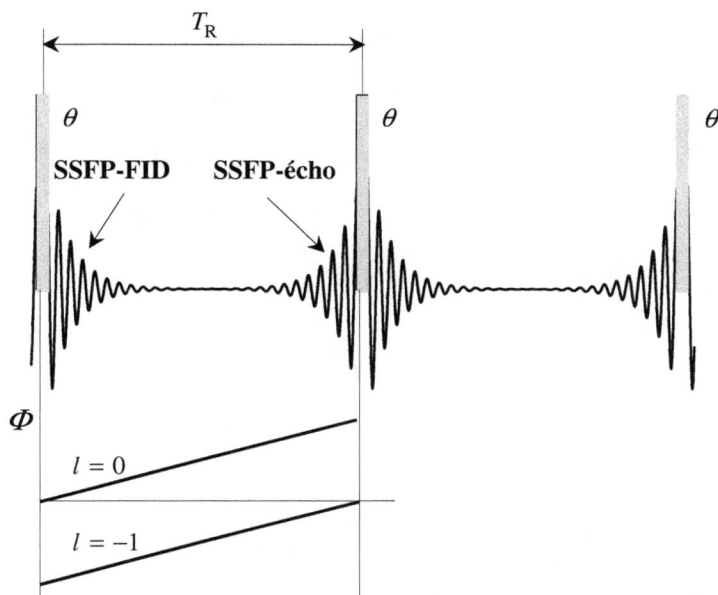

FIG. 5.28 – Séquences SSFP. Signaux associés aux chemins $l = 0$ (SSFP-FID) et $l = -1$ (SSFP-écho). D'autres composantes correspondant à d'autres valeurs de l sont également présentes, mais, comme le montre la figure 5.27, leurs amplitudes sont beaucoup plus faibles.

5.5.3.2   Sélection des chemins de cohérence $l = 0$: SSFP-FID

Les méthodes de ce type sont désignées par divers acronymes, parmi lesquels GRASS (*Gradient-Recalled Acquisition in the Steady State*), FFE (*Fast Field Echo*). On désigne parfois ces méthodes sous le nom de SSFP-FID. L'origine de ce nom est que le signal acquis provient de composantes de l'aimantation, qui ne sont pas affectées par des déphasages dus aux gradients, ou aux inhomogénéités de champ (déphasage total nul). Ces composantes donnent un signal ayant toutes les caractéristiques d'un signal de précession libre (figure 5.28).

La figure 5.29 présente un schéma de gradient permettant de sélectionner le groupe $l = 0$. Il comporte, un gradient de sélection de coupe et sa réversion, un gradient de lecture précédé d'un lobe de rephasage, et un gradient de dispersion précédant chaque impulsion. Intéressons nous au signal d'état stationnaire qui suit une impulsion. Le diagramme de phase permet

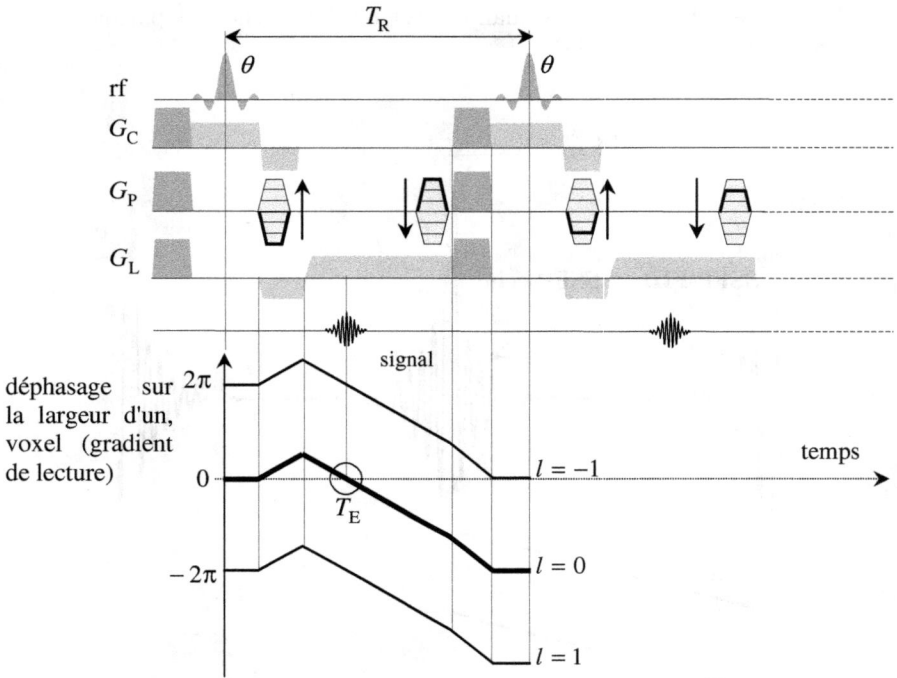

FIG. 5.29 – Sélection des chemins de cohérence $l = 0$. Les gradients de dispersion placés avant les impulsions ont une composante sur chaque axe. Le diagramme de phase présenté ici pour la seule direction du gradient de lecture, montre comment s'effectue la sélection des chemins de cohérence $l = 0$.

de bien comprendre comment s'effectue la sélection. La phase de l'aimantation transversale à l'origine (centre de l'impulsion), dépend du groupe de chemins de cohérence considéré : $\Phi_l^+ (\boldsymbol{P}) = l\varphi(\boldsymbol{r})$, où $\varphi(\boldsymbol{r})$ est donnée par l'équation (5.50). Il est intéressant de considérer, non pas la phase en un point donné, mais le déphasage $\Delta \boldsymbol{\Phi}$ sur l'étendue d'un voxel, quantité indépendante de la position :

$$\Delta \Phi = l \, \Delta\varphi = -\, l \, \gamma \int_0^{T_R} (G_X \, \Delta X + G_Y \, \Delta Y + G_Z \, \Delta Z) \, \mathrm{d}t, \qquad (5.55)$$

où nous avons négligé la variation de $\omega_0(\boldsymbol{r})$ dans un voxel.

On utilise donc un schéma de gradients produisant une valeur de φ égale à $2k\pi$ dans au moins une des trois directions spatiales (où k est un entier non nul). Si cette condition est réalisée, l'intégrale du signal dans chaque voxel est nulle, sauf lorsque $l = 0$. La figure 5.29 présente un des divers schémas de gradient réalisant cette sélection. On retrouve les mêmes conditions au sommet de l'écho.

Pour fixer les ordres de grandeur concernant l'intensité des gradients qui doivent être mis en œuvre pour réaliser un tel déphasage, on retiendra que la valeur maximum du gradient de codage de phase produit un déphasage égal à π sur la largeur d'un voxel dans la direction du codage de phase ($k_X^{\max} = 1/\Delta X$). De la même manière, sur la largeur d'un voxel, le déphasage associé au gradient de lecture s'étale de $-\pi$ à $+\pi$.

Ces méthodes se distinguent donc de la technique d'imagerie SSFP équilibrée par l'insertion de gradients de dispersion avant l'application d'une impulsion. Le terme dispersion peut suggérer que toute composante transversale présente est détruite. Il n'en est rien. Seul un effet de moyenne est introduit. Cela apparaît mieux en utilisant un point de vue différent, mais équivalent, qui consiste à partir de l'expression de l'aimantation transversale à l'état stationnaire (équation (5.42)). Si les gradients produisent un déphasage de $2k\pi$ par voxel, on a alors :

$$\langle M_\perp^+ \rangle = \frac{1}{2\pi} \int_{-\pi}^{\pi} M_\perp^+ (\varphi) \, \mathrm{d}\varphi. \tag{5.56}$$

Ce terme n'est pas autre chose que le terme m_0 du développement (5.54), donc l'aimantation transversale associé au groupe $l = 0$.

On obtient ainsi, par intégration, l'expression de l'aimantation transversale et donc du signal. Par symétrie $\langle M_x^+ \rangle = 0$. Le calcul (pas très simple, mais on peut faire appel à Mathematica®) montre que :

$$\langle M_\perp^+ \rangle = -\mathrm{i}\, M_0 \frac{1 - E\,(E_1 - \cos\theta)}{1 + \cos\theta} \sin\theta, \tag{5.57}$$

où $E_1 = \exp\left(-T_\mathrm{R}/T_1\right)$, $E_2 = \exp\left(-T_\mathrm{R}/T_2\right)$ et

$$E = \sqrt{\frac{1 - E_2^2}{1 - E_1^2 E_2^2 - 2E_1\left(1 - E_2^2\right)\cos\theta + \left(E_1^2 - E_2^2\right)\cos^2\theta}}. \tag{5.58}$$

Expérimentalement, l'aimantation imagée est d'autant plus proche de $\langle M_\perp^+ \rangle$ que le nombre de tours par voxel est élevé (le poids des erreurs dues à un nombre de tours non entier est minimisé, comme le sont les erreurs dues à la non uniformité de l'aimantation dans chaque voxel). L'accroissement de l'intensité des gradients accroît cependant une pondération du signal due à la diffusion moléculaire.

Le déphasage entre le centre de l'impulsion et l'instant T_E est nul si l'on néglige les effets d'off résonance. L'aimantation transversale à l'instant T_E ne se distingue donc de $\langle M_\perp^+ \rangle$ que par une atténuation due à la relaxation spin-spin. Si l'on tient compte de la dispersion des fréquences de résonance due aux inhomogénéités de champ intravoxel, c'est plutôt un terme $\exp\left(-T_\mathrm{E}/T_2^*\right)$ qu'il faut introduire, ce qui conduit à :

$$\langle M_\perp \left(T_\mathrm{E}\right) \rangle \approx -M_0 \frac{1 - E\,(E_1 - \cos\theta)}{1 + \cos\theta} \sin\theta \exp\left(-\frac{T_\mathrm{E}}{T_2^*}\right). \tag{5.59}$$

Il n'est pas simple de caractériser le contraste de ce type de séquence, tant l'expression du signal en fonction de l'angle d'impulsion, de T_1, T_2 et T_R est complexe. Nous reviendrons plus sur ce point (section 5.5.5).

5.5.3.3 Sélection des chemins de cohérence $l = -1$: SSFP-écho

Avec cette séquence, le signal acquis est proportionnel à l'aimantation transversale associée au groupe de chemins de cohérence $l = -1$. Cette aimantation a une histoire qui conduit à un déphasage accumulé égal à $-\varphi$. Après l'impulsion précédant l'acquisition, ce groupe d'aimantations est progressivement rephasé. À l'instant $t = T_R$ un écho est formé. La méthode SSFP-écho est rencontrée plus fréquemment sous les noms de CE-FAST (*Contrast Enhanced – Fourier Acquired STeady-state*), PSIF (inversion de l'acronyme FISP : *Fast Imaging with Steady-state Precession*), et d'autres encore...

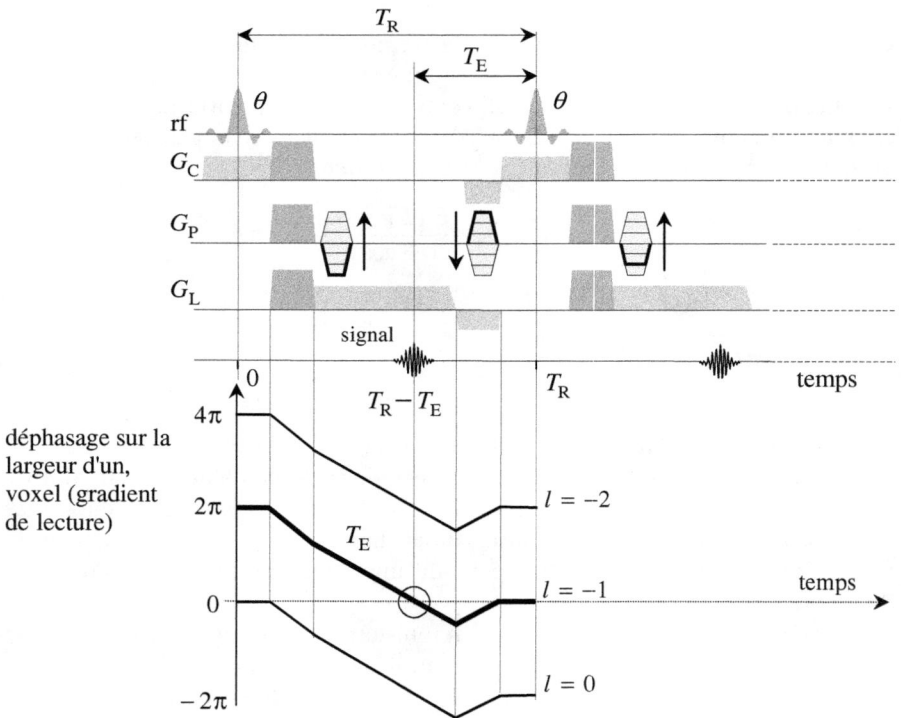

FIG. 5.30 – Sélection des chemins de cohérence $l = -1$. Les gradients de dispersion placés avant l'impulsion ont ici une composante sur chaque axe. Le diagramme de phase présenté pour la seule direction du gradient de lecture, montre comment s'effectue la sélection des chemins de cohérence $l = -1$.

On cherche donc à imager la composante m_{-1} du développement en série de Fourier (5.54) de l'aimantation transversale $M_\perp^+$. Cette composante est obtenue en prenant la TF inverse de $M_\perp^+$ lorsque $l = -1$:

$$m_{-1} = \frac{1}{2\,\pi} \int_{-\pi}^{\pi} M_\perp^+ \exp\left(\mathrm{i}\,\varphi\right) \mathrm{d}\varphi. \tag{5.60}$$

La quantité $M_\perp^+ \exp\left(\mathrm{i}\varphi\right)$ est l'aimantation d'état stationnaire à l'instant $t = T_\mathrm{R}$. En remarquant que $M_\perp^+ \exp\left(\mathrm{i}\varphi\right) = M_\perp^-/E_2$, on peut écrire

$$m_{-1} = \frac{1}{2\,\pi\,E_2} \int_{-\pi}^{\pi} M_\perp^- \mathrm{d}\varphi = \frac{1}{2\,\pi\,E_2} \left\langle M_\perp^- \right\rangle. \tag{5.61}$$

Comme précédemment, l'utilisation de gradients de dispersion permet d'accéder à la valeur moyenne $\left\langle M_\perp^- \right\rangle$. L'intégration de l'équation (5.39) conduit à :

$$\left\langle M_\perp^= \right\rangle = \mathrm{i}\,M_0 \frac{1 - E\left(1 - E_1 \cos\theta\right)}{1 + \cos\theta} \sin\theta. \tag{5.62}$$

On utilise un schéma de gradients (figure 5.30) conduisant à la formation d'un écho de gradient un temps T_E avant T_R. Si l'on néglige l'inhomogénéité du champ, et si $\omega_0 = 0$, l'aimantation transversale au sommet de l'écho de gradient ne se distingue de $\left\langle M_\perp^- \right\rangle$ que par un facteur $\exp\left(T_\mathrm{E}/T_2\right)$. Cependant, si l'on tient compte de l'inévitable dispersion des fréquences de résonance due aux inhomogénéités de champ, il est plus raisonnable d'introduire un terme d'atténuation à rebours, $\exp\left(-T_\mathrm{E}/T_2^*\right)$. Cela conduit à l'expression :

$$\left\langle M_\perp \left(T_\mathrm{R} - T_\mathrm{E}\right) \right\rangle = \mathrm{i}\,M_0 \frac{1 - E\left(1 - E_1 \cos\theta\right)}{1 + \cos\theta} \sin\theta \exp\left(-\frac{T_\mathrm{E}}{T_2^*}\right). \tag{5.63}$$

Là encore la complexité de l'expression de l'aimantation ne permet pas de caractériser la méthode de manière simple. Nous reviendrons sur le contraste qui peut être fourni par cette technique d'imagerie dans la section 5.5.5.

5.5.4 Élimination de la contribution de l'aimantation transversale à la construction de l'état stationnaire

Les techniques décrites dans cette partie exploitent toujours un état stationnaire, mais il s'agit de celui atteint par l'aimantation **longitudinale** lorsque la contribution de l'aimantation transversale est détruite. Le chemin de cohérence exploité ici est le chemin $P = (0, ...0, 0, ...0, -1)$. Il s'agit donc d'un des chemins qui constituent le groupe d'aimantations $l = 0$. Nous retrouvons ainsi la méthode d'écho de gradient décrite dans la section 5.4. La suppression des autres chemins de cohérence reposait simplement sur l'utilisation d'un temps de répétition bien supérieur à T_2. Nous considérons ici des méthodes rapides pour lesquelles T_R est en général bien inférieur à T_2.

La sélection du chemin de cohérence doit donc s'effectuer différemment. Selon les constructeurs on trouve ce genre de séquence sous différents noms : FLASH (*Fast Low Angle SHot*), T1-FFE (*T1-weighted Fast Field Echo*) SPGR (*SPoiled GRadient echo*).

Puisqu'il s'agit de sélectionner un chemin particulier dans le groupe d'aimantations $l = 0$, la séquence d'impulsions va être dérivée de celle utilisée (section 5.5.3.2) pour sélectionner ce groupe de chemins de cohérence. Elle est présentée figure 5.31.

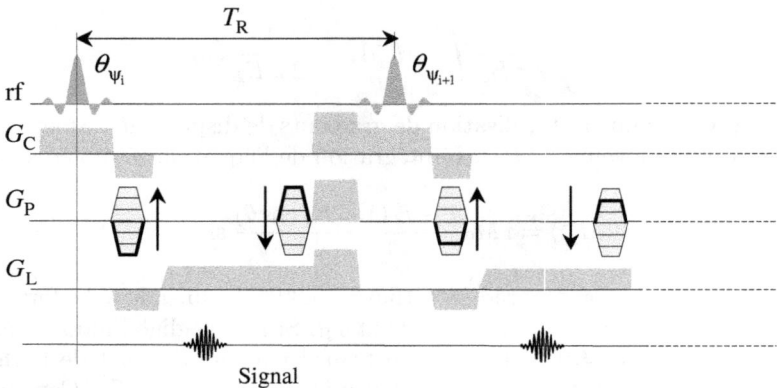

FIG. 5.31 – Séquence d'écho de gradient rapide avec incrémentation de la phase de l'impulsion permettant la destruction de l'aimantation transversale précédant chaque impulsion.

La destruction de la contribution de l'aimantation transversale à la construction de l'état stationnaire n'est pas une chose simple à réaliser. On ne connaît d'ailleurs aucune méthode qui effectue cela quels que soient les paramètres de la séquence d'impulsions (T_R, θ) et du système de spins (T_1, T_2). La composante à conserver est celle associée au chemin $\boldsymbol{P} = (0, ...0, 0, ...0, -1)$. Les composantes à supprimer dans le groupe $l = 0$ sont donc toutes celles qui comportent un passage par les ordres de cohérence 1 et -1, avant l'application de la n-ième impulsion, $\boldsymbol{P} = (0, ...0, -1, 0, 0, 1, -1)$ où $\boldsymbol{P} = (0, ...0, 1, -1, 0, 0, -1)$, par exemple. La méthode la plus efficace consiste à incrémenter la phase de l'impulsion rf (*rf spoiling*), la valeur de l'incrément $\Delta\psi_i$ variant d'une impulsion à l'autre :

$$\psi_i = \psi_{i-1} + \Delta\psi_i. \tag{5.64}$$

La phase du récepteur suit évidemment celle de l'impulsion de lecture. Cette incrémentation laisse bien sûr intacte la composante longitudinale, mais ajoute un terme $\Delta\psi_i$ à la phase des composantes transversales. L'objectif est d'annuler la somme de ces composantes, sans introduire d'instabilité du signal d'une acquisition à l'autre.

Le déphasage associé à l'ordre de conférence p, pendant l'intervalle T_R suivant l'impulsion i, devient :

$$\varphi_i = p \left[\omega_0 \left(\boldsymbol{r} \right) T_R - \left(\gamma \int_0^{T_R} \boldsymbol{G} \left(t \right) \cdot \boldsymbol{r} \, dt \right) + \Delta \Psi_i \right]. \tag{5.65}$$

À chaque chemin de cohérence $\boldsymbol{P}$ du groupe $l = 0$ va donc être associé le déphasage :

$$\Phi \left(P_j \right) = \sum_{i=1}^{n-1} p_i^j \left[\omega_0 \left(\boldsymbol{r} \right) T_R - \left(\gamma \int_0^{T_R} \boldsymbol{G} \left(t \right) \cdot \boldsymbol{r} \, dt \right) + \Delta \Psi_i \right]. \tag{5.66}$$

On sait (section 5.5.3.1) que l'indice $l = 0$, est associé à tous les chemins comportant un nombre identique d'ordres $p = -1$ et $p = 1$, ce qui élimine les contributions des gradients et de l'offset. L'expression (5.66) devient donc

$$\Phi \left(P_j \right) = \sum_{i=1}^{n-1} \left[p_i^j \Delta \Psi_i \right]. \tag{5.67}$$

La somme (5.67) est constituée d'un ensemble de couples $p = 1$, $p = -1$. Le déphasage associé au couple $(i, i + k)$ a pour forme

$$\delta \Psi_{i,k} = \pm \left(\Delta \Psi_i - \Delta \Psi_{i+k} \right). \tag{5.68}$$

Pour qu'un régime stable d'une impulsion de lecture à l'autre s'établisse, il est nécessaire que $\delta \Psi_{i,k}$ ne dépende pas de i. Cette condition sera réalisée si

$$\Delta \Psi_i = i \Psi_A + \Psi_B. \tag{5.69}$$

Le terme Ψ_B est équivalent à la présence d'un offset, et ne permet pas de supprimer les composantes transversales. Seul le terme Ψ_A est efficace. La phase de chaque impulsion s'écrit donc

$$\Psi_i = \sum_{m=1}^{i} m \, \Psi_A. \tag{5.70}$$

L'incrément à utiliser dépend en fait des conditions expérimentales et de l'échantillon. On utilise souvent un incrément $\psi_A = 117°$, ce qui donne une succession d'angles $\psi_1 = 0$, $\psi_2 = 117°$, $\psi_3 = 351°$, etc. On notera que la méthode présentée ci-dessus n'est efficace que si les gradients de dispersion conduisant à la sélection du groupe d'aimantations $l = 0$ sont présents. Une méthode tout à fait équivalente, consiste à changer la fréquence du synthétiseur pendant une durée τ. On notera que la phase des impulsions s'accroît quadratiquement puisque que la somme (5.70) est égale à $i \left(i + 1 \right) \Psi_A / 2$.

Si la méthode est efficace, on retrouve l'aimantation qui a été calculée dans le cas où $T_R \gg T_2$ (équations (5.30) et (5.31)) :

$$M_\perp = M_0 \frac{1 - E_1}{1 - E_1 \cos\theta} \exp\left(-\frac{T_E}{T_2^*}\right) \sin\theta. \qquad (5.71)$$

Une autre méthode de destruction de l'aimantation transversale avant chaque excitation consiste à appliquer des gradients d'amplitude variable avant chaque impulsion. Comme la méthode qui vient d'être décrite, la variation de l'intensité d'un gradient d'une impulsion à l'autre introduit un déphasage qui varie d'une période T_R à l'autre. Cependant, et c'est le point faible de cette méthode, ce déphasage dépend de la position. Efficace en certains voxels, il le sera beaucoup moins en d'autres ce qui conduit à la présence d'artefacts en bandes. Notons enfin que l'on peut aussi faire varier aléatoirement la phase de chaque impulsion. Cette méthode a cependant une efficacité qui varie d'une impulsion de lecture à l'autre, puisqu'elle qui dépend de l'enchaînement des phases dicté par le hasard. Cette efficacité variable se comporte comme un bruit dans la direction du codage de phase.

Méthodes ultra rapides

Si l'on utilise des impulsions de très petit angle, l'aimantation longitudinale est peu perturbée et le temps de répétition de la séquence peut être extrêmement rapide. Un temps de répétition de l'ordre de quelques ms, permet d'imager une coupe en un temps qui peut être bien inférieur à la seconde. L'utilisation d'un faible temps d'écho détruit cependant le contraste T_2^*, tandis que l'utilisation de très petits angles d'impulsion détruit le contraste T_1. On acquiert ainsi une image en densité de proton qui est souvent peu contrastée. L'introduction d'une période de préparation de l'aimantation permet de retrouver un contraste T_1 (section 5.5.6). On trouve les méthodes ultra-rapides sous divers noms tels que TurboFLASH, Turbo FE (***Turbo Field Echo***), Fast SPGR, T1-FFE (***Fast Field Echo***), Fast GRE (***GRadient Echo***).

Le temps d'établissement de l'état stationnaire est de l'ordre de T_1. L'utilisation de temps de répétitions courts devant T_1, accroît sensiblement le nombre d'impulsions conduisant à l'état stationnaire de l'aimantation longitudinale. La figure 5.32 montre ainsi qu'avec un rapport $T_R/T_1 = 10/700$, ce sont plusieurs dizaines d'impulsions qui doivent être appliquées avant que soit atteint l'état stationnaire. En pratique, les acquisitions sont généralement effectuées pendant l'établissement de cet état stationnaire, les variations d'intensité agissant comme une fonction d'apodisation dans la direction du codage de phase. L'ordre temporel d'application des gradients de codage de phase a alors un impact sur l'image. L'ordre dit centrique consiste à couvrir l'espace réciproque symétriquement à partir de son centre. Le centre de l'espace réciproque contient les informations sur le contenu de l'image dans la région des basses fréquences spatiales. Ce sont ces informations qui donnent la forme

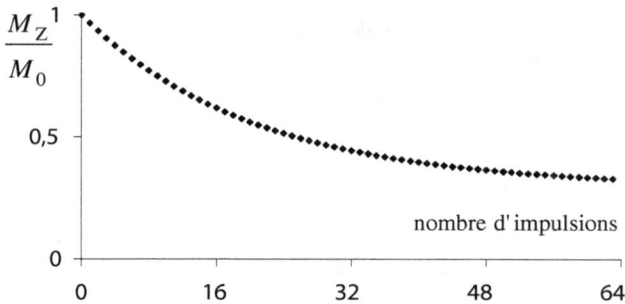

FIG. 5.32 – Approche de l'état stationnaire de l'aimantation longitudinale. $T_R = 10$ ms, $T_1 = 700$ ms, $\theta = 15°$. La destruction de l'aimantation transversale est supposée parfaite.

générale de l'image et la position des régions présentant des niveaux de gris différents. La périphérie de l'espace réciproque contient les informations permettant de reproduire les variations rapides de niveau de gris d'une région à l'autre. Cette procédure présente l'avantage de conduire à des images de meilleur rapport signal sur bruit.

5.5.5 Comparaison des diverses méthodes d'écho de gradient rapides

Nous avons décrit quatre méthodes rapides exploitant l'établissement d'un état stationnaire : SSFP-équilibrée, SSFP-FID, SSFP-écho, et écho de gradient avec destruction de la contribution de l'aimantation transversale précédant chaque impulsion. Le tableau 5.1 regroupe les expressions des aimantations transversales détectées par chacune de ces méthodes.

Si $T_E \ll T_2^*$ on constate que la destruction de l'aimantation transversale conduit bien sûr à un signal purement pondéré T_1. Les autres méthodes produisent un contraste dépendant à la fois de T_1 et de T_2. La figure 5.33 montre que c'est la séquence SSFP-écho qui possède la plus forte pondération T_2. Le signal produit par cette technique est en effet associé à des chemins de cohérence comportant tous des épisodes d'écho.

Les méthodes SSFP équilibrées, qui présentent l'intérêt de produire un signal très important, tendent à supplanter les méthodes SSFP-FID et SSFP-écho. En effet, suite à l'amélioration des caractéristiques instrumentales des appareils d'IRM (gradients), les méthodes SSFP équilibrées sont de moins en moins handicapées par leur forte sensibilité aux inhomogénéités macroscopiques du champ magnétique. Des temps de répétition de l'ordre de 4 ms, peuvent être utilisés, ce qui réduit significativement l'impact des artefacts en bandes. La figure 5.34 montre que lorsque l'angle d'impulsion est grand, le si-

TAB. 5.1 – Expressions des aimantations transversales détectées par les quatre méthodes d'écho de gradient rapides décrites ci-dessus. $E_1 = \exp\left(-T_R/T_1\right)$, $E_2 = \exp\left(-T_R/T_2\right)$, E : voir équation (5.58).

Type de séquence	Aimantation transversale acquise
Destruction de l'aimantation transversale	$\|M_\perp\left(T_E\right)\| = M_0 \dfrac{1 - E_1}{1 - E_1 \cos\theta} \exp\left(-\dfrac{T_E}{T_2^*}\right) \sin\theta$
SSFP équilibrée	$\|M_\perp\left(T_E\right)\| = M_0 \dfrac{(1 - E_1)}{1 - (E_1 - E_2)\cos\theta - E_1 E_2} \exp\left(-\dfrac{T_E}{T_2}\right) \sin\theta$
SSFP-FID	$\|M_\perp\left(T_E\right)\| = M_0 \dfrac{1 - E\left(E_1 - \cos\theta\right)}{1 + \cos\theta} \exp\left(-\dfrac{T_E}{T_2^*}\right) \sin\theta$
SSFP-écho	$\|M_\perp\left(T_R - T_E\right)\| = M_0 \dfrac{1 - E\left(1 - E_1 \cos\theta\right)}{1 + \cos\theta} \exp\left(-\dfrac{T_E}{T_2^*}\right) \sin\theta$

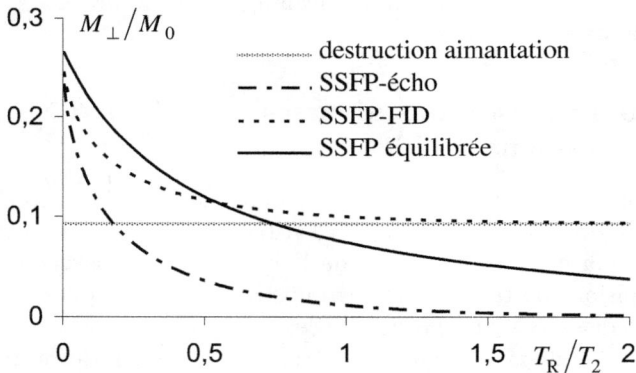

FIG. 5.33 – Amplitude de l'aimantation en fonction de T_R/T_2 pour chacune des quatre séquences du tableau 5.1. Calcul effectué avec $\theta = 30°$, $T_R/T_1 = 0,03$. T_E a été négligé devant T_2 ou T_2^* pour toutes les séquences, excepté la séquence SSFP équilibrée pour laquelle $T_E = T_R/2$.

gnal produit par cette méthode surpasse largement celui des autres méthodes d'état stationnaire. En outre, l'équilibrage de la séquence réduit la sensibilité de la séquence au mouvement. Comme le montrent les figures 5.34a et b, l'angle de l'impulsion d'excitation produisant une intensité maximum avec une méthode équilibrée, dépend en fait assez fortement des temps de relaxation.

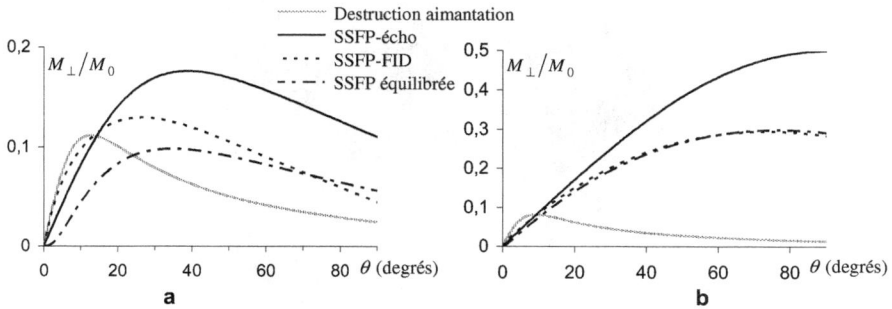

FIG. 5.34 – Amplitude de l'aimantation en fonction de θ pour chacune des quatre séquences du tableau 5.1 et pour des paramètres caractéristiques d'un tissu ($T_R = 20$ ms, $T_1 = 800$ ms, $T_2 = 100$ ms) (a), et d'un liquide ($T_R = 20$ ms, $T_1 = 1500$ ms, $T_2 = 1500$ ms) (b).

Cet angle sera donc ajusté en fonction des caractéristiques de l'échantillon et du contraste souhaité.

Bien que le signal des méthodes d'écho de gradient rapides utilisant un procédé de destruction de l'aimantation transversale soit d'intensité inférieure à celui des autres techniques, le contraste, purement T_1, reste intéressant et très utilisé, notamment pour suivre les injections de produits de contraste. La figure 5.35 présente un exemple d'utilisation de ces méthodes pour imager les vaisseaux sanguins, après injection d'un produit de contraste réduisant le temps de relaxation T_1 du compartiment sanguin.

5.5.6   Préparation de l'aimantation

Quelle que soit la séquence utilisée, l'accroissement de la rapidité de l'acquisition impose de faibles temps de répétition, ce qui réduit le contraste T_1 comme le contraste T_2 ou T_2^*. Le contraste associé aux séquences rapides peut être modifié en faisant précéder la séquence d'un module de préparation de l'aimantation. Ce module peut comporter une simple impulsion d'inversion, qui accentuera le contraste T_1, mais on peut utiliser des préparations plus complexes produisant d'autres contrastes, par exemple une sensibilité au temps de relaxation T_2 (*cf.* exercice 5-8), à T_2^*, au coefficient de diffusion, etc.

La figure 5.36 présente l'exemple d'une impulsion d'inversion suivie d'un délai de récupération et de l'application d'un module d'acquisition. L'application du module d'imagerie doit perturber aussi peu que possible le retour vers l'équilibre thermique de l'aimantation longitudinale. Les séquences d'écho de gradient ultra rapides (section 5.5.4), qui utilisent de faibles angles d'impulsions, perturbent en fait assez peu l'aimantation longitudinale et sont bien adaptées à l'addition d'une période de préparation. Les séquences SSFP équilibrées peuvent aussi, dans certaines conditions, perturber assez peu l'aiman-

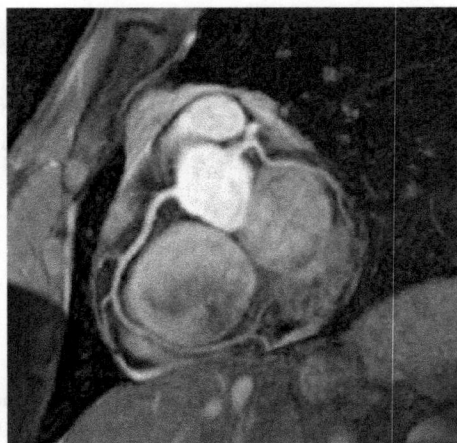

FIG. 5.35 – Image des artères coronaires dans un champ de 3T obtenue après injection intraveineuse d'un produit de contraste. Séquence d'écho de gradient 3D. D'après J. Oshinski *et al.* J. Cardiovasc. Magn. Reson. **12**, 55, 2010, with permission from BioMed central.

tation longitudinale. La figure 5.37 montre par exemple que les retours vers l'équilibre thermique observés en présence et en absence d'un train SSFP équilibré, sont très proches l'un de l'autre.

5.6   Imagerie 2DFT d'écho de spin

L'imagerie 2DFT d'écho de spin est sans doute la méthode d'imagerie la plus connue et peut être encore la plus utilisée, notamment en imagerie clinique.

5.6.1   Principe

La séquence de base de l'imagerie par écho de spin (figure 5.38) est très semblable à la séquence d'écho de gradient de la figure 5.5, mais le signal est acquis après la refocalisation produite par une impulsion de 180°.

La sélection d'une coupe orthogonale à l'axe X est effectuée avec une impulsion d'excitation sélective appliquée en présence d'un gradient G_X. Cette impulsion d'excitation est suivie d'une impulsion de refocalisation spatialement sélective (chapitre 3, section 3.3.2).

L'application simultanée du gradient de codage de phase et d'un lobe du gradient de lecture permet de se déplacer du centre de l'espace réciproque vers le point ①. L'impulsion de refocalisation inverse la phase ce qui nous conduit

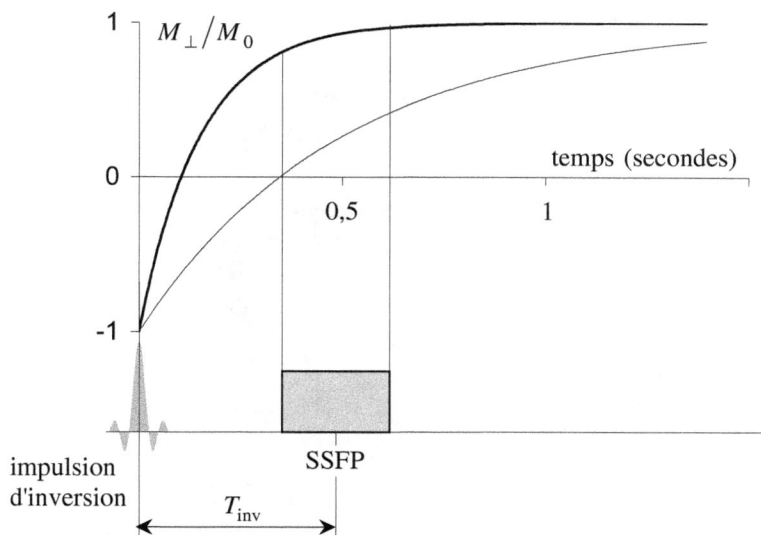

FIG. 5.36 – Préparation, comportant une inversion de l'aimantation longitudinale et une période de récupération, précédant l'application d'une séquence d'écho de gradient rapide. Les contributions de l'aimantation transversale au développement de l'état stationnaire doivent être détruites en incrémentant la phase des impulsions.

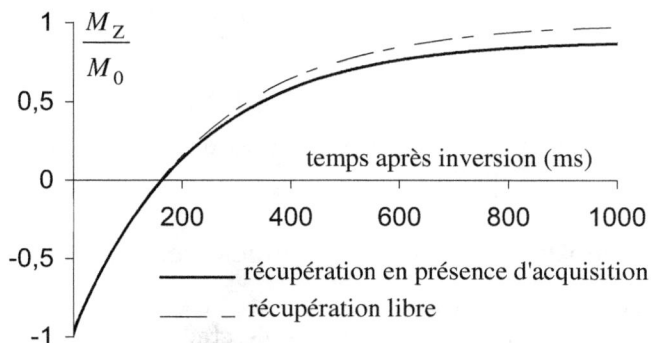

FIG. 5.37 – Comparaison du retour à l'équilibre de la composante longitudinale après application d'une impulsion d'inversion, dans deux situations. En pointillés : récupération libre. En trait pleins : l'impulsion d'inversion est suivie d'une séquence SSFP équilibrée : $\pi_x - \alpha_{-x}/2 - T_R/2 - \alpha_{-x} - T_R - \alpha_x - T_R$... On remarque que la présence du train SSFP modifie peu le profil du retour vers une aimantation d'équilibre. $T_R = 3$ ms, $T_1 = 700$ ms, $T_2 = 400$ ms, $\alpha = 30°$.

au point ②. Le gradient de codage de fréquence permet alors de décrire une ligne de l'espace réciproque (trajectoire ② vers ③).

Le signal dans l'espace réciproque est tout à fait similaire à celui obtenu en écho de gradient (équation (5.20)), et s'écrit :

$$F\left(\boldsymbol{k}\right) = \int_{-\infty}^{\infty} \int_{-\infty}^{\infty} f\left(\boldsymbol{r}\right) \exp\left(-\frac{T_{\mathrm{E}}}{T_2\left(\boldsymbol{r}\right)}\right) \exp\left(-2\,\pi\,\mathrm{i}\,\boldsymbol{k}\left(t\right)\cdot\boldsymbol{r}\right) \mathrm{d}Y\,\mathrm{d}Z. \quad (5.72)$$

où $f\left(\boldsymbol{r}\right) \propto M_\perp\left(\boldsymbol{r}, t = 0\right)$. Une différence cependant, la pondération T_2 au lieu de T_2^*. La différence est d'importance car cette caractéristique rend la méthode peu sensible à l'hétérogénéité du champ directeur. La transformée de Fourier inverse de $F\left(\boldsymbol{k}\right)$ conduit à imager la quantité $M_\perp\left(\boldsymbol{r}, t = 0\right)\exp\left(-T_{\mathrm{E}}/T_2\left(\boldsymbol{r}\right)\right)$.

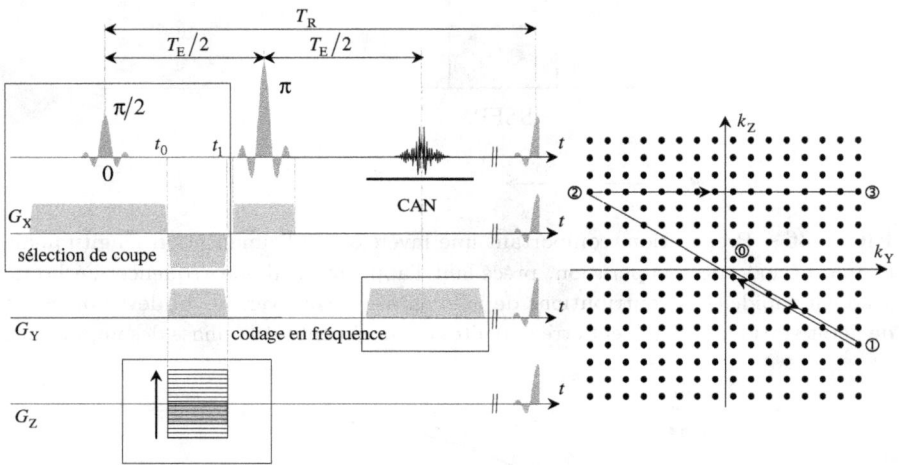

FIG. 5.38 – Schéma de principe d'une séquence d'imagerie par écho de spin.

5.6.2   Enchaînement des séquences : contraste

L'imagerie 2DFT par écho de spin est généralement utilisée avec un enchaînement multi-coupes. Comme en écho de gradient, le temps séparant la fin de la période d'acquisition du signal provenant d'une coupe et l'excitation suivante de la même coupe, peut être utilisé pour exciter d'autres coupes. L'enchaînement des excitations est similaire à celui illustré figure 5.8, mais en ajoutant une impulsion de refocalisation derrière chaque excitation.

Dans l'état stationnaire, l'aimantation longitudinale avant la première impulsion a pour valeur (*cf.* chapitre 2, exercice 2-15) :

$$M_z\left(\boldsymbol{r}, t = T_{\mathrm{R}}\right) = \left|M_\perp\left(\boldsymbol{r}, t = 0\right)\right| =$$
$$M_0 \left[1 + \exp\left(-\frac{T_{\mathrm{R}}}{T_1\left(\boldsymbol{r}\right)}\right)\left(1 - 2\exp\left(\frac{T_{\mathrm{E}}}{2\,T_1\left(\boldsymbol{r}\right)}\right)\right)\right] \quad (5.73)$$

Si, comme c'est généralement le cas, $T_E \ll T_R$, l'équation (5.73) se réduit à :

$$|M_z\left(\boldsymbol{r}, t = 0\right)| \approx M_0\left(\boldsymbol{r}\right)\left[1 - \exp\left(-\frac{T_R}{T_1\left(\boldsymbol{r}\right)}\right)\right]. \qquad (5.74)$$

Par suite :

$$|M_\perp\left(\boldsymbol{r},\ t = T_E\right)| \approx M_0\left(\boldsymbol{r}\right)\left[1 - \exp\left(-\frac{T_R}{T_1\left(\boldsymbol{r}\right)}\right)\right]\exp\left(-\frac{T_E}{T_2\left(\boldsymbol{r}\right)}\right). \qquad (5.75)$$

Nous pouvons alors préciser la quantité imagée, il s'agit de la densité de spins, plus ou moins pondérée par les temps de relaxation spin-spin et spin-réseau. En agissant sur T_R et T_E, on peut contrôler la pondération T_1 et T_2 de l'image. Si T_R est long par rapport aux T_1 rencontrés dans l'échantillon (soit, en imagerie clinique, supérieur à environ 2 s), et T_E long par rapport aux T_2 (soit, en imagerie clinique, de l'ordre de 50 à 100 ms), alors le contraste est fortement pondéré T_2. Au contraire l'utilisation d'un temps de répétition court devant T_1, et d'un temps d'écho court devant T_2, donne un contraste fortement pondéré T_1. Enfin un temps de répétition long, associé à un temps d'écho court, produit un contraste en densité de spins.

Nous avons vu dans le chapitre 3, qu'une sélection de coupe avec une séquence d'écho perturbe l'aimantation longitudinale au-delà de la zone excitée (chapitre 3, section 3.3.6, figure 3.18). Les coupes contiguës ne sont généralement pas jointives, et la distance entre deux coupes peut atteindre quelques mm afin de limiter la perturbation de l'aimantation d'une coupe lors de l'excitation d'une coupe voisine. On peut aussi travailler avec deux blocs entrelacés comportant par exemple 16 coupes chacun, ce qui permet dans la reconstitution 3D de réduire l'espace séparant les coupes.

5.7 Techniques d'écho de spin rapides : multi-échos

5.7.1 Principe

Il s'agit de méthodes utilisant un train d'impulsions de refocalisation de type CPMG (chapitre 2, section 2.5.6). La méthode de base a été initialement proposée sous le nom de RARE (***R**apid **A**cquisition with **R**elaxation **E**nhancement*), mais on retrouve la même technique, ou des variantes, sous les sigles FSE (***F**ast **Spin-E**cho*) ou TSE (***T**urbo **Spin-E**cho*). La figure 5.39 présente la séquence qui comporte, une impulsion d'excitation, un lobe de déphasage d'aire S dans la direction du codage en fréquence, et un train d'impulsions de refocalisation. Entre deux impulsions de refocalisation, on trouve un gradient de codage de phase qui est « rembobiné » avant l'application d'une nouvelle impulsion, et le gradient de lecture d'aire $2S$. Chaque écho permet de parcourir une ligne de l'espace de Fourier. On parcourt donc N_E lignes par

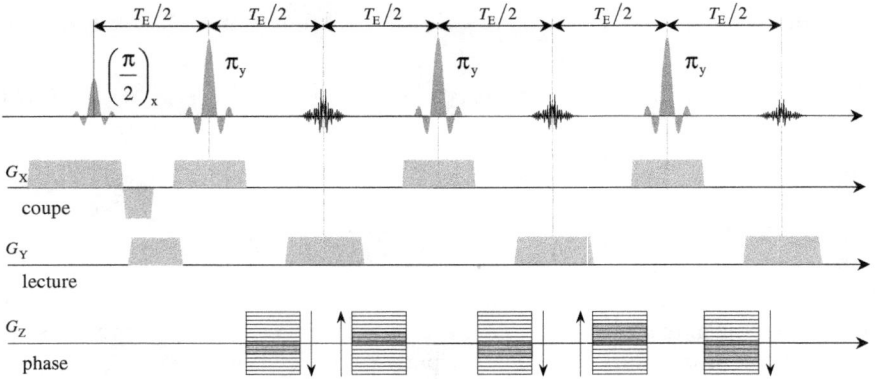

FIG. 5.39 – Imagerie multi-échos.

excitation. N/N_E excitations sont donc nécessaires pour obtenir une image de dimension N^2. L'espace réciproque est couvert par segments et la méthode est dite « segmentée », par opposition aux méthodes couvrant la totalité de l'espace réciproque en une seule excitation. Pour un temps de répétition T_R donné, une séquence comportant N_E échos permet de diviser le temps d'acquisition d'une coupe par un facteur N_E, souvent appelé turbo-facteur.

Le signal recueilli provient nécessairement de chemins débutant par $p = 0 \Rightarrow 1$ et $p = 0 \Rightarrow -1$. En effet, ne pourront être refocalisées que les cohérences ayant subi l'effet du gradient de déphasage qui suit l'impulsion d'excitation. Par suite, si l'impulsion d'excitation est différente de $\pi/2$, elle laisse intacte une partie de l'aimantation longitudinale, mais cette aimantation ne joue ensuite aucun rôle.

Soit u la direction du champ rf des impulsions de refocalisation, φ l'angle de ce champ avec l'axe x et $M_\perp (t = 0)$ l'aimantation transversale produite par l'impulsion d'excitation. On montrera facilement que l'aimantation transversale au sommet des échos impairs s'écrit $M_\perp (nT_E) = M_\perp^* (t = 0) \exp (2 \, \mathrm{i} \, \varphi)$, tandis que celle des échos pairs s'écrit tout simplement $M_\perp (nT_E) = M_\perp (t = 0)$. Cela signifie que la phase varie d'un écho à l'autre. On peut éviter cette variation, et la correction de phase qui serait nécessaire dans l'espace réciproque, en faisant en sorte que $M_\perp (t = 0)$ soit aligné avec u, c'est-à-dire que $M_\perp^* (t = 0) = M_\perp (t = 0) \exp (-2 \, \mathrm{i} \, \varphi)$. Dans ce cas, $M_\perp (nT_E) = M_\perp (t = 0)$, quelle que soit la parité de n. On retrouve la condition de phase de la séquence CPMG (par exemple, excitation selon x, refocalisation selon y). Nous verrons plus loin que l'intérêt de cette condition va bien au-delà.

5.7.2   Codage de phase et contraste

Le « poids » du signal au sommet d'un écho est proportionnel à $\exp\left(-nT_E/T_2\right)$, où $1 \leq n \leq N_E$ est le numéro de l'écho. Cette variation de l'amplitude du signal en fonction du numéro d'écho, impose une stratégie particulière de codage. On sait que les caractéristiques générales de l'image, et notamment le contraste, sont contenues dans les données situées au centre de l'espace réciproque (chapitre 4, section 4.3, figure 4.5). Si le centre de l'espace réciproque est acquis au temps d'écho le plus faible, le contraste est plutôt un contraste densité de proton ou T_1 (selon l'ordre de grandeur de T_R par rapport à T_1). Si, lorsque n croît, k_Z est incrémenté des valeurs négatives vers les valeurs positives, le centre de l'espace réciproque est acquis à temps d'écho long. Le contraste est alors plutôt un contraste T_2. Le temps séparant excitation et acquisition d'une ligne centrale est dit temps d'écho effectif.

Prenons à titre d'exemple l'ordre centrique qui consiste à couvrir d'abord le centre de l'espace réciproque, puis à progressivement s'éloigner des lignes centrales. Par exemple, pour 128 lignes dans l'espace réciproque et 8 échos, 16 excitations seront nécessaires. Les lignes $-8 \leq n_Z \leq 7$ seront décrites par le premier écho, les lignes $-16 \leq n_Z \leq -9$ et $8 \leq n_Z \leq 15$ seront décrites par le second écho, etc. La figure 5.40 illustre ce point.

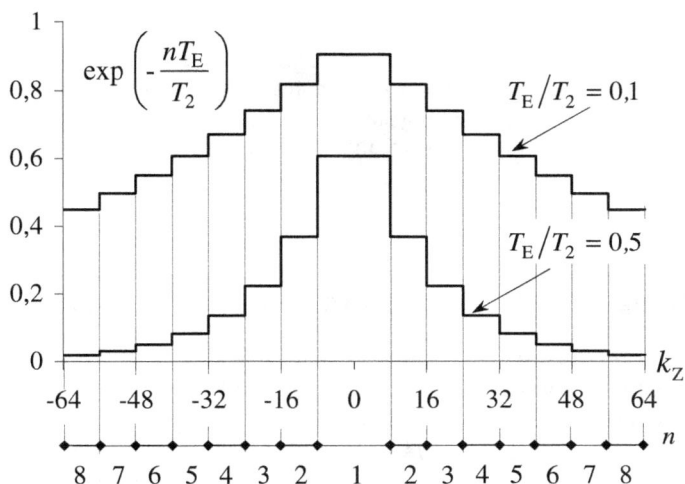

FIG. 5.40 – Ordre centrique de codage de phase. Variation du poids des échantillons dans l'espace réciproque en fonction du numéro d'écho pour deux valeurs du rapport T_E/T_2 : $T_E/T_2 = 0,1$ et $T_E/T_2 = 0,5$.

La variation du poids de chaque ligne intervient sur l'image comme le ferait une fonction d'apodisation (chapitre 4, section 4.7.3). Cela pose deux problèmes. Le premier est que cette fonction, qui détériore la résolution, n'affecte pas toutes les régions de l'image de la même manière : la fonction de dispersion du point qui permet d'évaluer la résolution spatiale effective dépend du temps de relaxation T_2, lequel dépend de la position. Le second problème est lié aux nombreuses discontinuités de cette fonction d'apodisation, ce qui provoque des oscillations à longue distance de la fonction de dispersion du point (chapitre 4, section 4.7), et donc des artefacts sur l'image. La figure 5.41 compare la fonction de dispersion du point associée à une fenêtre de troncature rectangulaire de 128 points, à celle associée au codage de phase centrique de la figure 5.40 ($T_E/T_2 = 0,5$). L'élargissement, comme les oscillations à longue distance, sont bien visibles.

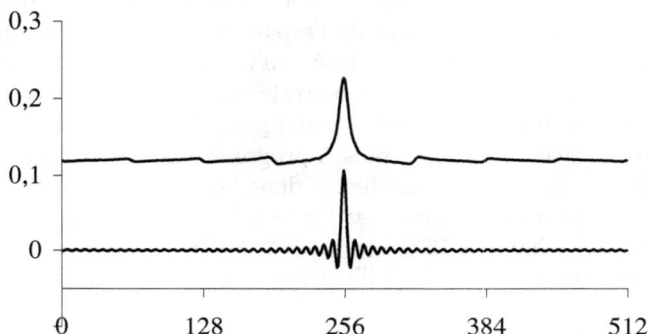

FIG. 5.41 – Fonction de dispersion d'un point situé au centre de l'échantillon. Acquisition sur 128 points, zéro-filling sur 512 points. La courbe du haut est associée à la fenêtre de troncature de la figure 5.40 ($T_E/T_2 = 0,5$), celle du bas à une fenêtre rectangulaire de 128 points.

5.7.3 Imagerie d'écho de spin à une seule excitation

Lorsque le nombre d'échos suivant l'excitation est égal aux nombres de pas de codage de phase, une seule excitation suffit pour remplir l'espace réciproque. La technique est alors dite « *single shot* » par opposition aux méthodes « *multi-shot* » décrites ci-dessus. La méthode est très rapide, puisqu'un train d'une centaine d'échos peut être acquis en un temps bien inférieur à la seconde. Elle est cependant très fortement affectée par la relaxation spin-spin, ce qui conduit à l'affaiblissement du signal lorsque le numéro d'écho s'accroît. En imagerie médicale, elle est donc dédiée à l'étude d'organes présentant des composantes à T_2 long, et notamment à la mise en évidence de liquides physiologiques non circulants (bile, urine, suc pancréatique, etc.). L'acquisition d'un demi plan de Fourier et le calcul du demi-plan manquant en utilisant les propriétés d'hermiticité (sections 5.2.3 et 5.4.8), permettent de limiter l'élargissement de la fonction de dispersion du point dû à la relaxation spin-spin

Une difficulté de la séquence, est l'importante dissipation d'énergie associée au train d'impulsions de refocalisation (il faut garder en mémoire qu'une impulsion de 180° dissipe quatre fois plus d'énergie qu'une impulsion d'excitation de même largeur...). Ce problème a conduit à utiliser des trains d'impulsions de beaucoup plus petit angle (*cf.* section 5.7.4), qui permettent en outre d'obtenir une décroissance du signal avec le numéro d'écho plus lente.

Il faut enfin noter que la décroissance de l'intensité des échos en fonction du numéro d'écho, n'est en général pas régie par le seul temps de relaxation T_2. Des impulsions de refocalisation sélectives spatialement ne sont jamais parfaites et θ s'éloigne de π lorsqu'on s'éloigne du centre de la coupe. Cela introduit une atténuation supplémentaire, qui ne peut être limitée qu'en élargissant le profil des impulsions de refocalisation. Cette solution rend cependant plus difficile l'imagerie multi-coupes.

5.7.4 Suite d'impulsions de refocalisation d'angle inférieur à 180°

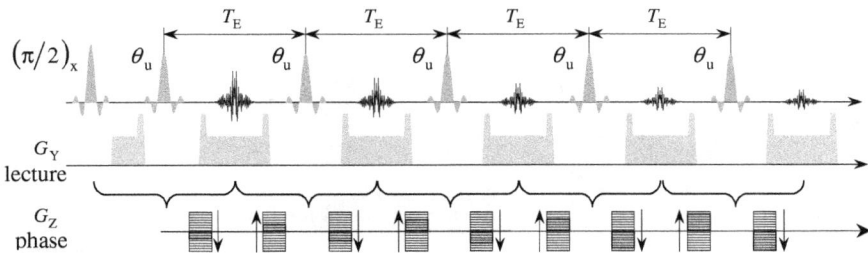

FIG. 5.42 – Suite d'impulsions d'angle inférieur à 180°. Les impulsions de gradient de sélection de coupe ne sont pas représentées.

Le schéma de principe de la séquence d'impulsions est présenté figure 5.42. Cette séquence diffère des séquences multi-échos par l'angle des impulsions de refocalisation, qui peut être très inférieur à 180°. On remarque aussi que ce train d'impulsions ne diffère de certaines séquences SSSP, que par la première impulsion qui modifie les conditions initiales et le profil temporel du gradient de lecture. En reprenant le formalisme présenté dans la section 5.5.1, il est clair que la séquence opère une sélection des chemins de cohérence caractérisés par l'indice $l = -1$, ou l est défini par l'expression (5.52). On évitera la contribution des chemins de cohérence non désirés en entourant chaque impulsion de refocalisation de gradients de dispersion.

5.7.4.1   Amplitude des échos

Nous savons que l'action d'une impulsion de refocalisation sur l'aimantation est définie par une matrice 3×3 (chapitre 2, équation (2.76)) :

$$
\begin{pmatrix} M_\perp^+ (n) \\ M_\perp^{*+} (n) \\ M_z^+ (n) \end{pmatrix} = \begin{pmatrix} a^{*2} & -b^2 & 2a^*b \\ -b^{*2} & a^2 & 2ab^* \\ -a^*b^* & -ab & aa^* - bb^* \end{pmatrix} \begin{pmatrix} M_\perp^- (n) \\ M_\perp^{*-} (n) \\ M_z^- (n) \end{pmatrix} , \quad (5.76)
$$

où a et b sont les paramètres de Cayley-Klein de l'impulsion, et où $M^- (n) \, \Delta V$ et $M^+ (n) \, \Delta V$ représentent les aimantations avant et après une impulsion, dans un volume ΔV situé au point de coordonnée r. Avant la première impulsion de refocalisation, seules les cohérences $p = \pm 1$, sont susceptibles de conduire ultérieurement à la formation d'échos. Le déphasage initial associé à ces cohérences est donc égal à $\mp \Psi$, où Ψ est le déphasage produit par le gradient de lecture (auquel peut s'ajouter celui produit par des gradients de dispersion). Les aimantations, avant et après l'impulsion de refocalisation numéro n, peuvent être mises sous la forme de sommes de configurations caractérisées par un déphasage $k\Psi$, où $-(2n+1) \leq k \leq 2n+1$:

$$
M^- (n) = \sum_k m^- (n, \, k) \exp\left(i \, k \, \Psi\right), \quad M^+ (n) = \sum_k m^+ (n, \, k) \exp\left(i \, k \, \Psi\right).
$$
$$(5.77)$$

On peut donc écrire :

$$
m_\perp^+ (n, \, k) = (a^*)^2 \, m_\perp^- (n, \, k) - b^2 m_\perp^{-\,*} (n, \, -k) + 2a^* b \, m_z^- (n, \, k), \quad (5.78)
$$

$$
m_z^+ (n, \, k) = -a^* b^* m_\perp^- (n, \, k) - a \, b \, m_{\perp -}^* (n, \, -k) + (aa^* - bb^*) \, m_z^- (n, \, k).
$$
$$(5.79)$$

L'évolution pendant le délai qui suit l'impulsion introduit :

- une atténuation de l'aimantation longitudinale, qui devient $m_z (n+1, \, k) = E_1 \, m_z^+ (n, \, k)$, où $E_1 = \exp\left(-T_E / T_1\right)$,

- une atténuation et un déphasage de l'aimantation transversale, qui devient $m_\perp (n+1, \, k) = E_2 \, m_\perp^+ (n, \, k)$, où $E_2 = \exp\left(-T_E / T_2\right)$.

Le calcul peut ainsi se poursuivre d'une impulsion à l'autre, en partant des conditions initiales définies par la phase et l'angle de l'impulsion d'excitation. La composante qui produit un écho entre les impulsions n et $n+1$, est bien sûr $m_\perp^+ (n, \, k = -1)$.

Cette procédure permet très simplement de simuler l'évolution du signal d'une impulsion à l'autre. Mais une approche un peu différente et complémentaire, met mieux en évidence les mécanismes sous-jacents.

5.7.4.2   Importance de la condition de phase CPMG

Nous négligerons l'effet de la relaxation dans l'analyse qui suit. Le gradient de codage de phase est rembobiné après la lecture ; nous pouvons donc l'ignorer. La séquence est une suite de modules comportant chacun trois rotations successives, $\boldsymbol{R}_z(\psi)\ \boldsymbol{R}_u(\theta_u)\ \boldsymbol{R}_z(\psi)$, où u est la direction du champ rf des impulsions de refocalisation. Ce module, suite symétrique de rotations autour d'axes du plan uz, est lui même une rotation d'angle Φ autour d'un axe v du plan uz (chapitre 2, section 2.3.4) :

$$\boldsymbol{R}_v(\Phi) = \boldsymbol{R}_z(\psi)\ \boldsymbol{R}_u(\theta_u)\ \boldsymbol{R}_z(\psi). \tag{5.80}$$

Nous avons négligé ici les effets d'off-résonance des impulsions de refocalisation. Soient v_u et v_z les cosinus directeurs de l'axe v (figure 5.43). L'opérateur d'évolution $\boldsymbol{U}$ associé à cette rotation, s'écrit :

$$\boldsymbol{U} = \begin{pmatrix} c\,\exp\left(-\mathrm{i}\psi\right) & -\mathrm{i}\,s\,\exp\left(-\mathrm{i}\,\varphi\right) \\ -\mathrm{i}\,s\,\exp\left(\mathrm{i}\,\varphi\right) & c\,\exp\left(\mathrm{i}\psi\right) \end{pmatrix}, \tag{5.81}$$

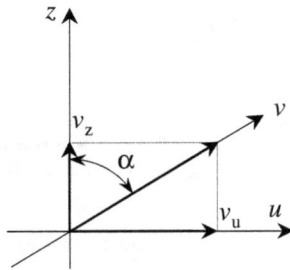

FIG. 5.43 – L'axe de la rotation $\boldsymbol{R}_v(\Phi) = \boldsymbol{R}_z(\psi)\ \boldsymbol{R}_u(\theta_u)\ \boldsymbol{R}_z(\psi)$.

où $c = \cos(\theta_u/2)$, $s = \sin(\theta_u/2)$ et φ est l'angle des axes x et u. En identifiant les coefficients de cette matrice à ceux décrivant une rotation d'angle Φ autour de l'axe v (voir chapitre 2, équation (2-48)), on en déduit

$$\cos(\Phi/2) = c\,\cos(\psi), \tag{5.82}$$

$$\sin(\Phi/2) = \frac{s}{v_u}. \tag{5.83}$$

On peut choisir arbitrairement le signe de v_u. Nous choisissons $v_u \geq 0$. On note que changer le signe de v_u entraîne le changement de signe de Φ et de v_z. On obtient :

$$v_u = \frac{s}{\sqrt{s^2 + c^2\sin^2(\psi)}}, \quad v_z = \frac{c\,\sin(\psi)}{\sqrt{s^2 + c^2\sin^2(\psi)}}. \tag{5.84}$$

Lorsque θ_u est différent de π, la refocalisation est imparfaite. L'angle Φ dépend de ψ, donc de Y (direction du gradient de lecture), et il en est de même de la direction v de l'axe de rotation. Si l'impulsion d'excitation est dirigée selon x, l'aimantation transversale produite dans une tranche élémentaire d'épaisseur dY est dirigée selon l'axe y, et a pour composantes $(0,\ m\,(Y,\ t=0)\ dY,\ 0)$. Cette aimantation peut être décomposée en une composante alignée avec l'axe de rotation v et une composante orthogonale à cet axe. L'application successive des impulsions va rapidement conduire, à la dispersion de la composante orthogonale à l'axe de rotation, et à l'annulation de sa valeur moyenne sur la largeur d'un voxel.

Le calcul numérique peut être effectué en utilisant les résultats de la section 5.7.4.1. La simulation de la figure 5.44 a été obtenue en alignant l'aimantation transversale produite par l'impulsion d'excitation, avec la direction x, les impulsions de refocalisation étant également appliquées dans la direction x. Dans ce cas l'axe v se trouve dans le plan xz et l'aimantation transversale produite par la première impulsion est donc orthogonale à l'axe v. La condition de phase de la séquence CPMG n'est pas remplie, et l'on observe une décroissance rapide du signal.

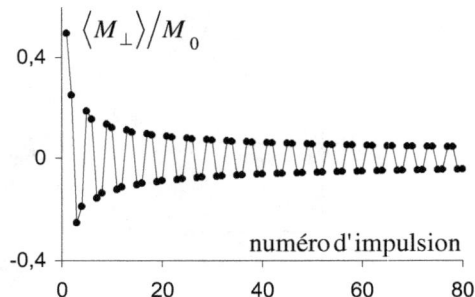

FIG. 5.44 – Évolution du signal lorsque la condition de phase de la séquence CPMG n'est pas respectée. Toutes les impulsions, excitation et refocalisation, sont ici appliquées dans la direction x. Angle des impulsions de refocalisation : $\theta = 90°$.

5.7.4.3 Établissement d'un pseudo état stationnaire

Intéressons nous maintenant à la composante $m_v\,(Y,\ t=0)$ qui est alignée avec l'axe de rotation v. Celle ci reste intacte (relaxation négligée), lors des applications successives de la rotation $\boldsymbol{R}_v\,(\Phi)$, et c'est donc sa projection sur le plan xy qui conduit à un signal stable. La projection de $m_v\,(Y,\ t=0)\ dY$ dans le plan transversal, c'est-à-dire sur l'axe u puisque v est un axe du plan uz, s'écrit $m\,(Y,\ t=0)\cos\,(\varphi-\pi/2)\ (v_u)^2\ dY$. Cette aimantation produit le signal utilisable qui est maximum lorsque $\varphi=\pi/2$, c'est-à-dire lorsque la condition de phase de la séquence CPMG (*cf.* section 5.7.1) est satisfaite.

Le rembobinage du gradient de codage de phase est d'ailleurs toujours nécessaire pour assurer le respect de cette condition pendant toute la durée du train d'échos. Avec cette condition de phase, l'aimantation détectable aux différents temps d'écho s'écrit :

$$m\left(Y,\ t = n\,T_{\mathrm{E}}\right) = m\left(Y,\ t = 0\right)\left(v_u\right)^2. \tag{5.85}$$

L'aimantation transversale se trouve ainsi modulée par la fonction v_u^2. L'expression (5.84) montre que v_u^2 est une fonction périodique de Ψ et donc de Y ($\Psi = -\gamma\,Y \int_0^{T_{\mathrm{R}}/2} G_Y\,\mathrm{d}t$). La fréquence spatiale correspondant à cette modulation, est toujours supérieure à la plus grande fréquence spatiale détectée ($|k_Y^{\max}| << \left|(\gamma/\pi) \int_0^{T_{\mathrm{E}}/2} G_Y\,\mathrm{d}t\right|$). Les oscillations associées à la variation périodique de v_u^2 ne sont donc pas détectables, et l'on peut remplacer cette quantité par sa valeur moyenne :

$$\left\langle v_u^2 \right\rangle = \frac{1}{\pi} \int_0^{\pi} \frac{s^2}{s^2 + c^2 \sin^2\left(\psi\right)}\,\mathrm{d}\psi. \tag{5.86}$$

L'intégrale se calcule sans grande difficulté[2] et on obtient finalement :

$$m_{\mathrm{obs}}\left(Y,\ t = n\,T_{\mathrm{E}}\right) = m\left(Y,\ t = 0\right)\sin\left(\frac{\theta}{2}\right), \tag{5.87}$$

où m_{obs} est la quantité effectivement observable sur l'image.

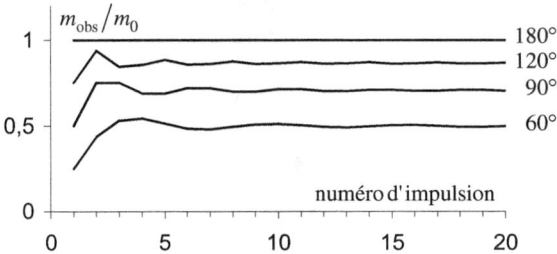

FIG. 5.45 – Établissement de l'état pseudo-stationnaire en fonction de l'angle des impulsions de refocalisation. On note que l'état stationnaire s'établit relativement vite.

Cette expression décrit l'amplitude de l'aimantation transversale observée après l'établissement d'un pseudo état stationnaire (« pseudo » car cet état, issu d'une aimantation initialement purement transversale, ne résiste évidemment pas à l'action de la relaxation). La figure 5.45 présente l'établissement du pseudo état stationnaire pour différentes valeurs de θ. On observe que le régime pseudo stationnaire s'établit très vite.

---

2. P. Le Roux. *Suites régulières d'impulsions radio-fréquence en résonance magnétique. Application à l'IRM.* Thèse de doctorat, Université Paris Sud, 2006.

Le résultat (5.87) peut surprendre. On sait en effet que le signal produit par une impulsion de refocalisation « dure » est proportionnel à $\sin^2(\theta/2)$ (voir chapitre 2, équation (2.165)). Cela suggère que l'intensité du signal devrait chuter très rapidement lorsque n croît ($\sin^{2n}(\theta/2)$), et devrait être donc être toujours inférieure à celle donnée par l'expression (5.87). Il n'en est rien. La raison est simple : le signal produit par la suite d'impulsions est certes partiellement issu de chemins de cohérence $p = 0 \Rightarrow 1 \Rightarrow -1 \Rightarrow 1 \Rightarrow -1 \Rightarrow 1 \Rightarrow etc.$ (échos impairs), ou de chemins $p = 0 \Rightarrow -1 \Rightarrow 1 \Rightarrow -1 \Rightarrow 1 \Rightarrow -1 \Rightarrow etc.$ (échos pairs). Mais d'autres chemins produisent des échos stimulés qui contribuent au signal. Par exemple, trois chemins produisent un écho stimulé après la troisième impulsion de refocalisation : $p = 0 \Rightarrow 1 \Rightarrow 0 \Rightarrow 0 \Rightarrow -1$, $p = 0 \Rightarrow -1 \Rightarrow 0 \Rightarrow 1 \Rightarrow -1$, et $p = 0 \Rightarrow -1 \Rightarrow 1 \Rightarrow 0 \Rightarrow -1$. Ces échos stimulés s'ajoutent à l'écho de spin. Le signal observé se révèle ainsi plus important que celui qui serait produit par une succession de purs échos de spin.

Nous avons jusque là négligé l'effet de la relaxation. Si $\theta = 180°$, seule la relaxation spin-spin agit sur l'intensité de ces cohérences. Si θ est différent de $\theta = 180°$, des échos stimulés contribuent au signal. Pendant une cohérence $p = 0$, c'est la relaxation spin-réseau qui produit l'atténuation du signal (voir chapitre 2, section 2.6.4). Le signal est donc une fonction complexe de T_1 et de T_2, et la décroissance du signal en fonction du temps est plus lente que celle qui serait produite par la seule relaxation spin-spin. Cela est illustré par la figure 5.46, qui montre que la décroissance du signal observée avec une suite d'impulsions de 180°, est plus rapide qu'avec des impulsions de 90°.

Un point intéressant, est que ce pseudo état stationnaire dépend de l'état de l'aimantation au début du train d'écho. Si l'on sait créer une aimantation initiale $m(\omega)$ alignée avec l'axe $v(\omega)$, l'aimantation mesurable peut être

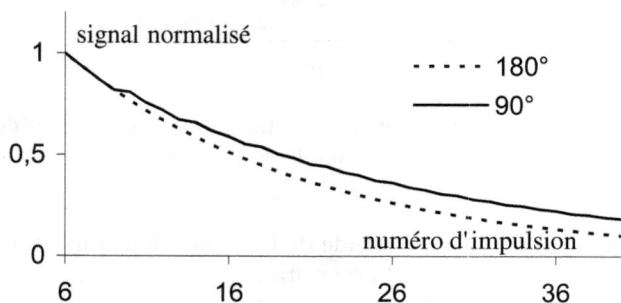

FIG. 5.46 – Comparaison de l'effet de la relaxation sur l'amplitude du signal en fonction du temps pour deux angles des impulsions de refocalisation : $\theta = 90°$ et $\theta = 180°$. Les autres paramètres sont $T_1 = 1500$ ms, $T_2 = 150$ ms, $T_E = 10$ ms. Pour faciliter la comparaison, les signaux ont été normalisés à 1 à la sixième impulsion.

plus élevée que celle donnée par l'équation (5.87). La projection dans le plan transversal d'une aimantation qui serait alignée avec v, s'écrit simplement :

$$m\left(Y,\, t = n\, T_{\mathrm{E}}\right) = m\left(Y,\, t = 0\right)\, v_u. \tag{5.88}$$

L'aimantation, qui peut être imagée, est obtenue en remplaçant v_u par sa valeur moyenne :

$$\langle v_u \rangle = \frac{1}{\pi} \int_0^{\pi} \frac{s}{\sqrt{s^2 + c^2 \sin^2(\psi)}}\, \mathrm{d}\psi. \tag{5.89}$$

On montrera sans difficulté que

$$\langle v_u \rangle = \frac{2\, s}{\pi} F\left(\pi/2,\, c^2\right), \tag{5.90}$$

où $F\left(\varphi,\, k\right)$ est l'intégrale elliptique de première espèce. Par suite :

$$m_{\mathrm{obs}}\left(Y,\, t = n\, T_{\mathrm{E}}\right) = m\left(Y,\, t = 0\right)\, \frac{2}{\pi}\, \sin\left(\frac{\theta}{2}\right)\, F\left(\pi/2,\, c^2\right). \tag{5.91}$$

Comme le montre la figure 5.47, l'aimantation maximum observable est sensiblement plus importante que celle observable avec un train CPMG. On peut tout à la fois accélérer l'établissement du pseudo état stationnaire, et se rapprocher du maximum observable, en utilisant une première impulsion de refocalisation d'angle proche de 180° (l'axe v est alors confondu avec l'axe u)

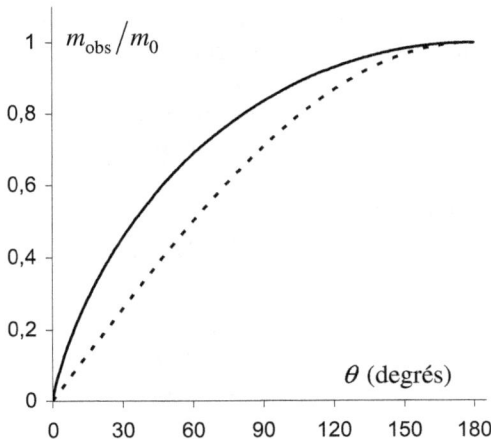

FIG. 5.47 – Aimantation observable dans l'état pseudo stationnaire en fonction de l'angle des impulsions de refocalisation. Trait plein : maximum observable. Trait pointillé, aimantation observable avec un train d'impulsions CPMG.

puis en diminuant progressivement cet angle pour atteindre de manière adiabatique l'angle de refocalisation choisi.

La présence d'un gradient de sélection de coupe n'est pas sans effet. Il n'est
en effet plus possible de négliger les effets d'off-résonance. Les grandes lignes
de l'analyse restent cependant les mêmes. Si les impulsions sont symétriques,
l'axe de rotation associé à l'impulsion est un axe du plan uz (chapitre 2,
section 2.3.4). Il en est donc de même de l'axe v de la rotation équivalente
à la suite précession-impulsion-précession. Cependant la position de cet axe,
comme l'angle de rotation Φ, dépendent du type d'impulsion et de la position considérée dans la direction de sélection de coupe. Ces éléments ont une
incidence sur le profil de coupe.

L'utilisation de faibles angles d'impulsion permet de réduire significativement l'énergie déposée dans l'échantillon. Ce point présente une importance
d'autant plus grande que le champ directeur est élevé.

5.8   Techniques radiales

Ce terme désigne les techniques basées sur l'acquisition de rayons ou de
diamètres de l'espace réciproque. On regroupe aussi les méthodes radiales sous
le nom d'imagerie de projection, ou de techniques de projection reconstruction.

5.8.1   Acquisition de rayons de l'espace réciproque

La figure 5.48 présente cette méthode dans le cas de l'acquisition d'une
image 2D. Une sélection de coupe orthogonale à l'axe X est effectuée. À
l'issue de la réversion du gradient de coupe, un gradient de lecture de composantes $G_Y = G_0 \cos(\theta)$ et $G_Z = G_0 \sin(\theta)$ est appliqué. L'orientation du
gradient peut être modifiée en agissant sur les composantes du gradient. En
répétant l'expérience pour un grand nombre d'orientations couvrant l'espace
réciproque, il devient possible de reconstruire l'image de l'objet. Le temps de
répétition de la séquence dépend du temps de relaxation T_1 et du type de
contraste souhaité (*cf.* section 5.3).

Le signal recueilli s'écrit simplement :

$$s\left[\boldsymbol{k}\left(t\right)\right] = \iiint_{V_e} f(\boldsymbol{r}) \exp\left[-2\pi \, \mathrm{i}\, \boldsymbol{k}\left(t\right).\boldsymbol{r}\right] \, \mathrm{d}X \, \mathrm{d}Y \, \mathrm{d}Z. \tag{5.92}$$

Le signal $s\left[\boldsymbol{k}\left(t\right)\right]$ décrit une trajectoire le long d'un rayon de l'espace réciproque $\boldsymbol{k}\left(t\right) = \gamma\, \boldsymbol{G}\, t/2\pi$. Ce signal est la transformée de Fourier tridimen-
sionnelle de la projection de l'objet $f(X, Y, Z)$, sur la direction du gradient
(figure 5.49).

5.8.1.1   Reconstruction à partir d'un nombre pair de rayons

Le principe général de la reconstruction d'images à partir de données radiales a été présenté dans le chapitre 4. Le champ de vue d'une méthode radiale

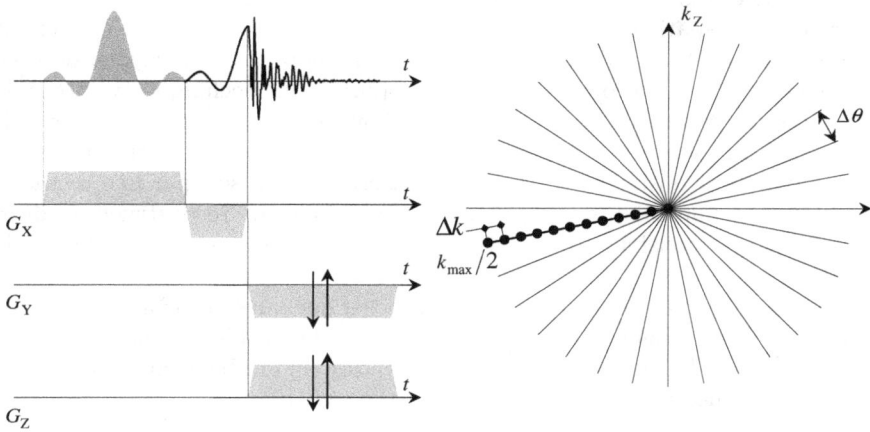

FIG. 5.48 – Balayage radial de l'espace réciproque dans le cas d'une image 2D. L'utilisation d'une impulsion sélective, en présence de gradient G_X, permet de sélectionner une coupe parallèle au plan Y, Z. Le signal est acquis en présence d'un gradient de composantes $G_Y = G_0 \cos \theta$, et $G_Z = G_0 \sin \theta$. L'expérience est répétée $2M$ fois, ce qui correspond à un incrément angulaire, $\Delta\theta = \pi/M$.

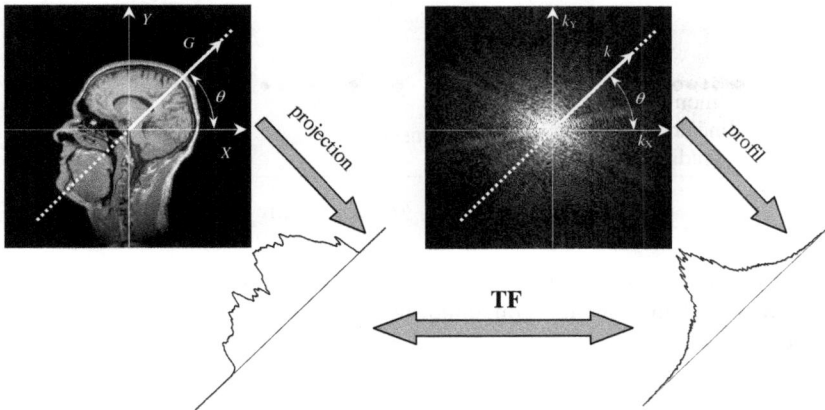

FIG. 5.49 – Le signal acquis en présence d'un gradient G, est proportionnel à la transformée de Fourier de la projection de l'aimantation transversale dans la direction du gradient. L'image dans l'espace réciproque utilise une échelle logarithmique de l'intensité.

2D est circulaire. Si l'objet est inscrit dans un cercle de rayon R, l'échantillonnage radial doit être effectué avec une période $\Delta k = 1/2R$. L'acquisition de $2M$ rayons avec un pas $\Delta\theta = \pi/M$, permet de disposer de M diamètres échantillonnés dans l'espace réciproque, couvrant un cercle de diamètre $k_{\max}$. La résolution spatiale digitale de l'image est égale à $1/N\Delta k$, où N est le nombre de points acquis par diamètre. Le nombre $2M$ de rayons doit au moins égal πN (équation (4-40)). Par rapport à une technique type 2DFT, qui nécessite N balayages de l'espace de Fourier, cette méthode d'imagerie est π fois plus lente. Le traitement peut être effectué soit par une méthode de projection reconstruction (chapitre 4, section 4.11), soit par une méthode de gridding (chapitre 4, section 4.12). Les méthodes de reconstruction, dites de projection-reconstruction, tendent à être supplantées par les méthodes de gridding.

L'acquisition des premiers points peut poser quelques problèmes, les temps de montée des gradients n'étant pas instantanés. Le problème peut être résolu en commençant l'acquisition dès la commutation du gradient. Si la montée du gradient est linéaire, on peut écrire (*cf.* exercice 5-10) :

$$k = \frac{\gamma}{4\pi} V_G t^2 \qquad (5.93)$$

où V_G est la vitesse de montée du gradient $(T . m^{-1} . s^{-1})$. Pendant le temps de montée, l'échantillonnage de l'espace réciproque n'est pas uniforme (figure 5.50). Le traitement des données peut être fait par projection reconstruction (mais la FFT n'est pas utilisable), ou en utilisant une méthode de gridding.

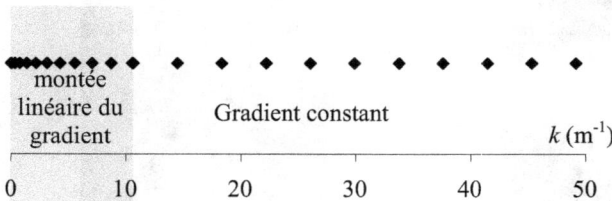

FIG. 5.50 – L'acquisition du signal pendant le temps de montée du gradient, est associé à un échantillonnage non uniforme de l'espace réciproque pendant cette période de temps.

5.8.1.2 Reconstruction à partir d'un nombre impair de rayons

Si le nombre de rayons acquis est impair, aucun diamètre ne peut être construit par association de deux rayons de l'espace réciproque (figure 5.51). Plusieurs solutions peuvent être utilisées :

– Utiliser une technique de gridding. Le champ couvert aura alors pour rayon maximum :

$$R = \frac{2}{\Delta\theta \, k_{\max}}. \qquad (5.94)$$

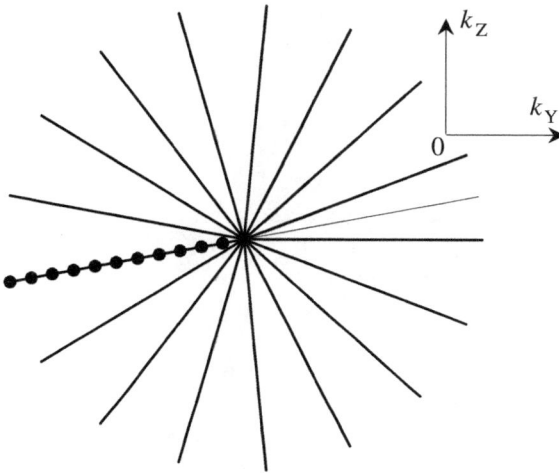

FIG. 5.51 – Couverture de l'espace de Fourier avec un nombre impair de rayons.

- Utiliser le signal $F(\boldsymbol{k})$ sur un rayon. Pondérer ces données (multiplication par $|\boldsymbol{k}|$), comme cela est fait avec une technique de projection-reconstruction. Calculer la transformée de Fourier du résultat. La partie réelle de cette transformée de Fourier est égale à la projection filtrée sur la direction considérée. Cette méthode est en fait basée sur l'hermiticité de l'espace réciproque et ne peut en général être mise en oeuvre sans que les écarts à l'hermiticité soient corrigés (section 5.4.8)

- Exploiter l'hermiticité de l'espace réciproque (section 5.4.8) et construire $2M + 1$ diamètres à partir de $2M + 1$ rayons. La méthode permet de diviser par un facteur 2 la résolution angulaire. Par rapport à l'acquisition d'un nombre pair de rayons, le temps d'acquisition pourra être réduit par un facteur 2 (mais le rapport signal sur bruit sera réduit par un facteur $\sqrt{2}$).

5.8.2 Écho de gradient, acquisition de diamètres de l'espace réciproque

La technique précédente nécessite deux acquisitions pour obtenir le signal le long d'un diamètre de l'espace réciproque (une acquisition avec un certain couple G_X, G_Y de gradients, est toujours accompagnée d'une acquisition avec le couple $-G_X, -G_Y$). On peut éviter cette double acquisition en utilisant une méthode d'écho de gradient : les aimantations déphasées par un gradient peuvent être rephasées en appliquant un gradient de même direction, mais de signe opposé. Le renversement du gradient produit un écho de gradient.

Cette méthode permet l'acquisition du signal le long d'un diamètre de l'espace de Fourier (figure 5.52). L'orientation de ce diamètre dépend des intensités relatives des gradients G_Y et G_Z.

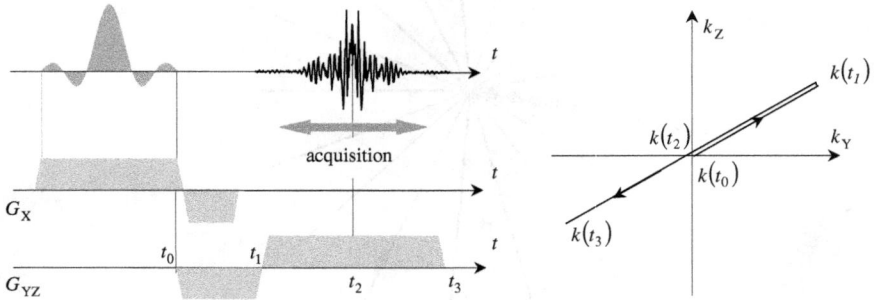

FIG. 5.52 – Séquence radiale utilisant un écho de gradient. L'acquisition s'effectue le long d'un diamètre de l'espace réciproque.

Décrivons la trajectoire parcourue dans l'espace réciproque. A l'instant t_0 on se trouve au centre de l'espace réciproque. Un gradient d'amplitude G est alors appliqué. La trajectoire se développe le long d'un rayon de cet espace. À l'instant t_1, le gradient est renversé et l'on rebrousse chemin dans l'espace réciproque pour retrouver, à l'instant t_2, le centre de l'espace de Fourier. La trajectoire se poursuit alors sur ce diamètre jusqu'à l'instant t_3, symétrique de t_1 par rapport à t_2.

La couverture de l'espace de Fourier s'effectue avec un nombre d'acquisitions deux fois plus faible qu'avec la séquence de la figure 5.48. Par rapport aux méthodes d'acquisition de rayons de l'espace réciproque, le temps séparant l'excitation de l'acquisition est accru, ce qui peut être une difficulté pour l'imagerie d'objets à T_2 court.

5.8.3   Méthodes radiales et effets d'off-résonance

Nous avons supposé jusque là que $\omega = \Omega_0 - \Omega_{\mathrm{rf}} = 0$ en absence de gradient. Une erreur d'ajustement de Ω_{rf}, la présence de plusieurs déplacements chimiques, une homogénéité du champ $\boldsymbol{B}_0$ insuffisante, ou des effets de susceptibilité, peuvent modifier cette condition. En présence d'un offset $\Delta\omega$, l'équation (5.8) devient :

$$F(\boldsymbol{k}) = \iiint_{V_e} f(\boldsymbol{r}) \exp\left(\mathrm{i}\,\Delta\omega\,t\right) \exp\left(-2\,\pi\,\mathrm{i}\,\boldsymbol{k}.r\right) \mathrm{d}X\,\mathrm{d}Y\,\mathrm{d}Z. \qquad (5.95)$$

En se limitant au cas d'un gradient parfait (temps de montée infiniment court, $\boldsymbol{k} = \gamma\,\boldsymbol{G}\,t/2\pi$), et d'une acquisition de rayons de l'espace réciproque, cette expression peut se mettre sous la forme suivante

$$F(\boldsymbol{k}) = \exp\left(2\,\mathrm{i}\,\Delta\omega\,t_{\max}\frac{k}{k_{\max}}\right)\iiint_{V_e} f(\boldsymbol{r})\exp\left(-2\pi\,\mathrm{i}\,\boldsymbol{k}.r\right)\mathrm{d}X\,\mathrm{d}Y\,\mathrm{d}Z,$$

$$(5.96)$$

où $t_{\max}$ et $k_{\max}/2$ sont respectivement les valeurs maximales du temps d'acquisition et de la fréquence spatiale. Le signal dans l'espace réciproque est ainsi modulé par un terme à symétrie sphérique. La figure 5.53 présente, dans le cas d'une acquisition 2D, les distorsions de la fonction de dispersion du point associées à la présence d'un offset. Ces distorsions sont sévères et doivent être évitées. Ce calcul a été effectué dans le cas d'un offset indépendant de la position. En pratique, la fréquence de résonance varie spatialement, à cause d'une homogénéité insuffisante du champ directeur ou, plus souvent, à cause de l'hétérogénéité magnétique de l'objet imagé. La présence de composés de déplacements chimiques différents, est aussi une source de variation de la fréquence de résonance à travers l'objet.

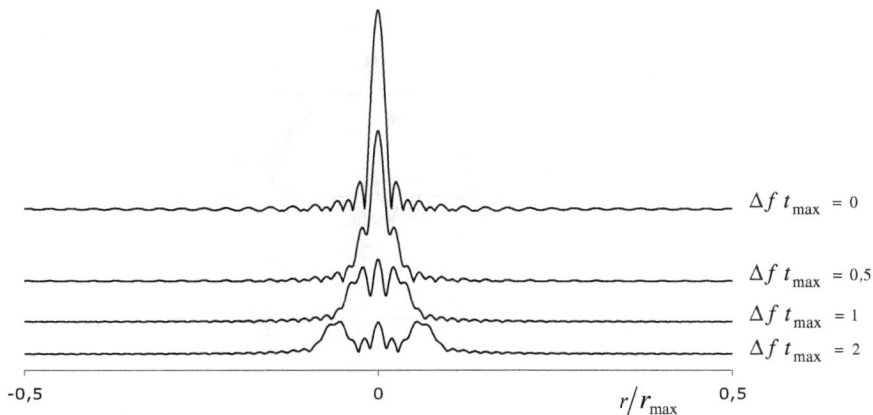

FIG. 5.53 – Fonction de dispersion du point d'une acquisition radiale 2D, pour différentes valeurs du produit $\Delta f\,t_{\max}(\Delta f = \Delta\omega/2\pi)$. Acquisition de 200 rayons de l'espace réciproque régulièrement répartis dans le plan de coupe. Sur chaque rayon, 32 points sont acquis.

5.8.4 Applications des méthodes radiales

Depuis la démonstration de Paul Lauterbur, d'autres méthodes d'acquisition ont été proposées qui dominent aujourd'hui le monde de l'IRM, mais les techniques de couverture radiale de l'espace réciproque, présentent toujours des caractéristiques qui les rendent encore intéressantes dans certaines applications.

Les méthodes radiales peuvent permettent d'acquérir les données néces-saires à la reconstruction d'une image, immédiatement après l'excitation du système de spins. Ainsi, par exemple, une technique radiale 3D peut utiliser une impulsion d'excitation non sélective, donc aussi courte que le permet la puissance de l'amplificateur rf (en tenant compte de l'énergie maximum qui peut être dissipée dans l'échantillon). Si l'impulsion est suffisamment « dure », le gradient de lecture peut être installé avant la première impulsion du train, il est ensuite simplement réorienté après chaque acquisition (voir l'exercice 4-7 du chapitre 4). Cette procédure, qui sollicite peu le système de gradients, permet d'éviter les délais associés aux commutations de ces gradients, et au-torise rapidement l'acquisition d'un premier point après l'excitation. Dans ce cas cependant, $s(k(t) = 0)$ n'est pas acquis puisque ce point se trouve très exactement au milieu de l'impulsion. Il pourra être calculé, si nécessaire, en utilisant une méthode d'interpolation. La figure 5.54 présente une séquence de ce type.

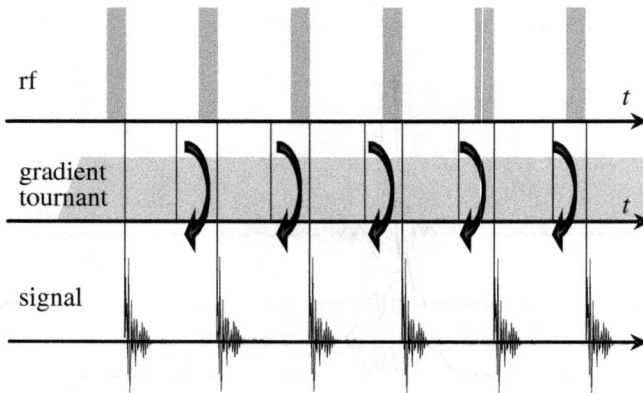

FIG. 5.54 – Séquence radiale 3D. L'utilisation d'une impulsion d'excitation dure de petit angle appliquée alors que le gradient est en place, permet de travailler sur des signaux à T_2 ou T_2^* très courts. L'orientation du gradient est modifiée dès la fin de chaque acquisition.

L'acquisition peut donc intervenir dès que la stabilisation des transitoires associés à la coupure du champ rf (quelques μs à quelques centaines de μs selon la taille de la bobine d'émission), ce qui peut être important avec des objets ayant des T_2^* courts. L'utilisation d'un petit angle d'impulsion permet de ne consommer que très peu d'aimantation longitudinale et donc de répéter immédiatement l'excitation puis l'acquisition avec une nouvelle orientation du gradient. La couverture de l'espace réciproque peut-être limitée à un demi espace si l'on utilise les propriétés d'hermiticité des données dans l'espace réciproque. La figure 5.55, montre des images du phosphore 31 d'une molaire humaine. Le signal provient des noyaux de phosphore de l'hydroxy-apatite

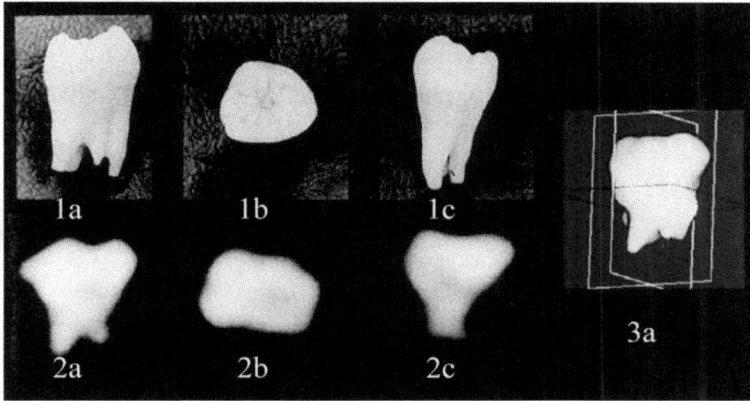

FIG. 5.55 – Images du phosphore 31 d'une molaire humaine. Méthode radiale 3D du type de celle présentée figure 5.54. Les images 2a à 2c sont celles obtenues dans 3 plans perpendiculaires. Elles sont comparées à des photographies prises dans les mêmes orientations (1a à 1c). L'image 3D (3a) est une reconstitution de la surface de la dent effectuée à partir des données IRM. D'après Y. Wu *et al.* PNAS. 96, 1574–1578, 1999, ©, 1999, NAS, USA.

$(Ca_{10} (PO4)_6 (OH)_2)$. S'agissant d'un solide, le temps de relaxation est bien sûr très court.

L'imagerie du sodium 23 et des gaz hyperpolarisés, hélium-3 et xénon-129 ou 131, est aussi un domaine dans lequel les techniques radiales 3D sont bien adaptées aux temps de relaxation très courts de ces espèces. La figure 5.56 présente des images du ^{23}Na dans le cerveau de souris acquises avec cette technique. La relative insensibilité au mouvement des méthodes type projection-reconstruction, constitue aussi un atout pour l'imagerie pulmonaire des gaz hyperpolarisés.

5.9 Écho-planar

Il s'agit d'une des plus anciennes méthodes d'imagerie, puisqu'elle fut proposée dès 1977 par Peter Mansfield. Il a fallu cependant attendre le développement de gradients suffisamment rapides pour que la méthode puisse être utilisée en routine. Peter Mansfield a d'ailleurs largement contribué aux avancées technologiques qui étaient nécessaires au développement de la méthode.

Dans toute cette section, sauf indication contraire, X est la direction de sélection de coupe, Y la direction du codage en fréquence et Z la direction du codage de phase.

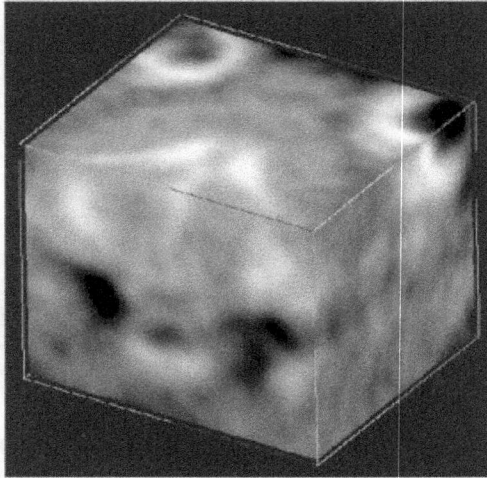

FIG. 5.56 – Imagerie du sodium 23 dans un champ de 21,1 T. Coupes du cerveau de souris selon 3 plans perpendiculaires. Images acquises in vivo avec une méthode de projection-reconstruction 3D. Noter la haute concentration de sodium dans les yeux et les ventricules. D'après V. Schepkin *et al.* Magn. Reson. Imaging. 28 400–407, 2010, with permission from Elsevier.

5.9.1   Images écho-planar obtenues en une seule excitation (single-shot EPI)

Le système de spin est excité, soit par une unique impulsion d'excitation, soit par une séquence d'écho de spin, ou encore par une séquence d'inversion-récupération. À l'issue de cette excitation du système de spins, le module EPI (*Echo-Planar Imaging*) est appliqué. Comme les séquences d'écho de spin rapides, une séquence EPI permet d'acquérir un train d'échos, mais il s'agit cette fois d'échos de gradient.

La figure 5.57 présente une séquence EPI de type écho de gradient comportant une simple impulsion d'excitation, et la figure 5.58 présente la trajectoire associée dans l'espace réciproque. La partie initiale de la séquence est tout à fait similaire à celle d'une séquence d'écho de gradient (*cf.* figure 5.5), mais le gradient de lecture est ensuite renversé de nombreuses fois, ce qui permet de couvrir la totalité de l'espace réciproque de réception en une seule excitation. Cette oscillation du gradient de lecture produit un train d'écho, avec un l'espacement inter-échos T_{IE}. Les lobes initiaux des gradients de codage de phase et de fréquence, positionnent le point représentatif de l'état du système de spins dans l'espace réciproque au point ①. La montée du gradient de lecture conduit au point ②. L'acquisition de la première ligne se termine au point ③. La petite impulsion de codage de phase (« *blip* »), appliquée simultanément

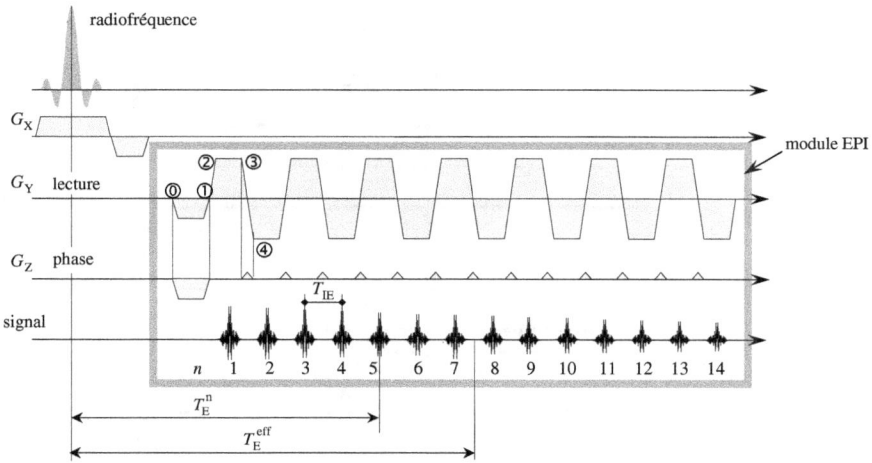

FIG. 5.57 – Principe d'une séquence EPI-écho de gradient. Le module EPI suit une unique impulsion d'excitation.

avec la descente du gradient de lecture, conduit au point ④ et à un gradient de lecture de signe opposé au précédent. Les techniques EPI possèdent ainsi une signature qui permet de les distinguer des autres méthodes : le sens de parcours des lignes de l'espace réciproque est inversé d'une ligne à l'autre. Le parcours se poursuit jusque ce que la totalité de l'espace réciproque soit couvert. La surface d'un blip S_{blip} est associée à la distance Δk_Z entre deux lignes du plan de Fourier :

$$\Delta k_Z = \frac{\gamma}{2\pi} S_{\text{blip}}. \tag{5.97}$$

L'échantillonnage est effectué sur les plateaux du gradient de lecture. Nous retrouvons ainsi un parcours voisin de celui du balayage EPI présenté dans un autre contexte, celui de l'espace réciproque d'excitation (chapitre 3, section 3.10.5). L'instant correspondant au passage par le centre de l'espace de Fourier est le temps d'écho effectif ($T_{\text{E}}^{\text{eff}}$). Si le centre de l'espace réciproque n'est pas échantillonné, comme c'est le cas avec la trajectoire de la figure 5.58, $T_{\text{E}}^{\text{eff}}$ est défini par l'instant où $k_Z = 0$. L'amplitude des différents échos dépend du pas de codage de phase considéré (et donc du numéro d'écho) et du temps de relaxation T_2^*. Si T_{E}^n est le temps séparant le centre de l'impulsion et l'écho n, on a

$$M_\perp\left(T_{\text{E}}^n\right) = M_\perp\left(T_{\text{E}}^n\right) \exp\left(-\frac{T_{\text{E}}^n}{T_2^*}\right). \tag{5.98}$$

Lorsque l'excitation est produite par une unique impulsion (écho-planar – écho de gradient), le contraste est essentiellement un contraste T_2^*. Si l'excitation est produite par un module d'écho de spin (écho-planar – écho de spin, *cf.*

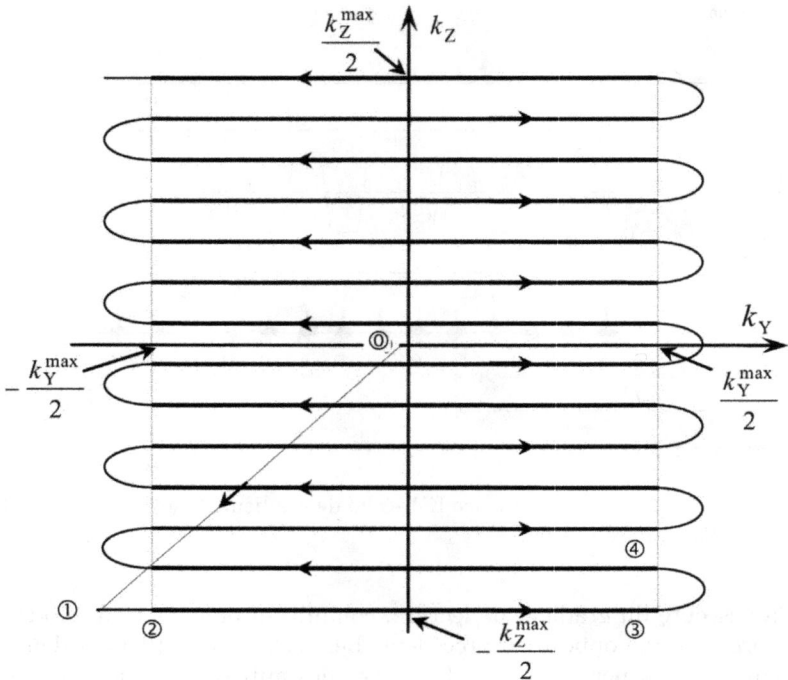

FIG. 5.58 – Trajectoire dans l'espace réciproque correspondant à la séquence de la figure 5.57.

figure 5.59), le temps de relaxation spin-spin T_2 devient l'élément dominant si le centre de l'espace réciproque est acquis à l'instant T_E. De la même manière, une séquence d'inversion-récupération introduit une pondération T_1. On pourra obtenir une pondération en coefficient de diffusion en utilisant, par exemple, une séquence EPI d'écho de spin, où l'impulsion de refocalisation est entourée de 2 impulsions de gradient destinées à marquer les spins en mouvement (chapitre 1, section 1.14).

5.9.2   Écho-Planar segmenté

Comme dans le cas des méthodes rapides d'écho de spin (section 5.7) on peut décrire l'espace réciproque non plus en une seule excitation, mais en utilisant plusieurs excitations couvrant chacune une partie du plan de Fourier. Divers types de parcours peuvent être utilisés, mais le schéma le plus fréquemment utilisé consiste à imbriquer les trajectoires les unes dans les autres (figure 5.60). On obtient ce résultat, qui comporte n trajectoires ($n = 4$ dans le cas de la figure 5.60, en appliquant n fois la séquence de la figure 5.57 (ou 5.59), mais en modifiant à chaque passage le gradient de pré-déphasage dans

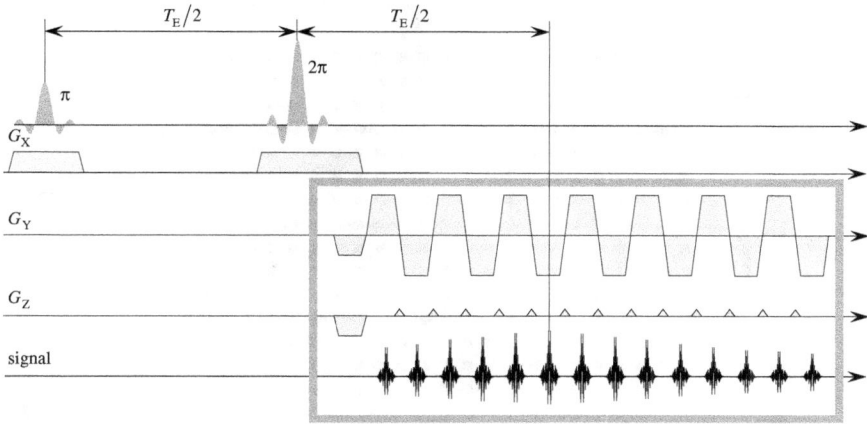

FIG. 5.59 – Principe d'une séquence EPI comportant une préparation écho de spin. Les amplitudes relatives des différents échos illustrent l'effet de la relaxation. Les déphasages associés au codage de phase ont été ignorés.

la direction de codage de phase. La surface d'un « *blip* » doit être n fois plus importante que dans le cas d'une méthode « *single-shot* ».

De nombreuses autres stratégies peuvent être utilisées, comme par exemple utiliser une excitation pour couvrir un demi-plan de Fourier et l'autre excitation pour couvrir l'autre demi plan. Les méthodes « *multi-shot* » permettent de limiter les contraintes pesant sur le système de gradients, et améliorent rapport signal sur bruit et/ou la résolution, mais produisent un accroissement de la durée d'acquisition. Pour éviter d'utiliser des temps de répétition trop longs, on pourra utiliser des impulsions de petit angle.

5.9.3 Ordres de grandeurs

Une séquence EPI à une seule excitation doit permettre de couvrir la totalité de l'espace réciproque d'une coupe, en un temps généralement inférieur à 100 ms. Cette durée est en fait limitée par l'atténuation due à la relaxation transversale (T_2^*). Cela impose de disposer de gradients performants. Par exemple, si l'on souhaite acquérir une image 128×128 en un temps de 100 ms, le temps T_{IE} séparant les acquisitions de deux lignes successives devra être égal à $100/128$ ms soit $780\ \mu$s. Une résolution spatiale de 2 mm impose $k_Y^{\mathrm{max}} = k_Z^{\mathrm{max}} = 500\ \mathrm{m}^{-1}$, ce qui conduit à un gradient supérieur à $15\ \mathrm{mT/m}$ dans le cas de l'imagerie proton ($G_Y > 2\,\pi\,T_{\mathrm{IE}}/(\gamma\,k_Y^{\mathrm{max}})$) pour des gradients parfaitement rectangulaires. Si l'on soustrait de T_{IE} les durées des rampes de gradients, on obtient un gradient d'intensité bien plus élevée. Il est clair que l'imagerie écho planar du petit animal nécessite des gradients plus importants encore. Les imageurs cliniques récents ont des gradients pouvant

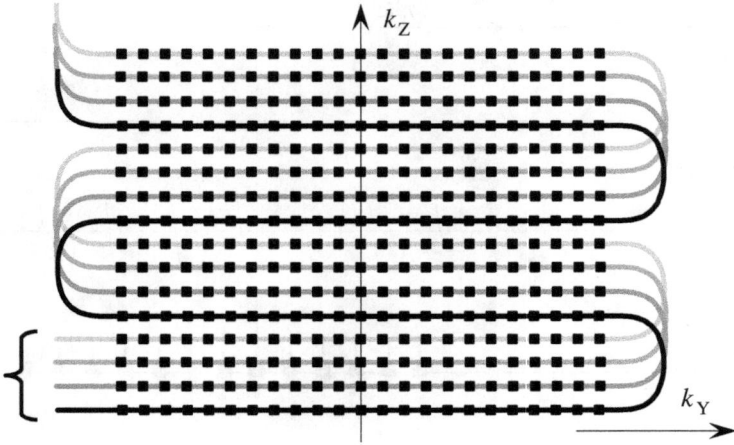

Fig. 5.60 – Balayage de l'espace réciproque avec une méthode EPI segmentée. Quatre excitations sont utilisées dans cet exemple pour couvrir l'ensemble du plan de Fourier.

atteindre près de 50 mT/m avec des vitesses de commutation de l'ordre de 200 mT.m^{-1}.s^{-1}. Les systèmes destinés à l'imagerie du petit animal peuvent produire des gradients dont l'amplitude peut être voisine de 1 T/m avec des vitesses de commutation de l'ordre de plusieurs T.m^{-1}.s^{-1}

5.9.4　Autres types de balayage EPI

D'autres types de balayages de l'espace réciproque peuvent être utilisés. La figure 5.61 présente quelques uns de ces balayages. Le balayage classique de la figure 5.61a présente l'intérêt de fournir des données qui, idéalement, peuvent être directement traitées par transformation de Fourier 2D. Plus la durée des blips est courte, plus la fraction du temps utilisable pour l'acquisition est grande (ce qui accroît le rapport signal sur bruit). Par contre la séquence nécessite un système de gradients performant. Les vitesses de montée des gradients, en particulier celle du gradient de lecture, doivent être très grandes, ce qui, outre la demande qui pèse sur les amplificateurs alimentant les gradients, pose en imagerie médicale des problèmes de stimulation du système nerveux. Ces contraintes peuvent être réduites si l'on effectue l'acquisition du signal pendant les montées et descentes des gradients.

La séquence de la figure 5.61b utilise des rampes du gradient de lecture beaucoup moins fortes, et l'acquisition est effectuée pendant la montée et la descente du gradient comme pendant le court plateau. La conséquence d'une acquisition englobant les périodes de montée et de descente du gradient de lecture, est un échantillonnage non uniforme des lignes. Nous avons déjà rencontré ce type d'échantillonnage non uniforme avec les techniques radiales

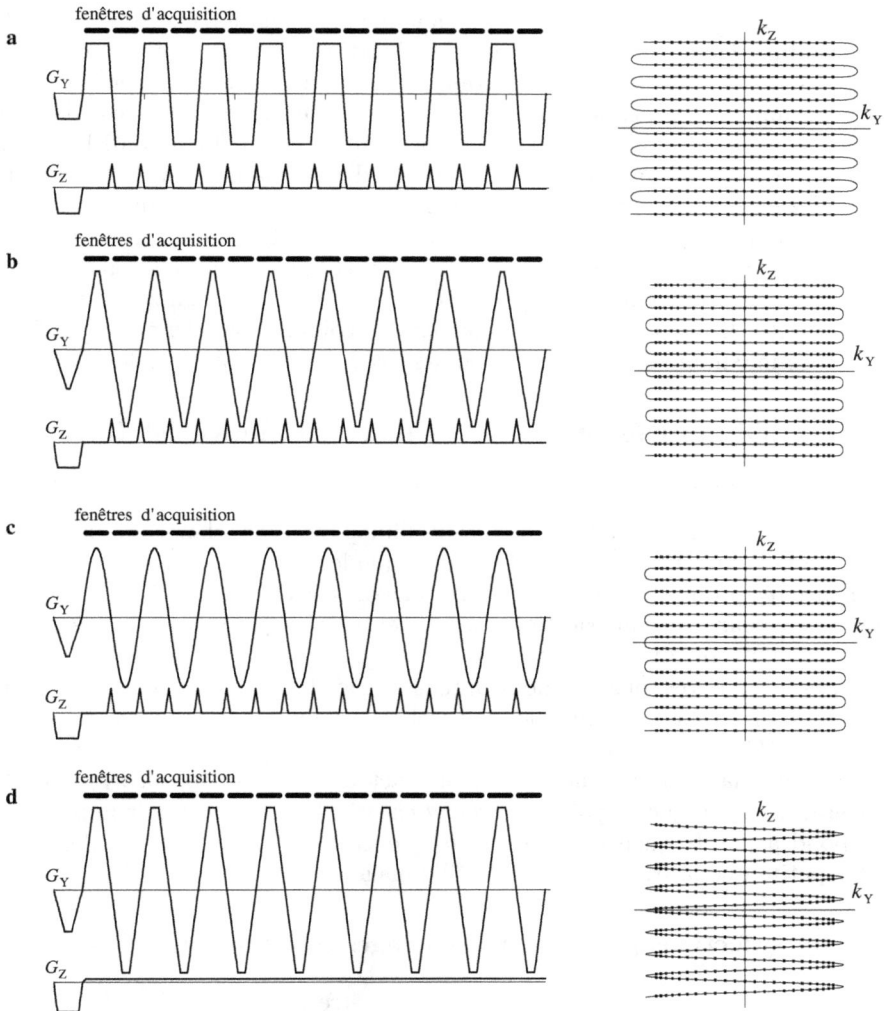

FIG. 5.61 – Quelques trajectoires EPI. Trajectoire trapézoïdale classique. (a) L'acquisition est effectuée sur le plateau du gradient de lecture. Les données peuvent traitées en principe directement par une méthode 2DFT. (b) Les rampes de montée et de descente des gradients sont allongées et l'acquisition est en partie effectuée pendant ces rampes. Interpolation ou gridding nécessaire avant traitement. (c) Gradient de lecture sinusoïdal. Gridding ou interpolation nécessaire. (d) Utilisation d'un gradient constant de codage de phase. Les données doivent interpolées dans les deux directions.

(*cf.* section 5.8.1.1). On doit faire appel à une interpolation ou à une méthode de gridding (chapitre 4, section 4.12). L'utilisation d'un gradient sinusoïdal (figure 5.61c) adoucit encore les variations de gradient, et peut permettre d'utiliser des amplificateurs sélectifs. Enfin, les impulsions de gradient de codage de phase peuvent être remplacées par un gradient constant (figure 5.61d), ce qui allège la charge pesant sur le système de gradients. Dans ce cas la trajectoire dans l'espace réciproque est en dents de scie. L'espace réciproque n'est plus décrit par un ensemble de lignes parallèles à l'axe k_Z. Là encore le passage par une méthode de gridding est impératif. On remarque que, par rapport aux schémas précédents, la largeur de champ dans la direction Z est deux fois plus petite. Il apparaît en effet que sur des colonnes situées à $\pm k_X^{\mathrm{max}}/2$, la distance maximum séparant deux points est deux fois plus grande.

5.9.5   Difficultés et artefacts de la séquence EPI

5.9.5.1   Images secondaires de Nyquist

Il s'agit d'un artefact spécifique de l'imagerie écho planar. Nous savons qu'une caractéristique de la méthode est que les lignes paires et impaires de l'espace réciproque sont parcourues en sens opposés (*cf.* figure 5.58). De nombreuses erreurs, ou imperfections instrumentales, se traduisent différemment selon qu'il s'agit d'une ligne paire ou d'une ligne impaire. Cela introduit des images secondaires, plus ou moins intenses, translatées d'une demi-largeur de champ dans la direction du codage de phase, et qui se superposent à l'image primaire. Cet artefact est parfois appelé N/2 (en référence à la translation d'une demi-largeur de champ), ou artefact de Nyquist ou encore, dans la littérature de langue anglaise, « *Nyquist ghost* ». L'alternance pair-impair correspond à une fréquence égale à la fréquence de Nyquist (qui est deux fois plus petite que la fréquence d'échantillonnage).

(a) Imperfections produisant des images secondaires

Diverses causes instrumentales peuvent être à l'origine de cet artefact. Par exemple, avec un gradient de lecture positif (n impair dans le cas de la séquence de la figure 5.58), un retard (temporel) à l'acquisition (imputable au récepteur, et notamment à la présence de filtres, ou à la programmation de la séquence), se traduit par une translation des échos vers les valeurs de k_Y négatives. Un gradient de lecture négatif (n pair), donne un résultat opposé (figure 5.62a). Cette anomalie peut être due au récepteur, mais le système de gradients (non idéalité des rampes de montée par exemple, figure 5.62b) et son environnement (courants de Foucault), constitue une autre importante source d'artefacts du même type.

Un bobinage de gradient est en interaction avec divers milieux conducteurs (les autres bobinages de gradients, les structures de l'aimant, les antennes rf, etc.). Les courants induits dans ces structures tendent toujours à s'opposer à la montée du gradient (loi de Lenz). Les ensembles de gradients pulsés sont conçus de manière à réduire ces interactions, mais ne peuvent les éliminer totalement. Les courants de Foucault associés à la commutation d'un gradient s'accompagnent de perturbations transitoires de l'homogénéité du champ, ce qui introduit, outre le gradient qui est installé, des termes de tous ordres. On observe en particulier, une variation d'intensité ΔB_0 du champ directeur, dont le signe dépend du signe du gradient. Ce dernier terme introduit un déphasage (indépendant de la position), dont le signe dépend de la parité de la ligne considérée. On est en présence d'une asymétrie de phase entres lignes paires et lignes impaires. Les termes d'ordres plus élevés introduisent des asymétries, de position, d'amplitude, et de forme des échos.

Une autre source de dissymétrie est l'inhomogénéité du champ statique. Par exemple, la simple présence d'un gradient de champ g_Y, ne dépendant pas du temps, a pour effet d'introduire une dissymétrie des alternances du gradient de lecture (figure 5.62c). Tout se passe comme si le gradient oscillait entre les amplitudes $G_Y + g_Y$ et $-G_Y + g_Y$, ce qui a pour effet de provoquer une translation des données, translation dont le signe dépend de la parité de la ligne considérée. La présence de gradients locaux (effets de susceptibilité notamment) introduit également une dissymétrie, mais elle revêt une forme plus complexe qu'une simple translation.

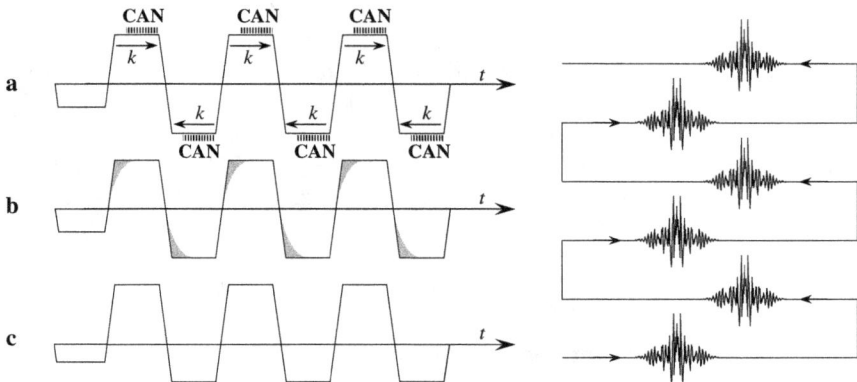

FIG. 5.62 – Un retard dans le déclenchement de l'acquisition (a), déplace les échos vers les valeurs négatives de k si le gradient est positif, et dans le sens contraire s'il est négatif. Un retard dans l'établissement des gradients (b) a l'effet contraire. La présence d'un gradient de champ indépendant du temps dans la direction de codage en fréquence (c), dissymétrise le schéma de gradients, et produit un déplacement de l'écho qui dépend de la parité de la ligne de l'espace réciproque considérée.

(b) Conséquences des imperfections

Avec une acquisition 2DFT de type écho de gradient ou écho de spin, les erreurs décrites ci-dessus introduisent certes des translations ou des déformations des échos, mais ces translations ou déformations affectent chaque ligne de manière identique. Par exemple, dans le cas d'une translation, cela se traduit, après transformation de Fourier, par l'introduction d'un déphasage proportionnel à la position, dans la direction du gradient de lecture (propriétés de la transformée de Fourier par rapport aux translations). Cette erreur est sans conséquence avec des images en mode module.

En imagerie écho planar, les conséquences de la translation des échos dans un sens ou dans l'autre, selon la parité des lignes de l'espace réciproque, peuvent être comprises en considérant l'image comme étant la somme de l'image f_{pair} qui serait produite par les seules lignes paires, le signal des lignes impaires étant annulé, et de l'image f_{impair} qui serait produite par les seules lignes impaires, le signal des lignes paires étant annulé.

Considérons un objet $f(r)$, et son image dans l'espace réciproque $F(k)$. Intéressons nous à une coupe $f_1(Y, Z)$, orthogonale à l'axe X, et à son image dans l'espace réciproque, $F_1(k_Y, k_Z)$, où Y et Z sont respectivement les directions de codage de fréquence et de phase. Considérons maintenant l'image $F_2(k_Y, k_Z) = F(k_Y, k_Z) \exp(i\pi n)$, où n est le numéro de ligne, obtenue en inversant le signe des lignes impaires de $F_1(k_Y, k_Z)$. L'image $f_2(Y, Z)$ associée à $F_2(k_Y, k_Z)$ se distingue de $f_1(Y, Z)$ par une translation d'une demi largeur de champ : $f_2(Y, Z) = f_1(Y, Z - Z^{\max}/2)$ (propriétés de la transformée de Fourier par rapport aux translations). L'image produite par cette translation sort évidemment du champ de vue, ce qui produit des repliements (*cf.* chapitre 4, section 4.5). La figure 5.63 présente $f_1(Y, Z)$ et $f_2(Y, Z)$ dans le cas d'un plan de coupe d'une sphère. Nous pouvons maintenant construire l'image $f_{\text{pair}} = [f_1(Y, Z) + f_2(Y, Z)]/2$, qui serait obtenue en remplaçant les lignes impaires par des zéros. De la même manière, $f_{\text{impair}} = [f_1(Y, Z) - f_2(Y, Z)]/2$ est l'image qui serait obtenue en remplaçant les lignes paires par des zéros. Ces deux images (figure 5.63) ne se distinguent que par les signes des repliements. La somme $f_{\text{pair}} + f_{\text{impair}}$ redonne l'image de l'objet.

Supposons maintenant que les lignes paires de $F(k_Y, k_Z)$ sont translatées d'une quantité Δk_Y par rapport aux lignes impaires. L'image f_{pair} est multipliée par un terme de phase $\exp(i\varphi)$ qui dépend linéairement de la coordonnée Y ($\varphi = 2\pi \Delta k_Y Y$). L'image produite par ce balayage EPI, devient

$$f_{\text{pair}} + f_{\text{impair}} = \frac{1}{2} \left\{ f_1(Y, Z) \left[1 + \exp(i\varphi)\right] - f_2(Y, Z) \left[1 - \exp(i\varphi)\right] \right\}.$$

$$(5.99)$$

Cette fois, l'addition des deux images n'élimine plus l'image secondaire, $f_2(Y, Z)$, qui apparaît superposée à l'image souhaitée, $f_1(Y, Z)$ (figure 5.64). Lorsque φ dépend linéairement de la coordonnée Y, l'artefact N/2 est

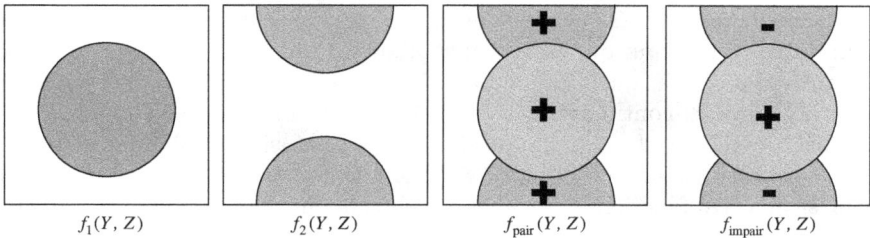

$$f_1(Y, Z) \qquad f_2(Y, Z) \qquad f_{\text{pair}}(Y, Z) \qquad f_{\text{impair}}(Y, Z)$$

FIG. 5.63 – $f_1(Y, Z)$ est l'image d'une coupe et $f_2(Y, Z)$ est l'image de la même coupe reconstruite après inversion du signe des lignes impaires de l'espace réciproque. L'image $f_{\text{pair}}(Y, Z)$ qui serait produite en ne conservant que les lignes paires, est obtenue en sommant $f_1(Y, Z)$ et $f_2(Y, Z)$. L'image $f_{\text{impair}}(Y, Z)$ qui serait produite en ne conservant que les lignes impaires est obtenue en soustrayant $f_2(Y, Z)$ de $f_1(Y, Z)$.

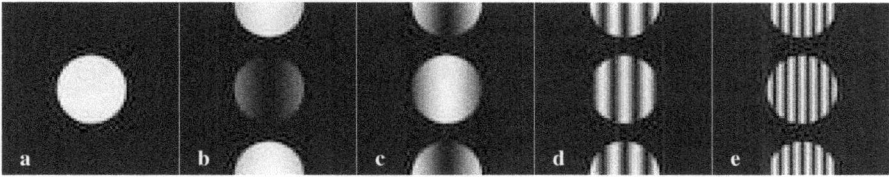

FIG. 5.64 – Avec une acquisition EPI effectuée avec une seule excitation, la translation relative des échos des lignes paires et impaires a pour conséquence l'apparition de bandes noires sur les images et un repliement. Image (a) : échos pairs et impairs alignés ; images (b), (c), (d) et (e) : échos pairs et impairs décalés de 1, 2, 8 et 16 Δk_Y respectivement. Simulation.

caractérisé par la présence de bandes noires correspondant aux valeurs de φ égales à $(2k + 1)\,\pi$. Ces mêmes valeurs de φ produisent des maxima d'intensité dans la partie repliée. Cela est une conséquence directe de l'équation (5.99). Nous avons pris l'exemple de la translation des échos dépendant de la parité, qui se traduit par la présence d'un terme de phase d'ordre un, mais d'autres asymétries peuvent intervenir qui, dans l'espace image, produisent des déphasages de forme générale $\varphi(Y, Z)$.

(c) Cas des méthodes segmentées

On retrouve le même genre de problème avec des techniques EPI segmentées. Prenons par exemple, une technique comportant n acquisitions entrelacées du type présenté figure 5.60. Les n premières lignes sont acquises en présence d'un gradient de lecture positif, puis les n lignes suivantes en présence d'un gradient négatif, etc. L'anomalie de phase se produit donc avec une période égale à $n\,\Delta k_Z$. À cette anomalie de phase il faut ajouter une anomalie d'amplitude puisque les n lignes d'un segment sont acquises au même instant après excitation, et donc avec la même atténuation due à la relaxation (effet T_2^*). Des discontinuités de phase et d'amplitude apparaissent donc avec une période $n\,\Delta k_Z$. Le signal « idéal » se trouve ainsi multiplié par une fonction en escalier (figure 5.65). La convolution de l'image avec la transformée de Fourier de cette fonction en escalier, produit de multiples images secondaires espacées de $Z_{max}/2n$.

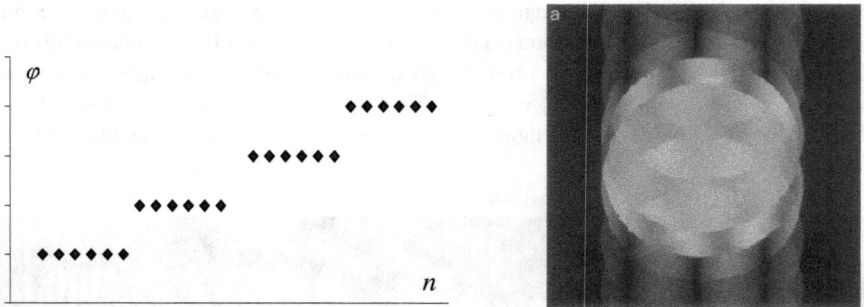

FIG. 5.65 – Image d'un fantôme sphérique obtenue avec une séquence EPI segmentée, sans correction d'image (6 acquisitions par segment). Conséquence des sauts de phase qui interviennent lorsque le gradient de lecture change de signe, on observe une superposition d'images ayant subi des translations de $1/12$ de la largeur de champ et leurs repliements. Image adaptée de F. Hennel. J. Magn. Reson. 134, 206-213, 1998, with permission from Elsevier.

5.9.5.2   Artefact de déplacement chimique et effets d'off-résonance

On peut dire que les séquences d'écho de gradient ou d'écho de spin possèdent une bande passante par pixel (*cf.* section 5.4.4) infinie dans la direction du codage de phase. En effet, le déphasage dû au déplacement chimique, où à un effet d'off-résonance, ne dépend pas de la ligne considérée. Tout se passe comme si la période d'échantillonnage dans cette direction était nulle. En conséquence, l'artefact de déplacement chimique ne se produit que dans la direction de codage en fréquence. Ce n'est pas du tout le cas des séquences EPI qui, au contraire, ont une bande passante par pixel très faible dans la direction du codage de phase. Par exemple, pour 128 pas de codage de phase, le temps T_{IE} séparant l'acquisition de 2 lignes successives peut être de l'ordre de 500 μs, ce qui correspond à une bande passante de 2 kHz (±1 kHz), et à une bande passante par pixel d'environ 16 Hz. Dans un champ de 3 T la séparation fréquentielle entre les protons de l'eau et ceux des lipides est de l'ordre de 3,5 ppm, soit environ 450 Hz. Le déplacement de l'image des lipides dans la direction du codage de phase est donc proche du quart de la largeur de champ, ce qui est considérable. Par ailleurs la bande passante par pixel dans la direction lecture est nécessairement très grande. Nous analysons ci-dessous, de manière plus précise, la forme prise par l'artefact de déplacement chimique en imagerie EPI.

Avec le balayage EPI de la figure 5.58, un point de coordonnées k_X, k_Y est acquis à l'instant :

$$t(k_Y,\ k_Z) = (-1)^{n-1} \frac{k_Y}{\Delta k_Y} \Delta T + \frac{k_Z}{\Delta k_Z} T_{\text{IE}} + T_0, \qquad (5.100)$$

où ΔT est la période d'échantillonnage, $n = k_Z/\Delta k_Z + (N_Z + 1)/2$ est le numéro de ligne et T_0 est le temps séparant l'origine des phases (centre de l'impulsion pour une séquence d'écho de gradient, point de refocalisation pour une séquence d'écho de spin), de l'instant correspondant au point $k_{Y,\ Z} = 0$. En présence d'un offset $\omega_0 = 2\pi f_0$, le signal s'écrit :

$$F(\omega_0,\ \boldsymbol{k}) = s[t(k_Y,\ k_Z)] =$$
$$\iint_{\text{coupe}} f(\boldsymbol{r}) \exp[\text{i}\omega_0 t(k_Y,\ k_Z)] \exp[-2\pi\text{i}\boldsymbol{k}(t)\,.\,\boldsymbol{r}]\ \mathrm{d}Y\ \mathrm{d}Z. \quad (5.101)$$

où $f(\boldsymbol{r}) \propto M_\perp(\boldsymbol{r},\ t = 0)$. Cette expression peut se mettre sous la forme :

$$F(\omega_0,\ \boldsymbol{k}) = \exp[\text{i}\,(\varphi(k_Y) + \varphi(k_Z) + \varphi_0)]\ F(\omega_0 = 0,\ \boldsymbol{k}), \qquad (5.102)$$

où $\varphi_0 = \omega_0 T_0$ et

$$\varphi(k_Y) = (-1)^{n-1} \omega_0 \frac{k_Y}{\Delta k_Y} \Delta T \text{ et } \varphi(k_Z) = \omega_0 \frac{k_Z}{\Delta k_Z} T_{\text{IE}} \qquad (5.103)$$

La présence du déphasage $\varphi(k_Y)$ provoque, dans le domaine spatial, une translation d'une quantité $Y_0 = (-1)^n f_0 \Delta T/\Delta k_Y$. Avec cette translation, dont le signe dépend de la parité, on retrouve l'artefact de Nyquist. En effet la somme $f_{\text{pair}} + f_{\text{impair}}$ n'éliminera qu'imparfaitement les images secondaires de l'objet. Avec $\Delta T < 4\ \mu\text{s}$, 128 points, une largeur de champ de 20 cm, et un champ de 3 T, on observe une translation inférieure à 0,36 mm, ce qui est faible en regard de la taille d'un voxel, mais peut parfois être une source d'images secondaires. Dans la direction du codage de phase, la translation s'écrit $Z_0 = f_0 T_{\text{IE}}/\Delta k_Z$. Avec $T_{\text{IE}} = 500\ \mu\text{s}$, et un champ de 20 cm, on a donc $Z_0 \approx 4{,}5$ cm. La figure 5.66, montre l'importance de ce déplacement sur une image écho planar du cerveau humain.

En imagerie EPI chez l'homme ou l'animal, l'importance du déplacement dans la direction du codage de phase, comme la capacité d'un offset à créer des réplications se superposant à l'image, rendent impérative la suppression du signal des lipides (ou de l'eau si l'on souhaite imager les lipides...). Cette opération accroît quelque peu la durée de l'acquisition et accroît aussi l'énergie dissipée. Par ailleurs, on doit, pour les mêmes raisons, interdire tout décalage de la fréquence de réception par rapport à la fréquence de résonance.

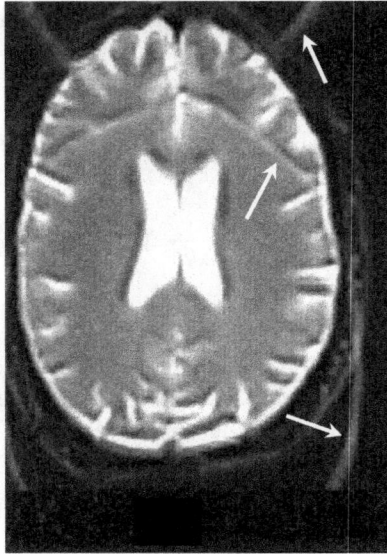

FIG. 5.66 – Artefact de déplacement chimique dans un champ de 1,5 Tesla (lipides sous-cutanés non supprimés). Les flèches pointent sur certains des artefacts observés. Image adaptée de T. Schrack, Echo planar imaging. Signa application guide, 1996, General Electric Company.

5.9.5.3   Inhomogénéités de champ. Distorsion de l'image

Toute variation locale d'intensité du champ magnétique produit un déplacement beaucoup plus important dans la direction du codage de phase que dans la direction lecture. Par exemple, avec une bande passante par pixel de 15 Hz dans la direction du codage de phase, une variation du champ de 1 ppm à 1,5 T produit un déplacement de 4 pixels. L'inhomogénéité du champ et les effets de susceptibilité, sont les facteurs prépondérants de la distorsion d'image souvent observée avec les méthodes EPI. Cette distorsion intervient donc essentiellement dans la direction du codage de phase. L'inhomogénéité du champ directeur et les effets de susceptibilité sont des facteurs de même nature : la carte de champ présente des imperfections. L'inhomogénéité du champ directeur peut être mesurée et intégrée aux corrections effectuées. Les effets de susceptibilité dépendent de l'échantillon, et doivent en principe être évalués lors de chaque examen. La figure 5.67 montre l'importance des distorsions d'image qui peuvent être observées en champ inhomogène.

Il est intéressant de noter que la présence d'un gradient de champ statique dans la direction du codage en fréquence, produit un artefact de Nyquist, et une distorsion de l'image (principalement dans la direction du codage de phase). Par contre, un gradient de champ statique dans la direction du codage

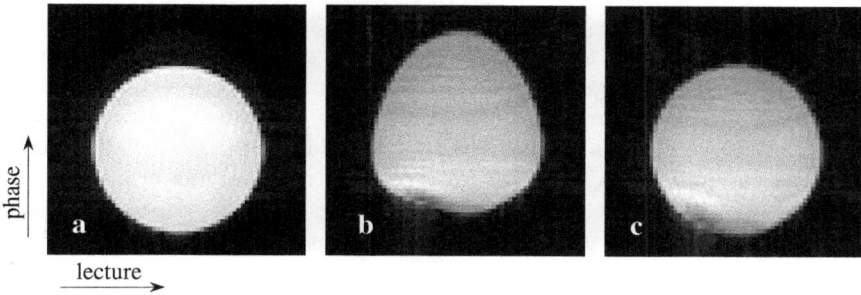

FIG. 5.67 – Images d'une sphère remplie d'eau. (a) Image acquise avec une séquence à échos de gradient multiples. On n'observe pas de distorsions. (b) image acquise avec une séquence EPI. D'importantes distorsions apparaissent dans la direction de codage de phase. (c) image corrigée en utilisant une carte de champ obtenue à partir de la séquence à échos de gradient multiples. D'après V. Schmithorst *et al.* IEEE Trans. Med. Imaging. 20, 535–539, 2001, © IEEE.

en phase, produit une déformation de l'image dans la direction du codage de phase, mais un artefact de Nyquist beaucoup plus faible que dans le cas précédent.

Une approche plus quantitative peut être obtenue en reprenant les expressions (5.100) et (5.101), ce qui conduit à

$$F(\mathbf{k}) = \iint_{\text{coupe}} f(\mathbf{r}) \exp\left(2\pi \, \mathrm{i} \left\{ f_0(Y, Z) \left[(-1)^{n-1} \frac{k_Y}{\Delta k_Y} \Delta T + \right. \right. \right.$$
$$\left. \left. \left. \frac{k_Z}{\Delta k_Z} T_{\text{IE}} + T_0 \right] - k_Y Y - k_Z Z \right\} \right) \, \mathrm{d}Y \, \mathrm{d}Z. \quad (5.104)$$

5.9.5.4 Impact des termes de Maxwell

Une caractéristique des séquences EPI est que, afin de réduire autant que possible la durée de l'acquisition, elles utilisent des gradients d'intensité très élevée dans la direction lecture. Elles sont aussi caractérisées par une très forte sensibilité aux inhomogénéités de champ. Ces points donnent de l'importance aux termes de Maxwell associés à la production de gradients (chapitre 1, section 1.8.3). En présence d'un gradient $\mathbf{G}$ de composantes G_X, G_Y, G_Z, la composante du champ directeur dans la direction Z s'écrit

$$B_Z = B_0 + G_X X + G_Y Y + G_Z Z. \quad (5.105)$$

Des composantes transversales sont cependant présentes (équations (1.72) et (1.73)), quelle que soit la qualité du système de gradient, puisque leur présence est une conséquence directe des équations de Maxwell :

$$B_X = G_X Z - \frac{G_Z X}{2}, \quad B_Y = G_Y Z - \frac{G_Z Y}{2}. \quad (5.106)$$

Nous avons évoqué dans le chapitre 3, (section 3.8.3) l'impact de ces termes dans la procédure de sélection de coupe. Nous examinons ici leur influence lors de l'activation du gradient de lecture qui, en imagerie écho-planar, est de loin le plus important. Les conséquences de la présence des termes de Maxwell dépendent en fait de l'orientation du plan de coupe par rapport à la direction du champ. On note que les erreurs introduites par la présence des termes de Maxwell, sont entièrement prédictibles. Elles ne dépendent que de l'intensité des gradients utilisés et éventuellement de la symétrie du bobinage de gradient Z.

(a) Coupes transversales

Dans ce cas, le plan de l'image est perpendiculaire à l'axe Z. Le gradient de lecture est nécessairement dans une direction orthogonale à Z et a pour composantes G_X, G_Y. Les composantes transversales du champ deviennent $B_X = G_X Z$ et $B_Y = G_Y Z$. Une coupe située au centre magnétique du système de gradient ne subit donc aucune distorsion. Par contre, dès que l'on s'écarte de ce point, les termes de Maxwell introduisent dans tout le plan de coupe un offset qui s'accroît quadratiquement avec Z. Ce déphasage ne dépend pas du signe du gradient. Le module du champ directeur s'écrit :

$$B \approx B_0 + G_X.X + G_Y.Y + \frac{1}{2B_0}\left(G_X^2 + G_Y^2\right) Z^2. \tag{5.107}$$

L'offset, $\delta\omega = -\gamma \left(G_X^2 + G_Y^2\right) Z^2/2B_0$, a les conséquences décrites dans la section 5.9.5.2 : importante translation de l'image dans la direction du codage de phase, et artefact de Nyquist dû à la (faible) translation, dépendante de la parité, dans le sens du gradient de lecture. La figure 5.68 illustre ces points.

En outre la dépendance quadratique de l'offset en fonction de Z (direction sélection de coupe), introduit un déphasage des isochromats sur l'épaisseur de coupe. La conséquence de ce déphasage est une atténuation du signal d'autant plus forte que Z est grand.

Tous ces effets, s'accroissent lorsque le champ décroît, et/ou lorsque le gradient de lecture s'accroît. Ils sont d'autant plus forts que l'on s'éloigne du centre magnétique du système de gradients. Ils restent relativement faibles, et souvent négligeables, avec des champs de l'ordre de 1,5 ou 3 T utilisés en IRM fonctionnelle ou en clinique. Ils doivent être considérés dans des champs très faibles, tels que ceux qui, par exemple, peuvent utilisés en imagerie des gaz hyperpolarisés.

(b) Coupes parallèles à l'axe Z

Il s'agit par exemple, en imagerie clinique, de coupes coronales ou sagittales. Dans ce cas, l'examen des expressions (5.106) montre que, quelle que soit l'orientation du gradient de lecture, un offset dépendant de la position

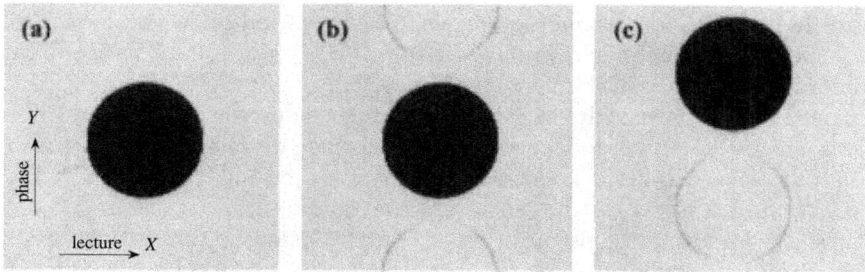

FIG. 5.68 – Coupe EPI transversale (simulation). Termes de Maxwell négligés (a). Addition de l'impact des termes de Maxwell dans la direction du codage en fréquence (b) ; les contours de l'image secondaire deviennent visibles. La dernière image (c), intègre la translation des images primaires et secondaires dans la direction du codage de phase. Gradient de lecture 22 mT.m^{-1}, $Z = 25$ cm, $B_0 = 1, 5$ T, $\Delta T = 4$ μs, $T_{IE} = 880$ μs, vitesse de montée du gradient de lecture 120 T/m/s. D'après X. Zhou *et al.* Magn. Reson. Med. 39, 596–605, 1998, with permission from John Wiley & sons, inc.

dans la direction de codage de phase est présent. Par exemple, pour une coupe orthogonale à la direction Y, et si la lecture s'effectue dans la direction X, on obtient :

$$B \approx B_0 + G_X X + \frac{1}{2B_0} G_X^2 \ Z^2. \tag{5.108}$$

L'offset associé à la variation de champ, $\delta\omega = -\gamma \ G_X^2 \ Z^2/2B_0$, dépend quadratiquement de la coordonnée Z. Une distorsion géométrique est ainsi introduite, mais elle reste généralement négligeable en champ fort.

5.9.5.5   Correction des artefacts

La meilleure méthode pour éviter l'apparition des artefacts est bien sûr d'éviter les imperfections instrumentales qui en sont la source. De fait, beaucoup a été fait dans ce sens au cours des dernières années. Reste que certaines imperfections subsistent, et qu'il est encore nécessaire de corriger les données acquises. Une méthode très directe pour éviter l'artefact de Nyquist est de n'acquérir le signal que pendant les seules alternances positives (ou négatives) du gradient de lecture. La méthode est bien sûr efficace, mais elle allonge nécessairement la durée d'expérience, ce qui réduit fortement son intérêt.

Le temps d'acquisition d'une image écho-planar étant de l'ordre de la fraction de seconde, certains ajustements peuvent se faire de manière empirique en observant l'image produite. On peut, par exemple, corriger ainsi des erreurs instrumentales touchant à la symétrie du gradient de lecture ou à la position des fenêtres d'acquisition. Mais une méthode n'impliquant pas l'expérimentateur est souhaitable. Les erreurs produisant une translation de l'écho dépendant de la parité, à l'origine de l'artefact N/2, peuvent être minimisées par acquisition de données de référence. L'artefact de Nyquist étant induit par de nombreux facteurs, dont l'inhomogénéité de champ associée à la présence d'un échantillon, il est nécessaire de faire la mesure en sa présence. On peut utiliser une séquence EPI sans codage de phase (balayage de référence). La translation d'un écho dans l'espace réciproque, se traduit par un déphasage d'ordre 1 dans l'espace image. Les échos successifs sont soumis à une transformation de Fourier, et l'information de phase est extraite (idéalement, échos pairs et impairs devraient conduire à des profils de phase identiques). La correction de phase est ainsi déterminée et appliquée, après transformation de Fourier dans la direction lecture, aux échos de la séquence EPI. Une procédure de ce type est généralement appliquée en routine. De nombreuses autres méthodes ont été, et sont encore, proposées en vues d'améliorer la suppression des images fantômes. L'examen de l'expression (5.104), montre en effet que, par exemple, des erreurs de parité dépendant du pas de codage de phase considéré (k_Z), peuvent encore intervenir. Ces erreurs ne peuvent être corrigées à partir d'une acquisition sans codage de phase.

La correction des distorsions géométriques associées aux inhomogénéités de champ, peut être effectuée en relevant une carte de champ. Celle-ci peut, par exemple, être construite en remplaçant les blips de codage de phase de la séquence EPI, par un gradient de codage de phase classique. On obtient ainsi une séquence multi-échos de gradients, qui conduit à une série d'images acquises à différents temps d'écho, et permet donc le calcul de la carte de champ (*cf.* section 5.4.9). La connaissance de la carte de champ permet de déterminer le déplacement subi par chaque pixel, et de le corriger. La figure 5.67c montre que cette correction de l'image est efficace. Là encore, les méthodes existantes restent cependant imparfaites, notamment dans des régions présentant de fortes inhomogénéités de champ.

5.10   Imagerie spirale

5.10.1   Trajectoire spirale et gradients associés

Nous avons présenté succinctement le balayage spiral lors de la description des impulsions spatialement sélectives multidimensionnelles (chapitre 3, section 3.10.4), dans le contexte de l'espace réciproque d'excitation. Comme l'imagerie EPI, l'imagerie spirale peut permettre l'acquisition de l'ensemble des données nécessaires à la construction d'une image, en une seule excitation. La trajectoire qui permet d'échantillonner l'espace réciproque de manière relativement uniforme, est une spirale d'Archimède. Dans le cas du plan k_Y, k_Z, cette spirale, exprimée en notation complexe, s'écrit :

$$\tilde{k} = k_Y + \mathrm{i}\, k_Z = \frac{\Delta k_{\mathrm{r}}}{2\pi}\, \theta\,(t) \exp\left[\mathrm{i}\theta\,(t)\right], \qquad (5.109)$$

où $\tan \theta = k_Z/k_Y$, et où Δk_{r} est l'incrément du module de $\tilde{k}$ d'un tour à l'autre. Si R est le rayon du champ circulaire à l'intérieur duquel l'objet est situé, alors Δk_{r} doit être tel que

$$\Delta k_{\mathrm{r}} \le \frac{1}{2R}. \tag{5.110}$$

Le nombre de tours effectués est lié à la résolution spatiale souhaitée : pour une matrice image de taille $N \times N$, le nombre de tours de la spirale doit être au moins égal à $N/2$. Cela correspond à un angle en fin de trajectoire, $\theta = \theta_{\max} = N\,\pi$.

Le gradient produisant la trajectoire définie par l'expression (5.109) peut être calculé en utilisant l'équation (5.10). On obtient, en écrivant le gradient sous forme complexe,

$$\tilde{G}(t) = G_Y + i\,G_Z = \frac{2\pi}{\gamma}\frac{\mathrm{d}\,\tilde{k}(t)}{\mathrm{d}\,t} = \frac{\Delta k_{\mathrm{r}}}{\gamma}\,\theta'\,(1 + i\,\theta)\exp(i\theta). \tag{5.111}$$

5.10.2 Vitesse de parcours de la trajectoire

5.10.2.1 Vitesse angulaire constante

Si $\theta \propto t$, la vitesse angulaire est constante. On a donc $\theta = (N\,\pi/T_{\mathrm{acq}})\,t$, où T_{acq} est la durée d'application du gradient, et donc le temps d'acquisition. Le gradient produisant cette trajectoire s'écrit :

$$\tilde{G} = \frac{\Delta k_{\mathrm{r}}}{\gamma}\,\frac{N\,\pi}{T_{\mathrm{acq}}}\left(1 + i\frac{N\,\pi}{T_{\mathrm{acq}}}t\right)\exp\left(i\frac{N\,\pi}{T_{\mathrm{acq}}}t\right). \tag{5.112}$$

Les composantes du gradient sont approximativement sinusoïdales de période $T = 2\,T_{\mathrm{acq}}/N$. L'amplitude des gradients croit progressivement (figure 5.69a). Ce schéma ne pose pas de problème particulier pour l'instrumentation. Cependant, en fin de trajectoire, on peut être limité par les caractéristiques du système de gradients (vitesse maximum de commutation et gradient maximum utilisable).

La vitesse instantanée sur la trajectoire, $v = |\boldsymbol{k}|\,\mathrm{d}\theta/\mathrm{d}t$, s'accroît avec $|\mathbf{k}|$. La densité d'échantillonnage est donc forte au centre de l'espace réciproque et décroît vers sa périphérie (figure 5.70a), ce qui n'est pas le meilleur choix.

5.10.2.2 Vitesse instantanée constante

Il peut être préférable de travailler avec une vitesse instantanée de parcours de la trajectoire, constante. Pour cela $|\mathrm{d}\,\boldsymbol{k}(t)/\mathrm{d}\,t|$ et donc $\left|\tilde{G}(t)\right|$ (*cf.* équation (5.111)), doivent rester constants ($\left|\tilde{G}(t)\right| = G_0$). En utilisant l'approximation $\theta \gg 1$, qui est déjà bien vérifiée après un tour, l'expression (5.111) conduit à

$$\frac{\gamma\,G_0}{\Delta k_{\mathrm{r}}} \approx \theta'\,\theta. \tag{5.113}$$

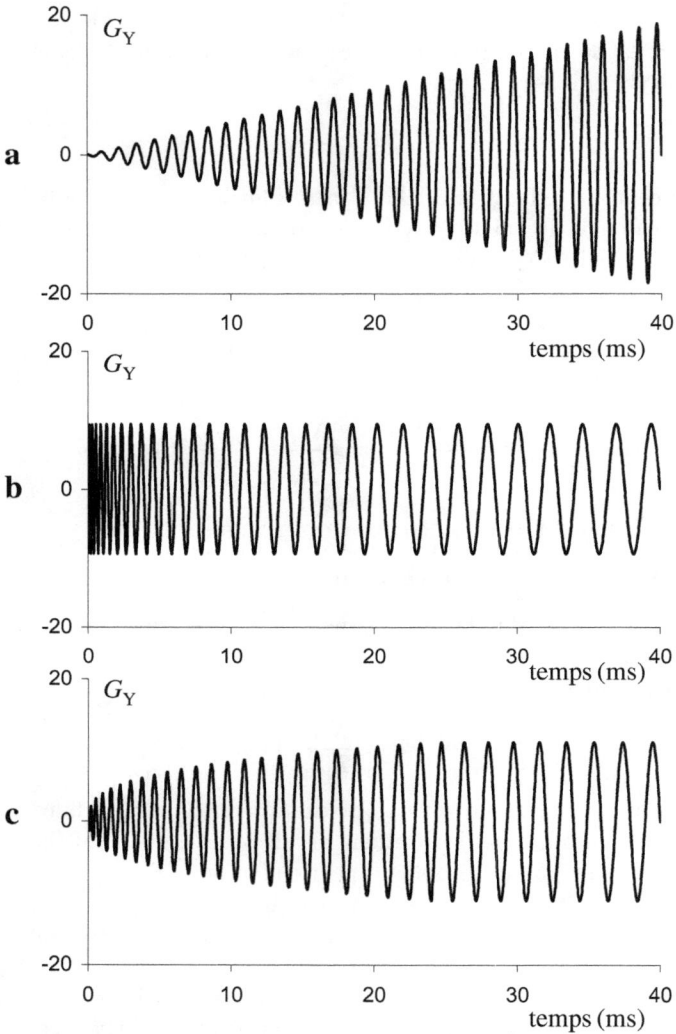

FIG. 5.69 – Balayage spiralé d'une durée de 40 ms. Évolution de la composante G_Y du gradient. Paramètres : $N = 64$ (soit 32 tours) ; largeur de champ, 20 cm. Parcours à vitesse angulaire constante (a). Parcours à vitesse instantanée constante (b). Parcours optimisé avec une vitesse maximum de montée des gradients de 42 T/m/s (c).

Cette équation a une solution simple :

$$\theta = \sqrt{\frac{2\,\gamma\,G_0}{\Delta k_r}}\,t. \tag{5.114}$$

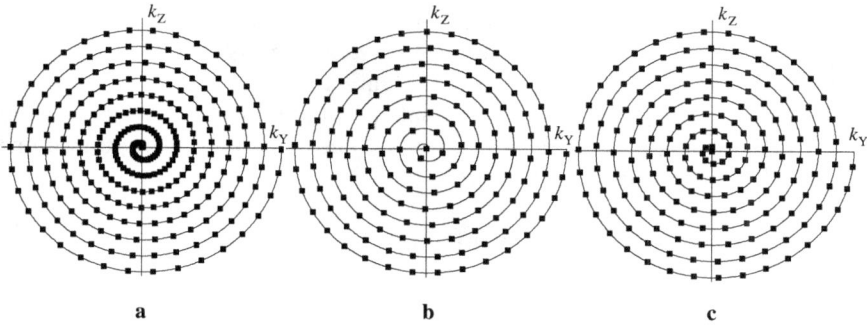

FIG. 5.70 – (a) Balayage spirale à vitesse angulaire constante; 272 points au moins doivent être acquis. (b) Balayage à vitesse linéaire constante (non réalisable expérimentalement); 142 points au moins doivent être acquis. (c) Balayage optimisé; 171 points au moins doivent être acquis. Pour un temps d'acquisition donné, la largeur de la bande passante du récepteur est proportionnelle au nombre de points.

Sachant que lorsque $t = T_{acq}$, $\theta_{max} = N\,\pi$, on en déduit que θ peut se mettre sous la forme

$$\theta = \frac{N\,\pi}{\sqrt{T_{acq}}}\sqrt{t}. \tag{5.115}$$

On en déduit

$$\tilde{G} = \frac{\Delta k_r}{\gamma}\frac{N\,\pi}{2\sqrt{T_{acq}}}\frac{1}{\sqrt{t}}\left(1 + i\frac{N\,\pi}{\sqrt{T_{acq}}}\sqrt{t}\right)\exp\left(i\frac{\pi\,N}{\sqrt{T_{acq}}}\sqrt{t}\right). \tag{5.116}$$

L'échantillonnage à vitesse linéaire constante (figure 5.70b), semble évidemment beaucoup plus satisfaisant. La durée d'application des gradients peut être fortement réduite. La comparaison des deux approches du point de vue du rapport signal sur bruit est facilitée si l'on considère deux expériences de même durée. La satisfaction du critère de Nyquist impose que la distance entre deux points successifs, soit inférieure à Δk_r. La bande passante du récepteur, qui dépend du nombre points acquis pendant la durée de l'acquisition, doit donc être beaucoup plus large dans le cas d'un parcours à vitesse angulaire constante. Même si la forte densité de points au centre de l'espace réciproque réduit la pénalité associée à l'ouverture de la bande passante, le rapport signal sur bruit de l'image reste en faveur du parcours à vitesse instantanée constante. Les points en périphérie de l'espace réciproque sont en effet moins bruités avec un parcours à vitesse instantanée constante.

Malheureusement, on doit composer avec un facteur instrumental qui n'autorise pas un tel schéma : la vitesse de montée des gradients est limitée. L'expression (5.116) montre que dans la région $\theta \gg 1$, le gradient associé à la trajectoire est un gradient approximativement sinusoïdal d'amplitude constante, et dont la période décroît lorsqu'on se rapproche du centre de l'espace réciproque (figure 5.69b). En outre, lorsque θ se rapproche de zéro, l'amplitude des gradients diverge (non visible sur la figure 5.69b, mais bien présent dans l'expression (5.116)). La vitesse de montée et l'amplitude des gradients au voisinage du centre, dépassent donc nécessairement les capacités du système. Il faut donc trouver une troisième voie.

5.10.2.3   Parcours à vitesse optimale : problématique

Les limitations instrumentales s'appliquent normalement aux composantes des gradients : sur chaque axe, l'amplitude G_i et la vitesse de montée S_i sont limitées :

$$G_i \leq G_i^{\max} \text{ et } S_i = \frac{\mathrm{d}G_i}{\mathrm{d}t} \leq S_i^{\max} \text{ où } i = X,\ Y,\ Z. \qquad (5.117)$$

Pour des raisons de simplicité, on impose généralement ces restrictions, non pas aux composantes, mais aux vecteurs $\boldsymbol{G}$ et $\boldsymbol{S}$:

$$\left| \tilde{G} \right| \leq G_{\max} \text{ et } \left| \tilde{S} \right| \leq S_{\max}, \qquad (5.118)$$

où l'on a utilisé les formes complexes $\tilde{G}$ et $\tilde{S}$ des vecteurs $\boldsymbol{G}$ et $\boldsymbol{S}$.

La vitesse de commutation s'écrit :

$$\tilde{S}(t) = \frac{\mathrm{d}\tilde{G}(t)}{\mathrm{d}t} = \frac{\Delta k_{\mathrm{r}}}{\gamma} \left[\theta'' - \theta\,\theta'^2 + \mathrm{i}\left(2\,\theta'^2 + \theta\,\theta'' \right) \right] \exp\left(\mathrm{i}\,\theta \right). \qquad (5.119)$$

On cherche à construire un balayage en spirale de caractéristiques données (Δk_{r} et nombre de tours), d'une durée aussi courte que possible. Dans une première partie de la trajectoire, la vitesse de parcours est limitée par le temps de montée des gradients. Le module de $\tilde{G}$ doit croître progressivement, aussi rapidement que le permet la vitesse maximale de montée des gradients. On doit ainsi satisfaire à l'équation différentielle :

$$\left(\frac{\gamma\,S_{\max}}{\Delta k_{\mathrm{r}}} \right)^2 = \left(\theta'' - \theta\,\theta'^2 \right)^2 + \left(2\,\theta'^2 + \theta\,\theta'' \right)^2. \qquad (5.120)$$

Dès que $\left| \tilde{G} \right|$ a atteint sa valeur maximum, le régime change et l'on aborde une seconde partie de la trajectoire pendant laquelle $d\left| \tilde{G} \right| \big/ dt = 0$. Pendant cette période, la vitesse de parcours satisfait à l'équation

$$\theta'' = -\frac{\theta\,\theta'^2}{1 + \theta^2}. \qquad (5.121)$$

On ne connaît pas de solution analytique des équations (5.120) et (5.121). Le problème peut être résolu numériquement, mais on préfère souvent utiliser des solutions approchées, beaucoup plus rapides à mettre en œuvre de manière interactive. L'une d'entre elles est très proche de la solution obtenue numériquement et est largement utilisée. Nous donnons les grandes lignes de cette approche.

5.10.2.4 Parcours à vitesse optimale : solution approchée

(a) première partie de la trajectoire

À l'instant initial $k(t) = 0$, donc $\left|\tilde{G}(0)\right| = 0$. L'amplitude du gradient devant respecter l'expression (5.111), on en déduit que $\theta'(0) = 0$. Par ailleurs, sans perte de généralité, on peut choisir $\theta(0) = 0$. Il faut en outre respecter la limitation de la vitesse de montée. L'équation (5.119) conduit à

$$\theta''(0) \leq \frac{\gamma}{\Delta k_{\mathrm{r}}} S_{\max}. \tag{5.122}$$

Nous recherchons une fonction $\theta_{\mathrm{A}}(t)$ qui respecte ces conditions initiales. Cette solution s'écrit :

$$\theta_{\mathrm{A}}(t) = \alpha \frac{\gamma}{2\,\Delta k_{\mathrm{r}}} S_{\max} t^2, \tag{5.123}$$

où α est une constante inférieure ou égale à 1, dont le choix permet d'ajuster la vitesse de montée initiale.

On note que θ^2 devient rapidement très supérieur à 1. En utilisant l'expression (5.123) on en déduit que si $\theta^2 >> 1$, alors $\theta'' << \theta'^2$. Avec ces approximations, l'équation (5.120) devient

$$\left|\tilde{S}(t)\right| = S_{\max} = \frac{\Delta k_{\mathrm{r}}}{\gamma} \theta\, \theta'^2. \tag{5.124}$$

Cette équation a une solution, qui s'écrit

$$\theta_{\mathrm{B}}(t) = \left(\frac{9\,\gamma\,S_{\max}}{4\,\Delta k_{\mathrm{r}}}\right)^{1/3} t^{2/3}. \tag{5.125}$$

Une fonction satisfaisant à l'équation (5.123) lorsque $\theta \to 0$, et à l'équation (5.125) lorsque $\theta^2 >> 1$, est simplement :

$$\theta_1(t) \approx \frac{\theta_{\mathrm{A}}(t)\,\theta_{\mathrm{B}}(t)}{\theta_{\mathrm{B}}(t) + \theta_{\mathrm{A}}(t)}. \tag{5.126}$$

Le gradient est donné par l'expression (5.111) avec $\theta(t) = \theta_1(t)$.

(b) seconde partie de la trajectoire

À l'instant t_0, l'amplitude du gradient atteint la valeur maximum autorisée ($|\tilde{G}(t_0)| = G_{\max}$). À partir de cet instant on aborde la seconde partie de la trajectoire sur laquelle la vitesse instantanée devient constante. En reprenant l'expression (5.113), on peut écrire,

$$\theta_2(t) = \sqrt{[\theta_1(t_0)]^2 + \frac{2\,\gamma\,G_{\max}}{\Delta k_{\mathrm{r}}}(t - t_0)}. \tag{5.127}$$

Les évolutions temporelles des gradients peuvent être calculées avec l'équation (5.111). La figure 5.69c présente un exemple du résultat d'une telle optimisation. L'utilisation du gradient d'intensité maximale, permet de déterminer la durée minimale d'une acquisition spiralée avec un jeu de paramètres donnés (résolution, largeur de champ, vitesse de montée des gradients). On peut évidemment travailler avec des gradients d'intensité inférieure à $G_{\max}$. La largeur de la fenêtre d'acquisition est alors accrue, ce qui peut être souhaitable lorsque T_2^* est suffisamment long. Cependant, c'est fréquemment afin de minimiser les artefacts de mouvement et les effets d'off-résonance, que l'on cherche à réduire la largeur de la fenêtre d'acquisition. Comme le montre la figure 5.70c, l'échantillonnage de l'espace réciproque se rapproche de celui qui serait obtenu à vitesse instantanée constante.

D'autres approches sont utilisables, par exemple celle, plus simple, qui utilise la fonction $\theta(t) = t \big/ \sqrt{\alpha + (1-\alpha)\,t}$ produisant un balayage à vitesse angulaire constante au voisinage de l'origine et un balayage à vitesse instantanée constante en périphérie. Le paramètre α ($0 < \alpha < 1$) est ajusté afin de respecter les contraintes expérimentales.

5.10.2.5   Imagerie spirale segmentée

On utilise fréquemment des techniques de segmentation qui permettent, de diminuer la largeur de la fenêtre d'acquisition, et de limiter les contraintes auxquelles est soumis le système de gradients (figure 5.71). Si M segments sont employés, la distance entre tours de chacune des spirales devient $M\,\Delta k_{\mathrm{r}}$. On passe d'un segment à l'autre par une rotation d'angle $2\,\pi/M$. La durée de l'expérience est évidemment multipliée par M.

5.10.2.6   Spirales à densité variable

L'utilisation d'une spirale à pas variable, faible à l'intérieur, plus grand à l'extérieur, peut être intéressante dans certaines circonstances. Une spirale de ce type, où la densité d'échantillonnage radial dépend de $|\boldsymbol{k}|$, est dite à densité variable. Une trajectoire possible est la suivante :

$$\tilde{k} = k_Y + \mathrm{i}\,k_Z = k_0 \left(\frac{\theta(t)}{\theta_{\max}}\right)^{\alpha} \exp\left(\mathrm{i}\,\theta(t)\right), \qquad (5.128)$$

où k_0 est la valeur maximum de k. Lorsque $\alpha = 1$, on retrouve la spirale d'Archimède (densité constante) décrite par l'expression (5.109). Lorsque $\alpha > 1$, (5.128) décrit une spirale à pas croissant. La figure 5.72 présente l'exemple de quatre spirales à densité variable entrelacées ($\alpha = 2, 8$). On optimise les spirales à densité variable par rapport aux performances du système de gradients, en utilisant une méthode similaire à celle qui a été décrite dans la section 5.10.2.4.

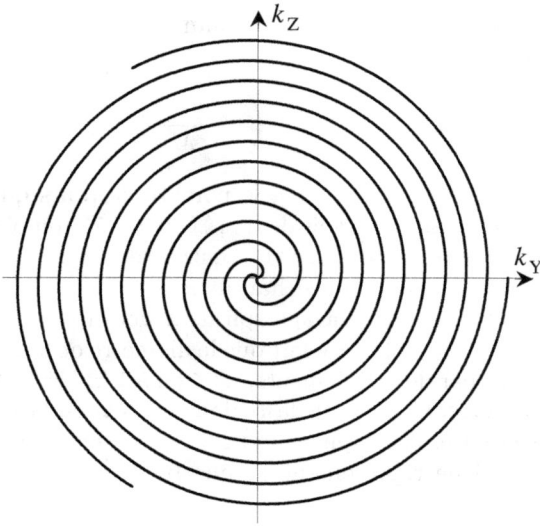

FIG. 5.71 – Imagerie spirale segmentée. Parcours de l'espace réciproque en utilisant 3 acquisitions successives. Les différentes spirales sont décalées de les unes par rapport aux autres.

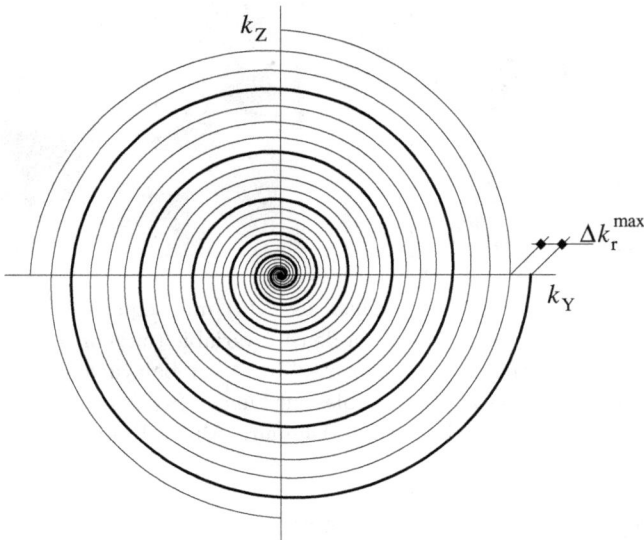

FIG. 5.72 – Balayage de l'espace réciproque utilisant des spirales à densité variable ($\alpha = 2,8$, 8 tours par segment). Le balayage comporte quatre segments.

Le champ imagé sans repliements par un balayage spirale à densité variable, est déterminé par la distance maximum, $\Delta k_{\mathrm{r}}^{\max}$, entre deux tours successifs. Si $\alpha > 1$ on obtient

$$\Delta k_{\mathrm{r}}^{\max} \approx k_0 \left[1 - \left(1 - \frac{1}{M n} \right)^{\alpha} \right], \qquad (5.129)$$

où M est le nombre de segments, et n le nombre de tours que comporte un segment. Ainsi, avec le balayage spirale de la figure 5.72, on obtient $\Delta k_{\mathrm{r}}^{\max} \approx$ 0,085 k_0. Dès que l'on se rapproche du centre de l'espace réciproque, Δk_{r} décroît, ce qui correspond à un sur-échantillonnage.

Plusieurs applications du balayage spirale à densité variable ont été décrites. L'une d'entre elles exploite le fait que le diamètre de la région de l'image qui n'est pas affectée par des repliements, est égal à $1/\Delta k_{\mathrm{r}}^{\max}$. Au-delà, des repliements sont observés. Cependant la région centrale de l'espace réciproque étant sur-échantillonnée, ces repliements ne concernent que les hautes fréquences spatiales qui ne représentent qu'une faible fraction de l'énergie du signal.

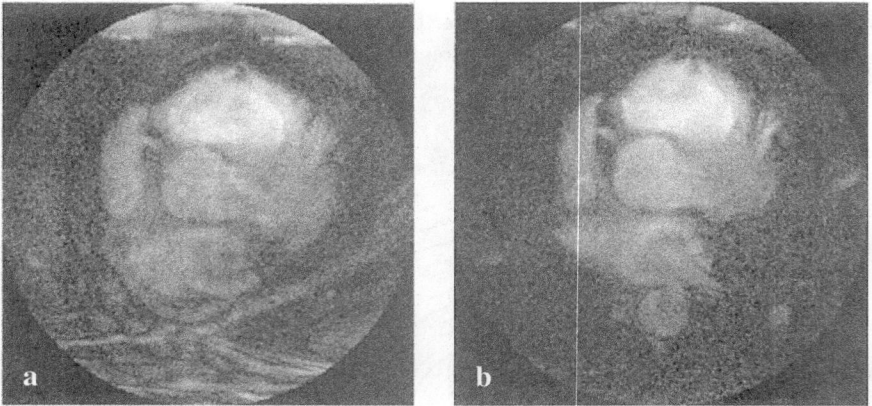

FIG. 5.73 – Images cardiaques acquises avec (a) une séquence spirale à densité constante, et (b) une séquence spirale à densité variable (largeur de champ 16 cm). Les deux balayages utilisent 17 segments, durée du balayage 16 ms, résolution 0,65 mm. Les repliements sont bien visibles sur l'image (a), mais restent très discrets sur l'image (b). D'après C-M Tsaï et D. Nishimura, Magn. Reson. Med. 43, 452–458, 2000, with permission from John Wiley & sons, inc.

La figure 5.73 illustre ce point. L'imagerie du cœur présente diverses difficultés. L'une d'entre elles, est que l'organe est entouré de la cage thoracique qui comporte des tissus, sources de signal. Même si l'on travaille avec une bobine de surface, le champ de vue doit être suffisamment large pour éviter les repliements sur le muscle cardiaque. Travailler avec un champ large et une haute résolution, accroît la durée d'expérience. Réduire le champ, entraîne des repliements (figure 5.73a). L'utilisation d'un balayage spirale à densité variable, atténue fortement l'intensité des repliements qui deviennent peu visibles (figure 5.73b).

5.10.3 Séquences

La figure 5.74, présente un balayage spiralé appliqué après une impulsion spatialement sélective dans la direction X. Ce balayage peut-être orienté vers l'extérieur de l'espace réciproque (« *spiral-out* »), comme cela a été décrit jusque là. Le balayage peut être aussi inversé : on part de la périphérie de l'espace réciproque pour retourner vers l'intérieur (« *spiral-in* »). Dans le premier cas, le centre de l'espace réciproque est acquis rapidement après l'excitation. L'image est faiblement pondérée T_2^*. Dans le second cas, la pondération T_2^* est plus importante.

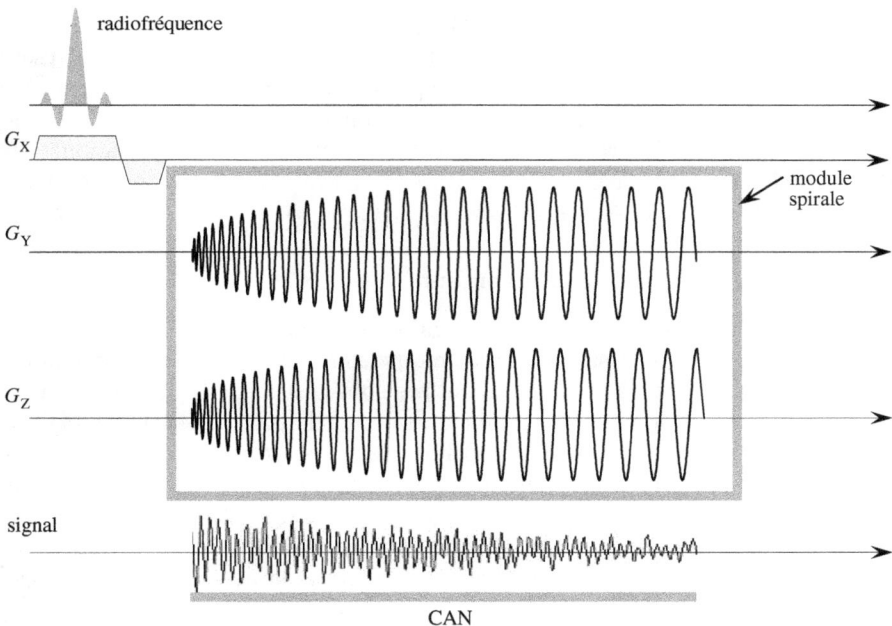

FIG. 5.74 – Séquence d'imagerie spirale.

Comme une séquence EPI, une séquence spirale peut être déclinée sous de multiples formes. Le module spirale peut ainsi, par exemple, être associé à une séquence d'écho de spin. On peut aussi remplacer l'impulsion spatialement sélective par une impulsion non sélective. Un gradient de codage de phase dans la direction X, conduit alors à l'imagerie 3D.

Le domaine échantillonné est approximativement circulaire. La fonction de dispersion du point est celle caractérisant une fenêtre de troncature circulaire (chapitre 4, section 4.7). Rappelons enfin que le traitement de données échantillonnées de façon non cartésienne, fait nécessairement appel à une méthode de gridding (chapitre 4, section 4.12).

5.10.4   Caractéristiques générales

L'imagerie spirale a la capacité de remplir l'espace réciproque plus rapidement que toute autre méthode. Les capacités du système de gradients sont en effet exploitées très efficacement. Ce type de balayage présente des caractéristiques très favorables, telles que sa relativement faible sensibilité aux mouvements. En revanche l'importance des artefacts associés à l'inhomogénéité du champ directeur freine le développement de l'imagerie spirale.

5.10.4.1   Effet T_2^*

Nous n'avons pas évoqué jusque là les conséquences de l'atténuation due à T_2^*. L'impact de cette atténuation est particulièrement simple à analyser, puisqu'il s'agit tout simplement d'une apodisation du signal par la fonction $W(k) = \exp\left[-t(k)/T_2^*\right]$. La forme de cette fonction dépend en fait de la vitesse de parcours de la trajectoire. Sa présence élargit quelque peu la fonction de dispersion du point, comme le ferait une fonction d'apodisation à symétrie circulaire appliquée après acquisition.

5.10.4.2   Sensibilité au mouvement

Une caractéristique favorable de l'imagerie spirale par rapport à une technique EPI, est sa faible sensibilité au mouvement. On sait que la sensibilité d'une expérience RMN aux déplacements de spins, est associée aux déphasages produits par des gradients dépendant du temps (chapitre 1, section 1.15). Le déphasage associé à la vitesse d'un groupe de spins est proportionnel au premier moment du gradient, tandis que le déphasage associé aux accélérations est proportionnel au second moment de ce gradient. Avec un balayage en spirale, le premier moment, dont le rôle dans la production des artefacts de mouvement est essentiel, reste très faible dans toute la partie centrale de l'espace réciproque.

5.10.4.3   Sensibilité aux effets d'off-résonance

La technique est très sensible aux effets d'off-résonance. En présence d'un offset Δf dépendant de la position, le signal acquis s'écrit

$$F\left[\Delta f\left(\boldsymbol{r}\right),\ \boldsymbol{k}\right] = \iint_{\text{coupe}} \exp\left[2\pi\,\mathrm{i}\,\Delta f\left(\boldsymbol{r}\right)\,t\left(\boldsymbol{k}\right)\right]\,f(\boldsymbol{r})\exp\left(-2\pi\,\mathrm{i}\,\boldsymbol{k}\,.\,\boldsymbol{r}\right)\,\mathrm{d}Y\,\mathrm{d}Z.$$

$$(5.130)$$

Dans le cas d'un offset ne dépendant pas de la position, cette expression devient

$$F(\Delta f,\ \boldsymbol{k}) = \exp\left[2\pi\,\mathrm{i}\,\Delta f\,t\,(\boldsymbol{k})\right] \iint_{\mathrm{coupe}} f(\mathbf{r})\exp\left(-2\pi\,\mathrm{i}\,\boldsymbol{k}\,.\,\boldsymbol{r}\right)\,\mathrm{d}Y\,\mathrm{d}Z.$$

(5.131)

La correction est facile à réaliser, puisqu'il suffit de multiplier les données brutes par $\exp\left[-2\pi\,\mathrm{i}\,\Delta f\,t\,(\mathbf{k})\right]$.

La situation devient plus complexe lorsque l'offset dépend de la position. Considérons un point échantillon en $\boldsymbol{r}_0$. Dans ce cas, le signal s'écrit

$$F_0(\boldsymbol{k}) = \exp\left[2\pi\,\mathrm{i}\,\Delta f\,(\boldsymbol{r}_0)\,t\,(\boldsymbol{k})\right]\exp\left(-2\pi\,\mathrm{i}\,\boldsymbol{k}\,.\,\boldsymbol{r}_0\right).$$

(5.132)

En pratique, le signal est connu en un nombre limité de points (k_j) de l'espace réciproque, situés sur la trajectoire. La transformée de Fourier inverse discrète de $F_0(\boldsymbol{k}_j)$ conduit à l'image du point échantillon situé en $\boldsymbol{r}_0$, c'est à dire à la fonction de dispersion de ce point (chapitre 4, section 4.7) :

$$\tilde{f}_0(\boldsymbol{r},\ \boldsymbol{r}_0) = \sum_j \exp\left[2\pi\,\mathrm{i}\,\Delta f\,(\boldsymbol{r}_0)\,t\,(\boldsymbol{k}_j)\right]\exp\left[2\pi\,\mathrm{i}\,\boldsymbol{k}_j\,.\,(\boldsymbol{r} - \boldsymbol{r}_0)\right]\Delta V(\boldsymbol{k}_j),$$

(5.133)

où $\Delta V(\boldsymbol{k}_j)$ est l'élément de volume associé au point $\boldsymbol{k}_j$. La présence du terme $\exp\left[2\pi\,\mathrm{i}\,\Delta f\,(\boldsymbol{r}_0)\,t\,(\boldsymbol{k}_j)\right]$ dégrade la forme de la fonction de dispersion du point, Cela rend l'image floue. L'offset Δf dépendant de la position, la forme de cette fonction de dispersion du point dépend de la position. Certaines régions peuvent être plus ou moins floues, d'autres nettes.

On remarque que si l'on multiplie $F_0(\boldsymbol{k})$ par $\exp\left[-2\pi\,\mathrm{i}\,\Delta f\,(\boldsymbol{r}_0)\,t\,(\boldsymbol{k})\right]$, le déphasage dû à l'offset est annulé au point de coordonnées $\boldsymbol{r}_0$. Dans ces conditions, on retrouve une fonction de dispersion du point non élargie. De manière plus générale, la multiplication des données brutes $F(\boldsymbol{k})$ par le terme de phase $\exp\left[-2\pi\,\mathrm{i}\,\Delta f\,(\boldsymbol{r})\,t\,(\mathbf{k})\right]$ corrige la fonction de dispersion du point, au point de coordonnée $\boldsymbol{r}$. Si les gradients de champ statique ne sont pas trop forts, cette correction vaut pour la région entourant ce point. La figure 5.75, illustre ces résultats : différentes corrections sont appliquées qui améliorent la netteté dans des régions dont la position dépend de l'homogénéité du champ.

Ces observations sont à la base d'une méthode de correction, dite de la conjugaison de phase, qui suppose que l'on connaisse la carte de champ $\Delta f(\boldsymbol{r})$. Le calcul de l'image est effectué en multipliant le signal $F(\boldsymbol{k})$ par $\exp\left[-2\pi\,\mathrm{i}\,\Delta f\,(\boldsymbol{r})\,t\,(\mathbf{k})\right]$:

$$\tilde{f}(\boldsymbol{r}) = \sum_j F(\boldsymbol{k}_j)\exp\left[-2\pi\,\mathrm{i}\,\Delta f\,(\boldsymbol{r})\,t\,(\boldsymbol{k}_j)\right]\exp\left(2\pi\,\mathrm{i}\,\boldsymbol{k}_j\,.\,\boldsymbol{r}_0\right)\Delta V(\mathbf{k}_j).$$

(5.134)

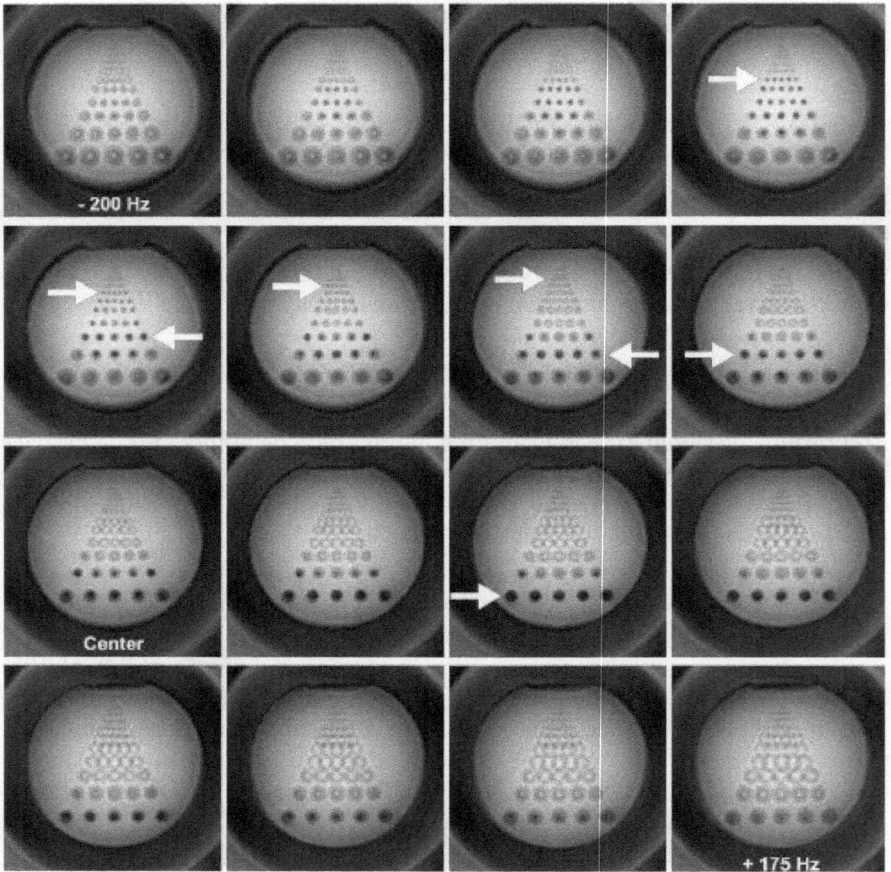

FIG. 5.75 – Images d'un fantôme reconstruites en multipliant les données brutes par le terme $\exp(-2\pi \, \mathrm{i} \, \Delta f \, t(k_j))$ où Δf varie de -200 Hz à -175 Hz par pas de 25 Hz. Lorsque la correction ramène la fréquence de précession à l'offset zéro, dans une région de l'objet, cette région apparaît plus nette. D'après K. Block et J. Frahm, J. Magn. Reson. Imaging 21, 657–668, 2005, with permission from John Wiley & sons, inc.

La fonction de dispersion du point s'écrit alors :

$$\tilde{f}_0 \left(\boldsymbol{r}, \; \boldsymbol{r}_0 \right) = \sum_j \exp \left\{ 2\pi \, \mathrm{i} \left[\Delta f \left(\boldsymbol{r}_0 \right) - \Delta f \left(\boldsymbol{r} \right) \right] t \left(\boldsymbol{k}_j \right) \right\}$$

$$\exp \left[2\pi \, \mathrm{i} \, \boldsymbol{k}_j . \left(\boldsymbol{r} - \boldsymbol{r}_0 \right) \right] \Delta V \left(\boldsymbol{k}_j \right) . \quad (5.135)$$

Si $\Delta f \left(\boldsymbol{r}_0 \right) - \Delta f \left(\boldsymbol{r} \right) << \pi/2$ dans toute la région où la fonction de dispersion du point a une amplitude significative, alors on retrouve la fonction de dispersion du point qui serait obtenue en champ homogène. Le calcul est cependant très lourd et ne peut être envisagé en routine. Des méthodes approchées existent, plus rapides et n'exigeant pas nécessairement la connaissance de la carte de champ, mais leur potentiel en routine reste à établir. Ce point constitue sans doute le handicap majeur de l'imagerie spirale, par rapport à une technique comme EPI où les corrections sont peut être plus facilement réalisées.

L'utilisation de champs très homogènes réduit les difficultés, mais le problème des inhomogénéités de champ associées aux variations de susceptibilité de l'objet lui-même, reste entier. Une excellente solution consiste à réduire la largeur de la fenêtre d'acquisition. Cela peut être effectué en utilisant la segmentation du parcours de l'espace réciproque au prix d'une augmentation, de la durée d'expérience et, potentiellement, des artefacts de mouvement.

5.11 Mesure des trajectoires dans l'espace réciproque

Les balayages EPI ou spirale sollicitent fortement le système de gradients. Des imperfections sont inévitables. Elles produisent une trajectoire dans l'espace réciproque qui s'écarte de la trajectoire calculée. Diverses méthodes de mesure de la trajectoire effective existent. Nous décrivons l'une d'entre elles qui permet une mesure précise, et relativement rapide, de la trajectoire.

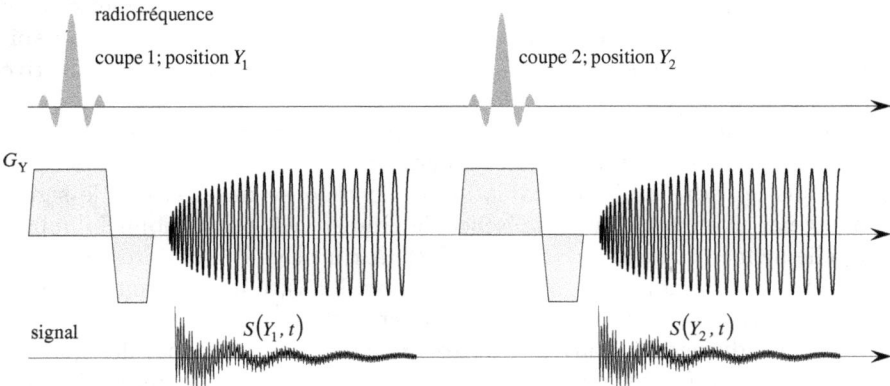

FIG. 5.76 – Méthode de mesure d'une trajectoire dans l'espace réciproque.

Prenons encore l'exemple d'un balayage spirale du plan k_Y k_Z. Dans un première étape, on mesure $k_Y(t)$. Le gradient Z est donc coupé. On utilise la séquence d'impulsions de la figure 5.76. Elle comporte d'abord la sélection d'une coupe orthogonale à l'axe Y à la position Y_1, Le signal est acquis en présence de la composante G_Y du gradient spirale. La mesure est répétée immédiatement, lors d'une expérience identique, mais avec un plan de coupe à la position Y_2. Les acquisitions sont supposées effectuées à la résonance. En négligeant la relaxation et les inhomogénéités du champ magnétique directeur, et en supposant l'échantillon homogène, le signal acquis peut s'écrire :

$$s\,(Y_j,\ t) = \exp\,(\mathrm{i}\,\phi_j) \int M_j\,(Y)\exp\,[-2\,\pi\,\mathrm{i}\,k_Y\,(t)\,Y]\,\mathrm{d}Y \qquad j = 1,\ 2,\ \quad (5.136)$$

où $M_j\,(Y)$ et ϕ_j sont respectivement le profil de la coupe et le déphasage caractérisant la coupe de position Y_j. Les profils de coupe $M_1\,(Y)$ et $M_2\,(Y)$ se déduisent l'un de l'autre par translation : $M_2\,(Y) = M_1\,[Y - (Y_2 - Y_1)]$. Par suite, en utilisant les propriétés de la transformée de Fourier par rapport aux translations, on peut écrire :

$$\frac{s\,(Y_2,\ t)}{s\,(Y_1,\ t)} = \exp\,(\mathrm{i}\,(\phi_2 - \phi_1))\ \exp\,[-2\,\pi\,\mathrm{i}\,k_Y\,(t)\ (Y_2 - Y_1)]. \qquad (5.137)$$

Si $\varphi_1\,(t)$ et $\varphi_2\,(t)$ sont les phases de $s\,(Y_1,\ t)$ et $s\,(Y_2,\ t)$, on obtient

$$\varphi_2\,(t) - \varphi_1\,(t) = (\phi_2 - \phi_1)\ - 2\,\pi\,k_Y\,(t)\,(Y_2 - Y_1)\,. \qquad (5.138)$$

On en déduit

$$k_Y\,(t) = -\frac{\varphi_2\,(t) - \varphi_1\,(t)}{2\,\pi\,(Y_2 - Y_1)} + \mathrm{Cste}. \qquad (5.139)$$

La constante peut aisément être déterminée lorsque $k_Y\,(t) = 0$. Une seconde mesure doit être effectuée en présence de la composante G_Z du gradient spiral. L'ensemble de ces mesures permet de déterminer la trajectoire effective dans le plan k_Y, k_Z.

Une difficulté de la mesure, est que l'amplitude du signal recueilli devient faible, voire nulle pour les fortes valeurs de k. Nous avons vu, en se plaçant dans le cadre de l'approximation de la réponse linéaire, que le signal produit par une impulsion en présence de gradient est proportionnel l'impulsion elle-même (chapitre 3, section 3.2.2). Aucun signal n'est présent avant la réversion du gradient de sélection (section 3.2.3), qui remet en phase les aimantations dans la coupe. Avec la séquence de la figure 5.76, le gradient oscillant G_Y disperse à nouveau les isochromats dans la coupe, dès que k_Y s'écarte de zéro. La dispersion s'accroît avec $|k_Y|$. Si T est la durée d'impulsion, et si G_Y^0 est l'amplitude du gradient de sélection de coupe, on montre aisément que si $|k_Y| \geq \gamma\,\left|G_Y^0\right|\,T/(4\,\pi)$ aucun signal n'est produit (approximation de la réponse linéaire). On vérifiera aussi que si l'impulsion d'excitation est un sinc à NZ zéros (chapitre 2, section 2.4.5), le signal est nul aux points $|k_Y| = n\,\gamma\,\left|G_Y^0\right|\,T/(2\,\pi\,NZ)$, où $n = 1,\ 2, ... NZ/2$. Pour éviter ces difficultés, d'autres mesures du même type peuvent être effectuées en modifiant l'amplitude du lobe de réversion de gradient, afin de produire un signal d'amplitude suffisante dans les régions à forte valeur de k.

5.12 Imagerie parallèle

L'accroissement du champ magnétique directeur et le développement de nouvelles séquences d'impulsions ont beaucoup accéléré la vitesse d'acquisition des images. Cependant, cette accélération a initialement largement reposé sur l'amélioration des systèmes de gradient (vitesse de montée et intensité maximum accrues, présence d'écrans actifs limitant les courants de Foucault). Il est devenu difficile de progresser encore dans cette direction, au moins en imagerie clinique, car une limitation physiologique intervient : les modifications trop rapides de champ induisent, dans les tissus, des courants susceptibles de produire des stimulations nerveuses qui ne peuvent être acceptées. L'imagerie parallèle est apparue comme une méthode permettant d'accélérer encore la vitesse d'acquisition des images, en utilisant les caractéristiques existantes des systèmes de gradients.

Les méthodes d'imagerie parallèle utilisent des réseaux de bobines (chapitre 1, section 1.17.3.2). Les signaux reçus par chaque bobine sont traités séparément par un ensemble de récepteurs travaillant en parallèle, puis recombinés. Ces méthodes permettent d'améliorer le rapport signal sur bruit et (ou) de réduire les durées d'expérience. Elles sont utilisables avec toutes les séquences d'imagerie, y compris les séquences rapides. Elles peuvent contribuer à réduire la sollicitation du système de gradients (imagerie EPI) ou l'énergie rf dissipée (imagerie RARE). Elles peuvent enfin être utilisées pour améliorer la résolution spatiale des images. Les premières pierres furent posées à partir de la fin des années 1990, avec quelques articles suggérant d'utiliser plusieurs récepteurs travaillant en parallèle et l'émergence des réseaux d'antennes. Mais c'est à partir du milieu des années quatre-vingt-dix qu'ont été proposées les méthodes qui se sont ensuite développées au cours des années 2000. Ce domaine est encore en évolution, mais les méthodes sont aujourd'hui suffisamment solides pour être utilisées en routine.

Une technique d'imagerie parallèle idéalement simple serait de disposer de N capteurs couvrant, dans la direction du codage de phase (Z par exemple), N régions distinctes, mais contiguës, d'un objet. L'étendue de chaque partie dans la direction Z étant plus petite que l'étendue de l'objet, le nombre de pas de codage de phase pourrait réduit. Le traitement des signaux recueillis par chaque capteur permettrait la reconstruction de chacune des N parties complémentaires de l'objet. La technique PILS (section 5.12.6) est très proche de cette idée de base. En pratique il est néanmoins très difficile de limiter de manière abrupte les zones vues par chaque capteur et d'éviter des repliements d'image. L'idée générale, sur laquelle repose le développement de l'imagerie parallèle, reste cependant que chaque capteur d'un réseau a une sensibilité spatiale qui lui est propre, et que cette propriété peut être utilisée pour réaliser une opération de dépliement. L'information spatiale apportée par chaque capteur permet ainsi de réduire le nombre de pas de codage de phase : si l'on dispose de N_b bobines il deviendra possible de réduire d'un facteur R

($R \leq N_b$) le nombre de pas de codage de phase, ce qui est très intéressant... On peut dire aussi qu'on associe le marquage spatial associé au gradient de champ rf caractérisant chaque bobine, au marquage spatial produit par les gradients pulsés de champ directeur. Le marquage spatial produit par une bobine de réception est principalement une modulation d'amplitude, mais les variations spatiales de phase ne sont pas absentes.

Le terme « imagerie parallèle » a son origine dans la présence de plusieurs récepteurs travaillant en parallèle, apportant chacun des informations de localisation du signal. On rajoute parfois le terme « partiellement » (imagerie partiellement parallèle), car d'autres informations (codage de phase) doivent être apportées pour compléter la localisation.

Nous nous intéresserons d'abord au signal recueilli par les récepteurs d'un réseau d'antennes, pour constater qu'une solution serait de résoudre numériquement un système d'équations linéaires. Nous présenterons ensuite quelques résultats concernant la résolution par moindres carrés d'un système d'équations linéaires, problème qui se pose avec la plupart des méthodes d'imagerie parallèle. Le lecteur familier avec ces méthodes peut évidemment passer cette section. Après ces aspects introductifs, les principales méthodes d'imagerie parallèle seront décrites.

5.12.1 Le signal en imagerie parallèle

Considérons une séquence comportant une impulsion sélective permettant de sélectionner une coupe orthogonale à l'axe X, et un réseau comportant N_b bobines. Nous supposerons, dans ce qui suit, que l'excitation est effectuée avec une bobine couvrant l'ensemble de l'échantillon. Le signal reçu par la bobine de réception n, s'écrit :

$$F_n(\boldsymbol{k}) = \iint_{\text{coupe}} s_n(\boldsymbol{r})\, m_\perp(\boldsymbol{r}) \exp\left(-2\pi\, \mathrm{i}\, \boldsymbol{k} . \boldsymbol{r}\right)\, \mathrm{d}Y\, \mathrm{d}Z, \qquad (5.140)$$

où $s_n(\boldsymbol{r})$ est la sensibilité spatiale de la bobine n. La sensibilité spatiale d'une bobine est proportionnelle au champ rf créé par cette bobine au point $\boldsymbol{r}$, lorsqu'elle est parcourue par un courant unité (*cf.* chapitre 1, équation 1-54).

Cette expression peut être réécrite sous forme discrète en remplaçant l'intégrale par une sommation sur un ensemble de voxels de dimensions ΔX, ΔY, ΔZ :

$$F_{n,i} = \sum_j s_{n,j}\, M_j \exp\left(-2\pi\, \mathrm{i}\, \boldsymbol{k}_i . \boldsymbol{r}_j\right). \qquad (5.141)$$

L'index i permet d'identifier chaque couple $(k_Y,\, k_Z)$, avec $1 \leq i \leq N_{k_Y} N_{k_Z}$, N_{k_Y} et N_{k_Z} étant respectivement les nombres de points acquis dans les directions k_Y et k_Z. L'index j permet d'identifier chaque voxel, avec $1 \leq j \leq N_Y N_Z$, N_Y et N_Z étant respectivement les nombres de voxels dans les directions Y et Z. Enfin,

- $F_{n,i} = F_n(\boldsymbol{k}_i)$ est le signal reçu par la bobine n à la coordonnée k_i de l'espace réciproque,

- $s_{n,j} = s_n(\boldsymbol{r}_j)$ est la sensibilité de la bobine n par rapport à une aimantation située dans le voxel j,

- $M_j = m_\perp(\boldsymbol{r}_j)\,\Delta Y\,\Delta Z$ est la quantité que l'on souhaite déterminer.

En posant

$$S_{p,j} = s_{n,j}\exp\left(-2\pi\,\mathrm{i}\,\boldsymbol{k}_i\,.\,\mathbf{r}_j\right), \qquad (5.142)$$

où l'index p permet d'identifier chaque couple (n,i), avec $1 \le p \le N_\mathrm{b}\,N_{k_Y}\,N_{k_Z}$, on peut écrire le signal sous la forme :

$$F_p = \sum_j S_{p,j}\,M_j, \qquad (5.143)$$

ou, sous forme matricielle,

$$\boldsymbol{F} = \boldsymbol{S}\,\boldsymbol{M}, \qquad (5.144)$$

où $\boldsymbol{F}$ et $\boldsymbol{M}$ sont deux matrices colonne. La matrice $\boldsymbol{F}$ a $N_\mathrm{b}\,N_{k_Y}\,N_{k_Z}$ lignes, et la matrice $\boldsymbol{M}$ $N_Y\,N_Z$ lignes. La matrice $\boldsymbol{S}$ a $N_\mathrm{b}\,N_{k_Y}\,N_{k_Z}$ lignes et $N_Y\,N_Z$ colonnes.

Chaque point est acquis en présence de bruit. L'équation (5.144) doit donc être réécrite sous la forme :

$$\boldsymbol{F} = \boldsymbol{S}\boldsymbol{M} + \varepsilon, \qquad (5.145)$$

où ε est une matrice colonne dont les éléments représentent l'erreur due au bruit.

Les matrices $\boldsymbol{S}$ (sensibilité spatiale du réseau de capteurs) et $\boldsymbol{F}$ (signal) étant connues, il reste à déterminer l'aimantation $\boldsymbol{M}$ dans chaque voxel. L'équation (5.145) peut être résolue numériquement. Avec 128×128 points dans l'espace réciproque et un réseau comportant 32 antennes, la matrice $\boldsymbol{S}$ a 524 288 lignes et 16 384 colonnes. L'utilisation de la « force brute » pour reconstruire l'image est donc difficilement envisageable... Une méthode itérative, la méthode du gradient conjugué, peut être utilisée, mais le problème est plus facilement soluble dans de nombreuses situations que nous examinerons plus loin.

La résolution numérique de systèmes d'équations linéaires reste cependant toujours un élément central du traitement des données en imagerie parallèle. Nous présentons ci-dessous le principe du traitement de ces systèmes d'équations par la méthode des moindres carrés.

5.12.2 Moindres carrés

Considérons le système d'équations linéaires défini sous forme matricielle :

$$\boldsymbol{y} = \boldsymbol{A}\,\boldsymbol{x} + \varepsilon, \qquad (5.146)$$

où x et y sont des vecteurs, respectivement de dimensions p et q, et A une matrice comportant q lignes et p colonnes. Les composantes de y représentent des résultats de mesure, et les composantes de x représentent des inconnues. On se situe dans le cas ou le nombre d'équations est supérieur au nombre d'inconnues ($q > p$). Les composantes du vecteur ε, de dimension q, représentent l'erreur due au bruit qui affecte chaque mesure. Nous supposons d'abord que la variance des erreurs est décrit par la matrice $\Psi = \sigma^2 I$, où I est une matrice unité. L'écart type σ du bruit est identique pour chaque mesure.

Le système (5.146) est surdéterminé. Il n'en existe généralement pas de solution exacte. On recherche donc une solution qui minimise les erreurs, en résolvant le système (5.146) au sens des moindres carrés. Le vecteur x qui minimise la somme e des carrés des erreurs satisfait à l'équation :

$$e\left(x\right) = \left(y - A\,x\right)^{\mathrm{T}} \left(y - A\,x\right),\qquad(5.147)$$

où l'index T désigne une matrice complexe conjuguée transposée. En dérivant par rapport aux composantes de x, on en déduit[3] que le vecteur x qui minimise e est donné par la solution de l'équation normale :

$$A^{\mathrm{T}}\,A\,x = A^{\mathrm{T}}\,y.\qquad(5.148)$$

Si $A^{\mathrm{T}}\,A$ est inversible, cette solution s'écrit :

$$x = A_{\mathrm{pseudo}}^{-1}\,y,\qquad(5.149)$$

où la matrice $A_{\mathrm{pseudo}}^{-1} = \left(A^{\mathrm{T}}\,A\right)^{-1} A^{\mathrm{T}}$ est la matrice de Moore-Penrose, ou pseudo-inverse de la matrice A. Le calcul numérique peut être effectué de manière efficace en utilisant la décomposition en valeurs singulières de la matrice A :

$$A = U\,\Sigma\,V^{\mathrm{T}},\qquad(5.150)$$

où U et V sont des matrices unitaires de dimensions respectives $q \times q$ et $p \times p$, et où Σ est une matrice diagonale, de taille $q \times p$, dont les éléments sont positifs ou nuls. Après quelques lignes de calcul, on en déduit

$$A_{\mathrm{pseudo}}^{-1} = V\,\Sigma^{-1}\,U^{\mathrm{T}}.\qquad(5.151)$$

Si les bruits affectant les différentes mesures ne sont pas indépendants, il est préférable d'utiliser une méthode de moindres carrés généralisés. La matrice de covariance Ψ n'est plus diagonale, et ses éléments sont donnés par $\psi_{i,\,j} = \left\langle \varepsilon_i \varepsilon_j^* \right\rangle$. On sait[4] que dans ce cas

$$A_{\mathrm{pseudo}}^{-1} = \left(A^{\mathrm{T}}\,\Psi^{-1}\,A\right)^{-1} A^{\mathrm{T}}\,\Psi^{-1}.\qquad(5.152)$$

---

3. Voir par exemple : F. Rotella et P. Borne. *Théorie et pratique du calcul matriciel.* Éditions Technip, Paris, 1995.
4. Voir par exemple P.-A. Cornillon, E. Matzner-Løber. *Régression : théorie et applications.* Springer, Paris, 2007.

En utilisant ces résultats on montre ainsi que la solution de l'équation (5.145) s'écrit :

$$M = \left(S^{\mathrm{T}} \; \Psi^{-1} \; S \right)^{-1} S^{\mathrm{T}} \; \Psi^{-1} \; F. \qquad (5.153)$$

5.12.3 Bobines en réseau : combinaison des images

Les réseaux de bobines (figure 5.77) étant le composant central de l'imagerie parallèle, nous présenterons d'abord leur utilisation en vue d'améliorer le rapport signal sur bruit des images.

Lorsque les bobines en réseau sont apparues, l'objectif initial était l'amélioration du rapport signal sur bruit. En substituant à une bobine de grande dimension, un ensemble de bobines de petites dimensions :

– le signal en provenance d'une position donnée s'accroît (le signal est proportionnel au champ B_1 produit par le courant unité parcourant la bobine de réception),

– la fraction du bruit provenant de l'échantillon décroît (le volume vu par la bobine décroît).

Le problème est simplement de regrouper, pixel par pixel, les images produites par les différentes antennes. Nous verrons que la combinaison s'effectue en agissant sur l'amplitude des images, mais aussi leur phase. C'est la raison pour laquelle ces réseaux sont parfois désignés par le terme de réseaux phasé (« *phased-arrays* »).

Nous nous situons dans le cas d'une couverture complète de l'espace réciproque. Chaque bobine est reliée à un récepteur qui lui est propre. La combinaison des signaux est effectuée après amplification, changement de fréquence éventuel, conversion analogique numérique, décimation-filtrage, gridding éventuel et transformée de Fourier bidimensionnelle.

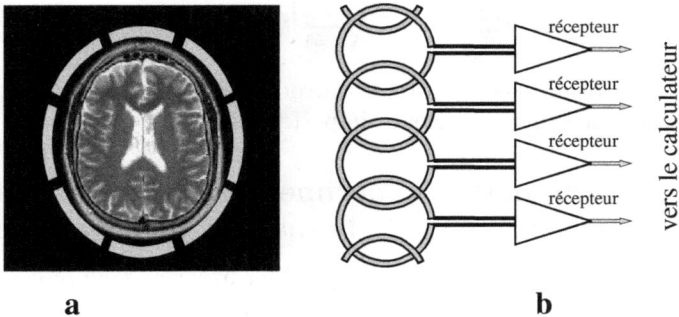

a   **b**

FIG. 5.77 – Réseau de 8 bobines pour l'imagerie du cerveau (a). Chaque bobine est reliée à un récepteur numérique (b). L'excitation est généralement assurée par une antenne de grande taille.

L'intensité mesurée dans le voxel j par le récepteur connecté à la bobine n a pour forme

$$f_n^j = s_n^j \, M_j + \varepsilon_n. \tag{5.154}$$

La sensibilité spatiale s_n^j est proportionnelle au champ rf à la position $\boldsymbol{r}_j$ du voxel j, lorsque la bobine est parcourue par un courant sinusoïdal d'amplitude unité $(s_n^j \propto (b_1^+)^j)$. Sous forme matricielle cette expression s'écrit :

$$\boldsymbol{f}^j = \boldsymbol{s}^j \, M_j + \boldsymbol{\varepsilon}^j. \tag{5.155}$$

Les matrices $\boldsymbol{f}^j$, $\boldsymbol{s}^j$ et $\boldsymbol{\varepsilon}^j$, sont des matrices colonne à N_b lignes, et M_j est un nombre complexe que l'on souhaite déterminer en utilisant les N_b mesures fournies par le réseau. En utilisant les résultats de la section 5.12.2, on obtient :

$$M_j = \left(\boldsymbol{s}^{j\,\mathrm{T}} \, \boldsymbol{\Psi}^{-1} \, \boldsymbol{s}^j \right)^{-1} \boldsymbol{s}^{j\,\mathrm{T}} \, \boldsymbol{\Psi}^{-1} \, \boldsymbol{f}^j. \tag{5.156}$$

Si l'on admet que les bruits aux bornes de chaque bobine ne sont pas corrélés, alors $\boldsymbol{\Psi} = \sigma^2 \boldsymbol{I}$, où $\boldsymbol{I}$ est une matrice unité. On en déduit :

$$M_j = \left[\sum_{n=1}^{N_\mathrm{b}} \left| s_n^j \right|^2 \right]^{-1} \sum_{n=1}^{N_\mathrm{b}} s_n^{j\,*} f_n^j. \tag{5.157}$$

Ce calcul, qui doit être fait pixel par pixel, nécessite la connaissance de la sensibilité spatiale (c'est-à-dire de la carte de champ) de chaque bobine. On notera que ce champ est un nombre complexe, dont la phase dépend de la bobine considérée et de la position dans le champ de la bobine.

On utilise fréquemment une combinaison des signaux recueillis dans chaque canal, qui ne nécessite pas la connaissance des cartes de champ. On somme simplement les carrés des modules des images issues de chaque bobine :

$$M_j = \sqrt{\sum_{n=1}^{N_\mathrm{b}} \left| f_n^j \right|^2}. \tag{5.158}$$

Cette méthode, beaucoup plus rapide, introduit cependant une diminution du rapport signal sur bruit et quelques imperfections.

5.12.4   Détermination expérimentale des profils de sensibilité et de la matrice de covariance

Le calcul des intensités de chaque pixel en utilisant l'expression (5.156), nécessite la connaissance des cartes de sensibilité spatiale de chaque bobine du réseau et de la matrice de corrélation. Cette étape peut être omise si l'on utilise la méthode décrite par l'expression (5.158). La mesure est cependant obligatoire avec certaines méthodes d'imagerie parallèle décrites dans les sections suivantes.

Ces cartes sont déterminées expérimentalement en effectuant une acquisition préliminaire avec un codage de phase complet. On dispose ainsi de N_b images. Chaque image est divisée par l'image issue de la combinaison des images produites par chaque bobine (racine de la somme des carrés, équation (5.158)), ou mieux, produites par une bobine couvrant la totalité de l'échantillon. La mesure peut être faite sur un fantôme, mais il est préférable d'effectuer une mesure sur l'échantillon étudié. On note que les matrices de sensibilité sont des matrices à éléments complexes. Les images produites par chaque bobine doivent donc rester complexes.

Diverses méthodes peuvent être utilisées pour déterminer le degré de corrélation du bruit issu des différentes antennes. Cela nécessite toujours des mesures préliminaires effectuées en présence de l'échantillon, ou d'un échantillon ayant des propriétés semblables à celles des objets qui doivent être imagés. Par exemple, la matrice de covariance du bruit peut être déterminée expérimentalement à partir de N acquisitions effectuées en absence d'excitation rf. On a alors

$$\Psi_{i,\,j} = \frac{1}{N} \sum_{k=1}^{N} e_i^k \, e_j^{k\,*}, \qquad (5.159)$$

où e_i^k et e_j^k sont respectivement les bruits mesurés en sortie des canaux i et j, à l'issue de la k-ième mesure.

5.12.5 SENSE

La méthode SENSE (***Sens**itivity **E**ncoding*) est probablement actuellement la plus utilisée des différentes méthodes d'imagerie parallèle. Comme pour la reconstruction d'images issues d'un réseau d'antenne, le traitement s'effectue dans l'espace image. Cependant, contrairement au cas précédent, SENSE utilise une couverture incomplète de l'espace réciproque. C'est bien sûr le nombre de pas de codage de phase qui est réduit. Nous allons voir comment les informations spatiales apportées par chaque bobine, peuvent se substituer à celles qui étaient apportées par les pas de codage absents.

5.12.5.1 Principe

Considérons donc une technique 2D et une coupe orthogonale à l'axe X. L'échantillonnage de l'espace réciproque est supposé cartésien. Le codage en fréquence est effectué dans la direction Y et le codage de phase dans la direction Z. La résolution spatiale étant fixée, on réduit d'un facteur R le nombre de pas de codage de phase ($R < N_b$). Le facteur de réduction (du temps d'acquisition), R, est parfois appelé facteur d'accélération (de la vitesse d'acquisition). Le signal reçu par chaque bobine est soumis à une transformation de Fourier 2D. On dispose donc de N_b images. Ces images ne sont cependant généralement pas exploitables directement. La largeur du champ dans la direction Z est en effet réduite d'un facteur R et est égale à $Z_{\max}^R = Z_{\max}/R$, où $Z_{\max}$ est la largeur du champ nécessaire à la production d'une image sans repliements. En conséquence, la présence de repliements est inévitable (figure 5.78).

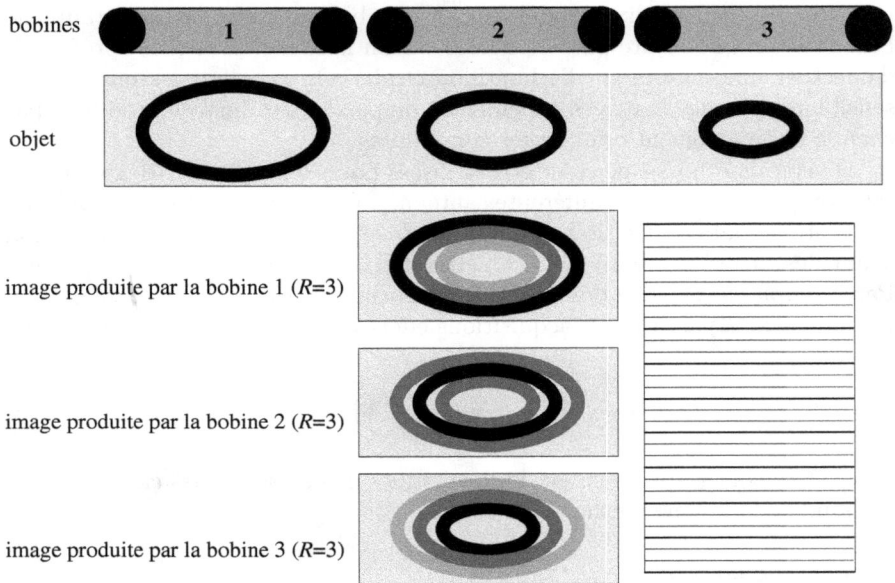

FIG. 5.78 – Réseau de trois antennes. Un sous échantillonnage d'un facteur 3 dans la direction du codage de phase entraîne une réduction de la largeur de champ d'un facteur 3 et des repliements. Chaque bobine produit un signal qui s'affaiblit lorsqu'on s'en éloigne. Les objets présentés ne se superposant pas, cette caractéristique permet de remettre visuellement chaque pixel à sa place. Dans le cas général il y a superposition et le tri ne peut s'effectuer aussi simplement. Quelques calculs sont nécessaires, mais c'est encore le profil de sensibilité spatiale qui apporte l'information nécessaire.

Le nombre de pixels de l'image non sous-échantillonnée produite par la bobine n, se retrouvant superposés en chaque pixel de l'image sous-échantillonnée, dépend du facteur R. On montre sans difficulté, que si R est entier, le nombre de pixels superposés est égal à R. Par contre, si R n'est pas entier, le nombre de pixels superposés varie selon le point considéré, entre $E(R)$ (partie entière de R) et $E(R) + 1$. Nous supposerons dans ce qui suit que R est entier.

Les images produites par chaque bobine sont issues d'une transformée de Fourier discrète et sont donc périodiques (*cf.* chapitre 4, section 4.4). Le champ rectangulaire dans lequel est présenté l'image est normalement centré autour de l'origine des coordonnées, $Y = Z = 0$, située en général au centre de l'objet. On peut cependant, sans perte d'information, faire subir à ce champ une translation quelconque dans le plan $Y\,Z$. Il est commode pour ce qui suit d'utiliser ce point de vue. Nous nous intéressons donc à un champ qui, dans la direction Z, est compris entre 0 et $Z_{\max}$ pour un codage de phase complet. L'image comporte donc N_Z pixels dans cette direction. La réduction du nombre de pas de codage d'un facteur R conduit donc à un champ compris entre 0 et $Z_{\max}/R$ et le nombre de pixels devient N_Z/R.

Soient Z_{j+k} ($k = 0$ à $R-1$) les positions des voxels se retrouvant superposés à la position du pixel de coordonnée Z_j, sur l'image produite par la bobine n. On peut écrire

$$f_n\,(Y_i,\ Z_j) = \sum_{k=0}^{R-1} s_n\,(Y_i,\ Z_{j+k})\ M\,(Y_i,\ Z_{j+k}), \qquad (5.160)$$

où $1 \le i \le N_Y$ et $1 \le j \le RN_Z$. On note que dans le cas $R = 1$, on retrouve le problème, traité précédemment, de la construction d'une image à partir des multiples informations collectées par un réseau de bobines. En posant $f_n\,(Y_i,\ Z_j) = f_n^{i,\,j}$, $s_n\,(Y_i,\ Z_{j+k}) = s_n^{i,\,j+k}$, $M\,(Y_i,\ Z_{j+k}) = M_{i,\,j+k}$, l'expression (5.160) peut être allégée et devient

$$f_n^{i,\,j} = \sum_{k=0}^{R-1} s_n^{i,\,j+k}\ M_{i,\,j+k}. \qquad (5.161)$$

On a donc, sous forme matricielle :

$$\boldsymbol{f}^{i,\,j} = \boldsymbol{s}_R^{i,\,j}\boldsymbol{M}_R^{i,\,j}. \qquad (5.162)$$

- La matrice $\boldsymbol{f}^{i,\,j}$ est une matrice colonne à N_b lignes. L'élément $f_n^{i,\,j}$ est l'intensité du pixel $(i,\ j)$ dans l'image à champ réduit fournie par la bobine n.

- La matrice $\boldsymbol{s}_R^{i,\,j}$ est une matrice à N_b lignes et R colonnes. La colonne k ($0 \le k \le R-1$) contient la sensibilité de chaque bobine à une aimantation située dans le voxel $(i,\ j+k)$.

- La matrice $\boldsymbol{M}_R^{i,\,j}$ est une matrice colonne comportant R lignes. Ses éléments sont les inconnues $M_{i,\,j+k}$, c'est à dire les aimantations dont les contributions sont superposées dans les images à champ réduit.

La matrice $\boldsymbol{M}^{i,\,j}$ s'écrit :

$$\boldsymbol{M}_R^{i,\,j} = \left[\,\boldsymbol{s}_R^{i,\,j}\,\right]_{\text{pseudo}}^{-1}\ \boldsymbol{f}^{i,\,j}. \qquad (5.163)$$

En reprenant les résultats de la section 5.12.2, on obtient finalement :

$$\boldsymbol{M}_R^{i,\,j} = \left(\left[\,\boldsymbol{s}_R^{i,\,j}\,\right]^{\mathrm{T}}\ \boldsymbol{\Psi}^{-1}\ \boldsymbol{s}_R^{i,\,j}\right)^{-1}\ \left[\,\boldsymbol{s}_R^{i,\,j}\,\right]^{\mathrm{T}}\ \boldsymbol{\Psi}^{-1}\ \boldsymbol{f}^{i,\,j}, \qquad (5.164)$$

où $\boldsymbol{\Psi}$ est la matrice de covariance du bruit. Ce calcul s'effectue, pixel par pixel, à partir des matrices image à champ réduit. Dans le cas d'un facteur de réduction $R = 1$, on retrouve les résultats de la section 5.12.3.

Les imprécisions affectant le relevé des cartes de sensibilité constituent une source d'erreur qui affecte la qualité des images reconstruites. À ce stade on peut noter que l'on peut faire quelque économie de temps de calcul en remarquant que :

- si le facteur de réduction n'est pas un entier, le nombre de pixels se retrouvant superposés sur les images à largeur de champ réduite dépend de la position du pixel considéré,

- une image acquise avec un codage de phase complet, peut permettre de définir un ensemble de pixels se trouvant hors de l'objet et dont les intensités sont connues *a priori*.

5.12.5.2 Choix du réseau d'antennes

La structure du réseau d'antennes est un aspect important à considérer lors de la mise en oeuvre de SENSE. Un réseau linéaire (figure 5.79a) qui se développe dans la direction Z, par exemple, impose un codage de phase dans la direction Z. Le réseau plan de la figure 5.79b, comme le réseau de la figure 5.79c, autorise une acquisition 3D avec une réduction du nombre de pas de codage de phase dans deux dimensions. La figure 5.80 présente une image issue d'une acquisition effectuée avec une réduction du nombre de pas de codage dans deux directions spatiales.

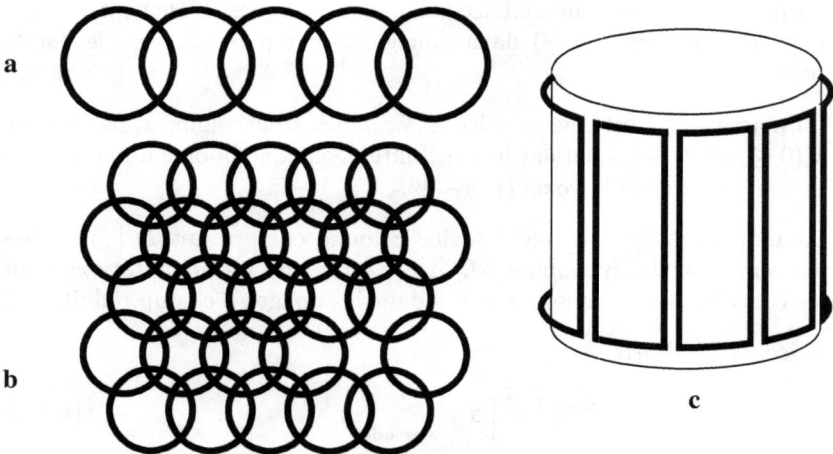

FIG. 5.79 – (a) Réseau linéaire. (b) Réseau plan de bobines de surface. (c) Réseau de bobines couchées sur un cylindre.

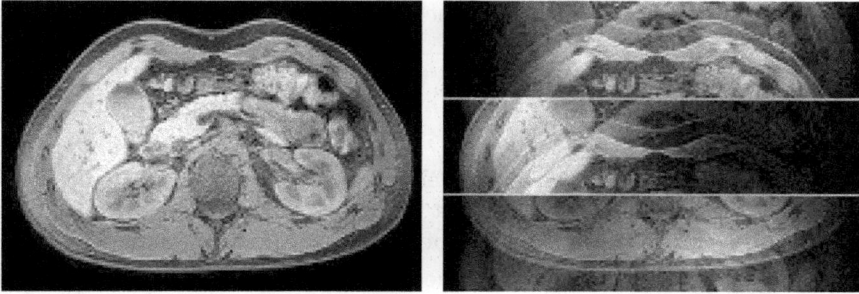

FIG. 5.80 – Image SENSE. Réseau de 32 bobines, acquisition 3D. Facteur de réduction total $R = 9$ dont 3 dans le plan de l'image. À gauche : image calculée. À droite : images individuelles avant « dépliement » dans le plan de l'image. D'après U. Katscher *et al.*, Neurotherapeutics. 4, 499–510, 2007, with permission from Elsevier.

5.12.5.3 Bruit des images SENSE

Tout le processus de reconstruction est un processus linéaire. Le bruit à l'issue de la reconstruction peut donc être analysé en considérant une acquisition sans excitation rf ($\boldsymbol{M}^{i,\,j} = 0$). Dans ce cas, les éléments de la matrice $\boldsymbol{f}^{i,\,j}$ sont simplement les bruits $\varepsilon_n^{i,\,j}$ mesurés dans chaque pixel $(i,\,j)$. Nous admettrons que le bruit est centré. On défini ainsi la matrice $\varepsilon^{i,\,j}$ (matrice colonne à N_b lignes). Le « dépliement » de l'image est effectué en utilisant l'expression (5.164). Le bruit après dépliement s'écrit donc :

$$
\varepsilon_{\text{sense}}^{i,\,j} = \left[\left(s_R^{i,\,j} \right)^{\text{T}} \boldsymbol{\Psi}^{-1} s_R^{i,\,j} \right]^{-1} \left(s_R^{i,\,j} \right)^{\text{T}} \boldsymbol{\Psi}^{-1} \varepsilon^{i,\,j}. \tag{5.165}
$$

Le bruit dans l'image finale s'écrit donc

$$
\varepsilon_{\text{sense}}^{i,\,j} \left(\varepsilon_{\text{sense}}^{i,\,j} \right)^{\text{T}} = \left[\left(s_R^{i,\,j} \right)^{\text{T}} \boldsymbol{\Psi}^{-1} s_R^{i,\,j} \right]^{-1} \left(s_R^{i,\,j} \right)^{\text{T}} \boldsymbol{\Psi}^{-1} \varepsilon^{i,\,j}
$$
$$
\left\{ \left[\left(s_R^{i,\,j} \right)^{\text{T}} \boldsymbol{\Psi}^{-1} s_R^{i,\,j} \right]^{-1} \left(s_R^{i,\,j} \right)^{\text{T}} \boldsymbol{\Psi}^{-1} \varepsilon^{i,\,j} \right\}^{\text{T}}. \tag{5.166}
$$

Cette matrice, de dimension $R \times R$, donne le bruit dans les pixels $(i,\,i+k)$ ($0 \le k \le R-1$), mais aussi le degré de corrélation du bruit entre les pixels $(i,\,i+k)$ et $(i,\,i+k')$.

En notant que $\varepsilon^{i,\,j} \left[\varepsilon^{i,\,j} \right]^{\text{T}} = \boldsymbol{\Psi}$, et en utilisant les règles de transposition d'un produit de matrices, cette expression se simplifie et l'on aboutit à :

$$
\varepsilon_{\text{sense}}^{i,\,j} \left(\varepsilon_{\text{sense}}^{i,\,j} \right)^{\text{T}} = \left[\left(s_R^{i,\,j} \right)^{\text{T}} \cdot \boldsymbol{\Psi}^{-1} s_R^{i,\,j} \right]^{-1}. \tag{5.167}
$$

Le bruit dans le voxel $(i,\ j+k)$ a donc pour écart type :

$$\sigma_{i,\ j+k}^{\text{sense}} = \sqrt{\left\{\left[\left(s_R^{i,\ j}\right)^{\text{T}} \boldsymbol{\Psi}^{-1} s_R^{i,\ j}\right]^{-1}\right\}_{k,\ k}}. \tag{5.168}$$

Considérons maintenant la même expérience, mais avec un codage de phase complet. La matrice de sensibilité est maintenant une matrice à une seule colonne $(R = 1)$. Cette matrice est notée $s_{\text{compl}}^{i,\ j}$. Le bruit dans les images à champ complet produites par chaque bobine, est $\sqrt{R}$ fois plus intense que le bruit des images SENSE à champ réduit (mais le signal est R fois plus intense). Un calcul identique au précédent permet de déterminer le bruit dans le voxel $(i,\ l)$:

$$\sigma_{i,\ l}^{\text{compl}} = \sqrt{R}\sqrt{\left\{\left[\left(s_{\text{compl}}^{i,\ j}\right)^{\text{T}} \boldsymbol{\Psi}^{-1} s_{\text{compl}}^{i,\ l}\right]^{-1}\right\}_{k,\ k}}. \tag{5.169}$$

On notera que si $l = j + k$, les éléments de la matrice colonne $s_{\text{compl}}^{i,\ l}$ sont strictement identiques à ceux de la colonne k de $s_R^{i,\ j}$. Par suite

$$\frac{\sigma_{i,\ l}^{\text{sense}}}{\sigma_{i,\ l}^{\text{compl}}} = \frac{1}{\sqrt{R}}\sqrt{\left\{\left[\left(s_R^{i,\ j}\right)^{\text{T}} \boldsymbol{\Psi}^{-1} s_R^{i,\ j}\right]^{-1}\right\}_{k,\ k} \left[\left(s_R^{i,\ j}\right)^{\text{T}} \boldsymbol{\Psi}^{-1} s_R^{i,\ j}\right]_{k,\ k}}. \tag{5.170}$$

En en déduit le rapport des rapports signal sur bruit des deux images :

$$\frac{(S/B)_{k,\ k}^{\text{sense}}}{(S/B)_{k,\ k}^{\text{compl}}} = \frac{1}{g_{k,\ k}\sqrt{R}}, \tag{5.171}$$

avec

$$g_{k,\ k} = \sqrt{\left\{\left[\left(s_R^{i,\ j}\right)^{\text{T}} \boldsymbol{\Psi}^{-1} s_R^{i,\ j}\right]^{-1}\right\}_{k,\ k} \left[\left(s_R^{i,\ j}\right)^{\text{T}} \boldsymbol{\Psi}^{-1} s_R^{i,\ j}\right]_{k,\ k}}. \tag{5.172}$$

Le rapport signal sur bruit d'une image SENSE est donc toujours inférieur à celui d'une image classique acquise avec un échantillonnage respectant le critère de Nyquist. Une part de la dégradation du rapport signal sur bruit est due au temps d'acquisition plus court (facteur $\sqrt{R}$), l'autre part étant due à la qualité du réseau de bobines (facteur g). Le facteur g (ou facteur géométrique), est toujours supérieur ou égal à 1. On note que le facteur g dépend fortement des profils de sensibilité du réseau (d'où le terme facteur géométrique), de l'échantillon imagé (matrice de covariance $\boldsymbol{\Psi}$), du plan de coupe, du voxel considéré et du facteur de réduction utilisé. On gardera cependant en mémoire que l'important est plus la valeur absolue du rapport signal sur bruit, que l'écart entre image classique et image SENSE.

5.12.6 PILS

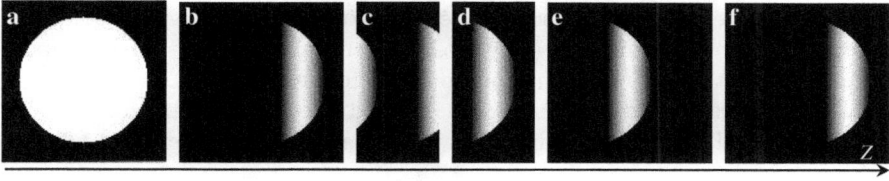

FIG. 5.81 – Technique PILS qui peut être mise en oeuvre lorsque la largeur du volume sensible des bobines du réseau est inférieure à Z_{max}/R. Plan de coupe d'une sphère (a). Image produite par la bobine n du réseau, avec un codage de phase complet (b). Image produite en utilisant un facteur de réduction du nombre de pas de codage $R = 2$: l'image subit des repliements qui n'entraînent cependant pas de superpositions (c). La multiplication par un facteur $\exp(2\,i\,\pi\,k_Z\,Z_{centre}^n)$ des données de l'espace réciproque recentre l'image (d). Une opération de zéro-filling permet de retrouver une fenêtre de pleine dimension (e). La translation produite par une multiplication des données de l'espace réciproque par $\exp(-2\,i\,\pi\,k_Z\,Z_{centre}^n)$, redonne (f) une image identique à celle (b) qui avait été obtenue avec un codage de phase complet.

Comme SENSE, cette méthode travaille dans l'espace image. La méthode PILS (*Parallel Imaging with Localized Sensitivities*) peut être mise en oeuvre lorsque la largeur de la zone couverte par chaque bobine est plus petite que le champ Z_{max}/R de l'image sous échantillonnée. Supposons cette condition réalisée. Lorsque le centre de la zone vue par une bobine n'est pas centrée au centre magnétique du dispositif de gradients (figure 5.81b), des repliements peuvent être observés (figure 5.81c), mais aucune superposition d'images n'intervient. Ce problème peut être aisément résolu en multipliant les données acquises dans l'espace réciproque par la bobine n par $\exp(2\,i\,\pi\,k_Z\,Z_{centre}^n)$, où Z_{centre}^n est la position Z_{centre}^n du centre de la région vue par la bobine n. Cette opération produit, dans le domaine image, une translation qui replace la volume sensible de la bobine dans le champ de vue. On obtient ainsi une image de la région centrée autour de Z_{centre}^n (figure 5.81d). Il suffit ensuite d'associer les images produites par les différentes bobines, ce qui suppose que la position des bobines est connue avec précision. En pratique on peut, par exemple, réaliser l'ensemble des opérations de la manière suivante :

– multiplication des données issues de la bobine n par $\exp(2\,i\,\pi\,k_Z\,Z_{centre}^n)$,

– transformation de Fourier dans la direction Z,

– zéro filling (multiplication par R du nombre de points),

– retour dans l'espace réciproque et multiplication par $\exp(-2\,i\,\pi\,k_Z\,Z_{centre}^n)$.

Le signal est ensuite traité comme celui reçu par un réseau de bobines sans sous-échantillonnage (section 5.12.3).

La méthode ne souffre pas de la dégradation du rapport signal sur bruit associée à la technique SENSE (on conserve, bien sûr, la diminution du rapport signal sur bruit due à la diminution de la durée d'acquisition). Le facteur de réduction est cependant limité par la largeur du volume sensible des bobines du réseau. Pratiquement, il est difficile d'aller au-delà d'un facteur 2 à 3.

5.12.7   Méthodes travaillant dans l'espace réciproque

SENSE et PILS sont des méthodes travaillant essentiellement dans l'espace image. La réduction du nombre de pas de codage de phase introduit des repliements. L'objectif des méthodes travaillant dans l'espace image est de « déplier » correctement les images produites par chaque bobine, en utilisant des informations contenues dans le profil de sensibilité spatiale des bobines du réseau.

D'autres méthodes comme SMASH (*SiMultaneous Acquisition of Spatial Harmonics*) et les méthodes dérivées de SMASH, travaillent dans l'espace réciproque, et utilisent les propriétés de sélectivité spatiale d'un réseau de bobines pour reconstituer les signaux associés aux pas de codage de phase absents. Les données de départ sont identiques à celles utilisées par les méthodes SENSE ou PILS : les signaux sont sous-échantillonnés d'un facteur R dans la direction du codage de phase (Z).

5.12.7.1   Combinaison dans l'espace réciproque, des signaux produits par un réseau

Considérons un réseau de bobines disposées régulièrement dans la direction Z du codage de phase. Le gradient de lecture est appliqué dans la direction Y. À ce stade nous pouvons ignorer la dimension Y dont le traitement restera classique. Au pas de codage de phase $j\,\Delta k_Z$, la bobine n produit le signal.

$$F_n\left(j\,\Delta k_Z\right) = \int s_n(Z)\, m_\perp(Z) \exp\left(-2\pi\,\mathrm{i} j\,\Delta k_Z Z\right)\mathrm{d}Z, \qquad (5.173)$$

où $s_n\left(Z\right)$ est la sensibilité spatiale de la n-ième bobine. Nous avons traité précédemment l'association des signaux issus d'un réseau en nous plaçant dans l'espace image (section 5.12.3). Cette association de signaux peut aussi s'effectuer directement dans l'espace réciproque. Affectons à chaque bobine des poids complexes $p_n\left(0\right)$. La somme pondérée des signaux issus de chaque bobine, s'écrit

$$\sum_1^{N_b} p_n\,(0)\,F_n\,(j\,\Delta k_Z) = \int \left[\sum_1^{N_b} p_n\,(0)\;s_n\,(Z)\right]$$
$$m_\perp\,(Z)\exp\left(-2\pi\,\mathrm{i}\,j\,\Delta k_Z Z\right)\,\mathrm{d}Z. \quad (5.174)$$

Si les coefficients $p_n\,(0)$ satisfont à la relation

$$\sum_{n=1}^{N_b} p_n\,(0)\;s_n\,(Z) \approx s_0, \quad\quad (5.175)$$

l'équation (5.174) devient :

$$F_{\mathrm{comp}}\,(j\,\Delta k_Z) = \sum_1^{N_b} p_n\,(0)\,F_n\,(j\,\Delta k_Z) \approx$$
$$\int s_0\,m_\perp\,(Z)\exp\left(-2\pi\,\mathrm{i}\,j\,\Delta k_Z Z\right)\,\mathrm{d}Z, \quad (5.176)$$

où l'index « comp » signifie qu'il s'agit d'un signal composite dans un espace réciproque, résultant de la combinaison des signaux issus de chaque bobine. L'utilisation de la somme pondérée conduit ainsi directement à l'aimantation transversale vue dans l'espace réciproque, sans pondération par le profil d'une bobine.

Il faut cependant insister sur le caractère approché de l'égalité (5.176) (signe $\approx$). L'égalité (5.175) est satisfaite au sens des moindres carrés. Sous forme matricielle elle s'écrit $\boldsymbol{s}.\boldsymbol{p} \approx s_0$ où $\boldsymbol{s}$ et $\boldsymbol{p}$ sont respectivement des matrices ligne et colonne comportant N_b éléments. On a donc $\boldsymbol{p} \approx \boldsymbol{s}_{\mathrm{pseudo}}^{-1} s_0$ (*cf.* section 5.12.2). La figure 5.82b qui illustre le principe de la combinaison des profils satisfaisant au critère (5.176) montre par exemple que $\boldsymbol{s}.\boldsymbol{p}$ n'est qu'approximativement constant sur la largeur du champ. Le paramètre s_0 est donc une valeur cible.

La combinaison des signaux effectuée de cette manière est moins précise que l'approche classique de la section 5.12.3, qui effectue la combinaison pixel par pixel. Ce développement permet cependant d'introduire facilement les méthodes d'imagerie parallèle travaillant dans l'espace réciproque.

5.12.7.2 Réduction du nombre de pas de codage : méthode SMASH

Utilisons maintenant des coefficients de pondération $p_n\,(m)$ calculés de manière telle que

$$\sum_{n=1}^{N_b} p_n\,(m)\,s_n\,(Z) \approx s_0 \exp\left(-2\,\pi\,\mathrm{i}\,m\,\Delta k_Z\,Z\right). \quad\quad (5.177)$$

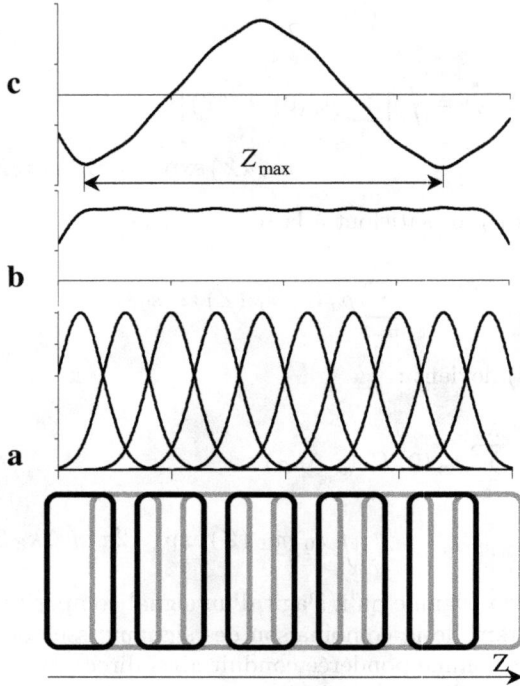

FIG. 5.82 – Les sensibilités spatiales d'un réseau linéaire de 10 bobines (a) peuvent être pondérés de manière à produire une modulation spatiale approximativement uniforme(b) ou sinusoïdale (c).

La figure 5.82c donne l'exemple de la production du terme en cosinus correspondant à l'harmonique 1. La somme pondérée des signaux issus de chaque bobine, s'écrit maintenant

$$\sum_{1}^{N_{\rm b}} p_n\,(m)\ F_n\,(j\,\Delta k_Z) = \int \left[\sum_{1}^{N_{\rm b}} p_n\,(m)\ s_n\,(Z) \right]$$
$$m_\perp\,(Z) \exp\left(-2\pi\,{\rm i}\,(j\,\Delta k_Z Z)\right)\ {\rm d}Z. \quad (5.178)$$

On a donc

$$F_{\rm comp}\,((j+m)\ \Delta k_Z) = \sum_{1}^{N_{\rm b}} p_n\,(m)\ F_n\,(j\,\Delta k_Z) \approx$$
$$s_0 \int m_\perp\,(Z) \exp\left(-2\pi\,{\rm i}\,(j+m)\ \Delta k_Z Z\right)\ {\rm d}Z. \quad (5.179)$$

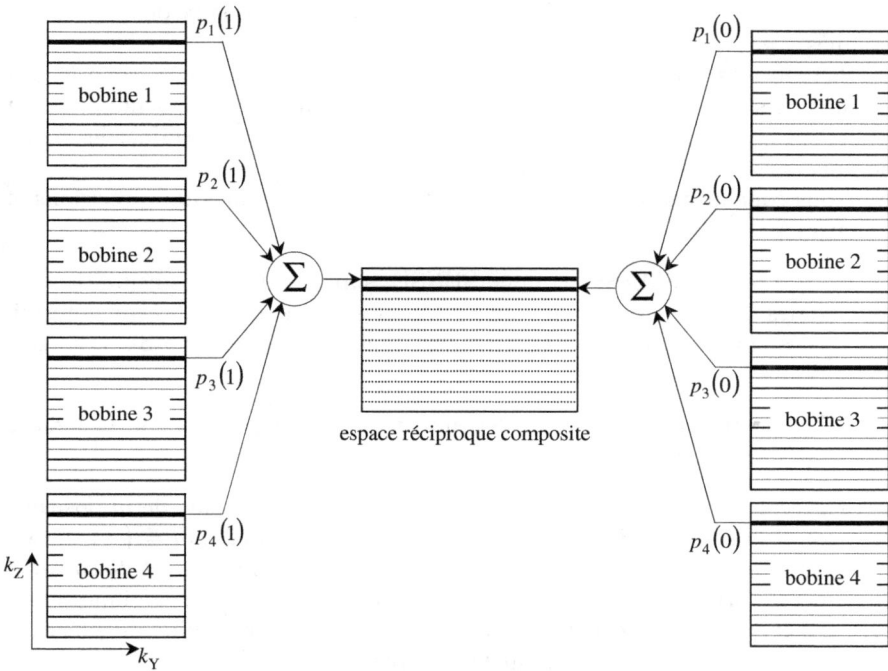

FIG. 5.83 – Principe de la méthode SMASH. Dans cet exemple, les données sont sous-échantillonnées d'un facteur 2. La combinaison des données produites par chaque bobine avec des coefficients $p_n(0)$ et $p_n(1)$, permet de calculer l'ensemble des données dans l'espace réciproque composite. Une ligne quelconque des données issues de chaque canal produit deux lignes de l'espace composite.

Ainsi, la combinaison des signaux issus des N_b bobines pour le pas de codage $k_z = j \ \Delta k_z$, avec des coefficients définis par l'équation (5.177), permet de calculer ce que serait le signal produit par la combinaison des signaux issus de chaque bobine, au pas de codage $k_z = (j + m) \ \Delta k_z$. En principe, la gamme de valeurs de m pouvant être utilisées n'est limitée que par le nombre de bobines constituant le réseau. Si le réseau comporte N_b bobines, il est généralement possible de construire, avec une précision plus ou moins grande, un ensemble d'harmoniques, s'étalant de $m = -N_b/2$ à $m = N_b/2$. Nous avons là le principe de la méthode SMASH : la combinaison linéaire des sensibilités des différentes bobines du réseau, permet de calculer le signal associé à des pas de codage absents. Avec un facteur de réduction R, $R - 1$ harmoniques doivent être calculés.

La figure 5.83 présente l'exemple d'un sous échantillonnage d'un facteur $R = 2$ dans la direction du codage de phase. Les pas de codage dans l'espace réciproque composite sont calculés en combinant les signaux des différentes bobines.

Si l'on opte pour un facteur de réduction $R = 2$, on peut acquérir, par exemple, les lignes correspondant à j pair. Le calcul des coefficients $p_n(0)$ et $p_n(1)$ (ou $p_n(-1)$) permet, dans l'espace composite, de déterminer les lignes non acquises d'index j et $j + 1$ (ou $j - 1$).

Nous conclurons cette présentation de SMASH par quelques précisions et remarques :

- La méthode SMASH, comme SENSE, suppose que les sensibilités spatiales de chaque bobine soient connues. Elles peuvent être déterminées comme cela a été décrit dans le cas de la méthode SENSE (section 5.12.5).

- Les coefficients $p_n(m)$ ne dépendent pas de la position de la ligne à partir de laquelle ils sont calculés.

- Le coefficients $p_n(m)$ peuvent correspondre à des valeurs de m positives ou négatives. Si $R = 3$, on peut choisir $m = \{0,\ 1,\ 2\}$, $m = \{-1,\ 0,\ 1\}$, ou $m = \{-2,\ 1,\ 0\}$. Le choix dépend du réseau considéré et de sa capacité à former des harmoniques de bonne qualité. Les harmoniques basse fréquence seront cependant souvent synthétisés avec plus de précision (ce qui suggère d'opter pour l'ensemble $m = \{-1,\ 0,\ 1\}$).

- Nous n'avons considéré jusque là qu'un problème à une dimension. L'introduction du gradient de lecture dans la direction Y modifie peu l'analyse. À l'issue de l'acquisition des signaux, une transformée de Fourier peut être effectuée dans la direction k_Y. Si la sensibilité des bobines dépend de Y, l'équation (5.177) devient :

$$\sum_{n=1}^{N_b} p_n(m,\ Y)\, s_n(Y,\ Z) \approx s_0(Y) \exp\left(-2\,\pi\,\mathrm{i}\,m\,\Delta k_Z\,Z\right). \tag{5.180}$$

Le calcul des coefficients peut alors être effectué pour chaque valeur de Y, ou sur plusieurs plages de valeurs de Y, ce qui améliore la reconstitution, mais accroît le temps de calcul.

- La précision de la méthode repose sur la qualité de l'hypothèse de base : la combinaison linéaire des sensibilités spatiale produit une modulation spatiale sinusoïdale. Cette hypothèse n'est jamais strictement vérifiée (les sensibilités $s_n(Y,\ Z)$ ne constituent pas une base).

- Nous avons vu que le coefficient s_0 constituait une valeur cible. Le choix de cette valeur cible peut être effectué en fonction de divers critères. On cherche souvent à utiliser une valeur de s_0 produisant directement une image finale d'intensité $I(Y,\ Z) = k\ |M_\perp(Y,\ Z)|$ où k ne dépend pas, ou dépend peu, de la position. Mais on peut aussi faire un autre choix, par exemple, utiliser une valeur égale à la sensibilité de la bobine i : $s_0 = s_i(Y, Z)$, ce qui correspond à des coefficients $p_n(0) = \delta(n - i)$. Dans ce cas

$$F_{\text{comp}}((j + m) \ \Delta k_Z) \approx$$

$$\iint s_i(Y, Z) \ m_\perp(Y, Z) \exp(-2\pi \mathrm{i}(j + m) \ \Delta k_Z Z) \ \mathrm{d}Y \ \mathrm{d}Z. \quad (5.181)$$

La présence du terme $s_i(Y, Z)$ montre qu'on se retrouve cette fois dans l'espace réciproque vu par la bobine i. Les pas de codage absents peuvent être calculés comme indiqué plus haut. Si ce type de calcul est reproduit dans l'espace réciproque vu par chaque bobine (ce qui accroît le temps de calcul), on peut, après transformation de Fourier inverse, combiner les images en utilisant une des méthodes décrites dans la section 5.12.3. Ce procédé, utilisé dans la méthode GRAPPA décrite plus loin (section 5.12.7.4), permet souvent d'améliorer la qualité de la combinaison d'images.

5.12.7.3 AUTO-SMASH

Le point important utilisé dans les méthodes dérivées de SMASH, est que le calcul des coefficients de pondération $p_n(m)$ est effectué sans connaissance préalable des sensibilités spatiales des bobines du réseau. Cette procédure, qui constitue l'apport essentiel de la méthode AUTO-SMASH, est basée sur l'acquisition de quelques signaux supplémentaires situés au centre de l'espace réciproque. Elle suppose cependant que les coefficients $p_n(0)$ soient fixés au préalable. On peut utiliser les valeurs $p_n(0) = 1$, ce qui correspond à effectuer une simple sommation des signaux issus de chaque canal de réception. Ce choix peut cependant être une source de difficultés lorsque la phase des signaux produit par chaque canal, varie d'un canal à l'autre.

Considérons l'acquisition de signaux avec un facteur de réduction $R = 2$ (figure 5.84). Supposons que, outre les lignes $j = \ldots - 3, -1, 1, 3, \ldots$, soit acquise la ligne $j = 0$ de l'espace réciproque. Les lignes $j = -1, 0, 1$, forment un bloc de lignes consécutives acquises. Nous repérerons ces lignes avec l'index AC (auto-calibration). La ligne $j = 0$ dans l'espace réciproque composite ($F_{\text{comp}}(0)$) peut être calculée à partir des lignes d'auto-calibration $j = 0$ de chaque bobine ($F_n^{\text{AC}}(0)$) en utilisant les coefficients $p_n(0)$.

$$F_{\text{comp}}^{\text{AC}}(0) = \sum_1^{N_{\text{b}}} p_n(0) \ F_n^{\text{AC}}(0). \quad (5.182)$$

Les coefficients $p_n(0)$ étant fixés, le contenu de cette ligne est donc parfaitement connu. Ce contenu s'exprime aussi en fonction des signaux des lignes $j = -1$ de chaque bobine en utilisant les coefficients $p_n(1)$:

$$F_{\text{comp}}^{\text{AC}}(0) = \sum_1^{N_{\text{b}}} p_n(1) \ F_n^{\text{AC}}(-\Delta k_Z). \quad (5.183)$$

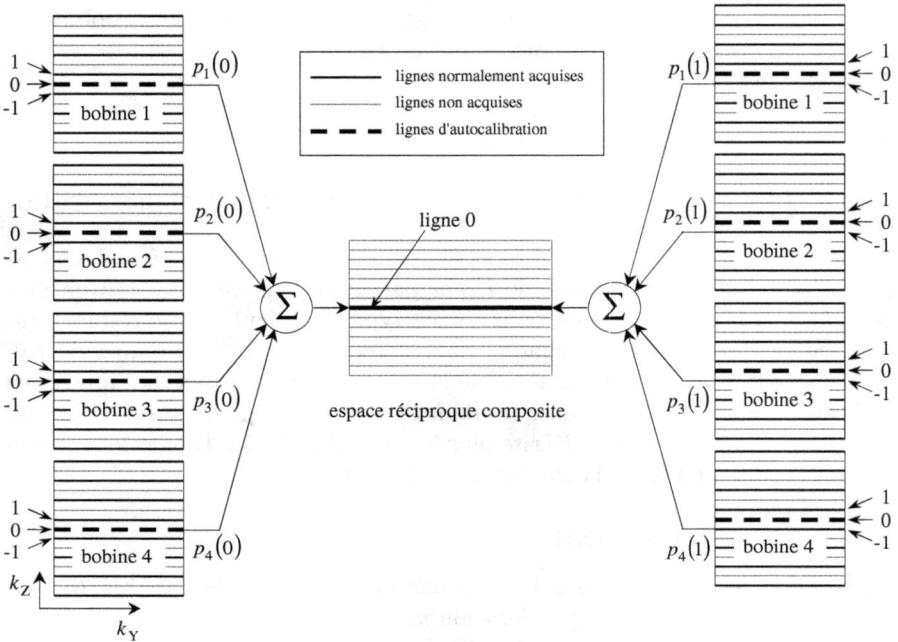

FIG. 5.84 – Principe de la détermination des coefficients $p_n(m)$ avec la méthode AUTO-SMASH. Dans cet exemple, les données sont sous-échantillonnées d'un facteur 2 (acquisition des lignes $j = -5$, -3, -1, 1, 3, 5, etc.), à l'exception du centre de l'espace de Fourier (acquisition de la ligne $j = 0$). Le signal de la ligne $j = 0$ de l'espace composite peut être calculée directement à partir des données contenues dans les lignes $j = 0$ issues de chaque canal. Par ailleurs, ce signal s'exprime sous la forme d'une somme des signaux des lignes $j = -1$ de chaque canal, somme pondérée par les coefficients inconnus $p_n(1)$. Ces coefficients peuvent alors être calculés par moindres carrés.

Les inconnues sont ici les coefficients $p_n(1)$ qui peuvent être calculés en utilisant une méthode de moindres carrés. L'expression de la ligne $j = 0$ de l'espace réciproque composite, à partir des lignes $j = 1$ de chaque bobine conduirait à la détermination du coefficient $p_n(-1)$.

Plus généralement, si R est le facteur de réduction, $R - 1$ lignes supplémentaires sont acquises, de préférence au centre de l'espace de Fourier (afin de bénéficier d'un bon rapport S/B). Supposons que ces lignes correspondent aux pas de codage $k_Z = k_Z^0 + m\,\Delta k_Z$, où k_Z^0 désigne l'une des lignes normalement mesurées, et où $1 \leq m \leq R - 1$. On a ainsi un bloc de $R + 1$ lignes qui ont été acquises sans sous-échantillonnage. On peut écrire,

$$F_{\text{comp}}^{\text{AC}} \left(k_Z^0 + m \, \Delta k_Z\right) = \sum_{1}^{N_{\text{b}}} p_n \left(m\right) \, F_n^{\text{AC}} \left(k_Z^0\right), \qquad (5.184)$$

où $F_{\text{comp}}^{\text{AC}} \left(k_Z^0 + m \, \Delta k_Z\right) = \sum_{1}^{N_{\text{b}}} p_n \left(0\right) F_n^{\text{AC}} \left(k_Z^0 + m \, \Delta k_Z\right)$ est parfaitement connu. Si l'on introduit la coordonnée k_Y, cette expression devient :

$$F_{\text{comp}}^{\text{AC}} \left(k_X, \, k_Z^0 + m \, \Delta k_Z\right) = \sum_{1}^{N_{\text{b}}} p_n \left(m\right) \, F_n^{\text{AC}} \left(k_X, \, k_Z^0\right). \qquad (5.185)$$

En posant :

- $F_{\text{comp}}^{\text{AC}} \left(k_X, \, k_Z^0 + m \, \Delta k_Z\right) = F_{i, \, m}^{\text{comp}}$, où l'index i identifie chaque point acquis dans la direction k_Y,

- $p_n \left(m\right) = p_{n, \, m}$,

- $F_n \left(k_X, \, k_Z^0\right) = F_{i, \, n}$,

l'expression (5.185) se met sous la forme compacte :

$$F_{i, \, m}^{\text{comp}} = \sum_{1}^{N_{\text{b}}} F_{i, \, n} \, p_{n, \, m}. \qquad (5.186)$$

ou, sous forme matricielle :

$$\boldsymbol{F}^{\text{comp}} = \boldsymbol{F} \cdot \boldsymbol{p}. \qquad (5.187)$$

Les coefficients $p_n \left(m\right)$, sont obtenus en résolvant par moindres carrés ce système linéaire. On obtient ainsi $\boldsymbol{p} = \boldsymbol{F}_{\text{pseudo}}^{-1} \boldsymbol{F}^{\text{comp}}$ (*cf.* section 5.12.2) :

Les paramètres étant déterminés, la reconstruction s'effectue comme décrit pour la méthode SMASH.

5.12.7.4   D'AUTO-SMASH à GRAPPA

Diverses améliorations peuvent être encore apportées à la méthode. Une de ces améliorations concerne le calcul des coefficients $p_n \left(m\right)$. Ce calcul est nécessairement affecté par le bruit. Nous avons présenté une méthode de calcul des coefficients $p_n \left(m\right)$, en partant des lignes k_Z^0 de chaque canal (expression (5.184)). D'autres choix sont possibles. Par exemple, le coefficient $p_n \left(1\right)$, peut être calculé à partir des lignes $k_Z^0 + \Delta k_Z$ mesurées dans chaque canal :

$$F_{\text{comp}}^{\text{AC}} \left(k_Z^0 + 2 \, \Delta k_Z\right) = \sum_{1}^{N_{\text{b}}} p_n \left(2\right) \, F_n^{\text{AC}} \left(k_Z^0 + \Delta k_Z\right). \qquad (5.188)$$

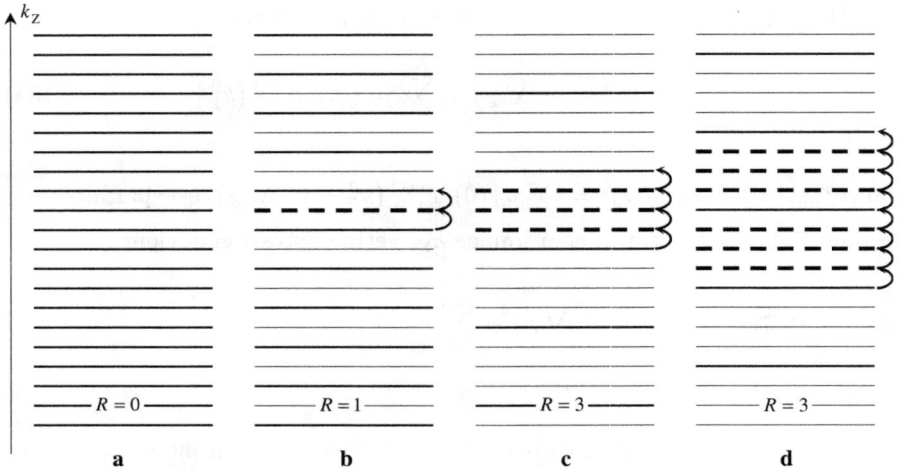

FIG. 5.85 – Espace réciproque non sous-échantillonné (a). AUTO-SMASH : sous échantillonnage d'un facteur deux et acquisition d'une ligne d'auto-calibration. Le coefficient $p_n(1)$ peut être calculé de deux manières différentes (b). AUTO-SMASH : sous échantillonnage d'un facteur quatre et acquisition de trois lignes d'auto-calibration. Le coefficient $p_n(1)$ peut être calculé de quatre manières différentes (c). VD-AUTO-SMASH, sous échantillonnage d'un facteur quatre et acquisition de six lignes d'auto-calibration. Le coefficient $p_n(1)$ peut être calculé de huit manières différentes (d).

On peut donc améliorer la précision de la mesure en utilisant l'ensemble des données disponibles. La figure 5.85b montre que pour un facteur de réduction $R = 2$, le calcul de $p_n(1)$ peut être fait de deux manières différentes. Si $R = 4$, quatre mesures indépendantes pourront être effectuées (figure 5.85c). La même procédure peut être mise en œuvre pour les autres harmoniques ($p = -1$, $p = \pm 2$, $p = \pm 3$, *etc.* On peut aussi accroître le nombre de lignes d'auto-calibration. Cette dernière techniques est connue sous le nom d'AUTO-SMASH à densité variable, ou VD-AUTO-SMASH. La méthode consiste à sur-échantillonner le centre de l'espace réciproque par rapport à sa périphérie. La figure 5.85d montre qu'en doublant le nombre de lignes d'auto-calibration, on double aussi le nombre de mesures indépendantes qui peuvent être effectuées. Une moyenne des diverses mesures est alors effectuée en attribuant à chaque mesure un poids proportionnel à l'intensité du signal des lignes F_n^{AC}. La méthode présente l'intérêt additionnel d'échantillonner normalement la partie de l'espace réciproque où est concentré le plus d'énergie. L'amélioration de la qualité des images a cependant un prix : un accroissement de la durée d'acquisition et du temps de traitement.

Finalement, parmi les méthodes travaillant dans l'espace réciproque, une technique s'est imposée qui dérive de SMASH et de ses variantes. Il s'agit de GRAPPA (*Gene**R**alized **A**utocalibrating **P**artially **P**arallel **A**cquisitions*) dont les caractéristiques générales sont les suivantes :

(i) Reconstitution d'un ensemble complet de signaux dans l'espace réciproque de chaque bobine.

(ii) Utilisation d'une procédure d'auto-calibration utilisant plusieurs lignes de l'espace réciproque, et calcul des lignes manquantes à partir de plusieurs lignes acquises de l'espace réciproque.

Le premier point (i) a été évoqué dans la section 5.12.7.2. Tout le calcul, s'effectue dans l'espace de Fourier de chaque bobine et aboutit à l'image. La combinaison des images s'effectue alors souvent en utilisant la racine carrée de la somme des carrés, mais on peut aussi utiliser des méthodes plus précises (*cf.* section 5.12.3). Il s'agit d'une amélioration significative, car elle élimine certains artefacts introduits lorsque le regroupement des données s'effectue dans l'espace réciproque composite (destruction de signaux due à des erreurs de phase).

Le second point (ii), traite des difficultés associées à l'écart entre la réalité expérimentale et l'hypothèse de base de SMASH : la combinaison linéaire des sensibilités spatiale produit une modulation spatiale sinusoïdale. On sait que cette hypothèse n'est jamais strictement vérifiée et que, selon les profils spatiaux de chaque bobine, les écarts peuvent être importants. AUTO- SMASH comme VD-AUTO-SMASH souffrent de la même difficulté, puisque l'hypothèse à la base de ces méthodes est qu'un coefficient $p_n(m)$ peut être calculé à partir de lignes k_Z^0 et $k_Z^0 + m\Delta k_Z$ mesurées dans chaque canal.

La méthode GRAPPA permet de surmonter cette difficulté. Il est commode d'introduire la notion de cellule : une cellule est constituée d'une ligne mesurée et de $R-1$ lignes non acquises contiguës (figure 5.1). La synthèse d'une ligne non mesurée d'un des canaux, est effectuée en utilisant les lignes mesurées de N_c cellules contiguës dans l'ensemble des canaux. Ces cellules sont repérées par l'index c ($1 \leq c \leq N_c$). Si k_Z repère la ligne mesurée de plus faible fréquence spatiale dans l'ensemble des N_c cellules utilisées, $k_Z + cR\Delta k_Z$ repère les différentes lignes mesurées dans cet ensemble. Ces lignes peuvent être utilisées pour la synthèse d'une ligne non mesurée $k_Z + m\Delta k_Z$. Le calcul des lignes non acquises s'effectue bobine par bobine. Pour la bobine j la combinaison linéaire des signaux s'effectue de la manière suivante :

$$F_j(k_Z + m\Delta k_Z) = \sum_{n=1}^{N_b} \sum_{c=1}^{N_c} p_{j,\,n,\,c}^m \, F_n[k_Z + (c-1)R\Delta k_Z], \qquad (5.189)$$

La figure 5.86 présente l'exemple d'une synthèse effectuée en utilisant les lignes mesurées dans $N_c = 4$ cellules, pour un facteur de réduction $R = 3$ et un réseau de trois bobines. La détermination des coefficients s'effectue de la même manière mais en se positionnant sur une ligne mesurée (ligne d'auto-calibration). On se retrouve avec un système linéaire dont les inconnues sont les coefficients p.

On remarque qu'une même ligne peut être synthétisée de différentes manières en déplaçant le bloc de N_c cellules (bloc grisé de la figure 5.86). Avec $N_c = 4$, 4 mesures différentes de la ligne ciblée sur la figure 5.86 peuvent être effectuées, mesures correspondant aux valeurs $m = 1,\ 4,\ 7,\ 11$. Ces mesures peuvent être sommées avec éventuellement des coefficients de pondération reflétant la qualité de la mesure.

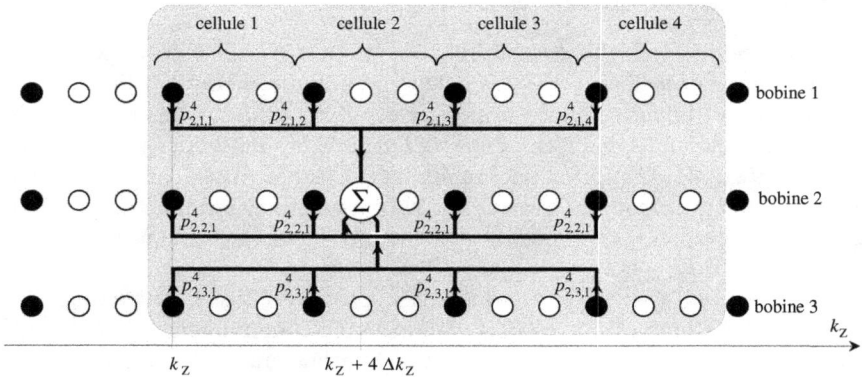

FIG. 5.86 – Méthode GRAPPA ; synthèse de la ligne $m = 4$ de la bobine 2.

5.12.8   Utilisation des méthodes d'imagerie parallèle

Le facteur limitant l'utilisation des méthodes d'imagerie parallèle est le rapport signal sur bruit : la diminution de la durée d'acquisition se traduit par une baisse du rapport signal sur bruit. Le premier domaine d'application est la réduction de la durée totale de nombreuses séquences classiques utilisées en routine clinique. Le rapport signal sur bruit est généralement excellent (l'introduction des réseaux d'antennes l'a beaucoup amélioré) et des facteurs de réduction importants peuvent être utilisés sans baisse dommageable de la qualité d'image. Un second domaine d'application est l'amélioration de la résolution à temps d'acquisition constant. Là aussi, la baisse du rapport signal sur bruit est inévitable et doit pouvoir être supportée. L'imagerie parallèle suscite aussi un intérêt certain pour les séquence à temps d'écho long qui souffrent de pertes de signal (effets T_2 et T_2^*). Cela concerne aussi bien les séquences exploitant des échos de gradient multiples que les séquences d'écho de spin (RARE). En outre, pour les séquences d'écho de spin, les méthodes d'imagerie parallèle présentent l'intérêt de limiter l'énergie rf dissipée.

L'imagerie des noyaux hyperpolarisés présente des caractéristiques particulières. La relaxation spin réseau ne peut être utilisée pour reconstituer l'aimantation longitudinale. Les angles d'impulsion doivent être d'autant plus petit que le nombre d'excitations est grand. Si, avec une technique d'imagerie parallèle, on divise par un facteur R le nombre d'excitations, on peut accroitre les angles d'excitation. Ainsi, contrairement à ce qui est observé avec des noyaux polarisés thermiquement, la réduction du temps d'acquisition associée à l'utilisation de techniques d'imagerie parallèle n'entraîne pas de réduction du rapport S/B (figure 5.87).

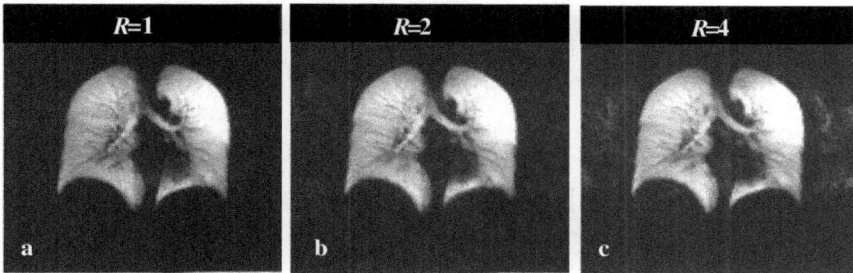

FIG. 5.87 – Image des poumons chez l'homme. Noyau d'hélium-3 hyperpolarisé. Image d'écho de gradient acquise avec des facteurs de réduction $R = 1$ (a), $R = 2$ (b) $R = 4$ (c). Les angles d'impulsion sont réajustés à chaque expérience. On remarque qu'en dépit de la réduction importante du temps d'acquisition lorsque R est réduit de 1 à 4, le rapport signal sur bruit varie peu. On note cependant la présence de quelques repliements sur l'image obtenue avec le facteur de réduction le plus élevé. Technique mSENSE. D'après R. Lee *et al.* Magn. Reson. Med. 55, 1132–1141, 2006, with permission from John Wiley & sons, inc.

Les méthodes d'imagerie parallèle sont encore en plein développement, même si les bases sont maintenant bien posées. De nombreuses variantes sont proposées et les algorithmes de reconstitution s'améliorent. Simultanément les avancées instrumentales ouvrent de nouvelles perspectives :

– La technologie des réseaux d'antennes progresse rapidement et les constructeurs d'imageurs cliniques proposent des réseaux comportant jusqu'à 32 éléments, tandis que des prototypes regroupent 128 bobines et canaux de réception.

– Les capacités et vitesses de traitement des ordinateurs s'accroît. Cela permettra à terme de traiter en routine des données sous-échantillonnées acquises dans un espace réciproque parcouru avec un balayage non cartésien (spirale par exemple). Dans ce cas on doit en effet revenir au calcul d'expressions telles que (5.153) ce qui, nous l'avons vu, conduit à manipuler des volumes impressionnants de données.

Nous soulignerons aussi qu'un domaine connexe n'a pas été présenté, celui de l'excitation parallèle. Il s'agit de techniques dont l'intérêt s'accroît avec le champ magnétique utilisé. Comme l'imagerie parallèle, l'excitation parallèle utilise les réseaux de bobines, mais cette fois pour l'excitation du système de spins. L'objectif est double :

- réduire la dissipation d'énergie rf dans l'échantillon,

- améliorer l'homogénéité du champ rf dans la région de l'espace étudiée, en utilisant les impulsions multidimensionnelles (espace réciproque d'excitation, chapitre 3, sections 3.10 et 3.11). L'utilisation de plusieurs canaux de transmission, excités par des champs rf de formes différentes, permet de réduire la durée d'une excitation multidimensionnelle.

Références bibliographiques

G. Boyle, M. Ahern, J. Cooke, N. Sheehy, J. Meaney. *An interactive taxonomy of MR imaging sequences.* RadioGraphics **26**, e24, 2006.

Écho de gradient

J. Frahm, A. Haase, D. Matthei. *Rapid NMR imaging of dynamic processes using the FLASH technique.* Magn. Reson. Med. **3**, 321–327, 1986.

A. Haase, J. Frahm, D. Matthei, W. Hänicke, K. Merboldt. *FLASH imaging: rapid NMR imaging using low flip angle pulses.* J. Magn. Reson. **67**, 258–266, 1986.

A. Crawley, M. Wood, R. Henkelman. *Elimination of transverse coherences in FLASH MRI.* Magn. Reson. Med. **8**, 248–260, 1988.

Y. Zur, M. Wood, L. Neuringer. *Spoiling of transverse magnetization in steady-state sequences.* Magn. Reson. Med. **21**, 251–263, 1991.

F. Epstein, J. Mugler, J. Brookeman. *Spoiling of transverse magnetization in gradient-echo (GRE) imaging during the approach to steady state.* Magn. Reson. Med. **35**, 237–245, 1996.

Couverture incomplète du plan de Fourier

J. Cuppen, A. van Est. *Reducing MR imaging time by one-sided reconstruction.* Magn. Reson. Imaging **5**, 526–527, 1987.

D. Noll, D. Nishimura, A. Macovski. *Homodyne detection in magnetic resonance imaging.* IEEE Trans. Med. Imaging **10**, 154–163, 1991.

Z.-P. Liang, F. Boada, R. Constable, E. Haacke, P. Lauterbur, M. Smith. Constrained reconstruction methods in MR imaging. Rev. Magn. Reson. Med. **4**, 67–185, 1992.

S. Rieseberg, K.-D. Merboldt, M. Kiintzel, J. Frahm. *Diffusion tensor imaging using partial Fourier STEAM MRI with projection onto convex subsets reconstruction.* Magn. Reson. Med. **54**, 486–490, 2005.

J. Pauly. *Partial k-space reconstruction.*
http ://www.stanford.edu/class/ee369c/notes/partial_k-space.pdf

SSFP

H. Carr. *Steady-state free precession in nuclear magnetic resonance.* Phys. Rev. **112**, 1693–1701, 1958.

R. Freeman, H. Hill. *Phase and intensity anomalies in Fourier transform NMR.* J. Magn. Reson. **4**, 366–383, 1971.

A. Oppelt, R. Grauman, H. Barfuss, H. Fischer, W. Hartl, W. Schajor. *FISP – a new fast MRI sequence.* Electromedica **54**, 15–19, 1986.

K. Sekihara. *Steady-state magnetizations in rapid NMR imaging using small flip angles and short repetition intervals.* IEEE Trans. Med. Imaging **6**, 157–164, 1987.

Y. Zur, S. Stokar, P. Bendel. *An analysis of fast imaging sequences with steady-state transverse magnetization refocusing.* Magn. Reson. Med. **6**, 175–193, 1988.

E. Haacke, J. Frahm. *A guide to understanding key aspects of fast gradient-echo imaging.* J. Magn. Reson. Imaging **1**, 621–624, 1991.

A. Elster. *Gradient-echo MR imaging: techniques and acronyms.* Radiology **186**, 1–8, 1993.

W. Sobol, D. Gauntt. *On the stationary states in gradient echo imaging.* J. Magn. Reson. Imaging **6**, 384–398, 1996.

K. Scheffler. *A pictorial description of steady states in fast magnetic resonance imaging.* Concepts Magn. Reson. **11**, 291–304, 1999.

K. Scheffler, J. Hennig. *Is True FISP a spin-echo or gradient-echo sequence?* Magn. Reson. Med. **49**, 395–397, 2003.

K. Scheffler, S. Lehnhardt. *Principles and applications of balanced SSFP techniques.* Eur. Radiol. **11**, 2409–2418, 2003.

B. Hargreaves. *Fast gradient echo sequences including balanced SSFP.* Annu. meeting Int. Soc. Magn. Reson. Med. Educational syllabus, 2006.

K. Zhong, J. Leupold, J. Hennig, O. Speck. *Systematic investigation of balanced steady-state free precession for functional MRI in the human visual cortex at 3 Tesla.* Magn. Reson. Med. **57**, 67–73, 2007.

G. Gold, B. Hargreaves, S. Reeder, W. Block, R. Kijowski, S. Vasanawala, P. Kornaat, R. Bammer, R. Newbould, N. Bangerter, C. Beaulieu. *Balanced SSFP imaging of the musculoskeletal system.* J. Magn. Reson. Imaging **25**, 270–278, 2007.

Echo de spin

J. Hennig, A. Nauerth, H. Friedburg. *RARE imaging: A fast imaging method for clinical MRI.* Magn. Reson. Med. **3**, 823–833, 1986.

J. Hennig. *Multiecho imaging sequences with low refocusing flip angles.* J. Magn. Reson. **78**, 397–407, 1988.

J. Hennig. *Echoes – how to generate, recognize, use or avoid them in MR-imaging sequences. Part I.* Concepts Magn. Reson. **3**, 125–143, 1991.

J. Hennig. *Echoes – how to generate, recognize, use or avoid them in MR-imaging sequences. Part II.* Concepts Magn Reson; **3**, 179–192, 1991.

D. Alsop. *The sensitivity of low flip angle RARE imaging.* Magn. Reson. Med. **37**, 176-184, 1997.

D. Norris, P. Börnert, T. Reese, D. Leibfritz. *On the application of ultra-fast RARE experiments.* Magn. Reson. Med. **27**, 142–164, 1992.

J. Hennig, K. Scheffler. *Easy improvement of signal-to-noise in RARE-sequences with low refocusing flip angles.* Magn. Reson. Med. **44**, 983–985, 2000.

P. Le Roux. *Simplified model and stabilization of SSFP sequences.* J. Magn. Reson. **163**, 23–37, 2003.

R. Busse. *Reduced RF power without blurring: correcting for modulation of refocusing flip angle in FSE sequences.* Magn. Reson. Med. **51**, 1031–1037, 2004.

Y. Zur. *An algorithm to calculate the NMR signal of a multi spin-echo sequence with relaxation and spin-diffusion.* J. Magn. Reson. **171**, 97–106, 2004.

Techniques radiales

P. Lauterbur. *Image formation by induced local interactions: examples employing Nuclear Magnetic Resonance.* Nature **242**, 190–191, 1973.

D. Noll, J. Pauly, C. Meyer, D. Nishimura, A. Macovski. *Deblurring for non 2D-Fourier transform magnetic resonance imaging.* Magn. Reson. Med. **25**, 319–333, 1992.

K. Scheffler, J. Hennig. *Reduced circular field-of-view imaging.* Magn. Reson. Med. **40**, 474–480, 1998.

Echo-planar

P. Mansfield. *Multi-planar image formation using NMR spin echoes.* J. Phys. C. **10**, L55–L58, 1977.

R. Weisskoff, M. Cohen, R. Rzedzian. *Nonaxial whole-body instant imaging.* Magn. Reson. Med. **29**, 796–803, 1993.

F. Hennel. *Multiple-shot echo-planar imaging.* Concepts Magn. Reson. **9**, 43–58, 1997.

M. Buonocore, L. Gao. *Ghost artifact reduction for echo-planar imaging using image phase correction.* Magn. Reson. Med. **38**, 89–100, 1997.

X. Zhou, Y. Du, M. Bernstein, H. Reynolds, J. Maier, J. Polzin. *Concomitant magnetic-field-induced artifacts in axial echo planar imaging.* Magn. Reson. Med. **39**, 596–605, 1998.

M. Cohen. *Echo-planar imaging (EPI) and functional MRI.* In : Functional MRI, P. Bandettini, C. Moonen (Eds.), Springer-Verlag, Berlin, 137–148, 1999.

M. Poustchi-Amin, S. Mirowitz, J. Brown, R. McKinstry, T. Li. *Principles and applications of echo-planar imaging: a review for the general radiologist.* Radiographics **21**, 767–779, 2001.

Y. Du, X. Zhou, M. Bernstein. *Correction of concomitant magnetic field-induced image artifacts in nonaxial echo-planar imaging.* Magn. Reson. Med. **48**, 509, 2002.

N.-K. Chen, A. Wyrwicz. *Removal of Nyquist ghost artifacts with two-dimensional phase correction.* Magn. Reson. Med. **51**, 1247–1253, 2004.

Q.-S. Xiang, F. Ye. *Correction for geometric distortion and N/2 ghosting in EPI by phase labeling for additional coordinate encoding (PLACE).* Magn. Reson. Med. **57**, 731–41, 2007.

W. van der Zwaag, J. Marques, H. Lei, N. Just, T. Kober, R. Gruetter. *Minimization of Nyquist ghosting for echo-planar imaging based fMRI at ultra-high fields based on a "negative read-out gradient" strategy.* J. Magn. Reson. Imaging. **30**, 1171–1178, 2009.

Imagerie spirale

D. Noll, C. Meyer, J. Pauly, D. Nishimura. *A homogeneity correction method for magnetic resonance imaging with time-varying gradients.* IEEE Trans. Med Imaging **10**, 629–637, 1991.

K. King, T. Foo, C. Crawford. *Optimized gradient waveforms for spiral scanning.* Magn. Reson. Med. **34**, 156–160, 1995.

G. Glover. *Simple analytic spiral k-space algorithm.* Magn. Reson. Med. **42**, 412–415. 1999.

P. Börnert, H. Schomberg, B. Aldefeld, J. Groen. *Improvements in spiral MR imaging.* MAGMA, **9**, 29–41, 1999.

D-H Kim, E. Adalsteinsson, D. Spielman. *Simple analytic variable density spiral design.* Magn. Reson. Med. **50**, 214–219, 2003.

K. Block, J. Frahm. *Spiral imaging: a critical appraisal.* J. Magn. Reson. Imaging **21**, 657–668, 2005.

D. Noll, J. Fessler, B. Sutton. Conjugate. *Phase MRI reconstruction with spatially variant sample density correction.* IEEE Trans. Med. Imaging **24**, 325–336, 2005.

J. Voiron, L. Lamalle. *Spiral MRI: principles and* in vivo *applications at high field.* Spin Report. **157**, 9–17, 2006.

W. Chen, C. Meyer. *Semiautomatic off-resonance correction in spiral imaging.* Magn. Reson. Med. **59**, 1212–1219, 2008.

Relevé de trajectoires

Y. Zhang, H. Hetherington, E. Stokely, G. Mason, D. Twieg. *A novel k-space trajectory measurement technique.* Magn. Reson. Med. **39**, 999–1004, 1998.

M. Beaumont, L. Lamalle, C. Segebarth, E. Barbier. *Improved k-space trajectory measurement with signal shifting.* Magn. Reson. Med. **58**, 200–205, 2007.

Imagerie parallèles

P. Roemer, W. Edelstein, C. Hayes, S. Souza, O. Mueller. *The NMR Phased-Array.* Magn. Reson. Med. **16**, 192–225, 1990.

D. Sodickson, W. Manning. *Simultaneous acquisition of spatial harmonics (SMASH): Fast imaging with radiofrequency coil arrays.* Magn. Reson. Med. **38**, 591–603, 1997.

P. Jakob, M. Griswold, R. Edelman, D. Sodickson. *AUTO-SMASH, a Self-Calibrating technique for SMASH imaging.* MAGMA. **7**, 42–54, 1998

K. Pruessmann, M.Weiger. M. Scheidegger, P. Boesiger. *SENSE : sensitivity encoding for fast MRI.* Magn. Reson. Med. **42**, 952–962, 1999.

D. Sodickson. *Tailored SMASH image reconstructions for robust* in vivo *parallel MR imaging.* Magn. Reson. Med. **44**, 243–251, 2000.

M. Griswold, P. Jakob, M. Nittka, J. Goldfarb, A. Haase. *Parallel Imaging with Localized Sensitivities (PILS).* Magn. Reson. Med. **44**, 602–609, 2000.

D. Sodickson. *Spatial encoding using multiple rf coils: SMASH imaging and parallel MRI.* In Methods in biomedical magnetic resonance imaging and spectroscopy : I. Young (Ed.). John Wiley § Sons, Chichester, pp. 239–250, 2000.

R. Heidemann, M. Griswold, A. Haase, P. Jakob. *VD-AUTO-SMASH imaging.* Magn. Reson. Med. **45**, 1066–1074, 2001.

C. McKenzie, M. Ohliger, E. Ye, M. Pric, D. Sodickson. *Coil-by-coil image reconstruction with SMASH.* Magn. Reson. Med. **46**, 619–623, 2001.

D. Sodickson , C.McKenzie. *A generalized approach to parallel magnetic resonance imaging.* Med. Phys. **28**, 1629–1643. 2001.

M. Bydder, D. Larkman, J. Hajnal. *Combination of signals from array coils using image-based estimation of coil sensitivity profiles.* Magn. Reson. Med. **47**, 539–548, 2002.

M. Griswold, P. Jakob, R. Heidemann, M. Nittka, V. Jellus, J. Wang, B. Kiefer, A. Haase. *Generalized autocalibrating partially parallel acqusitions (GRAPPA).* Magn. Reson. Med. **47**, 1202–1210, 2002.

J. de Zwart, P. van Gelderen, P. Kellman, J. Duyn. *Application of sensitivity-encoded echo-planar imaging for blood oxygen level-dependent functional brain imaging.* Magn. Reson. Med. **48**, 1011–1020. 2002.

M. Blaimer, F. Breuer, M. Müller, R. Heidemann, M. Griswold, P. Jakob. *SMASH, SENSE, PILS, GRAPPA. How to choose the optimal method.* Top. Magn. Reson. Imaging **15**, 223–236, 2004.

P. Kellman. *Parallel imaging: the basics.* Ann. meeting Int. Soc. Magn. Reson. Med. Educational syllabus, 2004.

M. Ohliger, D. Sodickson. *An introduction to coil array design for parallel MRI.* NMR Biomed. **19**, 300–315, 2006.

U. Katscher, P. Börnert. *Parallel magnetic resonance imaging.* Neurotherapeutics **4**, 499–510, 2007.

D. Larkman, R. Nunes. *Parallel magnetic resonance imaging.* Phys. Med. Biol. **52**, R15–R55, 2007.

Exercices du chapitre 5

Exercice 5-1

Établir l'équivalent des expressions (5.21) et (5.22), dans le cas où la fréquence spatiale zéro est échantillonnée.

Exercice 5-2

On considère une méthode d'imagerie par écho de gradient. On travaille dans le plan XY. On désire acquérir des images proton 128×128 avec un champ de 10×10 cm^2. Le temps d'écho est fixé à 30 ms. La durée de la période de codage de phase est de 4 ms. La durée d'acquisition est fixée à 8 ms. Calculer l'incrément du gradient de codage de phase (ΔG_X), et les valeurs successives qu'il doit prendre. Calculer l'intensité du gradient de lecture et la fréquence d'échantillonnage. On supposera que les gradients ont des temps de montée infiniment courts.

Exercice 5-3

Il est indiqué dans la section 5.4.2 que le sur-échantillonnage (qui s'accompagne nécessairement d'une ouverture de la bande passante du récepteur), permet d'accroître la dynamique du récepteur, tout en conservant (voire en améliorant) le rapport signal sur bruit. Un peu plus loin (section 5.4.3.3) il est affirmé que l'artefact de déplacement chimique peut être atténué en accroissant le gradient de lecture et la fréquence d'échantillonnage, mais que cela nécessite l'ouverture de la bande passante du récepteur et détériore le rapport signal/bruit. Expliquer en quoi les situations sont différentes et pourquoi les deux affirmations ne sont nullement contradictoires.

Exercice 5-4

On considère une séquence d'écho de gradient, et un rapport $T_R/T_1 = 0,5$. Calculer l'aimantation longitudinale $M_Z(n)$ immédiatement avant la n-ième impulsion en fonction de $M_Z(n-1)$, pour $\theta = 90°$, $60°$, $45°$, $30°$. Faire le graphe $M_Z(n)$. Même question si $T_R/T_1 = 1/70$.

Exercice 5-5

Le signal issu d'une séquence SSFP équilibrée est donné, à la résonance, par l'expression 5.47.

1/ Montrer que si T_R est très inférieur à T_1 et à T_2, cette expression se réduit à :

$$M_\perp(T_E) \approx \frac{T_2 \, M_0 \sin\theta}{T_1 + T_2 - (T_1 - T_2)\cos\theta}$$

2/ Montrer que ce signal est maximum pour un angle d'impulsion tel que

$$\cos\theta = \frac{T_1 - T_2}{T_1 + T_2}$$

3/ En déduire que dans ce cas le signal se réduit à :

$$M_\perp\left(T_{\mathrm{E}}\right) \approx M_0 \frac{\sqrt{T_2}}{2\sqrt{T_1}}.$$

Exercice 5-6

1/ On considère une méthode SSFP $\theta_x - T_{\mathrm{R}} - \theta_{-x} - T_{\mathrm{R}}$ .... Initialement l'aimantation est supposée à l'équilibre thermique. On supposera que $\omega_0 = 0$. Montrer que le signal immédiatement après la n-ième impulsion a la forme suivante :

$$S_n \propto (-1)^{n-1} \sqrt{E_2} \left\{ M_y^-\left(n-1\right) \cos\theta_n - \left[M_0 + \left(M_z^-\left(n-1\right) - M_0 \right) E_1\right]\sin\theta_n \right\},$$

où $E_1 = \exp\left(-T_{\mathrm{R}}/T_1\right)$, $E_2 = \exp\left(-T_{\mathrm{R}}/T_2\right)$, $M_y^-\left(1\right) = 0$ et $M_z^-\left(1\right) = M_0$.

On rappelle que l'acquisition s'effectue en alternant la phase du récepteur. On supposera que le récepteur est aligné avec la direction y et que les acquisitions successives s'effectuent selon y et $-y$.

2/ On fait précéder la séquence SSFP d'une impulsion d'angle $-\theta_x/2$ et d'un délai $T_{\mathrm{R}}/2$. Quelles sont les nouvelles conditions initiales $M_y^-\left(1\right)$ et $M_z^-\left(1\right)$, où $n = 1$ caractérise toujours la première impulsion d'angle θ_x de la séquence SSFP proprement dite.

3/ Tracer les courbes d'amplitude du signal en fonction de n, pour la séquence SSFP sans impulsion de préparation et pour la même séquence précédée de l'impulsion d'angle $-\theta_x/2$ et du délai $T_{\mathrm{R}}/2$. On utilisera les paramètres suivants $\theta_x = 70°$, $T_1 = 20\,T_{\mathrm{R}}$, $T_2 = 15\,T_{\mathrm{R}}$.

Exercice 5-7

Montrer que l'expression (5.42) peut se mettre sous la forme

$$M_\perp^+ = -\mathrm{i}\,M_0 \frac{a \exp\left(-\mathrm{i}\varphi\right) + b}{c \cos\left(\varphi\right) + d},$$

avec $a = -\left(1 - E_1\right) E_2 \sin\theta$, $b = \left(1 - E_1\right)\sin\theta$,

$$c = E_2\left(E_1 - 1\right)\left(1 + \cos\theta\right) \text{ et } d = \left(1 - E_1\cos\theta\right) - \left(E_1 - \cos\theta\right) E_2^2$$

En déduire qu'à l'état stationnaire, l'aimantation immédiatement avant une impulsion a pour forme

$$M_\perp^- = -\mathrm{i}\,M_0 E_2 \frac{a + b \exp\left(\mathrm{i}\varphi\right)}{c \cos\left(\varphi\right) + d}.$$

Exercice 5-8

On utilise comme module de préparation de l'aimantation longitudinale pour une séquence rapide, la séquence

$$\frac{\pi}{2} - \frac{T_E}{2} - \pi - \frac{T_E}{2} - \frac{\pi}{2}$$

Toutes les impulsions sont appliquées dans la direction x. L'impulsion de refocalisation est bien entendu entourée d'une paire de gradients de dispersion, et les impulsions peuvent être des impulsions de sélection de coupe. Montrer que l'aimantation longitudinale issue de ce module a pour forme $M_Z = M_0 \exp\left(-T_E/T_2\right)$.

Exercice 5-9

On considère le train d'échos produits par la séquence :

$$\left.\frac{\pi}{2}\right|_x - \frac{T_E}{2} - \theta_u - \frac{T_E}{2} - \theta_u....$$

où u est un axe du plan xy faisant l'angle φ avec l'axe x. La séquence s'applique à une aimantation longitudinale à l'équilibre thermique. On négligera l'effet de la relaxation ($T_E << T_1$, T_2). On supposera que $T_E >> T_2^*$.
1/ Montrer que les aimantations transversales aux instants $t = T_E$ et $t = 2T_E$ s'écrivent ($\gamma > 0$) :

$$M_\perp\left(T_E\right) = \mathrm{i}\sin^2\left(\theta/2\right)\exp\left(2\,\mathrm{i}\,\varphi\right)\,M_0$$

et

$$M_\perp\left(2T_E\right) = -\mathrm{i}\left[\sin^4\left(\frac{\theta}{2}\right) - 2\,\cos^2\left(\frac{\theta}{2}\right)\sin^2\left(\frac{\theta}{2}\right)\,\exp\left(2\,\mathrm{i}\,\varphi\right)\right]M_0.$$

On admettra que, pour la gamme de fréquences considérée, toutes les impulsions sont non sélectives et décrites par des rotations autour d'axes du plan xy.

Exercice 5-10

On considère une technique d'imagerie radiale 2D du proton. On acquiert le signal le long de rayons de l'espace réciproque régulièrement espacés couvrant tout le plan de Fourier. On souhaite obtenir une image avec une résolution digitale de l'ordre de 2 mm, dans un champ circulaire de 26 cm de diamètre. Le temps de montée des gradients est fixé à $t_0 = 200\ \mu$s pour atteindre un gradient $G_0 = 5\ 10^{-3}$ T.m^{-1}. On utilisera $\gamma = 26,752\ 10^7$ rad.T^{-1}.s^{-1}.
1/ Calculer Δk et le diamètre de la zone échantillonnée. Combien de points doivent-ils être acquis sur chaque diamètre ?

2/ Déterminer $k(t)$ pendant la montée du gradient (montée supposée linéaire). Quelle valeur de k est-elle atteinte à la fin de la montée du gradient ?
3/ Quelle sera la durée minimum du plateau de gradient ?
4/ Quelle sera la fréquence d'échantillonnage ?
5/ Proposer une méthode de reconstruction à partir de ces données échantillonnées non uniformément.

Exercice 5-11

Montrer que l'expression (5.57) peut aussi se mettre sous la forme :

$$\langle M_y \rangle = -M_0 \sin\theta \ (1 - E_1) \ \frac{C - E_2(B - A)}{AC}$$

où

$$A = \sqrt{B^2 - C^2},$$
$$B = 1 - E_1 \cos\theta - E_2^2 (E_1 - \cos\theta),$$
$$C = E_2 (1 - E_1) (1 + \cos\theta).$$

L'expression (5.57) a été établie initialement par Y. Zur *et al.* (Magn. Reson. Med. **6**, 175–193, 1988), tandis que R. Buxton *et al.* (J. Magn. Reson. **83**, 576–585, 1989) ont exprimé le signal sous la forme ci-dessus.

Exercice 5-12

On considère l'acquisition d'images 3D en utilisant une méthode de projection-reconstruction par écho de gradient. Pour cela on acquiert des signaux couvrant une succession de plans d'angle azimutal φ dans l'espace de Fourier. On utilise un gradient de module G, avec des orientations successives définies par les angles polaires θ_i, φ_j. Déterminer les incréments $\Delta\theta$ et $\Delta\varphi$ à utiliser si l'on décide d'acquérir 32×32 diamètres de l'espace de Fourier.

Chapitre 6

Spectroscopie Localisée

La localisation spatiale constitue un point clé des études spectroscopiques, in vivo, d'organes, de tissus ou de lésions chez l'homme et les animaux de laboratoire. L'objectif peut être fondamental ou clinique. Des dizaines de méthodes ont été proposées. Très peu ont survécu.

*La **première** partie de ce chapitre est introductive et vise à situer les diverses méthodes les unes par rapport aux autres. Les caractéristiques générales des principaux noyaux observés en spectroscopie in vivo, phosphore 31, proton et carbone 13, sont présentées dans la **seconde** partie. La **troisième** partie rappelle quelques points importants concernant le lien entre résolution spatiale et rapport signal sur bruit. La **quatrième** partie est consacrée à la localisation obtenue simplement à l'aide des bobines de surface. Une présentation approfondie de cet outil est effectuée car son importance déborde largement la spectroscopie localisée. La sensibilité excellente de ce type d'antenne lui a permis d'être un accessoire précieux de nombreux protocoles d'imagerie. L'introduction relativement récente des réseaux d'antennes et des techniques d'imagerie parallèle a encore accru l'utilisation des bobines de surface en imagerie. La **cinquième** partie présente rapidement quelques méthodes basées sur l'utilisation de gradients statiques du champ B_0. Avec la **sixième** partie, on aborde l'examen des techniques de spectroscopie localisée basées sur une excitation sélective en présence de gradient. Les principales méthodes, ISIS, PRESS et STEAM sont décrites et leur domaine d'application est précisé. La **septième** partie est consacrée aux méthodes d'imagerie spectroscopique. Après la présentation des méthodes classiques, où l'acquisition est effectuée en absence de gradient, quelques particularités associées à la résolution spatiale souvent réduite sont soulignées. Les méthodes rapides de type EPI et spirale sont ensuite décrites. Le dernier volet de cette partie est consacré aux méthodes de codage de phase utilisant des connaissances a priori. Certaines particularités de la spectroscopie du proton, comme la présence de l'intense résonance de l'eau et celle des lipides, sont abordées dans la **huitième** partie.*

6.1   Introduction

Les études spectroscopiques de systèmes vivants portent sur deux types d'échantillons :

- les organes perfusés et les cellules qui constituent des systèmes isolés,

- les tissus et organes étudiés *in situ* chez l'animal ou l'homme.

La spectroscopie de systèmes isolés ne pose en général pas de problème de localisation spatiale. L'échantillon (cœur, foie, muscle, cellules végétales ou animales, etc.) est homogène ou supposé homogène, et est placé dans une sonde RMN classique, équipée généralement d'une bobine en selle de cheval, qui crée un champ radiofréquence raisonnablement uniforme. Les techniques utilisées sont celles, ou proches de celles, de la spectroscopie traditionnelle qui permet l'identification de molécules en solution, ou les études de structure et de dynamique moléculaire.

La spectroscopie *in vivo*, d'organes et de tissus chez l'homme et l'animal, pose en revanche le problème de la localisation spatiale c'est-à-dire du contrôle de l'origine spatiale du signal. Il est en effet toujours nécessaire de bien séparer les signaux provenant des différents organes et tissus. De la même manière, les signaux caractéristiques d'une lésion, ne doivent pas être contaminés par ceux provenant du tissu sain environnant.

Lorsque les contraintes ne sont pas trop fortes, on peut utiliser une technique de localisation grossière qui fait simplement appel à une bobine de surface, placée au voisinage de la zone qui doit être observée. On peut aussi, mais l'utilisation de ce type de méthode est restée marginale, effectuer une sélection de volume basée sur l'utilisation d'un champ B_0 homogène dans la région d'intérêt, mais inhomogène à l'extérieur de cette région.

Lorsque la localisation doit être plus rigoureuse, il est nécessaire de faire appel à des méthodes dérivées de l'IRM. Ces méthodes exploitent des gradients pulsés de champ statique. Dans ce cas, la règle générale est que l'acquisition du signal s'effectue en absence du gradient. Il ne s'agit pas d'une absolue nécessité, mais d'une caractéristique de nombreuses techniques (nous verrons que certaines méthodes d'imagerie spectroscopique rapide ne satisfont pas à cette règle). Les systèmes de gradients doivent être d'excellente qualité, afin de permettre au champ magnétique de retrouver très rapidement, après la coupure du gradient, son homogénéité et sa stabilité. Les performances du système de gradients conditionnent la qualité spectrale.

Les techniques de localisation exploitant les gradients pulsés de champ magnétique statique, peuvent être classées en deux groupes. Dans le **premier groupe**, la sélection spatiale est réalisée à l'aide d'impulsions rf sélectives appliquées en présence de gradients de champ B_0. L'information spectroscopique est alors obtenue après une simple transformation de Fourier à une dimension (temps-fréquence) du signal acquis. La taille du volume sélectionné est ajustée en agissant sur l'intensité du gradient de sélection, et sa position est modifiée en agissant sur la fréquence des impulsions rf. Les techniques du **second groupe**, sont de véritables méthodes d'imagerie. Les spectres sont obtenues à l'issue d'acquisitions dans un espace k_X, k_Y, k_Z, t. Les méthodes classiques utilisent un codage de phase dans les directions spatiales. Des méthodes plus rapides utilisent des balayages EPI ou spirale.

6.2 Principaux noyaux cibles de la spectroscopie localisée

6.2.1 Phosphore 31

De nombreuses molécules phosphorylées sont engagées dans le métabolisme énergétique cellulaire. Plusieurs de ces molécules, ATP, phosphocréatine, phosphate inorganique, etc., sont suffisamment mobiles pour être détectés par spectroscopie RMN (figure 6.1). La spectroscopie localisée du phosphore 31 est techniquement difficile à cause de la sensibilité relativement faible de ce noyau, de la relaxation spin-réseau lente (T_1 de la phosphocréatine de l'ordre de 3s), qui impose des temps de répétition longs, et de temps de relaxation spin-spin courts (quelques dizaines de ms pour l'ATP) ; ce qui rend plus difficile l'utilisation de techniques d'écho. Le couplage homonucléaire des phosphores de l'ATP, de l'ordre de 20 Hz, est souvent non résolu et constitue un facteur d'élargissement des raies. Les couplages ^{31}P-^{1}H constituent aussi un facteur d'élargissement et donc de réduction de la sensibilité. Le découplage proton (irradiation des résonances du proton pendant l'acquisition, chapitre 1, section 1.10.3) permet de surmonter cette difficulté. Enfin on peut aussi exploiter les interactions dipolaires ^{31}P-^{1}H pour bénéficier de l'effet Overhauser (chapitre 1, section 1.10.4). Découplage, comme irradiation NOE, sont cependant des sources de dissipation d'énergie, ce qui constitue une difficulté en spectroscopie *in vivo*.

Outre la mesure des concentrations et le suivi de leurs éventuelles évolutions, la spectroscopie du phosphore 31 peut permettre d'accéder indirectement à la concentration intracellulaire de magnésium libre, et elle permet la mesure du pH intracellulaire.

Mesure de la concentration de magnésium libre

Une partie de l'ATP en solution est complexée, principalement avec des ions magnésium. Cette complexation produit un changement de conformation de l'ATP, avec pour conséquence une modification des déplacements chimiques des différents groupements phosphore de l'ATP.

Aux températures physiologiques, une fraction (x) de l'ATP est complexée. Dans un système sans échange entre fractions, chacune des trois raies serait dédoublée. En présence d'échange rapide, ce dédoublement n'est pas

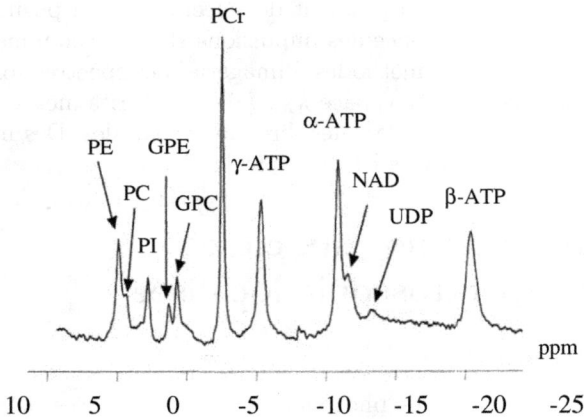

FIG. 6.1 – Spectre ^{31}P acquis dans le cortex visuel primaire chez l'homme dans un champ de 7 T. Sommation de 128 acquisitions avec un temps de répétition de 3 s. Identifications : PE : phosphoéthanolamine ; PC : phosphocholine, Pi : phosphate inorganique ; GPE : glycéro phosphoéthanolamine ; GPC : glycérophosphorique ; PCr : phosphocréatine ; ATP : adénosine triphosphate ; NAD : nicotinamide adénine dinucléotides ; UDP : uridine diphosphate. D'après H. Lei *et al.* Magn. Reson. Med. **49**, 199–205, 2003, with permission from John Wiley & sons, inc.

observé, mais la complexation produit une modification de la position. Ainsi, par exemple la résonance du phosphore β de l'ATP se situe au déplacement chimique moyen :

$$\delta_\beta = x\,\delta_\beta^{\mathrm{MgATP}} + (1-x)\delta_\beta^{\mathrm{ATP}}, \qquad (6.1)$$

où $\delta_\beta^{\mathrm{ATP}}$ est le déplacement chimique du phosphore β de l'ATP libre, et $\delta_\beta^{\mathrm{MgATP}}$ est le déplacement chimique du phosphore β de l'ATP complexée avec un ion magnésium. La mesure de δ_β, et la connaissance de $\delta_\beta^{\mathrm{ATP}}$ et $\delta_\beta^{\mathrm{MgATP}}$ permettent de calculer le taux de complexation de l'ATP, mais aussi la concentration de magnésium libre $[\mathrm{Mg}^{2+}]$ si l'on connaît la constante de dissociation $\mathrm{K}_D = [\mathrm{Mg}^{2+}]\,[\mathrm{ATP}]\,/\,[\mathrm{Mg}^{2+}\mathrm{ATP}]$. La réalité est en fait plus complexe car on est en présence de plusieurs équilibres.

Mesure du pH intracellulaire

La spectroscopie du ^{31}P donne accès au pH intracellulaire et c'est là une caractéristique particulièrement intéressante. La mesure du pH intracellulaire, exploite, comme dans le cas de la complexation de l'ATP avec le magnésium, les conséquences sur le spectre RMN d'une réaction d'échange rapide. Le phosphate inorganique, sous-produit du métabolisme énergétique, est bien visible sur un spectre RMN ^{31}P. C'est un triacide qui se dissocie, selon les trois réactions :

I	$H_3PO_4 \rightarrow H^+ + H^2PO_4^-$	pH 2
II	$H_2PO_4^- \rightarrow H^+ + HPO_4^{2-}$	pH 7
III	$HPO_4^{2-} \rightarrow H^+ + PO_4^{3-}$	pH 12

Si les diverses espèces H_3PO_4, $H_2PO_4^-$, HPO_4^{2-}, PO_4^{3-}, n'étaient pas engagées dans des réactions d'équilibre avec des vitesses de réaction très grandes,
on pourrait observer, en solution, les quatre résonances caractéristiques des
quatre ions de l'acide orthophosphorique. La perte d'un proton entraîne en
effet une extension du cortège électronique entourant le noyau de phosphore,
ce qui accroît l'effet d'écran et fait varier le déplacement chimique. L'intensité
de chaque résonance serait, bien entendu, fortement dépendante du pH. Au
lieu de cela, on n'observe qu'une seule résonance dont la position se déplace
vers les faibles valeurs de déplacement chimique (c'est-à-dire vers la droite du
spectre), lorsque le pH décroît. Le résultat reflète la très grande rapidité des
vitesses de réaction (échange rapide). On note que, compte tenu du pH existant dans les milieux physiologiques, seule la réaction II doit être considérée.

Le muscle squelettique a été l'une des cibles privilégiées de cet outil qui
permet d'étudier le métabolisme des molécules phosphatées engagées dans la
production d'énergie. La spectroscopie ^{31}P permet de suivre les variations
des concentrations et du pH, pendant un exercice, puis durant la phase de
récupération. Des anomalies métaboliques (myopathies mitochondriales par
exemple) peuvent aussi être mises en évidence, sans recours à la biopsie mus-
culaire. Le foie, le cœur et le cerveau sont aussi des sources potentielles d'applications cliniques. Cependant, avec l'émergence de la spectroscopie du proton,
beaucoup plus sensible, le rythme des travaux exploitant le phosphore 31 s'est
fortement ralenti depuis le début des années quatre-vingt-dix. Le fait que la
spectroscopie proton puisse être mise en œuvre sans modification importante
de l'imageur a peut-être aussi contribué à ce désintérêt. La spectroscopie ^{31}P
reste cependant un outil de recherche, mais son avenir en tant qu'outil clinique
de diagnostic, ou de suivi thérapeutique, reste incertain.

6.2.2 Hydrogène

Chez l'homme, comme sur les modèles animaux expérimentaux utilisés en
pharmacologie ou pour des études plus fondamentales, la spectroscopie proton
concerne très majoritairement le cerveau. La quantité d'acides gras visibles
en RMN est en effet beaucoup moins importante dans le cerveau que dans
d'autres tissus et organes. Les résonances lipidiques peuvent masquer celles
des métabolites cytoplasmiques, moins concentrés, mais qui donnent accès
au fonctionnement cellulaire. Néanmoins la spectroscopie du proton a aussi
été mise en œuvre pour étudier, par exemple, des tumeurs du sein ou de la
prostate. Dans le cerveau, la spectroscopie ^1H, permet d'observer le N-acétyl-
aspartate (NAA), marqueur neuronal, l'ensemble créatine-phosphocréatine (et
non pas, comme en spectroscopie ^{31}P, la seule phosphocréatine), glutamate

et glutamine (qui sont difficiles à séparer dans un champ de 1,5 T), la taurine, les composés à choline, le myo-inositol, le lactate, marqueur de souffrance cellulaire, mais aussi le glucose, le GABA (acide γ-amino butyrique), etc. Certaines de ces molécules (NAA, composés à choline, créatine, lactate...), ont des temps de relaxation spin-spin longs. Le NAA, par exemple, a un temps de relaxation de l'ordre de 400 ms à 1,5 T, mais le temps de relaxation apparent décroît à plus haut champ, probablement à cause de la diffusion de cette molécule dans les gradients de champ microscopiques associés aux différences de susceptibilité. Les molécules de masse moléculaire plus importante ont évidemment des T_2 plus courts. Mais ce sont surtout les couplages homonucléaires, en particulier lorsqu'il s'agit de couplages forts, qui élargissent les résonances et réduisent leur intensité, notamment avec des temps d'écho longs. L'observation et la quantification de la concentration de molécules telles que glutamate, glutamine, myo-inositol ou glucose peuvent ainsi devenir très difficile. La présence de l'intense résonance de l'eau, et le risque de contaminations potentielles en provenance de tissus adipeux situés hors du volume d'intérêt, constituent des difficultés qui ont mobilisé beaucoup d'énergie. Ces difficultés sont maintenant assez bien résolues, et la figure 6.2 montre le grand nombre de résonances détectables lorsque les méthodes et les réglages de l'appareil sont optimums. Aujourd'hui, de nombreux travaux suggèrent que la spectroscopie du proton peut devenir un outil de diagnostic et de suivi thérapeutique de diverses pathologies.

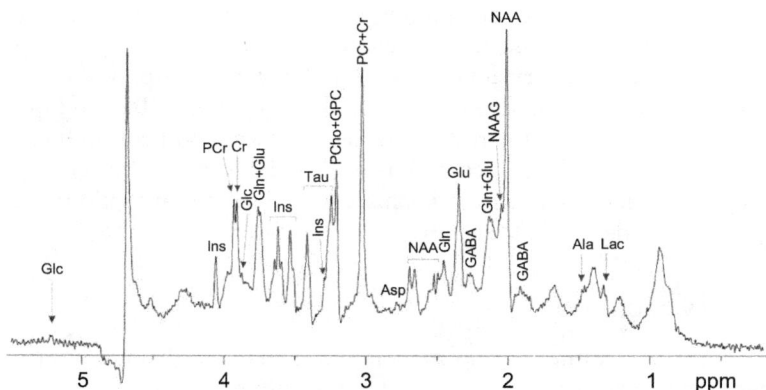

FIG. 6.2 – Spectre proton acquis à temps d'écho court ($T_E = 2{,}2$ ms) dans le cerveau de rat, dans un champ de 9,4 T. Volume d'intérêt $4 \times 3 \times 4$ mm^3. Ala : alanine, Asp : aspartate, Cr : créatine, PCr : phosphocréatine, GABA : acide γ-aminobutyrique, Glc : glucose, Gln : glutamine, Glu : glutamate, GPC : glycérophosphocholine, Ins : myo-inositol, Lac : lactate, NAA : N-acétylaspartate, NAAG : N-acétylaspartylglutamate, PCr : phosphocréatine, Tau : taurine. D'après V. Mlynárik *et al.* Magn. Reson. Med. **56**, 965–970, 2006, with permission from John Wiley & sons, inc.

6.2.3   Carbone 13

La situation de ce noyau est très différente de celle des deux précédents noyaux puisque son abondance naturelle est de l'ordre de 1 %, ce qui, compte tenu aussi de son rapport gyromagnétique plus faible, le rend très difficile d'accès. C'est pourtant de son absence en quantités significatives qu'il tire son intérêt. En effet si l'on injecte une molécule enrichie en ^{13}C, par exemple le glucose, on peut suivre ce noyau lors de son engagement dans les réactions biochimiques. Il s'agit là d'une propriété unique, qui distingue la RMN des techniques de marquage radioactif qui ne permettent pas de connaître *in vivo* le type de molécule sur laquelle s'est fixé, lors d'une réaction chimique, le noyau traceur. Là encore, le potentiel est considérable mais le coût des molécules marquées au ^{13}C constitue un frein important au développement d'applications cliniques. La gamme de déplacements chimiques du carbone 13 est aussi très large, près de 200 ppm, ce qui peut pose des problèmes de localisation spatiale si l'on souhaite observer l'ensemble du spectre. Outre ce problème, l'observation de ce noyau est techniquement difficile. Un noyau ^{13}C, peut être couplé à des protons voisins, ce qui fait éclater une résonance en multiplets, avec deux conséquences, une baisse de sensibilité et une plus grande complexité spectrale. On surmonte cette difficulté en découplant le proton, c'est à dire en l'irradiant pendant l'acquisition. Mais cette opération accroît sensiblement l'énergie dissipée dans l'échantillon. L'accroissement de sensibilité passe aussi par l'utilisation de l'effet NOE et l'exploitation de transferts de polarisation proton-carbone. La détection indirecte des signaux ^{13}C, par le biais de transferts de polarisation $^{13}C \rightarrow {}^{1}H$, est aussi une voie intéressante bien que le gain en sensibilité soit obtenu au détriment de la résolution spectrale (la largeur importante des spectres ^{13}C est une difficulté pour la localisation spatiale, mais un atout pour les identifications). La figure 6.3 donne un exemple de la richesse des informations qui peuvent être fournies par la spectroscopie du ^{13}C.

Les techniques d'hyperpolarisation (chapitre 1, section 1.12), et notamment la polarisation dynamique (section 1.12.2), pourraient à terme modifier le potentiel de clinique de la spectroscopie du carbone 13, si l'on peut surmonter les questions de coût de ce traceur.

6.3   Rapport signal sur bruit et résolution spatiale

En spectroscopie, la concentration des espèces observées est généralement faible (quelques mM). Il est donc nécessaire d'accumuler pour obtenir un rapport signal sur bruit acceptable. Quelle que soit la méthode de localisation utilisée, toute amélioration de la résolution spatiale impose un accroissement de la durée de l'expérience, si l'on n'accepte pas une détérioration du rapport signal sur bruit. Le rapport signal sur bruit obtenu lors de l'acquisition

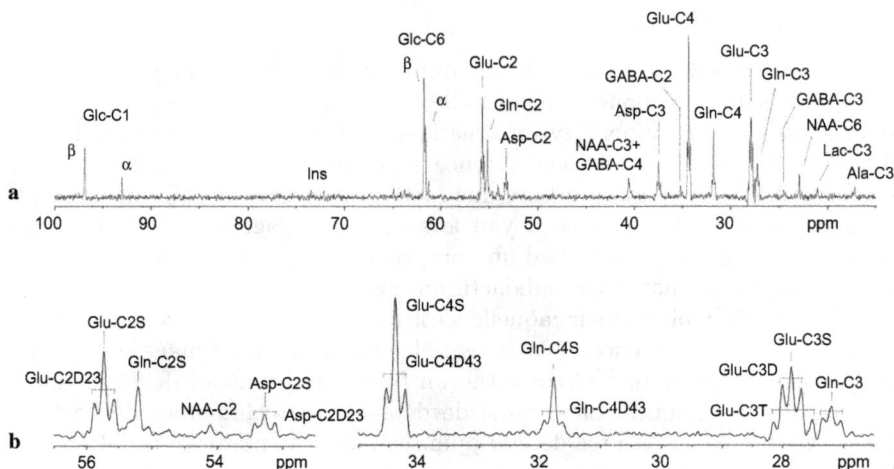

FIG. 6.3 – Spectre localisé du carbone 13 dans le cerveau de rat à 9,4 T. Spectre acquis 1,8 h après infusion de glucose enrichi (a). Agrandissement de deux régions spectrales (b). Ala : alanine, Asp : aspartate, GABA : acide γ-aminobutyrique, Glc : glucose, Gln : glutamine, Glu : glutamate, Lac : lactate, NAA : N-acétyl-aspartate. D'après P.-G. Henry *et al.* Magn. Reson. Med. **50**, 684–692, 2003, with permission from John Wiley & sons, inc.

d'un signal en provenance d'un volume V, est proportionnel à $\sqrt{N}V$ où N est le nombre d'accumulations. À rapport signal sur bruit constant, le nombre d'accumulations, et donc la durée T_{exp} de l'expérience, sont inversement proportionnel à V^2. Par suite, pour un volume sensible en forme de cube de coté l :

$$T_{exp} \propto l^{-6} \tag{6.2}$$

Supposons qu'une minute soit nécessaire pour acquérir un spectre de qualité raisonnable en provenance d'un volume de $1 \times 1 \times 1$ cm^3. Si l'on souhaite améliorer quelque peu la résolution spatiale en choisissant un volume de $0,5 \times 0,5 \times 0,5$ cm^3, tout en conservant le même rapport signal sur bruit, la durée d'acquisition devra être de plus d'une heure... Le prix à payer pour améliorer la résolution spatiale est donc très lourd. En pratique cependant, la décroissance du rapport signal sur bruit lorsque V décroît, peut être moins importante que celle prédite par la relation (6.2). En effet, la décroissance de la taille du volume observé, peut s'accompagner d'une amélioration de l'homogénéité de B_0 sur le volume sensible.

6.4   Largeur de bande et résolution fréquentielle

Les temps de relaxation T_2 des molécules observées en spectroscopie *in vivo* sont très variables, mais atteignent parfois plusieurs centaines de ms.

La largeur de raie à mi-hauteur correspondante, $\Delta f_{1/2} = 1/\pi T_2$ (*cf.* chapitre 2, équation (2.125)), est alors de l'ordre du Hz. Les inhomogénéités de champ élargissent cependant les raies. Pour obtenir une bonne résolution des spectres, il est donc essentiel de travailler avec une excellente homogénéité du champ sur le volume étudié. Afin d'éviter de tronquer le signal, la durée de l'acquisition doit être bien supérieure à T_2. Un spectre est issu d'une transformation de Fourier du signal qui est échantillonné. Si le spectre s'étale de $-f_{max}/2$ à $+f_{max}/2$, la période d'échantillonnage (dwell time), ΔT, doit être telle que $1/\Delta T > f_{max}$. Le nombre de points acquis, N, doit être tel que $N \, \Delta T$ soit bien supérieur à T_2^*. La durée de la fenêtre d'acquisition des données spectroscopiques est fréquemment de plusieurs centaines de ms. La résolution fréquentielle est égale à $1/(N \, \Delta T)$. Afin d'améliorer le rapport signal sur bruit, le signal acquis est filtré. S'il s'agit d'un signal de précession libre, le filtrage consiste souvent à multiplier le signal par une exponentielle décroissante de constante de temps T_F. Le rapport signal sur bruit est optimum lorsque $T_F = T_2^*$. Le filtrage est dit adapté. S'il s'agit d'un écho la fonction de filtrage devient $\exp\left(-|t|/T_F\right)$. On utilise aussi fréquemment des fonctions de filtrage de forme gaussienne.

6.5   La technique la plus simple : sélection de volume à l'aide de bobines de surface

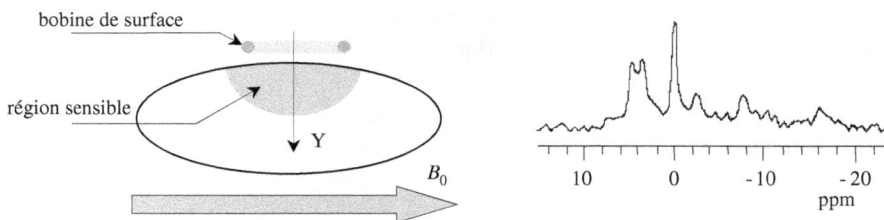

FIG. 6.4 – Une bobine plate, placée au voisinage du tissu étudié, permet d'acquérir des spectres en provenance d'une région limitée de l'espace.

Il s'agit de la méthode qui, en 1980, a permis d'obtenir, *in vivo*, les premiers spectres spatialement résolus[1]. La méthode utilise une bobine de forme généralement circulaire, placée en regard de la zone à observer (figure 6.4). Cette bobine peut avoir une double fonction : produire le champ rf et recevoir le signal, ou une fonction unique : simplement recevoir le signal. Dans ce dernier cas, la production du champ rf est assurée par une seconde bobine, de plus grandes dimensions, entourant l'échantillon. Le champ créé par une

1. J. Ackerman, T. Grove, G. Wong, D. Gadian, G. Radda. *Mapping of metabolites in whole animals by 31P NMR using surface coils*. Nature **283**, 167–170, 1980.

bobine de surface circulaire plate a été décrit dans la section 1.17.3.1 du chapitre 1. Ce champ est très inhomogène et la zone à étudier se trouve située dans un fort gradient de champ radiofréquence. Lorsque la région à étudier est proche de la surface, ce type de bobine fournit généralement le meilleur rapport sur bruit (autrement dit, parcourue par le courant unité, c'est elle qui produit, en général, le plus fort champ rf dans la région étudiée).

La figure 6.5 présente les lignes iso-sensibilité d'une bobine circulaire plate. Seule la composante du champ rf orthogonale à B_0 étant efficace, les surfaces iso-sensibilité ne sont pas à symétrie cylindrique.

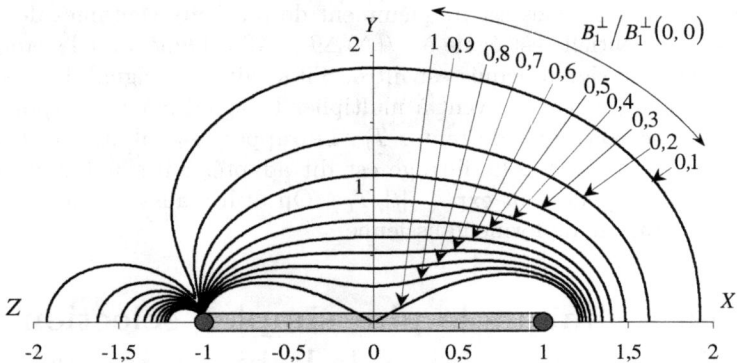

FIG. 6.5 – Lignes iso-$B_1^\perp$ d'une bobine circulaire plate. À gauche : lignes iso-sensibilité dans le plan ZY. À droite : lignes iso-sensibilité dans le plan XY. Noter l'important écart à la symétrie cylindrique.

La sensibilité spatiale des bobines de surface est différente selon que la bobine est utilisée en émission et réception, ou simplement en réception, l'émission étant assurée par une bobine créant un champ rf homogène.

6.5.1 Excitation en champ rf homogène. Bobines de surface utilisées en réception

Dans ce cas, l'excitation du système de spins est effectuée avec une bobine de plus grandes dimensions, qui crée un champ raisonnablement homogène sur toute l'étendue de la zone sensible de la bobine de surface.

Les images du champ $B_1^\perp$ (voir la figure 1.43 du chapitre 1), constituent des cartes de sensibilité de la bobine de surface utilisée en réception. Si l'échantillon est homogène, ces cartes imagent l'origine spatiale du signal. Le signal reçu provient très approximativement d'une demi-sphère dont le rayon est égal à celui de la bobine. La courbe (a) de la figure 6.6, présente la forme de la réponse sur l'axe de la bobine. Si l'on veut aller plus loin dans l'estimation du signal recueilli, il faut revenir à l'expression du signal élémentaire, établie

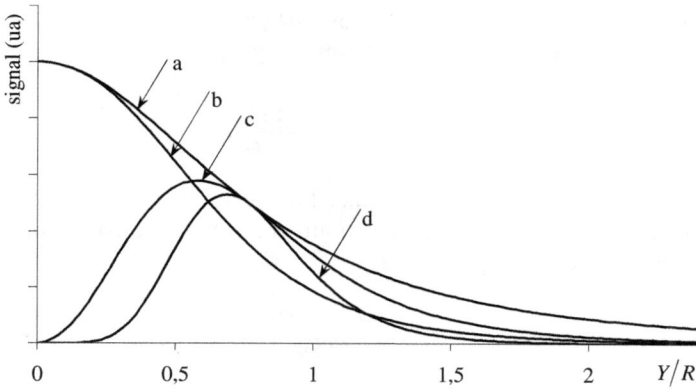

FIG. 6.6 – Signal sur l'axe d'une bobine de surface circulaire plate de rayon R. Bobine utilisée en réception seulement, avec une impulsion d'émission égale à $\pi/2$ (courbe a). Bobine en émission-réception : excitation avec une impulsion d'angle $\pi/2$ au centre de la bobine (courbe b). Bobine en émission-réception : impulsion d'angle π au centre de la bobine (courbe c). Bobine en émission-réception : séquence $\theta - T_E/2 - 2\theta_{EXO} - T_E/2 - \text{Acq}$, $\theta = \pi$ au centre de la bobine (courbe d).

dans le chapitre 1 (équation (1.54)) :

$$de = -\frac{d(d\phi)}{dt} = \Omega_0 \, m_\perp(\boldsymbol{r}) \, B_1^\perp(\boldsymbol{r}, \, I=1) \sin[\Omega_0 t + \varphi(\boldsymbol{r})] \, dV, \qquad (6.3)$$

où $m_\perp(\boldsymbol{r})$ est l'amplitude de l'aimantation transversale dans l'élément de volume dV situé au point $\boldsymbol{r}$, et $\varphi(\boldsymbol{r})$ est l'angle entre $\boldsymbol{m}_\perp$ et $\boldsymbol{B}_1^\perp$ à l'instant $t=0$. La variation de φ avec $\boldsymbol{r}$ reflète la variation de l'orientation de $\boldsymbol{B}_1^\perp$ dans le champ de la bobine (chapitre 1, section 1.17.3.1). Le signal reçu résulte finalement de l'intégration des signaux produits en chaque point de l'échantillon. La présence d'un déphasage dépendant de la position, réduit l'efficacité de l'intégration.

La présence de ce déphasage a aussi des conséquences lorsqu'une bobine de surface est utilisée en imagerie spectroscopique. Dans ce cas, on obtient une série de spectres provenant de différents voxels. Chaque spectre doit donc recevoir une correction de phase qui dépend de la position du voxel considéré dans le champ de la bobine de surface.

6.5.2 Bobines de surface utilisées en émission et en réception

L'origine spatiale du signal prend une toute autre forme lorsque la bobine est utilisée en émission et en réception. Considérons une excitation par une impulsion unique produisant un angle $\theta(\mathbf{r})$. L'aimantation $m_\perp(\mathbf{r})$ est simplement égale à $m_0(r)\sin[\theta(r)]$, où $m_0(r)$ est l'aimantation à l'équilibre thermique. L'angle $\theta(r)$ est évidemment proportionnel à $B_1^\perp$, et on peut écrire :

$$\theta(r) = \theta_0 \frac{B_1^\perp(\mathbf{r})}{B_1^\perp(\mathbf{r}=0)}, \tag{6.4}$$

où θ_0 est l'angle au centre de la bobine. La sensibilité spatiale de la bobine, c'est-à-dire la contribution de chaque point du volume couvert par la bobine au signal reçu, est donnée par :

$$S \propto B_1^\perp(r)\sin\left(\theta_0 \frac{B_1^\perp(r)}{B_1^\perp(r=0)}\right). \tag{6.5}$$

La forme de la réponse spatiale dépend donc de l'angle d'impulsion. La figure 6.6 présente la réponse sur l'axe de la bobine pour différents types d'excitation. Une impulsion d'angle égal à $\pi/2$ au centre de la bobine, privilégie les régions proches de la surface de l'échantillon (figure 6.7, courbe b). Par contre, une impulsion d'angle π au centre de la bobine, produit un volume sensible plus éloigné du plan de la bobine (figure 6.7, courbe c).

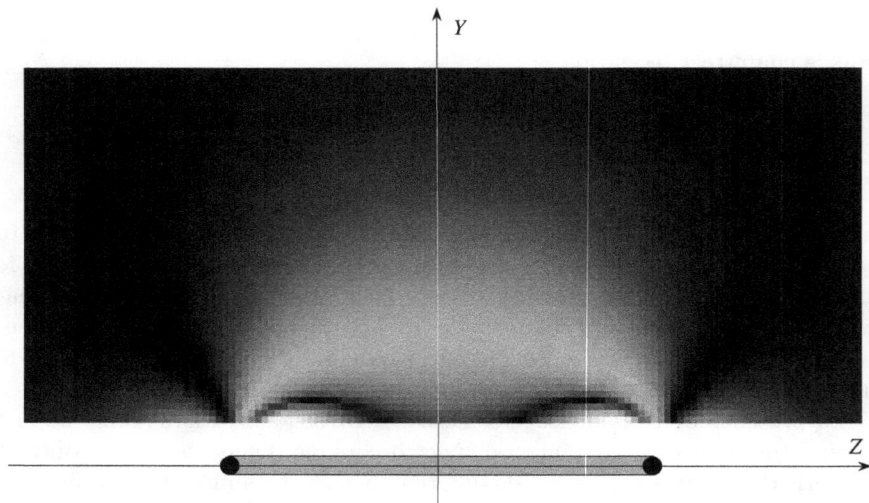

FIG. 6.7 – Image de l'origine spatiale du signal lorsque l'angle d'impulsion au centre de la bobine est égal à π Plan YZ. Image de la valeur absolue du signal.

Pour modifier la forme de la zone sensible, on peut aussi agir sur le type de séquence d'excitation du système de spins. Par exemple, la séquence d'écho de spin,

$$\theta - \frac{T_E}{2} - 2\theta_{EXO} - \frac{T_E}{2} - \text{Acq}, \tag{6.6}$$

où EXO signifie que l'impulsion de refocalisation est soumise au cyclage de phase de phase Exorcyle (chapitre 2, section 2.5.2), donne une réponse spatiale de la forme :

$$S \propto B_1^\perp (r) \left[\sin \left(\theta_0 \frac{B_1^\perp (r)}{B_1^\perp (r = 0)} \right) \right]^3 . \qquad (6.7)$$

On peut affiner encore la réponse spatiale, en multipliant le nombre d'impulsions de refocalisation (mais le nombre de pas du cyclage de phase s'accroît vite), ou encore en ajoutant à la séquence, des impulsions de préparation de l'aimantation longitudinale (*cf.* exercice 6.1). Ces séquences, qui visent à produire une certaine sélectivité spatiale, sont connues sous le nom d'impulsions de profondeur.

L'utilisation de séquences d'impulsions rf, destinées à affiner la réponse spatiale d'une bobine de surface, présente néanmoins de multiples inconvénients. La forme de la réponse spatiale est l'une de ces difficultés : les surfaces iso-champ d'une bobine de surface sont toujours des surfaces iso-signal et, quelles que soient les qualités de la séquence d'excitation, on ne peut agir que dans la seule direction orthogonale aux surfaces iso-champ. Ces surfaces coupent nécessairement les tissus superficiels, ce qui constitue une source potentielle de contamination. Il reste très difficile de contrôler avec précision la position et la taille du volume sensible. Par ailleurs, le champ rf est très intense au voisinage du conducteur, ce qui peut également être une source de contributions spectrales non désirées. Ainsi, pour un angle de $\pi/2$ au centre de la bobine, l'angle peut être de $3\pi/2$, voire de $5\pi/2$, dans des régions proches du conducteur. Le signal issu de ces régions où $B_1^\perp (r)$ est intense, est d'autant plus gênant que la sensibilité est élevée (équation (6.5)). Les zones de très haut champ au voisinage du conducteur ont été désignées sous le terme de régions à haut flux. La méthode la plus simple pour éviter ces contributions indésirables, est d'éloigner l'échantillon du plan de la bobine.

Le cyclage de phase utilisé avec les impulsions de profondeur, constitue une difficulté lorsque des mouvements du sujet compromettent l'efficacité du processus d'élimination des cohérences non désirées. On peut éventuellement utiliser des gradients pour supprimer le cyclage de phase (*cf.* chapitre 2, section 2.5.3), mais si l'on dispose de gradients performants, on préférera certainement d'autres techniques de localisation spatiale.

Cette méthode reste cependant bien adaptée à l'étude de tissus superficiels tels que le muscle squelettique, et, d'une manière générale, lorsque la précision de définition du volume sensible n'est pas d'une importance majeure. Lorsque des contaminations potentielles risquent d'affecter les résultats, c'est par exemple le cas en spectroscopie du foie où les contaminations musculaires peuvent être importantes, on associe à l'utilisation d'une bobine de surface d'autres techniques de localisation, exploitant généralement des gradients pulsés de champ B_0.

Lors de cette discussion concernant les bobines de surface utilisées en émission réception, nous avons supposé que le système de spins était à l'équilibre thermique dans tout l'échantillon. Ce n'est généralement pas le cas, car l'excitation est répétée périodiquement avec un temps de répétition T_R souvent comparable à T_1. Dans ce cas, le degré de saturation du système de spins dépend de la perturbation qu'il a subie, et donc de la position. Cet effet introduit une modification de la réponse spatiale de la bobine (*cf.* exercice 6.2).

6.6   Méthodes basées sur une excitation sélective en présence de gradient

Un très grand nombre de méthodes ont été proposées au cours des années quatre-vingt en vue d'obtenir des spectres haute résolution provenant d'un volume bien défini d'un échantillon. La position et la taille de l'élément sélectionné sont définies sur la base d'une image RMN. Nous n'avons retenu que les méthodes qui ont émergé.

6.6.1   ISIS

Le sigle **ISIS** est issu de l'anglais « *Image Selected In vivo Spectroscopy* ». Il s'agit d'une technique de localisation basée sur l'utilisation d'impulsions sélectives d'inversion, appliquées en présence de gradients de champ B_0. La méthode comporte deux expériences différentes pour sélectionner le signal provenant d'une coupe (ISIS 1D), quatre expériences pour sélectionner une barre (ISIS 2D) et huit expériences pour acquérir le signal provenant d'un parallélépipède (ISIS 3D). La technique est basée sur la préparation de l'aimantation longitudinale.

6.6.1.1   ISIS 1D

Une impulsion sélective d'angle π à la résonance et de fréquence Ω_{rf}, est appliquée en présence d'un gradient d'intensité G_X^0 aligné avec la direction X. Cette impulsion inverse l'aimantation dans une coupe perpendiculaire à l'axe X et située à la position X_c (chapitre 3, équation (3.6))

$$X_c = \frac{\omega_0}{\gamma\,G_X^0} = \frac{2\,\pi\,f_0}{\gamma\,G_X^0}.\tag{6.8}$$

L'épaisseur de coupe dans laquelle l'aimantation est inversée dépend de la largeur fréquentielle $\Delta\omega$ de l'impulsion (chapitre 3, équation (3.5)) :

$$e = \frac{\Delta\omega}{\gamma\,|G_X^0|}.\tag{6.9}$$

Après un temps d'attente, court devant T_1, qui permet au champ magnétique de retrouver son homogénéité qui a pu être perturbée par l'application du gradient, une impulsion de lecture $\pi/2$ non sélective est appliquée (figure 6.8).

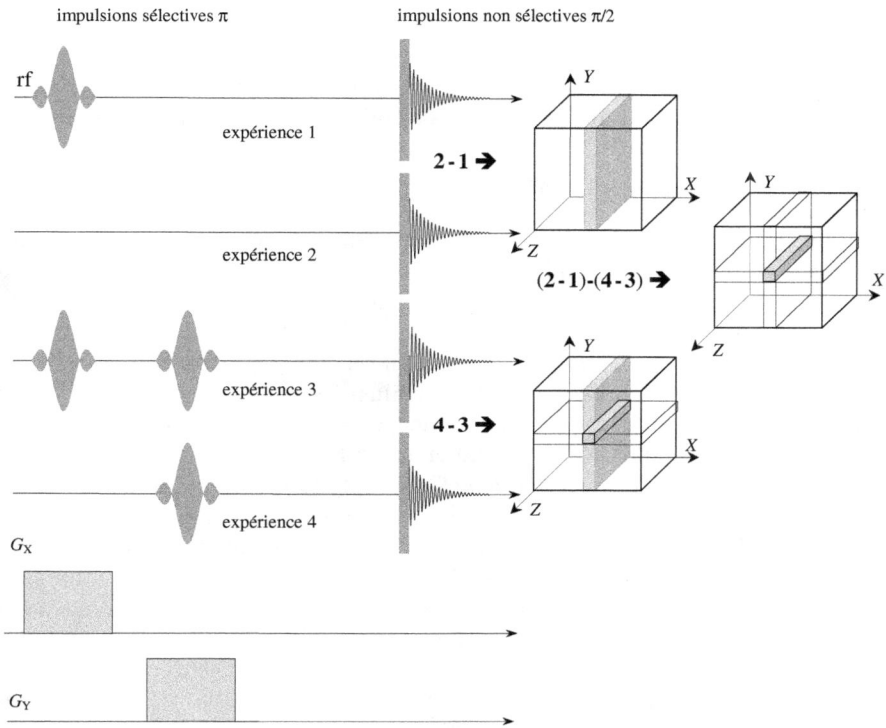

FIG. 6.8 – L'expérience ISIS 2D permet de sélectionner un volume en forme de barre.

Soit M_c l'aimantation longitudinale dans la coupe et M_{ext} l'aimantation à l'extérieur de la coupe. Le signal S_1 acquis lors de cette *première expérience* est proportionnel à $M_{ext} - M_c$. Il est soustrait du signal S_2, proportionnel à $M_{ext} + M_c$, acquis lors d'une *seconde expérience* effectuée sans préparation de l'aimantation longitudinale. Le résultat de cette procédure est un signal proportionnel à l'aimantation M_c dans la coupe. Les contributions externes à la coupe ont ainsi été éliminées.

On peut objecter qu'un résultat identique aurait été obtenu avec une impulsion sélective $\pi/2$ de mêmes caractéristiques (fréquence et largeur), appliquée en présence du gradient G_X. Il faut remarquer que dans ce cas l'acquisition ne peut commencer qu'après la réversion de gradient, un délai supplémentaire étant généralement requis pour que l'homogénéité du champ soit rétablie après disparition des courants de Foucault. L'intérêt de la procédure ISIS est que l'impulsion de lecture est appliquée en absence de gradient. L'acquisition du signal peut commencer immédiatement après la fin de l'impulsion de lecture, ce qui présente un grand intérêt pour l'acquisition de signaux provenant d'espèces à T_2 court. ISIS 1D peut être par exemple utilisé en association avec une bobine de surface en vue d'éliminer les signaux provenant de régions proches du plan de la bobine. C'est cependant avec l'application de la méthode dans 2 ou 3 dimensions spatiales qu'ISIS trouve tout son intérêt.

6.6.1.2   Généralisation : ISIS 2 et 3D

On ajoute maintenant, à chacune des séquences d'impulsions des expériences 1 et 2 qui ont permis de sélectionner une coupe perpendiculaire à X, une impulsion π sélective appliquée en présence d'un gradient G_Y. Cette impulsion sélectionne une coupe orthogonale à l'axe Y (tableau 6.1). La position et la largeur de cette coupe sont données par des expressions similaires aux équations (6.8) et (6.9). On obtient ainsi les expériences 3 et 4. Si l'on soustrait le signal produit par l'expérience 4 (S_4) de celui issu de l'expérience 3 (S_3), on obtient, comme avec les expériences 1 et 2, le signal dans une coupe orthogonale à l'axe X, mais, dans cette coupe, le signal de la région située à son intersection avec la coupe orthogonale à Y (une barre) est inversé (figure 6.8). Ainsi, les expériences 1 et 2 ($S_2 - S_1$) donnent le signal dans une coupe orthogonale à X, tandis que les expériences 3 et 4 ($S_4 - S_3$) donnent le signal dans la même coupe, mais avec inversion du signal provenant de la barre située à l'intersection des coupes X et Y. Il suffit donc de soustraire les deux résultats $((S_2 - S_1) - (S_4 - S_3))$ pour obtenir le signal dans la barre situé à l'intersection des coupes X et Y. Le signal issu de l'expérience ISIS 2D provient ainsi d'un volume sensible (ou volume d'intérêt) ayant la forme d'une barre.

TAB. 6.1 – ISIS 3D. Signe devant être affecté aux différentes acquisitions.

Expérience N°	G_X	G_Y	G_Z	Signe sommation
1	π			−
2				+
3	π	π		+
4		π		−
5	π		π	+
6			π	−
7	π	π	π	−
8		π	π	+

L'extension à 3 dimensions est alors directe : on reprend la série des expériences 1 à 4, et l'on ajoute une impulsion d'inversion sélective appliquée en présence d'un gradient G_Z. On obtient ainsi les signaux S_5 à S_8. On calcule alors $(S_6 - S_5) - (S_8 - S_7)$, que l'on soustrait du résultat des expériences 1 à 4 $((S_2 - S_1) - (S_4 - S_3))$ pour obtenir le signal dans un parallélépipède situé à l'intersection des trois coupes. Le tableau 6.1 précise le mode d'addition ou de soustraction de chacune des 8 acquisitions. On note que le signe affecté à la sommation est + dans le cas d'un nombre pair d'impulsions d'inversion, et − dans le cas contraire.

Un temps T_R (temps de répétition) sépare deux impulsion $\pi/2$ consécutives. Pour permettre à l'aimantation longitudinale de retrouver une valeur acceptable, ce temps doit être suffisamment long par rapport aux temps de relaxation T_1 des espèces observables. La figure 6.9 montre l'évolution du rapport signal sur bruit en fonction du rapport T_R/T_1 pour une durée d'expérience donnée (*cf.* exercice 6.3). Nous avons supposé ici que le régime stationnaire était atteint. Ce rapport passe par un maximum aux environs de $T_R/T_1 \approx 1{,}25$. Les espèces en présence dans la région observée ont rarement le même temps de relaxation, et le choix du temps de répétition doit donc faire l'objet d'un compromis.

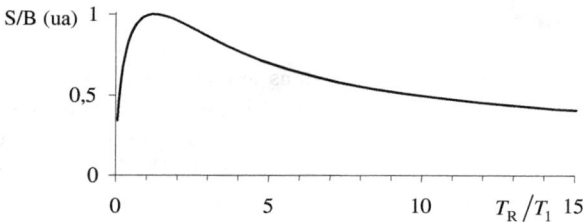

FIG. 6.9 – Méthode ISIS. Impulsion d'excitation $\pi/2$. Évolution du rapport signal sur bruit par unité de temps en fonction du rapport T_R/T_1. Le temps séparant les impulsions d'inversion de l'impulsion d'excitation est supposé court devant T_1.

Bien entendu toute l'expérience ISIS est guidée par IRM et le choix de la position et de la taille du volume sensible s'effectue sur l'image classique. La figure 6.10 montre comment est localisé un volume d'intérêt sur une image. ISIS est une méthode qui présente deux avantages marquants.

- La séquence ISIS n'est pas pondérée T_2 c'est-à-dire qu'elle n'est pas affectée directement par la relaxation spin-spin. La période de préparation ne comporte en effet pas de délai de précession libre. La méthode est donc bien adaptée à la sélection de volume en spectroscopie d'objets à T_2 court (c'est notamment le cas de l'ATP en spectroscopie du phosphore 31).

- Elle est relativement tolérante aux commutations imparfaites de gradients. Le temps séparant l'impulsion de lecture de la dernière coupure d'un gradient, peut être en effet suffisamment grand pour que l'homogénéité et la stabilité du champ aient le temps d'être recouvrées.

La difficulté à surmonter lors de l'utilisation d'ISIS est de supprimer efficacement les signaux issus de l'extérieur de la région d'intérêt. Cette suppression repose sur la soustraction de signaux acquis lors d'expériences successives.

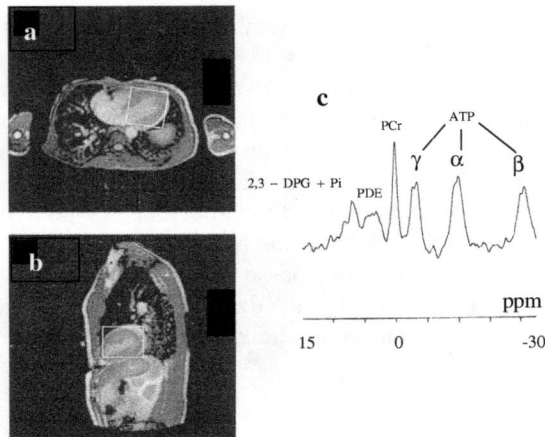

FIG. 6.10 – Spectre du phosphore 31 dans le cœur dans un champ de 1,5 T. Les coupes transverse (a) et sagittale (b) repèrent la position du volume sensible produit par la méthode ISIS. Le spectre (c) contient des contributions du muscle cardiaque et du sang. D'après G. Perseghin *et al.* J. Am. Coll. Cardiol. **46**, 1085–1092, 2005, with permission from Elsevier.

On mesurera mieux la difficulté, en remarquant que le volume d'intérêt d'une sélection ISIS peut être plusieurs ordres de grandeur plus petit que le volume externe. La précision de soustraction des signaux situés hors de la région d'intérêt, peut être affectée par les instabilités du spectromètre d'une expérience à l'autre, mais aussi par des mouvements du sujet qu'il peut être difficile d'éviter lorsqu'il s'agit de travaux cliniques. Par ailleurs, les impulsions d'inversion doivent être particulièrement soignées. Prenons l'exemple des expériences 1 et 2 de la figure 6.8. La suppression des signaux extérieurs à la région inversée par l'impulsion appliquée en présence du gradient G_X, nécessite que l'aimantation longitudinale dans la région externe, soit la même en présence ou en absence de l'impulsion d'inversion. Toute excitation hors de la bande passante d'inversion introduit une erreur de soustraction. Par ailleurs, dans la bande passante, les imperfections d'inversion produisent des pertes de signal. On utilise souvent des impulsions adiabatiques de type sécante hyperbolique (chapitre 2, section 2.8.3), qui présentent un excellent profil d'inversion. Les impulsions de lecture sont moins exigeantes car elles sont présentes dans chacune des 8 expériences de la séquence ISIS 3D et n'interviennent donc pas dans l'efficacité du processus de soustraction. Enfin, la sélection résultant d'un processus d'addition soustraction, il est essentiel que, l'aimantation longitudinale soit la même au début de chaque expérience. Pour cela, la séquence est déclenchée « à blanc » (c'est à dire sans acquisition de signal), avant la première acquisition. Si le champ rf est homogène, l'état stationnaire est obtenu dès la fin du temps T_R qui suit la **première** impulsion $\pi/2$. Si le champ rf est inhomogène, la difficulté devient plus grande. L'aimantation longitudinale, présente avant une acquisition, dépend de la valeur de l'aimantation longitudinale laissée intacte par l'impulsion d'excitation qui précède. La préparation de l'aimantation longitudinale étant différente lors de chacune des N expériences que comporte une sélection ISIS, les contaminations sont inévitables dès lors que le temps de répétition n'est pas très supérieur à T_1. Une solution à ce type de difficulté est d'associer à ISIS une méthode de saturation du volume extérieur (*cf.* section 6.6.3).

Quelques ordres de grandeurs en spectroscopie du ^{31}P :

- temps de relaxation T_1 du ^{31}P dans les métabolites phosphorés (Pi, PCr, ATP etc.) dans les tissus et organes : 0,8 s à plusieurs secondes,
- durée d'une impulsion sélective : ms,
- temps de relaxation T_2 du ^{31}P : PCr 200 ms, ATP 20 ms,
- temps entre deux impulsions d'inversion, 5 à 10 ms, ou plus si nécessaire.

6.6.2 Excitation directe des spins intérieurs au volume d'intérêt

Un important avantage de ces méthodes est qu'un spectre localisé peut être obtenu en une seule acquisition, ce qui permet de réduire significativement l'influence des instabilités et mouvements divers. Cela rend aussi possible l'ajustement de l'homogénéité du champ dans le volume d'intérêt, en observant la résonance de l'eau lors d'une expérience préliminaire.

6.6.2.1 DRESS

La méthode DRESS (**D**epth **RE**solved **S**urface-coil **S**pectroscopy) est basée sur la combinaison des propriétés de localisation des bobines de surface, avec celles des d'impulsions sélectives appliquées en présence d'un gradient de champ. En pratique, l'impulsion non sélective utilisée avec une bobine de surface, est remplacée par une impulsion sélective appliquée en présence d'un gradient dirigé selon l'axe de la bobine (Y). Le plan de coupe est donc parallèle au plan de la bobine (figure 6.11). La réversion de gradient est bien sûr nécessaire, ce qui retarde l'acquisition et, en spectroscopie, impose l'utilisation d'une correction de phase d'ordre 1 (*cf.* chapitre 2, section 2.4.10). Lorsque la bobine est utilisée en émission réception, la méthode souffre bien sûr de l'inhomogénéité du champ rf qui détériore le profil spatial. L'utilisation d'une impulsion d'excitation adiabatique (chapitre 2, section 2.8.4) permet d'atténuer très fortement les difficultés associées à l'inhomogénéité du champ rf. L'exploitation d'un champ rf homogène et l'amélioration significative du profil de coupe passe cependant par l'utilisation d'une antenne « corps » de grandes dimensions.

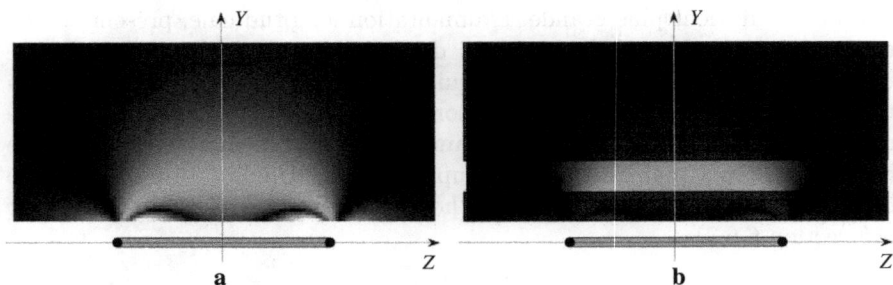

FIG. 6.11 – Volume sensible d'une bobine de surface utilisée en émission réception (plan XY), avec une impulsion dure de 180° au centre de la bobine (a) et (b) volume sensible obtenu si l'impulsion d'excitation est sélective et appliquée en présence d'un gradient G_Y (DRESS).

Malgré sa simplicité, cette méthode n'est plus guère utilisée aujourd'hui, les méthodes 2 ou 3D, décrites ci-dessous, offrant une précision de localisation bien supérieure.

6.6.2.2   Séquences d'écho stimulé

Nous avons vu comment pouvait être effectué une sélection de coupe avec une séquence d'écho stimulé (chapitre 3, section 3.4). Une séquence de ce type peut par exemple être utilisée en imagerie de diffusion. Les gradients de sélection pendants lesquels sont appliqués les impulsions ont la même direction. Au contraire, la séquence STEAM (*STimulated Echo Acquisition Mode*) destinée à la sélection de volume, comporte trois impulsions sélectives de 90°, appliquées aux instants 0, $T_E/2$, $T_E/2 + T_M$ (centres des impulsions), en présence de gradients orthogonaux (figure 6.12).

La première impulsion, appliquée en présence de gradient G_X, place dans le plan xOy les aimantations situées dans une coupe perpendiculaire à la direction X. La seconde impulsion, appliquée en présence de gradient G_Y, et qui touche les aimantations d'une coupe orthogonale à l'axe Y, replace le long de l'axe Z les composantes M_y des aimantations nucléaires située dans la barre constituant l'intersection des deux coupes. Un temps $T_E/2$ sépare ces deux impulsions. L'aimantation reste le long de l'axe Z pendant le temps T_M qui doit rester court par rapport au temps de relaxation T_1, mais qui peut être long devant T_2 ou T_2^*. La dernière impulsion, appliquée en présence de gradient G_Z, et qui concerne donc l'aimantation d'une coupe orthogonale à Z, replace dans le plan transversal l'aimantation de cette coupe. La fraction située dans le cube intersection des trois plans forme un écho stimulé (chapitre 2, section 2.6).

Pour éviter l'utilisation d'un cyclage de phase, et ne conserver que les signaux associés au chemin $p = 0 \Rightarrow 1 \Rightarrow 0 \Rightarrow -1$, nous savons qu'il est

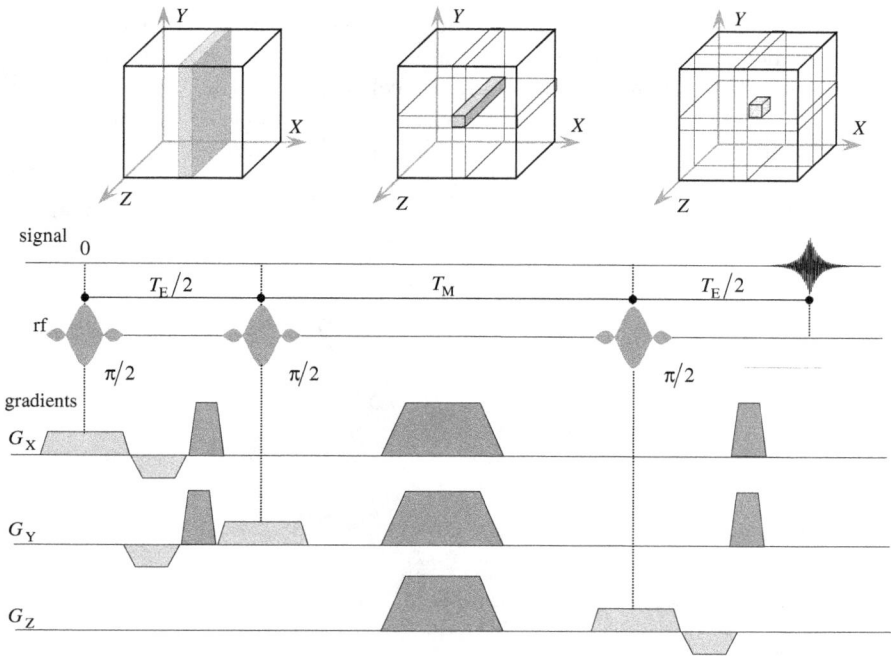

FIG. 6.12 – Séquence d'impulsions et gradients de sélection et de dispersion de la méthode STEAM.

nécessaire que l'aimantation transversale soit totalement dispersée sous l'effet d'une impulsion de gradient appliquée avant la seconde impulsion. Cette dispersion doit être effective *sur l'étendue du volume sensible* qui peut être de petite taille. Les gradients de dispersion doivent donc être suffisamment intenses. Cette procédure permet de détruire les signaux associés aux chemins $p = 0 \Rightarrow -1 \Rightarrow 0 \Rightarrow -1$ et $p = 0 \Rightarrow 0 \Rightarrow 0 \Rightarrow -1$. Par ailleurs, la destruction des signaux associés à des cohérences différentes de $p = 0$ entre la seconde et la troisième impulsion est assuré à l'aide d'impulsions de gradients placées entre ces impulsions rf. On doit donc distinguer deux types de gradients :

- les **gradients de sélection de coupe**, qui nécessitent une procédure de refocalisation des déphasages produits pendant la sélection,

- les **gradients de dispersion**, qui doivent éliminer tous les échos à l'exception de l'écho stimulé, mais aussi assurer (avec la contribution éventuelle des gradients de sélection de coupe), la dispersion des aimantations avant la seconde impulsion.

Les critères qui doivent être remplis par les différents lobes de gradients laissent une certaine liberté de choix. On peut ainsi placer un lobe de rephasage après chaque impulsion de sélection de coupe comme cela a été fait dans l'exemple de la figure 6.12. Pour les gradients X et Y qui concernent les deux premières impulsions sélectives, on peut aussi placer les lobes de refocalisation après la troisième impulsion comme cela a été effectué dans la séquence de la figure 6.13 (on remarquera que, dans ce cas, le lobe de refocalisation a le même signe que le gradient de sélection qui lui est associé). Enfin, le lobe de refocalisation associée au gradient Z pourrait très bien être placé entre les deux premières impulsions (ici encore avec le même signe que le gradient de sélection qui lui est associé).

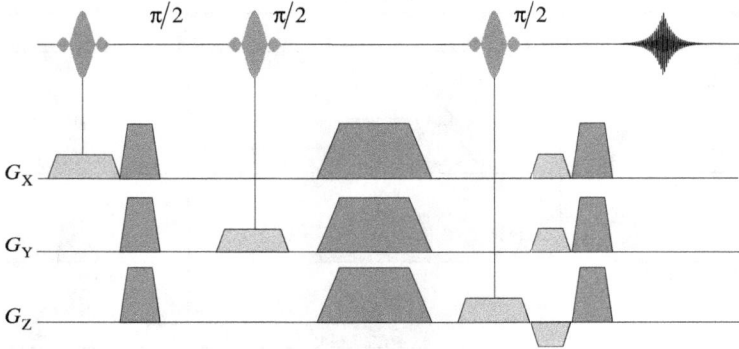

FIG. 6.13 – Autre exemple de schéma de gradient d'une séquence STEAM.

De très nombreuses études de spectroscopie du proton à temps d'écho court ont été effectuées avec des séquences d'écho stimulé. Nous reviendrons dans la section 6.6.2.4 sur les caractéristiques de la séquence STEAM en la comparant aux séquences d'écho de spin.

6.6.2.3 Séquences d'écho de spin : PRESS et LASER

La méthode de base est connue sous le nom PRESS (*Point REsolved SpectroScopy*). La localisation spatiale est réalisée au moyen d'une séquence de trois impulsions sélectives, appliquées en présence de gradients. La figure 6.14 présente un exemple de séquence PRESS. L'impulsion d'excitation, appliquée en présence de gradient G_X, sélectionne une coupe orthogonale à l'axe X. L'aimantation ainsi sélectionnée est refocalisée au moyen d'une impulsion de 180° appliquée en présence d'un gradient G_Y. L'aimantation située à l'intersection des deux coupes, est refocalisée à l'aide d'une seconde impulsion de 180° appliquée en présence d'un gradient G_Z. Le signal acquis est issu de la zone commune aux trois coupes orthogonales.

Le chemin de cohérence qui doit être privilégié est bien sûr le chemin $p = 0 \Rightarrow -1 \Rightarrow 1 \Rightarrow -1$. Comme dans une séquence d'écho stimulé, neuf chemins sont susceptibles de contribuer au signal acquis après la troisième impulsion. La présence de lobes de déphasage-rephasage autour des impulsions de refocalisation, permet d'éliminer les chemins non désirés susceptibles

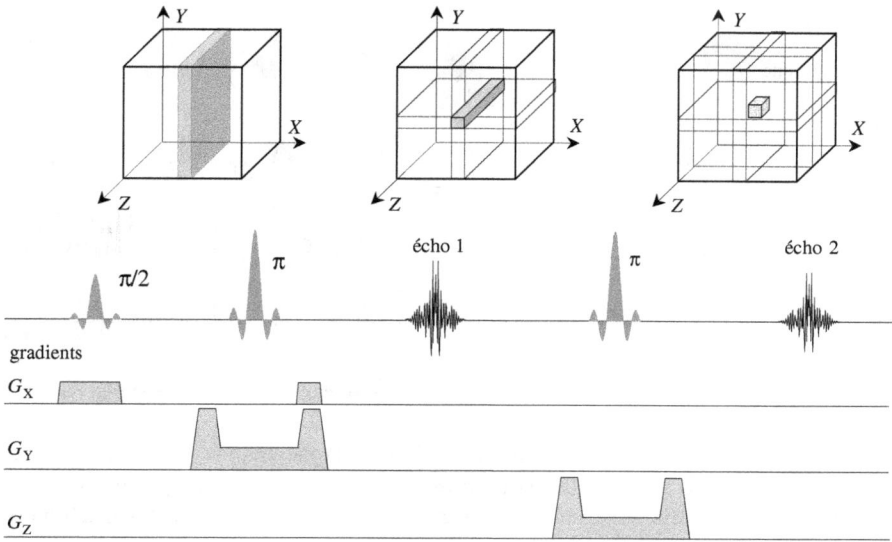

FIG. 6.14 – Séquence d'impulsions et de gradients de la méthode PRESS.

de produire un signal observable. Le schéma de la figure 6.14 remplit cette condition. On gardera en mémoire que les déphasages associés à une direction de gradient ne peuvent pas être compensés par des déphasages associés à une autre direction de gradient. Le couple de gradients entourant la seconde impulsion de refocalisation impose la condition $p_3 + p_4 = 0$. Sachant que nécessairement $p_4 = -1$ (cohérence observable), on en déduit $p_3 = 1$. Un raisonnement identique effectué avec les lobes de gradient entourant la première impulsion de refocalisation, conduit à la conclusion que le seul chemin contribuant au signal est en effet le chemin $p = 0 \Rightarrow -1 \Rightarrow 1 \Rightarrow -1$.

Cette méthode est très utilisée en spectroscopie localisée du proton. Elle présente l'avantage sur la méthode STEAM d'une meilleure sensibilité (elle ne souffre pas de la perte de la moitié du signal qui affecte la méthode STEAM). Par contre, il est plus difficile de travailler à temps d'écho court. L'utilisation d'impulsions adiabatiques (chapitre 2, section 2.8) permet de compenser les inhomogénéités du champ radiofréquence, et aussi de disposer d'excellents profils de coupe. Nous avons analysé dans le chapitre 2 (section 2.8.4.2) le principe des paires d'impulsions d'inversion adiabatiques utilisées comme impulsions de refocalisation (figure 2.60). L'utilisation de ces paires d'impulsion, qui donnent des profils de coupe très propres, a donné naissance à une méthode dérivée de PRESS et désignée sous le nom de LASER (Localization by Adiabatic SElective Refocusing). La séquence LASER est présentée figure 6.15. La figure 6.16, présente le résultat d'une expérience utilisant cette méthode avec un temps d'écho de 36 ms. Chaque paire est sélective dans une

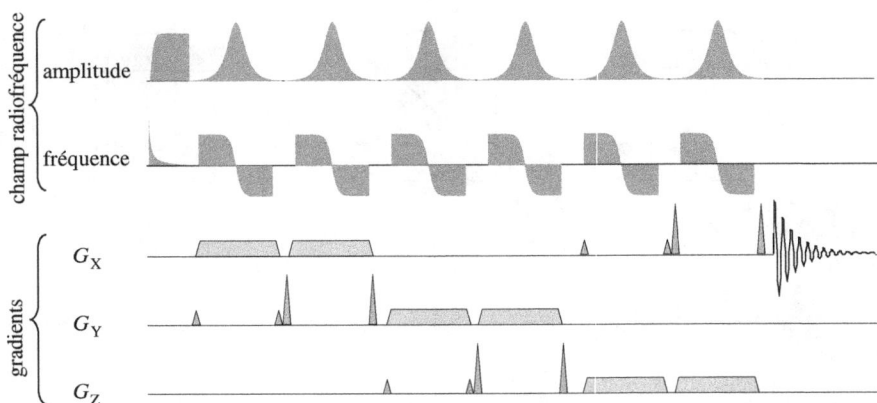

FIG. 6.15 – Séquence de localisation 3D, LASER. Trois couples d'impulsions adiabatiques d'inversion sont appliqués en présence de gradients orthogonaux. Chaque impulsion est entourée d'impulsions de gradient visant à détruire les cohérences indésirables.

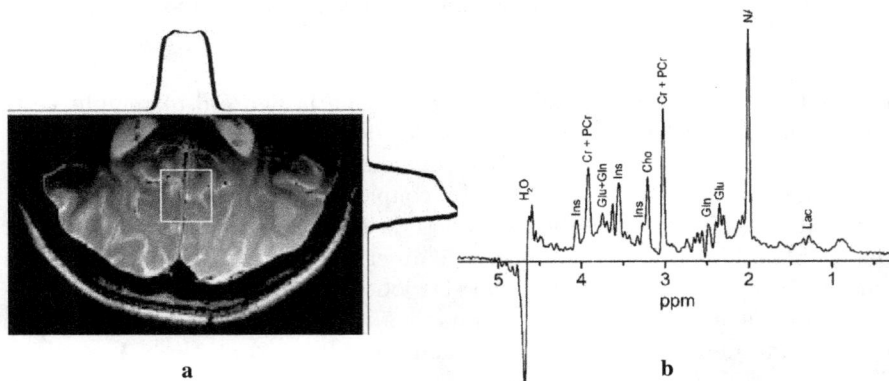

FIG. 6.16 – Spectroscopie proton dans le cerveau humain $(4\,T)$. Sélection de volume effectuée à l'aide de trois paires d'impulsions adiabatiques sech spatialement sélectives qui suivent une impulsion d'excitation adiabatique non spatialement sélective. Bobine de surface de 14 cm de diamètre utilisée en émission et réception. Position et profil du volume sensible de 2 cm^3 (a) et spectre issu de 64 acquisition espacées de 6 s (b). Espèces détectées : inositol (Ins), créatine (Cr), phosphocréatine (PCr), glutamate (Glu), glutamine (Gln), composés à choline (Cho), N-acétyl aspartate (NAA), et lactate (Lac). D'après M. Garwood et L. DelaBarre. J. Magn. Reson. **153**, 155–177, 2001, with permission from Elsevier.

des trois directions de l'espace. L'impulsion d'excitation n'est pas appliquée en présence de gradient.

6.6.2.4 STEAM ou PRESS ?

Le principal inconvénient de la séquence STEAM par rapport à PRESS est la perte d'un facteur 2 en rapport signal sur bruit, perte inhérente à toute séquence d'écho stimulé (chapitre 2, section 2.6). Diverses spécificités permettent néanmoins à la séquence STEAM de s'imposer dans certaines situations, face à une séquence d'écho de spin :

- Le profil de coupe d'une séquence STEAM est souvent meilleur que celui d'une séquence d'écho. Il est en effet plus facile d'obtenir un profil de coupe satisfaisant avec des impulsions de 90°, qu'avec des impulsions de 180°. L'utilisation d'impulsions de refocalisation adiabatiques (LASER), améliore cependant grandement le profil de coupe des séquences d'écho de spin.

- Comparée à une séquence PRESS, l'énergie dissipée lors de l'application des impulsions rf est beaucoup plus faible.

- En spectroscopie du proton, il est plus facile de travailler à temps d'écho court avec une séquence STEAM qu'avec une séquence PRESS. Cela tient à la nécessaire suppression du signal de l'eau. Pendant le délai T_M, des impulsions fréquentiellement sélectives à la fréquence de l'eau peuvent utilisées pour compléter la destruction de l'aimantation de l'eau (*cf.* section 6.8.1).

Il faut enfin relever une différence significative entre les deux séquences lorsque des systèmes couplés, lactate, glutamine et glutamate par exemple, sont présents. La seconde impulsion d'une séquence STEAM, crée des cohérences à zéro quantum qui ne sont pas détruites par les impulsions de gradient appliquées pendant T_M. Ces cohérences sont reconverties en aimantation observable par la 3e impulsion. Le résultat dépend alors de T_E et de T_M. Les imperfections des impulsions de refocalisation des séquences de type PRESS produisent aussi des cohérences à multiples quanta susceptibles d'évoluer avant d'être reconverties en aimantation observable. Mais une description précise de ces évolutions ne peut être effectué sans utiliser le formalisme quantique.

6.6.3 Destruction de l'aimantation à l'extérieur du volume sensible

Le principe général de ces méthodes est d'utiliser des impulsions sélectives appliquées en présence de gradients de champ pour détruire l'aimantation longitudinale dans tout l'échantillon, sauf dans la région que l'on souhaite analyser par spectroscopie ou par d'autres méthodes d'IRM. Dans la région d'intérêt, l'aimantation longitudinale doit rester intacte et sera lue dès la fin de la phase de destruction des signaux externes.

L'impulsion de lecture peut être, ou non, spatialement sélective. Les méthodes de ce type ont suscité beaucoup d'intérêt au moment où elles sont apparues, au milieu des années quatre-vingt. L'impulsion de lecture était alors non spatialement sélective. Elles ne sont plus utilisées aujourd'hui que comme complément d'une autre méthode de sélection de volume. En effet le volume de la région dans laquelle l'aimantation doit être détruite est souvent 100 à 1000 fois plus important que celui de la région d'intérêt. Prenons l'exemple d'un volume d'intérêt cubique de 1 cm de côté, situé dans un ensemble cubique de 4 cm de côté. On doit dans ce cas acquérir le spectre d'un volume de 1 cm^3 dans un volume total de 64 cm^3. Si l'on suppose l'aimantation nucléaire approximativement uniforme, et que l'on souhaite que la contamination n'excède pas 10 %, alors, avant l'impulsion de lecture, l'aimantation longitudinale dans la région extérieure au volume d'intérêt devra être en moyenne inférieure à $1/640$ de sa valeur initiale... On comprend donc qu'il est extrêmement difficile d'obtenir une destruction de l'aimantation longitudinale suffisamment efficace, pour éviter une contamination du spectre de la région d'intérêt par des signaux issus de la région externe.

La destruction de l'aimantation à l'extérieur du volume sensible reste cependant une procédure intéressante lorsqu'elle est associée à une d'autre méthode de localisation. La méthode ISIS par exemple, gagne beaucoup à être précédée d'une période de destruction de l'aimantation nucléaire à l'extérieur du volume sensible. Nous avons en effet vu que l'élimination des signaux extérieurs au volume sensible défini par les impulsions ISIS reposait sur une soustraction qui peut être imparfaite. Une destruction préalable, au moins partielle, des signaux non désirés peut grandement améliorer la précision de la sélection de volume, notamment en champ rf inhomogène.

Nous décrirons le principe de ces techniques en utilisant des impulsions sélectives de type sinc-cos (*cf.* chapitre 2, section 2.4.6) qui possèdent deux bandes d'excitation. Si l'on applique ce type d'impulsion en présence d'un gradient de champ en ajustant les paramètres (gradient, fréquence et forme d'impulsion), il est possible de faire basculer l'aimantation dans la région extérieure au volume à étudier, sans toucher l'aimantation dans ce volume. Nous présentons ci-dessous le principe du calcul de la forme d'impulsion dans le cas d'une expérience à une dimension.

Prenons par exemple le cas d'une expérience 1D. On souhaite maintenir intacte l'aimantation dans une largeur l centrée autour de la position X_0, et détruire l'aimantation externe dans deux bandes externes de largeur L (figure 6.17). Ces bandes externes doivent bien sûr recouvrir tout l'échantillon. On peut pour cela appliquer, en présence d'un gradient G_X, une impulsion sinc-cos dont l'amplitude a pour forme

$$b_1^\perp(t) \propto \frac{\sin(\pi f_{\max} t)}{\pi f_{\max} t} \cos(2\pi \Delta f\, t). \qquad (6.10)$$

On sait (approximation de la réponse linéaire), que cette impulsion produit deux bandes d'excitation de largeur $f_{\max}$, centrées autour des fréquences

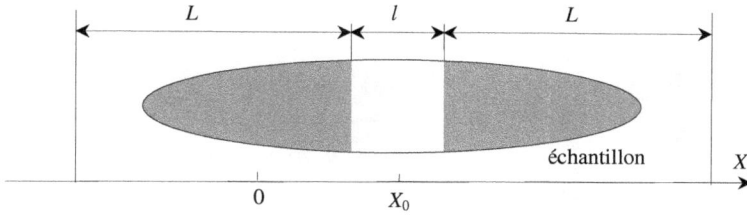

FIG. 6.17 – Destruction de l'aimantation à l'extérieur du volume sensible. L'aimantation doit être préservée dans la région de largeur l centrée en X_0, et détruite à l'extérieur de cette région.

$F_{\mathrm{rf}} \pm \Delta f$, $F_{\mathrm{rf}} = \Omega_{\mathrm{rf}}/2\pi$ étant la fréquence d'excitation. La largeur de la bande non excitée est donc égale à $2\Delta f - f_{\max}$.

Le profil des bandes de saturation est associé à la durée d'impulsion et à son niveau de troncature. Il nous faut déterminer F_{rf} et Δf. L'intensité du gradient est fixée à partir de la largeur spatiale L des bandes d'excitation qui doivent couvrir tout l'échantillon de part et d'autre de la zone à protéger :

$$f_{\max} = \frac{|\gamma|\ |G_X|\ L}{2\,\pi}. \tag{6.11}$$

L'amplitude du gradient G_X étant fixée (le signe peut-être fixé sans contrainte particulière), la fréquence d'excitation F_{rf} peut être calculée à partir de la position X_0 du centre de la région d'intérêt :

$$F_{\mathrm{rf}} = -\frac{\gamma\,G_X X_0}{2\,\pi} + F_0, \tag{6.12}$$

où F_0 est la fréquence de Larmor.

Enfin, on établit aisément que Δf s'écrit :

$$\Delta f = \frac{|\gamma|\ |G_X|\ (L+l)}{4\,\pi}. \tag{6.13}$$

Pour une sélection 3D, trois impulsions de ce type sont appliquées successivement, en présence de gradients G_X, G_Y et G_Z (figure 6.18). Après chaque impulsion, l'aimantation transversale est dispersée par les gradients. Une séquence de lecture de l'aimantation longitudinale, qui a été préservée dans la région d'intérêt seulement, est appliquée après le retour à une homogénéité acceptable du champ. Cette séquence peut être constituée d'une unique impulsion non sélective ou d'une séquence plus complexe.

La figure 6.19 montre qu'après l'application d'une impulsion sinc-cos l'aimantation longitudinale est en effet préservée dans la région d'intérêt (située ici autour de la fréquence zéro), tandis qu'elle est très réduite dans la région périphérique.

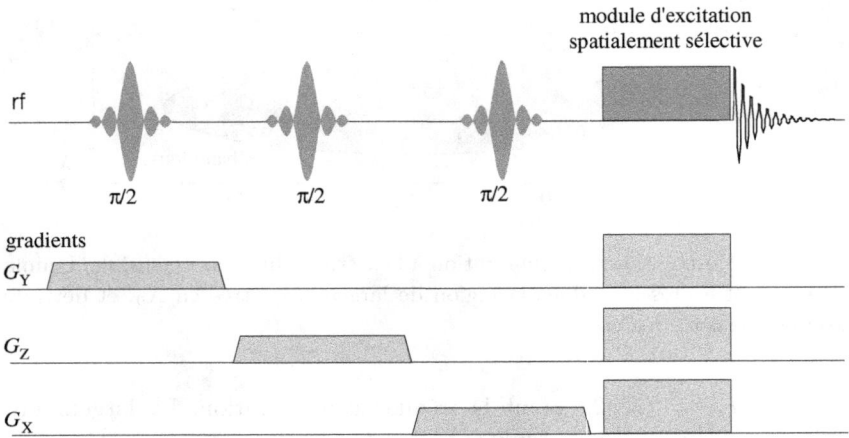

FIG. 6.18 – Séquence de trois impulsions de destruction de l'aimantation à l'extérieur du volume d'intérêt

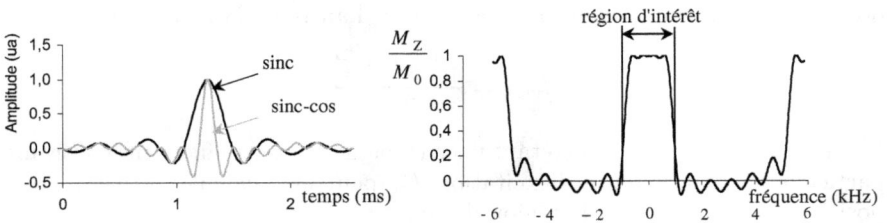

FIG. 6.19 – Réponse à une impulsion sinc-cos de 90°. À gauche impulsion sinc-cos : durée d'impulsion 2,56 ms ; troncature du sinc au sixième zéro ; fréquence du terme en cosinus : 3125 Hz. À droite profil de l'aimantation longitudinale.

On utilise aussi bien sûr d'autres types d'impulsions, par exemple des impulsions sinc ou encore des impulsions construites avec l'algorithme de Shinnar et Le Roux (chapitre 2, section 2.4.11). Les impulsions $\pi/2$ de type secante hyperbolique utilisées hors des conditions d'adiabaticité (chapitre 2, section 2.8.3, figure 2.57) constituent aussi d'excellentes impulsions de saturation (profil très net).

La figure 6.20 montre comment des bandes de saturation du volume extérieur peuvent être utilisées pour améliorer la qualité de la sélection de volume.

6.6.4 Erreur de position associée au déplacement chimique

Toutes les techniques exploitant des impulsions sélectives appliquées en présence de gradients, sont affectées par l'artefact dit de déplacement chi-

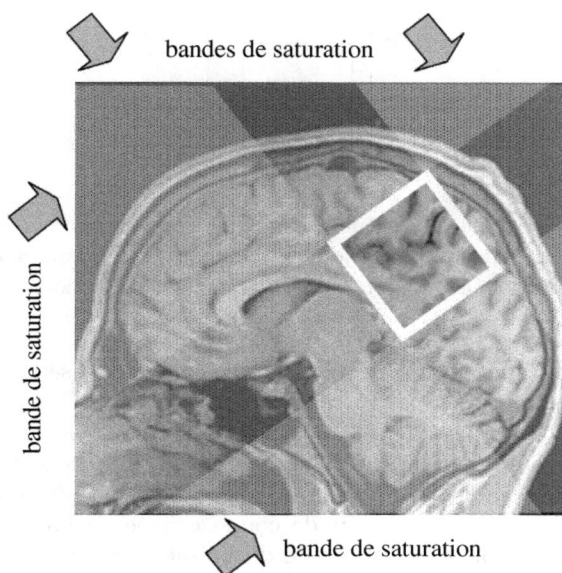

bandes de saturation

bande de saturation

bande de saturation

FIG. 6.20 – Positions de 4 bandes de suppression du signal extérieur au volume sélectionné. Deux autres bandes parallèles au plan de l'image et adjacentes aux faces du volume d'intérêt améliorent la suppression des signaux externes.

mique que nous avons décrit dans le chapitre 3 (section 3.7). La spectroscopie est particulièrement concernée par ce problème, notamment lorsque la gamme de déplacements chimiques de l'espèce étudiée est grande. La figure 6.21 montre comment le volume sélectionné se déplace en fonction du déplacement chimique. Les espèces observées s'étalent en général sur environ 4 ppm en spectroscopie proton, 25 ppm en spectroscopie ^{31}P et près de 200 ppm en spectroscopie du ^{13}C. L'écart de position, ΔX, entre deux résonances situées aux deux extrémités du spectre ($\delta_{\min}$, $\delta_{\max}$), est donnée par l'expression (*cf.* chapitre 3, équation (3.30)) :

$$|\Delta X| = (\delta_{\max} - \delta_{\min}) \, 10^{-6} \frac{B_0}{|G_X|}. \qquad (6.14)$$

On en déduit que, pour un gradient donné, l'erreur de position associée au déplacement chimique est proportionnelle à la largeur spectrale exprimée en ppm et à l'intensité du champ directeur. Par rapport à l'erreur proton, l'erreur ^{31}P est environ 6 fois plus grande et l'erreur ^{13}C 50 fois plus grande.

Prenons l'exemple de l'expérience classique de spectroscopie du phosphore 31, effectuée dans un champ de 1,5 Tesla avec la méthode ISIS. Avec un gradient de 10 mT/m l'erreur sera de 3,75 mm, ce qui reste acceptable pour des volumes sélectionnés souvent de l'ordre de $3 \times 3 \times 3$ cm^3 chez l'homme.

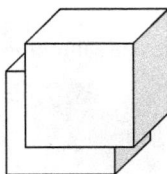

FIG. 6.21 – Artefact de déplacement chimique en spectroscopie. La position du volume sélectionné dépend du déplacement chimique. La différence de position est inversement proportionnelle à l'intensité du gradient de sélection.

On constate immédiatement que la spectroscopie du ^{13}C sera difficile déjà de ce point de vue.

L'intensité du gradient de sélection n'est cependant pas le seul paramètre à prendre en compte au moment de la mise en place de la séquence. La puissance rf crête disponible est limitée, et l'énergie dissipée dans le patient doit être contrôlée. Pour une épaisseur de coupe e fixée, la bande passante $\Delta\omega$ de l'impulsion s'accroît avec l'intensité du gradient. La réduction de l'erreur nécessite l'accroissement de $\Delta\omega$, donc une réduction de la durée d'impulsion, ce qui accroît la puissance crête nécessaire et l'énergie dissipée (chapitre 2, section 2.1.2.1).

En résumé, si le facteur limitant pour réduire l'erreur de déplacement chimique est l'intensité maximale des gradients, alors on doit utiliser l'équation (6.14) pour évaluer l'erreur minimale. Si la puissance crête disponible ou l'énergie dissipée sont les facteurs limitants, c'est la bande passante maximale de l'impulsion qui intervient. On utilise alors plutôt l'équation suivante (*cf.* chapitre 3, équation (3.31)) :

$$|\Delta X| = (\delta_{\max} - \delta_{\min}) \, 10^{-6} \, |\gamma| \, \frac{B_0 \, e}{\Delta\omega}. \tag{6.15}$$

6.7 Imagerie spectroscopique

Il s'agit de méthodes d'imagerie, appelées aussi imagerie de déplacement chimique ou CSI (Chemical Shift Imaging), comportant une dimension supplémentaire, la dimension fréquence. On obtient ainsi dans chaque voxel de l'image, non plus un niveau de gris associé à l'intensité du signal, mais un spectre. Sauf indication contraire, nous considérons dans ce qui suit des techniques à deux dimensions spatiales. L'extension à trois dimensions est directe.

6.7.1 Principe

La séquence de base comporte une impulsion d'excitation, qui peut être ou non spatialement sélective, et un codage de phase dans 1, 2, ou 3 dimensions

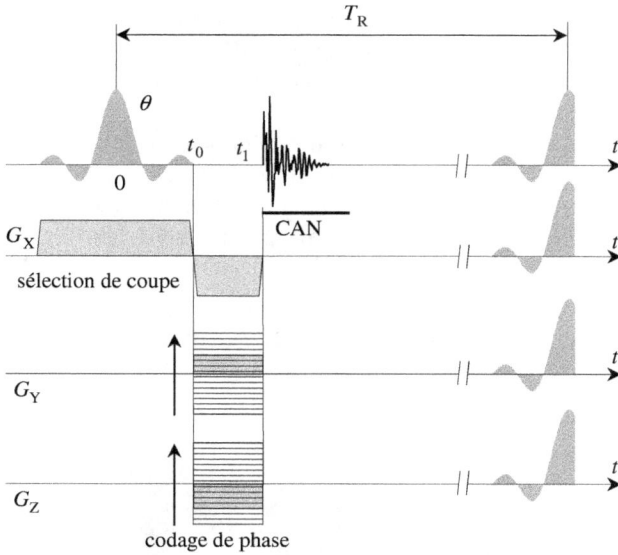

FIG. 6.22 – Séquence d'imagerie spectroscopique 2D. La séquence comporte deux directions de codage de phase (Y et Z). Une transformation de Fourier 3D (Y, Z, t) permet d'obtenir un spectre issu du voxel à la position X (position définie par la sélection de coupe), Y et Z.

spatiales. La figure 6.22 en présente un exemple avec double codage de phase et sélection de coupe. Le signal acquis s'écrit

$$F\left(\boldsymbol{k},\,t\right) = \iint_{\text{coupe}} f\left(\boldsymbol{r},\,t\right) \exp\left(-2\pi\,\mathrm{i}\,\boldsymbol{k}\,\boldsymbol{r}\right) \mathrm{d}Y\,\mathrm{d}Z, \qquad (6.16)$$

où la fonction $f(\boldsymbol{r},\,t)$ est proportionnelle à l'aimantation transversale $M_\perp(\boldsymbol{r},\,t)$ et $\boldsymbol{k}$ est le vecteur fréquence spatiale de composantes :

$$k_Y\left(n_Y\right) = \frac{\gamma}{2\pi} \int_{t_0}^{t_1} G_Y\left(n_Y,\,t\right) \mathrm{d}t, \quad k_Z\left(n_Z\right) = \frac{\gamma}{2\pi} \int_{t_0}^{t_1} G_Z\left(n_Z,\,t\right) \mathrm{d}t,$$
$$(6.17)$$

n_Y, n_Z étant les indices associés au codage de phase dans les directions Y et Z, respectivement. Le signal en chaque point, $f(\boldsymbol{r},\,t)$, est obtenu par transformation de Fourier inverse (2D) par rapport aux variables k_Y et k_Z :

$$f\left(\boldsymbol{r},\,t\right) = \iint_{\text{coupe}} s\left(\boldsymbol{k},\,t\right) \exp\left(2\pi\,\mathrm{i}\,\boldsymbol{k}\cdot\boldsymbol{r}\right) \mathrm{d}k_Y\,\mathrm{d}k_Z. \qquad (6.18)$$

Une troisième transformation de Fourier, dans la direction temporelle, donne le spectre au point de coordonnée $\boldsymbol{r}$:

$$S\left(\boldsymbol{r},f\right) = \int f\left(\boldsymbol{r},\,t\right) \exp\left(-2\,\pi\,\mathrm{i}\,f\,t\right) \mathrm{d}t. \qquad (6.19)$$

Contrairement aux transformées dans les directions spatiales, il s'agit cette fois d'une transformée de Fourier directe. Il se trouve en fait que dans le domaine spatial, c'est l'image dans l'espace des fréquences spatiales qui est acquise. Cette image est très difficile à interpréter et il faut passer dans l'espace conjugué. Au contraire, dans le domaine spectral, on dispose du signal temporel alors que c'est le spectre qui présente le plus grand intérêt.

On notera que l'artefact de déplacement chimique (section 6.6.4) affecte la direction de sélection de coupe, mais pas du tout les directions résolues spatialement avec une méthode de codage de phase.

6.7.2   Séquences produisant un écho

6.7.2.1   Écho de spin

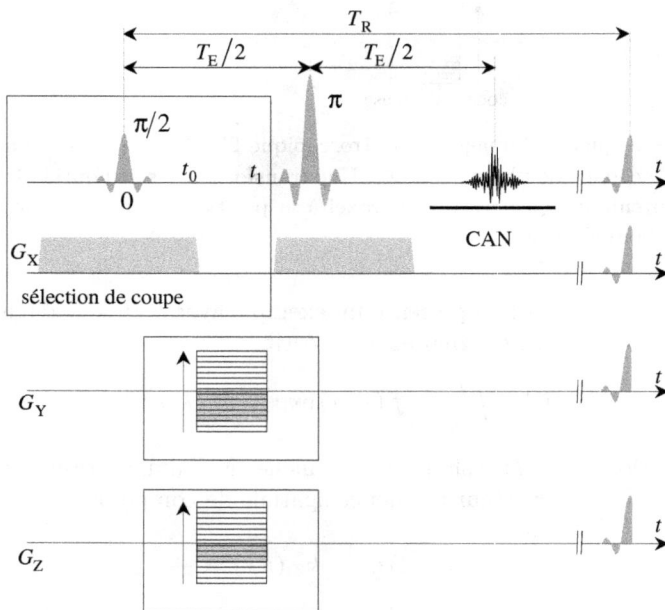

FIG. 6.23 – Imagerie spectroscopique par écho de spin.

Avec une séquence à une seule impulsion, l'acquisition du signal commence avec un certain retard et chaque raie est donc déphasée d'une quantité $2\pi f t_1$, où t_1 est l'instant où débute l'acquisition. Une correction de phase d'ordre 1 doit donc être utilisée. On sait (chapitre 2, section 2.4.10) que cette procédure produit des déformations de ligne de base. On peut éviter cette difficulté en utilisant des méthodes d'écho.

La figure 6.23 présente une séquence d'imagerie spectroscopique 2D par écho de spin. Le codage de phase, placé ici après l'impulsion d'excitation, peut être aussi bien placé après l'impulsion de refocalisation. Les technologies actuelles permettent de travailler avec des temps d'écho très courts (quelques ms).

Il est intéressant d'associer l'imagerie spectroscopique et une sélection de volume, c'est à dire de réaliser une image de déplacement chimique dans un volume limité de l'objet étudié. On peut ainsi associer une séquence PRESS (section 6.6.2.3) qui comporte deux impulsions de refocalisation, à des gradients de codage de phase dans 2 (ou 3) directions spatiales. La figure 6.24 en présente un exemple. Cette technique permet de réaliser l'image spectroscopique dans un volume de taille limitée à celle de la région à étudier. On peut ainsi limiter au minimum le nombre de pas de codage de phase sans risque de repliements. On gardera cependant en mémoire que la sélection de volume est affectée par l'artefact de déplacement chimique.

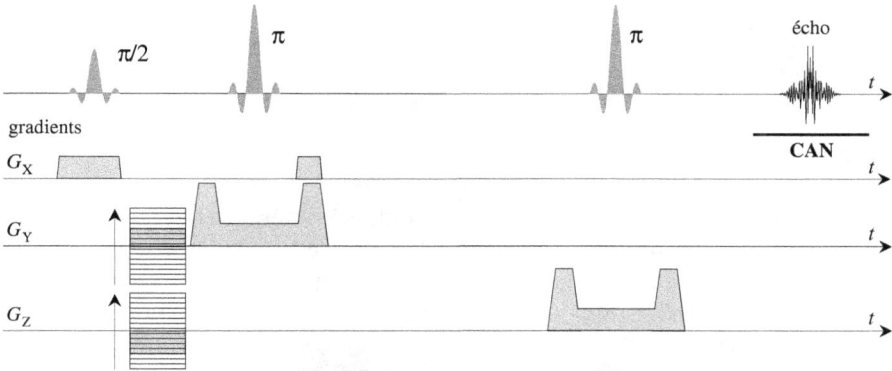

FIG. 6.24 – Association d'une séquence PRESS et d'un double codage de phase.

6.7.2.2   Écho stimulé

On peut aussi faire appel à une séquence d'écho stimulé de type STEAM (section 6.6.2.2). La figure 6.25 présente un des multiples schémas utilisables. Chacune des trois impulsions $\pi/2$ est spatialement sélective, définissant un parallélépipède dans lequel est effectué l'image spectroscopique.

6.7.3   Présentation des images spectroscopiques

Une image spectroscopique peut être associée à un espace à quatre dimensions (3 dimensions spatiales et une dimension fréquentielle). La présentation de ces données peut donc être difficile. Deux types de présentation sont utilisés, la présentation spectroscopique et la présentation image.

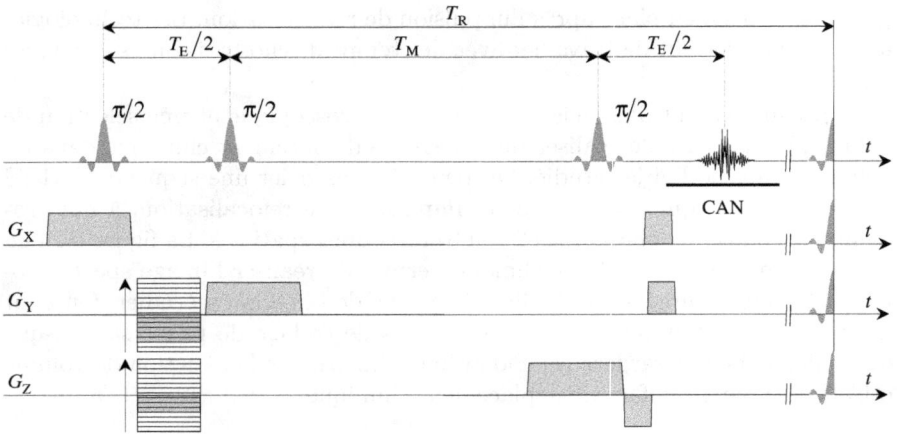

FIG. 6.25 – Séquence d'imagerie spectroscopique utilisant une méthode d'écho stimulé.

Présentation spectroscopique

Les spectres associés à chaque voxel sont présentés. La figure 6.26 donne un exemple de ce type de présentation. Des spectres en des positions intermédiaires peuvent aisément être obtenus en utilisant les propriétés de la transformée de Fourier par rapport aux translations (chapitre 4, section 4.8.4.2). L'utilisation de cette possibilité peut permettre, après acquisition, d'ajuster la position d'un voxel avec celle d'une particularité anatomique. On peut ainsi, par exemple, réduire les effets de volume partiel en déplaçant la grille de manière à positionner un maximum de voxels à l'intérieur d'une particularité anatomique. Ce point est probablement un avantage important des techniques d'imagerie spectroscopique par rapport aux méthodes d'excitation sélective en présence de gradient.

Présentation image

L'amplitude, ou mieux l'aire, d'une résonance située dans le plan d'une image spectroscopique, peut être présentée sous la forme d'un niveau de gris dans une matrice image. À chaque résonance est donc associée une matrice image 2D de faible taille (souvent 8×8 ou 16×16). Dans ce cas il est souhaitable d'accroître le nombre de points dans l'espace image. Cela peut être effectué en utilisant une interpolation de Whittaker-Shannon (chapitre 4, section 4.12.3.1), souvent appelée interpolation de Fourier. On peut aussi se replacer dans l'espace réciproque par transformation de Fourier, compléter les données avec des zéros (chapitre 4, section 4.8.4), et revenir dans l'espace

Cho Cre + PCr Glu   NAA

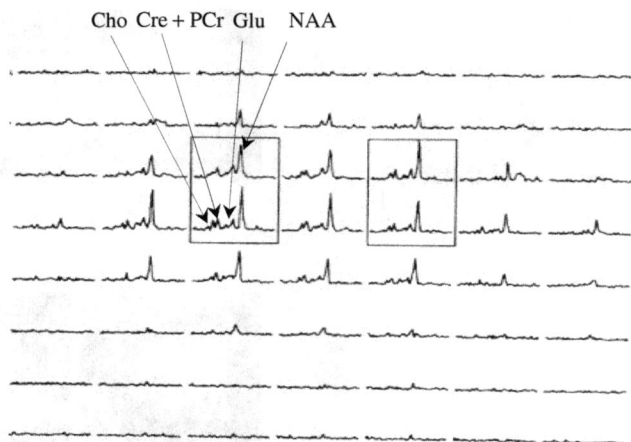

FIG. 6.26 – Image spectroscopique 8 × 8 du proton dans le cerveau de rat. Bobine de surface de 1 cm de diamètre. $B_0 = 4{,}7$ T, séquence d'écho de spin. NAA : N-Acétyl-Aspartate, Glu : glutamine-glutamate, Cr : créatine, PCr : phosphocréatine, Cho : composés à choline. D'après J.-F. Payen *et al.* J. Cereb. Blood Flow Metab. **16**, 1345–1352, 1996, © Nature Publishing Group, 1996.

image par transformée de Fourier inverse. Les deux procédures sont équivalentes. Un exemple de ce type de présentation est donné figure 6.27.

6.7.4   Conséquences de la faible résolution spatiale en imagerie spectroscopique

Avec les techniques décrites ci-dessus, la durée minimum d'acquisition d'une image spectroscopique est égale au produit $N_X N_Y N_Z T_R$, où N_X, N_Y, N_Z, sont les nombres de pas de codage de phase dans les directions X, Y, Z, et T_R le temps de répétition. Même avec deux dimensions spatiales, l'acquisition d'une image 16 × 16 avec un temps de répétition de 1 s nécessite plus de 4 min. Cela peut paraître trop élevé, mais il se trouve que, compte tenu de la concentration des espèces étudiées, ce temps minimum peut être encore insuffisant pour obtenir un rapport signal sur bruit satisfaisant. La concentration de l'eau dans un tissu est en effet de l'ordre de 40 à 50 M, tandis que la concentration des métabolites observés en spectroscopie dans les systèmes vivants est de l'ordre de 1 à 10 mM. Le rapport S/B étant proportionnel au produit du volume observé par la concentration, il est clair que la taille des voxels doit être beaucoup plus importante en spectroscopie qu'en imagerie, et donc que l'imagerie spectroscopique est souvent une imagerie à faible résolution spatiale.

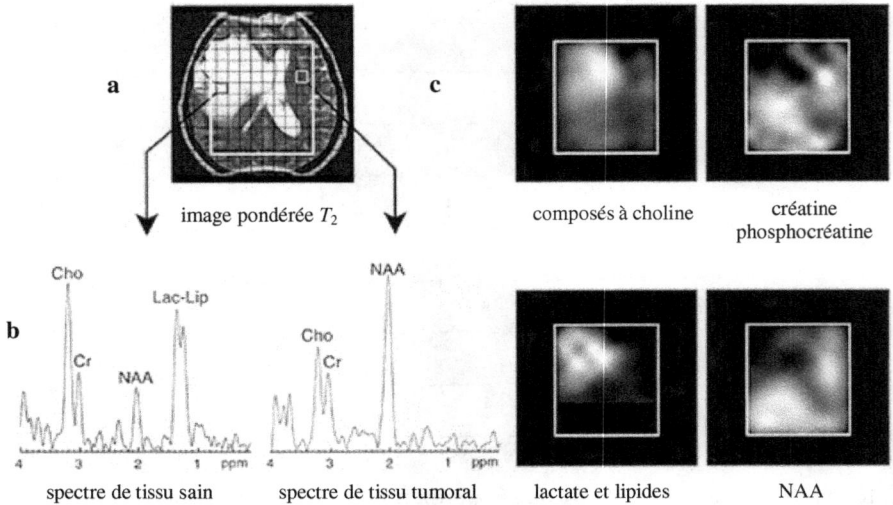

FIG. 6.27 – Image spectroscopique proton d'une tumeur intracérébrale chez l'homme ; (a) : image pondérée T ; (b) : spectres caractéristiques de deux voxels ; (d) images de différents composés. D'après F. Szabo de Edelenyi *et al.* Nature Med. **6**, 1287–1289, 2000, © Nature Publishing Group, 2000.

6.7.4.1 Fenêtres de troncature circulaires

Une caractéristique des techniques d'imagerie spectroscopique décrites précédemment, est que chaque point de l'espace réciproque nécessite au moins une excitation. Il est possible de réduire significativement la durée minimum d'acquisition d'une image spectroscopique en utilisant une fenêtre de troncature circulaire. Une troncature circulaire est obtenue en faisant l'acquisition des seules données de l'espace réciproque dont le centre se situe dans le cercle de troncature. Comme le montre la figure 6.28, construite dans le cas d'une acquisition 8×8, 55 acquisitions sont nécessaires au lieu de 64 (le facteur de réduction est approximativement donné par le rapport des surfaces des 2 fenêtres, soit $\pi/4$). Le gain est encore plus important dans le cas d'une acquisition 3D ($\pi/6$). L'utilisation d'une fonction de troncature circulaire élargit quelque peu la fonction de dispersion du point (chapitre 4, section 4.6.1), mais cet élargissement reste faible.

6.7.4.2 Artefacts de troncature et apodisation

Conséquence de la faible résolution spatiale accessible en général en imagerie spectroscopique, les données sont fortement tronquées. La figure 6.29 montre que les déformations du profil d'une barre s'accroissent lorsque la résolution spatiale se détériore. Les oscillations ont une amplitude indépendante

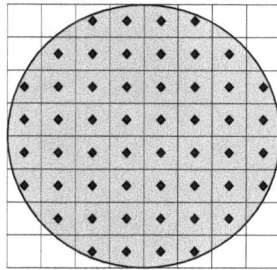

FIG. 6.28 – Une troncature circulaire réduit la durée minimum d'acquisition d'une image spectroscopique.

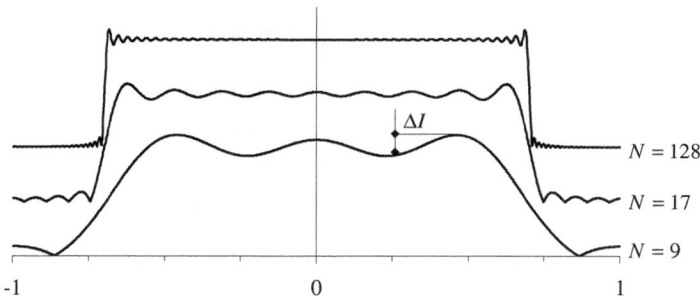

FIG. 6.29 – Images d'une barre obtenues avec 9, 17 et 128 pas de codage. On notera l'étendue des fluctuations d'intensité du profil, lorsqu'on travaille à faible résolution.

de la résolution, mais leur fréquence spatiale diminue avec celle-ci. On note qu'avec 9 pas de codage, les variations relatives d'intensité autour du centre de la barre deviennent importantes. En spectroscopie *in vivo* on se gardera d'attribuer de telles variations à des modifications métaboliques.

Les artefacts associés à la troncature peuvent être atténués en utilisant une fonction d'apodisation, par exemple une fonction de Hanning (chapitre 4, section 4.7.3). Soit $w(\boldsymbol{k})$ cette fonction. Le filtrage consiste classiquement à multiplier $F(\boldsymbol{k}, t)$ par $w(\boldsymbol{k})$, avant de procéder à la transformation de Fourier (méthode A).

La faible concentration des métabolites observés impose souvent l'accumulation de N acquisitions pour chaque pas de codage de phase. Si l'on doit accumuler, l'apodisation peut se faire aussi bien à l'acquisition. Pour un pas de codage donné, on utilise un nombre d'excitations proportionnel à la fonction d'apodisation $N' = N w(\boldsymbol{k})$ (méthode B). Dans ce cas il faut donc choisir une fonction d'apodisation $w(\boldsymbol{k})$ telle que $N w(\boldsymbol{k})$ soit un entier pour les valeurs de $\boldsymbol{k}$ échantillonnées (figure 6.30). Cette méthode permet de bénéficier d'un

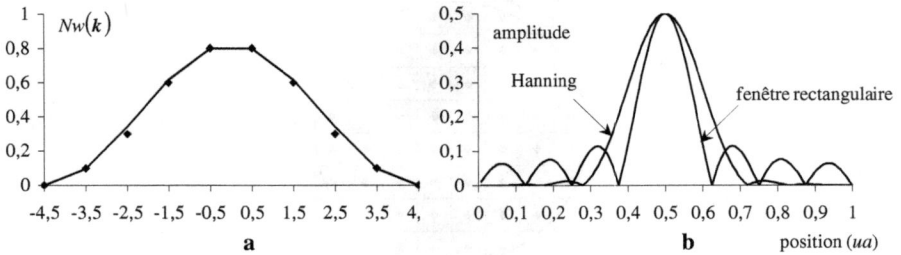

FIG. 6.30 – (a) Filtrage avec une fonction de Hanning s'étalant sur 10 points (trait plein). Les points représentent l'approximation de cette fonction par des entiers (nombre d'accumulations). Seuls les points 1 à 8 sont acquis. (b) Fonctions de dispersion du point correspondant, à une image non filtrée avec 8 pas de codage, et à un filtrage à l'acquisition avec une fonction de Hanning.

avantage significatif au niveau de la durée totale de l'acquisition, mais aussi du rapport signal sur bruit par unité de temps.

L'approche la plus simple pour comparer les deux expériences est de considérer un point échantillon situé au centre magnétique du système de gradients. Les gradients n'ont aucune influence sur le signal produit par cet échantillon et la fonction de dispersion est donnée simplement par la transformée de Fourier inverse de $w(\mathbf{k})$. Les fonctions de dispersion du point sont identiques pour les méthodes A et B. On note que les résultats établis pour ce point-échantillon situé au centre magnétique, valent pour l'ensemble des points constituant l'échantillon. Le calcul de l'amplitude de l'image en $\mathbf{r} = \mathbf{0}$ s'effectue par simple sommation des signaux acquis. On montre aisément que les méthodes A et B produisent le même *signal* égal à $N\left(\sum_{m=1}^{M} w(\mathbf{k}_m)\right) F(\mathbf{k}, t)$, où M est le nombre total de pas de codage de phase. Elles se distinguent par le *durée de l'acquisition*, égale à NM pour la méthode A, et à $N\sum_{m=1}^{M} w(\mathbf{k}_m)$ pour la méthode B. Elles se distinguent aussi par le *bruit* e_b qui s'ajoute au signal. On sait (chapitre 1, section 1.7.4) que l'addition de signaux aléatoires s'effectue quadratiquement. Le bruit produit par la méthode A est donc égal à $\left(N\sum_{m=1}^{M}(w(\mathbf{k}_m))^2\right)^{1/2} e_b$. Avec la méthode B on obtient $\left(N\sum_{m=1}^{M} w(\mathbf{k}_m)\right)^{1/2} e_b$. On en déduit que les rapports S/B *par unité de temps* des deux méthodes sont liés par la relation :

$$\left(\frac{S}{B}\right)_A = \frac{\sum_{m=1}^{M} w(\mathbf{k}_m)}{\left[M\sum_{m=1}^{M}(w(\mathbf{k}_m))^2\right]^{1/2}} \left(\frac{S}{B}\right)_B. \qquad (6.20)$$

En utilisant la relation de Cauchy-Schwarz, on en déduit que l'apodisation après acquisition dégrade le rapport signal sur bruit.

La figure 6.30 présente un exemple, à une dimension, d'un filtrage à l'acquisition dans le cas d'un échantillonnage symétrique par rapport à l'origine de l'espace réciproque. Le filtrage est effectué avec une fonction de Hanning s'étalant sur 10 points. Il n'est pas nécessaire de faire l'acquisition de points aux deux extrémités puisque $w(\mathbf{k}) = 0$ en ces points. Il s'agit donc d'une expérience comportant expérimentalement 8 pas de codage de phase. La figure 6.30a montre que l'approximation de $N\,w(\mathbf{k})$ par des entiers permet une approche très précise d'une fonction de Hanning. La figure 6.30b compare la fonction de dispersion du point produite par ce filtrage, à celle qui serait obtenue sans filtrage. Comme attendu, le filtrage élargit la réponse, mais supprime les oscillations.

En utilisant l'expression (6.20) on montre que, pour cette expérience qui comporte un total de 36 excitations, le gain en sensibilité par unité de temps par rapport à un filtrage après acquisition est de 1,165. Il faudrait donc, dans ce dernier cas, environ 48 excitations pour obtenir un rapport S/B comparable.

Si l'on travaille avec deux (trois) dimensions spatiales, il est particulièrement intéressant d'associer la procédure d'apodisation à l'acquisition et une fenêtre de troncature circulaire (sphérique).

6.7.5 Position de la grille spectroscopique

La position d'un spectre d'une image spectroscopique doit généralement être repérée sur une image haute résolution (voir figure 6.27). Il est donc important de connaître avec précision la position de la grille spectroscopique par rapport à la grille image. Considérons une image à une dimension spatiale. La transformée de Fourier rapide des données de l'espace réciproque dans la direction des fréquences spatiales donne les informations correspondant aux positions $m\,\Delta X$ où m varie de $-M/2$ à $M/2-1$ par pas de 1. Chaque voxel s'étale de la position $\Delta X\,(m - 1/2)$ à la position $\Delta X\,(m + 1/2)$. En conséquence, le champ exploré est dissymétrique par rapport à l'origine. Nous avions souligné ce point dans le chapitre 4 (section 4.8.3). Il s'étale de $-X_{\max}/2 - \Delta X/2$ à $X_{\max}/2 - \Delta X/2$. Ce détail est sans conséquence en imagerie à haute résolution spatiale ($\Delta X \ll X_{\max}$), mais il prend de l'importance lorsqu'on positionne une image basse résolution sur une image haute résolution.

La figure 6.31 illustre ce point dans le cas d'une image spectroscopique reconstruite avec 8 points de codage de phase. L'écart entre le champ de vue couvert par la grille spectroscopique et la grille de l'image classique devient important, puisqu'il est de l'ordre d'un demi voxel (figure 6.32). Supposons en outre que l'objet comporte un point échantillon en limite droite du champ de vue. L'image de ce point échantillon se trouve repliée dans le premier voxel à gauche du champ. Il faudra être attentif à ce point.

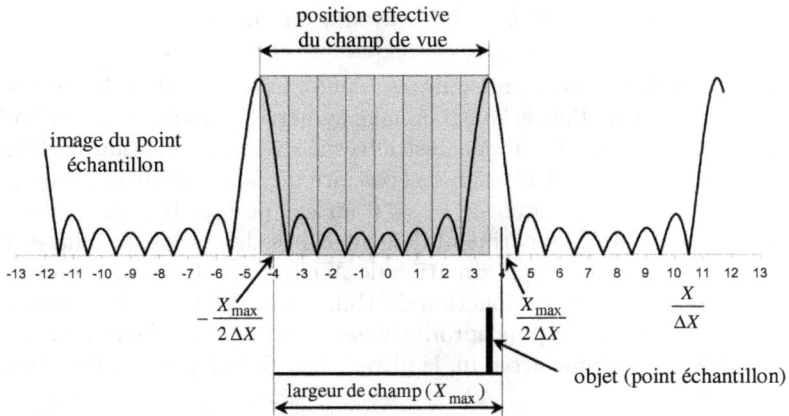

FIG. 6.31 – Image à une dimension comportant 8 voxels. Les éléments calculés par transformée de Fourier sont situés aux positions $m = -4$ à $m = 3$. Conséquence de l'échantillonnage, l'image d'un point échantillon situé à la position $X = 3{,}5\Delta X$ est répliquée périodiquement. On remarque que le signal apparaissant dans le voxel centré à $m = -4$ provient d'un repliement en provenance de l'autre extrémité du champ. On remarque aussi que la position effective du champ de vue est décalée par rapport à sa position classiquement définie par $-X_{\max}/2 \leq X \leq +X_{\max}/2$.

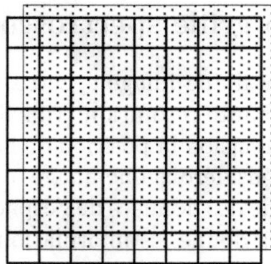

FIG. 6.32 – Positions relatives de la grille spectroscopique et de la grille image.

Il est simple de déplacer la grille spectroscopique en effectuant une correction de phase d'ordre 1 sur les données de l'espace réciproque (chapitre 4, section 4.8.3).

6.7.6 Imagerie spectroscopique rapide

La durée de l'acquisition d'une image spectroscopique peut être imposée, non par le rapport signal sur bruit, mais par le temps minimum de couverture de l'espace réciproque. Ce temps minimum peut être long : il faut plus de 4 min pour une image spectroscopique 16×16 avec un temps de répétition de

1 s. Mais plus d'une heure sera nécessaire pour réaliser une image $16 \times 16 \times 16$ avec le même temps de répétition. On peut bien sûr, dans ce cas, utiliser une technique multi-coupes, mais, il ne sera pas possible d'exciter 16 coupes avec un temps de répétition de 1s. La largeur des fenêtres d'acquisition est effet souvent de plusieurs centaines de ms. D'autres types d'investigations souffrent de l'importante durée minimale d'acquisition d'une image spectroscopique classique. C'est le cas de l'imagerie spectroscopique de l'eau, qui peut fournir une excellente carte de champ, qui peut être utilisée pour affiner l'homogénéité. Pour ce type d'expérience, le problème de la sensibilité ne se pose pas. C'est le cas aussi de la spectroscopie de noyaux hyperpolarisés qui offrent une très haute sensibilité mais dont la polarisation a toujours une très courte durée de vie. On notera aussi qu'un obstacle au développement des applications de la spectroscopie localisée multidimensionnelle (2D COSY, 2D J-résolu, etc.) est la très longue durée minimum de l'expérience.

Nous allons voir que les balayages EPI ou en spirale, peuvent permettre de diminuer de manière importante la durée minimum nécessaire pour acquérir une image spectroscopique.

6.7.6.1   Imagerie spectroscopique EPI

La figure 6.33 présente une séquence d'imagerie spectroscopique écho-planar. L'impulsion d'excitation sélectionne une coupe orthogonale à l'axe X. Un gradient, G_Y, oscillant entre les valeurs G_Y^0 et $-G_Y^0$, et précédé d'un lobe de déphasage, est ensuite appliqué comme dans une technique EPI (chapitre 5, section 5.9.1). Un écho de gradient se produit aux instants t_1, t_2, t_3, etc. À la différence d'une méthode d'imagerie EPI standard, la valeur de k_Z définie par le gradient de codage de phase G_Z, est la même pendant toute la durée de l'acquisition du signal en présence du gradient oscillant. La séquence est répétée N_Z fois, en incrémentant à chaque excitation la valeur du gradient de codage de phase. L'intensité du gradient G_Z détermine k_Z, et l'incrément de ce gradient d'une excitation à l'autre, est associé à la largeur du champ de vue dans la direction Z. Le signal se présente sous la forme d'une série de N échos séparés par un délai ΔT. N_Y points sont acquis pendant chaque alternance et l'intensité du gradient G_Y est choisie de manière telle que, d'un point à l'autre, k_Y soit incrémenté de Δk_Y, valeur associée à la largeur du champ dans la direction Y.

L'écho centré à l'instant t_i s'écrit :

$$s\left(t\right) = \iint_{\text{coupe}} f\left(\boldsymbol{r}\right) \exp\left(2\pi\,\mathrm{i}\,f\,t\right) \exp\left(-2\pi\,\mathrm{i}\,\left(k_Y\left(t\right)Y + k_Z Z\right)\right)\mathrm{d}Y\,\mathrm{d}Z,$$

$$(6.21)$$

où $t_i - \left(\Delta T/2\right) < t < t_i + \left(\Delta T/2\right)$ (temps de commutation du gradient G_Y supposé infiniment court), et

$$k_Y(t) = \frac{(-1)^{i-1}}{2\pi}\gamma\,G_Y^0\,(t - t_i).$$

$$(6.22)$$

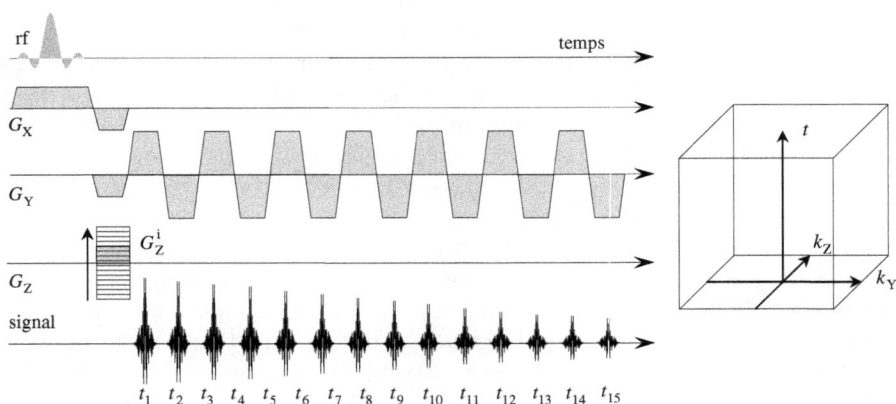

F<small>IG</small>. 6.33 – Séquence écho planar d'imagerie spectroscopique. L'exploration de l'espace réciproque $k - t$, est ici associée à une unique impulsion d'excitation, mais on peut aussi bien utiliser une séquence d'écho de spin ou d'écho stimulé. La séquence comporte souvent plusieurs centaines d'échos. Chaque excitation permet d'échantillonner un plan $k_Y - t$, à la position $k_Z = k_Z^i$.

Cette dernière expression décrit une trajectoire en zigzag dans le plan $k_Y - t$. Chacun des N échos recueillis après une excitation, correspond à une ligne d'un plan k_Y, t orthogonal à la direction k_Z (figure 6.34a). Les données ainsi acquises peuvent être rangées dans une matrice 3D, $k_Y - k_Z - t$ (la variable t est parfois désignée par le symbole k_f). La période ΔT du gradient oscillant détermine la largeur de bande dans le domaine fréquentiel ($f_{\max} = 1/\Delta T$). En spectroscopie du proton, la largeur de la bande contenant les résonances observables est généralement inférieure à 7 ppm (*cf.* figure 6.2), ce qui dans un champ de 3 T correspond à une largeur de bande $f_{\max} \approx 750$ Hz. Dans ce cas, la période d'échantillonnage $\Delta T = 1/f_{\max}$ doit donc être de l'ordre de 1,3 ms. La durée $N\Delta T$ du train d'échos détermine la résolution spectrale. Cette durée est généralement de plusieurs centaines de ms afin d'atteindre une résolution spectrale de quelques Hz.

Le traitement des données ne peut être effectué directement, car l'espace $k_Y - k_Z - t$ n'est pas échantillonné de manière cartésienne. La méthode la plus simple est d'utiliser un algorithme de gridding (chapitre 4, section 4.12.3). Il est aussi possible de traiter séparément lignes paires et lignes impaires. Comme cela est illustré sur la figure 6.34b, on peut corriger l'inclinaison des lignes des plans $k_Y - t$ en utilisant les propriétés de la transformée de Fourier par rapport aux translations. Après transformée de Fourier rapide, les résultats obtenus avec lignes paires et impaires sont additionnés.

Si N_Y est le nombre de points dans la direction du codage en fréquence, la durée minimum d'acquisition d'une image spectroscopique EPI de taille $N_Y \times N_Z$ est N_Y fois plus petite que celle d'une image spectroscopique clas-

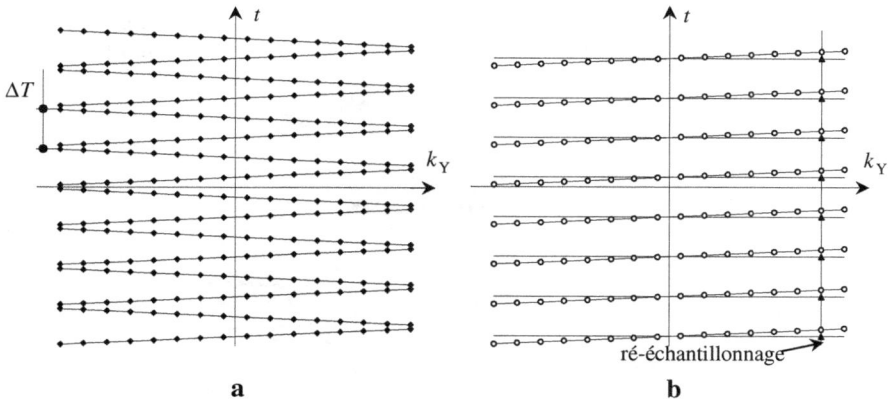

FIG. 6.34 – (a) Balayage du plan $k_Y - t$ produit par la séquence d'imagerie spectroscopique de la figure 6.33. Les lignes impaires et paires, peuvent être traitées séparément. Par rapport aux points d'une grille cartésienne, les données des lignes impaires (paires) du plan $k_Y - t$ sont translatées d'une quantité proportionnelle à k_Y. (b) Cela introduit un terme de phase d'ordre 1 sur la transformée de Fourier de chaque colonne. La correction est facile à réaliser, et revient à repositionner chaque point sur une grille cartésienne.

sique. Lors de chaque excitation, le bruit par point est $\sqrt{N_Y}$ fois plus faible avec une séquence classique qu'avec une séquence EPI (la fréquence d'échantillonnage et donc la bande passante du récepteur sont N_Y fois plus petites). Le rapport signal sur bruit *par unité de temps*, est donc le même pour ces deux séquences. Nous n'avons cependant pas tenu compte, lors de ce raisonnement, des temps de commutation des gradients. Par rapport à une commutation infiniment rapide, la fréquence d'échantillonnage doit être accrue, ce qui entraîne une certaine dégradation du rapport signal sur bruit de l'imagerie spectroscopique EPI. L'échantillonnage pendant les rampes de commutation permet de réduire la fréquence d'échantillonnage et donc de réduire l'écart de sensibilité entre imagerie spectroscopique classique et EPI. En raisonnant sur les fréquences d'échantillonnage, on montre, de la même manière, qu'un balayage EPI sinusoïdal (chapitre 5, figure 5.61) permet certes de moins solliciter le système de gradients, mais au prix d'une dégradation du rapport signal sur bruit d'un facteur $\sqrt{\pi/2}$ (exercice 6.5).

La période d'échantillonnage dans le domaine temporel peut être courte, ce qui entraîne une sollicitation du système de gradients d'autant plus forte que la résolution spatiale est élevée. Pour réduire cette sollicitation, l'imagerie spectroscopique EPI peut être segmentée, c'est-à-dire que l'échantillonnage dans la dimension temporelle peut être réalisée en plusieurs acquisitions successives. Pour un pas de codage de phase donné, l'acquisition est répétée N_S fois en utilisant une période d'échantillonnage de la dimension temporelle égale à $N_S \Delta T$ et en décalant l'application du gradient G_Y d'une quantité ΔT, lors de chaque répétition. On remplit ainsi le plan $k_Y - t$, comme illustré sur la figure 6.35.

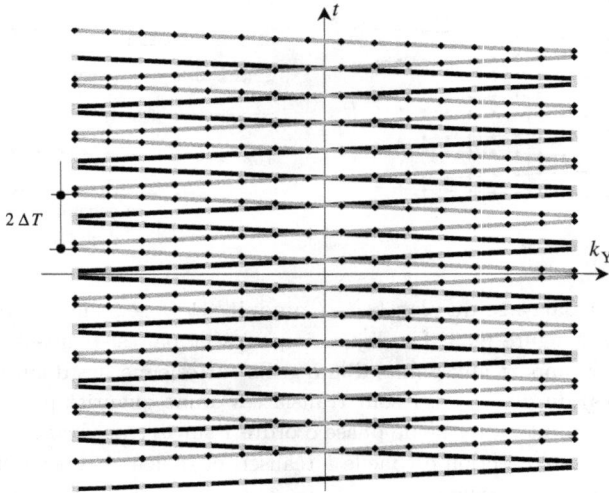

FIG. 6.35 – Balayage segmenté du plan $k_Y - t$. Deux acquisitions décalées de ΔT, utilisant un gradient oscillant de période $2\,\Delta T$, ont été effectuées ($N_S = 2$).

6.7.6.2   Imagerie spectroscopique spirale

Nous n'insisterons pas sur la méthode qui se situe dans le prolongement direct des approches EPI.

La figure 6.36 présente une séquence d'imagerie spectroscopique utilisant un balayage spiral 2D. Elle comporte, la sélection d'une coupe orthogonale à l'axe X, et l'application simultanée de deux gradients oscillants dans les directions Y et Z. Ces deux gradients dessinent une spirale d'Archimède dans le plan $k_Y - k_Z$. La figure 6.37 présente le parcours effectué dans l'espace $k - t$. Idéalement, une seule excitation est suffisante pour collecter l'ensemble des données. Les contraintes instrumentales (gradient maximum et vitesse de commutation) limitent cependant ce potentiel et il est généralement nécessaire d'utiliser une segmentation.

Comme cela a été décrit dans le chapitre précédent, l'efficacité suggère de travailler non pas à vitesse angulaire constante mais plutôt à vitesse constante, ce qui ne peut être qu'approché puisque que l'on doit respecter les limites imposées par le système de gradients (vitesse de montée, gradient maximum). Le traitement fait nécessairement appel à une méthode de *gridding*.

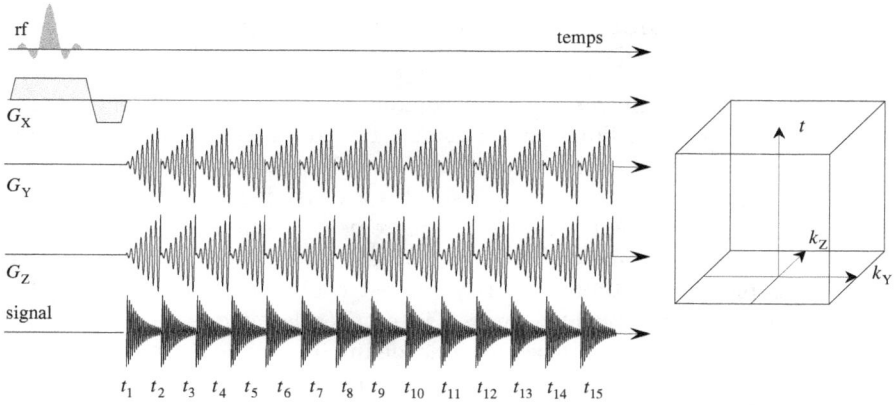

FIG. 6.36 – Séquence d'imagerie spectroscopique utilisant un balayage spirale.

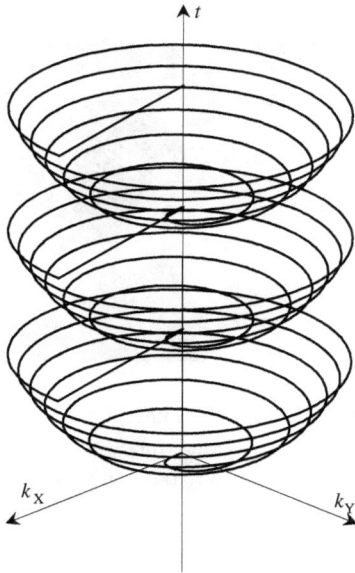

FIG. 6.37 – Imagerie spectroscopique en spirale. Trajectoire dans l'espace $k_X - k_Y - t$.

Par rapport à une technique EPI, l'imagerie spectroscopique spiralée présente l'intérêt de moins solliciter le système de gradients, et d'être plus tolérante aux erreurs introduites par le mouvement.

6.7.7 Autres méthode utilisant un codage de phase

Les techniques d'imagerie spectroscopique n'utilisent pas, ou peu, les informations fournies par l'imagerie classique. Pourtant, les informations issues de l'imagerie devraient pouvoir permettre d'améliorer les méthodes d'imagerie spectroscopique. Par exemple, le spectre à l'extérieur d'un objet devrait être nul. Les contours de l'objet sont parfaitement connus par imagerie, mais cette information n'est pas exploitée par les techniques décrites ci-dessus. Une méthode exploitant ce type d'information est connue sous le nom de SLIM (**S**pectral **L**ocalization by **IM**aging). L'idée générale est que l'examen d'une coupe IRM classique peut permettre de définir des régions dans lesquelles le spectre peut être considéré comme raisonnablement homogène. Cette opération est réalisée par segmentation (regroupement de pixels en fonction de critères prédéfinis). La figure 6.38 montre, par exemple, comment trois compartiments homogènes, et produisant un signal, peuvent être définis à partir d'une coupe du mollet chez l'homme.

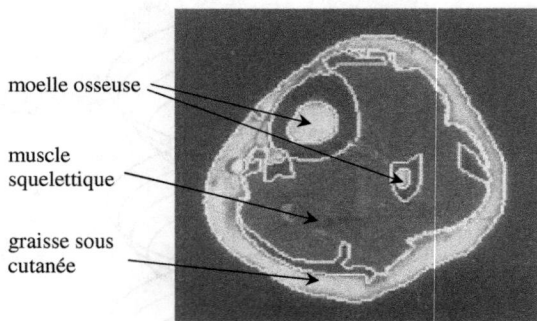

FIG. 6.38 – Coupe transversale du mollet chez l'homme. On distingue trois principaux compartiments : muscle squelettique, moelle osseuse et graisses sous cutanées. Dans ces compartiments, la composition biochimique peut être considérée comme approximativement homogène. D'après X. Hu *et al.* Magn. Reson. Med. **8**, 314–322, 1988, with permission from John Wiley & sons, inc.

Considérons une expérience à deux dimensions spatiales. Supposons qu'une coupe, orthogonale à X, soit constituée d'un ensemble de N compartiments homogènes dans lesquels le signal est non nul. Le signal par unité de volume, $f(\boldsymbol{r}, t)$, au point de coordonnée $\boldsymbol{r}$, s'écrit :

$$f(\boldsymbol{r}, t)\,\mathrm{d}Y\,\mathrm{d}Z = \begin{cases} f_n(t)\,\mathrm{d}Y\,\mathrm{d}Z, & \text{si } \boldsymbol{r} \in \text{ au compartiment } n \\ 0 \text{ si } \boldsymbol{r} \notin \text{ au compartiment } n \end{cases}, \qquad (6.23)$$

où $1 \leq n \leq N$. Si l'on utilise la séquence d'impulsions de la figure 6.22, ou de la figure 6.23, le signal reçu au m^e pas de codage de phase s'écrit donc :

$$F_m(t) = F(\boldsymbol{k}_m,\ t) = \sum_{n=1}^{N} f_n(t) \left[\iint\limits_{\text{comp. } n} \exp(-2\pi\,\mathrm{i}\,\boldsymbol{k}_m\,.\,\boldsymbol{r})\,\mathrm{d}Y\,\mathrm{d}Z \right]. \quad (6.24)$$

En posant

$$c_{nm} = \iint\limits_{\text{comp. } n} \exp(-2\pi\,\mathrm{i}\,\boldsymbol{k}_m\,\boldsymbol{r})\,\mathrm{d}Y\,\mathrm{d}Z, \quad (6.25)$$

on a donc :

$$F_m(t) = \sum_{n=1}^{N} c_{nm}\,f_n(t). \quad (6.26)$$

Les N signaux inconnus, $f_n(t)$, peuvent être déterminés dès lors que l'on dispose d'un nombre M de pas de codage de phase, égal ou supérieur à N. Le système de M équations à N inconnues peut être résolu, au sens des moindres carrés, ce qui conduit à :

$$f_n(t) = \sum_{m=1}^{M} d_{nm}\,F_m(t). \quad (6.27)$$

Une transformée de Fourier par rapport au temps permet d'obtenir le spectre caractérisant le compartiment n. On notera que $f_n(t)$ étant un signal par unité de volume, le spectre caractérisant le compartiment n représente les concentrations de chaque espèce.

La qualité des résultats repose sur le degré d'exactitude des hypothèses effectuées, à savoir l'uniformité du signal à l'intérieur de chaque compartiment. Cette hypothèse peut être erronée pour de multiples raisons :

- L'homogénéité d'une région en imagerie classique n'implique pas nécessairement que cette région soit homogène du point de vue des espèces observées en spectroscopie.

- Le champ rf peut être inhomogène (bobines de surface), ce qui introduit une dépendance entre signal et position (chapitre 1, section 1.7.2). En outre, si le temps de répétition n'est pas bien supérieur au temps de relaxation spin-réseau, on observera un degré de saturation dépendant de la position (*cf.* exercice 6.2).

- Le champ B_0 peut être inhomogène, ce qui introduit une dépendance de $f_n(t)$ en fonction de la position dans le compartiment.

Toute inhomogénéité dans un compartiment se traduit par une erreur sur les concentrations métaboliques déterminées dans ce compartiment, mais l'erreur affecte aussi tous les autres compartiments, même s'ils sont homogènes (fuite). Diverses modifications de la méthode de base ont été proposées en vue de limiter les erreurs. On peut par exemple introduire des cartes du champ B_0 et du champ rf dans les connaissances *a priori*. On remarque aussi que le choix des pas de codage de phase constitue un degré de liberté qui peut être exploité. C'est ainsi que la méthode SLOOP (**S**pectral **LO**calization by **O**ptimal **P**oint spread function) permet un choix des pas de codage, et éventuellement d'une fonction d'apodisation à l'acquisition, qui minimise les contaminations et optimise le rapport signal sur bruit. Une cible potentielle de cette méthode est la spectroscopie ^{31}P du coeur.

L'utilisation de la méthode reste cependant complexe et nécessite l'intervention des utilisateurs, ne serait ce qu'au niveau de la segmentation des images et de la définition des compartiments. Elle n'a pas (encore ?) atteint le stade de l'utilisation en routine.

6.8   Particularités de la spectroscopie du proton

En biologie et médecine, l'utilisation de la spectroscopie du proton (^{1}H) dépasse aujourd'hui très largement celle d'autres noyaux présentant un intérêt potentiel, comme ^{13}C ou ^{31}P. Le cerveau est l'organe le plus étudié, mais cette approche est intéressante en clinique pour d'autres organes ou tissus comme la prostate ou le sein (figure 6.39). La sensibilité du proton est en effet plus importante, à cause de son rapport gyromagnétique élevé, des temps de relaxation spin-spin relativement longs et, bien sûr, de son abondance isotopique naturelle (0,99985). Les premières études spectroscopiques ont pourtant été effectuées sur le phosphore 31 dont l'observation était techniquement plus facile. Un spectre proton acquis sans précaution particulière est en effet dominé par l'intense résonance des protons de l'eau dont le déplacement chimique se situe entre 4,7 et 4,8 ppm. La concentration de l'eau dans les systèmes biologiques (60 à 100 M en protons dans les tissus) est supérieure de plusieurs ordres de grandeur à celle des métabolites susceptibles de présenter un intérêt, lors de l'étude de modèles pathologiques (quelques mM ou dizaines de mM). Il a donc fallu mettre en place des techniques efficaces de suppression du signal de l'eau pour permettre à la spectroscopie proton de prendre sa place.

6.8.1   Suppression du signal de l'eau

Dans le domaine de la spectroscopie localisée, on distingue deux groupes de méthodes de suppression du signal de l'eau. Dans le premier groupe se situent les méthodes de *saturation sélective* de la résonance de l'eau (destruction de l'aimantation longitudinale de ces protons). Dans le second, on trouve les méthodes *d'excitation sélective* des résonances autres que la résonance de l'eau. Cette dernière méthode doit être utilisée si l'on cherche à étudier des protons échangeables avec ceux de l'eau. Quelle que soit la méthode de

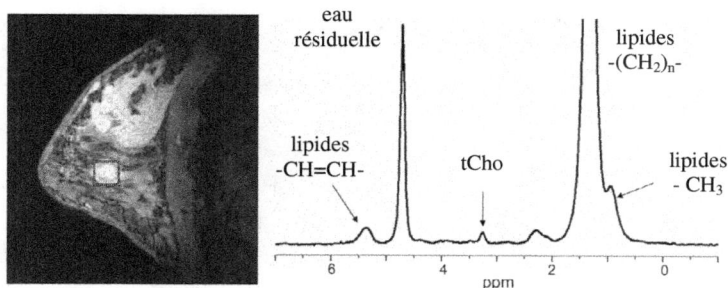

FIG. 6.39 – Spectre localisé du proton d'un carcinome canalaire du sein. La résonance attribuée aux composés à choline (tCho) est généralement observée dans les
tumeurs malignes. D'après P. Bolan *et al.* Breast Cancer Res. **7**, 149–152, 2005, ©
BioMed Central, 2005.

suppression utilisée, l'expérience est généralement une expérience d'écho de
spin, ou d'écho stimulé. Si le temps d'écho est long, cela permet d'obtenir
une certaine suppression du signal de l'eau dont le temps de relaxation T_2 est
inférieur à celui de certains métabolites que l'on cherche à observer.

S'agissant des méthodes de saturation, on utilise généralement une technique connue sous le nom de CHESS (**CHE**mical **S**hift **S**elective excitation),
ou une des nombreuses méthodes dérivées de cette technique. La saturation de
la résonance des protons de l'eau est effectuée en appliquant plusieurs impulsions suivies de gradients de dispersion (figure 6.40). Les angles d'impulsions
sont voisins de 90°, mais peuvent s'en écarter pour anticiper la croissance de
l'aimantation longitudinale par relaxation spin-réseau, ou pour tenir compte
de l'éventuelle inhomogénéité du champ rf. Chaque impulsion est suivie de gradients de dispersion de l'aimantation transversale. Avec une séquence d'écho
stimulé (figure 6.12), un module CHESS peut en outre être placé entre les
deux dernières impulsions de la séquence pour améliorer la suppression du
signal de l'eau.

Les méthodes d'excitation sélective des résonances autres que celle de l'eau,
sont difficiles à mettre en œuvre avec les techniques basées sur une excitation
sélective en présence de gradient de champ B_0. On peut cependant utiliser
des impulsions spectrales-spatiales (chapitre 3, section 3.11), mais le système
de gradients doit être performant. Les méthodes d'excitation spectralement
sélectives sont, par contre, bien adaptées aux méthodes de localisation spatiale
exploitant le gradient de champ rf des bobines de surface. Une expérience
d'écho de spin, peut par exemple être réalisé avec une séquence d'impulsions
binomiales, en excitation comme en refocalisation :

$$(\theta_x - \tau - \theta_{-x}) - \frac{T_E}{2} - (2\theta_x - \tau - 2\theta_{-x}) - \frac{T_E}{2} - \text{Acq} \qquad (6.28)$$

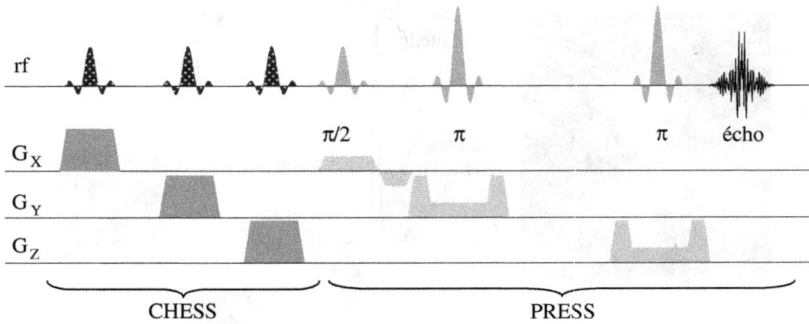

FIG. 6.40 – Saturation sélective de la résonance de l'eau de type CHESS, associée à une technique de localisation à deux échos (PRESS).

L'impulsion binomiale de refocalisation doit bien sûr être entourée d'impulsion de gradient destinées à supprimer les cohérences indésirables (chapitre 2, section 2.5.2), ou (et) cyclée en phase avec EXORCYCLE (section 2.5.3). La réponse à cette impulsion fait l'objet de l'exercice 6.4. Beaucoup d'autres combinaisons d'impulsions binomiales peuvent être utilisées en vue de d'accroître la largeur de la fenêtre de suppression.

Nous noterons pour terminer, que l'amélioration des performances des convertisseurs analogiques-digitaux permet d'envisager la suppression du signal de l'eau, non plus à l'acquisition, mais au moment du traitement des signaux acquis.

6.8.2   Suppression du signal des lipides

On sait qu'en spectroscopie du proton les groupements CH_2 et CH_3 des lipides, donnent des résonances qui se situent entre 0,9 et 1,3 ppm (chapitre 3, figure 3.24). Ces résonances, qui se superposent au doublet du lactate, peuvent être gênantes. Le tissu cérébral ne comporte pas de lipides hautement mobiles détectables en RMN. Par contre, les graisses sous-cutanées donnent d'intenses signaux qui, en imagerie spectroscopique, peuvent se replier dans les régions d'intérêt, a cause des oscillations de la fonction de dispersion du point (*cf.* figure 6.1), ou des ses ailes qui s'étendent à grande distance. En imagerie spectroscopique proton du cerveau, il est important de placer, autour de la région imagée, des bandes de saturation (figure 6.41). Ce module de suppression du volume extérieur à la région d'intérêt est placé, comme le module de suppression de l'eau, avant l'impulsion d'excitation.

6.8.3   Spectroscopie à temps d'écho court

Un temps d'écho long (140 ou 280 ms) a souvent été utilisé en spectroscopie proton du cerveau. L'utilisation de temps d'écho longs permet d'améliorer la

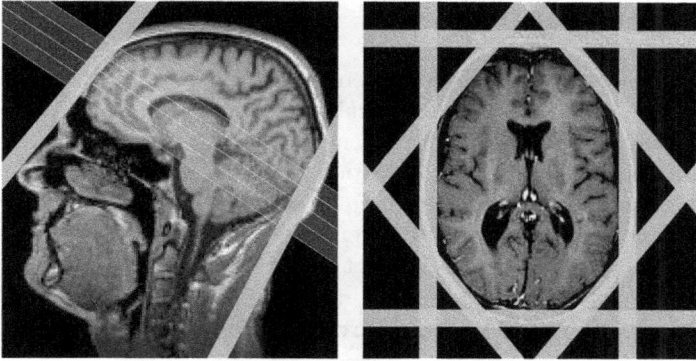

FIG. 6.41 – Ensemble de coupes constituant le module de suppression du volume extérieur à la région imagée. Ces coupes disposées en périphérie du crâne, permettent de détruire l'aimantation longitudinale des lipides sous-cutanés.

suppression des résonances de l'eau et des lipides extra-cérébraux. Ceux-ci ont des temps de relaxation spin-spin plus courts que ceux de molécules comme NAA, choline ou créatine. L'utilisation d'un temps d'écho long permet aussi d'éviter la contribution des raies larges des macromolécules. Cependant, le prix à payer pour cette simplification est la suppression de nombreuses résonances comme celles du glutamate, de la glutamine, du myo-inositol, etc. La spectroscopie à temps d'écho court se développe aujourd'hui. Un point important est de soigner tout particulièrement l'homogénéité du champ statique, en utilisant des méthodes automatiques comportant un ajustement des termes du second ordre. La séquence utilisée doit comporter deux modules de préparation de l'aimantation : un module de destruction de l'aimantation longitudinale à l'extérieur du volume sensible, et un module de suppression de la résonance de l'eau.

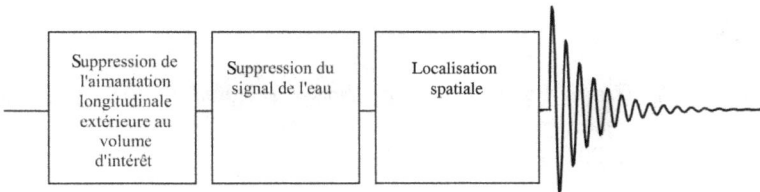

FIG. 6.42 – Association d'un module de destruction du signal extérieur au volume sensible et d'un module de suppression de la résonance de l'eau, à un module de localisation spatiale.

6.9 Conclusion

La spectroscopie localisée de systèmes vivants reste un champ en pleine évolution. Si les méthodes de base (localisation, suppression de l'eau, suppression des signaux externes au volume sensible) sont bien établies, des avancées en terme de sensibilité et/ou de résolution sont attendues avec l'accroissement du champ directeur des imageurs cliniques et l'introduction des réseaux d'antennes. L'impact de la spectroscopie en routine clinique pourrait s'accroître avec une standardisation du traitement des spectres et de leur quantification.

Un champ reste encore peu évalué, celui de la spectroscopie du ^{13}C. L'utilisation de noyaux hyperpolarisés pourrait ouvrir ce champ.

Références bibliographiques

Bobines de surface

J. Ackerman, T. Grove, G. Wong, D. Gadian, G. Radda. *Mapping of metabolites in whole animals by 31P NMR using surface coils.* Nature **283**, 167–70, 1980.

M. Bendall. *Surface coil techniques for* in vivo *NMR.* Bull. Magn. Reson. **8**, 17–42, 1986.

Séquence DRESS

P. Bottomley, T. Foster, R. Darrow. *Depth-resolved surface-coil spectroscopy (DRESS) for* in vivo ^{1}H, ^{31}P, and ^{13}C *NMR.* J. Magn. Reson. **59**, 338–342, 1984.

P. Bottomley. *Noninvasive study of high-energy phosphate metabolism in human heart by depth-resolved 31P NMR spectroscopy.* Science **229**, 769–772, 1985.

Séquence ISIS

R. Ordidge, A. Connelly, J. Lohman. *Image-selected* in vivo *spectroscopy (ISIS): a new technique for spatially selective NMR spectroscopy.* J. Magn. Reson. **66**, 283–294, 1985.

T. Lawry, G. Kaczma, M Weine, G. Matson. *Computer simulation of MRS localization techniques: An analysis of ISIS.* Magn. Reson. Med. **9**, 299–314, 1989.

S. Keevil, D. Porte, M. Smith. *Experimental characterization of the ISIS technique for volume selected NMR spectroscopy.* NMR Biomed. **5**, 200–208, 1992.

Séquences d'écho stimulé

J. Frahm, K.-D. Merboldt, W. Hänicke, A. Haase. *Stimulated echo imaging.* J. Magn. Reson. **64**, 81–93 1985.

J. Granot. *Selected volume excitation using stimulated echoes (VEST). Applications to spatially localized spectroscopy and imaging.* J. Magn. Reson. **70**, 488–492, 1986.

J. Frahm, K.-D. Merboldt W. Hänicke. *Localized proton spectroscopy using stimulated* echoes. J. Magn. Reson. **70**, 502–508, 1987.

Séquence PRESS

P. Bottomley. *Selective volume method for performing localized NMR spectroscopy.* Brevet U.S. N° 4 480 228, 1984.

R. Ordidge, M. Bendall, R. Gordon, A. Connelly. *Volume selection for* in vivo *biological spectroscopy.* Magnetic Resonance in Biology and Medicine, Tata McGraw-Hill, New Dehli, pp. 387–397, 1985.

Séquence LASER

M. Garwood, L. DelaBarre. *The return of the frequency sweep: designing adiabatic pulses for contemporary NMR.* J. Magn. Reson. **153**, 155–177, 2001.

Imagerie spectroscopique

T. Brown, B. Kincaid, K. Ugurbil. *NMR chemical shift imaging in three dimensions.* Proc. Natl. Acad. Sci. USA. **79**, 3523–3526, 1982.

P. Mansfield. *Spatial mapping of the chemical shift in NMR.* Magn. Reson. Med. **1**, 370–386, 1984.

D. Guilfoyle, P. Mansfield. *Chemical-shift imaging.* Magn. Reson. Med. **2**, 479–489, 2005.

S. Posse, G. Tedeschi, R. Risinger, R. Ogg, D. Le Bihan. *High speed 1H spectroscopic imaging in human brain by echo planar spatial-spectral encoding.* Magn. Reson. Med. **33**, 34–40, 1995.

E. Adalsteinsson, P. Irarrazabal, S. Topp, C. Meyer, A. Macovski, D. Spielman. *Volumetric spectroscopic imaging with spiral-based k-space trajectories.* Magn. Reson. Med. **39**, 889–898, 1998.

SLIM et techniques dérivées

X. Hu, D. Levin, P. Lauterbur, T. Spraggins. *SLIM : spectral localization by imaging.* Magn. Reson. Med. **8**, 314–322, 1988.

M. von Kienlin, R. Mejia. *Spectral localization with optimal point spread function.* J. Magn. Reson. **94**, 268–287, 1991.

R. Löfflerb, R. Sauterb, H. Kolemb, A. Haase, M. von Kienlin. *Localized spectroscopy from anatomically matched compartments : improved sensitivity and localization for cardiac 31P MRS in humans.* J. Magn. Reson. **134**, 287–299, 1998.

M. Jacob, X. Zhu, A. Ebel, N. Schuff, Z-P Liang. *Improved model-based magnetic resonance spectroscopic imaging.* IEEE Trans. Med. Imaging. **26**, 1305–1318, 2007.

Y. Bao, A. Maudsley. *Improved reconstruction for MR spectroscopic imaging.* IEEE Trans. Med. Imaging. **26**, 686–695, 2007.

Suppression du signal de l'eau

A. Haase, J. Frahm, W. Hänicke, D. Matthaei. ^{1}H *NMR chemical shift selective (CHESS) imaging.* Phys. Med. Biol. **30**, 341–344, 1985.

Revues bibliographiques

Suppression de l'eau

M. Guéron, P. Plateau, M. Décorps. *Solvent signal suppression in NMR.* Progr. Nucl. Magn. Reson. Spectrosc. **23**, 135–209, 1991.

Localisation spatiale

M. Decorps, D. Bourgeois. *Localized spectroscopy using static magnetic field gradients: Comparison of techniques.* In: P. Diehl (Ed.), NMR basic principles and progress, vol. **27**, pp. 119–149, Springer, 1992.

P. Barker, E. Butterworth, M. Boska, J. Nelson, K. Welch. *Magnesium and pH imaging of the human brain at 3.0 Tesla.* Magn. Reson. Med. **41**, 400–406, 1999.

R. Mulkern, L. Panych. *Echo planar spectroscopic imaging.* Concepts Magn. Reson. **13**, 213–237, 2001.

R. Gruetter, G. Adriany, I.-Y. Choi, P.-G. Henry, H. Lei, G. Oz. *Localized in vivo ^{13}C NMR spectroscopy of the brain.* NMR Biomed. **16**, 313–338, 2003.

P. Bolan, M. Nelson, D. Yee, M. Garwood. *Imaging in breast cancer: Magnetic resonance spectroscopy.* Breast Cancer Res. **7**, 149–152, 2005.

R. Gillies, D. Morse. In vivo *magnetic resonance spectroscopy in cancer.* Annu. Rev. Biomed. Eng. **7**, 287–326, 2005.

S. Keevil. *Spatial localization in nuclear magnetic resonance spectroscopy.* Phys. Med. Biol. **51**, R579-R636, 2006.

P. Barker, D. Lin. In vivo *proton MR spectroscopy of the human brain.* Prog. Nucl. Magn. Reson. Spectrosc. **49**, 99–128, 2006.

P.-G. Henry, G. Adriany, D. Deelchand, R. Gruetter, M. Marjanska, G. Oz, E. Seaquist, A. Shestov, K. Ugurbil. In vivo ^{13}C *NMR spectroscopy and metabolic modeling in the brain : a practical perspective.* Magn. Reson. Imaging. **24**, 527–39. 2006.

Autres Articles

E. Golding, R. Golding. *Interpretation of* ^{31}P *MRS spectra in determining intracellular free magnesium and potassium ion concentrations.* Magn. Reson. Med. **33**, 467–474, 1995.

D. Clayton, M. Elliott, R. Lenkinski. In vivo *proton spectroscopy without solvent suppression* Concepts Magn. Reson. **13**, 260–275, 2001.

J. Kurhanewicz, R. Bok, S. Nelson, D. Vigneron. *Current and potential applications of clinical 13C MR spectroscopy.* J. Nucl. Med. **49**, 341–344, 2008.

Exercices du chapitre 6

Exercice 6-1

Tracer la courbe de sensibilité sur l'axe d'une bobine de surface circulaire plane pour une séquence $\theta-$Acq d'une part, et pour une séquence $\theta/3]_{\pm x}-\theta-$ Acq d'autre part, lorsque l'angle au centre de la bobine est de 2π. L'indice $\pm x$ signifie que l'impulsion est appliqué alternativement avec une phase x et $-x$.

Exercice 6-2

On utilise une bobine de surface circulaire plate de rayon R, avec une impulsion de lecture produisant une rotation de l'aimantation d'un angle égal à π au centre de la bobine. Le temps de répétition de cette impulsion est égal à T_R et le temps de relaxation de l'espèce considérée est égal à T_1.

1/ Montrer que l'aimantation à l'état stationnaire avant l'application de l'impulsion de lecture s'écrit :

$$M_Z^{\text{stat}} = \frac{M_0 \left(1 - \exp\left(-T_R/T_1\right)\right)}{1 - \cos\left(\theta\left(\boldsymbol{r}\right)\right)\exp\left(-T_R/T_1\right)}.$$

2/ Tracer la réponse sur l'axe de la bobine dans le cas d'un système pleinement relaxé $(T_R/T_1 = \infty)$ et dans le cas $T_R/T_1 = 0{,}5$. Pour faciliter la comparaison des sensibilités spatiales, on normalisera les deux courbes pour obtenir un maximum égal à un dans les deux cas.

Exercice 6-3

La figure 6.9 montre l'évolution du rapport signal sur bruit par unité de temps obtenu avec une séquence ISIS, pour une durée totale d'expérience supposée grande devant T_R, en fonction du rapport T_R/T_1. Trouver l'expression du rapport signal sur bruit qui a permis de tracer cette courbe. On supposera que le délai séparant les impulsions d'inversion de l'impulsion de lecture, est court devant T_1.

Exercice 6-4

Calculer la forme de la réponse à la séquence (on utilise des impulsions de gradient pour supprimer les cohérences indésirables) :

$$(\theta_x - \tau - \theta_{-x}) - \frac{T_E}{2} - (2\theta_x - \tau - 2\theta_{-x}) - \frac{T_E}{2} - \text{Acq}.$$

Exercice 6-5

On compare des séquences d'imagerie spectroscopique EPI utilisant un gradient de lecture sinusoïdal, ou un gradient rectangulaire (figure ci-dessous).

Montrer que la valeur maximum du gradient doit être $\pi/2$ fois plus grande avec le gradient sinusoïdal. En déduire que le rapport signal sur bruit par unité de temps est $\sqrt{\pi/2}$ fois plus grand si l'on utilise un gradient rectangulaire.

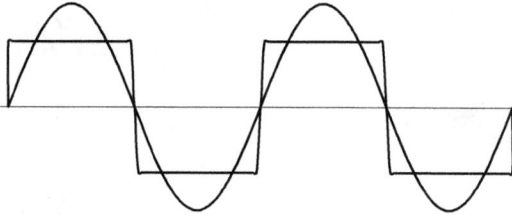

Appendice

Propriétés de la Transformation de Fourier

Il existe plusieurs définitions de la transformation de Fourier qui diffèrent les unes des autres par un signe ou un coefficient. Nous regroupons dans cette annexe la définition de la transformée de Fourier utilisée dans cet ouvrage et les formules et propriétés qui en découlent.

Définition

Transformée de Fourier directe 1D d'une fonction $f(X)$:

$$\text{TF}\left[f(X)\right] = F(k_X) = \int_{-\infty}^{+\infty} f(X)\exp\left(-2\pi\,\mathrm{i}\,k_X\,X\right)\,\mathrm{d}X. \qquad (1)$$

Transformée de Fourier inverse 1D d'une fonction $F(k_X)$:

$$\text{TF}^{-1}\left[F(k_X)\right] = f(X) = \int_{-\infty}^{+\infty} F(k_X)\exp\left(2\pi\,\mathrm{i}\,k_X\,X\right)\,\mathrm{d}k_X. \qquad (2)$$

Transformée de Fourier directe 2D d'une fonction $f(X,\,Y)$:

$$\begin{aligned}
\text{TF}\left[f(X,\,Y)\right] &= F(k_X,\,k_Y) \\
&= \int_{-\infty}^{+\infty}\int_{-\infty}^{+\infty} f(X,\,Y)\exp\left(-2\pi\,\mathrm{i}\,k_X\,X\right) \\
&\quad \times \exp\left(-2\pi\,\mathrm{i}\,k_Y\,Y\right)\,\mathrm{d}X\,\mathrm{d}Y. \qquad (3)
\end{aligned}$$

Transformée de Fourier inverse 2D d'une fonction $F(k_X, k_Y)$:

$$\mathrm{TF}^{-1}[F(k_X, k_Y)] = f(X, Y)$$
$$= \int_{-\infty}^{+\infty} \int_{-\infty}^{+\infty} F(k_X, k_Y) \exp(2\pi\, \mathrm{i}\, k_X\, X)$$
$$\times \exp(2\pi\, \mathrm{i}\, k_Y\, Y)\ \mathrm{d}k_X\, \mathrm{d}k_Y. \tag{4}$$

Propriétés de symétrie

Fonction	Transformée de Fourier
Complexe et paire.	Complexe et paire.
Complexe et impaire.	Complexe et impaire.
Réelle.	Partie réelle paire, partie imaginaire impaire (symétrie hermitienne).
Imaginaire.	Partie réelle impaire, partie imaginaire paire.
Partie réelle paire, partie imaginaire impaire.	Réelle.
Partie réelle impaire, partie imaginaire paire.	Imaginaire.

Propriétés générales de la transformée de Fourier

Linéarité

Si $f(\boldsymbol{r})$ et $g(\boldsymbol{r})$ ont respectivement pour transformée de Fourier $F(\boldsymbol{k})$ et $G(\boldsymbol{k})$, alors

$$\mathrm{TF}\left[\alpha\, f\left(\boldsymbol{r}\right) + \beta\, g\left(\boldsymbol{r}\right)\right] = \alpha\, F\left(\boldsymbol{k}\right) + \beta\, G\left(\boldsymbol{k}\right), \tag{5}$$

quels que soient α et β.

Translation

Si $f(\boldsymbol{r})$ est soumis à une translation de vecteur directeur $\boldsymbol{r}_0$, sa transformée $F(\boldsymbol{k})$ est simplement multipliée par le terme de phase $\exp\left(-2\pi\,\mathrm{i}\,\boldsymbol{k}.\boldsymbol{r}_0\right)$:

$$\mathrm{TF}\left[f\left(\boldsymbol{r} - \boldsymbol{r}_0\right)\right] = F(\boldsymbol{k})\exp\left(-2\pi\,\mathrm{i}\,\boldsymbol{k}.\boldsymbol{r}_0\right). \tag{6}$$

Réciproquement, si $F(\boldsymbol{k})$ est soumis à une translation de vecteur directeur $\boldsymbol{k}_0$, sa transformée inverse $f(\boldsymbol{r})$ est simplement multipliée par un terme de phase $\exp\left(2\pi\,\mathrm{i}\,\boldsymbol{k}_0.\boldsymbol{r}\right)$:

$$\mathrm{TF}^{-1}\left[F\left(\boldsymbol{k} - \boldsymbol{k}_0\right)\right] = f(r)\exp\left(2\pi\,\mathrm{i}\,\boldsymbol{k}_0.\boldsymbol{r}\right). \tag{7}$$

Rotation

Si $f(\boldsymbol{r})$ est soumis à une rotation d'angle α autour d'un axe du plan X, Y, Z, défini par les angles polaires θ, φ, alors sa transformée de Fourier $F(\boldsymbol{k})$ subit une rotation de même angle autour d'un axe du plan k_X, k_Y, k_Z, défini par les mêmes angles polaires.

Dilatation ou compression dans un domaine

Quelle que soit la constante a (réelle),

$$\mathrm{TF}\left[f\left(a\,\boldsymbol{r}\right)\right] = \frac{1}{|a|}F\left(\frac{\boldsymbol{k}}{a}\right). \tag{8}$$

Séparabilité

Si une fonction $f\left(X, Y, Z\right)$ peut être mise sous la forme d'un produit $f_X\left(X\right) f_Y\left(Y\right) f_Z\left(Z\right)$, alors sa transformée de Fourier 3D $F\left(k_X,\ k_Y,\ k_Z\right)$ peut être mise sous la forme d'un produit de 3 transformée de Fourier 1D :

$$F\left(k_X,\ k_Y,\ k_Z\right) = F_X\left(k_X\right)\ F_Y\left(k_Y\right)\ F_Z\left(k_Z\right), \tag{9}$$

où $F_X\left(k_X\right)$, $F_Y\left(k_Y\right)$ et $F_Z\left(k_Z\right)$ sont respectivement les transformées de Fourier 1D des fonctions $f_X\left(X\right)$, $f_Y\left(Y\right)$, $f_Z\left(Z\right)$.

Convolution

Si $f(r)$ et $g(r)$ ont respectivement pour transformée de Fourier $F(k)$ et $G(k)$, alors

$$\text{TF}\left[f\left(r\right)\,g\left(r\right)\right] = F\left(k\right) \otimes G\left(k\right). \tag{10}$$

Réciproquement :

$$\text{TF}\left[f\left(r\right) \otimes g\left(r\right)\right] = F\left(k\right)\,G\left(k\right). \tag{11}$$

Renversement des axes

Si $f(r)$ est réelle,

$$\text{TF}\left[f\left(-r\right)\right] = F\left(-k\right) = F^{*}\left(k\right). \tag{12}$$

Conservation de l'énergie

$$\int\limits_{-\infty}^{\infty}\int\limits_{-\infty}^{\infty}\int\limits_{-\infty}^{\infty} \left|f\left(X,\,Y,\,Z\right)\right|^{2} \mathrm{d}X\,\mathrm{d}Y\,\mathrm{d}Z =$$

$$\int\limits_{-\infty}^{\infty}\int\limits_{-\infty}^{\infty}\int\limits_{-\infty}^{\infty} \left|F\left(k_{X},\,k_{Y},\,k_{Z}\right)\right|^{2} \mathrm{d}k_{X}\,\mathrm{d}k_{Y}\,\mathrm{d}k_{Z}. \tag{13}$$

Appendice . Propriétés de la Transformation de Fourier 513

Transformées de Fourier à 1 dimension

Fonction	TF
$f(X) = \int_{-\infty}^{\infty} F(k_X) \exp(2\pi i k_X X) \, dk_X$	$F(k_X) = \int_{-\infty}^{\infty} f(X) \exp(-2\pi i k_X X) \, dX$
Fonction rectangle[1] $\quad \text{rect}\left(\dfrac{X}{X_{max}}\right)$	$X_{max} \, \text{sinc}(X_{max} \, k_X)$
Fonction sinc[2] $\quad \text{sinc}(k_{max} X)$	$\dfrac{1}{k_{max}} \, \text{rect}\left(\dfrac{k_X}{k_X^{max}}\right)$
Fonction delta $\quad \delta(X - X_0)$	$\exp(-2\pi i k_X X_0)$
Exponentielle $\quad \exp(2\pi i k_0 X)$	$\delta(k_X - k_0)$
Peigne de Dirac $\quad \displaystyle\sum_{n=-\infty}^{+\infty} \delta(X - n\Delta X)$	$\dfrac{1}{\Delta X} \displaystyle\sum_{n=-\infty}^{+\infty} \delta\left(k_X - \dfrac{n}{\Delta X}\right)$
Gaussienne $\quad \exp(-\pi X^2)$	$\exp(-\pi k_X^2)$
Exponentielle décroissante $\quad \exp(-|X|)$	$\dfrac{2}{1 + (2\pi k_X)^2}$
$\exp(-X)$ si $X \geq 0$ et 0 si $X < 0$	$\dfrac{1}{1 + 2\pi i k_X}$

(1) La fonction rectangle, notée rect (u/u_{max}) ou parfois rect$_{u_{max}}(u)$, est définie de la manière suivante : rect $(u/u_{max}) = 1$ pour $|u| \leq u_{max}/2$ et rect $(u/u_{max}) = 0$ pour $|u| > u_{max}/2$.

(2) La fonction sinc, notée sinc (u) est définie de la manière suivante : sinc $(u) = \sin(\pi u)/\pi u$.

Transformées de Fourier à 2 dimensions

Fonction	TF
$f(X, Y)$	$F(k_X, k_Y) = \int_{-\infty}^{+\infty}\int_{-\infty}^{+\infty} f(X, Y)$ $\times \exp(-2\pi i (k_X X + k_Y Y)) \, dX \, dY$
$f(X, Y) = \int_{-\infty}^{+\infty}\int_{-\infty}^{+\infty} F(k_X, k_Y)$ $\times \exp(2\pi i (k_X X + k_Y Y)) \, dk_X \, dk_Y$	$F(k_X, k_Y)$
Fonction circ[1] $\text{circ}\left(\dfrac{r}{r_0}\right)$, avec $r = \sqrt{X^2 + Y^2}$	$\pi r_0^2 \, \text{jinc}(r_0\, k)$ avec $k = \sqrt{k_X^2 + k_Y^2}$
Fonction jinc[2] $\text{jinc}(k_0\, r)$	$\dfrac{1}{\pi k_0^2}\text{circ}\left(\dfrac{k}{k_0}\right)$
Fonction delta $\delta(X - X_0,\ Y - Y_0)$	$\exp(-2\pi i (k_X\, X_0 + k_Y\, Y_0))$
Gaussienne $\exp(-\pi r^2)$	$\exp(-\pi k^2)$

[1] La fonction circ(r/r_0), est définie de la manière suivante : circ$(r/r_0) = 1$ pour $r \leq r_0$ et circ$(r/r_0) = 0$ pour $r > r_0$.

[2] La fonction jinc(u) est définie de la manière suivante : jinc$(u) = 2 J_1(2\pi u)/(2\pi u)$.

Index

A

Abragam (Anatole), 49
Accord, 76
Adaptation, 76
Aimants, 63
Aimants permanents, 65
Aimants supraconducteurs, 66
Angle de Ernst, 330
Antenne, 21, 424
Apodisation, 127, 232, 284, 306, 410
Approximation de la réponse linéaire,
    101, 115, 141, 195, 225
Artefact de déplacement chimique,
    215, 327, 394, 479
Artefact de Nyquist, 390
ATP, 453
AUTO-SMASH, 433, 435
AUTO-SMASH à densité variable, 436

B

b-SSFP, 344
Bande passante par pixel, 328
bFFE, 343
BIR4, 181
Bloch (équation de), 15, 17, 57, 100
Bloch-Torrey (équation de), 57
Bobinages de correction, 28
Bobinages de gradients, 66
Bobine en selle de cheval, 73
Bobines de Maxwell, 67
Bobines de surface, 69, 424, 459
Bobines en réseau, 72, 419
Bobines rf, 69
Bracewell (Ronald), 294
Bruit, 24
Bruit de quantification, 22

C

Cage d'oiseau, 74

CAN, 22
Carbone 13 (^{13}C), 50, 457
Carr-Purcell-Meiboom-Gill, 158
Cartographie du champ magnétique,
    339
Cayley-Klein (paramètres de), 107
CE-FAST, 354
Champ effectif, 12
Champ fictif, 10
Champ tournant, 10, 13
Chemins de cohérence, 113
CHESS, 499
Codage de fréquence, 322
Codage de phase, 322
Coefficient de diffusion, 57
Coefficient de diffusion
        translationnelle apparent,
        269
Commutation émission-réception, 77
Conjugaison de phase, 411
Constante d'écran, 33
Contraste, 290, 321, 364, 367
Contraste T1, 332
Contraste T2, 365
Contraste BOLD, 332
Contraste de susceptibilité
        magnétique, 330
Contraste en densité de spins, 332
Convertisseur analogique-numérique,
    22
Cormack (Allan), 294
Coupes obliques, 201
Couverture imcomplète du plan
        de Fourier, 335
CPMG, 365
Crushers, 205
CSI, 480

D

DANTE, 130
Décimation-filtrage, 84, 419
Découplage, 44, 453
Demi-passage adiabatique, 177
Demi-plan, 320, 336, 368, 387
Déplacement chimique, 33
Destruction de la contribution de l'aimantation transversale, 356
Destruction de l'aimantation, 475
Détection quadrature, 81
Diffusion, 56
Diodes tête-bêche, 77
Dipolaire (interaction), 40

E

Échantillonnage, 272, 286, 296, 299
Écho de gradient, 196, 322
Écho de spin, 55, 150, 202, 362, 365
Écho-planar, 383
Écho stimulé, 159
Électro-aimants, 65
Émetteur, 77
Énergie dissipée (lors de l'application d'une impulsion), 97
Épaisseur de coupe, 193
EPI, 242, 384, 491
Espace réciproque, 270
Espace réciproque de réception, 320
Espace réciproque d'excitation, 224, 320
Excitation parallèle, 439
EXORCYCLE, 155

F

Facteur de réduction, 415, 421
Facteur *g*, 426
Facteur géométrique, 426
Fast GRE, 358
Fast SPGR, 358
FE, 322
FFE, 351
FFT, 275
FID, 21
FIESTA, 343

Filtres à réponse impulsionnelle finie, 144
FISP, 343
FLASH, 356
Fonction circ, 239, 277, 514
Fonction compensatrice de densité, 306
Fonction compensatrice de densité d'échantillonnage, 302
Fonction de dispersion du point, 280, 299
Fonction de réponse spatiale, 280
Fonction jinc, 239, 277, 514
Force brute, 49
Formule de Lamb, 34
Fréquence de Larmor, 6, 10
FSE, 366

G

G4 (impulsion), 149
Gaz rares hyperpolarisés, 52
GE, 322
Gibbs (phénomène de), 277
Gorter (Cornelius), 2
Gradient de codage en fréquence, 323
Gradient de lecture, 323
Gradient de phase, 136, 196
Gradient effectif, 60
Gradients, 27, 31, 192, 220
Gradients de dispersion, 154, 207
Gradients pulsés, 66
GRAPPA, 435
GRASS, 351
GRE, 322
Gridding, 303, 306
Gyromagnétique (rapport), 3

H

Hahn (Erwin), 55, 56, 60
Hamming (fonction de), 127
Hanning (fonction de), 127
Harmoniques sphériques, 28, 29
Hélium-3, 52, 383, 439
Hermiticité, 320
Hounsfield (Godfrey), 294
Hydrogène, 455
Hydrogène para, 51

Hyperpolarisation, 48

I

Imagerie 3DFT, 333
Imagerie d'écho de gradient, 322
Imagerie multi-coupes, 329
Imagerie parallèle, 84, 415
Imagerie spectroscopique, 38, 480
Imagerie spectroscopique rapide, 490
Impédance caractéristique, 76
Impulsion gaussienne, 121
Impulsion sinc-cos, 125
Impulsion sinc-sin, 126
Impulsion spectrale-spatiale, 253
Impulsions 2D de refocalisation, 249
Impulsions adiabatiques, 167
Impulsions adiabatiques d'inversion,
        169, 179
Impulsions antisymétriques, 110
Impulsions auto-refocalisantes, 146
Impulsions binomiales, 128
Impulsions composites BIR, 180
Impulsions de refocalisation, 150, 179,
        204, 369
Impulsions d'excitation, 115
Impulsions d'inversion, 165
Impulsions rectangulaires, 116
Impulsions symétriques, 109
Inhomogénéités de champ, 19, 28, 218
Instrumentation, 63
Interpolation de Fourier, 484
Intrinsèquement refocalisée
        (excitation), 227
Inversion-récupération, 213, 333
ISIS, 464
Isochromats, 20

K

Kaiser-Bessel (noyau de), 304

L

Larmor (fréquence de), 6, 10
LASER, 472
Lauterbur (Paul), 316
Lipides, 216, 327, 394, 500
Loi de Curie, 7

Lorentzienne, 19, 284
Luminosité, 290

M

Magnésium, 453
Mansfield (Peter), 316
Matrice (de rotation), 104
Matrice de covariance (du bruit), 420
Maxwell (termes de), 32, 221, 397
Mesure des trajectoires dans l'espace
        réciproque, 413
Moindres carrés, 417
Moore-Penrose, 418
Mouvement cohérent, 61

N

NAA, 455
NOE, 45
Noyau de convolution, 304
Nyquist (critère de), 82, 232, 300, 403,
        426

O

Off-résonance (effets d'), 241, 325, 380,
        394, 410
OIA, 177
Ordre de cohérence, 112
Overhauser (effet), 44, 453

P

Parks-McClellan (algorithme de), 144
Passage adiabatique rapide, 167
Peigne de Dirac, 513
pH intracellulaire, 454
Phased-arrays, 419
Phosphate inorganique, 453
Phosphocréatine, 453
Phosphore 31 (^{31}P), 39, 44, 382, 453
PILS, 427
Pixel, 268
Polarisation, 4
Polarisation dynamique, 49
Pompage optique, 52
Population (d'un niveau d'énergie), 6
Position de la coupe, 193

Position de la grille spectroscopique, 489
Précession libre, 8, 21
Préparation de l'aimantation, 361
Présentation des images spectroscopiques, 483
PRESS, 472, 475, 483
Profil de coupe, 193
Profil d'excitation, 193
Pseudo-inverse (matrice), 418
PSIF, 354

Q

Quadrature (Bobines en), 74

R

Rabi (Isaac), 2
Radon (Johann), 294
Rapport signal sur bruit, 457
RARE, 365
Récepteur analogique, 79
Récepteur numérique, 82
Réciprocité, 23
Reconstruction homodyne, 338
Références (de déplacement chimique), 38
Référentiel tournant, 10
Refocalisation intrinsèque, 246
Relaxation, 15
Relaxation spin-réseau, 15
Relaxation spin-spin, 17
Répétition périodique de l'image, 272
Repliements, 275, 281
Réseau d'antennes, 424
Réseaux de bobines, 415, 419
Réversion de gradient, 196, 202
Rotation (action d'une rotation), 104

S

Scalaire (interaction), 42
Secante hyperbolique (impulsions), 171
Segmentation, 494, 496
Segmenté, 366, 386, 406, 407, 493
SENSE, 421
Séquences multi-échos, 158

Shim, 28
Shinnar et Le Roux (algorithme de), 141
Signal sur bruit (rapport), 25
Single-shot EPI, 384
Slew rate, 68
SLIM, 496
SLOOP, 498
SMASH, 429
SNEEZE (impulsion), 150
Sodium 23, 384
Spectroscopie à temps d'écho court, 500
Spectroscopie localisée, 38
Spectroscopie proton, 455
SPGR, 356
Spin warp, 322
SPINOE (effet), 54
Spins nucléaires, 3
Spiral-in, 409
Spiral-out, 409
Spirale, 236, 320, 400, 494
Spirales à densité variable, 232, 406
SRM, 38
SSFP (imagerie), 340
SSFP équilibrée, 343
SSFP-écho, 354
SSFP-FID, 351
STEAM, 212, 470, 475
Stejskal et Tanner, 58
Suppression du signal de l'eau, 498
Suppression du signal des lipides, 500
Sur-échantillonnage, 325
Susceptibilité magnétique, 28, 327, 332
Symetrie hermitienne, 335

T

T1-FFE, 356, 358
T_2^*, 19
Tenseur de diffusion, 58
Théorème de la coupe centrale, 292
Théorème de la ligne centrale, 293
Théorème de l'échantillonnage, 298, 304
Tomographie X, 294
Transfert d'aimantation, 47
Transferts de cohérences, 114
Troncature, 486

TSE, 365
Turbo FE, 358
TurboFLASH, 358

V

VERSE, 222
VD-AUTO-SMASH, 436
Vitesse de commutation
        (d'un gradient), 68, 404
Vitesse de montée, 403
Vitesse de montée (d'un gradient), 68,
        237, 378, 405

Vitesse optimale (parcours à), 404
Voronoi (cellule de), 302
Voxel, 268

W

Whittaker-Shannon (interpolation
        de), 289, 298, 304, 484

Z

Zéro-filling, 287

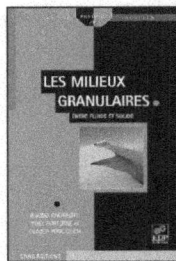

Physique quantique - 2e édition

M. Le Bellac

• 2007 • 978-2-86883-998-5 • 768 pages • 49 €

Instabilités hydrodynamiques

F. Charru

• 2007 • 978-2-86883-985-5 • 408 pages • 44 €

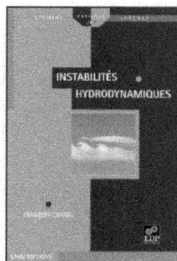

Physique statistique hors d'équilibre

N. Pottier

• 2007 • 978-2-86883-934-3 • 544 pages • 49 €

Transitions de phase et groupe de renormalisation

J. Zinn-Justin

• 2005 • 2-86883-790-5 • 512 pages • 45 €

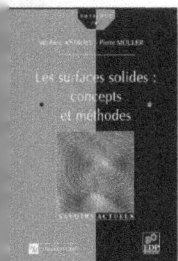

Les surfaces solides : concepts et méthodes

S. Andrieu et P. Müller

• 2005 • 2-86883-773-5 • 536 pages • 49 €

Einstein aujourd'hui

A. Aspect, F. Bouchet, É. Brunet, C. Cohen-Tannoudji, J. Dalibard, T. Damour, O. Darrigol, B. Derrida, P. Grangier, F. Laloë et J.-P. Pocholle - Coordonné par Michel Le Bellac et Michèle Leduc

• 2005 • 2-86883-768-9 • 428 pages • 39 €

Achevé d'imprimer sur les presses de la sepec, Péronnas (France)
Numéro d'impression : 04545110502 - Dépôt légal : mai 2011

IMPRIM'VERT®

www.ingramcontent.com/pod-product-compliance
Lightning Source LLC
Chambersburg PA
CBHW060421220326
41598CB00021BA/2250